可恢复功能波形钢板-混凝土组合剪力墙抗震性能与设计方法研究

王　威　苏三庆　著

陕西新华出版传媒集团
陕西科学技术出版社

图书在版编目(CIP)数据

可恢复功能波形钢板-混凝土组合剪力墙抗震性能与设计方法研究／王威，苏三庆著．—西安：陕西科学技术出版社，2019.8

ISBN 978-7-5369-7596-5

Ⅰ．①可… Ⅱ．①王… ②苏… Ⅲ．①钢板-混凝土结构-框架剪力墙结构-防震设计 Ⅳ．①TU398

中国版本图书馆 CIP 数据核字(2019)第 156069 号

内容提要

本书较全面系统地阐述了高层、超高层建筑结构中关键受力构件剪力墙的可恢复功能抗震设计方法，创新性地提出了高层建筑中一种新型组合剪力墙结构构件——波形钢板-混凝土组合剪力墙，以克服平钢板-混凝土剪力墙中钢板侧向刚度差、钢板与混凝土易剥离的缺点。研究了波形钢板-混凝土组合剪力墙的抗震性能和破坏特征，建立了波形钢板与混凝土组合剪力墙的抗震设计方法。从抗震控制及消能减震角度出发，利用结构"保险丝"原理，提出剪力墙破坏的损伤控制机制和可恢复功能抗震设计方法，以达到震后功能快速恢复的目标。书中关于波形钢板剪力墙、波形钢板-混凝土组合剪力墙、混凝土与波形钢板界面黏结滑移、带可更换墙趾消能阻尼器的波形钢板及组合剪力墙有关的理论、试验、数值模拟、计算公式等内容均为本书作者提出。

本书可供结构工程、防灾减灾工程及防护工程专业的研究生及土木工程专业的高年级学生参考，也可供从事工程设计的人员参考。

可恢复功能波形钢板-混凝土组合剪力墙抗震性能与设计方法研究

王 威 苏三庆 著

责任编辑 林成岗
封面设计 前程设计

出 版 者 陕西新华出版传媒集团 陕西科学技术出版社
西安市曲江新区登高路 1388 号 陕西新华出版传媒产业大厦 B 座
电话 (029)81205187 传真 (029) 81205155 邮编 710061
http://www.snstp.com
发 行 者 陕西新华出版传媒集团 陕西科学技术出版社
电话(029)81205180 81206809
印 刷 陕西天地印刷有限公司
规 格 880mm×1230mm 16 开本
印 张 25.25
字 数 630 千字
版 次 2019 年 8 月第 1 版
2019 年 8 月第 1 次印刷
书 号 ISBN 978-7-5369-7596-5
定 价 68.00 元

前　言

近年来,随着建筑技术的不断进步,在我国发生的历次地震中,建筑结构倒塌和人员伤亡数量得到了有效的控制,但地震造成的建筑结构破坏严重、震后难以修复等灾害损失问题,依然对经济和社会影响巨大。震后重建速度慢,导致人们无法恢复正常的生产生活;有的需要修复,但修复周期过长,致使建筑功能得不到及时恢复。因此,对于建筑结构构件的性能设计,不仅要考虑遭受一次地震时能达到预定的性能目标,还要考虑设计一种具有可恢复功能的结构,使其在震后能尽快地恢复正常使用功能。传统抗震设防的目标也应从"大震不倒、保护生命财产安全方面"向"震后迅速恢复城市、居民正常生活秩序方向"发展。这就对建筑抗震提出了新的要求:需要提供一种可在地震之后迅速恢复功能的结构或构件。

2009 年,美日学者在 NEES/E - Defense 美日工程第 2 阶段合作研究会议上,首次提出将"可恢复功能城市(Resilient City)"作为地震工程合作的大方向,标志着可恢复功能结构成为抗震研究的主流方向之一。可恢复功能抗震结构是指应用摇摆、自复位、可更换和附加耗能装置等技术,在遭受地震(设防或罕遇水准)作用时,保持可接受的功能、地震后不需修复或在部分使用状态下稍加修复即可恢复其使用功能的结构。

剪力墙作为高层建筑中重要的抗侧力构件,在结构中承担着大部分的水平荷载,是最关键的受力构件,在设计时通常是以弯曲破坏模式进行设计,以保证其具备一定延性,尽可能减小其在强地震作用下的损伤。然而,在超越设防烈度的地震作用下,钢筋-混凝土剪力墙根部或底部加强位置的混凝土往往易出现严重压溃、受压钢筋严重压屈的情况,这是不可避免的局部破坏。虽然这些损伤不会使结构倒塌,却会导致该类关键构件丧失抗震功能且不能修复,使整个结构不能恢复使用,从而造成巨大的经济损失。

为了解决剪力墙震后墙趾处易发生塑性破坏且难以修复的难题,本书作者近年来一直从事该项工作的研究,并提出一种新型组合剪力墙结构构件——波形钢板-混凝土组合剪力墙,以克服平钢板-混凝土剪力墙中钢板侧向刚度差、钢板与混凝土易剥离的缺点。本书作者研究了波形钢板-混凝土组合剪力墙的抗震性能和破坏特征,建立了组合剪力墙的抗震设计方法,从抗震控制及消能减震角度出发,利用结构"保险丝"原理,提出剪力墙破坏的损伤控制机制,以达到震后功能快速恢复的目标。

本书内容基于国家自然科学基金项目"可恢复功能波形钢板-混凝土组合剪力墙抗震性能与设计方法研究"(项目编号 51578449)的研究成果,内容包含了近几年来作者所开展的研究,主要如下:①波形钢板剪力墙抗震性能;②约束边缘构件与波形钢板剪力墙刚度匹配关系;③波形钢板-混凝土组合剪力墙抗震性能;④正对称波形钢板阻尼器滞回性能;⑤反对称波形钢板阻尼器滞回性能;⑥波形钢板与混凝土界面黏结滑移性能;⑦带栓钉波形钢板与混凝土界面抗剪承载力;⑧带可更换墙趾构件的波形钢板剪力墙抗震性能；⑨带可更换墙趾构件的波形钢板-混凝土组合剪力墙抗震性能。

本书涉及的研究成果是作者与作者所指导的已毕业、在读研究生共同完成的。研究生包括硕士研究生兰艳、高敬宇、李元刚、张龙旭、李艳超、王鑫、任英子、黄思考、赵春雷、任坦、王俊、张恒、董晨阳、刘格炜、韩斌、梁宇建、向照兴、黄元昭、丁小波、仲凯、王万志、赵昊田，博士研究生宋江良等。在本书成稿修改过程中，以下研究生协助修改了部分内容：第1章，王俊、宋江良；第2章，任英子、仲恺、黄思考、向照兴；第3章，刘格炜、韩斌；第4章，张恒、向照兴、梁宇建；第5章，王俊、梁宇建、向照兴；第6章，赵春雷、刘格炜、董晨阳、丁小波；第7章，任坦、赵春雷、刘格炜、董晨阳、丁小波；第8章，任英子、韩斌、仲凯；第9章，王鑫、黄元昭、王万志；第10章，宋江良；参考文献，向照兴。此外，参加全书校稿工作的还有硕士生侯铭岳、范咪咪、王雅慧、赵昊田、宋鸿来、孙壮壮、李煜、徐善文、王冰洁、甄国凯，博士生权超超、罗麒锐等。全书由作者王威、苏三庆负责具体内容的修改和统稿。同济大学鲁正教授审阅了本书稿，并提出了宝贵的修改意见。在此向所有为此书付出辛劳和努力的人，一并表示衷心感谢。

由于作者水平有限，书中难免存在不当与错误之处，敬请读者批评指正。

王威　苏三庆

2019年4月于西安

目 录

第 1 章 绪论 …… 1
1.1 可恢复功能防震结构概述 …… 1
1.1.1 可恢复功能防震结构的设计理念 …… 1
1.1.2 可恢复功能防震结构的设计方法 …… 2
1.2 钢板剪力墙及其组合剪力墙的发展与应用 …… 4
1.2.1 钢板剪力墙的发展及应用 …… 4
1.2.2 钢板-混凝土组合剪力墙的发展及应用 …… 8
1.3 钢-混凝土黏结滑移课题研究意义 …… 10
1.3.1 型钢-混凝土黏结滑移研究综述 …… 10
1.3.2 钢板-混凝土黏结滑移研究综述 …… 11
1.4 本书主要研究内容 …… 13
第 2 章 波形钢板剪力墙抗震性能试验研究 …… 15
2.1 波形钢板剪力墙试验研究方案 …… 15
2.1.1 试验目的 …… 15
2.1.2 试件的设计与制作 …… 15
2.1.3 材性试验 …… 18
2.1.4 试验的加载 …… 20
2.1.5 测点布置及测量内容 …… 22
2.1.6 试验现象及试件破坏形态 …… 23
2.2 波形钢板剪力墙抗震性能分析 …… 26
2.2.1 滞回曲线和骨架曲线 …… 26
2.2.2 特征荷载与位移 …… 28
2.2.3 延性和耗能能力 …… 29
2.2.4 刚度和承载力退化 …… 31
2.2.5 波形钢板剪力墙应变分析 …… 33
2.3 ABAQUS 有限元非线性数值分析 …… 35
2.3.1 ABAQUS 有限元软件及非线性简介 …… 35
2.3.2 ABAQUS 有限元模型的建立 …… 36
2.3.3 ABAQUS 有限元模型的验证与分析 …… 39
2.4 波形钢板剪力墙抗震性能参数分析 …… 43

2.4.1 高厚比 β …… 44
2.4.2 波角 θ …… 45
2.4.3 轴压比 n …… 46
2.5 钢板剪力墙约束边缘构件与内嵌钢板刚度匹配研究 …… 48
2.5.1 模型的建立 …… 48
2.5.2 H型钢柱不同翼缘宽度的数值模拟 …… 50
2.6 本章小结 …… 54
2.6.1 结论 …… 54
2.6.2 展望 …… 54
第3章 波形钢板-混凝土组合剪力墙抗震性能 …… 56
3.1 研究背景 …… 56
3.1.1 钢板-混凝土组合剪力墙发展及应用 …… 56
3.1.2 波形钢板-混凝土组合剪力墙的研究现状 …… 57
3.2 波形钢板-混凝土组合剪力墙的试验研究 …… 60
3.2.1 试验目的 …… 60
3.2.2 试件的设计及制作 …… 60
3.2.3 材性试验 …… 63
3.2.4 试验加载及测点布置 …… 64
3.2.5 试验现象及试件破坏形态分析 …… 65
3.3 波形钢板-混凝土组合剪力墙的抗震性能分析 …… 72
3.3.1 荷载－位移曲线 …… 72
3.3.2 特征荷载和特征位移 …… 73
3.3.3 延性和耗能能力分析 …… 74
3.3.4 刚度和承载力退化 …… 75
3.3.5 波形钢板应变分析 …… 76
3.4 波形钢板-混凝土组合剪力墙的ABAQUS有限元模拟 …… 78
3.4.1 ABAQUS有限元模型的建立 …… 78
3.4.2 ABAQUS有限元分析结果 …… 82
3.5 波形钢板-混凝土组合剪力墙的抗剪承载力研究 …… 88
3.5.1 波形钢板抗剪承载力 …… 88
3.5.2 波形钢板-混凝土组合剪力墙抗剪承载力 …… 92
3.5.3 波形钢板-混凝土组合剪力墙的剪力分担率 …… 94
3.5.4 理论计算结果与试验结果对比 …… 96
3.5.5 波形钢板-混凝土组合剪力墙的设计建议 …… 96
3.6 本章小结 …… 96
3.6.1 结论 …… 96
3.6.2 展望 …… 97
第4章 正对称波形钢板阻尼器的滞回性能试验研究 …… 98
4.1 试验研究 …… 98

4.1.1 波形软钢阻尼器的构造设计 …… 99
4.1.2 材性试验 …… 100
4.1.3 试验加载方案及测点布置 …… 101
4.1.4 试验现象 …… 103
4.1.5 受力机理分析 …… 107
4.2 受力性能分析 …… 108
4.2.1 滞回曲线 …… 108
4.2.2 骨架曲线 …… 109
4.2.3 延性和承载力 …… 109
4.2.4 耗能能力 …… 110
4.2.5 等效刚度和承载力退化 …… 112
4.2.6 应变分析 …… 113
4.3 有限元分析 …… 116
4.3.1 有限元模型的建立 …… 116
4.3.2 应力云图与变形对比 …… 117
4.3.3 滞回曲线与骨架曲线对比 …… 118
4.3.4 参数拓展分析 …… 119
4.4 钢框架弹塑性地震反应分析 …… 136
4.4.1 设有波形软钢阻尼器的钢框架建模 …… 136
4.4.2 钢框架的模态分析及其阻尼计算 …… 137
4.4.3 地震波的选取与调整 …… 138
4.4.4 多遇地震作用下的钢框架减震分析 …… 140
4.4.5 罕遇地震作用下的钢框架减震分析 …… 142
4.5 本章小节 …… 143
4.5.1 结论 …… 143
4.5.2 展望 …… 144
第 5 章 波形反对称钢板阻尼器的力学性能试验研究 …… 145
5.1 波形反对称钢板阻尼器的试验研究 …… 145
5.1.1 材性试验 …… 145
5.1.2 拟静力试验研究 …… 147
5.2 波形反对称钢板阻尼器的有限元分析 …… 154
5.2.1 有限元分析结果与试验结果的对比 …… 154
5.2.2 几何拓展因素分析 …… 163
5.3 波形反对称钢板阻尼器的受力机理分析 …… 167
5.3.1 钢板阻尼器的受力机理分析 …… 167
5.3.2 阻尼器的优化设计 …… 171
5.4 本章小结 …… 173
5.4.1 结论 …… 173
5.4.2 展望 …… 173

第6章　波形钢板混凝土界面黏结滑移性能试验研究 …… 174
6.1　界面黏结滑移性能试验研究方案 …… 174
6.1.1　试验试件设计与制作 …… 174
6.1.2　试件测量与加载方案 …… 176
6.2　界面黏结滑移性能试验结果 …… 179
6.2.1　试验过程与现象 …… 179
6.2.2　破坏形态特征分析 …… 180
6.2.3　荷载滑移曲线特征分析 …… 183
6.2.4　特征荷载与滑移量 …… 185
6.3　界面黏结强度分析 …… 186
6.3.1　黏结强度影响因素分析 …… 186
6.3.2　特征黏结强度统计分析 …… 186
6.3.3　基准黏结滑移本构关系研究 …… 189
6.3.4　考虑位置函数的黏结滑移本构关系研究 …… 189
6.4　波形钢板应力应变分布规律 …… 193
6.4.1　波形钢板应变分布规律 …… 193
6.4.2　波形钢板应力分布规律 …… 201
6.5　波形钢板混凝土黏结滑移弹性力学公式的推导 …… 205
6.5.1　微滑移阶段与滑移阶段公式推导 …… 205
6.5.2　荷载下降阶段公式推导 …… 208
6.5.3　黏结滑移本构关系的建立与验证 …… 210
6.6　ANSYS 数值模拟分析界面黏结滑移性能 …… 212
6.6.1　单元选取 …… 212
6.6.2　材料本构模型 …… 214
6.6.3　黏结滑移本构在 ANSYS 中实现 …… 215
6.6.4　试件模型的建立 …… 215
6.6.5　模拟结果与试验对比分析 …… 217
6.7　本章小结 …… 229
6.7.1　结论 …… 229
6.7.2　展望 …… 230
第7章　带栓钉波形钢板-混凝土黏结滑移性能试验研究与数值模拟 …… 231
7.1　带栓钉波形钢板-混凝土黏结滑移性能试验设计 …… 231
7.1.1　试件设计与制作 …… 231
7.1.2　试验加载及测量 …… 232
7.2　带栓钉波形钢板-混凝土黏结滑移性能试验结果分析 …… 233
7.2.1　试验过程与现象 …… 233
7.2.2　破坏形态特征分析 …… 234
7.2.3　荷载滑移曲线特征分析 …… 236
7.2.4　承载力影响因素分析 …… 239
7.2.5　黏结滑移曲线特征值的统计回归 …… 241
7.2.6　黏结滑移本构模型的建立 …… 242

7.2.7 波形钢板表面黏结滑移分布规律 …… 244
7.2.8 荷载上升段栓钉应变分布图 …… 246
7.3 带栓钉波形钢板-混凝土黏结滑移 ANSYS 模拟 …… 247
7.3.1 带栓钉波形钢板-混凝土黏结滑移有限元模拟方法 …… 247
7.3.2 有限元数值模拟结果分析 …… 250
7.4 带栓钉波形钢板-混凝土剪力传递性能的 ABAQUS 模拟分析 …… 258
7.4.1 单元的选取 …… 258
7.4.2 模型本构关系 …… 259
7.4.3 试件有限元模型的建立 …… 261
7.4.4 有限元分析结果与试验对比分析 …… 264
7.4.5 带栓钉波形钢板-混凝土抗剪滑移机理 …… 270
7.5 带栓钉波形钢板-混凝土组合剪力墙的 ANSYS 有限元模拟 …… 270
7.5.1 ANSYS 有限元模型的建立 …… 271
7.5.2 黏结滑移本构的确定 …… 273
7.5.3 ANSYS 有限元数值模拟结果分析 …… 274
7.5.4 带栓钉波形钢板-混凝土组合剪力墙性能参数分析 …… 280
7.5.5 带栓钉波形钢板-混凝土组合剪力墙的设计建议 …… 284
7.6 带栓钉波形钢板-混凝土组合剪力墙 ABAQUS 有限元模拟 …… 284
7.6.1 ABAQUS 有限元模型建立 …… 285
7.6.2 有限元计算结果与试验对比分析 …… 286
7.6.3 栓钉对波形钢板与混凝土组合效应的影响 …… 293
7.6.4 带栓钉波形钢板-混凝土组合剪力墙受力性能参数分析 …… 295
7.7 本章小结 …… 301
7.7.1 结论 …… 301
7.7.2 展望 …… 302
第 8 章 带可更换墙趾构件的波形钢板剪力墙抗震性能研究 …… 303
8.1 研究背景 …… 303
8.1.1 波形钢板剪力墙研究现状 …… 303
8.1.2 可更换剪力墙研究现状 …… 303
8.1.3 本章主要研究内容 …… 306
8.2 可更换波形钢板剪力墙试验方案 …… 307
8.2.1 可更换剪力墙试件的设计及制作 …… 307
8.2.2 材性试验 …… 308
8.2.3 测量装置 …… 309
8.2.4 试验加载 …… 310
8.3 试验现象及分析 …… 311
8.3.1 试验现象 …… 311
8.3.2 滞回曲线 …… 312
8.3.3 骨架曲线 …… 312
8.3.4 延性和耗能能力 …… 313
8.3.5 承载力退化 …… 314

8.3.6 刚度退化…… 314
8.4 有限元分析…… 315
8.4.1 有限元模型…… 315
8.4.2 滞回曲线对比…… 316
8.4.3 骨架曲线对比…… 316
8.4.4 破坏特征对比…… 316
8.4.5 阻尼器与内嵌钢板匹配关系拓展分析…… 318
8.5 本章小结…… 319
8.5.1 结论…… 319
8.5.2 展望…… 320
第9章 带有可更换墙趾消能器组合剪力墙抗震性能试验研究 …… 321
9.1 组合剪力墙墙趾可更换设计…… 321
9.1.1 剪力墙墙趾可更换设计理论…… 321
9.1.2 波形钢板-混凝土组合剪力墙墙趾可更换设计方法 …… 322
9.1.3 带可更换墙趾消能器的波形钢板-混凝土组合剪力墙的承载力计算 …… 326
9.2 带可更换墙趾消能器组合剪力墙试验研究…… 331
9.2.1 试验目的…… 331
9.2.2 试件的设计及制作…… 332
9.2.3 材性试验…… 338
9.2.4 试验加载及测点布置…… 339
9.2.5 数据处理…… 341
9.2.6 试验现象分析…… 343
9.3 带可更换墙趾消能器的波形钢板-混凝土组合剪力墙抗震性能分析 …… 349
9.3.1 荷载-位移曲线和骨架曲线…… 349
9.3.2 抗侧承载力结果…… 352
9.3.3 变形能力结果…… 353
9.3.4 耗能能力结果…… 354
9.3.5 刚度退化…… 359
9.3.6 承载力退化…… 361
9.3.7 可更换墙趾消能器变形…… 362
9.3.8 可更换墙趾消能器应变及内置波形钢板应变…… 365
9.4 带可更换墙趾消能器波形钢板混凝土剪力墙 ABAQUS 有限元模拟 …… 369
9.4.1 ABAQUS 有限元模型建立…… 369
9.4.2 ABAQUS 有限元分析结果…… 372
9.5 本章小结…… 376
9.5.1 结论…… 376
9.5.2 展望…… 377
第10章 结论与展望 …… 378
10.1 结论 …… 378
10.2 展望 …… 382
参考文献 …… 384

第1章　绪论

1.1　可恢复功能防震结构概述

传统的抗震设计理念是降低结构刚度,通过延性设计使结构在地震作用下不会发生脆性破坏,增大地震来临时逃生的可能性。这一措施虽然在一定程度上降低了地震造成的损失,但为了实现这一抗震目标,作为结构的主要抗侧力构件会进入塑性阶段,发生不可恢复的变形来耗散输入结构中的地震能量,从而导致结构在震后很长的一段时间内无法快速恢复其使用功能[1]。

如2011年新西兰基督城城区发生里氏6.3级地震[2],对城区破坏严重,城市中的公共建筑大多中断使用功能,对灾后重建带来巨大的影响。近年来发生的几次地震表明,在满足传统抗震设计理念的同时,需要将地震后灾区的生活和生产的恢复也放在前期设计考虑的范围之内。

1.1.1　可恢复功能防震结构的设计理念

可恢复性(Resilience)的概念起源于机械力学,是指材料在没有断裂或完全变形的情况下,因受力而发生变形并储存恢复势能的能力[3]。在工程领域,Bruneau、Cimellaro等[4]从系统学的角度提出了涵盖技术、组织、社会和经济4个层面的可恢复性概念框架,体现了可恢复性的4大特点:鲁棒性、冗余性、灵活性和恢复高效性,如图1.1所示。

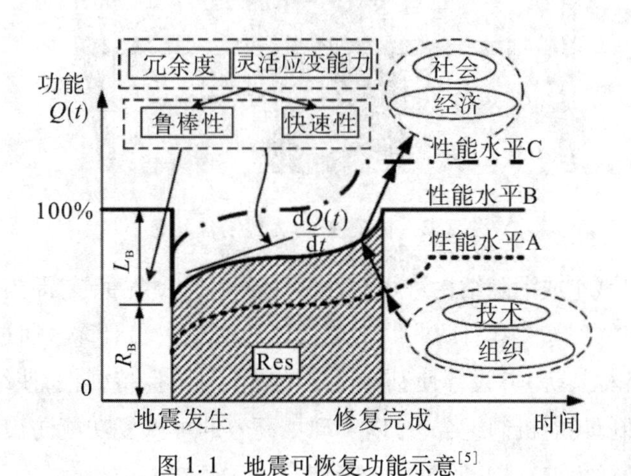

图1.1　地震可恢复功能示意[5]

图1.1中的性能水平A对应由传统抗震理念设计的建筑物,在地震发生后,处于性能水平A的建筑物由于其主要承重构件会出现不同程度的损伤且很难恢复到使用状态,所以导致其震后造成的间接损失较大。图1.1中的性能水平B是指地震来临时,以保证人们的生命安全为前提,在考虑抗震的同时,将震后恢复工作也考虑到前期设计范围内的建筑物,该建筑物在震后依旧能保证最基

本的使用功能，并经修复能快速回到原使用状态。若经修复后，建筑物能对原有缺陷有所改善，则此时的建筑物对应于图 1.1 中的性能水平 C。

图 1.1 中的纵坐标功能 $Q(t)$ 表示在时间为 t 时，整个结构的正常使用状态。当 $Q(t)=100\%$ 时，表示结构未受到任何损伤；相反，当 $Q(t)=0$ 时，表示结构已完全退出工作。鲁棒性指的是结构在受到地震作用后的残余使用功能，即在地震发生的那一时刻（t_{OE}）所对应的性能，如公式（1-1）所示。快速性指的是结构功能恢复的速度，即对应于图 1.1 中 $Q(t)$ 随时间变化曲线的斜率，如公式（1-2）所示。冗余度指的是在结构设计时采取的多道防线。灵活应变能力指的是震后对资源调配的一个智能程度。结构的冗余度和灵活应变能力在一定程度上决定着结构的鲁棒性和快速性。

$$鲁棒性(\%)=Q(t_{OE}) \tag{1-1}$$

$$快速性(t)=\frac{dQ(t)}{dt} \tag{1-2}$$

1.1.2 可恢复功能防震结构的设计方法

结合目前科研团队所做的工作，可恢复功能防震的设计原理可分为 4 类[6]：摇摆机制、自复位机制、可更换机制和耗能机制。其中，可更换机制和耗能机制是可恢复功能防震结构的核心机制，摇摆机制和自复位机制是通过特殊的构造将结构某一构件人工制造成一种可更换机制或耗能机制。

1）摇摆机制通过适当放松上部结构与基础顶面的约束来实现，该措施使得接触面只能承受压力，不能承受拉力；地震发生时，在水平倾覆力矩的作用下，上部结构能在接触面处发生一定的向上移动，结构发生摇摆，而结构本身不发生太大的弯曲变形，进而在一定程度上避免了结构构件的损伤。例如，Sarti[7] 等在 2015 年提出的摇摆柱-剪力墙混合系统，如图 1.2 所示。

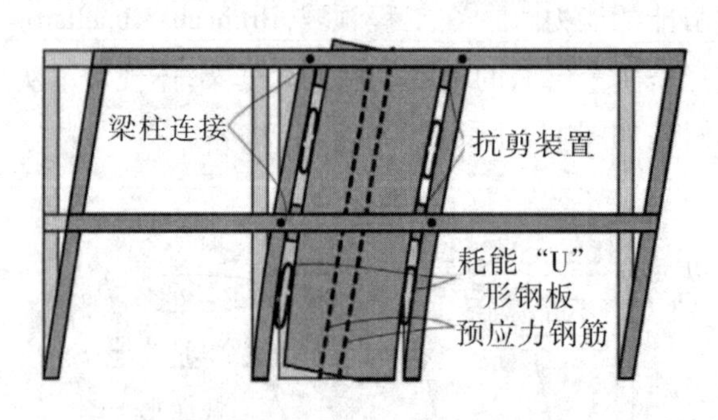

图 1.2　摇摆柱-剪力墙混合系统

2）自复位技术可以减小或消除结构进入塑性阶段产生的残余变形，即当撤出外力作用时，结构的顶点位移可以慢慢恢复到零。其滞回曲线一般关于原点呈中心对称。通过在结构中添加自复位装置（预应力拉索、弹性框架等）并设计使其在一定地震水平下保持弹性，使结构可以在震后恢复原位，将自复位和摇摆机制、耗能机制组合，可以实现更高效的可恢复功能防震结构[8]。例如 2013 年 Clayton[9] 提出的自复位剪力墙结构，如图 1.3 所示。

3）耗能机制是将地震输入的能量集中在可更换的阻尼装置中，是可恢复功能防震结构兼顾结构安全和可恢复功能的另一个核心机制[10]。添加耗能装置后可以一定程度上减小结构的残余变形，同样会带来最大变形的减小。耗能机制一般只有在与可更换机制合作使用时，才能实现结构的震后可恢复性能。如图 1.3 中在剪力墙墙趾处添加的耗能装置。

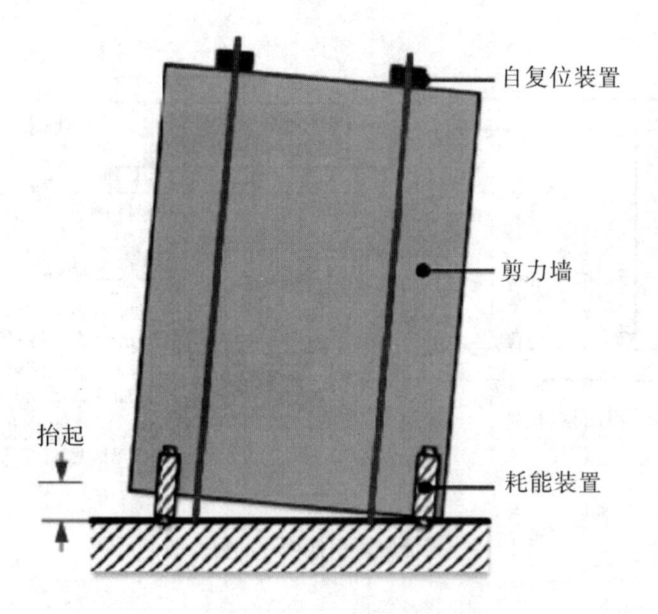

图1.3　自复位耗能剪力墙

4)可更换机制要求在尽量减少对结构使用功能影响的前提下,实现可更换、易更换和快速更换,是可恢复功能防震结构的核心机制之一[11]。对于可更换,要求结构的耗能构件、结构柱或自复位构件与结构构件并行布置,使构件的更换不影响结构的正常功能;对于易更换,则要求可更换部件实现模块化设计和多级可更换,以便于更换;对于快速更换,要求结构在设计和构造上尽量将可更换部件集中设置,以减少维修时间和功能中断时间。例如,2017 年陈聪[12]等人进行了 10 个连梁可更换构件的拟静力试验研究,可更换构件置于连梁中部,通过可更换连接与两端混凝土非屈服段相连。可更换构件采用剪切钢板形式,腹板为低屈服点钢材 BLY225,其余部位为普通钢材 Q235,可更换连接采用螺栓端板,如图 1.4 所示。

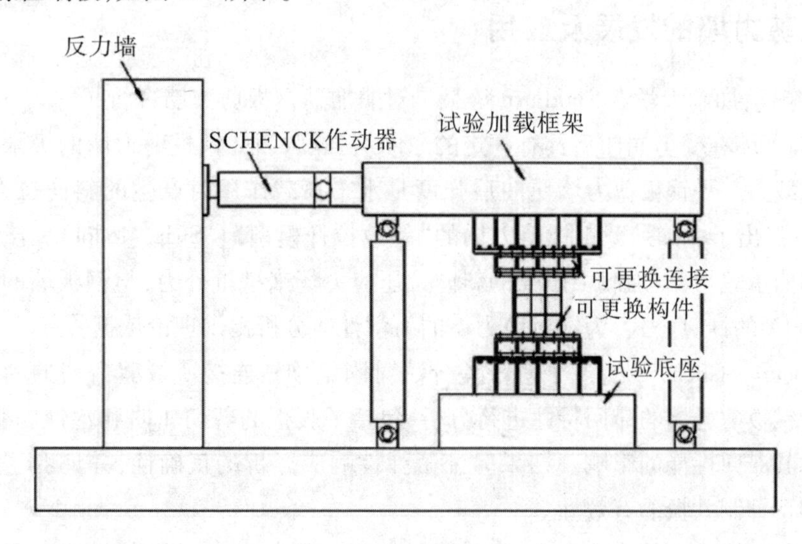

图1.4　反复加载试验示意

2014 年,毛苑君[13]等人将可更换技术应用于剪力墙中,在剪力墙墙趾处设置阻尼器安置腔,并添加阻尼器,从试件的试验现象、抗侧承载力、变形能力、阻尼变化等方面分析对比普通剪力墙和新型剪力墙的抗震性能。试件的结构形式如图 1.5 所示。

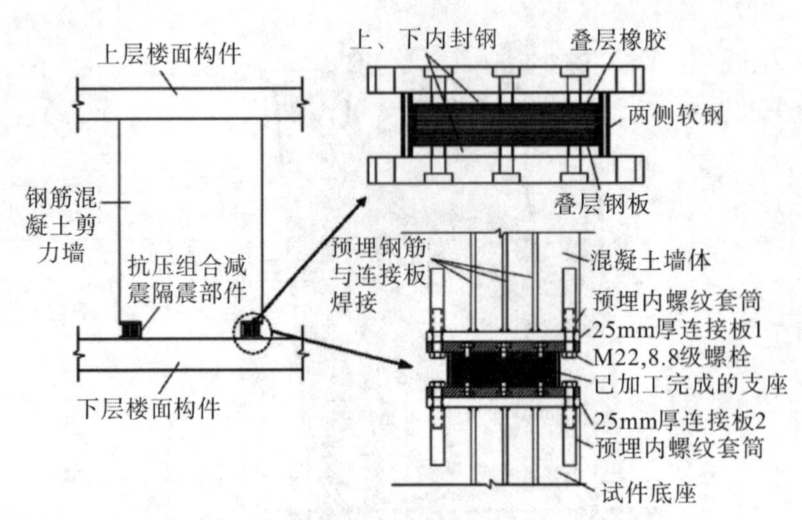

图 1.5　带墙脚可更换构件的剪力墙

1.2　钢板剪力墙及其组合剪力墙的发展与应用

随着高层、超高层建筑层出不穷，人们对建筑结构的可靠性越来越重视，对建筑结构的抗震性能需求也日益提升。我国高层建筑自 19 世纪 70 年代以来发展迅速，高层建筑现已成为我国城市建设的主流。基于高层和超高层建筑结构的发展现状，要求高层和超高层建筑结构既要具备较高的承载力，还应具备足够的抗侧刚度和延性，保证结构在水平荷载或水平地震作用下具备较好的抗变形能力和耗能能力。因此在超高层建筑物的设计时，尤其是在结构的重要部位，设计师常采用钢-混凝土组合结构形式，钢结构构件具有较好的抗震性能，与混凝土的组合效果较好，钢-混凝土组合结构是近年来研究的热点课题。

1.2.1　钢板剪力墙的发展及应用

20 世纪 80 年代，加拿大学者 Thorburn 等最早对非加劲钢板剪力墙进行了深入研究[14]，研究结果表明：平钢板剪力墙在受剪屈曲后具有一定的屈曲后强度，因此钢板剪力墙的极限承载力应大于屈曲时对应的承载力。平钢板剪力墙屈曲后强度是水平荷载作用时产生的斜向拉力带提供，在此基础上，Thorburn 提出了非加劲薄钢板剪力墙的“等效拉杆模型”(Strip Model)。该模型忽略前期钢板墙的弹性屈曲承载力，靠加载中产生的斜向拉压应力场来抵抗外力，与钢板墙的受力情况较为吻合；并提出了相关的计算公式，为钢板剪力墙的力学性能分析提供理论依据。

1991 年，Sabouri - Ghomi[15] 等基于有限差分法对固定梁柱连接薄板剪力墙的动力响应进行了非线性分析。对钢板剪力墙的滞回特性进行分析，包括了腹板的剪切屈曲和塑性屈服，以及周围框架的塑性屈服对其滞回性能的影响。结果验证了弹性响应分析的正确性，并证明了滞回特性在周期动力荷载作用下抑制共振的有效性。

1998 年，Elgaaly 等[16]学者分别对 1:4和 1:3的薄钢板剪力墙进行了试验研究，并对试验结果进行了总结。他们建立了薄钢板剪力墙力学性能的解析模型，并给出了具体的计算模型，能够较好地描述钢板墙周围梁、柱以及焊接或螺栓连接等对墙体性能的影响。他们还对分析结果与实验结果进行了比较。

21 世纪初，清华大学郭彦林等[17]学者对钢板剪力墙展开了一系列研究，在对防屈曲钢板剪力墙进行数值分析时，为了突出研究对象并使问题简化，采用了下述假定：框架梁、柱节点铰接，框架梁、柱的抗弯刚度无限大，忽略框架梁、柱的轴向变形的影响。研究结果表明：非加劲薄钢板剪力墙非线性主要体现在内嵌钢板首先屈曲，依靠拉力带发挥其屈曲后的强度，加劲钢板剪力墙屈曲形式分为整体屈曲、局部屈曲和相关屈曲3类。加劲钢板剪力墙有效地提高了钢板的抗侧刚度、承载力以及整体稳定性能，结构表现出较好的滞回性能。

根据现行规范JGJ/T 380－2015《钢板剪力墙技术规程》[18]，将钢板剪力墙分为非加劲钢板剪力墙、加劲钢板剪力墙、防屈曲钢板剪力墙、钢板组合剪力墙及开缝钢板剪力墙等，其构造形式如图1.6所示。

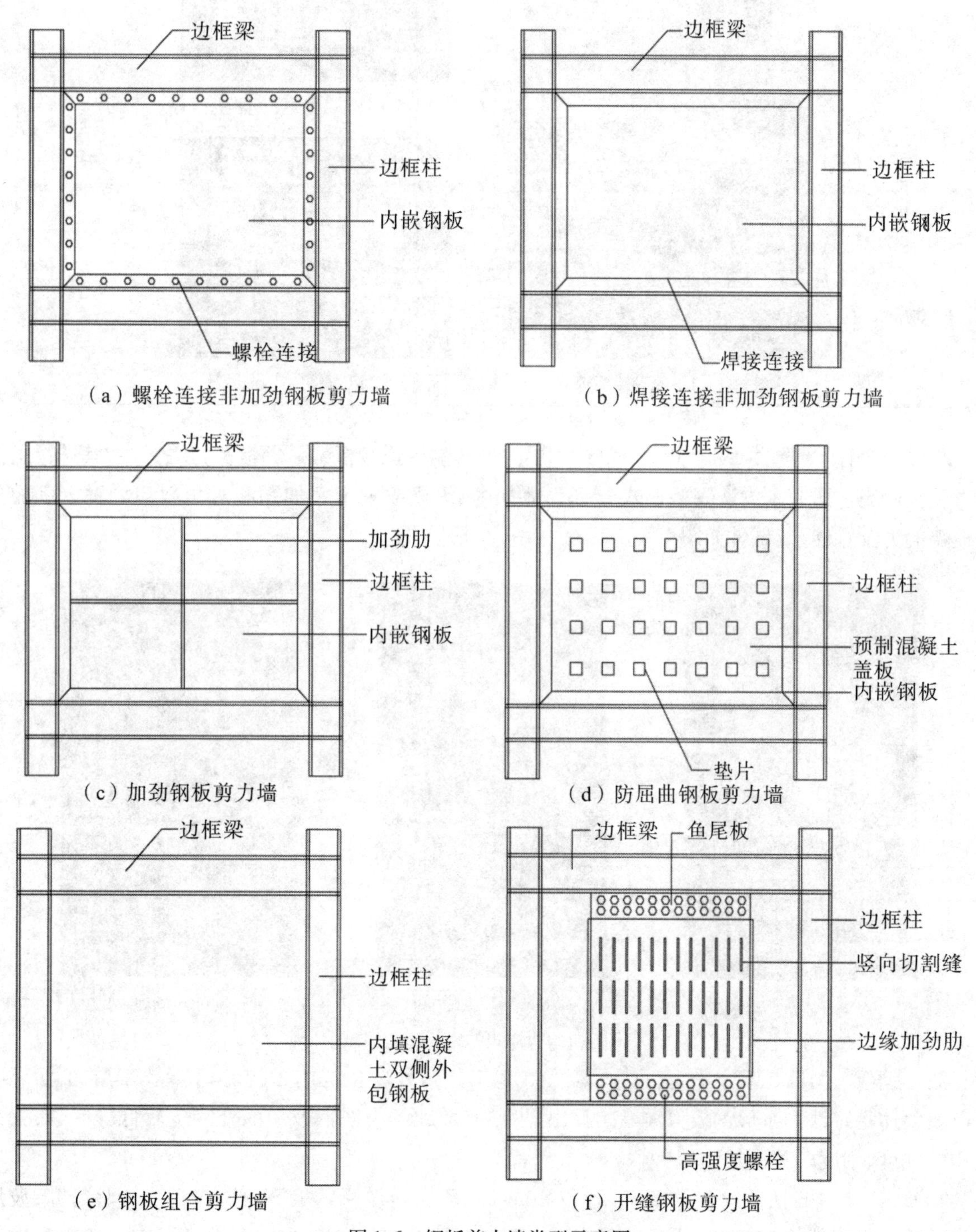

图1.6　钢板剪力墙类型示意图

聂建国等[19]国内学者以天津津塔为研究背景,设计了2个2跨5层1:5缩尺的钢板剪力墙试件并进行了低周循环加载试验。研究结论为:非加劲钢板剪力墙容易发生钢板面外屈曲,滞回曲线呈现出明显的捏拢现象,而加劲钢板剪力墙无面外屈曲现象,滞回曲线呈现出饱满的纺锤形,如图1.7所示。

(a)SPSW1整体

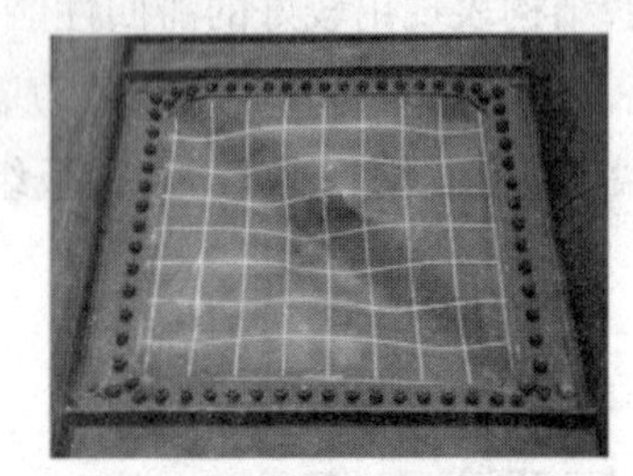

(b)SPSW1第2层钢板墙

(c)SPSW2第2层钢板墙

图1.7 基于天津津塔的钢板剪力墙试验研究

2019年,于金光等[20]设计了3个单跨2层的平齐端板连接框架-钢板剪力墙,并对其进行了拟静力试验研究。研究了内嵌钢板形式分别为无加劲、纵横放置十字加劲和对角斜向放置十字加劲钢板墙的力学性能,其试件如图1.8所示。

(a)无加劲肋

(b)十字加劲肋

(c)对角斜加劲肋

图1.8 不同加劲肋样式的钢板剪力墙试验研究

波形钢板剪力墙是基于平钢板剪力墙发展起来的一种新型抗侧力构件,具有较高的平面外刚度以及整体稳定性。波形钢板剪力墙的提出,可以有效地解决平钢板平面外刚度较低等问题,提高结构的强度、刚度以及稳定性。

2005年,美国布法罗大学的Berman和Bruneau等[21]对波形钢板剪力墙进行了试验研究,波形钢板的波形沿板件的45°方向设置,如图1.9所示。研究结果表明:波形钢板可以有效地提高剪力墙的抗侧刚度、延性和其耗能能力以及整体稳定性能，滞回曲线有捏拢现象，并且拉压不对称。此外，波形钢板产生了局部屈曲和脆性破坏的现象。

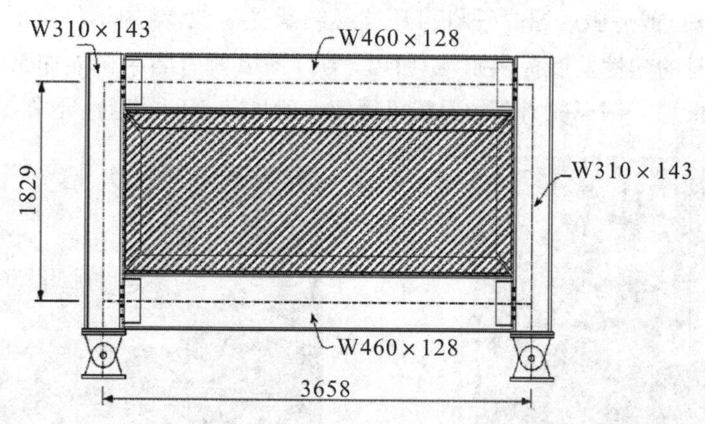

图 1.9　褶皱内嵌钢板剪力墙试件

2006 年，西安建筑科技大学的郝际平、余安东、兰银娟等[22]对折板剪力墙的滞回性能等进行了相关研究。研究发现：折板剪力墙具有较大的初始刚度，屈服荷载和极限承载力较高，滞回曲线饱满，无捏拢现象，具有较好的延性和耗能能力。但当折板剪力墙达到其极限承载以后，由于塑性屈曲变形积累导致其承载力下降较快。

2013 年，Emami 等[23]学者进行了波形钢板剪力墙试验研究，如图 1.10 所示。研究发现：波形钢板剪力墙的极限强度略低于平钢板剪力墙，但其抗侧刚度、耗能和延性等滞回性能远远高于平钢板剪力墙。此外，通过一定的设计方法，可使波折钢板剪力墙能在预定位置屈服，通过塑性变形吸收地震能量。

（a）竖向

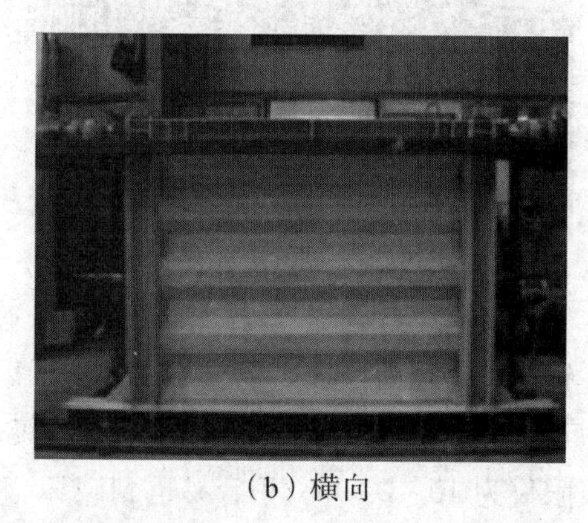

（b）横向

图 1.10　竖向、横向波折钢板剪力墙试件

2017 年，王威等[24-25]进行了波形钢板剪力墙的有限元分析，并于 2018 年，对波形钢板剪力墙的抗震性能进行了试验研究。研究结果表明：波形钢板剪力墙的抗侧刚度、平面外刚度、整体稳定性能、极限承载能力、延性等力学性能均优于平钢板剪力墙，波形腹板对于约束边缘构件的刚度要求较低[26]。其试件如图 1.11 所示。

平钢板剪力墙在我国实际工程中的应用包括 1989 年建成的上海新锦江饭店[27]（43 层，154 m），这是我国首栋采用钢板剪力墙的建筑结构；位于我国天津的天津津塔，目前是世界上应用钢板剪力墙的最高建筑[28]（75 层，336.9 m），如图 1.12 所示。

相对于钢筋混凝土剪力墙结构，平钢板剪力墙结构具有如下优点：①结构自重非常轻，可减小地震作用，适用于基础承载力不能提高的加固结构中。②占用建筑面积小，能提供更大的建筑使用空间。③钢板剪力墙本身只承受水平力作用,竖向力作用完全由周边的框架柱承担。钢板剪力墙结构完全符合第一道抗震防线是低轴压比的抗震设计要求,是非常理想的抗侧力构件。④钢板剪力墙屈曲后屈服(薄板)或屈服后屈曲(厚板)还能继续承受荷载,结构不仅使框架结构具有很好的延性,还能靠钢材本身的塑性发展提供阻尼耗能能力。钢板剪力墙结构能非常理想地满足三水准抗震、二阶段设计要求。⑤钢板剪力墙的设置可缓解对梁柱节点区的延性要求。

(a)水平波形钢板剪力墙

(b)竖向波形钢板剪力墙

图 1.11　波形钢板剪力墙试件

(a)天津津塔外观

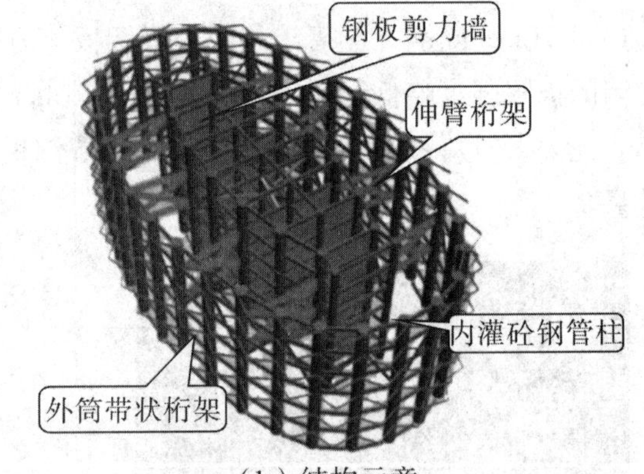

(b)结构示意

图 1.12　钢板剪力墙结构——天津津塔

平钢板剪力墙尚存在以下不足:①钢板剪力墙在强烈地震的作用下,在钢板剪力墙的局部易形成应力集中,造成局部结构的破坏。②钢板剪力墙结构的抗火性能较差,不加保护的钢结构构件的耐火极限仅为 10~20 min,很容易遭到破坏。③非加劲薄钢板剪力墙在正常使用极限状态下容易发生整体弹性屈曲,产生平面外变形,对于建筑的功能性和居民的舒适性会产生一定的影响。

1.2.2　钢板-混凝土组合剪力墙的发展及应用

为避免纯钢板剪力墙内嵌钢板过早屈曲的缺陷,为更好发挥内嵌钢板的延性及耗能能力,提高墙体的抗震性能,国内外学者对钢板-混凝土组合剪力墙进行了一系列的试验与理论研究。和传统的钢筋混凝土剪力墙相比,组合墙能承担更大的竖向荷载,拥有更好的延性和耗能能力,能满足高层建筑结构对剪力墙“高轴压、高延性、薄墙体”的设计需求。同时还具有构造简单、施工方便、避免裂缝外露、可实现工厂化生产和装配式施工等优势。近些年来,在国内研究发展较快,是一种应用前景广阔的抗侧力构件[29]。

内嵌钢板组合剪力墙最早应用于日本。20 世纪 60 年代,日本提出了在钢板支撑周围浇筑钢筋混凝土以防止钢支撑的屈曲,使剪力墙获得了较好延性和耗能能力[30]。日本九州大学的 Hitaka 等[31]学者在钢板两侧外包混凝土形成钢板-混凝土组合剪力墙,并进行了试验研究。试验结果显示:混凝土能有效地抑制钢板的整体屈曲变形和局部屈曲变形,使钢板的力学性能充分发挥,大大提高了钢板剪力墙的抗震性能。Clubley 等[32]对一种混凝土 - 钢结构体系进行了拟静力试验研究。试验结果表明:将混凝土与钢板组合后的结构体系具有稳定的滞回性能,其中钢板的间距和各个连接单元的间距对其力学性能的影响较大。

2008 年吕西林等[33]从截面尺寸、高宽比、混凝土强度等级、钢板厚度、含钢率、轴压比、构造措施和边缘约束槽钢的尺寸等因素考虑,设计了 16 个钢板-混凝土组合剪力墙试件,针对其力学性能进行了拟静力试验研究,并从承载能力、耗能能力等抗震性能对试件进行对比分析,研究细部构造措施如拉结筋和钢板上焊接栓钉等对剪力墙受力破坏特征以及抗震性能方面的影响,通过试验结果拟合出该钢板-混凝土组合剪力墙的抗剪承载力公式,并与普通钢筋混凝土剪力墙的力学性能进行对比。

由于在地震作用下超高层建筑核心筒底部墙体会承受较大的轴向拉力,2016 年范重[34]等人对钢板-混凝土组合剪力墙在拉弯受力状态下的抗震性能进行了试验研究,建立了轴拉比的具体定义方法,并且研究了轴拉比对剪力墙承载能力、延性、滞回性能、刚度退化等抗震性能的影响。试件在加载过程中破坏的具体特征如图 1.13 所示。

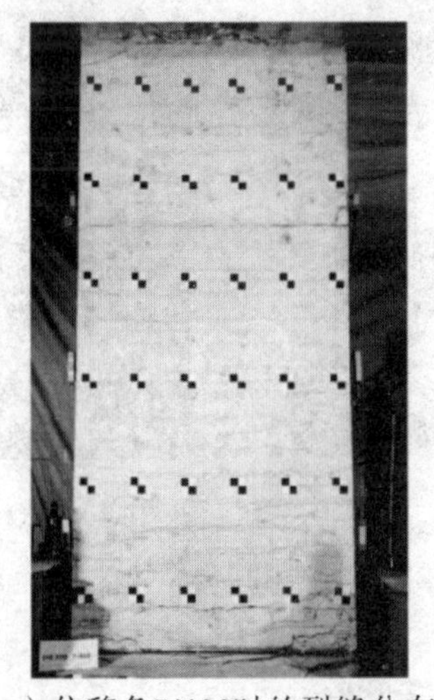

(a) 位移角7/400时的裂缝分布

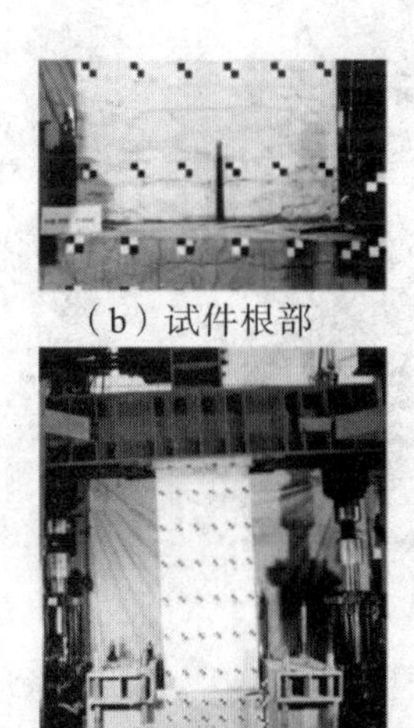

(b) 试件根部

(c) 破坏时的变形

图 1.13　试件破坏特征

王威[35-37]等人还进行了波形钢板-混凝土组合剪力墙的设计,以内置波形板的放置形式为变量,共设计了 2 片组合墙试件,并进行了试验研究。试验结果表明:波形钢板可有效地抑制混凝土裂缝的发展,与混凝土之间具有很好的界面黏结力,改善了因平钢板与混凝土界面黏结力差、自身鼓曲变形大等因素引起混凝土剥落的不利情况,同时具有良好的承载能力与稳定的滞回性能。组合墙试件和有限元模型如图 1.14 所示。

目前,我国的超高层结构中已经大量采用钢板-混凝土组合剪力墙构件。具有代表性的有深圳平安金融中心大厦、上海中心大厦、武汉绿地中心等,如图 1.15 所示。

深圳平安金融大厦[38]采用“加劲混凝土核心筒 - 钢斜撑 - 钢带状桁架 - 型钢 - 混凝土巨柱 - 钢伸臂 - 钢 V 撑巨型结构”,塔楼地上 118 层,塔尖高度为 660 m,结构高度为 597 m,其中地下 5 ~ 12 层的内外墙体均采用钢板组合剪力墙。上海中心大厦采用“巨型框架 - 核心筒 - 伸臂桁架”抗侧力结构体系,建筑总高度632 m,其中地下室以及地下1~20层的核心筒翼墙和腹墙中均内嵌钢板。武汉绿地中心采用"巨型框架-钢筋混凝土核心筒-外伸臂支撑"的结构形式,地下6层,地上119层,建筑高度606 m,其中核心筒钢板组合剪力墙采用C60混凝土。

(a)试件样式

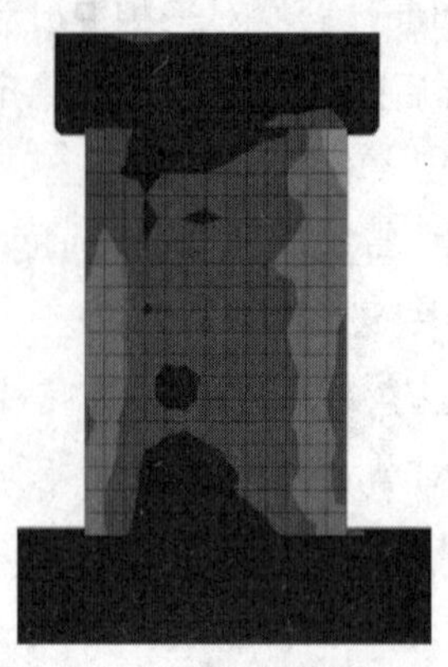

(b)模型外包混凝土

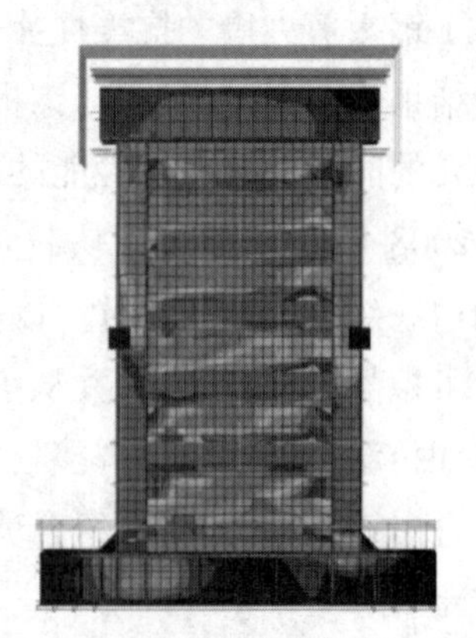

(c)模型内嵌钢板

图1.14 波形钢板-混凝土组合墙试件及模型

(a)深圳平安金融中心

(b)上海中心大厦

(c)武汉绿地中心

图1.15 钢板组合墙的工程应用

1.3 钢-混凝土黏结滑移课题研究意义

只要是组合结构,必定离不开黏结滑移这个力学问题,因为组合结构能安全工作的基础是所组成的材料界面间的黏结性能。对于钢板与混凝土组合的剪力墙构件,钢与混凝土之间的黏结滑移直接关系到结构整体的受力性能,对结构的承载力和破坏形态有不可忽略的影响。实际工程中,为了防止混凝土过早剥落、提高构件承载力,在钢板表面盲目地布置抗剪连接件,增加了工程造价。因此,研究清楚钢和混凝土之间的黏结滑移性能是很有必要的。

1.3.1 型钢-混凝土黏结滑移研究综述

肖季秋[39]于1992年通过推出试验进行了工字钢的型号和配置箍筋情况等因素对型钢-混凝土黏结强度的研究,结论指出:①黏结应力峰值大都出现在加载端附近;②与光圆、变形钢筋混凝土的荷载滑移曲线相比,型钢-混凝土的荷载滑移曲线具有较高的初始黏结强度、较低的极限黏结强度和较高的残余黏结强度;③由于型钢型号增大,横截面周长与面积之比相对下降,使得黏结强度降低。

Roeder 等[40]对 1999 年以前的型钢-混凝土黏结滑移试验研究进行了归纳总结,其中涵盖了混凝土强度等级、型钢截面面积与混凝土截面面积之比、型钢埋置长度与截面高度的比值等因素,发现各试验的离散差异性很大,没法得出有效结论。之后,Roeder 进行了型钢-混凝土推出试验,重点分析了配箍率、荷载加载方式、剪力连接件对黏结强度的影响。结论指出:①箍筋能显著提高滑移后的残余黏结强度;②当循环荷载超过初始荷载的 40% 时,界面黏结性能退化严重;③剪力连接件会加大混凝土的应力集中和裂缝破坏,承载力不能是剪力连接件引起的承载力与型钢-混凝土无剪力连接件时的自然黏结承载力的叠加。

杨勇[41]等提出了一种钢-混凝土电子滑移传感器,对型钢-混凝土内部进行了滑移测量,并根据型钢应变的测量结果指出,在荷载上升阶段和荷载下降阶段内部型钢应变分别呈指数分布和线形分布。2016 年,王玉镯[42]等考虑到城市的建筑火灾的影响,在高温作用下进行了型钢与混凝土界面黏结滑移试验研究,此次试验共设计了 11 个试件,分别在 20℃、50℃、100℃、150℃、200℃、250℃、300℃、350℃、400℃、500℃和 600℃下进行。试验发现,试件在高温下的初始滑移量高于常温下,且随温度的变化在 2.5 ~3 mm 范围内波动。

2019 年谢明[43]等人进行了 16 组试件的实腹式型钢-混凝土结构黏结滑移性能的拉拔试验,获得型钢-混凝土试件拉拔破坏全过程的随时断裂面图像。基于分形几何理论对型钢-混凝土结构拉拔破坏过程中裂纹扩展规律进行了分析,得到黏结界面破坏各阶段的分形特征参数。探讨了型钢-混凝土结构中型钢与混凝土界面的黏结滑移性能与断裂面分形参数的关系,以及影响型钢与混凝土界面黏结滑移性能的主要因素与分形参数的关系,发现分维数与型钢-混凝土黏结滑移性能及影响因素有一定的线性相关趋势。回归了极限黏结强度与分形参数之间的统计公式,发现型钢-混凝土结构断裂面分形特征参数可作为估计型钢-混凝土损伤程度的征因子。试件尺寸及滑移传感器的布置如图 1.16 所示。

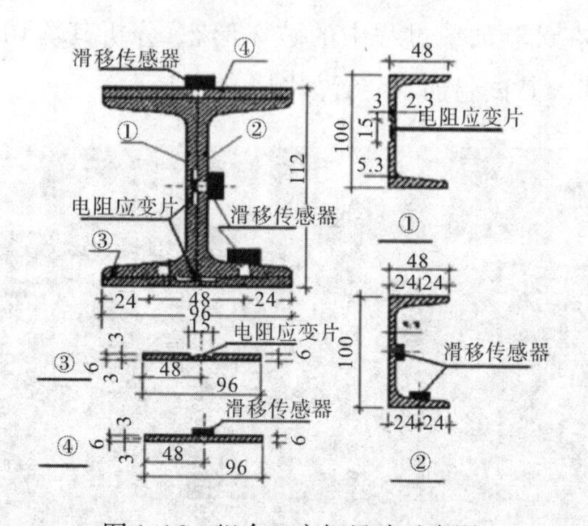

图 1.16　组合工字钢尺寸示意图

1.3.2　钢板-混凝土黏结滑移研究综述

目前,针对平钢板-混凝土的黏结滑移研究文献甚少,工程中大都在平钢板表面布置栓钉以增强混凝土与平钢板的连接组合作用。有研究认为,埋入式钢板-混凝土的界面抗剪强度低于钢管-混凝土结构及型钢-混凝土结构中的钢-混凝土界面黏结强度,且钢板表面喷砂后与混凝土组合后的界面抗剪承载力大约是无锈蚀、表面光滑的钢板情况的2倍[44]。2011年,Yong-Hak[45]基于Mohr-Coulomb钢-混凝土界面开裂与能量释放的关系准则,提出黏结滑移本构模型能反映塑性流动理论,并建立了试件发生滑移后的滑动摩擦参数。2016年,王威[46]对内配钢板RC剪力墙进行了抗剪承载力数值模拟分析,并考虑了钢板与混凝土界面间的黏结滑移,引入了黏结系数的概念,将现有的抗剪承载力公式进行了修正,计算结果与试验值吻合较好。研究了拉结筋、抗剪连接件和栓钉对内配钢板RC剪力墙抗震性能的影响[47-49]。同时研发了一种量测钢板与混凝土界面滑移的传感器[50]。

工程中为了确保混凝土与平钢板的协同作用,需要布置大量的拉结筋并在钢板表面焊接抗剪连接件,从而增大了工程造价。寻求钢板与混凝土的组合受力机制成为亟须解决的科学问题。波形钢板(Corrugated Steel Plate)是指将平钢板通过冷压或热轧成为梯形、正弦波形或Z字形的钢板件[51]。波形钢板由于具有较大的面外刚度和垂直于波棱方向的收缩性(亦称手风琴效应)的特殊截面性质,目前在组合楼板、剪力墙、箱形桥梁钢腹板中已有诸多研究和应用[52]。波形钢板与混凝土之间的作用力主要由以下3部分组成[53]:①化学胶着力。混凝土浇筑成型时,水泥砂浆体积元会在钢板表面产生张力,此张力与钢板表面的水泥砂浆体积元自重形成平衡关系。混凝土在振捣过程当中,水泥砂浆在扰动力的激励下向钢板表面氧化层渗透。在振捣、养护一系列过程中,水泥砂浆体结晶硬化形成化学胶着力。化学胶着力的影响因素有混凝土强度、混凝土保护层厚度、横向配箍率、波形钢板表面状况、试件浇筑方式等。②摩擦阻力。当试件发生黏结滑移后,水泥砂浆结晶体被剪切破坏,化学胶着力进而损失殆尽。同时,波形钢板与混凝土界面间存在正压力和摩擦系数,进而产生摩擦阻力。影响摩擦阻力的因素有混凝土级配、波形钢板几何形状及表面状况、荷载情况、保护层厚度等因素。③机械咬合力。波形钢板波角处、波脊尖端处、粗糙不平的波形钢板表面和钢板表面焊接的栓钉与混凝土的相互咬合嵌固构成了机械咬合力。

马梁[54]进行了压型钢板-混凝土组合楼板剪切黏结试验研究及性能分析,研究了开口和闭口2种板型的压型钢板-混凝土组合楼板在剪跨、钢板厚度、栓钉、混凝土板厚等因素影响下的受力性能,描述了各组合楼板试件在试验加载过程中的破坏形态,分析其剪切黏结性能,并根据规范给出了适合工程应用的计算公式。其试验加载装置如图1.17所示。

图1.17　试验加载装置示意图

史庆轩等[55]通过考虑剪跨比、组合楼板高度、压型钢板厚度、剪力连接件的形式和混凝土强度等因素对压型钢板-混凝土组合楼板进行了4点集中加载试验。结论指出:压型钢板混凝土组合楼板界面间的剪切黏结强度,与压型钢板的面积呈线性关系而与钢板强度无关;组合楼板的破坏,受剪跨的影响比较明显,长剪跨受弯曲控制,短剪跨受剪切黏结控制;剪跨越小,试件极限承载力越高,同时钢板厚度较大的组合板滑移较大,与剪跨比没有明显关系。同济大学蒋首超[56]通过推出试验直观地研究了压型钢板-混凝土在常温、100℃、150℃、200℃、300℃、400℃、500℃、600℃状态下的黏结性能,试验结果表明,黏结强度与温度呈对数分布。

波形钢板与混凝土的界面黏结滑移的研究大都以压型钢板-混凝土组合楼板为研究对象,虽然得出了组合楼板纵向剪切承载力计算公式,但只是简单地分析了剪切黏结强度影响因素,没有得出黏结滑移本构关系的量化研究。拉拔试验和推出试验是研究组合结构黏结滑移最直观的试验方法,黏结滑移曲线是表征组合结构界面黏结力学性能的有效准则。

2018年,王威等[57-58]进行了波形钢板-混凝土界面间黏结滑移力学性能研究,根据弹性力学理论推导了波形钢板与混凝土拉拔（推出）试验中各自的应力、位移、滑移的理论公式,研究了基于推出试验的波形钢板-混凝土黏结滑移的试验方法。根据试验结果,建立了黏结强度与波角的计算公式。对于波角为钝角的波形钢板-混凝土,黏结应力随着波角的增大而增大。根据试验结果,得出了波形钢板-混凝土界面黏结力理论公式中的特征值系数,并与试验得出的等效黏结应力做对比,发现两者吻合很好,表明波形钢板-混凝土基于弹性力学的黏结应力理论计算公式具有精确性。其加载装置如图1.18所示。

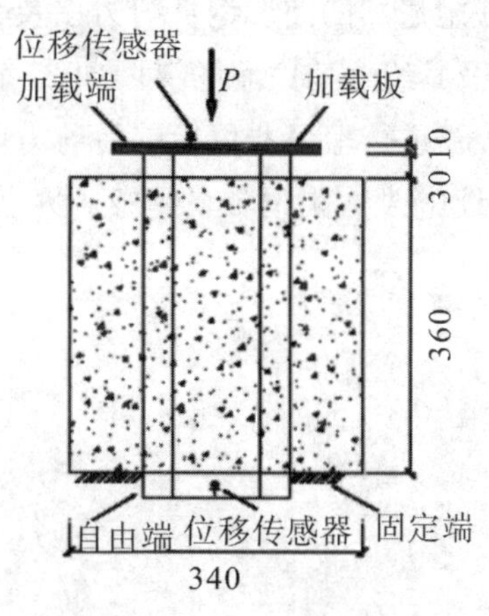

图1.18　试验加载装置示意图

1.4　本书主要研究内容

本书的研究内容是可恢复功能波形钢板剪力墙及其组合剪力墙的抗震性能设计方法研究,主要从以下几个方面展开了相关研究:

1)通过对6个波形钢板剪力墙及其组合剪力墙试件进行抗震性能试验研究,得到基于不同波形钢板形式下波形钢板剪力墙及其组合剪力墙的滞回曲线、骨架曲线、破坏模式、延性和滞回耗能能力、承载力和刚度退化情况以及应变研究。

2)结合波形钢板剪力墙及其组合剪力墙的受力机理,在ABAQUS有限元分析结果基础上,通过拟合得到波形钢板剪力墙及其组合剪力墙的抗剪承载力理论计算公式,将理论计算结果与有限元分析结果和试验结果进行对比,验证抗剪承载力的准确性。此外,得到波形钢板-混凝土组合剪力墙的剪力分担率等力学性能,从而为工程实际提供依据。

3)通过剪力墙试验确定塑性区域,设计出一种新型波纹形低屈服点钢阻尼器,从结构对称形式、屈服强度和厚度考虑,共设计了8个试件。通过对设计的8个波形钢板阻尼器试件进行拟静力试验研究，对比分析了4个阻尼器在低周反复荷载下的滞回性能、承载能力、耗能能力、刚度退化等力学性能指标，分析了试件分别在屈服状态、破坏状态、极限状态下的受力变形特征。

4）波形钢板阻尼器的有限元分析，选择常见的几种本构强化模型，通过对波形钢板阻尼器的有限元分析验证有限元模型的有效性，选取适合本文模型结构形式的强化模型，并对试验试件未考虑到的几何因素进行拓展分析，选择一组最优解进行优化设计。

5）对波形钢板与混凝土间的界面黏结滑移问题进行研究。在综合考虑了混凝土强度等级、混凝土保护层厚度、横向配箍率、混凝土浇筑方式、钢材表面状况等黏结滑移传统影响因素，重点研究波形钢板波脊、波角几何截面因素对黏结强度、试件破坏形态和黏结机理的影响。结合荷载滑移曲线和试件破坏形态，建立不同受力阶段的黏结强度与波角、波脊关系的计算公式，并宏观分析所有试件进而得出波角、波脊最优截面。

6）根据试验研究所得黏结滑移本构关系，基于ANSYS有限元软件对试件进行数值模拟分析，并将模拟结果与试验结果比对，以检测黏结滑移本构关系的准确度；根据前期试验结果归纳总结出波形钢板-混凝土界面间黏结应力分布规律，获取黏结应力基于弹性力学的解析解，建立黏结应力和滑移理论计算公式。

7）通过对3个带有墙趾可更换阻尼器的波形钢板剪力墙及其组合剪力墙试件进行抗震性能试验研究，得到3个波形钢板剪力墙及其组合剪力墙的滞回曲线、骨架曲线、破坏模式、延性和滞回耗能能力、承载力和刚度退化情况，以及进行阻尼器更换前后剪力墙力学性能的对比分析。通过数值模拟手段对试验进行验证，并在后续中改变阻尼器的刚度，以寻求阻尼器与剪力墙的最佳强度、刚度匹配关系。

第2章　波形钢板剪力墙抗震性能试验研究

2.1　波形钢板剪力墙试验研究方案

2.1.1　试验目的

钢板剪力墙结构是20世纪70年代发展起来的一种抗侧力结构体系,由内嵌钢板、约束边缘构件组成[59]。目前,国内外对钢板剪力墙进行了很多的试验研究,如日本对加劲钢板剪力墙的研究较多,而美国对厚钢板剪力墙的研究较多,但不论何种试验研究,大多针对平钢板剪力墙,对波形钢板剪力墙的试验研究尚未成熟。波形钢板剪力墙作为一种新型的抗侧力结构,相比传统平钢板剪力墙,该结构体系具有抗侧刚度大、承载力高、滞回性能好、延性及耗能能力好等优点,尤其在高烈度地震区更能展示出其独特的优越性,具有较好的发展前景。为研究波形钢板剪力墙的抗震性能,本章设计了平钢板剪力墙、竖向波形钢板剪力墙和横向波形钢板剪力墙3个试件,进行低周循环加载的拟静力试验研究,主要研究波形钢板剪力墙的初始刚度、滞回性能、耗能能力、承载能力和延性等抗震性能,以达到以下目的:

1)得到钢板剪力墙的承载力、抗侧刚度、骨架曲线、延性和耗能能力等力学指标,并对比分析波形钢板在不同布置形式时,波形钢板剪力墙的抗震性能。

2)分析波形钢板剪力墙在加载过程中拉力带的发展过程及约束边缘构件对内嵌钢板的影响。观察试件在试验过程中的变形情况,研究波形钢板剪力墙构件的受力机理和破坏形态。

2.1.2　试件的设计与制作

(1)试件的设计

在本试验中,以层高3.9 m、宽2.6 m足尺剪力墙为原型,按照1∶2缩尺比例设计了3个钢板剪力墙试件,分别为平钢板剪力墙(SPSW-1)、竖向波形钢板剪力墙(SPSW-2)和横向波形钢板剪力墙(SPSW-3)。内嵌钢板设计参数见表2.1。钢梁规格为HM244×175×7×11,约束边缘"H"型钢柱规格为HN150×75×5×7。试件截面尺寸详情见表2.2,顶梁、底梁设计尺寸见图2.1。本试验中,波形钢板由平钢板弯折而成,弯折时所转动的角度称为波角,符号为θ。

表2.1　试件参数

试件编号	钢板特征	θ/(°)	t/mm	n	λ
SPSW-1	平钢板	0	3		
SPSW-2	竖向波形钢板	45	3	0.15	1.5
SPSW-3	水平波形钢板	45	3		

注：t 为钢板厚度，n 为试件的轴压比，λ 为试件的剪跨比。

表 2.2　试件截面尺寸（单位：mm）

底梁、顶梁	端柱	钢板厚	波形钢板
H244×175×7×11	H150×75×5×7	3	

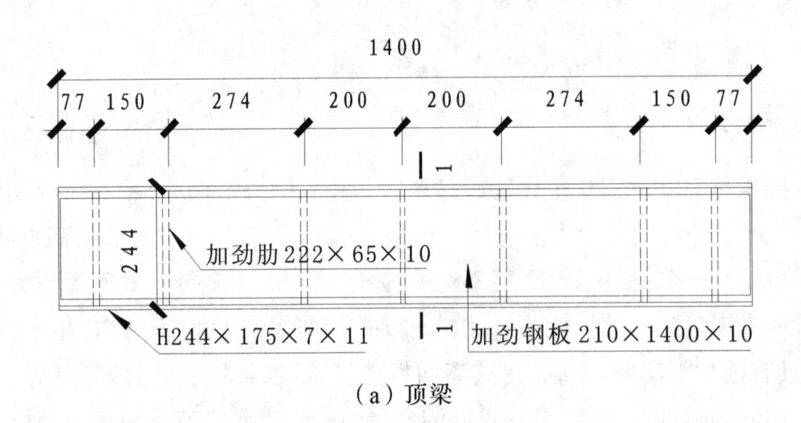

（a）顶梁

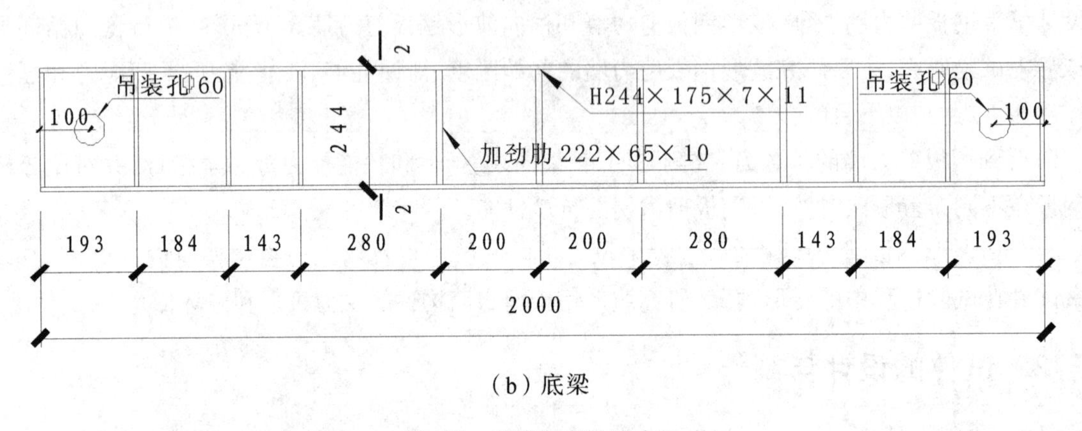

（b）底梁

图 2.1　顶梁和底梁尺寸图

在本次试验中，平钢板及波形钢板的四周均布置约束边缘构件，以防止底梁和顶梁在荷载作用下发生屈曲，为保证底梁和顶梁具有足够的刚度，在底梁和顶梁焊接了尺寸为 222 mm×65 mm×10 mm的加劲肋。因试验的支撑不足以较好地抵抗波形钢板剪力墙 H 型钢柱的平面外失稳，故在 H 型钢柱腹板处焊接尺寸为 1400 mm×210 mm×10 mm 的加劲肋，加强其刚度，以防止 H 型钢柱过早发生平面外失稳。3 个钢板剪力墙设计见图 2.2。

（2）试件的加工制作

波形钢板是平钢板通过 WC67K 系列数控弯折机弯折后形成。在制作过程中，首先将钢框架焊接好，之后将平钢板通过二氧化碳保护焊与钢框架焊接形成平钢板剪力墙。同理，将波形钢板通过二氧化碳保护焊与钢框架焊接形成波形钢板剪力墙。试件的加工制作过程见图 2.3。

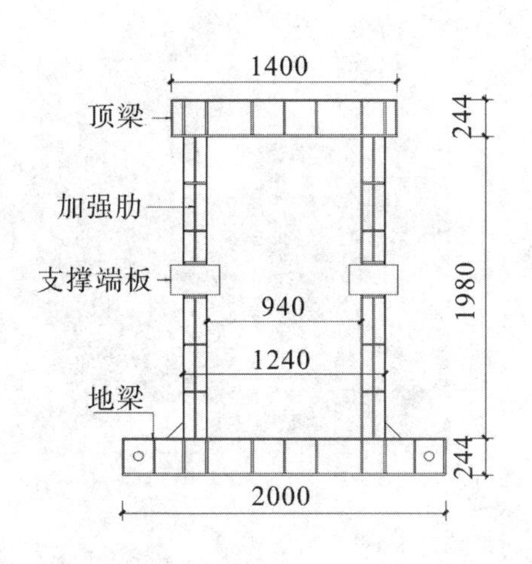

（a）试件SPSW-1

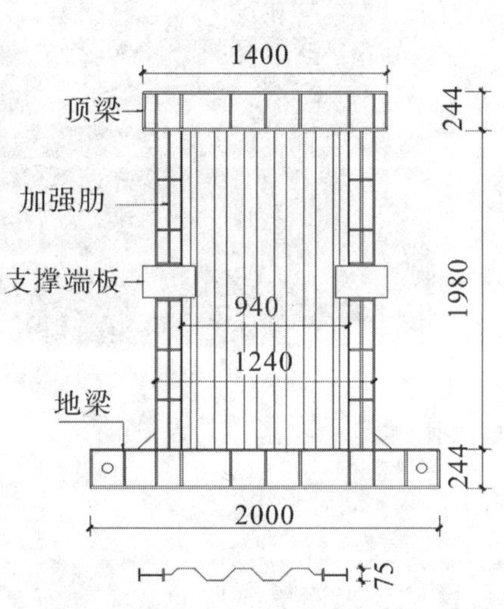

（b）试件SPSW-2

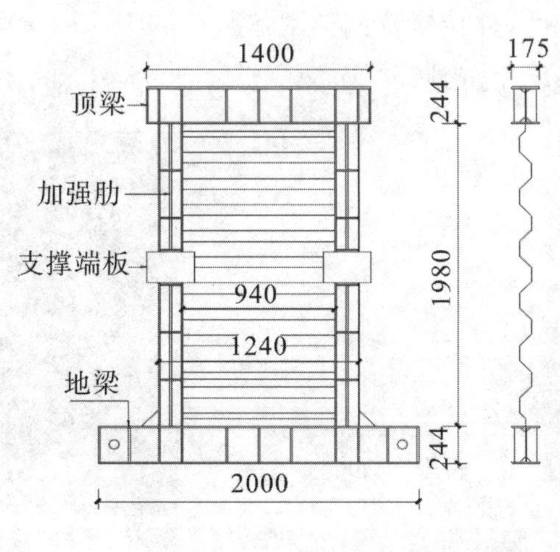

（c）试件SPSW-3

图2.2　波形钢板剪力墙试件设计尺寸

（a）波形钢板加工成型

（b）平钢板剪力墙的焊接

（c）波形钢板剪力墙成型

（d）波形钢板剪力墙

图 2.3　试件制作过程

2.1.3　材性试验

本试验所有试件所用钢材均为 Q235B 级钢，材性试验采用单向拉伸试验。该试验在西安建筑科技大学 CSS－WAW300DL 电液伺服万能试验机上进行，引伸计标定 50 mm 间距，测定试件的变形。根据国家标准《钢及钢产品力学性能试验取样位置及试样制备》（GB/T2975－1998）[60] 中的相关规定，确定材性试验样板件的尺寸，样板件尺寸如图 2.4 所示。

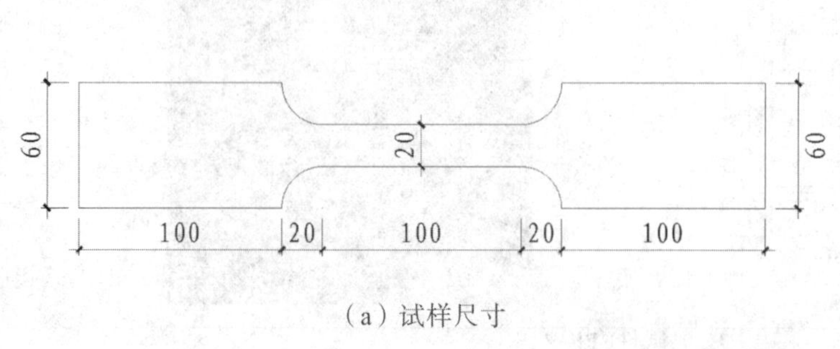

（a）试样尺寸

（b）材性试验加载

图 2.4　试样尺寸及材性试验加载

根据内嵌钢板（3 mm）、H 型钢柱腹板（5 mm）和翼缘（7 mm）、钢梁腹板（7 mm）和翼缘（11 mm）板材厚度不同，设计了 4 组钢材材性试验，每组取 3 个试样，试样破坏情况见图 2.5。

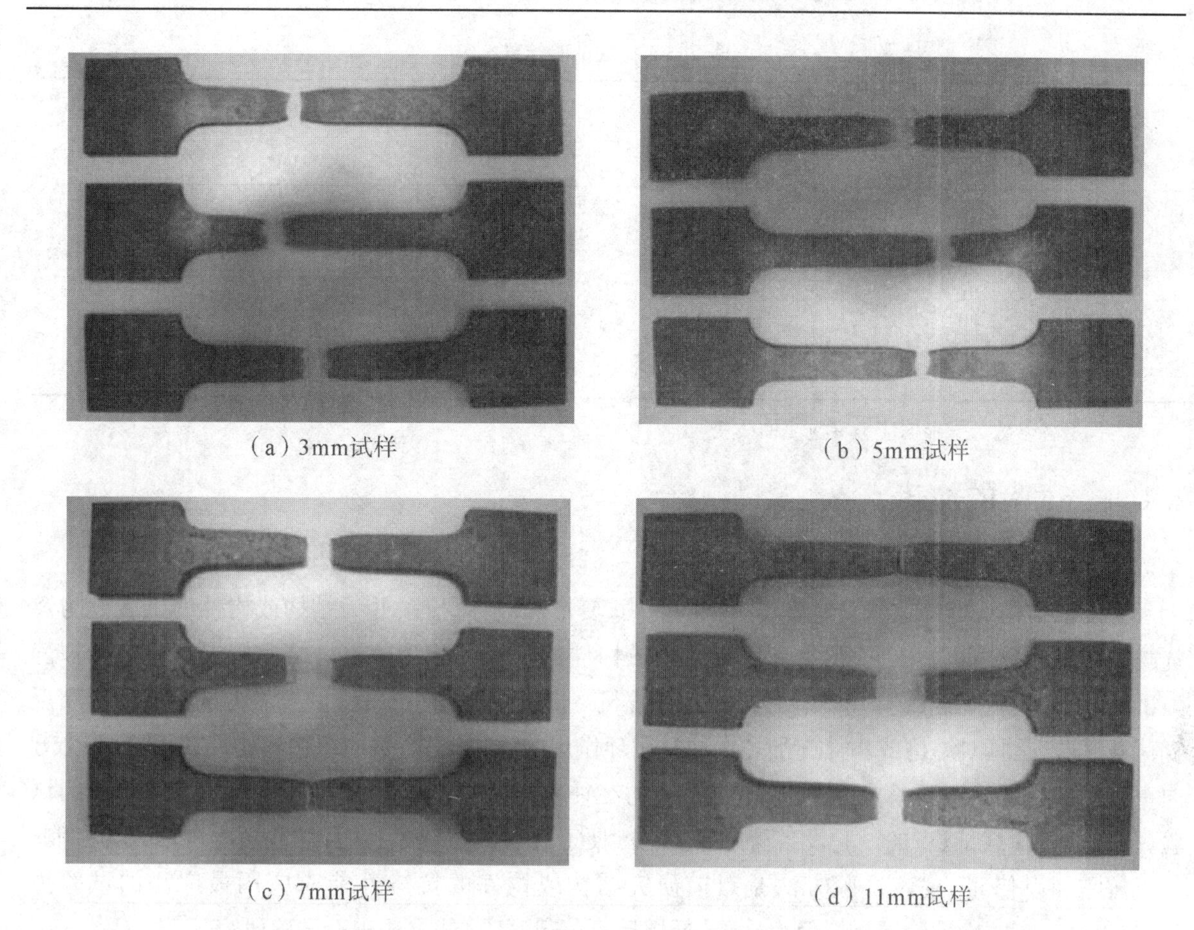

（a）3mm试样　（b）5mm试样

（c）7mm试样　（d）11mm试样

图 2.5　试样破坏情况

钢板材性力学性能根据《金属材料室温拉伸试验方法》（GB/T 228.1－2010）[61]中的相关规定确定。材性试验所得钢材的应力－应变曲线如图 2.6 所示。

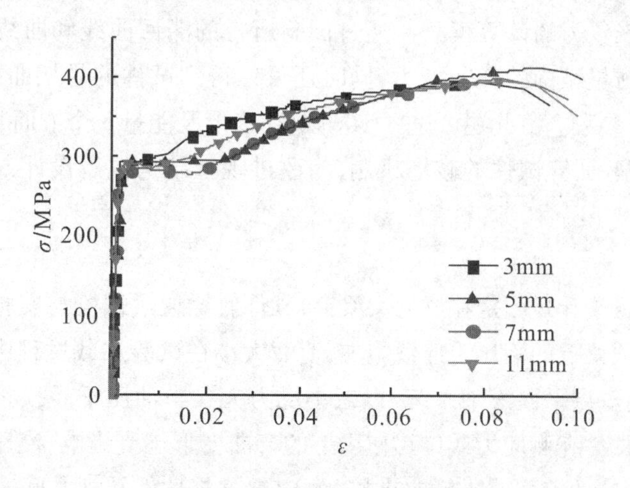

图 2.6　钢材的应力－应变曲线

结果表明，试验所用钢材具有明显的屈服平台，满足《碳素结构钢》（GB/T 700－2006）[62]中对钢材屈服强度、抗拉强度、伸长率等力学性能的相关要求。材性试验的主要目的是测定材料在单向拉伸作用下应力－应变关系数据，确定材料的弹性模量、屈服强度、抗拉强度、延伸率、强屈比等参数。各参数取各组试样的平均值，材性试验结果见表 2.3。

表 2.3 材性试验结果

板厚 /mm	弹性模量 E /10^3MPa	屈服强度 f_y /MPa	抗拉强度 f_u /MPa	延伸率 δ /%	强屈比 f_u/f_y
3	205.35	342	451	29.1	1.32
5	200.61	313	435	32.3	1.39
7	202.82	298	420	33.4	1.41
11	213.56	289	440	35.7	1.52

注:钢材各参数数据根据应力-应变曲线获取。

2.1.4 试验的加载

(1)加载方案

为模拟结构或构件在水平地震作用下的受力、变形和破坏机理,并为结构或构件的抗震设防及抗震设计理念提供相关依据,常常需要以结构或构件的抗震试验为依据。结构抗震试验包括拟静力试验(低周反复荷载试验)和拟动力试验(计算机-电液伺服联机试验)。拟静力试验又称低周反复荷载试验,是指对结构或构件施加多次往复循环作用的静力试验,是使结构或构件在正、反2个方向重复加载和卸载的过程,用以模拟地震时结构在往复振动中的受力特点和变形特点。拟静力试验(低周反复荷载试验)的试验设备简单、耗资少、便于观察试验现象,并且加载历程可以人为控制,可以按需加以修正,故该试验方法是目前研究结构或构件的抗震性能时应用最广泛的试验方法[63-65]之一。本次试验选择拟静力试验(低周反复荷载试验)的方法进行试验研究。

试验在西安建筑科技大学的结构与抗震实验室进行,采用拟静力试验(低周反复荷载试验)方法进行。在试验过程中,用一定的荷载或位移值控制对试件进行了低周反复循环加载,从试件开始受力到试件破坏的循环加载过程中,可以确定试件在弹性阶段、弹塑性阶段和破坏阶段的荷载-位移特性,以获得试件的恢复力的计算模型。通过试验所得的滞回曲线和曲线包围的面积求得结构的等效黏性阻尼系数,衡量结构的耗能能力,同时还可以得到试件的骨架曲线、初始刚度、承载力、延性系数及刚度退化等参数。由此还可进一步从强度、变形及能量3个方面判断和鉴定结构的抗震性能。最后可以通过试验研究试件的破坏机制,为改进现行结构抗震设计方法及改进结构设计的构造措施提供依据。

(2)加载装置

在实验过程中,液压千斤顶固定在反力大梁上,试件底梁通过螺栓与实验室台座锚固为一个整体,竖向荷载由支撑在顶梁上的液压千斤顶施加,荷载大小在试验加载过程中保持不变。液压千斤顶与反力大梁之间采用双层平面滚轴系统,以减小反力大梁与油压千斤顶之间的摩擦力对试验造成的影响,同时为保证试件在侧向力或位移作用下的弯曲变形不受影响,液压千斤顶的底部采用球铰装置。在试件两侧端柱的中部放置侧向支撑(侧向支撑与试件端柱之间通过滚轮接触),以防止试件在平面外产生变形失稳。水平往复力由支撑在反力墙上1000 kN的MTS电液伺服加载作动器提供,该作动器另一端与剪力墙顶梁侧端相连。试验加载装置示意图见图2.7。

(3)加载制度

根据《建筑抗震试验规程》(JGJ/T 101-2015)[66]中的相关规定制定加载程序,本实验采用拟静力试验方法,采用力-位移混合控制加载制度。试件屈服前采用荷载控制,屈服后采用位移控制。

具体加载程序为：

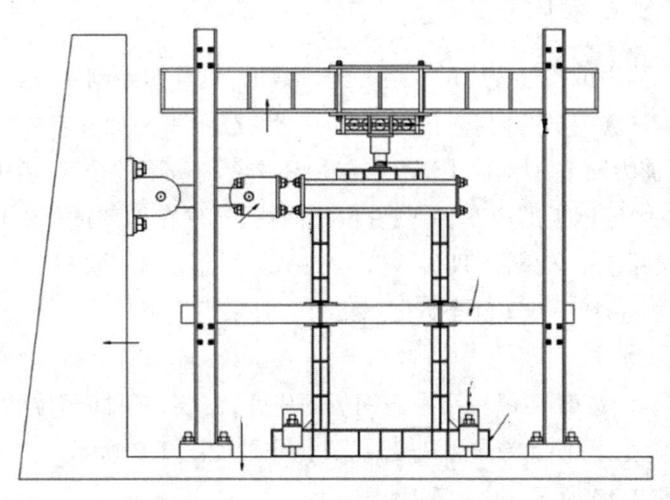

图2.7　加载装置

1)确定竖向荷载：钢结构试件通常采用应力比(强度比、稳定应力比及剪应力比)表征试件截面的受力状态。因试件尺寸薄弱，为防止试件在加载中过早失稳，强度比取0.1，轴压力分项系数为1.2。不考虑内嵌钢板对轴压力的贡献，轴压强度应力比计算公式为：

$$\mu = \frac{1.5N_t}{f_a A} \tag{2-1}$$

式中：N_t——试验千斤顶施加的轴压力值，N；

f_a——钢材抗拉强度设计值，MPa；

A——试件两侧H型钢柱的截面面积，mm^2。

试验轴压比取0.15，由此计算竖向荷载为150 kN。

2)试验前：通过液压千斤顶施加竖向荷载50 kN，以消除试件内的不均匀性，之后通过MTS电液伺服加载作动器施加±25 kN、±50 kN两级循环往复水平荷载，每级加载结束后，检查试验装置和测量仪表是否正常，随后将竖向荷载加满并保持到试验结束不变。

3)试验正式开始后：试验采用力－位移混合控制加载制度，试件屈服前采用荷载控制，初始荷载为屈服荷载预估值的25%，每级荷载往复循环1次；当荷载－位移曲线出现拐点，表示试件开始屈服，之后采用位移控制加载，初始位移值取试件屈服时的最大位移，并以该位移值的倍数为极差控制加载，每级荷载往复循环3次。当荷载下降至最大荷载的85%左右或试件失稳破坏时，停止加载。试验加载制度示意图如图2.8所示。

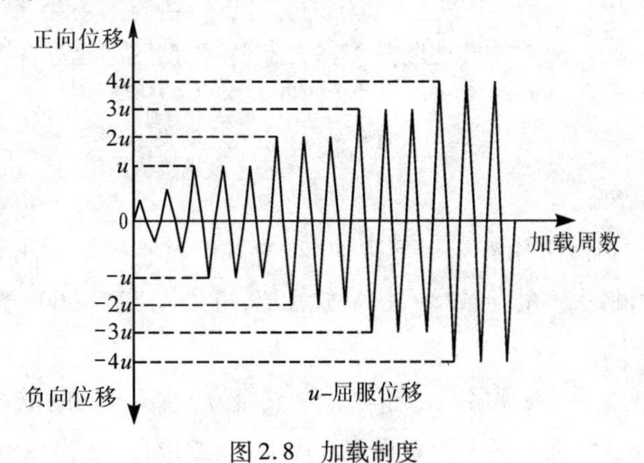

图2.8　加载制度

2.1.5 测点布置及测量内容

为观察剪力墙在拟静力试验过程中的反应并记录数据，对其初始刚度、延性和耗能能力等力学性能指标进行研究。本试验测试的内容有：剪力墙顶部加载梁水平加载点处各级循环往复荷载的大小及加载点的位移，剪力墙H型钢柱中部在各级循环往复荷载下的位移，剪力墙底部刚体水平位移，剪力墙H型钢柱及内嵌钢板的应变，荷载－位移曲线，试件在加载过程中其他各种情况的记录与描绘。试验数据采集系统由传感器、TDS－602静态数据采集仪和计算机3部分构成。试验中，荷载、位移、应变等数据通过TDS－602静态数据采集仪实时采集记录。

(1)应变测量

加载过程中，为准确测量H型钢柱及内嵌钢板的应变，需要在不同部位贴好应变片及应变花。在H型钢柱腹板布置应变花，外翼缘布置应变片，具体布置如图2.9所示。内嵌钢板上仅布置应变花22个，具体布置如图2.10所示。

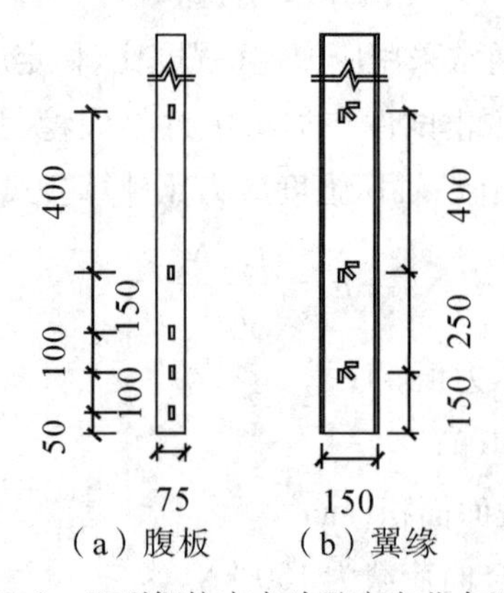

图2.9 H型钢柱应变片及应变花布置图

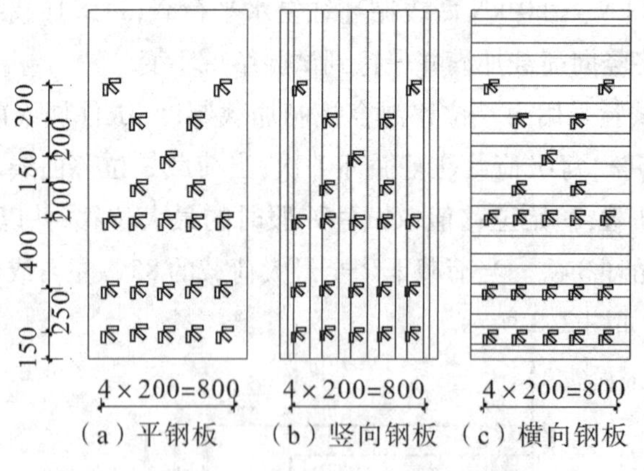

图2.10 内嵌钢板应变花布置图

(2)荷载测量

试件顶部加载梁竖向荷载采用液压千斤顶加载，通过仪表监控轴向压力。加载梁端部水平荷载通过MTS作动器加载，将采集的荷载接入信号放大器，再接入TDS－602数据采集仪中。

(3)位移测量

为测量剪力墙顶梁的位移，在顶梁端部布置1个量程为±150 mm的位移计；为测量剪力墙中部的位移，在H型钢柱中部翼缘处布置1个量程为±100 mm的位移计；为测量剪力墙地梁的位移，在剪力墙底部布置1个量程为±50 mm的位移计;考虑到在加载过程中剪力墙与地面发生滑移,在底梁端部布置1个量程为±50 mm的位移计。若剪力墙与地面发生滑移或发生其他危险情况,需立即停止试验,检查各情况原因,在危险情况消除后方可重新开始试验。位移计布置如图2.11所示。

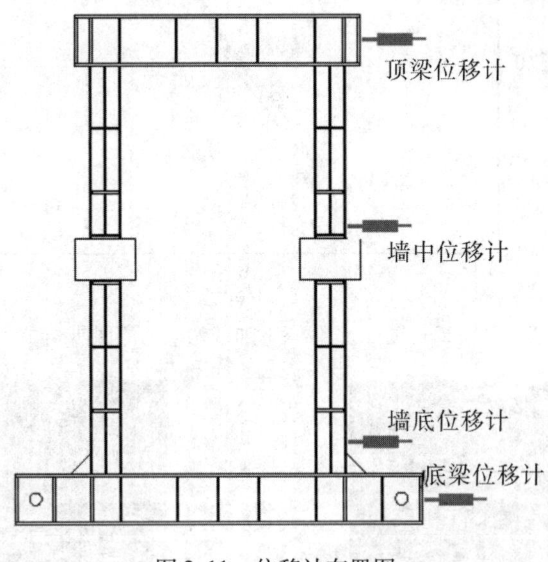

图2.11　位移计布置图

(4)荷载-位移曲线测量

通过 $X-Y$ 绘图仪可以实现同步观测试件的荷载-位移曲线。将仪器所得数据一并输入计算机,以实现数据同步采集。在此过程中,位移传感器除了有一定的精度要求外,还应保证足够的量程,以满足构件进入非线性阶段时量测大变形的要求。

2.1.6　试验现象及试件破坏形态

为方便对试验现象进行描述,定义靠近MTS伺服机作动器为左侧,反之为右侧;MTS伺服机作动器向右侧推试件为加载正向(推),反之为加载负向(拉)。3个钢板剪力墙的加载制度基本相同,但其破坏特征和破坏趋势又有差异。其中平钢板剪力墙的初始平面外最大变形是3 mm,约为墙宽的1/300,竖向钢板剪力墙的初始平面外最大变形是1.8 mm,约为墙宽的1/522,横向波形钢板剪力墙的初始平面外最大变形是1.5 mm,约为宽度的1/627,变形部位均为试件中部偏上。现分别就各自的试验现象和破坏形态加以描述。

(1)平钢板剪力墙(试件SPSW-1)

在竖向荷载加至150 kN的过程中,试件SPSW-1保持弹性状态,内嵌平钢板和H型钢端柱均无明显变形,但有较小的"咚咚"声出现。在之后的试验过程中,竖向荷载保持为150 kN不变,首先施加水平荷载至50 kN,之后以25 kN的级差往复施加至正向(推)200 kN。在此过程中可以听见焊缝连接处焊渣脱落的声音,但试件无明显变形特征,其滞回曲线呈线性增长,此现象表明试件仍处于弹性受力阶段。此阶段的水平荷载较小,滞回曲线基本呈直线。试件SPSW-1在加载初期的滞回曲线见图2.12。

负向(拉)加载至200 kN时,试件内嵌平钢板中部靠近右侧H型钢柱处出现了斜向下的平面外鼓曲,平钢板在变形时产生了较大声响,滞回曲线开始有弯曲趋势,此现象表明试件已经开始屈服,此时H型钢柱没有发生明显变形。内置钢板的平面外鼓曲变形见图2.13。

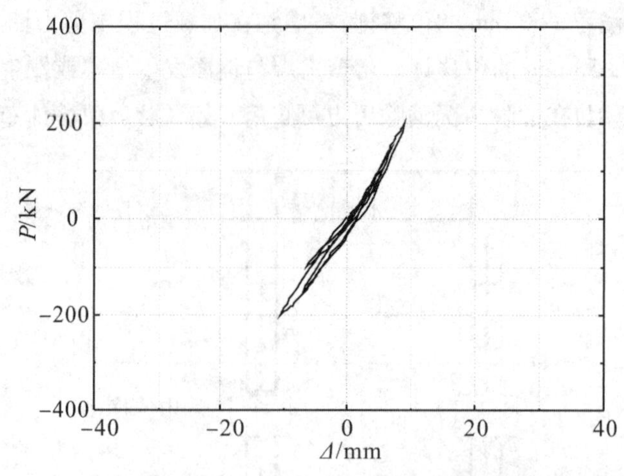

图 2.12　试件 SPSW－1 加载初期的滞回曲线

（a）内置平钢板沿拉力带鼓曲变形

（b）鼓曲侧视图

图 2.13　内置平钢板向平面外鼓曲变形

随后，在正向（推）加载至 250 kN 的过程中，试件内嵌平钢板中部靠近左侧 H 型钢柱处也出现了斜向下的平面外鼓曲，与上级荷载形成“X”形交叉鼓曲。在之后的位移控制加载阶段，每级循环加载均在两侧出现斜向的平面外鼓曲并伴随“咚咚”声响，内嵌钢板两侧的 H 型钢柱逐渐出现较大的面外倾斜。最终，试件在较小的侧移下由于 H 型钢柱倾斜较大，承载力降低，发生了失稳破坏。最终破坏形态如图 2.14 所示。

（a）H型钢柱向一侧扭转

（b）对侧H型钢柱侧倾

图 2.14　试件 SPSW－1 最终破坏形态

(2)竖向波形钢板剪力墙(试件 SPSW－2)

在施加竖向荷载至150 kN 的过程中,试件 SPSW－2(竖向波形钢板剪力墙)各部件均保持弹性状态,内嵌波形钢板和 H 型钢柱均无明显变形和声音。在之后的试验过程中竖向荷载保持为150 kN不变,首先施加水平荷载至50 kN,之后以25kN 的级差往复施加至正向(推)200 kN。在此过程中不断听见焊缝连接处焊渣脱落的声音,试件并无明显变形,其滞回曲线呈现明显的“捏拢”现象,如图2.15 所示。

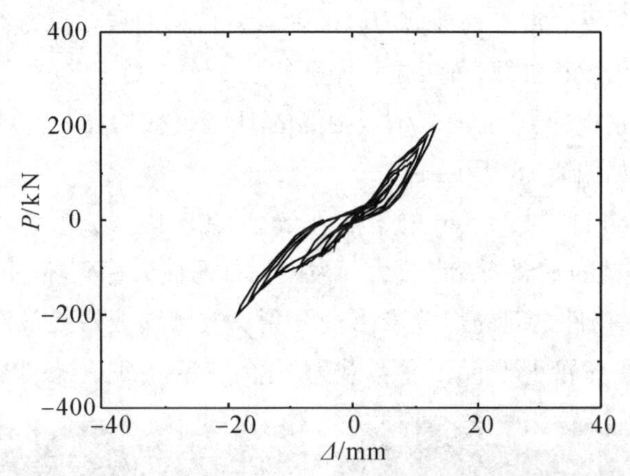

图2.15　试件 SPSW－2 加载初期“捏拢”的滞回曲线

当正向(推)加载至280 kN 时,在右侧 H 型钢柱顶端产生了约9 mm 的平面外侧倾,同时内嵌波形钢板在局部出现鼓曲,在其表面出现45°方向的屈曲变形,波形钢板剪力墙的荷载－位移曲线明显偏离直线。此现象表明试件开始屈服,此时将加载方式改为位移控制加载,且每级位移往复加载3 次。当正向(推)加载至墙体顶点位移＋28.5 mm 时,竖向波形钢板沿45°方向的屈曲变形非常明显,现象如图2.16 所示。

在右侧 H 型钢柱顶端的平面外变形达到20 mm 左右时,滞回曲线由“捏拢”状态逐渐趋于饱满。正向(推)至＋38 mm 时波形钢板形成了“X”形的剪切破坏,破坏现象如图2.17 所示。

图2.16　局部屈曲变形

图2.17　斜向拉力带

随着右侧 H 型钢柱的平面外变形不断扩大,从荷载－位移曲线可以得知结构已经发生明显的刚度退化,恢复力出现突降现象。试件在加载过程中,波形钢板与约束边缘构件之间的焊缝未出现开裂,H 型钢柱底部平面外变形过大,试件承载力下降。

(3)横向波形钢板剪力墙(试件 SPSW－3)

在施加竖向荷载的过程中,试件 SPSW－3(横向波形钢板剪力墙)的内嵌钢板因竖向刚度较小而产生微小的压缩变形。在施加横向荷载过程中,试件 SPSW－3 各部位保持线弹性状态。在整个加载过程中竖向荷载保持为 150 kN 不变,先施加水平荷载 50 kN,之后以 25 kN 的级差循环往复加载至 300 kN。在此过程中不断有焊渣脱落的声响,内嵌波形钢板几乎没有产生平面外鼓曲,试件无明显变形特征。滞回曲线与试件 SPSW－2 截然不同,试件 SPSW－3 的滞回曲线并没有出现"捏拢"现象,而是向饱满的梭形发展。波形钢板剪力墙的荷载－位移曲线偏离直线,此现象表明构件开始屈服,此时将加载方式改为位移加载,每级位移循环往复 3 次。当正向(推)加载使墙体顶点位移为＋32 mm 时,因水平波形钢板的影响,内嵌钢板两侧的 H 型钢柱均在距离地梁上表面约 400 mm 高的位置处出现翼缘屈曲,如图 2.18 所示。

试件的 H 型钢柱顶部出现约 20 mm 的平面外偏移,此时内嵌波形钢板并未发生平面外屈曲。最后,整个墙体因 H 型钢柱的平面外变形过大而发生面外弯曲失稳破坏。试件在整个加载过程中,内嵌波形钢板与约束边缘构件之间的焊缝未出现开裂。波形钢板始终没有发生平面外屈曲,但波形钢板两侧的 H 型钢柱局部屈曲严重,试件承载力下降。最终破坏形态如图 2.19 所示。

图 2.18　H 型钢柱翼缘屈曲

图 2.19　波形钢板屈曲变形

2.2　波形钢板剪力墙抗震性能分析

2.2.1　滞回曲线和骨架曲线

滞回曲线是试件在低周往复循环荷载作用下的荷载－位移曲线。滞回曲线是衡量构件抗震性能的一个重要指标,可以反映构件的变形特征、刚度退化特性、承载能力和耗能能力大小等抗震性能,是确定恢复力模型以及进行非线性地震反应分析的依据,又称恢复力曲线(Restoring Force Curve)[67]。滞回曲线的形状一般分为梭形、弓形、反 S 形和 Z 形,其中以梭形最为饱满,这种饱满程度可以反映出整个结构或构件的塑性变形能力的强弱。滞回曲线较为饱满的结构或试件具有更好的抗震性能和耗能能力。

骨架曲线是指从加载开始点出发,将每次加载循环的峰值荷载(位移控制加载时,骨架曲线取该级第一次加载得到的荷载)和对应的位移所形成的点连接起来的曲线。它反映了构件受力与变形的各个不同阶段和特性(强度、刚度、延性、耗能能力及抗倒塌能力等),也是确定恢复力模型中特征点的重要依据[68]。

试验采集了试件顶梁中心线高度处的水平位移,以此水平位移为横坐标,以 MTS 液压伺服机作动器施加的水平荷载为纵坐标,可以得到各试件的滞回曲线。各试件的水平荷载 - 位移滞回曲线和骨架曲线如图 2.20 所示。由图可以看出:试件 SPSW - 1 的 H 型钢柱过早破坏,滞回曲线大部分位于早期弹性加载阶段,但在试件屈服后有趋于饱满的趋势,随着荷载不断增大,试件 SPSW - 1 达到屈服后,很快就发生破坏,滞回曲线不够饱满,近似线性,滞回性能较差;试件 SPSW - 2 在加载初期为弹性阶段,其滞回曲线出现捏拢现象,这是由于试件内嵌波形钢板竖向放置时,在水平荷载作用下,会产生水平方向的"手风琴效应";试件 SPSW - 3 在加载初期滞回曲线较为饱满,因波形钢板为横向放置,其平面内剪切变形较小,对其刚度的影响较小,其滞回曲线在弹性阶段并未发生捏拢现象。相比试件 SPSW - 1 和试件 SPSW - 2,试件 SPSW - 3 滞回曲线较为饱满;3 个试件中,试件 SPSW - 2 和试件 SPSW - 3 滞回曲线呈饱满的梭形,表现出较好的滞回性能。

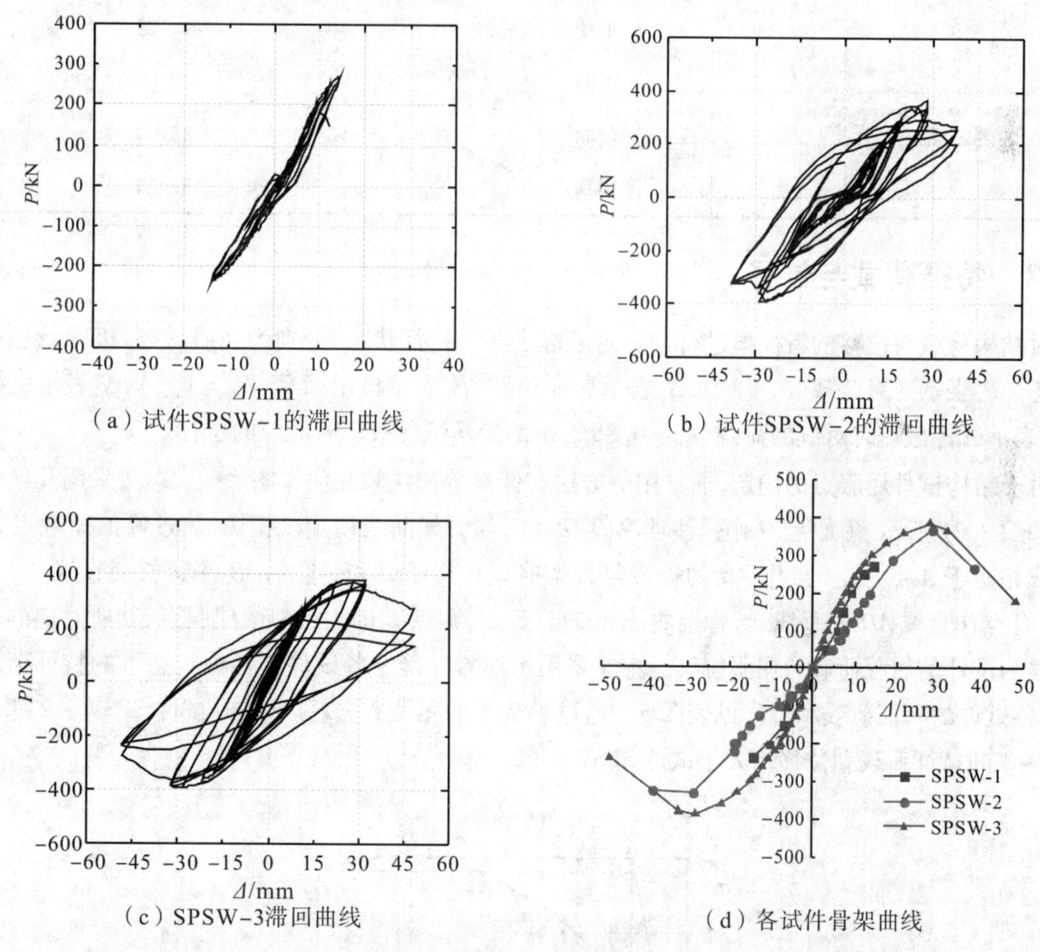

(a) 试件SPSW-1的滞回曲线

(b) 试件SPSW-2的滞回曲线

(c) SPSW-3滞回曲线

(d) 各试件骨架曲线

图 2.20　滞回曲线和骨架曲线

根据上述方法,由滞回曲线可以绘制波形钢板剪力墙的骨架曲线,如图 2.20(d)所示。由图可知:试件 SPSW - 1 经历了弹性和弹塑性 2 个阶段,而且在弹塑性初始阶段便发生了失稳破坏,所以骨架曲线接近直线;试件 SPSW - 2 和试件 SPSW - 3 的骨架曲线基本为"S"形,说明试件 SPSW - 2 和试件 SPSW - 3 试件在低周反复荷载下经历了弹性、弹塑性、塑性和破坏阶段,其中试件 SPSW - 2 的承载能力略低于试件 SPSW - 3 的。根据骨架曲线的斜率可以看出,试件 SPSW - 3 的抗侧刚度最大,试件 SPSW-1 次之,因为试件 SPSW-2 内嵌波形钢板是竖向放置,在水平荷载作用下产生了手风琴效应,所以 SPSW-2 的抗侧刚度较小。

根据 3 个试件的骨架曲线得到其初始刚度如表 2.4 所示。由表中数据可知:横向波形钢板剪力墙的初始刚度最大,平钢板剪力墙次之,竖向波形钢板剪力墙最小;2 种波形钢板剪力墙的承载力远大于平钢板剪力墙。

表 2.4 各试件初始刚度

试件编号	加载方向	初始刚度/($kN \cdot m^{-1}$)
SPSW-1	正向	16.55
	负向	21.75
	平均	19.15
SPSW-2	正向	11.34
	负向	17.03
	平均	14.23
SPSW-3	正向	29.03
	负向	35.47
	平均	32.24

2.2.2 特征荷载与位移

对结构荷载与位移的特征值进行分析时考虑了 3 个特征状态,分别为屈服状态、极限状态和破坏状态。P_y表示屈服荷载($P_y=V_y$),Δ_y表示屈服位移,P_u表示极限荷载($P_u=V_{max}$),Δ_u表示极限位移,P_d表示试件破坏时对应的荷载($P_d=0.85P_u$),Δ_d表示试件破坏时对应的位移。

对于结构试件屈服点的确定,通常用的方法有能量等值法和几何作图法[69],本文采用几何作图法。如图 2.21 所示,由原点 O 作弹性理论值 OA 线,与骨架曲线初始段相切,与过峰值荷载点 D 的水平线相交于 A 点,过 A 点作 AD 的垂线与骨架曲线相交于 B 点,连接 OB 并延长交直线 AD 于 C 点,过 C 点作直线 AD 的垂线,与骨架曲线相交于 E 点,则点 E 即为近似的屈服点,其所对应的荷载和位移为试件的屈服荷载和屈服位移。本文采用上述方法确定各试件在各种状态下的特征荷载和位移,各试件的特征荷载和位移见表 2.5。通过表 2.5 的相关数据可以得知:试件 SPSW-2 和试件 SPSW-3 的特征荷载和位移均大于试件 SPSW-1。

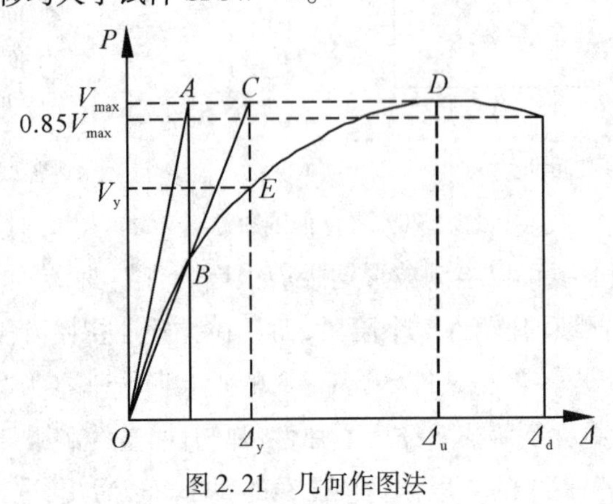

图 2.21 几何作图法

表2.5　屈服状态、极限状态、破坏状态对应的荷载和位移及延性系数

试件编号	加载方向	屈服状态		极限状态		破坏状态		μ
		P_y/kN	Δ_y/mm	P_u/kN	Δ_u/mm	P_d/kN	Δ_d/mm	
SPSW－1	正向	220.5	10.91	272.5	14.24	272.5	14.24	1.31
	负向	223.1	12.80	239.5	14.24	239.5	14.24	1.11
	平均	221.8	11.86	256.0	14.24	256.0	14.24	1.20
SPSW－2	正向	285.4	24.29	365.7	28.50	310.8	29.13	1.20
	负向	326.8	28.23	329.8	28.50	334.3	38.01	1.35
	平均	306.1	26.26	347.8	28.50	322.6	33.55	1.28
SPSW－3	正向	329.1	17.31	381.3	28.01	179.7	48.04	2.78
	负向	323.1	17.24	387.1	28.01	237.9	48.02	2.79
	平均	326.1	17.28	384.2	28.01	208.8	48.03	2.78

各试件的屈服位移角、极限位移角和破坏位移角分别为各试件的平均屈服位移、平均极限位移和平均破坏位移与试件高度的比值[70]。其中，平均位移为正向、负向位移的平均值，高度为底梁顶面至顶梁中心的距离。具体计算结果如表2.6所示。

表2.6　屈服状态、极限状态、破坏状态对应的位移角

试件编号	屈服位移角	极限位移角	有效破坏位移角
SPSW－1	1/167	1/139	1/139
SPSW－2	1/76	1/69	1/59
SPSW－3	1/115	1/71	1/41

根据JGJ/T380－2015《钢板剪力墙技术规程》第3.4.2条规定：钢板剪力墙的极限位移角为1/50。从表2.6计算结果可以看出：试件SPSW－1的有效破坏位移角为1/139，远小于相关规范要求，说明平钢板剪力墙的塑性变形能力较差；试件SPSW－2和试件SPSW－3的有效破坏位移角分别为1/59和1/41，与规范要求相差不大，说明波形钢板剪力墙具有较好的塑性变形能力。

2.2.3　延性和耗能能力

（1）延性分析

结构、构件或构件的某个截面从屈服开始到达到最大承载能力或达到最大承载能力以后承载能力没有显著下降期间的变形能力，即为延性。在抗震设计中，通常用延性系数μ来表示结构或构件延性的优劣，延性系数的大小对结构或构件的抗震能力有很大的影响，反映的是结构或构件的变形能力，是评价结构或构件抗震性能的一个重要指标。延性系数$\mu=\Delta_d/\Delta_y$，其中Δ_d为试件破坏时对应的位移，Δ_y为试件屈服时对应的位移，有些试件的承载能力在本试验结束时并没有降到极限荷载的85%，在这种情况下，试验结束时取最大位移值作为Δ_d进行计算，这样可使得计算得到的延性系数偏于保守。本文采用上述方法确定各试件在各种状态下的延性系数，各试件的计算结果见表2.5。由表可知：试件SPSW－3的延性系数大于试件SPSW－1和试件SPSW－2，故横向波形钢板剪

力墙具有较好的变形能力。

(2)耗能能力分析

结构的耗能能力[71]是指结构在荷载或地震作用下吸收和消耗外部能量的能力,试件的耗能用滞回曲线所围成的面积来衡量。根据试件的滞回曲线,计算出能量耗散值,从而对试件的耗能能力进行综合评估,计算简图如图2.22所示。根据图2.22可以做出耗能、累积耗能、等效黏滞阻尼系数与位移的关系曲线,其中能量用E表示,可以用滞回环所包围的面积表示,即$E=S_{ABC}+S_{CDA}$;等效黏性阻尼系数用ξ_{eq}表示,可以按式(2-2)计算。

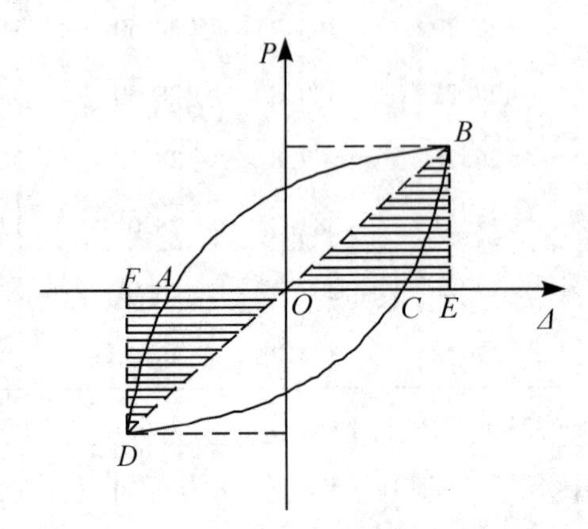

图2.22　等效黏滞阻尼系数计算示意图

$$\xi_{eq}=\frac{1}{2\pi}\cdot\frac{S_{ABC}+S_{CDA}}{S_{\triangle OBE}+S_{\triangle ODF}} \tag{2-2}$$

式中:$S_{ABC}+S_{CDA}$——滞回环所包围的面积;

$S_{\triangle OBE}+S_{\triangle ODF}$——相应三角形的面积,表示弹性应变能。

按照上述耗能计算方法,计算得出试件的耗能E、累积耗能$\sum E$以及等效黏性阻尼系数ξ_{eq},进而绘制与位移的关系曲线,如图2.23、图2.24和图2.25所示。

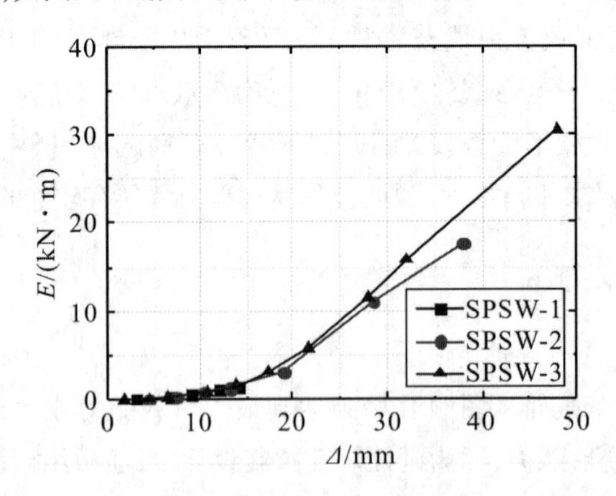

图2.23　耗能-位移曲线

由图2.23可知:在加载初期,3个试件的耗能基本相同,随位移的增大,试件SPSW-1开始屈服,耗能逐渐低于试件SPSW-2和试件SPSW-3。在整个加载过程中,波形钢板剪力墙试件的耗能随位移的增大不断地增大,平钢板剪力墙的耗能增加很小,试件SPSW-2和试件SPSW-3的耗能远大于试件SPSW-1,其中试件SPSW-2的耗能低于试件SPSW-3。

由图2.24可知:在加载初期,3个试件的累积耗能基本相同,随位移的增大,试件SPSW-1开始屈服,累积耗能开始低于试件 SPSW-2 和试件 SPSW-3。试件 SPSW-1 达到屈服以后,试件 SPSW-2 的累积耗能逐渐略高于试件 SPSW-3,随着位移增大又逐渐略低于试件 SPSW-3,但总体来看试件 SPSW-2 和试件 SPSW-3 的累积耗能相差不大。

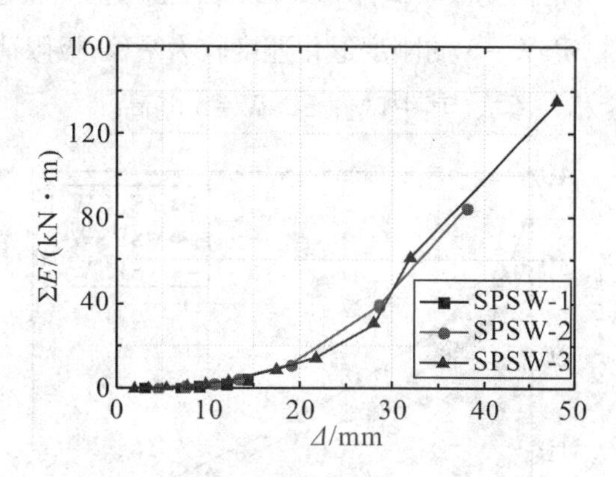

图 2.24 累积耗能-位移曲线

由图 2.25 可知:在加载初期,2 个波形钢板剪力墙试件的等效黏滞阻尼系数有略微的差别,由于在加载初期试件 SPSW-2 和试件 SPSW-1 的内嵌钢板发生平面外鼓起和平面内压缩,所以其等效黏滞阻尼系数略大于试件 SPSW-3,其中试件 SPSW-2 的等效黏滞阻尼系数最大。在试件 SPSW-1 屈服后,随位移的增加,试件 SPSW-2 和试件 SPSW-3 等效黏滞阻尼系数的差距越来越小,但依然略高于试件 SPSW-3,最后试件 SPSW-3 等效黏滞阻尼系数显著大于试件 SPSW-2。

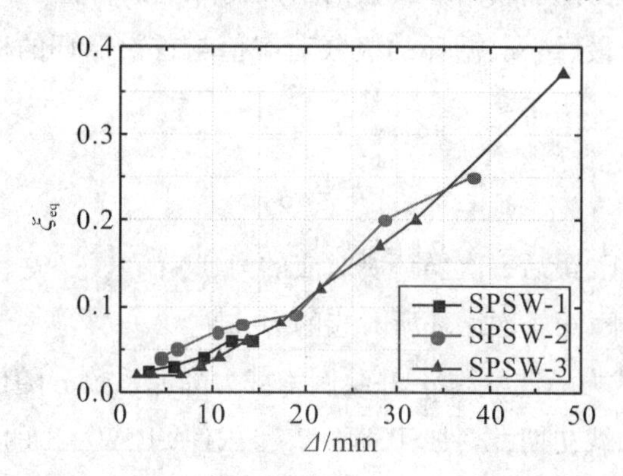

图 2.25 等效黏滞阻尼系数-位移曲线

2.2.4 刚度和承载力退化

(1)刚度退化分析

在位移幅值不变的条件下,结构构件的刚度随反复加载次数的增加而降低的特征称为刚度退化,可采取各级变形下的割线刚度[72-73] K_1 的变化来表征,指在同级位移多次循环加载的平均荷载与平均位移之比,可按照式(2-3)计算。

$$K_1 = \frac{|+P_i| + |-P_i|}{|+\Delta_i| + |-\Delta_i|} \tag{2-3}$$

式中:Δ_i——位移幅值,mm;

P_i——同一位移幅值下,第 i 次循环时对应的力,kN。

试件的割线刚度 K_1 按照上式计算,可以得到割线刚度 K_1 随位移变化的曲线,见图 2.26。

由图 2.26 可知:在试验加载初期,2 个试件的刚度均随着位移的增大而退化,试件 SPSW-3 退化的速度最慢，试件 SPSW－1 次之，试件 SPSW－2 刚度退化的速度最快，这是因为试件 SPSW－2 的内嵌钢板为竖向波形钢板，存在手风琴效应，在水平荷载作用下平面内的压缩刚度几乎为零，其抗侧刚度由约束边缘构件 H 型钢柱提供。试件 SPSW－1 在屈服后失稳破坏，试件 SPSW－2 在屈服后刚度退化的速度减缓，试件 SPSW－3 的刚度退化速度较为平稳，极限荷载后，试件 SPSW－2 和试件 SPSW－3 的刚度退化速度相差不大，其中试件 SPSW－3 略高。

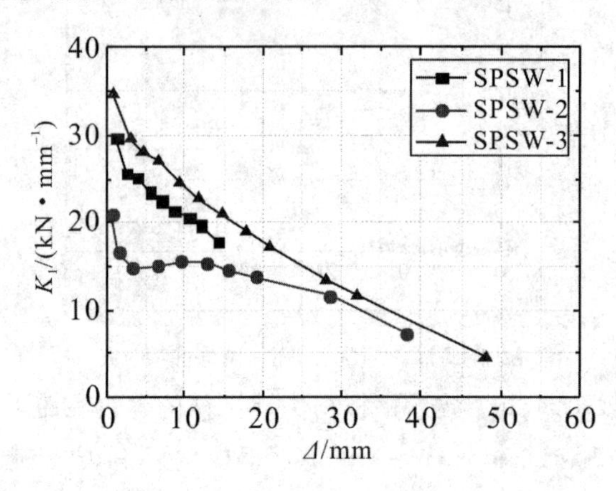

图 2.26　刚度退化曲线

(2)承载力退化分析

承载力退化指结构承载力随加载循环次数的增加而降低的特性，可以用承载力降低系数 η 表示，指同一位移幅值作用下，最后一次循环的极限荷载值与首次循环的极限荷载值之比，可按照式(2－4)计算。

$$\eta = \frac{P_n}{P_1} \tag{2-4}$$

式中：P_n——同一位移幅值下，最后一次循环所对应的力，kN；

P_1——同一位移幅值下，第 1 次循环所对应的力，kN。

按照式(2－4)计算承载力降低系数 η，并绘制承载力降低系数 η 随位移变化的曲线，如图 2.27 所示。由图 2.27 可知：在加载初期，试件 SPSW－2 和试件 SPSW－3 的承载力退化系数在 0.9 以上，试件 SPSW－1 在达到屈服后发生失稳破坏。与试件 SPSW－3 相比，试件 SPSW－2 的承载力退化较早，试件 SPSW－3 的承载力较为稳定，表现出良好的受力性能。

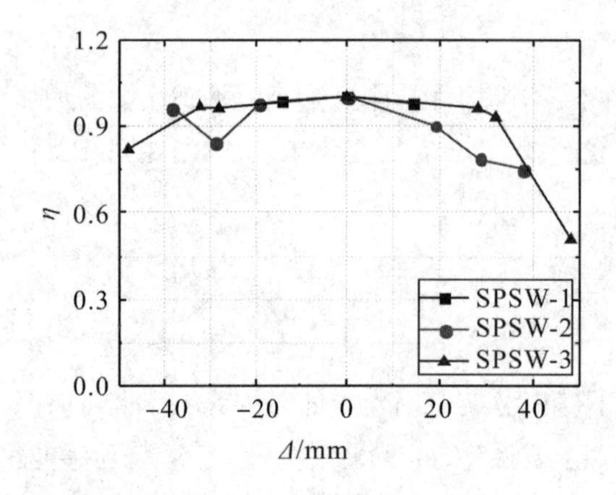

图 2.27　承载力退化曲线

2.2.5　波形钢板剪力墙应变分析

对波形钢板而言，试件的钢板厚度较小，可看成是平面应力状态。根据钢板上直角应变花分别测得 0°、90°和 45°这 3 个方向的应变 $\varepsilon_{0°}$、$\varepsilon_{90°}$、$\varepsilon_{45°}$，如图 2.28(a)所示。根据应变测得的数据可以按照式(2－5)～式(2－7)计算[74]出线应变 ε_x、ε_y 以及剪切应变 γ_{xy}，如图 2.28(b)所示。

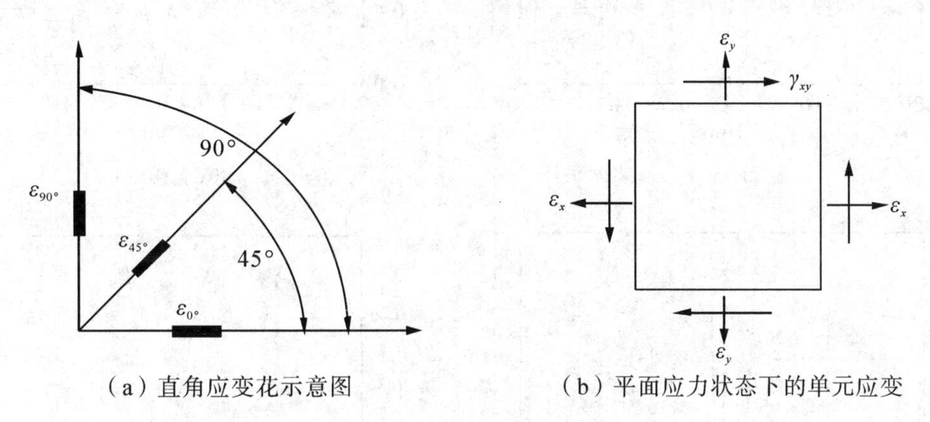

(a) 直角应变花示意图　　(b) 平面应力状态下的单元应变

图 2.28　直角应变片及钢板单元受力图

$$\varepsilon_x = \varepsilon_{0°} \tag{2-5}$$

$$\varepsilon_y = \varepsilon_{90°} \tag{2-6}$$

$$\gamma_{xy} = 2\varepsilon_{45°}(-\varepsilon_{0°} + \varepsilon_{90°}) \tag{2-7}$$

由上述计算方法所得的应变，根据式(2－8)可以计算主应力的方向(同主应变的方向)。

$$\tan 2a_0 = \frac{2\varepsilon_{45°} - (\varepsilon_{0°} + \varepsilon_{90°})}{\varepsilon_{0°} - \varepsilon_{90°}} \tag{2-8}$$

$$\varepsilon_{\mathrm{m}} = \frac{\varepsilon_{0°} + \varepsilon_{90°}}{2} + \frac{1}{\sqrt{2}}\sqrt{(\varepsilon_{0°} - \varepsilon_{45°})^2 + (\varepsilon_{45°} - \varepsilon_{90°})^2} \tag{2-9}$$

为进一步了解波形钢板剪力墙在试验过程中关键区域波形钢板的受力发展过程，现取内嵌钢板上 5 个关键位置处的应变花，编号分别为 s1、s5、s8、s11 和 s15，示意图如图 2.29(a)所示。需要得到每个测点处在钢板屈服时所对应的位移，见表 2.7。除此之外，将测点数据进行分析处理，其中 ε_{m} 可以根据式(2－9)求得，可以得到应变比值－位移曲线，3 个试件分别在 5 个关键点处的应变比值－位移曲线如图 2.29(b)～图 2.29(f)所示。

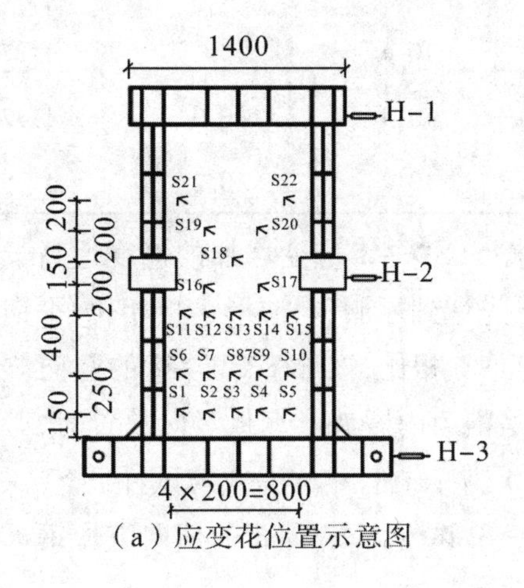

(a) 应变花位置示意图

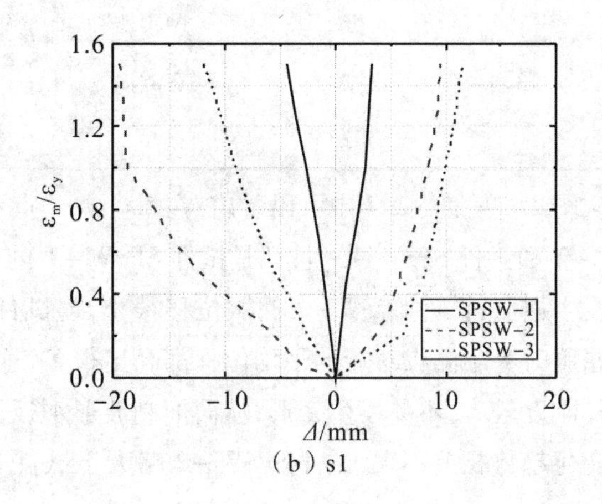

(b) s1

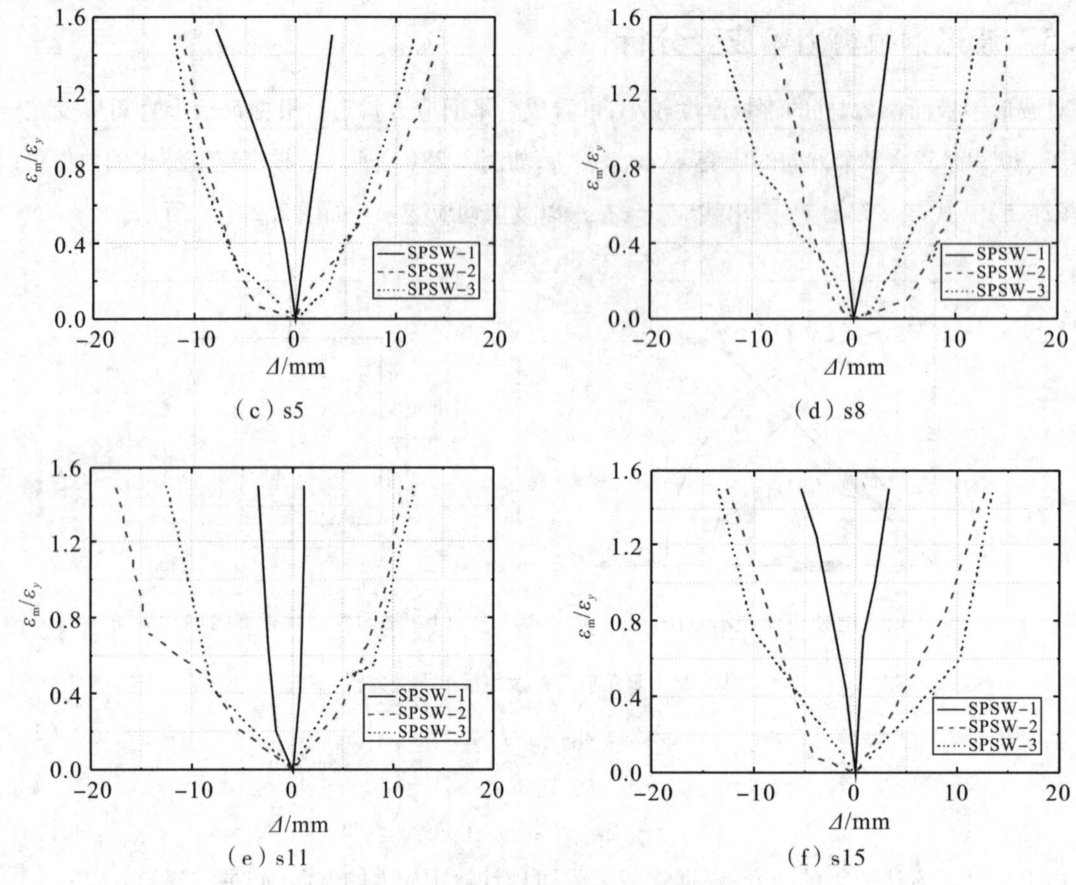

(c) s5

(d) s8

(e) s11

(f) s15

图 2.29 波形钢板剪力墙部分应变数据曲线

表 2.7 每个测点处钢板屈服时所对应的位移(单位:mm)

试件编号	加载方向	s1	s5	s8	s11	s15
	推	2.8	2.5	2.4	3.0	3.2
SPSW－1	拉	2.8	4.0	2.4	2.8	3.0
	平均	2.8	3.3	2.4	2.9	3.1
	推	8.3	11.5	13.5	9.3	9.9
SPSW－2	拉	18.7	9.3	5.7	15.4	9.5
	平均	13.5	10.4	9.6	12.4	9.7
	推	10.0	9.2	10.4	10.1	11.7
SPSW－3	拉	9.1	10.4	10.4	10.3	11.2
	平均	9.6	9.8	10.4	10.2	11.5

从图 2.29 和表 2.7 中可以看出:在 5 个测试点中,试件 SPSW－1 应变增加的速度远高于试件 SPSW－2 和试件 SPSW－3,且都是试件 SPSW－1 的钢板最先达到屈服,与波形钢板相比,平钢板更容易发生屈服;试件 SPSW－1 屈服位移很小,与试件 SPSW－1 相比,试件 SPSW－2 的竖向波形钢板在屈服时 5 个测点对应的平均位移都高出很多,这主要是因为内嵌波形钢板竖向放置时,剪力墙平面外刚度较大,不易发生变形,从而抑制波形钢板过早的屈服;试件 SPSW－3 与试件 SPSW－2 的应变变化趋势相差不大,试件 SPSW－2 略大于试件 SPSW－3,试件 SPSW－3 的横向波形钢板在屈

服时5个测点对应的平均位移均大于试件SPSW－1,试件SPSW－3在水平荷载作用下会产生竖直方向的手风琴效应,使得横向波形钢板的应力较小,从而抑制波形钢板过早屈服。其中s1和s5所对应的屈服位移较小,这与试验当中试件SPSW－3发生屈服的位置基本吻合。

2.3 ABAQUS有限元非线性数值分析

2.3.1 ABAQUS有限元软件及非线性简介

(1)ABAQUS有限元软件

本章在已做试验的基础上,对波形钢板剪力墙进行了抗震性能分析,为进一步验证试验的可靠性,以及为进一步研究波形钢板剪力墙的力学性能和各种因素对承载力和延性性能的影响,如剪力墙轴压比、高厚比、高宽比、钢板波角、钢板厚度、约束边缘构件与内嵌波形钢板的刚度匹配问题等,有必要采用有限元分析软件进行数值模拟分析。

本章采用ABAQUS软件进行有限元数值模拟。ABAQUS有限元软件是一款功能非常强大的可用于工程模拟的大型通用有限元分析软件,其解决问题的范围从较为简单的线性分析到异常复杂的非线性问题。ABAQUS有一个拥有着丰富的、各种几何形状的单元库和一个拥有各种类型的材料模型库,能够较为精确有效地模拟求解多个领域的问题,在建筑结构专业领域,可以有效地模拟复杂庞大的模型。ABAQUS有限元软件包含一个全面支持求解器的前后处理模块——ABAQUS/CAE,ABAQUS/CAE作为ABAQUS有限元软件的可视化操作界面,采用工程制图的建模方式,并可方便导入其他制图软件的几何建模数据,使得分析模型的搭建过程更加方便高效。同时,ABAQUS/CAE操作界面还与ABAQUS的求解器模块紧密结合,提供了简洁有效的人机交互界面使用环境,方便快捷[75]。

ABAQUS有限元软件可以很好地模拟线性、非线性等问题,包含丰富的材料模型库和单元库,可用来模拟金属、混凝土、岩石等材料,在非线性分析时能自动选择合适的荷载增量和收敛准则[76]。ABAQUS基本分析过程分为3个阶段:前处理、分析问题、后处理。其中,针对前处理和后处理,用户可以利用ABAQUS/CAE模块解决,包含Part(部件)、Property(特性)、Assembly(装配)、Step(分析步)、Interaction(相互作用)、Load(荷载)、Mesh(网格)、Job(分析作业)、Visualization(可视化)、Sketch(绘图)10个模块[77]。利用前7个步骤可以完成前处理,通过Job模块,用户可以将有限元模型提交到求解器进行分析,计算完毕后,用户可以利用Visualization模块进行后处理。

(2)非线性

有限元数值模拟在结构分析中非线性问题主要包括材料非线性、几何非线性、边界非线性[78]。

1)材料非线性指材料在荷载作用下,其应力应变关系不再是线性的,而是非线性的,在有限元数值模拟中应该考虑材料的非线性,应赋予材料的非线性本构关系。

2)几何非线性指结构在外荷载作用下,部分单元相对于原始状态有较大的几何变形,达到了不可忽略的量级,而结构单元刚度矩阵为节点位移的函数,因此,必须采用几何非线性来分析问题,否则会引起较大误差。

3)边界非线性指结构单元在荷载作用下边界条件发生变化,主要为接触问题,其中接触区域事先无法给定,可以通过预测得出最可能发生接触的位置,然后依据每一步计算结果,来判断是否发生接触、接触面范围和接触力大小等接触参数。此外,接触还与结构的刚度、接触面大小和光滑程度有关。

2.3.2 ABAQUS 有限元模型的建立

(1)单元选取

有限元分析方法的基本思路是:化整为零,积零为整,即应用有限元法求解任意连续体时,应把连续的求解区域分割成有限个单元,故单元是有限元分析的基础。单元类型的选择对模拟计算的精度和效率有重大的影响,因此,正确选择合适的单元是十分重要的。下面分别对模型中波形钢板和H型钢等选取最合适的单元类型。

1)波形钢板单元类型。钢板的厚度远小于其他方向的尺寸,且可以忽略垂直钢板厚度方向的应力,因此本章用波形钢板所采用的单元类型是S4R单元,S4R单元为4结点、四边形、有限薄膜应变、线性缩减积分曲面壳单元。S4R单元性能比较稳定,适用范围较广,在描述壳体的横截面性质时需定义壳体的厚度及材料特性,在定义型钢壳体的厚度时可以很方便地定义板件厚度[79]。采用S4R单元应满足以下3条假设:假设之一,单元厚度不变,应变微小,单元的结点可能发生有限的转动;假设之二,考虑横向剪切变形对剪力墙结构的重要性;假设之三,垂直于壳面的横截面始终保持为平面。

2)H型钢柱和加劲肋单元类型。本章模型中的H型钢柱和加劲肋等构件的单元类型采用C3D8R六面体线性缩减积分实体单元,实体单元可以在其任何表面与其他单元连接起来,模型应尽可能采用六面体单元,以达到更好的结果。选择线性缩减积分单元是由于它对位移的求解结构较为精确,当网格存在扭曲变形时,分析精度不会发生太大的变化,且当有弯曲荷载作用时不易发生剪切自锁[73]。

(2)钢材本构模型的设定

选择钢材本构模型既要符合材料的实际性质,使得计算结果能够反映结构的真实应力-应变状态,又要在数学上足够简单,在解决问题的同时节约软件运行的时间。通常,在ABAQUS软件中可以用3种本构模型来模拟钢筋:理想弹塑性模型、弹塑性线性强化模型、三折线模型[80],如图2.30所示,本章选择弹塑性线性强化模型,如图2.30(b)所示。

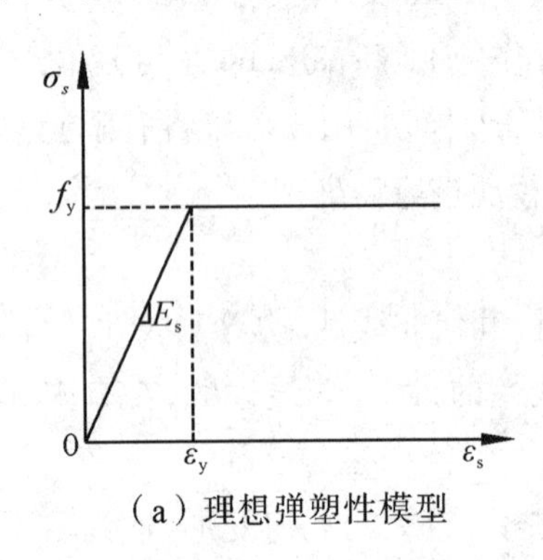

(a)理想弹塑性模型

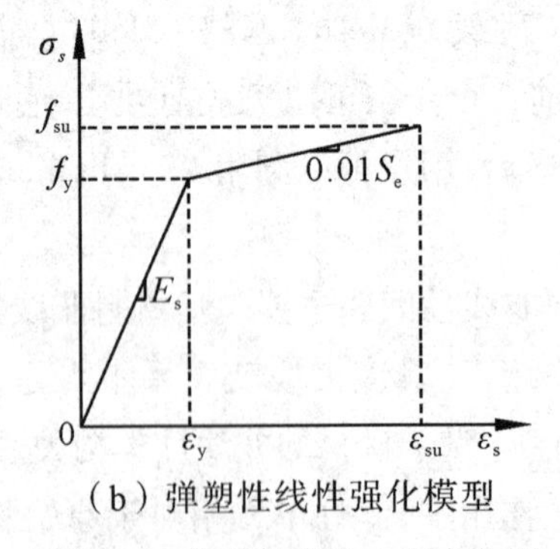

(b)弹塑性线性强化模型

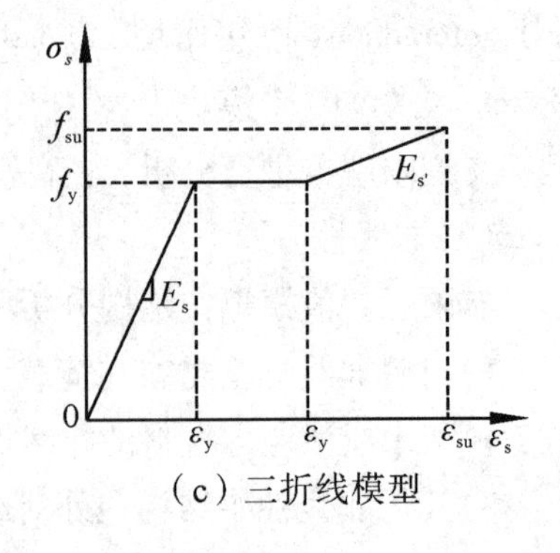

(c)三折线模型

图2.30 钢材的应力-应变曲线

用Von Mises屈服准则判断钢筋和型钢是否达到屈服,在线性塑性强化阶段的弹性模量取弹性阶段的0.01倍,钢材屈服强度根据材性试验结果取值,其中$E_s=2.05\times10^5$ MPa,泊松比$v=0.3$,质量密度为7.85×10^3 kg/m^3,硬化系数取0.01,$\lambda=0.01$。根据塑性力学理论,其本构关系表达如式(2-10)所示,其能反映钢材在反复荷载作用下的主要力学性能,应用广泛。

$$\begin{cases}\sigma_s = E_s\varepsilon_s & \varepsilon_s \leqslant \varepsilon_y, \sigma_s \leqslant f_y \\ \sigma_s = 0.01E_s\varepsilon_s + (1-\lambda)f_y & \varepsilon_s > \varepsilon_y, \sigma_s > f_y\end{cases} \tag{2-10}$$

(3)模型的约束条件及荷载条件

1)约束条件。ABAQUS无法自动识别各部件之间的相互作用,需要在Interaction模块中定义它们之间的关系。在本试验中,各试件均采用了焊接的刚性连接方式,而且在试验过程中没有出现焊接失效的部位,所以有限元分析的约束采用绑定(Tie)约束方式较符合实际,使模型更容易收敛,且对模拟结果影响不大。为了模拟试验伺服机作动器千斤顶和竖向千斤顶的加载条件,在顶梁同样采用绑定约束方式连接水平位移加载刚体和竖向荷载加载刚体。水平位移加载参考点位于试件顶梁一侧,以模拟伺服机作动器的千斤顶加载端;竖向位移加载参考点位于顶梁顶面中心,以模拟竖向千斤顶的加载端,2个参考点的自由度约束条件按试验条件设定。在试验过程中,为防止试件过早失稳破坏,在试件的中部设置侧向支撑。本模型采用在H型钢柱高度中心处两侧分别设置弹簧,通过定义弹簧轴向刚度模拟支撑的作用,具体示意如图2.31所示。

2)荷载条件。在Load模块中定义荷载条件。本模型的加载过程分为2步,首先在剪力墙顶梁中部施加竖向压力,然后保持竖向压力并对剪力墙施加水平推力,所以需要建立2个分析步骤来模拟。其中,水平位移利用Amplitude功能建立加载规律进行幅值控制加载,幅值采用试件伺服机作动器的位移数据。考虑到剪力墙的实际受力形式,并为了防止单一结点的加载引起应力集中,在剪力墙的顶部和端部定义竖向荷载加载刚体和水平位移加载刚体,并为刚体设置相应的参考点,将刚体与相应的参考点进行耦合,然后将竖向荷载和水平位移施加至对应的参考点上。具体加载示意图如图2.32所示。

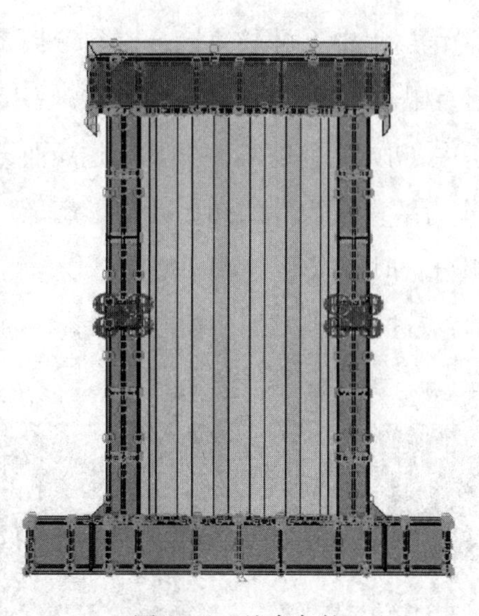
图2.31　约束条件

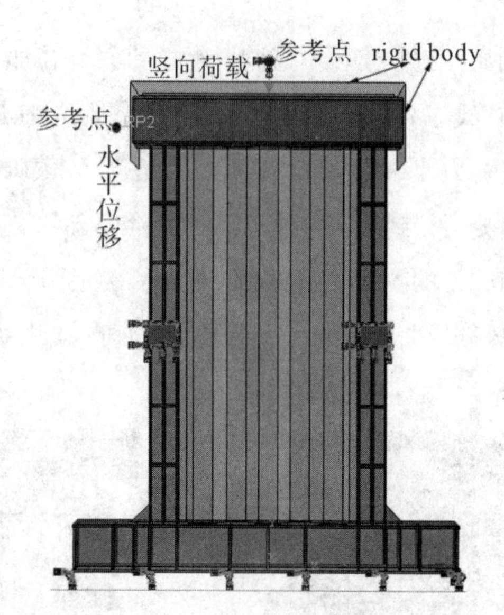

图2.32　荷载示意图

3)网格划分。划分网格是进行有限元模拟分析非常重要的一步,在ABAQUS软件中提供了多种网格生成技术以形成不同拓扑的网格模型,它们包括:结构化网格划分(Structured Meshing),扫掠网格划分(Swept Meshing),自由网格划分(Free Meshing)。根据3种不同技术的特点,型钢采用扫掠网格划分法,其余的采用结构化网格划分法。

网格的划分包括2种算法:进阶算法(Advancing Front)和中性轴算法(Medial Axis)。进阶算法首先在边界上生成四边形单元，然后再向区域内部扩展，使用该算法得到的网格可以与种子的位置吻合得很好，得到的网格大小均匀且容易实现粗网格到细网格的过渡。中性轴算法首先把划分网格的区域分为一些简单的区域，然后再使用结构化网格划分技术来划分这些简单的区域，该算法容易得到形状规则的网格单元，但网格与种子的位置吻合得较差。结合2种算法的特点，本章模型采用进阶算法进行网格划分。有限元模型网格划分情况如图2.33所示。

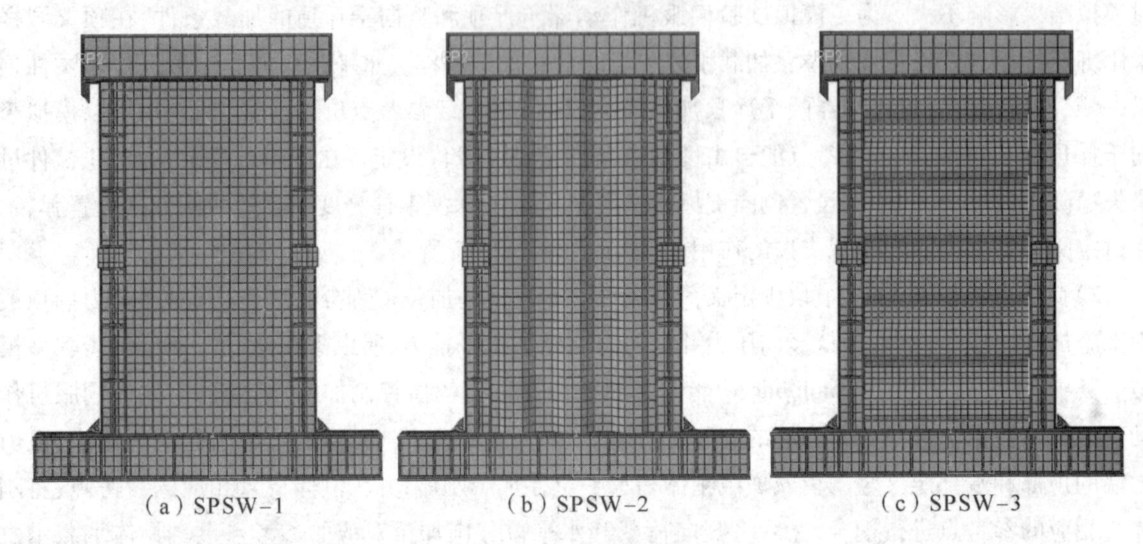

(a) SPSW-1　　(b) SPSW-2　　(c) SPSW-3

图2.33　有限元模型网格划分

4)初始几何缺陷。由于波形钢板剪力墙在加工制作过程中不可避免地会受到弯折、焊接等因素的影响，试件不可避免地会存在初始缺陷，故在进行有限元模拟分析时应该考虑初始几何缺陷对波形钢板剪力墙结构性能的影响。在有限元模拟分析中，初始几何缺陷一般是通过屈曲分析得到。选取屈曲分析得到的一阶模态或者多阶模态的叠加作为结构或构件的初始几何形态，然后根据实际试验前测得的各试件的初始面外变形确定用于模拟分析时有限元模型的初始变形大小。模态的选择，要根据屈曲分析的计算结果并结合自身模型的特点进行。典型屈曲模态如图2.34所示。

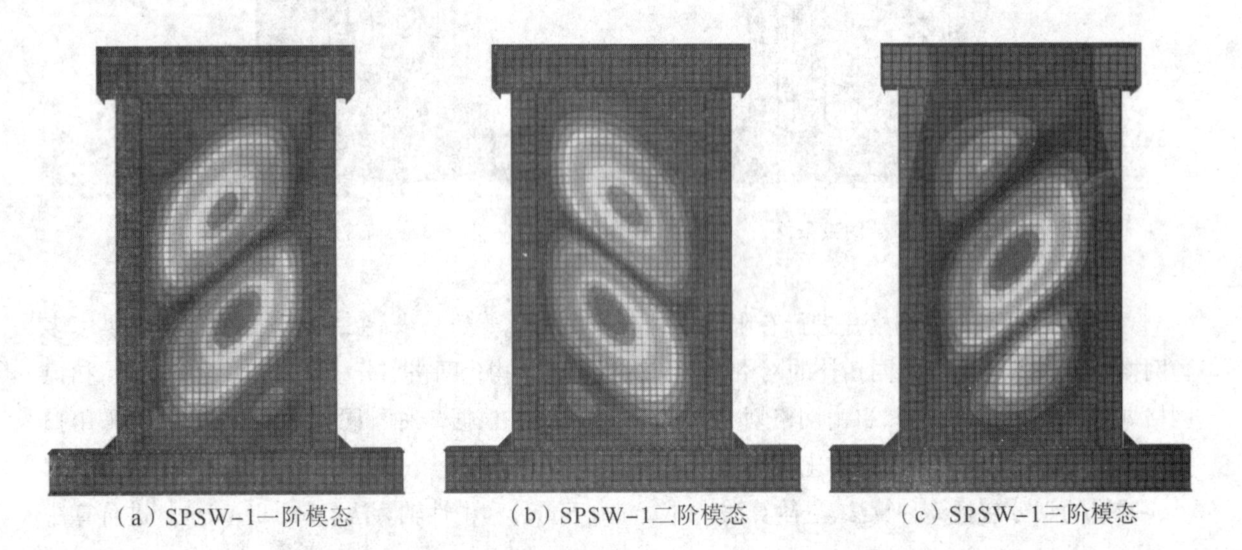

(a) SPSW-1一阶模态　　(b) SPSW-1二阶模态　　(c) SPSW-1三阶模态

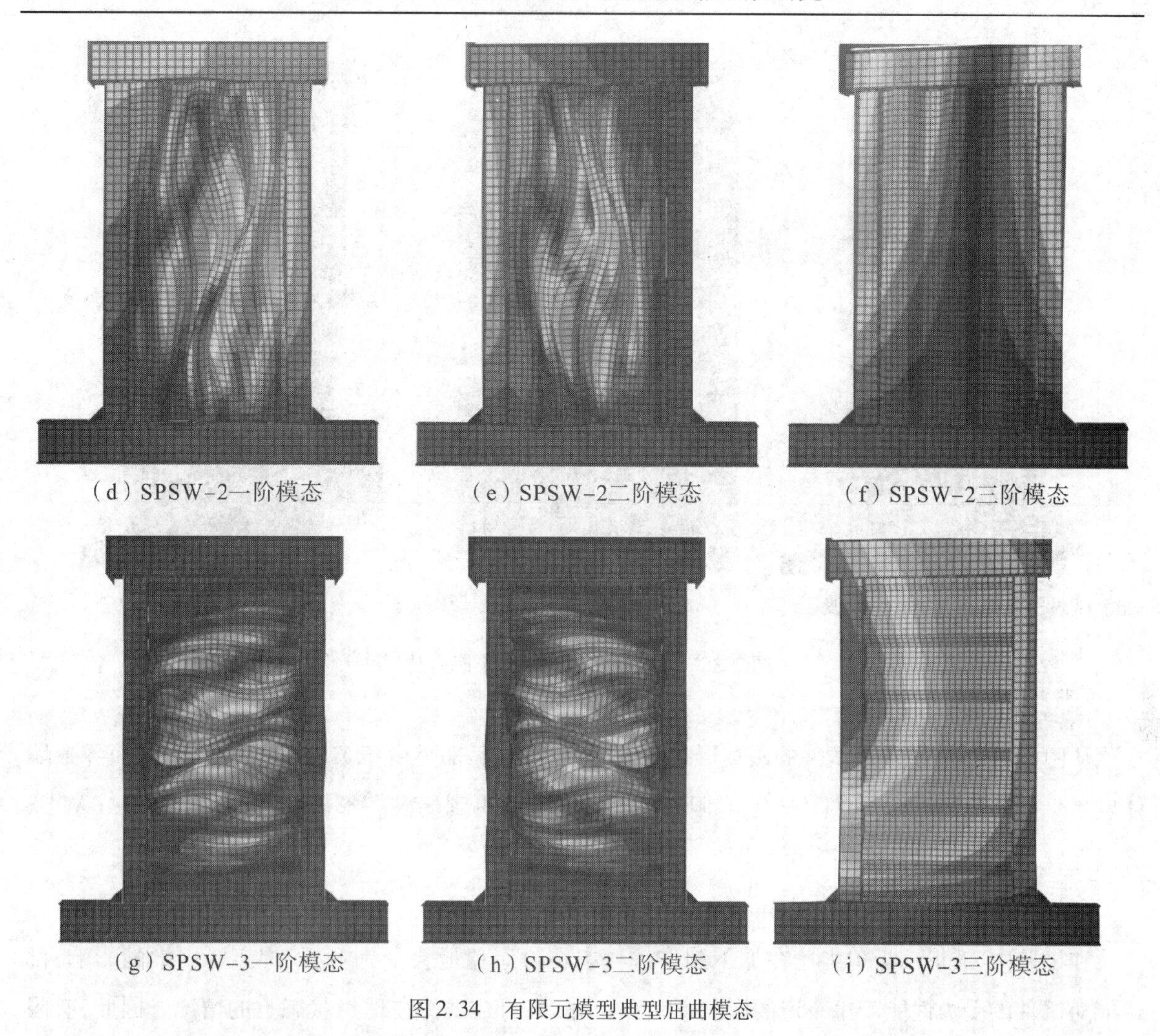

（d）SPSW-2一阶模态　（e）SPSW-2二阶模态　（f）SPSW-2三阶模态

（g）SPSW-3一阶模态　（h）SPSW-3二阶模态　（i）SPSW-3三阶模态

图2.34 有限元模型典型屈曲模态

2.3.3 ABAQUS有限元模型的验证与分析

(1)破坏形态对比

图2.35为试件SPSW－1、SPSW－2、SPSW－3的试验破坏形态和模拟破坏形态对比。

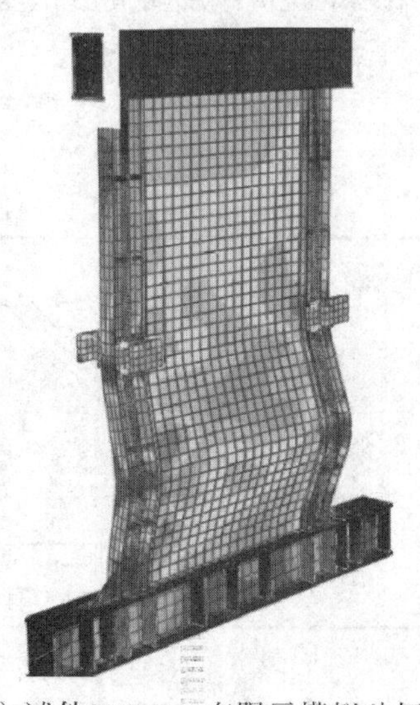

（a）试件SPSW-1试验破坏形态（b）试件SPSW-1有限元模拟破坏形态（c）试件SPSW-2试验破坏形态

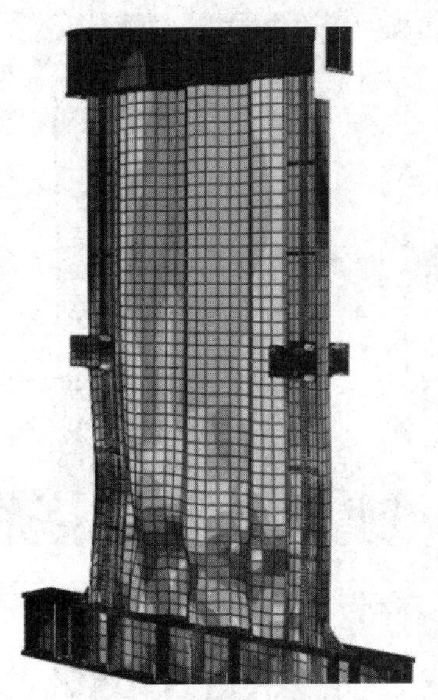

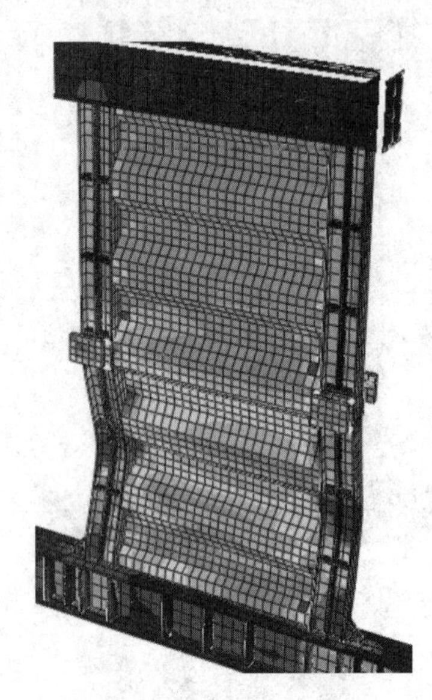

（d）试件SPSW-2有限元模拟破坏形态（e）试件SPSW-3试验破坏形态（f）试件SPSW-3有限元模拟破坏形态

图2.35 试验与有限元破坏形态对比

从图中可以看出,3个试件的破坏形态与试验基本相同,都是由于H型钢柱刚度不足而导致墙体发生平面外失稳破坏。总体来说,有限元分析和试验所得到的破坏形态相近,初步说明ABAQUS有限元软件分析结果具有一定可靠度。

(2)滞回曲线和骨架曲线对比

在试验中,波形钢板剪力墙在加工制作过程中不可避免地会受到弯折、焊接等因素的影响,都可能对试件的受力性能产生一定的影响,而有限元模拟的是试件在理想状态下的情况。因此,有限元模拟所得到的滞回曲线、骨架曲线、试件刚度、承载力等均略大于试验结果。

对试件SPSW-1、试件SPSW-2和SPSW-3分别通过ABAQUS有限元软件后处理程序绘制了顶梁水平荷载P-侧向位移Δ滞回曲线,如图2.36所示,绘制的骨架曲线如图2.37所示。由图可知:试件屈服前,ABAQUS有限元分析结果的抗侧刚度略高于试验结果,试件屈服后,有限元分析结果基本与试验结果相同,滞回曲线和骨架曲线的走势大致相同。

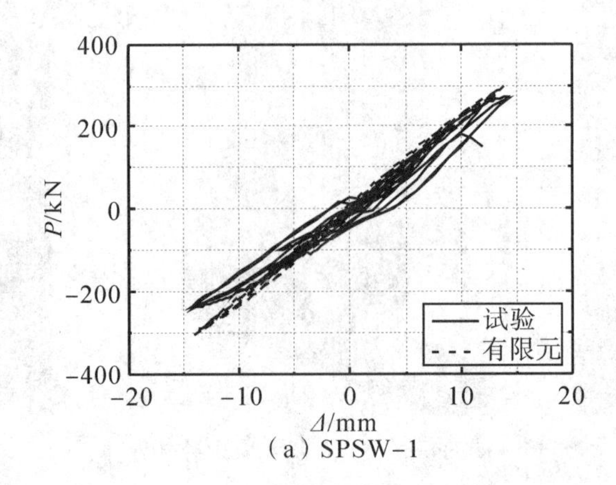

（a）SPSW-1

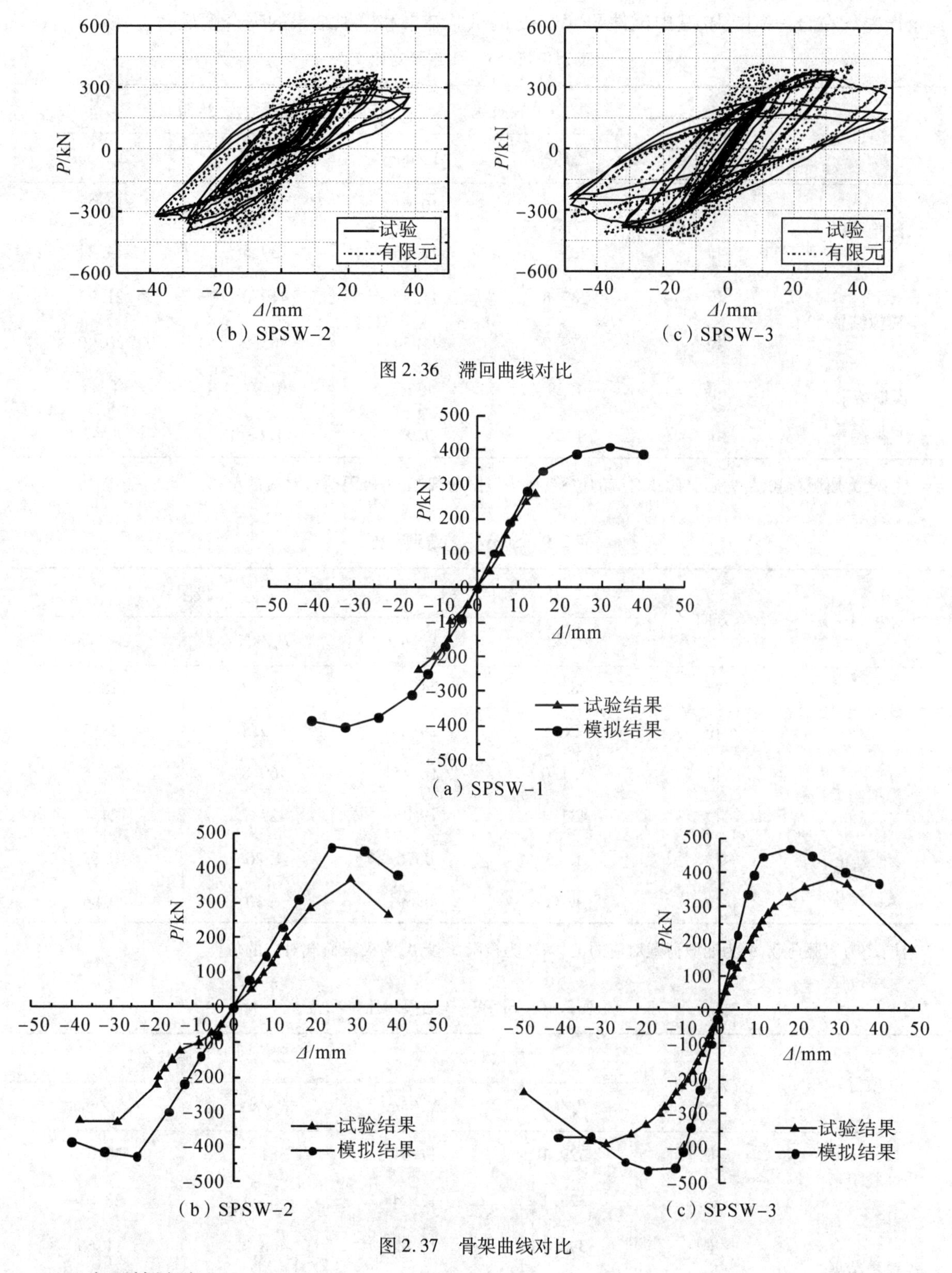

图2.36　滞回曲线对比

图2.37　骨架曲线对比

(3)主要结果对比

试件 SPSW－1、试件 SPSW－2 和试件 SPSW－3 的特征荷载和位移在屈服状态和极限状态下的模拟结果见表2.8、表2.9和表2.10,表中给出了试验结果和模拟结果。由表中数据可知:模拟分析结果与试验结果相差不大。模拟计算屈服荷载和极限荷载均大于试验结果,这是由于有限元模拟分析是在理想状态下,除了试件 SPSW－1 由于试验过程中的各种问题导致试验结果误差较大以外,其余误差均在合理范围内,其中试件 SPSW-3 的试验结果和模拟结果的吻合度最高。

表 2.8 SPSW-1 结果对比

项目	方向	屈服状态		极限状态	
		P_y/kN	Δ_y/mm	P_u/kN	Δ_u/mm
试验结果	推	220.5	10.91	272.5	14.24
	拉	223.1	12.80	239.5	14.24
模拟结果	推	287.8	11.32	410.0	21.73
	拉	279.2	11.54	403.2	20.90
模拟结果/试验结果	推	1.29	1.26	1.50	1.53
	拉	1.25	0.97	1.68	1.47

注:P_y为屈服荷载,Δ_y为屈服荷载对应的位移;P_u为极限荷载,Δ_u为极限荷载对应的位移。

表 2.9 SPSW-2 结果对比

项目	方向	屈服状态		极限状态	
		P_y/kN	Δ_y/mm	P_u/kN	Δ_u/mm
试验结果	推	285.4	24.29	365.7	28.5
	拉	326.8	28.23	329.8	28.5
模拟结果	推	351.0	18.45	460.8	23.5
	拉	431.4	19.48	428.7	24.5
模拟结果/试验结果	推	1.23	0.76	1.26	0.82
	拉	1.32	0.69	1.30	0.86

注:P_y为屈服荷载,Δ_y为屈服荷载对应的位移;P_u为极限荷载,Δ_u为极限荷载对应的位移。

表 2.10 SPSW-3 结果对比

项目	方向	屈服状态		极限状态	
		P_y/kN	Δ_y/mm	P_u/kN	Δ_u/mm
试验结果	推	329.1	17.31	381.3	28.01
	拉	323.1	17.24	387.1	28.01
模拟结果	推	393.7	10.92	408.3	11.65
	拉	364.8	11.33	422.8	16.80
模拟结果/试验结果	推	1.19	0.63	1.071	0.42
	拉	1.20	0.66	1.092	0.6

注:P_y为屈服荷载,Δ_y为屈服荷载对应的位移;P_u为极限荷载,Δ_u为极限荷载对应的位移。

2.4　波形钢板剪力墙抗震性能参数分析

为进一步研究波形钢板各参数对波形钢板剪力墙的抗震性能影响,用 ABAQUS 有限元软件分析波形钢板不同高厚比β、波角θ以及轴压比n对波形钢板剪力墙滞回性能的影响。各参数取值见表2.11~表2.13。

(1)高厚比β

钢板剪力墙相对高厚比β的计算公式为:

$$\beta = \frac{H_e}{t\varepsilon_k} \tag{2-11}$$

式中:H_e——内嵌钢板高度,mm;

t——内嵌钢板厚度,mm;

ε_k——钢号修正系数,取$\sqrt{235/f_y}$;

f_y——钢材的屈服强度,MPa。

模拟所用钢材为Q235B级钢,$f_y=235$ MPa,所以$\varepsilon_k=1$。高厚比可按式2-11计算,计算结果见表2.11。

表2.11　高厚比β取值

内嵌钢板高度 H_e/mm	内嵌钢板厚度 t/mm	高厚比β
1980	2	990
1980	3	660
1980	4	495

(2)波角θ

波角为波脊与波峰(或波谷)所在水平线的夹角,试验中所用角度为45°。为研究波角的大小对波形钢板剪力墙抗震性能的影响,现取值见表2.12。

表2.12　波角θ取值

波形方向	θ/(°)	波形方向	θ/(°)
竖波	30	横波	30
	45		45
	60		60

(3)轴压比n

轴压比n是指柱(墙)的轴压力设计值与柱(墙)的全截面面积和柱(墙)轴心抗压强度设计值乘积之比值,具体计算见式2-12,计算结果见表2.13。

$$n = \frac{F}{A_s f_y} \tag{2-12}$$

式中:A_s——型钢柱横截面面积,mm^2;

f_y——钢材屈服强度,MPa。

表 2.13 轴压比 n 取值

轴压比 n	0.1	0.3	0.5
荷载值/kN	100	300	500

本章主要研究高厚比 β、波角 θ 和轴压比 n 3 个参数对波形钢板剪力墙滞回性能的影响,其他参数都取相同值,共建 14 个有限元模型,模型参数见表 2.14。

表 2.14 模型参数

模型编号	钢板特征	高厚比 β	θ/(°)	n	λ
SPSW-2-A	竖向波形钢板	660	45	0.1	1.5
SPSW-2-B	竖向波形钢板	990	45	0.1	1.5
SPSW-2-C	竖向波形钢板	495	45	0.1	1.5
SPSW-2-D	竖向波形钢板	660	30	0.1	1.5
SPSW-2-E	竖向波形钢板	660	60	0.1	1.5
SPSW-2-F	竖向波形钢板	660	45	0.3	1.5
SPSW-2-G	竖向波形钢板	660	45	0.5	1.5
SPSW-3-A	水平波形钢板	660	45	0.1	1.5
SPSW-3-B	水平波形钢板	990	45	0.1	1.5
SPSW-3-C	水平波形钢板	495	45	0.1	1.5
SPSW-3-D	水平波形钢板	660	30	0.1	1.5
SPSW-3-E	水平波形钢板	660	60	0.1	1.5
SPSW-3-F	水平波形钢板	660	45	0.3	1.5
SPSW-3-G	水平波形钢板	660	45	0.5	1.5

注:β 为内嵌钢板厚度,θ 为波形钢板的波角,n 为试件的轴压比,λ 为试件的剪跨比。

2.4.1 高厚比 β

竖向波形钢板剪力墙取模型 SPSW-2-A($\beta=660$)、SPSW-2-B($\beta=990$)和 SPSW-2-C($\beta=495$),横向波形钢板剪力墙取模型 SPSW-2-A($\beta=660$)、SPSW-2-B($\beta=990$)和 SPSW-2-C($\beta=495$)。

有限元分析结果见图 2.38。由图可知:在相同波角、轴压比和剪跨比的情况下,当波形钢板高厚比增大时(钢板厚度较小时,高厚比较大;钢板厚度较大时,高厚比较小),滞回曲线围成的面积减小,剪力墙的耗能能力和承载力减小。综上可知,无论是竖向波形钢板剪力墙还是横向波形钢板剪力墙,高厚比 β 都是影响其力学性能的重要因素,2 个不同放置方向波形钢板剪力墙的耗能能力和承载力均随波形钢板高厚比的减小而增大,其中竖向波形钢板剪力墙受高厚比影响较大。

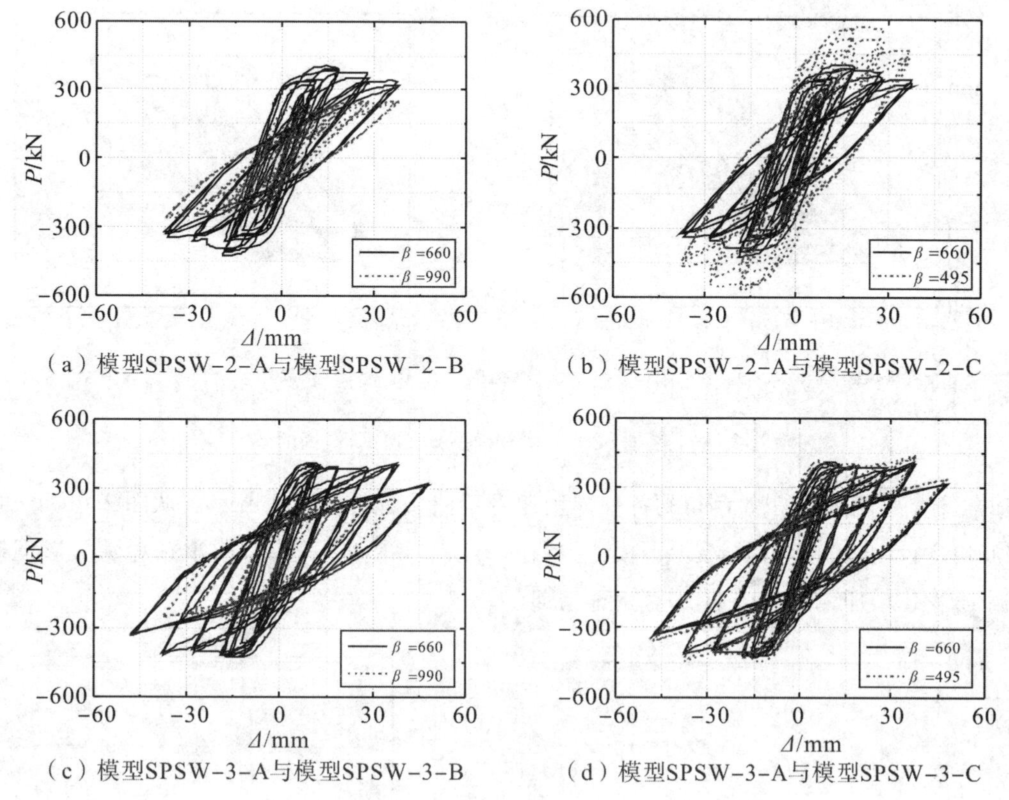

（a）模型SPSW-2-A与模型SPSW-2-B　（b）模型SPSW-2-A与模型SPSW-2-C

（c）模型SPSW-3-A与模型SPSW-3-B　（d）模型SPSW-3-A与模型SPSW-3-C

图2.38　模型SPSW－2和模型SPSW－3滞回曲线

2.4.2　波角 θ

无论是竖向波形钢板剪力墙还是横向波形钢板剪力墙，均需研究波角 θ 对剪力墙力学性能的影响程度。研究波角对波形钢板剪力墙力学性能的影响时，竖向波形钢板剪力墙取模型 SPSW－2－A（$\theta=45°$）、SPSW－2－D（$\theta=30°$）和 SPSW－2－E（$\theta=60°$），横向波形钢板剪力墙取模型 SPSW－3－A（$\theta=45°$）、SPSW－3－D（$\theta=30°$）和 SPSW－3－E（$\theta=60°$）。

有限元分析结果如图2.39所示。由图可知：在相同高厚比、轴压比和剪跨比的情况下，当波形钢板波角增大时，滞回曲线围成的面积增大，剪力墙的耗能能力和承载力增大；当波形钢板波角减小时，滞回曲线围成的面积减小，剪力墙的耗能能力和承载力减小。2个不同放置方向波形钢板剪力墙的耗能能力和承载力均随波形钢板波角的增大而增大，但根据图2.39可以看出，当波角增大到60°时，波形钢板剪力墙的耗能能力和承载力增加较小。

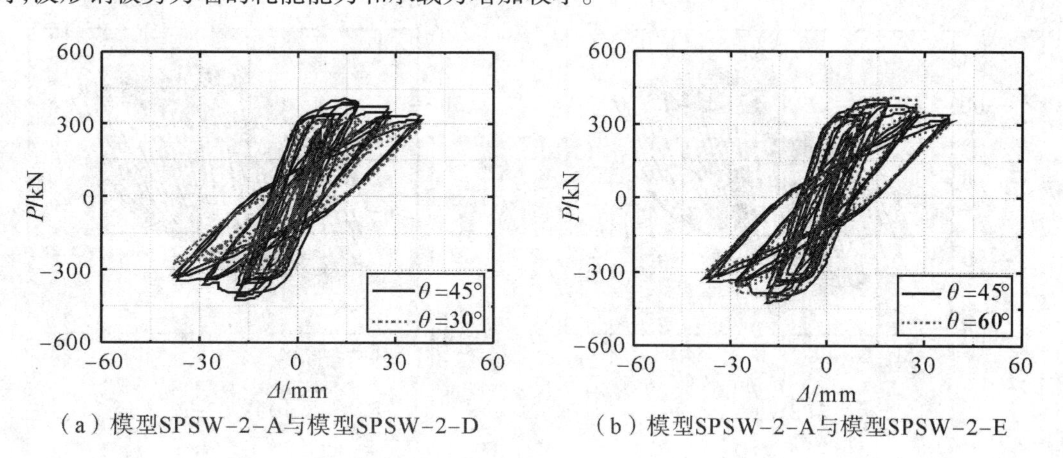

（a）模型SPSW-2-A与模型SPSW-2-D　（b）模型SPSW-2-A与模型SPSW-2-E

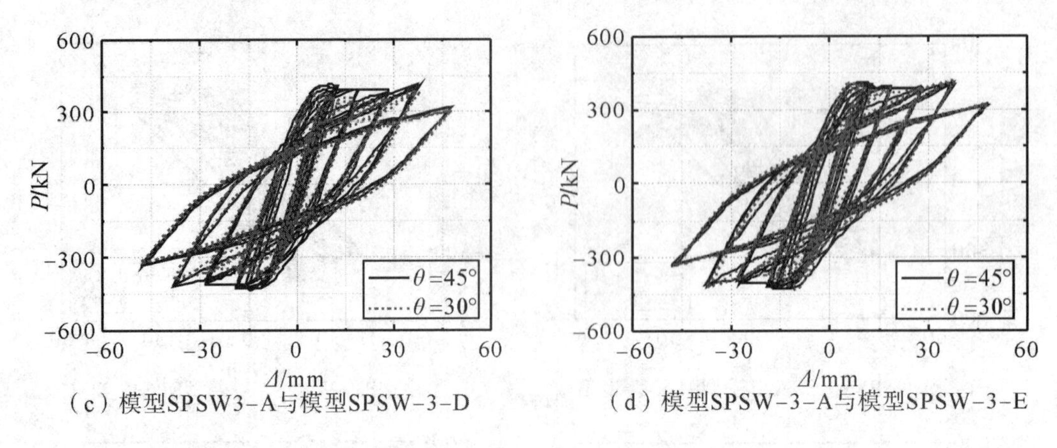

（c）模型SPSW3-A与模型SPSW-3-D　　（d）模型SPSW-3-A与模型SPSW-3-E

图 2.39　模型 SPSW-2 和模型 SPSW-3 滞回曲线

根据上述滞回曲线可以绘制得到各种模型的骨架曲线，如图 2.40 所示。从图 2.40 可知：在高厚比和波角 2 种参数的影响下，波形钢板剪力墙的初始抗侧刚度基本相同，承载力随波形钢板高厚比的减小有少量增加，随波角的增加有少量增加。

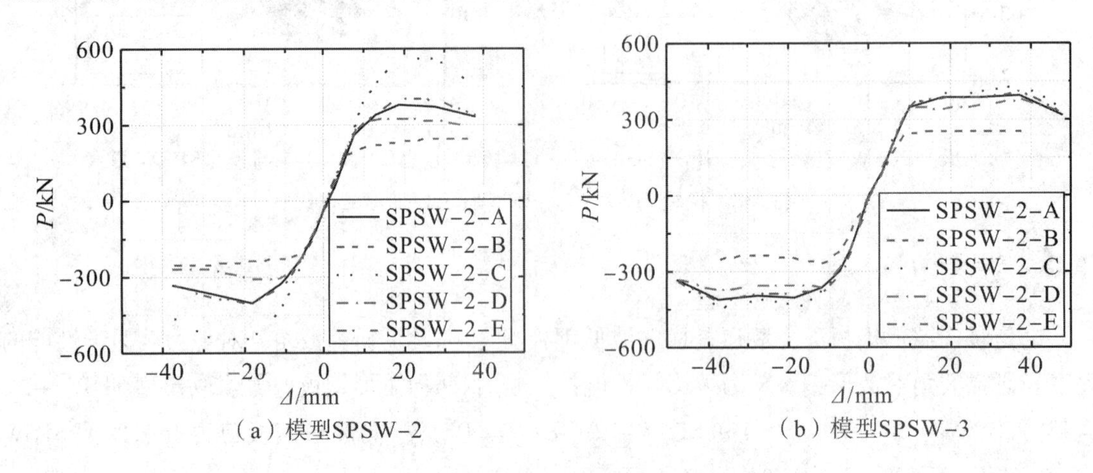

（a）模型SPSW-2　　（b）模型SPSW-3

图 2.40　骨架曲线对比

2.4.3　轴压比 n

不同轴压比作用下，2 种波形钢板剪力墙的滞回曲线和骨架曲线如图 2.41～图 2.42 所示，骨架曲线的特征点见表 2.15。

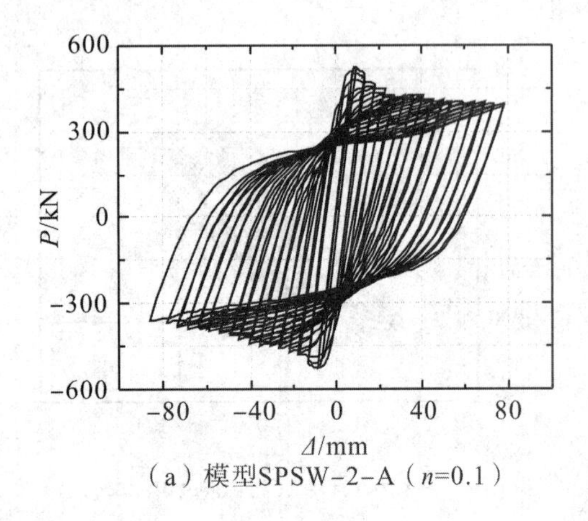
（a）模型SPSW-2-A（n=0.1）

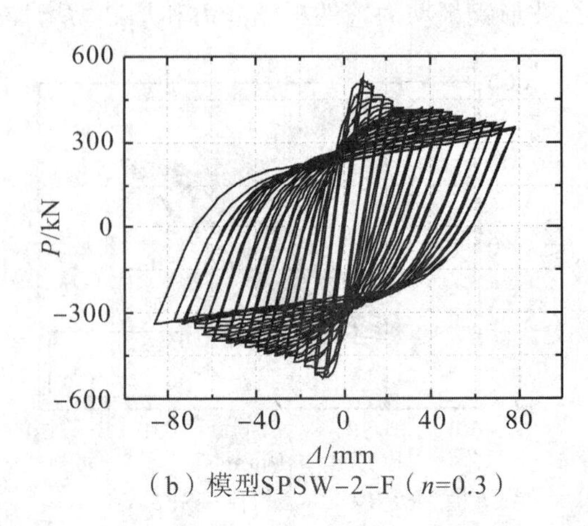
（b）模型SPSW-2-F（n=0.3）

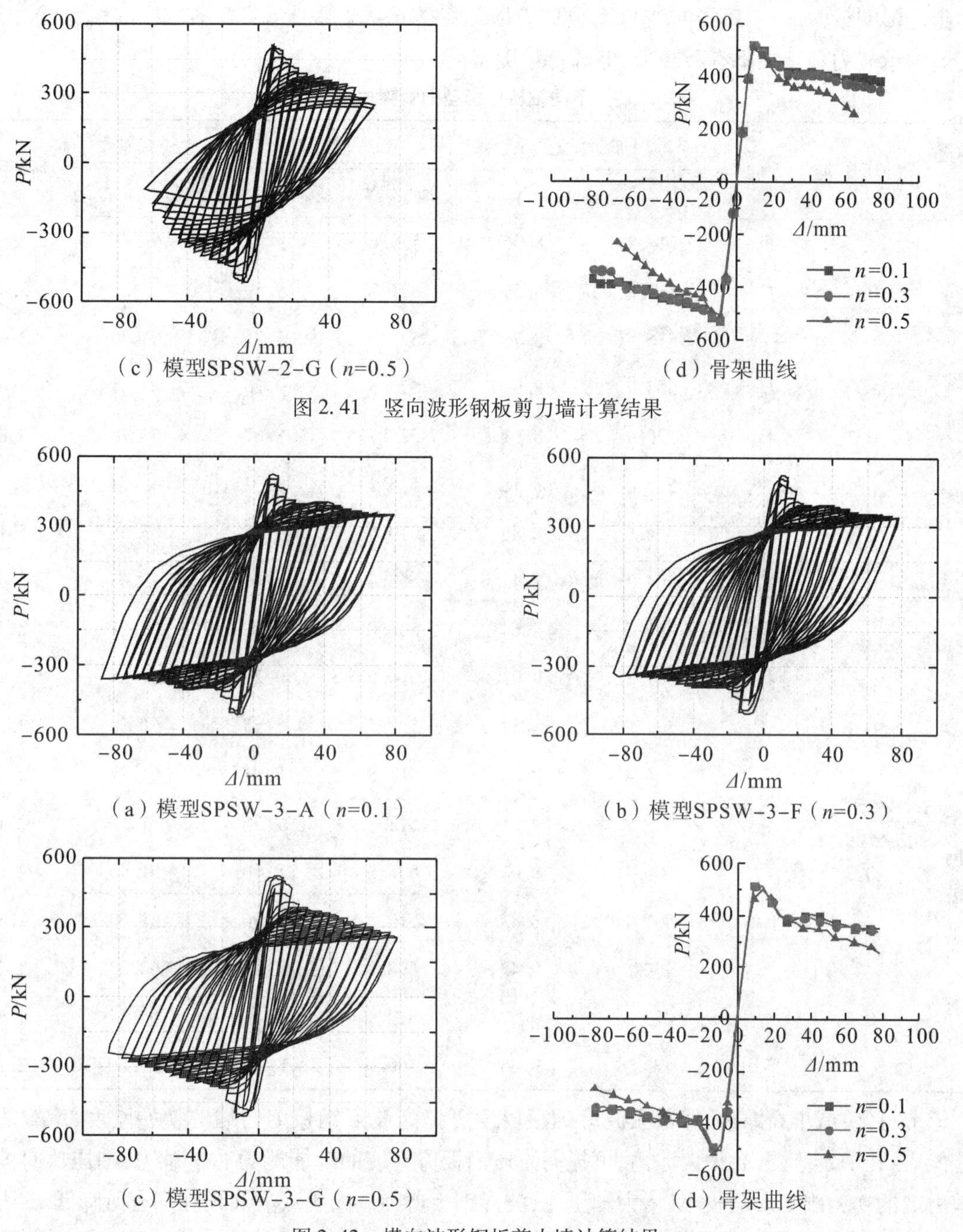

（c）模型SPSW-2-G（n=0.5）　（d）骨架曲线

图 2.41　竖向波形钢板剪力墙计算结果

（a）模型SPSW-3-A（n=0.1）　（b）模型SPSW-3-F（n=0.3）

（c）模型SPSW-3-G（n=0.5）　（d）骨架曲线

图 2.42　横向波形钢板剪力墙计算结果

由图 2.41 和图 2.42 可知：在弹性阶段，不论是竖向波形钢板剪力墙，还是横向波形钢板剪力墙，不同轴压比的骨架曲线基本相同，说明轴压比对波形钢板剪力墙的初始刚度影响很小；在弹塑性阶段，随着轴压比的增大，钢板剪力墙的承载力及侧向刚度均有所降低，这是由于剪力墙在较大的轴压力作用下，其 H 型钢柱脚快速形成了塑性铰。

骨架曲线的特征点见表 2.15。由表 2.15 中数据可知：轴压比 n 由 0.1 ~ 0.5 变化时，竖向波形钢板剪力墙的屈服荷载从 516.7 kN 降至 501.1 kN，降低为 3%，极限荷载由 523.7 kN 降至 505.2 kN，下降了 4%，同时延性系数降低 20%；横向波形钢板剪力墙的屈服荷载从 506.4 kN 降至 473.9 kN，降低为 6%，极限荷载由 511.8 kN 降至 509.0 kN，下降了 0.5%，同时延性系数降低 2%。轴压比对波形钢板剪力墙承载力的影响较小，其中对横向波形钢板剪力墙的影响最小；轴压比对各钢板剪力墙的延性影响较大,其中对竖向波形钢板剪力墙的影响最大。综上,随着轴压比的增大,波形钢板剪力墙的承载力和延性都有所降低,但降低幅度不同。

表 2.15　不同轴压比模型的骨架曲线特征点

钢板形式	轴压比 n	方向	屈服状态		极限状态		初始刚度	延性系数 μ
			P_y/kN	Δ_y/mm	P_u/kN	Δ_u/mm	/(kN · mm^{-1})	
竖向波形	0.1	推	514.1	8.96	525.6	9.23	63.78	2.57
		拉	519.2	8.55	521.7	8.59	63.82	3.46
		平均	516.7	8.76	523.7	8.91	63.80	3.02
	0.3	推	509.7	8.95	522.4	9.26	63.71	2.49
		拉	520.9	8.61	523.7	8.67	63.76	3.80
		平均	515.3	8.78	523.1	8.97	63.74	3.15
	0.5	推	494.9	8.86	510.8	9.27	63.58	2.17
		拉	501.1	8.41	505.2	8.49	63.63	2.66
		平均	498.0	8.64	508.0	8.88	63.61	2.42
横向波形	0.1	推	507.1	9.07	516.0	9.27	61.65	2.18
		拉	505.7	8.52	507.5	8.55	61.88	2.11
		平均	506.4	8.80	511.8	8.91	61.77	2.15
	0.3	推	503.8	9.05	512.7	9.25	61.39	2.19
		拉	506.4	8.61	508.9	8.66	61.96	2.02
		平均	505.1	8.83	510.8	8.96	61.69	2.11
	0.5	推	467.8	9.43	498.9	13.81	60.03	2.24
		拉	479.9	9.27	519.1	12.97	63.17	1.97
		平均	473.9	9.35	509.0	13.39	61.60	2.11

综上可知:减小高厚比,即增大波形钢板厚度可提高波形钢板剪力墙的初始刚度、承载能力和耗能能力;在一定范围内,增大波角,可提高波形钢板剪力墙的耗能能力和承载力;轴压比对波形钢板剪力墙的初始刚度影响较小,增大轴压比,波形钢板剪力墙的承载力和延性都有所降低。

2.5　钢板剪力墙约束边缘构件与内嵌钢板刚度匹配研究

试验结果和 ABAQUS 有限元软件分析结果显示,平钢板剪力墙和波形钢板剪力墙都是由于约束边缘构件 H 型钢柱平面外刚度较小而使得内嵌钢板未能充分发挥其力学性能,导致试件发生面外失稳破坏。因此,H 型钢柱与内嵌钢板刚度的合理匹配关系是内嵌钢板充分发挥其力学性能的关键所在。

2.5.1　模型的建立

本节通过 ABAQUS 有限元分析软件建立 12 个模型,各个模型的具体尺寸见表 2.16。通过模拟验证了有限元分析与试验结果的吻合程度，并通过改变H型钢柱的翼缘宽度来控制约束边缘构件的平面外刚度，找出约束边缘构件与腹板的刚度匹配关系。钢板剪力墙试件的内嵌钢板采用S4R单元，H型钢柱和加劲肋等构件的单元类型采用C3D8R六面体线性缩减积分实体单元，各构件单元之间统一采用“绑定”约束方式来模拟真实的焊接连接，采用与试验相同的加载制度。

表2.16　模型参数

模型编号	钢板特征	b_f/mm
Model - 1	平钢板	75
Model - 2	竖向波形钢板	75
Model - 3	横向波形钢板	75
Model - 4	平钢板	100
Model - 5	竖向波形钢板	100
Model - 6	横向波形钢板	100
Model - 7	平钢板	125
Model - 8	竖向波形钢板	125
Model - 9	横向波形钢板	125
Model - 10	平钢板	150
Model - 11	竖向波形钢板	150
Model - 12	横向波形钢板	150

注：b_f为H型钢柱的翼缘宽度。

为了更好地确定H型钢柱与内嵌钢板的刚度匹配关系，同时为了防止其他各种因素对模拟结果造成一定的影响，本节的模拟中去除了H型钢柱中的加劲肋和中部的侧向支撑。有限元分析的滞回曲线和骨架曲线与试验结果的对比如图2.43所示。从图2.43中可以看出：波形钢板剪力墙的承载能力和耗能能力均优于平钢板剪力墙；有限元模拟所得的滞回性能、初始刚度、承载能力等均略大于试验结果，这是由于有限元模拟的是试件的理想情况，而试件材料强度的离散性、试件加工质量、试件固定误差和初始缺陷等因素都可能对试验结果产生一定的影响。

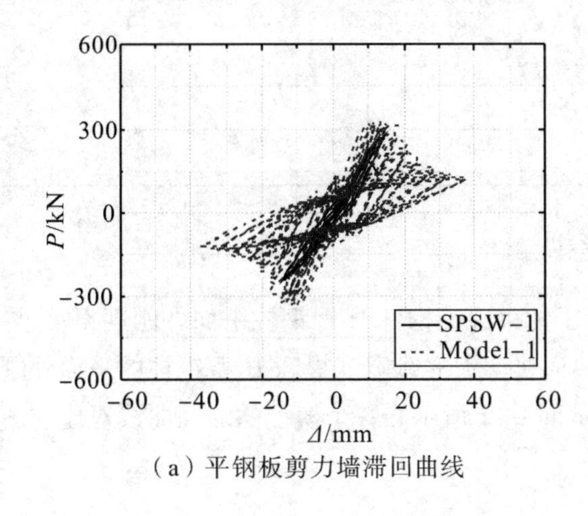

（a）平钢板剪力墙滞回曲线

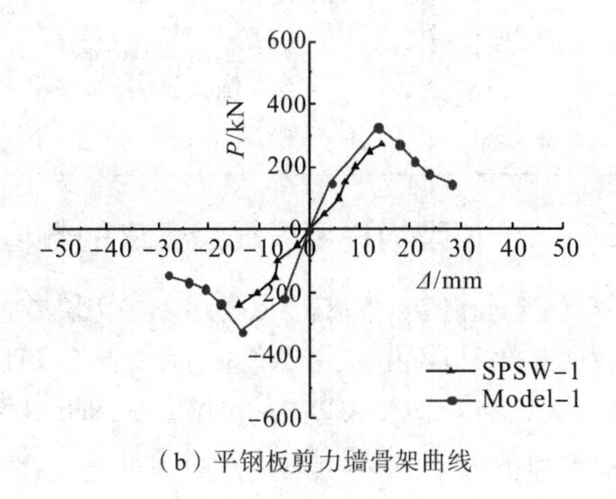

（b）平钢板剪力墙骨架曲线

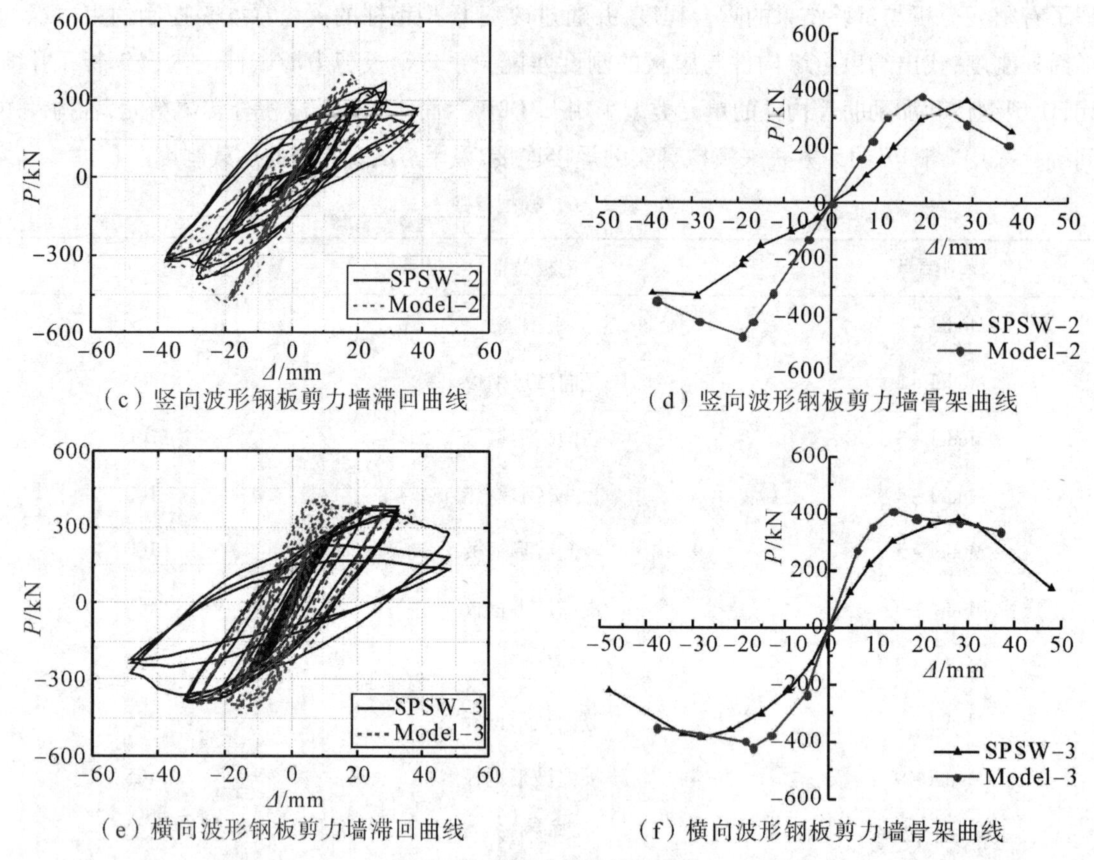

（c）竖向波形钢板剪力墙滞回曲线　（d）竖向波形钢板剪力墙骨架曲线

（e）横向波形钢板剪力墙滞回曲线　（f）横向波形钢板剪力墙骨架曲线

图 2.43　滞回曲线和骨架曲线

试验与有限元模拟分析的特征点荷载对比如表 2.17 所示。从表中的数据可以得出，有限元分析结果与试验结果相差不大，波形钢板剪力墙的模拟结果与试验结果的偏差基本控制在 10% 以内，平钢板剪力墙的模拟结果与试验结果的偏差比波形钢板大，说明相对于波形钢板剪力墙，平钢板剪力墙对约束边缘构件刚度的要求更高。

表 2.17　有限元分析结果与试验结果对比

试件	P_y/kN	P_u/kN	P_y偏差/%	P_u偏差/%
SPSW－1	221.8	272.5	15.4	15.0
Model－1	262.3	320.7		
SPSW－2	306.1	365.7	7.0	5.6
Model－2	329.3	387.2		
SPSW－3	326.1	381.3	7.1	6.9
Model－3	351.1	409.7		

2.5.2　H 型钢柱不同翼缘宽度的数值模拟

试验和模拟结果都显示，3 种钢板剪力墙都是由于约束边缘构件 H 型钢柱平面外刚度不足，导致试件和模型的内嵌钢板未能充分发挥其力学性能，通过增大翼缘宽度提高 H 型钢柱的平面外刚度，模型具体尺寸如表 2.18 中的模型 Model－4 ~Model－12 所示。各个模型的滞回曲线对比如图 2.44 所示，模型的特征值如表 2.18 所示。

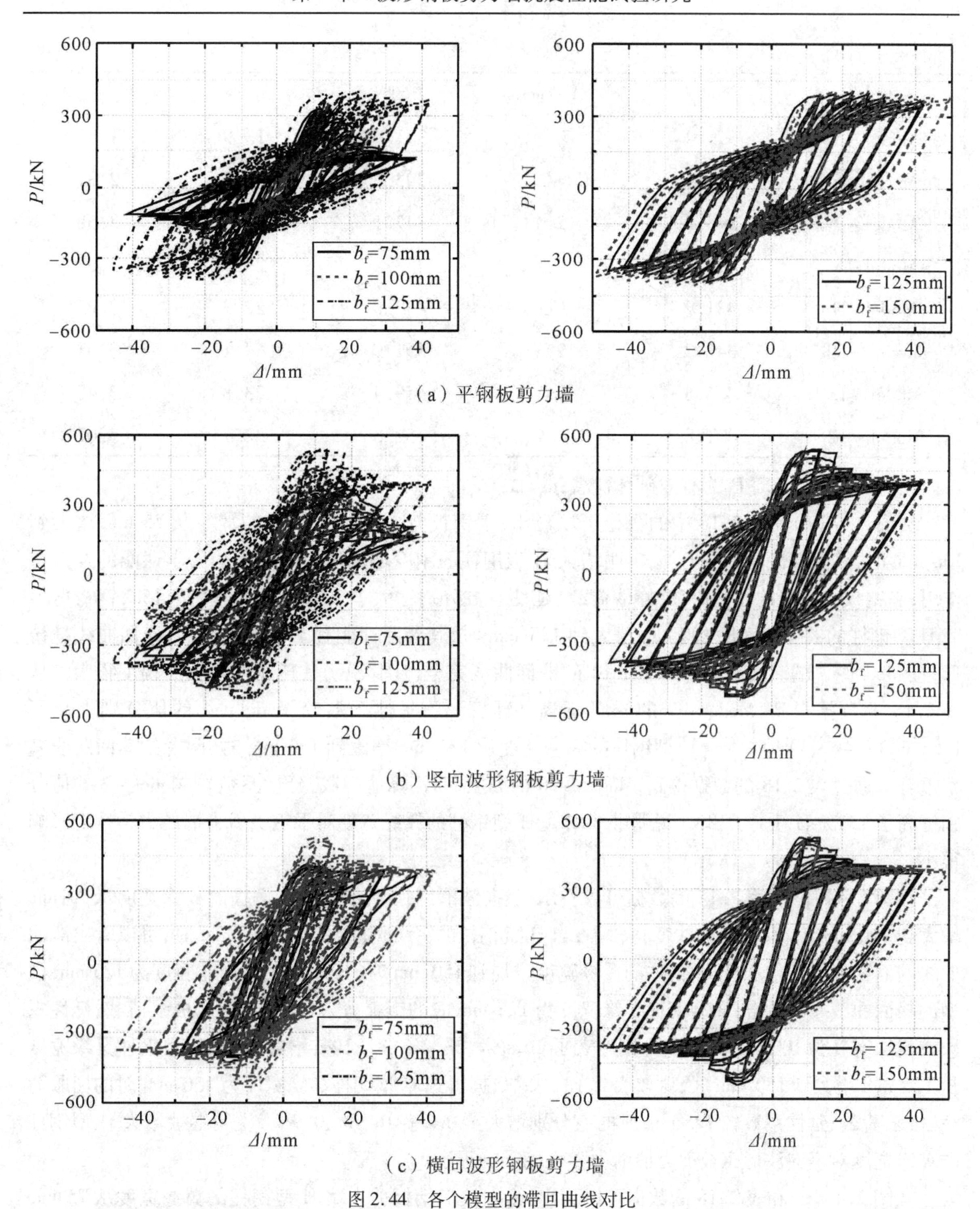

（a）平钢板剪力墙

（b）竖向波形钢板剪力墙

（c）横向波形钢板剪力墙

图 2.44　各个模型的滞回曲线对比

表 2.18　模型的特征荷载和位移

模型编号	P_y/kN	Δ_y/mm	P_d/kN	Δ_d/mm	μ
Model－1	262.3	11.5	272.6	17.6	1.53
Model－2	329.3	14.1	329.1	23.8	1.68
Model－3	351.1	12.4	348.2	28.9	2.33
Model－4	302.8	10.4	295.7	28.5	2.74

续表

模型编号	P_y/kN	Δ_y/mm	P_d/kN	Δ_d/mm	μ
Model－5	373.4	7.5	371.9	13.9	1.85
Model－6	374.5	6.2	393.9	14.3	2.31
Model－7	343.2	12.1	347.1	43.3	3.58
Model－8	434.8	6.9	458.2	23.3	3.37
Model－9	431.2	7.3	452.0	22.3	3.05
Model－10	347.2	12.2	351.0	44.1	3.61
Model－11	435.5	7.0	459.4	23.8	3.40
Model－12	431.8	7.4	452.3	22.7	3.07

注：P_y为屈服荷载，P_d为有效破坏荷载；$\mu=\Delta_d/\Delta_y$。

从图2.44(a)和表2.18中的数据可以看出：平钢板剪力墙H型钢柱的翼缘从75 mm增大到100 mm时，其滞回性能略有增加，表明增大H型钢柱的刚度增加对内嵌钢板的力学性能的发挥有作用；平钢板剪力墙的屈服荷载、峰值荷载、延性系数分别增大了12.5%、8.5%、79.1%；钢板剪力墙H型钢柱的翼缘宽度从100 mm增大到125 mm时，其滞回性能有了明显的提高，滞回曲线呈梭形，且Model－7的滞回曲线将Model－4的滞回曲线完全包围，说明其耗能能力提高幅度很大。从表2.18的数据得到，Model－7的屈服荷载、极限荷载、延性系数较Model－4的值分别提高了13.3%、17.4%、30.7%。当H型钢柱的翼缘宽度从125 mm增大到150 mm时，两者的滞回曲线基本重合。通过表2.18的数据得到，Model－10的屈服荷载、峰值荷载、延性系数较Model－7的值分别提高了1.2%、1.1%、0.8%，说明继续增大H型钢柱的翼缘宽度对平钢板剪力墙的力学性能影响很小。

从图2.44(b)和表2.18的数据可以看出：竖向波形钢板剪力墙H型钢柱的翼缘宽度从75 mm增大到100 mm时，其滞回曲线变化较小，当H型钢柱的翼缘宽度增大到125 mm时，可以看出滞回曲线的面积大幅度增加，H型钢柱的翼缘宽度增加到150 mm时，与H型钢柱翼缘宽度为125 mm模型的滞回曲线基本重合；H型钢柱翼缘宽度为125 mm时的钢板剪力墙屈服荷载、极限荷载、延性系数较翼缘宽度为100 mm时的值分别增大了16.4%、23.2%、82.2%，增幅较大；H型钢柱翼缘宽度从125 mm增大到150 mm时，比较表2.18中的数据得到H型钢柱翼缘宽度为150 mm时的屈服荷载、极限荷载、延性系数较125 mm时的值分别增大了0.2%、0.3%、0.9%，说明继续增大H型钢柱的翼缘宽度对竖向波形钢板剪力墙的力学性能影响很小。

从图2.44(c)和表2.18的数据可以看出：横向波形钢板剪力墙H型钢柱的翼缘宽度从75 mm增大到125 mm过程中，横向波形钢板剪力墙的承载能力和延性呈上升趋势，而当H型钢柱的翼缘宽度从125 mm增大到150 mm时，两者的滞回曲线基本重合。比较表2.18中的数据得到模型Model－12的屈服荷载、极限荷载、延性系数较模型Model－9的值分别增大了0.1%、0.1%、0.7%，说明继续增大H型钢柱的翼缘宽度对横向波形钢板剪力墙的力学性能影响很小。

综上：当H型钢柱的翼缘宽度达到125 mm时已经能够与内嵌钢板很好地进行刚度匹配，且继续增加H型钢柱的翼缘宽度对钢板剪力墙的力学性能影响很小，基本可以忽略。同时考虑经济效益，建议设计时H型钢柱翼缘宽度为125 mm。

由上述可知,当H型钢柱的翼缘宽度从75 mm增加到125 mm时,钢板剪力墙的承载能力和延性上升幅度较大,而当H型钢柱的翼缘宽度达到125 mm后,继续增加其宽度对钢板剪力墙的抗震性能影响不大。在此给出模型Model－4～Model－9的应力云图,如图2.45所示。由图2.45可以看出:当H型钢柱的翼缘宽度达到100 mm时,H型钢柱的刚度仍不足以与内嵌钢板的刚度进行合理匹配,破坏形态仍然是由于H型钢柱的刚度不足而发生整体失稳破坏,但当H型钢柱的翼缘宽度达到125 mm时,3种钢板剪力墙的内嵌钢板形成不同形状的拉力带,而H型钢柱仅在柱脚处发生局部屈曲,证明这时H型钢柱能够有效地对内嵌钢板进行约束。

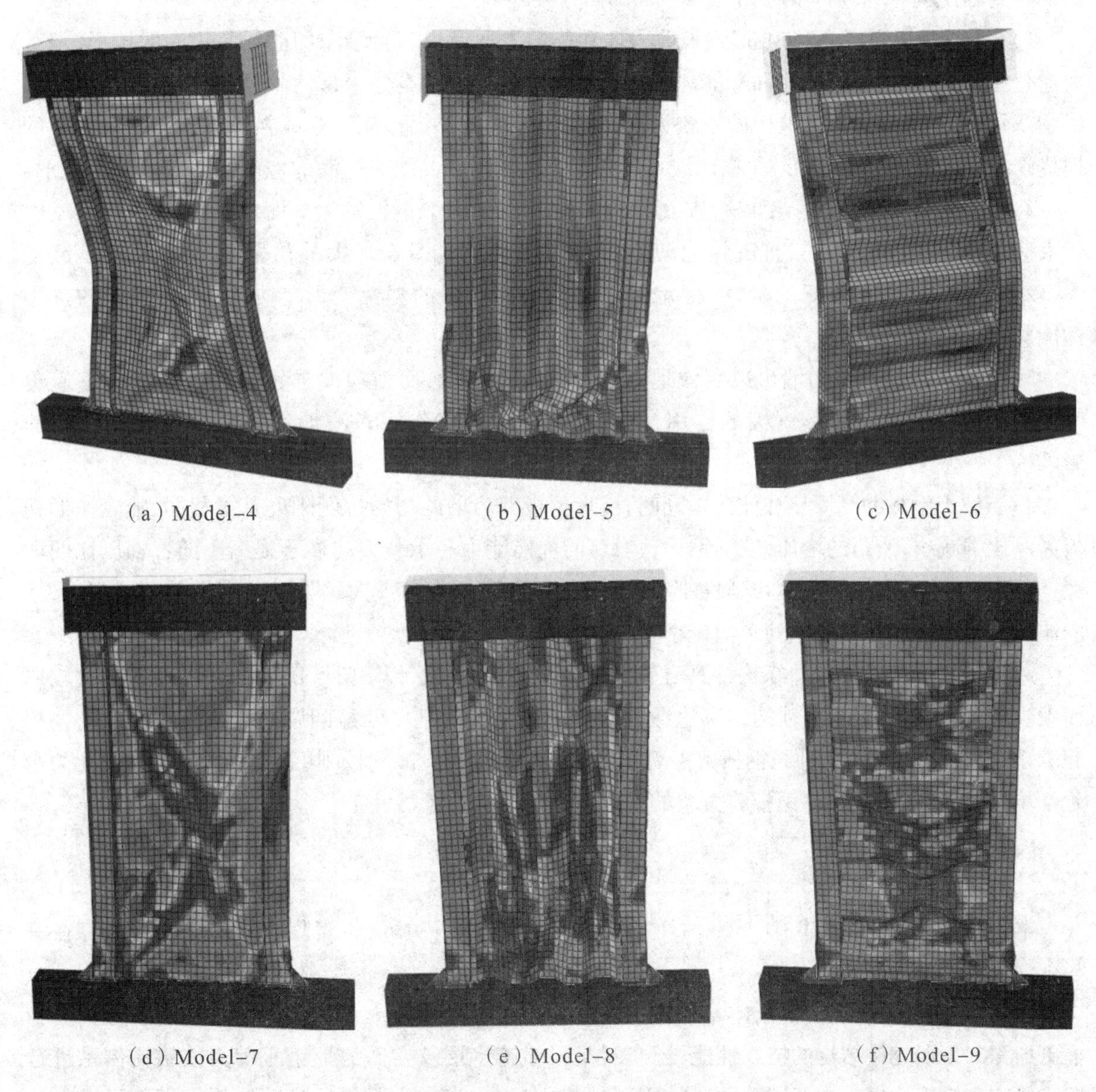

(a) Model-4　(b) Model-5　(c) Model-6

(d) Model-7　(e) Model-8　(f) Model-9

图2.45　模型Model－4～模型Model－9应力云图

有限元分析表明:3种纯钢板剪力墙在约束边缘构件与内嵌钢板刚度匹配合理时,承载能力与延性均较好。纯钢板剪力墙的约束边缘构件与内嵌钢板的刚度匹配问题对内嵌钢板性能的发挥起着至关重要的作用,当H型钢柱的翼缘宽度为125 mm时,纯钢板剪力墙的力学性能最佳。

2.6 本章小结

2.6.1 结论

本章基于试验研究,结合非线性有限元数值模拟分析,对波形钢板剪力墙的抗侧刚度、承载能力、耗能能力、延性、塑性变形能力、各参数对钢板剪力墙力学性能的影响、约束边缘构件与内嵌钢板的刚度匹配问题等进行了研究,得到以下结论:

1)3 个钢板剪力墙,竖向波形钢板剪力墙和横向波形钢板剪力墙滞回曲线呈饱满的梭形,承载力退化缓慢,表现出较好的滞回性能。平钢板剪力墙的受力基本处于弹性阶段,滞回曲线基本呈直线状态;波形钢板剪力墙的滞回曲线较为饱满,其中竖向波形钢板滞回曲线在加载初期呈现一定的捏拢现象,骨架曲线呈"Z"形,而横向波形钢板剪力墙的滞回曲线为饱满的梭形,骨架曲线呈"S"形。

2)平钢板剪力墙初始刚度较小,在水平荷载作用下内嵌平钢板发生平面外鼓曲,H 型钢柱发生较大倾斜,剪力墙屈服较早,抗震性能较差;波形钢板剪力墙具有较大的初始刚度、较高的承载能力、较好的变形能力、较好的延性、稳定的耗能能力和较强的塑性变形能力,表现出良好的抗震性能。

3)竖向波形钢板剪力墙可以有效地参与承担竖向荷载,而横向波形钢板剪力墙则能够避免竖向荷载对内嵌横向波形钢板的作用,进而减小竖向荷载作用对波形钢板剪力墙抗震性能的影响。

4)当波形钢板的高厚比和波角不同时,波形钢板剪力墙的初始抗侧刚度基本相同,随着波形钢板高厚比的减小、波角的增加,波形钢板剪力墙的耗能能力和承载力均显著提高。随着轴压比的增大,波形钢板剪力墙的承载力和延性都有所降低,延性降低幅度最大。与竖向钢板剪力墙相比,横向波形钢板剪力墙受轴压比的影响较小。

5)钢板剪力墙对约束边缘构件具有较大的依赖性,3 个试件均由于 H 型钢柱平面外刚度较弱而发生失稳破坏,钢板剪力墙的约束边缘构件与内嵌钢板的刚度匹配问题对内嵌钢板性能的发挥起着至关重要的作用。3 种纯钢板剪力墙在约束边缘构件与内嵌钢板刚度匹配合理时,承载能力与延性均较好,其中横向波形钢板剪力墙的承载能力与延性最好。

2.6.2 展望

本章通过试验研究、ABAQUS 数值模拟分析,虽然取得了一些值得借鉴的研究成果,但仍存在一些有待解决和深入研究的问题:

1)由于试验条件的局限性,本章的研究对象局限于单层单跨缩尺的波形钢板剪力墙结构。为了更加深入地研究该结构的抗震性能,还应对足尺多跨多层及空间波形钢板剪力墙结构体系进行试验研究和模拟分析。本章试验方法采用了拟静力试验研究,为更好地反映波形钢板剪力墙在地震作用下的抗震性能,需要对波形钢板剪力墙进行振动台试验研究及动力分析。

2)本章所做的试验研究只针对厚度为 3 mm、波角为 45°的波形钢板,参数分析也仅涉及了高厚比、波角以及轴压比,未考虑高宽比、波幅以及钢板开缝、开洞等对抗震性能的影响,希望后者能深入研究。

3)试验结果和有限元模拟分析结果表明,约束边缘构件和波形钢板合理的刚度匹配对波形钢板剪力墙抗震性能的影响很大。本章仅研究了 H 型钢柱的翼缘宽度对波形钢板剪力墙抗震性能的影响,后者仍需要对 H 型钢柱的翼缘厚度以及腹板宽度和厚度对波形钢板剪力墙抗震性能的影响进行深入研究。

第3章 波形钢板-混凝土组合剪力墙抗震性能

3.1 研究背景

3.1.1 钢板-混凝土组合剪力墙发展及应用

高层及超高层建筑结构一般选用钢筋混凝土剪力墙作为其抗侧力构件,但在结构的底层会出现厚度大、间距小的混凝土剪力墙,这不利于空间的利用,同时也不够经济。随着剪力墙结构的不断发展,型钢-混凝土剪力墙、钢板-混凝组合剪力墙等组合结构被提出来。

日本九州大学的 Matsui、Hitaka 等[81-82]学者在钢板两侧外包混凝土形成钢板-混凝土组合剪力墙,并进行了试验研究。研究结论为:混凝土能有效地抑制钢板的整体屈曲变形和局部屈曲变形,使钢板的力学性能充分发挥,大大提高了钢板剪力墙的抗震性能。

Clubley S K,Moy 和 Xiao R Y 等对外包钢板-混凝土组合剪力墙进行了抗震性能试验研究。试验结果表明:该组合剪力墙具有较好的滞回性能,钢板的间距和抗剪连接杆之间的间距对组合墙的滞回性能影响较大。

1995 年,同济大学李国强等[83]学者进行了 3 个外包钢板-混凝土组合剪力墙试件和 1 个钢板剪力墙试件的抗震性能试验研究。研究结果表明:钢板-混凝土组合剪力墙具有较好的抗侧刚度、承载力、延性和耗能能力等滞回性能。

2007—2009 年,清华大学学者董全利、郭彦林等[84-87]提出防屈曲钢板剪力墙,并完成了抗震性能试验研究。试验结果表明:防屈曲约束钢板剪力墙可以有效地防止混凝土盖板的破坏,滞回曲线饱满,并具有较好的延性和耗能能力。

同济大学吕西林等[88]学者完成了 16 个内置钢板-混凝土组合剪力墙试件的抗震性能试验研究。试验结果表明:混凝土可以很好地约束钢板的平面外变形,防止钢板过早地发生局部屈曲,且混凝土的厚度越大,墙体的刚度和强度越大;加强内嵌钢板和混凝土之间的黏结力可以显著地提高钢板-混凝土组合剪力墙的变形能力、延性和耗能能力。

清华大学聂建国等[89]学者完成了 5 个双钢板-混凝土组合剪力墙的拟静力试验。研究结果表明:低剪跨比双钢板-混凝土组合剪力墙具有较好的抗剪承载力、延性以及耗能能力,各个试件的平均极限位移角达 1/72,位移延性系数均大于 3,具有良好的变形能力;同时也给出相关设计建议,建议低剪跨比双钢板-混凝土剪力墙的轴压比限制定为 0.7。

同济大学高辉、李国强、孙飞飞等[90-91]学者完成了 1 个四边连接组合剪力墙试件和 3 个两边组合剪力墙试件拟静力试验。研究结果表明:试件在加载过程中出现钢板角部局部屈曲,建议在以后研究中应当对角部予以加强。此外,笔者通过数值模拟计算,提出组合压杆模型,再结合纯钢板墙的拉杆模型，最终提出了组合墙的简化计算模型。

3.1.2　波形钢板-混凝土组合剪力墙的研究现状

波形钢板是指将平钢板通过冷压或热轧成梯形、正弦波形或三角形的钢板件。波形钢板目前运用于波形腹板组合构件、波形腹板工字形截面构件、波浪腹板钢拱、波形钢板剪力墙等结构中。波形腹板工字形截面构件是由普通焊接工字型截面构件改进形成的，目前已运用于德国、澳大利亚、奥地利等国家的门式刚架和多层轻型房屋等钢结构工程中[92]。

波形腹板工字形构件已成功运用在桥梁结构中，如图3.1(a)所示。将波形钢板作为箱梁的腹板，充分利用了波形腹板优越的抗剪性。此外，由于沿波形钢板轴向的压缩刚度几乎为零，所以在桥面施加预应力时，可以释放预应力在腹板中产生的轴力，有效地发挥预应力的作用。波形腹板工形构件还运用在框架结构当中，如图3.1(b)所示。框架梁与框架柱采用刚接连接，根据抗震规范要求，在结构破坏时首先会形成梁铰机制，如果将梁的腹板用波形钢板代替，可使梁端充分发挥其塑性变形能力。此外，波形钢板还应用于组合楼板、桥涵隧道等结构中，如图3.1(c)、图3.1(d)所示。利用波形钢板的较大平面外刚度，将其设置在钢筋混凝土楼板下形成波形钢板-混凝土组合楼板，可当作楼板的施工模板，有效地减小楼板的厚度，从而减小结构自重。此外，还可以将波形钢板应用在桥涵隧道中，有效地抵抗上部土压力，保证结构的承载能力以及稳定性；波形钢板可以预制，铺设速度快，可以有效地缩短工期。

(a) 波形钢板在桥梁工程中的应用

(b) 波形钢板在门式钢架中的应用

(c) 波形钢板在楼板中的应用

(d) 波形钢板在桥涵中的应用

图3.1　波形钢板在实际工程中的应用

波形腹板工形构件是钢结构中使用波形钢板最多的结构构件形式之一。传统的平腹板工形构件,腹板的高厚比小,不够经济,腹板的高厚比较大时,腹板易发生局部屈曲和整体失稳,试件在加工制作、运输和现场安装过程中容易产生较大的变形,使试件安装时控制难度较大。因此,现行规范 CECS102:2002《门式刚架轻型房屋钢结构技术规程》[93]规定,平腹板的高厚比不应大于250,防止由于腹板刚度不足给加工制作、运输、安装等带来不便。

为了克服平腹板工形构件存在的上述问题,最早在国外开始出现梯形波形腹板工形构件和波形腹板构件,波形腹板具有较大的面外刚度和扭转刚度,即便腹板的高厚比超过规范规定的250限值,构件仍能满足相关计算要求。相关研究表明[94]:波形钢板可以在很大程度上提高工形构件的抗剪性能,且其抗剪屈曲荷载可以达到平腹板工形构件几倍甚至几十倍。

1996 年,Elgaay 等[95]学者通过对波形腹板构件的拟静力试验研究和数值模拟,得出结论:波形腹板的剪切性能受局部屈曲还是整体屈曲控制,完全由波形钢板波折形态决定。此外,还提出了波形钢板剪切弹性屈曲临界应力公式。

2009 年,Yi,Moon 等[96-97]对波形腹板相关屈曲进行了深入的研究,并指出相关屈曲不考虑材料非线性和材料的屈服强度,同时提出波形钢板相关屈曲承载力计算公式,并通过其他学者试验数据得到验证。

2014 年,Tong Guo 和 Richard Sause 等[98]对采用波形钢腹板的梁进行了局部弹性屈曲系数计算方法及波段高宽比、宽厚比等影响因素的研究。

近年来,清华大学郭彦林等[99]对波形腹板在弯矩、剪力以及轴力作用下的力学性能进行了研究,并提出相关公式,分别建立了波形腹板在平面内和平面外稳定承载力设计公式,通过改变构件几何参数并考虑试件初始缺陷的影响,验证了公式的可靠性。

波形钢板剪力墙是基于平钢板剪力墙发展起来的一种新型抗侧力构件,具有较高的平面外刚度以及整体稳定性,波形钢板剪力墙的提出,可以有效地解决平钢板平面外刚度较低等问题,提高结构的强度、刚度以及稳定性。

2005 年,美国布法罗大学的 Berman 和 Bruneau 等对波形钢板剪力墙进行了试验研究,波形钢板的波形沿板件的45°方向设置,如图3.2所示。研究结果表明:波形钢板可以有效地提高剪力墙的抗侧刚度、延性和其耗能能力以及整体稳定性能,滞回曲线有捏拢现象,并且拉压不对称。此外,波形钢板产生了局部屈曲和脆性破坏的现象。

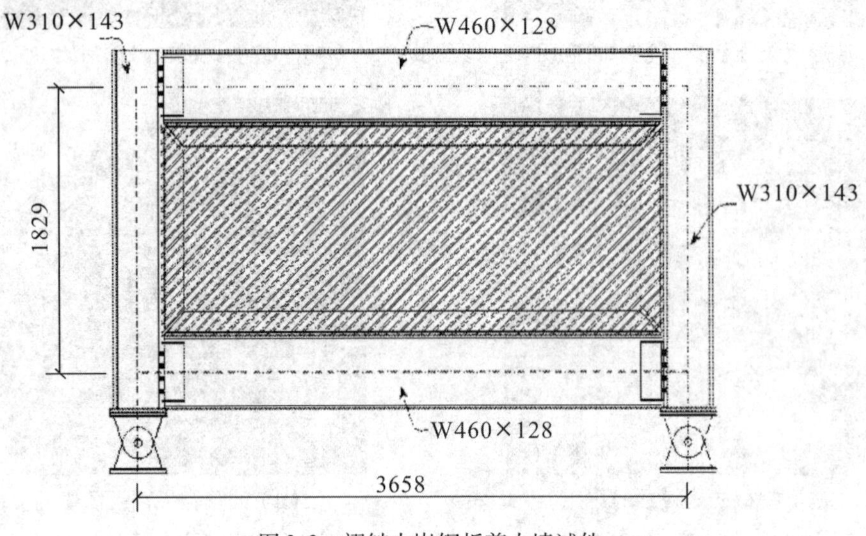

图3.2　褶皱内嵌钢板剪力墙试件

2006 年,西安建筑科技大学的郝际平、余安东、兰银娟等[96]对折板剪力墙的滞回性能等进行了相关研究。研究发现:折板剪力墙具有较大的初始刚度,屈服荷载和极限承载力较高,滞回曲线饱满,无捏拢现象,具有较好的延性和耗能能力,但当折板剪力墙达到其极限承载以后,由于塑性屈曲变形积累导致其承载力下降较快。

2013 年,Massood Mofid 等[100]学者进行了波形钢板剪力墙试验研究,如图 3.3 所示。研究发现:波形钢板剪力墙的极限强度略低于平钢板剪力墙,但其抗侧刚度、耗能和延性等滞回性能远远高于平钢板剪力墙。此外,通过一定的设计方法,可使波折钢板剪力墙在预定位置屈服,通过塑性变形吸收地震能量。

(a)竖向钢板

(b)横向钢板

图 3.3　竖向、横向波折钢板剪力墙试件

2018 年,西安建筑科技大学王威等对波形钢板剪力墙进行了试验研究和 ABAQUS 有限元分析。研究结果表明:波形钢板剪力墙的抗侧刚度、平面外刚度、整体稳定性能、极限承载能力、延性等滞回性能均优于平钢板剪力墙,波形钢板产生手风琴效应,其变形能力远远优于平钢板。此外,给出了波形钢板黏结滑移公式等。

综上所述,与平钢板相比,波形钢板剪力墙具有较大的平面外刚度和抗侧刚度,具有较高的抗屈曲承载力和较好的滞回性能。但是国内外对于波形钢板剪力墙的研究尚未成熟,目前还处于起步阶段,未系统地研究波形钢板-混凝土组合剪力墙的滞回性能和力学性能,以及改变参数对于波形钢板-混凝土组合剪力墙抗震性能的影响。本章将分为试验研究、ABAQUS 有限元分析以及理论计算 3 大块对波形钢板-混凝土组合剪力墙的抗震性能展开研究。

本章的研究内容是波形钢板-混凝土组合剪力墙的抗震性能与抗剪承载力研究,主要从以下几个方面展开:

1)对波形钢板-混凝土组合剪力墙试件的设计、加工以及制作进行介绍,给出拟静力试验的加载制度、加载装置以及数据处理方法,对试验现象进行描述并分析,以及对波形钢板的应变和剪力墙受力机理进行分析。

2)通过对 3 个波形钢板-混凝土组合剪力墙试件进行抗震性能试验研究,得到基于不同波形钢板形式下波形钢板-混凝土组合剪力墙的滞回曲线、骨架曲线、破坏模式、延性和滞回耗能能力、承载力和刚度退化情况以及应变研究。

3)通过 ABAQUS 有限元软件建模,分析得到波形钢板厚度、波角和剪跨比对波形钢板剪力墙及其组合剪力墙抗震性能的影响。

4)结合波形钢板-混凝土组合剪力墙的受力机理,在 ABAQUS 有限元分析结果基础上,通过拟合得到波形钢板-混凝土组合剪力墙的抗剪承载力理论计算公式,将理论计算结果与有限元分析结果和试验结果进行对比,验证抗剪承载力的准确性。此外,得到波形钢板-混凝土组合剪力墙的剪力分担率等力学性能,为工程实际提供依据。

3.2 波形钢板-混凝土组合剪力墙的试验研究

3.2.1 试验目的

为研究波形钢板-混凝土组合剪力墙的抗震性能和抗剪承载力,本章设计了3个波形钢板-混凝土组合剪力墙试件,进行低周循环加载试验,得到波形钢板-混凝土组合剪力墙的承载力、抗侧刚度、骨架曲线、延性等力学性能,并对比不同波形钢板布置形式对其抗震性能的影响。此外,通过观察波形钢板的变形以及混凝土裂缝的发展情况,再结合钢板应变数据,得到波形钢板-混凝土组合剪力墙的受力机理以及破坏形态。

3.2.2 试件的设计及制作

波形钢板-混凝土组合剪力墙试验按照1∶2缩尺比例设计3个试件,分别为平钢板-混凝土组合剪力墙(SPCSW-1)、竖向波形钢板-混凝土组合剪力墙(SPCSW-2)、水平波形钢板-混凝土组合剪力墙(SPCSW-3),试件设计参数见表3.1,波形钢板的截面参数如图3.4所示。其中的波角θ定义如下:由平钢板弯折成波形钢板所转动的角度,在文章中取$\theta=45°$,$a=b=100$ mm,$d=70.7$ mm。文章中试件的轴压比是结合试件的几何参数,考虑钢材的材料力学性能,以及试件的延性等因素确定。

表3.1 试件基本参数

试件编号	内嵌钢板特征	θ/(°)	t/mm	分布筋	栓钉布置	n	λ
SPCSW-1	平钢板	0	3				
SPCSW-2	竖向波形钢板	45	3	ϕ6@200	型号:ϕ8×60 间距:200 mm 形式:梅花形	0.15	1.5
SPCSW-3	水平波形钢板	45	3				

注:t为钢板厚度,n为试件的轴压比,λ为试件的剪跨比。

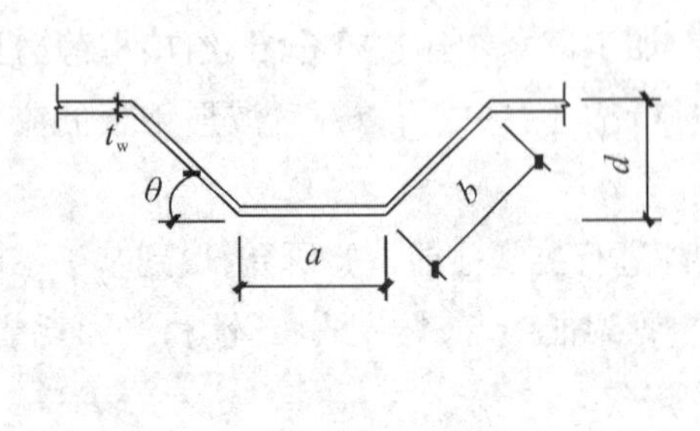

(a)尺寸

(b)外观

图3.4 波形钢板参数示意图

本次试验所用钢材均为Q235钢,波形钢板四周均布置有H型钢,其中H型钢梁规格为HM244×

175×7×11,H 型钢柱规格为 HN150×75×5×7,H 型钢梁腹板上焊接有规格为 222 mm×62 mm×10 mm 加劲肋若干,以加强加载梁和地梁的刚度。同时,由于试验的支撑不足以很好地抵抗波形钢板剪力墙约束边缘 H 型钢柱的平面外失稳,为防止 H 型钢柱过早地发生平面外失稳破坏,在 H 型钢柱上焊接有规格为 1400 mm×210 mm×10 mm 加劲肋若干,以加强其刚度,保证结构的失稳发生在屈服之后。内嵌钢板及约束边缘构件设计尺寸如图 3.5 所示。

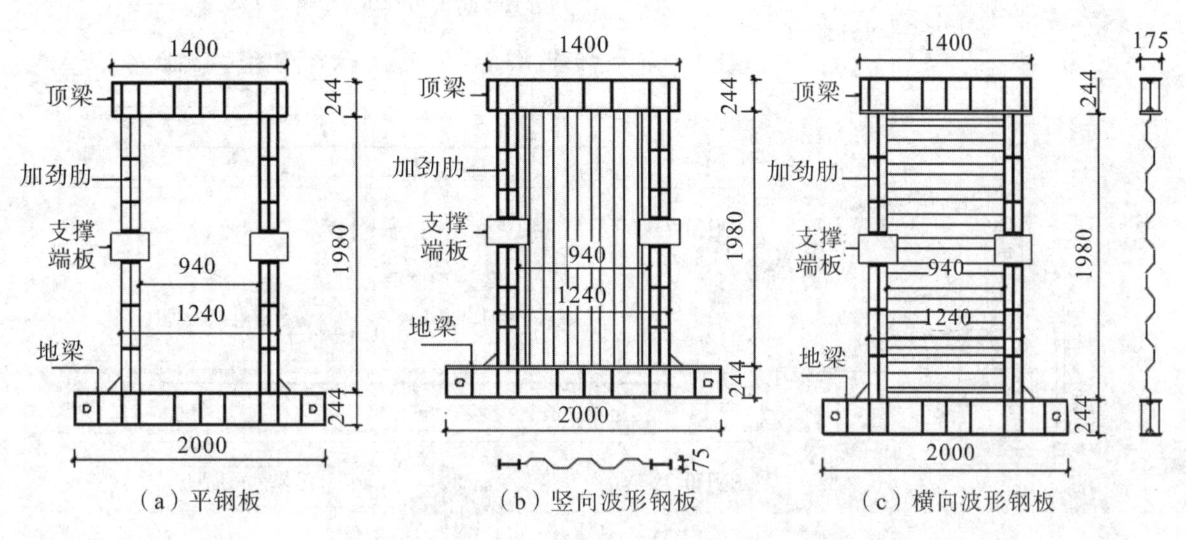

（a）平钢板　（b）竖向波形钢板　（c）横向波形钢板

图 3.5　内嵌钢板及约束边缘构件设计尺寸

波形钢板-混凝土组合剪力墙试件的波形钢板栓钉焊接间距为 200 mm,梅花形布置,墙体布置 ϕ6@200 的双层双向钢筋,加载梁和地梁配置 ⌀16 纵向钢筋和 ϕ8@100 箍筋,墙体水平分布钢筋通过"U"形钢筋焊接,竖向分布钢筋上下两端点焊在 H 型钢上,最后浇筑混凝土。波形钢板-混凝土组合剪力墙试件设计尺寸如图 3.6 所示。

首先内嵌钢板通过 WC67K 系列数控弯折机弯折后形成波形钢板,制作过程中先将钢框架焊接好,最后将波形钢板通过二氧化碳保护焊焊接,波形钢板焊接上栓钉,并绑扎上钢筋,采用 C35 商品混凝土浇筑。混凝土在浇筑过程中,边支模边浇筑,保证混凝土浇筑均匀,试件养护时间为 40 d。试件的加工制作过程如图 3.7 所示。

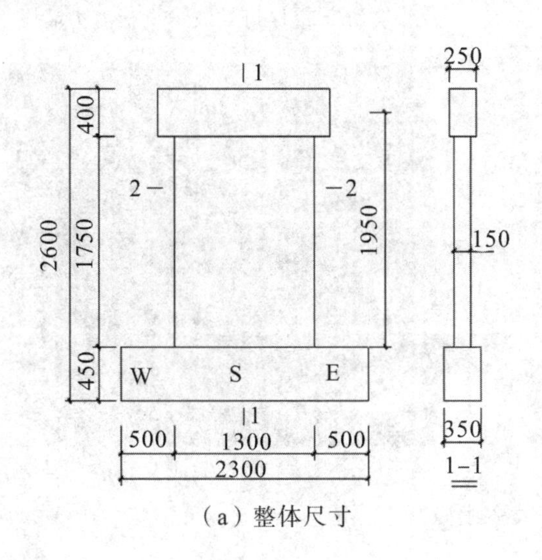

（a）整体尺寸

（b）外观

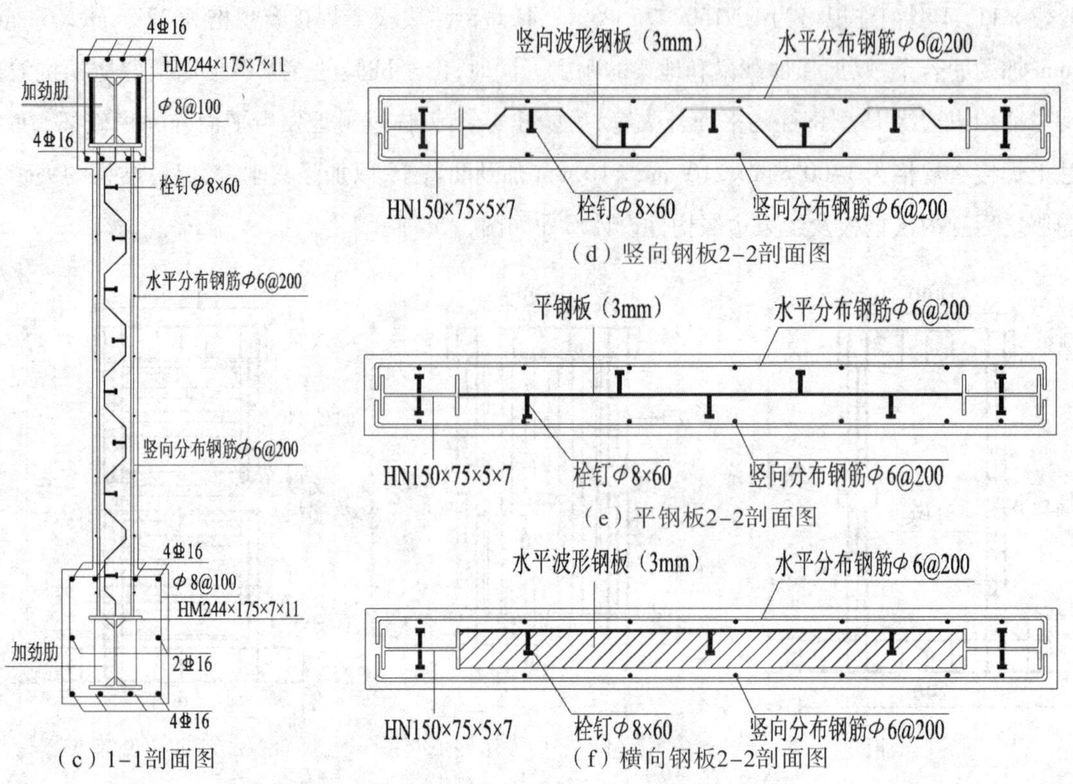

（c）1-1剖面图
（d）竖向钢板2-2剖面图
（e）平钢板2-2剖面图
（f）横向钢板2-2剖面图

图3.6　波形钢板-混凝土组合剪力墙试件设计尺寸

（a）波形钢板剪力墙成型检测

（b）带栓钉的波形钢板剪力墙

（c）混凝土浇筑

（d）浇筑完成并养护

图3.7　试件制作过程

3.2.3　材性试验

钢材的材性试验根据 GB/T2975－1998《钢及钢产品力学性能试验取样位置及试样制备》[101]取样，拉伸试件尺寸如图3.8所示。

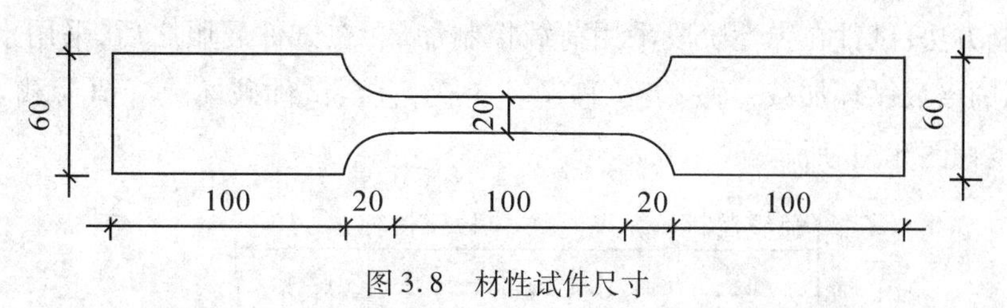

图3.8　材性试件尺寸

材性试验分别对波形钢板（3 mm），H型钢柱翼缘（7 mm）和腹板（5 mm），H型钢梁翼缘（11 mm）和腹板（7 mm）共做了5组钢材材性试验，每组拉伸试验进行3次。拉伸试验在西安建筑科技大学的CSS－WAW300DL电液伺服万能试验机上进行。钢材的应力－应变曲线如图3.9所示，钢材的基本参数见表3.2。

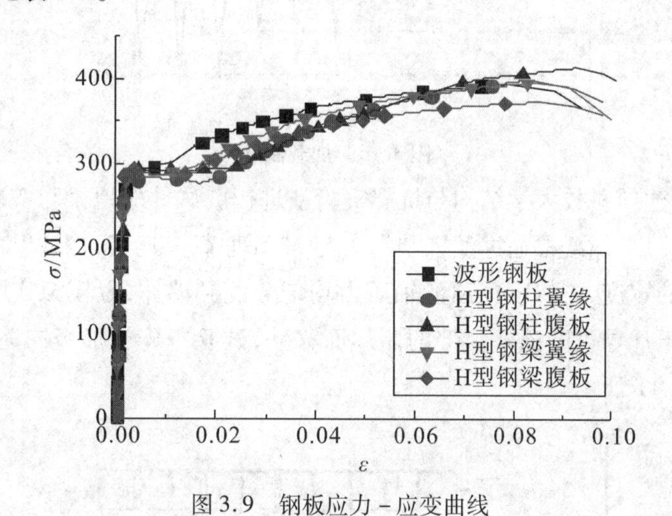

图3.9　钢板应力－应变曲线

波形钢板-混凝土组合剪力墙的混凝土采用商品混凝土，设计强度等级为C35，因墙体厚度较薄，考虑到波形钢板的几何特征，为使混凝土浇筑密实，要求混凝土具有较高的流动性。根据JGJ 101－96《普通混凝土配合比设计规程》[102]的要求，本次试验采用碎石最大粒径不超过16 mm，混凝土要具有良好的流动性。在浇筑3个混凝土试件的同时，每个试件制作3个标准立方体试块，与试件养护条件相同。混凝土材性参数见表3.2。

混凝土弹性模量可按照式(3－1)计算：

$$E_c = \frac{10^5}{2.2 + \frac{34.7}{f_{cuk}}} \qquad (3-1)$$

表3.2　材料力学性能

混凝土	钢板		ϕ6 钢筋		⌽16 钢筋	
f_{cu}/MPa	f_y/MPa	f_u/MPa	f_y/MPa	f_u/MPa	f_y/MPa	f_u/MPa
46.9	292	394	313	435	420	552

注：H型钢材性数据根据应力－应变曲线获取。

3.2.4 试验加载及测点布置

本章采用拟静力试验方法对波形钢板-混凝土组合剪力墙进行抗震性能试验研究，试验中采用电液伺服加载作动器进行加载。加载制度按照 GB 50011 - 2010《建筑抗震试验规程》[103] 中采用力 - 位移双控制方法：试件在弹性阶段采用荷载控制加载，在试件屈服之后，采用水平位移控制加载，按屈服位移的倍数循环加载，每一级位移循环 3 次，直至试件破坏或峰值荷载下降 15% 左右。试件的加载制度如图 3.10 所示。

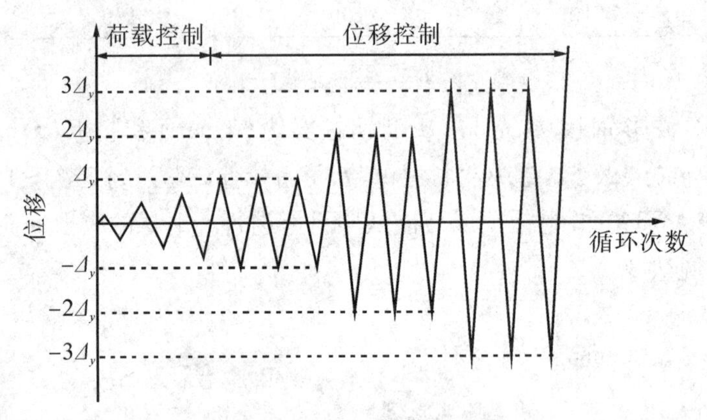

图 3.10　加载制度

本次试验在西安建筑科技大学结构与抗震实验室进行。试件的地梁与实验室台座锚固成为整体，起到固定试件的作用，加载梁通过丝杠和端板与 MTS 加载头连接，加载梁的顶面设置刚性分配梁，长度约等于试件的宽度，能将千斤顶的轴压力均匀分配到墙体，以模拟实际工程中的重力荷载的作用。其中，竖向千斤顶可随试件顶部的侧移而移动，试验中先施加竖向荷载，然后施加水平荷载。加载装置如图 3.11 所示。

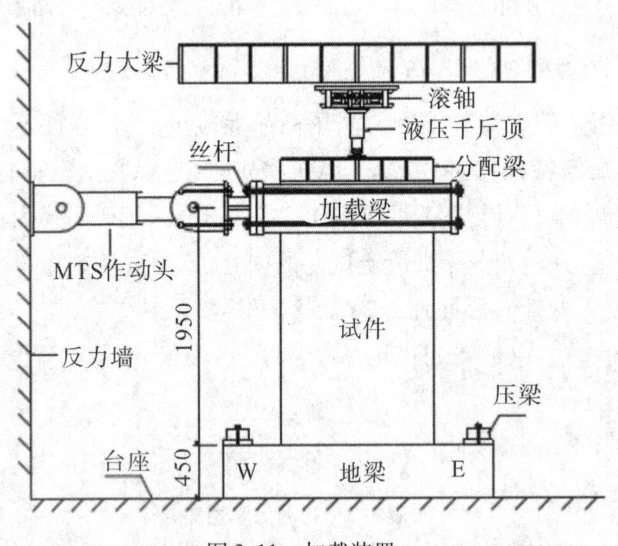

图 3.11　加载装置

为了解波形钢板在水平荷载作用下的受力和变形情况，在波形钢板上共布置了 22 个应变花，编号为 s1 ~ s22，3 组试件的应变花布置形式相同。此外，在墙体的东侧，布置 3 个水平位移计，编号分别为 H - 1、H - 2 和 H - 3，分别位于加载梁中心、墙体中心和地梁中心，用以测量墙体侧向位移和地梁的滑动位移。测点布置情况如图 3.12 所示。

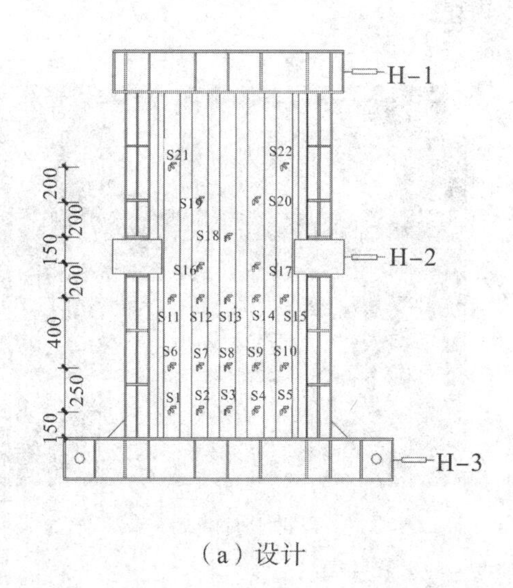

（a）设计

（b）试件

图3.12　测点布置图

3.2.5　试验现象及试件破坏形态分析

3.2.5.1　试验现象描述

为了更好地对试验现象进行描述，对试验加载情况和试件方位做出规定：以作动器推试件为加载正向，反之为负向，靠近作动器一侧为西，远离作动器一侧为东，墙体正面为南侧，背面为北侧。现对6个波形钢板剪力墙及其组合剪力墙试件的试验现象做如下描述：3个试件在施加竖向荷载的过程中以及试件达到开裂荷载之前，均无明显现象，试件水平荷载－位移关系曲线呈线性变化。

（1）平钢板-混凝土组合剪力墙（试件SPCSW－1）

当荷载正向加载至100 kN时，试件混凝土开始开裂，沿墙体东西两侧约束边缘构件底部开始出现水平裂缝。当荷载反向加载至100 kN时，墙体发出类似摩擦的响声，源于钢板与混凝土的接触面发生局部黏结破坏。当荷载反向加载至300 kN时，墙体东侧距地梁上表面26 cm和54 cm处出现2条斜裂缝并向墙内发展；当荷载正向加载至350 kN时，墙体西侧距地梁上表面19 cm、25 cm和46 cm处出现水平裂缝和多条斜裂缝并向墙内发展。当荷载反向加载至350 kN时，墙顶中部产生数条墙内发展的斜裂缝，东侧中下部斜裂缝继续延伸形成沿45°方向的主裂缝；当荷载正向加载至400 kN时，在前裂缝的基础上进一步延伸发展形成2条沿45°方向的主裂缝，并且在距墙底104 cm高处出现斜向下的新裂缝。当荷载反向加载至400 kN时，也同样形成1条由旧裂缝延伸而成沿45°方向的主裂缝；当荷载正向加载至450 kN时，主裂缝继续延伸，并与受拉主裂缝相交。当荷载正向加载至529.9 kN时，推方向屈服，受拉主裂缝进一步扩展；当荷载反向加载至586.5 kN时，拉方向屈服，受压主裂缝进一步扩展。裂缝发展情况如图3.13所示。

综上所述：试件的开裂荷载为100 kN，由于约束边缘H型钢柱的影响，裂缝首先沿水平向发展，再沿45°方向发展，试件正向加载屈服荷载为529.9kN，反向加载屈服荷载为586.5 kN。

此时，试件开始屈服，改为位移控制加载，每级位移循环3次。当加载至顶点位移为15.6 mm时，产生1条新的主裂缝向墙体中部延伸，在东侧边缘部位产生新的水平裂缝，底部主裂缝不断延伸。在此位移幅值作用下，东西两侧边缘处出现较多水平短裂缝。

当加载至顶点位移为31.2 mm时，东西两侧墙趾的混凝土达到极限压应变，发生局部压碎。在此位移幅值循环加载过程中，混凝土破坏区域不断扩大，形成墙趾塑性区域，墙体东侧向南侧偏移

15 mm，如图 3.14 所示。

（a）弹性阶段裂缝发展

（b）屈服时的裂缝发展

图 3.13　试件 SPCSW－1 裂缝发展图

（a）西侧墙趾混凝土局部压碎

（b）墙趾北面混凝土压碎

图 3.14　墙趾塑性区域产生

当加载至顶点位移为 39 mm 时，东西两侧墙趾处的混凝土被压溃，混凝土剥落严重，约束边缘 H 型钢柱底部翼缘发生局部压屈，纵向钢筋外露并弯曲，如图 3.15 所示。此时，墙趾塑性区域为东侧高 30 cm、宽 20 cm，西侧高 16 cm、宽 7 cm。在此位移幅值循环加载过程中，承载力达到最大，正向加载峰值荷载为 688.8 kN，反向加载峰值荷载为 721.9 kN，此时墙体东侧向南侧偏移为 20 mm。

（a）H型钢柱翼缘压屈

（b）东侧墙趾混凝土脱落情况

图 3.15　墙趾塑性区域破坏情况

当加载至顶点位移为 46.8 mm 时，试件进入破坏阶段，平钢板底部产生严重鼓曲，H 型钢和钢筋屈曲更加严重，混凝土剥落现象更加严重，墙趾塑性区域进一步扩大，东侧高 30 cm、宽 45 cm，西侧高 26 cm、宽 20 cm。在此位移幅值循环加载过程中，墙体北侧面出现数条交叉通长斜裂缝，均沿45°方向发展，墙体东侧下部出现高 30 cm、宽 50 cm 的大面积鼓起，墙体东侧向南侧偏移为 25 mm。

当加载至顶点位移为 54.6 mm 时，东西两侧的墙趾塑性区域完全破坏，H 型钢柱均被压屈，部分栓钉脱落，北侧东部底部混凝土鼓起严重，即将剥落，在墙体底部 7 ~ 25 cm 范围内形成贯通裂缝，最大裂缝宽度达 4 mm，底部混凝土退出工作。此时承载力下降幅度较大，停止加载。墙趾塑性区域最终破坏区域东侧高 15 cm、宽 29 cm，西侧高 25 cm、宽 20 cm。试件最终破坏情况如图 3.16 所示。

（a）东侧墙趾塑性区域破坏情况

（b）西侧墙趾塑性区域破坏情况

（c）混凝土大面积鼓起

（d）墙体底部形成通缝

图 3.16　试件 SPCSW - 1 最终破坏图

(2)竖向波形钢板-混凝土组合剪力墙(试件 SPCSW - 2)

当荷载反向加载至 200 kN 时，试件混凝土开始开裂，沿墙体东侧出现 2 条斜裂缝，分别距地梁上表面 20 cm 和 40 cm 高处。当荷载正向加载至 250 kN 时，墙体西侧墙趾处开始开裂，开裂部位距离地梁上表面 0 cm、15 cm 以及 40 cm 高处。当荷载正向加载至 300 kN 时，墙体西侧根部开始开裂，水平裂缝不断延长并出现新的裂缝，长度为 10 cm 左右，当荷载反向加载至 300 kN 时，在墙体中间部位，沿波形钢板波折部位沿竖直方向出现数条短裂缝，裂缝与水平方向的夹角约为 60°。当荷载正向加载至 350 kN 时，墙体西侧裂缝不断发展，出现多条水平裂缝，距地梁上表面 60 cm 处出现 2 条较长裂缝；当荷载反向加载至 350 kN 时，沿墙体中部竖向波折方向产生与水平方向夹角为 60°的斜裂缝。当荷载反向加载至 400 kN 时，在距离墙体西侧 40 ~ 50 cm 范围内，沿竖向波折方向出现 6 条长度约为 20 cm 的斜裂缝，与水平方向的夹角约为 60°；当荷载正向加载至 450 kN 时，墙体发出类似摩擦的响声，源于钢板与混凝土的接触面发生局部黏结破坏，在墙体中间部位沿竖直波折方向出现 4 条长度为 30 ~ 40 cm 的斜裂缝，与水平方向的夹角约为 60°。当荷载反向加载至419.7 kN时，拉方向屈服；当荷载正向加载至 579.4 kN 时，推方向达到屈服。裂缝发展情况如图 3.17 所示。

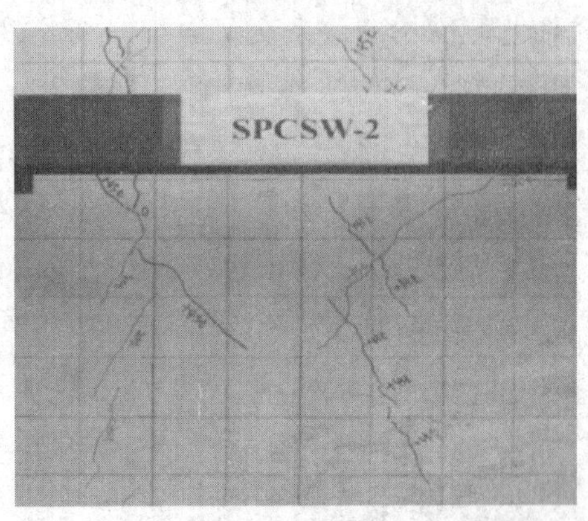

（a）60°方向的斜裂缝

（b）屈服时的裂缝发展

图 3.17　试件 SPCSW－2 裂缝发展图

综上所述：试件的开裂荷载为 200 kN，由于约束边缘 H 型钢柱的影响，裂缝首先沿水平向发展，然后再沿 45°方向发展，其中在墙体中间部位沿竖直方向产生与水平方向呈 60°的斜裂缝，试件的反向加载屈服荷载为 419.7 kN，正向加载屈服荷载为 579.4 kN。

此时，试件进入屈服阶段，改为位移控制加载，每级位移下循环 3 次。当加载至顶点位移为 16.4 mm 时，形成 2 条主裂缝，一条为沿墙体对角线方向并与水平方向呈 60°，另一条从距离地梁上表面 70 cm 高处，沿 45°方向向地梁方向发展，同时在墙体北侧的相同位置也出现了 2 条主裂缝。东侧墙趾处开裂加深，裂缝宽度约 2 mm，墙体东侧向南侧偏移 5 mm。裂缝发展和墙趾破坏情况如图 3.18 所示。

（a）墙体南面的2条主裂缝

（b）墙体北面的2条主裂缝

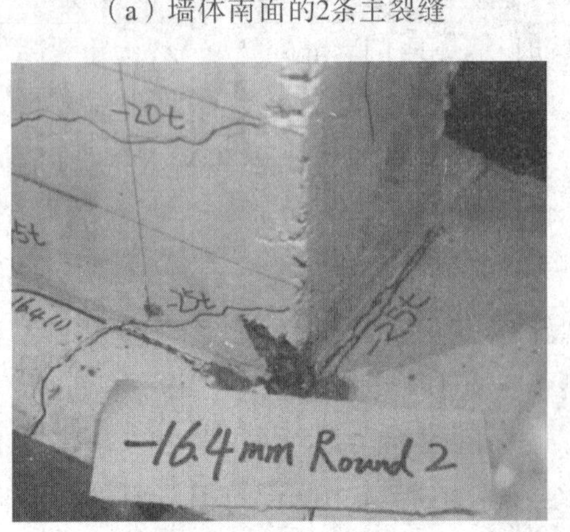

（c）东侧墙趾混凝土剥落

（d）西侧墙趾混凝土脱离地梁

图 3.18　墙体和墙趾裂缝发展

当加载至顶点位移为24.6 mm时，在西侧墙趾处，墙体北面底部出现2条距墙体底面分别为10 cm和20 cm的斜裂缝，并向地梁上表面延伸。墙体内部主裂缝进一步延伸，裂缝宽度增大，裂缝宽度达2 mm，墙体东侧墙趾部位混凝土剥落严重，墙趾形成塑性区域，区域范围高20 cm、宽12 cm。西侧墙趾混凝土没有压碎，无剥落现象，东西两侧没有形成对称的墙趾塑性区域，源于在正向加载时形成了2条主裂缝，而反向加载时并未形成主裂缝，正向加载时部分混凝土退出工作，使得东侧墙趾处压应力过大，导致混凝土被压碎。

当加载至顶点位移为41.0 mm时，东侧墙趾的H型钢柱底部屈曲严重，纵向钢筋发生平面外屈曲，外包混凝土脱落严重，墙体北侧出现高为40 cm、宽为40 cm区域的混凝土鼓起，此时，墙趾塑性区域为东侧高20 cm、宽30 cm，如图3.19(a)所示。此外，西侧沿侧面出现多条裂缝，距离地梁上表面的高度分别为5 cm、14 cm和28 cm，西侧墙趾混凝土脱离地梁裂缝宽度约6 mm，长度约50 cm，西侧墙趾混凝土也开始脱落，H型钢翼缘局部压屈，西侧墙趾形成塑性区域，如图3.19(b)所示。

(a) 东侧墙趾塑性区域破坏

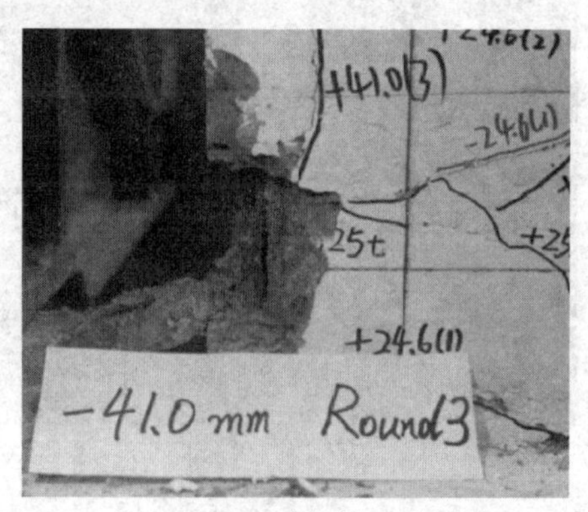

(b) 西侧墙趾塑性区域形成

图3.19　墙体东西两侧塑性区域

当加载至顶点位移为49.2 mm时，西侧墙趾塑性区域混凝土不断剥落，H型钢柱下部屈服，东侧主裂缝与塑性区域贯通，裂缝宽度达2 mm，墙趾完全破坏，试件失去承载力。此时承载力降幅较大，停止加载。墙趾塑性区域最终为东侧高20 cm、宽32 cm，西侧高22 cm、宽7 cm。试件最终破坏情况如图3.20所示。

(a) 墙趾塑性区域与主裂缝贯通

(b) 墙体破坏

图3.20　试件SPCSW-2最终破坏图

(3)水平波形钢板-混凝土组合剪力墙(试件SPCSW-3)

当荷载正向加载至300 kN时，试件混凝土开始开裂，墙体西侧出现数条水平裂缝，分别距离地梁上表面 7 cm、22 cm 和 63 cm 处；当荷载反向加载至 300 kN 时，墙体东侧墙趾底部混凝土产生 53 cm长度的水平裂缝，即墙底部和地梁接触面混凝土被拉裂，墙体东侧出现数条水平裂缝，分别距离地梁上表面 25 cm、77 cm 和 105 cm 处。当荷载正向加载至 350 kN 时，墙体西侧在距离地梁高 38 cm和 60 cm 处，产生向墙体内部发展的斜裂缝，裂缝与水平方向的夹角为 30°；当荷载反向加载至 350 kN 时，墙体东侧在距离地梁上表面高 51 cm 处，产生向墙体内部发展的斜裂缝，裂缝与水平方向的夹角为 30°。随着荷载的继续增加，裂缝不断地延伸，新裂缝不断地产生。当荷载正向加载至 450 kN 时，墙体西侧继续出现水平裂缝，此时，正向加载达到屈服；当荷载反向加载至 450 kN 时，墙体发出类似摩擦的响声，源于钢板与混凝土的接触面发生局部黏结破坏，裂缝不断延伸，反向加载屈服，屈服荷载为 440.9 kN。裂缝发展情况如图 3.21 所示。

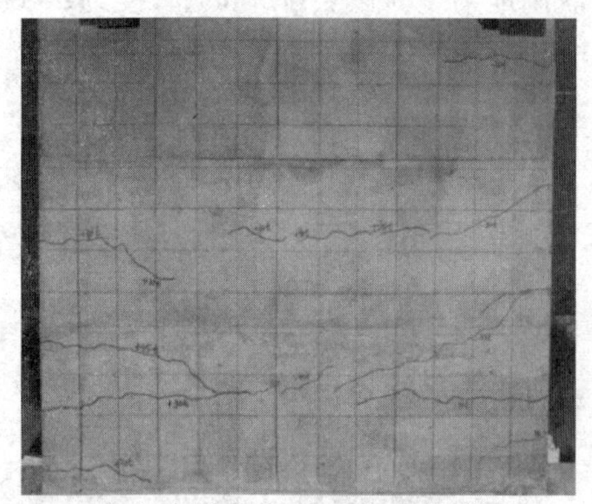

（a）水平方向和30°方向的裂缝

（b）屈服时的裂缝发展

图 3.21　试件 SPCSW－2 裂缝发展图

综上所述：试件的开裂荷载为 300.0 kN。由于约束边缘 H 型钢柱的影响，裂缝先为水平向发展，然后再沿与水平方向呈 30°夹角向墙体内发展，试件的正向加载屈服荷载为 450.0 kN，反向加载屈服荷载为 440.9 kN。

此时，试件进入屈服阶段，改为位移控制加载，每级位移下循环 3 次。当加载至顶点位移为 11.2 mm 时，裂缝宽段不断增大，东西两侧墙趾水平裂缝宽度达 0.7 mm，斜裂缝宽度达 1 mm，沿东西两侧的墙体不断产生新裂缝，并延伸至墙体中间部位，裂缝在墙体中间部位基本沿水平方向发展，即沿水平波折的方向发展。

当加载至顶点位移为 16.8 mm 时，混凝土的裂缝不断地发展，尤其是东西两侧的墙趾部位裂缝宽度达 3 mm，并伴随少量混凝土压碎，东侧墙趾向外鼓起 2 mm，墙体北面墙趾有剥落趋势，并距地梁上表面 10 cm 高处形成水平缝贯通裂缝。

当加载至顶点位移为 28 mm 时，西侧墙趾裂缝宽度达到 5 mm，东侧墙趾翘起并有剥落的趋势，东西两侧混凝土出现较大面积的脱落，使东侧墙趾形成高 28 cm、宽 28 cm 的墙趾塑性区域，H 型钢柱翼缘被压屈，纵向钢筋外露，此时正向加载达到峰值荷载，承载力为 547.2 kN。墙趾塑性区域示意图如图 3.22 所示。

当加载至顶点位移为 33.6 mm 时，混凝土剥落严重，东西两侧的 H 型钢柱均被压屈，钢筋也被压屈，此时墙趾塑性区域最终破坏区域东侧高 15 cm、宽 30 cm，西侧高 25 cm、宽 40 cm。此外，墙体东、西两侧的裂缝贯通，裂缝宽度达 3 mm，裂缝距离地梁上表面高度为 19 cm。试件失去承载力，试件的最终破坏情况如图 3.23 所示。

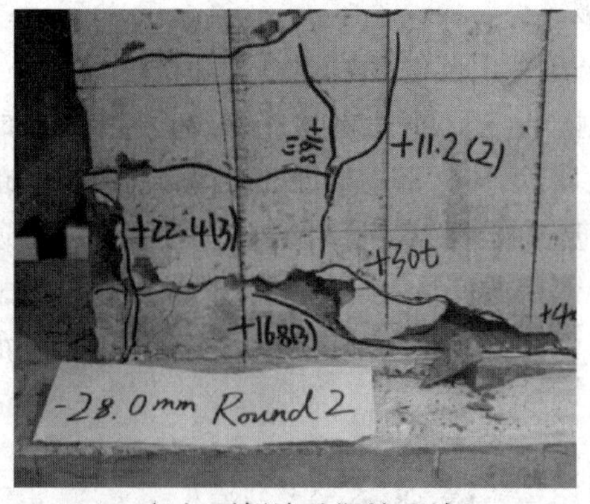

（a）西侧墙趾塑性区域

（b）东侧墙趾塑性区域破坏

图3.22　墙体东、西两侧的墙趾塑性区域

（a）西侧墙趾

（b）东侧墙趾

（c）东侧墙趾被拉坏

（d）墙体破坏

图3.23　试件SPCSW－3最终破坏图

3.2.5.2　试件破坏机理分析

根据剪力墙所承受压力、弯矩、剪力的不同以及剪力墙设计的不同，可将剪力墙的破坏形态分为3种：弯曲破坏、弯剪破坏以及剪切破坏。

弯曲破坏：当剪力墙剪跨比$\lambda \geq 2$时，弯矩为剪力墙的主导力，弯曲裂缝发展较多，墙体最终出现弯曲破坏，表现出很好的延性性能。

弯剪破坏：当剪力墙剪跨比$1 < \lambda < 2$时，墙体的剪力比重增加，墙体根部产生弯曲裂缝，墙体中间部位产生较多的剪切斜裂缝，随着荷载增加墙体内部钢构件逐渐屈服，裂缝继续发展，最终主斜裂缝和底部水平裂缝连通，墙趾部位形成塑性破坏区域，墙体最终发生弯剪破坏。

剪切破坏：当剪力墙剪跨比$\lambda \leq 1$时，剪力为剪力墙的主导力，很快形成对角线方向的交叉主斜裂缝,并不断地变宽,墙体最终出现剪切破坏,属于脆性破坏。

试件的破坏过程表明:在水平荷载作用下,试件 SPCSW－1、试件 SPCSW－2 和试件 SPCSW－3 均发生弯剪型破坏。具体表现为:首先沿墙体东、西两侧产生自下而上的水平裂缝,随着荷载的增加,水平裂缝发展为斜裂缝,且裂缝的长度和宽度不断发展,墙体中部混凝土也出现斜裂缝,墙趾部位混凝土产生受压裂缝和局部压碎,端部 H 型钢柱和钢板屈服。随着荷载的继续增加,裂缝迅速发展,墙趾部位的混凝土剥落严重,H 型钢柱外露并发生局部屈曲变形,波形钢板-混凝土组合剪力墙达到峰值荷载。在试件破坏阶段,墙体主裂缝和底部水平裂缝贯通,墙趾塑性区域破坏严重,承载力下降明显。

3.3 波形钢板-混凝土组合剪力墙的抗震性能分析

本章在波形钢板-混凝土组合剪力墙的低周循环加载试验的基础上,对 3 个试件的滞回曲线、延性和耗能能力、刚度和承载力退化以及应变展开分析,并将 3 个试件进行对比,为组合剪力墙结构提供设计依据。

3.3.1 荷载－位移曲线

波形钢板-混凝土组合剪力墙试件的滞回曲线如图 3.24 所示,可以看出:弹性阶段,3 个试件滞回曲线无捏拢现象,滞回面积和残余变形较小,耗能较少。随着荷载的增大,3 个试件逐渐屈服,滞回曲线斜率开始下降,逐渐形成捏拢现象,滞回环面积和残余变形增大,承载力和刚度退化缓慢,最终滞回曲线呈饱满的梭形,表现出较好的滞回性能。

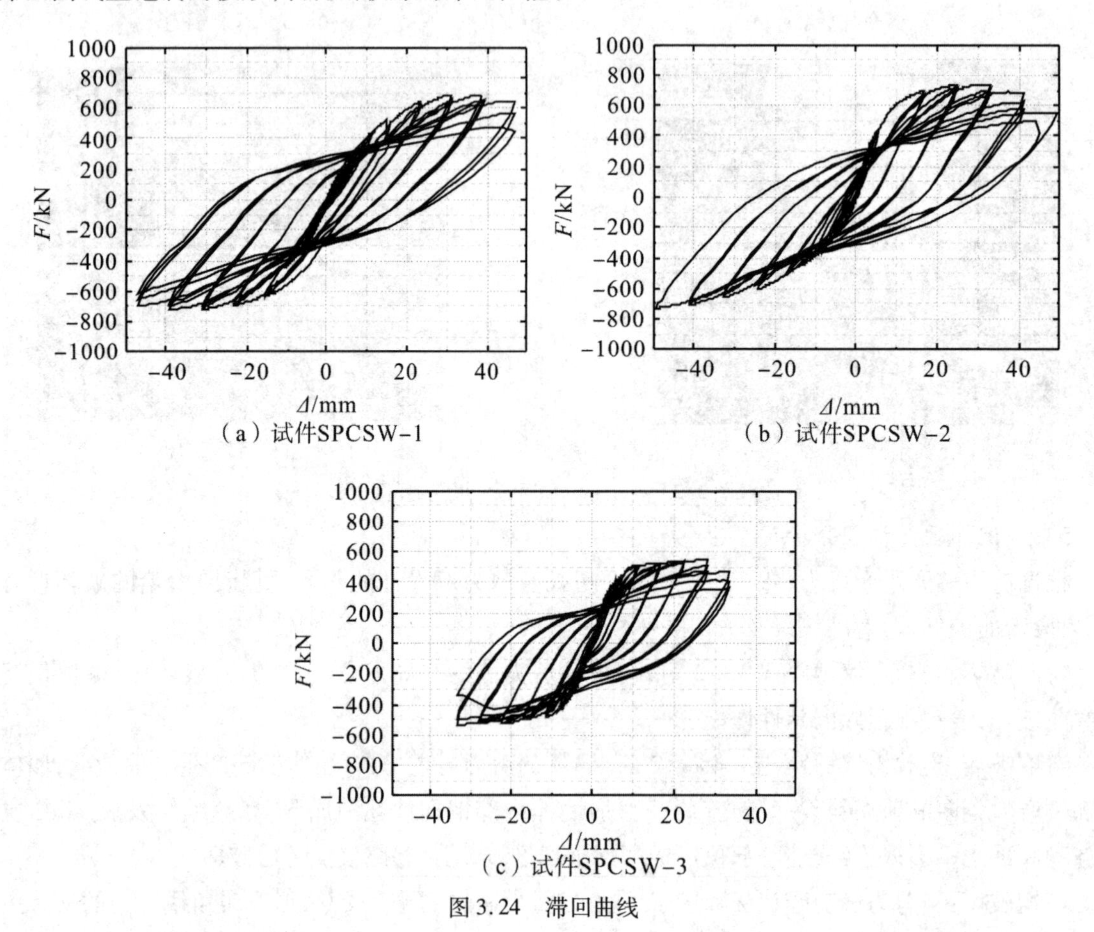

(a) 试件SPCSW-1　(b) 试件SPCSW-2　(c) 试件SPCSW-3

图 3.24　滞回曲线

根据滞回曲线绘制了波形钢板-混凝土组合剪力墙试件的骨架曲线，如图3.25所示。可以看出：弹性阶段试件SPCSW－2抗侧刚度最大，试件SPCSW－3次之，试件SPCSW－1最小。随荷载的增加，试件SPCSW－3墙趾部位首先形成塑性区域，承载力增长速度小于其他2个试件，而试件SPCSW－2的承载力高于试件SPCSW－1的。破坏阶段，3个试件的承载力下降速度缓慢，表现出良好的承载能力和延性，其中，试件SPCSW－2和试件SPCSW－3的延性比试件SPCSW－1的好。总体来说，3个试件的骨架曲线均呈现明显的S形，说明3个试件在低周反复循环荷载作用下，经历了弹性、弹塑性、塑性和破坏阶段。

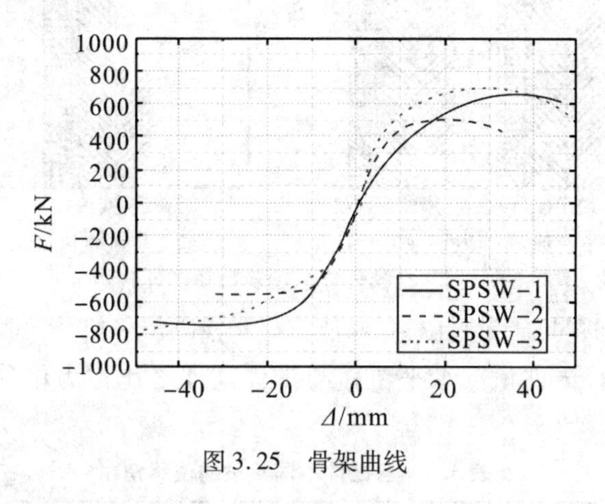

图3.25　骨架曲线

3.3.2　特征荷载和特征位移

根据试件的骨架曲线，结合第2章所讲述方法，分别找出试件的开裂点、屈服点、峰值点和极限点等荷载特征值以及其对应的位移值，可以得出各试件的特征荷载和位移，如表3.3所示。

表3.3　波形钢板-混凝土组合剪力墙试件的特征荷载和位移

试件编号		开裂点		屈服点		峰值点		极限点		μ
	加载方向	F_{cr}/kN	Δ_{cr}/mm	F_y/kN	Δ_y/mm	F_m/kN	Δ_m/mm	F_u/kN	Δ_u/mm	
SPCSW－1	推	100.0	1.4	529.9	16.3	688.8	39	585.5	46.8	2.9
	拉	100.0	1.3	586.5	13.4	721.9	39	613.6	46.8	3.5
	平均	100.0	1.4	558.2	14.9	705.4	39	599.6	46.8	3.2
SPCSW－2	推	250.0	2.5	579.4	9.3	733	32.8	623.1	44.5	4.8
	拉	200.0	3.5	419.7	12.1	730	49.2	620.5	49.2	4.1
	平均	225.0	3	499.6	10.7	731.5	41.0	621.8	46.9	4.5
SPCSW－3	推	300.0	3.1	450.0	8	547.2	28	465.1	33.6	4.2
	拉	300.0	4.2	440.9	8.2	533.4	33.6	453.4	33.6	4.1
	平均	300.0	3.7	447.0	8.1	540.3	30.8	459.3	33.6	4.2

由表3.3可知：试件SPCSW－1的开裂荷载为100 kN，小于试件SPCSW－2和试件SPCSW－3的，平钢板最先与混凝土发生界面黏结滑移，波形钢板与混凝土具有更好的界面黏结力；试件SPC-SW－2的峰值荷载和峰值位移略高于试件SPCSW－1的，试件SPCSW－2比试件SPCSW－1的峰值荷载和峰值位移分别高出3.7%和5.1%，试件SPCSW－3最先在墙趾位置处形成塑性区域，导致其

承载力低于其他 2 个试件。

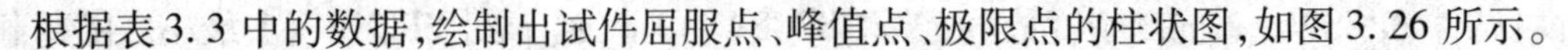

根据表 3.3 中的数据，绘制出试件屈服点、峰值点、极限点的柱状图，如图 3.26 所示。

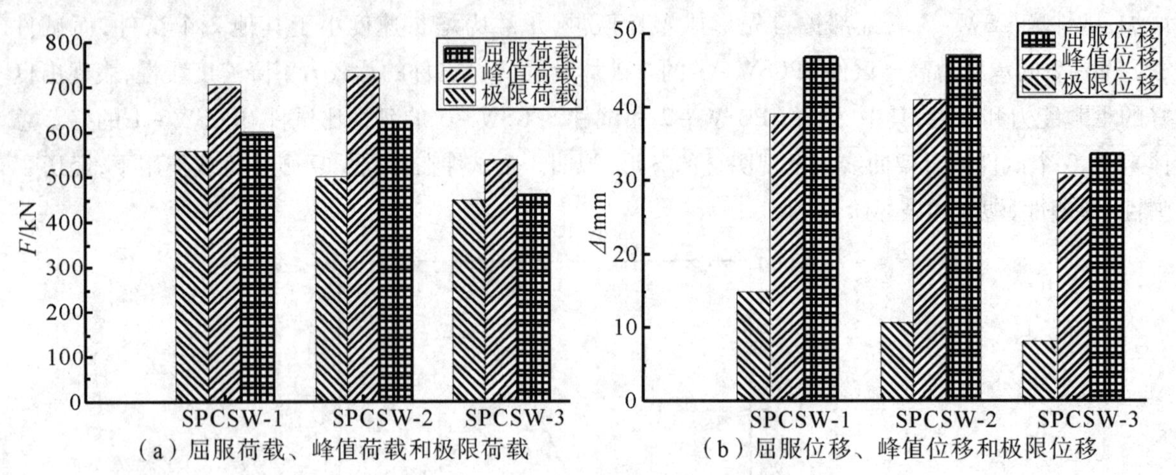

（a）屈服荷载、峰值荷载和极限荷载　　（b）屈服位移、峰值位移和极限位移

图 3.26　试件特征荷载和位移的柱状图

根据表 3.3 的数据，通过拉压屈服位移、峰值位移和极限位移的平均值分别计算出屈服位移角、峰值位移角和极限位移角，试件顶点水平位移与试件高度之比称为位移角，用 θ 表示，如表 3.4 所示。

表 3.4　各试件不同阶段的位移角

试件编号	屈服点		峰值点		极限点	
	Δ_y/mm	θ/rad	Δ_m/mm	θ/rad	Δ_u/mm	θ/rad
SPCSW－1	14.9	1/131	39	1/50	46.8	1/42
SPCSW－2	10.7	1/182	41	1/48	46.9	1/42
SPCSW－3	8.1	1/240	30.8	1/63	33.6	1/58

根据 JGJ/T380－2015《钢板剪力墙技术规程》第 3.4.2 条规定：钢板-混凝土组合剪力墙的极限位移角为 1/80。从表 3.4 中可以看出：试件 SPCSW－1、试件 SPCSW－2 和试件 SPCSW－3 的极限位移角分别为 1/42、1/42 和 1/58，均大于规范规定的限值 1/80，表现出较强的变形能力。

3.3.3　延性和耗能能力分析

根据上一节内容，求出 3 个试件的延性系数，计算结果见表 3.3。由表 3.3 可知：波形钢板-混凝土组合剪力墙的延性均比平钢板-混凝土组合剪力墙好，其中试件 SPCSW－2 和试件 SPCSW－3 的延性系数分别比试件 SPCSW－1 的延性系数高出 40.6%、31.3%，试件 SPCSW－2 和试件 SPCSW－3的延性相差不大。综上所述，波形钢板剪力墙及其组合剪力墙的延性比平钢板及其组合剪力墙的要好。

根据上一节的耗能计算方法，计算出试件的耗能 E_i、累积耗能 $\sum E_i$ 以及等效黏性阻尼系数 ξ_{eq}，进而绘制与位移的关系曲线，见图 3.27、图 3.28 和图 3.29。

由图 3.27 可以看出：波形钢板-混凝土组合剪力墙试件的耗能随着位移的增大不断地增加，试件 SPCSW－1 的耗能低于试件 SPCSW－2 和试件 SPCSW－3 的，试件 SPCSW－2 的耗能在加载初期大于试件 SPCSW－3 的，随着位移的增加逐渐小于试件 SPCSW－3 的。总体来说，试件 SPCSW－3 的耗能最大，试件 SPCSW－2 次之，试件 SPCSW－1 的最小。

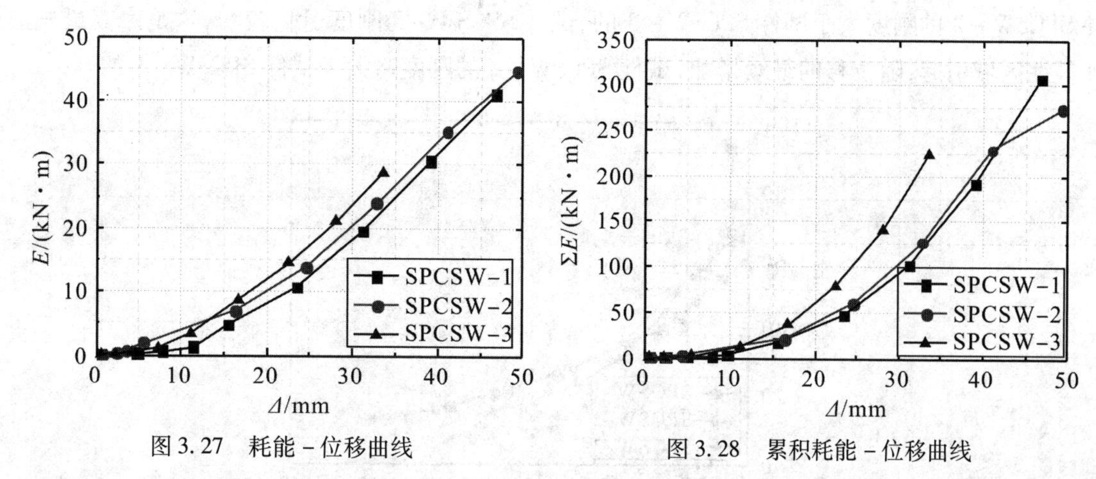

图 3.27 耗能 - 位移曲线

图 3.28 累积耗能 - 位移曲线

由图 3.28 可以看出:波形钢板-混凝土组合剪力墙试件的累积耗能随着位移的增大不断地增加,试件 SPCSW - 1 的累积耗能低于试件 SPCSW - 2 和试件 SPCSW - 3 的,试件 SPCSW - 2 的累积耗能小于试件 SPCSW - 3 的。总体来说,试件 SPCSW - 3 的累积耗能最大,试件 SPCSW - 2 次之,试件 SPCSW - 1 最小。

由图 3.29 可以看出:波形钢板-混凝土组合剪力墙在加载初期,试件 SPCSW - 2 的等效黏滞阻尼系数最大,试件 SPCSW - 1 次之,试件 SPCSW - 3 最小,随位移的增加,试件 SPCSW - 2 和试件 SPCSW - 3 的等效黏滞阻尼系数高于试件 SPCSW - 1 的,其中试件 SPCSW - 2 比试件 SPCSW - 3 低。总体来说,试件 SPCSW - 3 的等效黏滞阻尼系数最大,试件 SPCSW - 2 次之,试件 SPCSW - 1 最小。

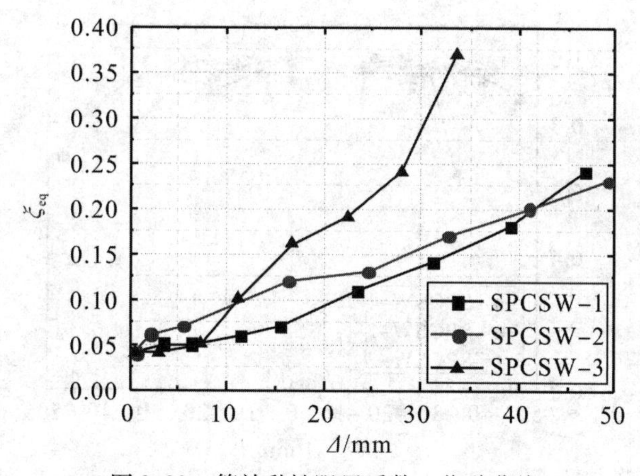

图 3.29 等效黏性阻尼系数 - 位移曲线

3.3.4 刚度和承载力退化

试件的刚度退化可按照式(3 - 2)计算。

$$K_1 = \frac{|+F_i|+|-F_i|}{|+\Delta_i|+|-\Delta_i|} \tag{3-2}$$

式中:Δ_i——位移幅值,mm;

F_i——同一位移幅值下,第 i 次循环时对应的力,kN。

可得到割线刚度 K_1 随位移变化的曲线,如图 3.30 所示。由图 3.30 可知:加载初期,试件 SPCSW - 2和试件 SPCSW - 3 的刚度大于试件 SPCSW - 1,随着各试件开始屈服,试件 SPCSW - 1 和试件 SPCSW-2 的刚度大于试件 SPCSW-3 的,试件 SPCSW-3 刚度退化较快,这是由其最先形成墙趾塑性区域引起,随位移的继续增加,试件 SPCSW-2 的刚度略大于试件 SPCSW-1 的。

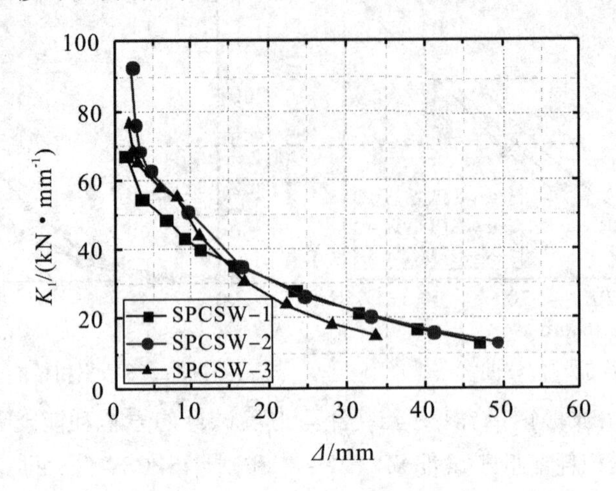

图 3.30 刚度退化曲线

承载力退化可按照式(3-3)计算。

$$\eta = \frac{F_n}{F_1} \tag{3-3}$$

式中:F_n—— 同一位移幅值下,最后一次循环所对应的力,kN;

F_1—— 同一位移幅值下,第一次循环所对应的力,kN。

可得到承载力降低系数 η 随位移变化的曲线,如图 3.31 所示。

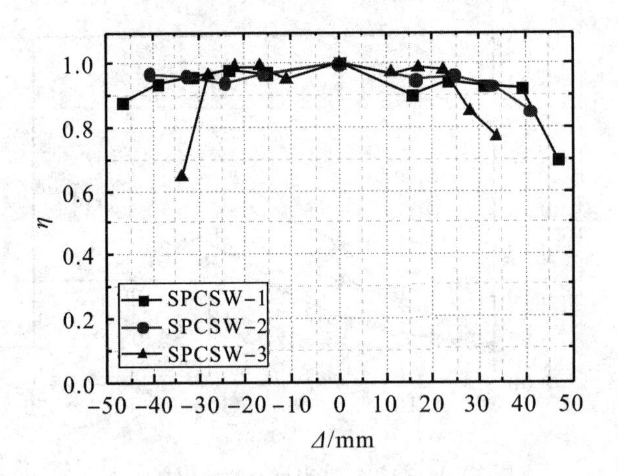

图 3.31 承载力退化曲线

由图 3.31 可知:波形钢板-混凝土组合剪力墙在达到屈服位移前,试件的承载力退化系数均在 0.95 以上,3 个试件基本相同。随位移的增加,试件 SPCSW-1 的承载力退化比试件 SPCSW-2 和试件 SPCSW-3 的快,试件 SPCSW-3 的承载力退化系数略高于试件 SPCSW-2 的,3 个试件表现出良好的承载能力和延性。

3.3.5 波形钢板应变分析

在组合墙的波形钢板同样位置选取 5 个应变花,应变花示意图见图 3.32(a),应变-位移曲线见图 3.32(b)~图 3.32(f)。此外,还得到每个测点处钢板屈服时所对应的位移,见表 3.5。

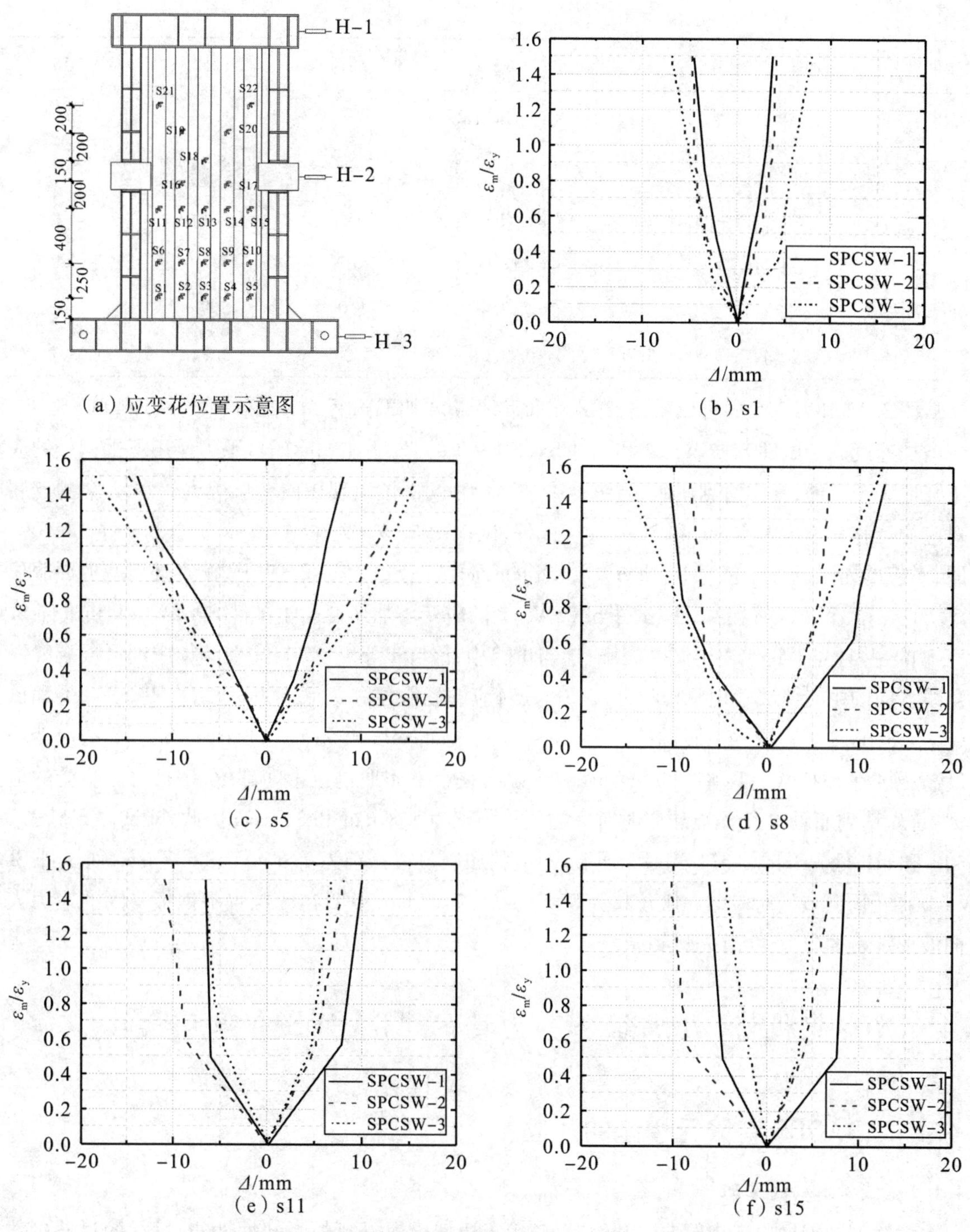

（a）应变花位置示意图　（b）s1

（c）s5　（d）s8

（e）s11　（f）s15

图 3.32　波形钢板-混凝土组合剪力墙部分应变数据曲线

表 3.5　每个测点处钢板屈服时所对应的位移(单位:mm)

试件编号	加载方向	s1	s5	s8	s11	s15
SPCSW－1	推	3	6.0	10.3	8.8	7.9
	拉	3.8	9.7	9.4	6.4	5.5
	平均	3.4	7.9	9.9	7.6	6.7

续表

试件编号	加载方向	s1	s5	s8	s11	s15
SPCSW-2	推	3.7	10.5	5.8	6.4	5.5
	拉	4.6	11.0	7.4	9.7	9.4
	平均	4.1	10.8	6.6	8.1	7.4
SPCSW-3	推	6.0	12.0	7.7	5.6	4.2
	拉	5.4	12.4	11.0	5.9	3.2
	平均	5.7	12.2	9.3	5.8	3.7

从图3.32和表3.5中可以看出:在水平位移不断增加的过程中,s1和s5处试件SPCSW-1的应变增加速度高于试件SPCSW-2和试件SPCSW-3的,说明在相同的水平力作用下平钢板的应力大于其他2个试件,首先达到屈服,与试验中平钢板相同部位出现屈曲变形现象一致,2个测点屈服时对应的位移分别为3.4 mm和7.9 mm。此外,试件SPCSW-2在s1和s5处先于试件SPCSW-3屈服,对应的屈服位移分别为4.1 mm和10.8 mm,而试件SPCSW-3在相同测点处对应的屈服位移为5.7 mm和12.2 mm;在s8处,试件SPCSW-2的应变增加速度高于试件SPCSW-1和试件SPCSW-3的,并且先于其他2个试件屈服,这与试验中试件SPCSW-2首先在墙体中部形成裂缝以及对角线方向的主裂缝试验现象相吻合,在s8处对应的屈服位移为6.6 mm,试件SPCSW-1和试件SPCSW-3在s8处对应的屈服位移为9.9 mm和9.3 mm;s11和s15处试件SPCSW-3的应变增加速度高于试件SPCSW-1和试件SPCSW-2,说明在水平波形钢板中间部位,钢板两侧所受的应力较大,首先达到屈服,2个测点屈服时对应的位移分别为5.8 mm和3.7 mm。此外,试件SPCSW-1在s11和s15处先于试件SPCSW-2屈服,对应的屈服位移分别为7.6 mm和6.7 mm,而试件SPCSW-2在相同测点处对应的屈服位移为8.1 mm和7.4 mm,说明在此位置平钢板受到的应力大于竖向波形钢板的应力,会首先达到屈服。

3.4 波形钢板-混凝土组合剪力墙的ABAQUS有限元模拟

3.4.1 ABAQUS有限元模型的建立

3.4.1.1 钢材本构的选取

本章模型的钢材均选用等向弹塑性模型,用于模拟金属材料的弹塑性性能,钢材的材性参数选自材性试验数据,材料本构选用弹性-线性强化模型,相应的应力-应变曲线关系见图3.33。

3.4.1.2 混凝土本构的选取

ABAQUS有限元软件提供了开裂模型(Cracking Model for Concrete)、混凝土弥撒模型(Concrete Smeared Cracking)和混凝土塑性损伤模型(Concrete Damaged Plasticity)3种混凝土本构。本章采用混凝土损伤本构模型(CDP模型),该模型假定混凝土发生拉伸开裂和压缩破碎而破坏,其屈服或破坏面由拉伸等效塑性应变$\bar{\varepsilon}_t^{pl}$和压缩等效塑性应变$\bar{\varepsilon}_c^{pl}$两者控制[104-105]。混凝土塑性损伤本构模型假定混凝土单轴受拉和受压时的基本力学性能见图3.34。

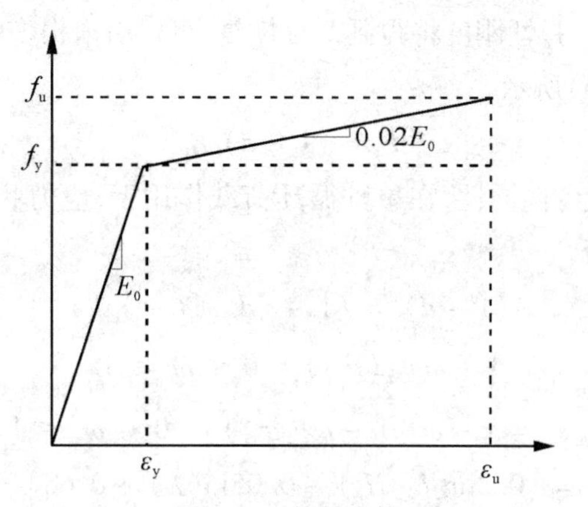

图 3.33　钢材本构

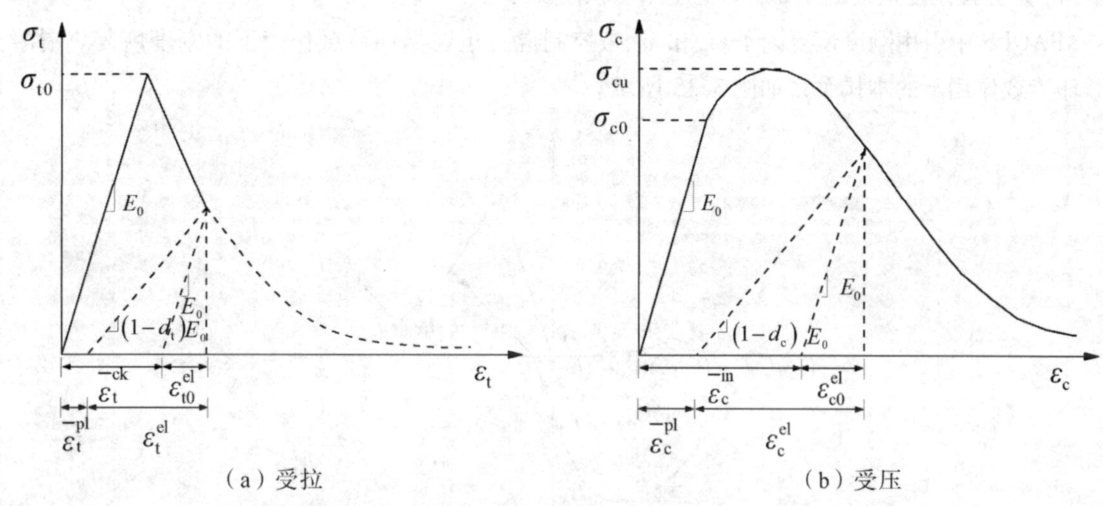

图 3.34　混凝土本构

由图 3.34 可知，混凝土在单轴受拉达到失效应力 σ_{t0} 之前为弹性，随后进入软化阶段，同时发生刚度退化，可以得出受拉等效塑性应变的关系式如式(3－4)所示。

$$\tilde{\varepsilon}_t^{pl} = \tilde{\varepsilon}_t^{ck} - \frac{d_t}{(1-d_t)}\frac{\sigma_t}{E_0} \tag{3-4}$$

式中：$\tilde{\varepsilon}_t^{pl}$——拉伸等效塑性应变；

$\tilde{\varepsilon}_t^{ck}$——开裂应变；

d_t——受拉损伤因子；

σ_t——受拉应力，E_0 为弹性模量。

单轴压缩时，混凝土在达到屈服应力 σ_{c0} 前为弹性，之后进入强化阶段，最后进入软化阶段，可以得出受压等效塑性应变的关系式，如式(3－5)所示。

$$\tilde{\varepsilon}_c^{pl} = \tilde{\varepsilon}_c^{in} - \frac{d_c}{(1-d_c)}\frac{\sigma_c}{E_0} \tag{3-5}$$

式中：$\tilde{\varepsilon}_c^{pl}$——压缩等效塑性应变；

$\tilde{\varepsilon}_c^{in}$——非弹性应变；

d_c——受压损伤因子；

σ_c——受压应力。

在单轴循环荷载作用下，弹性刚度将得到部分恢复，可以引入损伤因子 d 来表示 CDP 模型中损伤后的弹性模量，如式(3－6)所示。

$$E = (1 - d)\ E_0 \tag{3-6}$$

CDP 模型假定刚度退化各向同性，在单轴循环荷载作用下，应力状态函数计算如式(3－7)、式(3－8)和式(3－9)所示。

$$(1 - d) = (1 - s_t d_c)(1 - s_c d_t) \tag{3-7}$$

$$\begin{aligned} s_t &= 1 - \omega_t r^*(\sigma_{11}) \quad 0 \leqslant \omega_t \leqslant 1 \\ s_c &= 1 - \omega_c[1 - r^*(\sigma_{11})] \quad 0 \leqslant \omega_c \leqslant 1 \end{aligned} \tag{3-8}$$

$$\tau_u = [0.2\ln(L_e/H_e) - 0.05\ln(\lambda) + 0.68] \cdot \tau_{cr} \tag{3-9}$$

式中：ω_t 为受拉刚度恢复因子，ω_c 为受压刚度恢复因子。

ABAQUS 中引用刚度恢复因子 ω_t 和 ω_c 来控制混凝土在循环荷载作用下的刚度恢复。混凝土在循环荷载作用下的本构关系如图 3.35 所示。

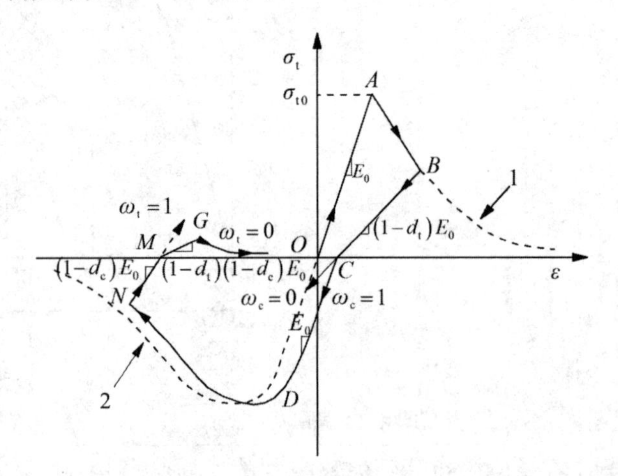

图 3.35　混凝土本构 CDP 模型在往复荷载作用下刚度恢复示意图

由图 3.35[108]可知，受拉时，OA 段为弹性阶段，弹性模量用 E_0 表示，A 点混凝土开裂，加载至 B 点开始卸载，同时引入受拉损伤因子 d_t，弹性模量为$(1-d_t)E_0$；反向加载时，若 $\omega_c = 1$ 时，表示受压刚度完全恢复，与受拉相同，在达到屈服应力前，用弹性模量 E_0 表示。继续加载沿 CDN 段，随后开始卸载，同时引入受拉损伤因子 d_c，弹性模量为$(1-d_c)E_0$；当反向加载时，若 $\omega_t = 0$ 时，表示受拉刚度不恢复，沿路径 MG。

确定 CDP 模型中各个参数，需要提供混凝土的应力应变关系。本章采用 GB50010－2010《混凝土结构设计规范》[106]附录 C 中的单轴本构关系，可按式(3－10)和式(3－11)计算。

受拉时：

$$y = \frac{x}{\alpha_t(x-1)^{1.7} + x} \quad x > 1 \tag{3-10}$$

受压时：

$$\begin{aligned} y &= \frac{nx}{n - 1 + x^n} \quad x \leqslant 1 \\ y &= \frac{x}{\alpha_t(x-1)^2 + x} \quad x > 1 \end{aligned} \tag{3-11}$$

基于规范提供的应力应变本构关系，结合混凝土材性试验结果，可以得到非弹性应变和损伤因子数据,可按式(3－12)、式(3－13)和式(3－14)计算。

$$\bar{\varepsilon}_t^{ck} = \varepsilon_t - \frac{\sigma_t}{E_0}$$

$$\bar{\varepsilon}_c^{in} = \varepsilon_c - \frac{\sigma_c}{E_0} \tag{3-12}$$

$$d_t = \frac{(1-b_t)\bar{\varepsilon}_t^{ck} E_0}{\sigma_t + (1-b_t)\bar{\varepsilon}_t^{ck} E_0} \tag{3-13}$$

$$d_c = \frac{(1-b_c)\bar{\varepsilon}_c^{in} E_0}{\sigma_c + (1-b_c)\bar{\varepsilon}_c^{in} E_0} \tag{3-14}$$

式中:$b_t = \bar{\varepsilon}_t^{pl} / \bar{\varepsilon}_t^{ck}$,$b_c = \bar{\varepsilon}_c^{pl} / \bar{\varepsilon}_c^{in}$,根据相关研究数据取 $b_t = 0.1$,$b_c = 0.7$。

3.4.1.3　ABAQUS 有限元模型介绍

有限元模型中钢板采用 S4R 壳单元(Shell Element),钢梁、加劲肋及钢梁两端的端板、H 型钢柱、混凝土均采用 C3D8R 实体单元(Solid Element),钢筋单元采用桁架单元(Truss)。此外,在顶梁上部和侧面采用离散刚体(Discrete Rigid),用来模拟试验中的分配梁和作动器的加载头。

加劲肋与 H 型钢柱和 H 型钢梁采用绑定(Tie)连接,波形钢板与 H 型钢柱和 H 型钢梁采用绑定(Tie)连接。此外,在 H 型钢柱上布置垫块支撑,以模拟试验中水平支撑,形成波形钢板剪力墙计算模型。波形钢板与混凝土之间采用面－面接触,法向为硬接触,切向取摩擦系数为 0.3,其余钢构件和钢筋网采用嵌入(Embedded)混凝土中,形成波形钢板-混凝土组合剪力墙模型。文章中波形钢板和 H 型钢的网格划分尺寸为 50 mm,混凝土为 100 mm,H 型钢单元采用扫掠网格划分(Swept Meshing),其余构件单元采用结构化网格划分(Structure Meshing)。有限元模型如图 3.36 所示。

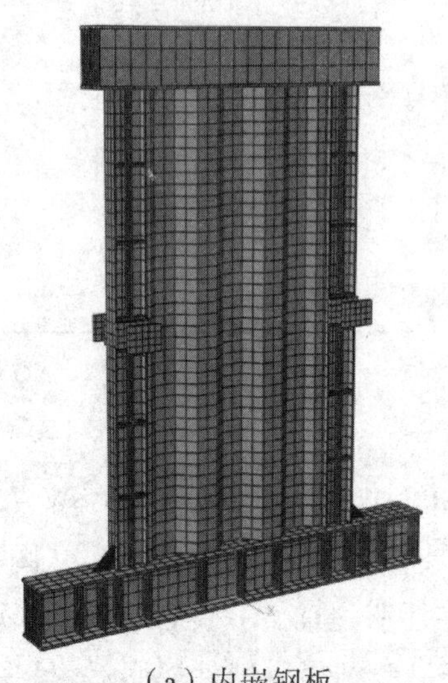

(a) 内嵌钢板

(b) 波形钢板-混凝土组合剪力墙

图 3.36　有限元模型

有限元模型的边界条件应与试验保持一致,将有限元模型中地梁的平动和转动全部加约束,模拟试验中的压梁和抗滑移连接件。在墙体中间部位限制墙体发生沿墙体表面垂直方向的位移,其余方向的约束均释放。千斤顶的轴压力施加在顶梁上部刚体参考点上,位移施加在顶梁侧面的刚体参考点上,以模拟试验中的千斤顶和作动器。有限元模型共建立 2 个分析步,Step1 控制梁顶部集中荷载,Step2 控制水平位移,水平方向的位移控制值与试验相同。

3.4.2 ABAQUS 有限元分析结果

首先验证有限元分析结果与试验结果的吻合程度,在此基础上,进一步明确波形钢板参数对组合剪力墙的抗震性能影响,利用 ABAQUS 有限元软件分析了波形钢板厚度、角度以及剪跨比对波形钢板剪力墙及其组合剪力墙的滞回性能的影响。本章共建立 30 个有限元模型,各模型的参数见表 3.6。

表 3.6 模型参数

模型编号	钢板特征	θ/(°)	t/mm	n	λ
SPCSW－1－A	平钢板	0	3	0.15	1.5
SPCSW－1－B	平钢板	0	2	0.15	1.5
SPCSW－1－C	平钢板	0	4	0.15	1.5
SPCSW－1－D	平钢板	0	3	0.15	2.0
SPCSW－1－E	平钢板	0	3	0.15	1.0
SPCSW－2－A	竖向波形钢板	45	3	0.15	1.5
SPCSW－2－B	竖向波形钢板	45	2	0.15	1.5
SPCSW－2－C	竖向波形钢板	45	4	0.15	1.5
SPCSW－2－D	竖向波形钢板	45	3	0.15	2.0
SPCSW－2－E	竖向波形钢板	45	3	0.15	1.0
SPCSW－2－F	竖向波形钢板	30	3	0.15	1.5
SPCSW－2－G	竖向波形钢板	60	3	0.15	1.5
SPCSW－3－A	水平波形钢板	45	3	0.15	1.5
SPCSW－3－B	水平波形钢板	45	2	0.15	1.5
SPCSW－3－C	水平波形钢板	45	4	0.15	1.5
SPCSW－3－D	水平波形钢板	45	3	0.15	2.0
SPCSW－3－E	水平波形钢板	45	3	0.15	1.0
SPCSW－3－F	水平波形钢板	30	3	0.15	1.5
SPCSW－3－G	水平波形钢板	60	3	0.15	1.5

注:t 为钢板厚度,n 为试件的轴压比,λ 为试件的剪跨比。

3.4.2.1 ABAQUS 有限元试验验证

通过 ABAQUS 有限元软件分析结果,可以得到模型 SPCSW－1－A、模型 SPCSW－2－A 和模型 SPCSW－3－A 的滞回曲线,将有限元分析结果同试验结果进行对比,见图 3.37。从图 3.37 中可以看出:3 个试件的有限元分析结果与试验结果基本吻合,在屈服之前,ABAQUS 有限元软件模型的抗侧刚度略高于试件的。此外,其滞回环的面积也略微高于试验结果。试件屈服后,呈现出一定的捏拢现象,这是由混凝土和钢材之间产生滑移以及墙体轻微倾斜引起的,有限元分析结果也有一定的捏拢现象,但略高于试验,这是因为有限元分析钢材和混凝土之间的黏结情况处于理想情况,试验中存在各种实际因素影响,故有限元分析得到的捏拢现象比试验好。随荷载的继续增加,进入塑性阶段,ABAQUS 有限元软件模拟的滞回曲线基本与试验结果一致,有限元软件计算的峰值荷载与试验结果相差不大。总体来说,有限元可以很好地模拟试件的滞回性能。

根据有限元软件计算得到试件的应力云图,见图 3.38。从图 3.38 中可以看出:有限元的应力云图与试验现象基本一致，模型 SPCSW－1 的混凝土应力分布形式与试验中裂缝的走向基本吻合，且内嵌平钢板也形成拉压应力带；试件 SPCSW－2 的混凝土应力分布主要集中在墙体上下 4 个墙趾处，内嵌竖向波形钢板的应力沿拉压效应方向发展，与钢板变形方向一致，并形成受剪方向的应力带；试件 SPCSW－3 的混凝土应力分布形式与试验中裂缝的走向基本吻合，内嵌水平波形钢板的应力沿钢板自上而下分布比较均匀。此外，3 个模型在墙趾位置处混凝土和 H 型钢柱的应力均比较大，与试验中形成的墙趾塑性区域位置基本一致。

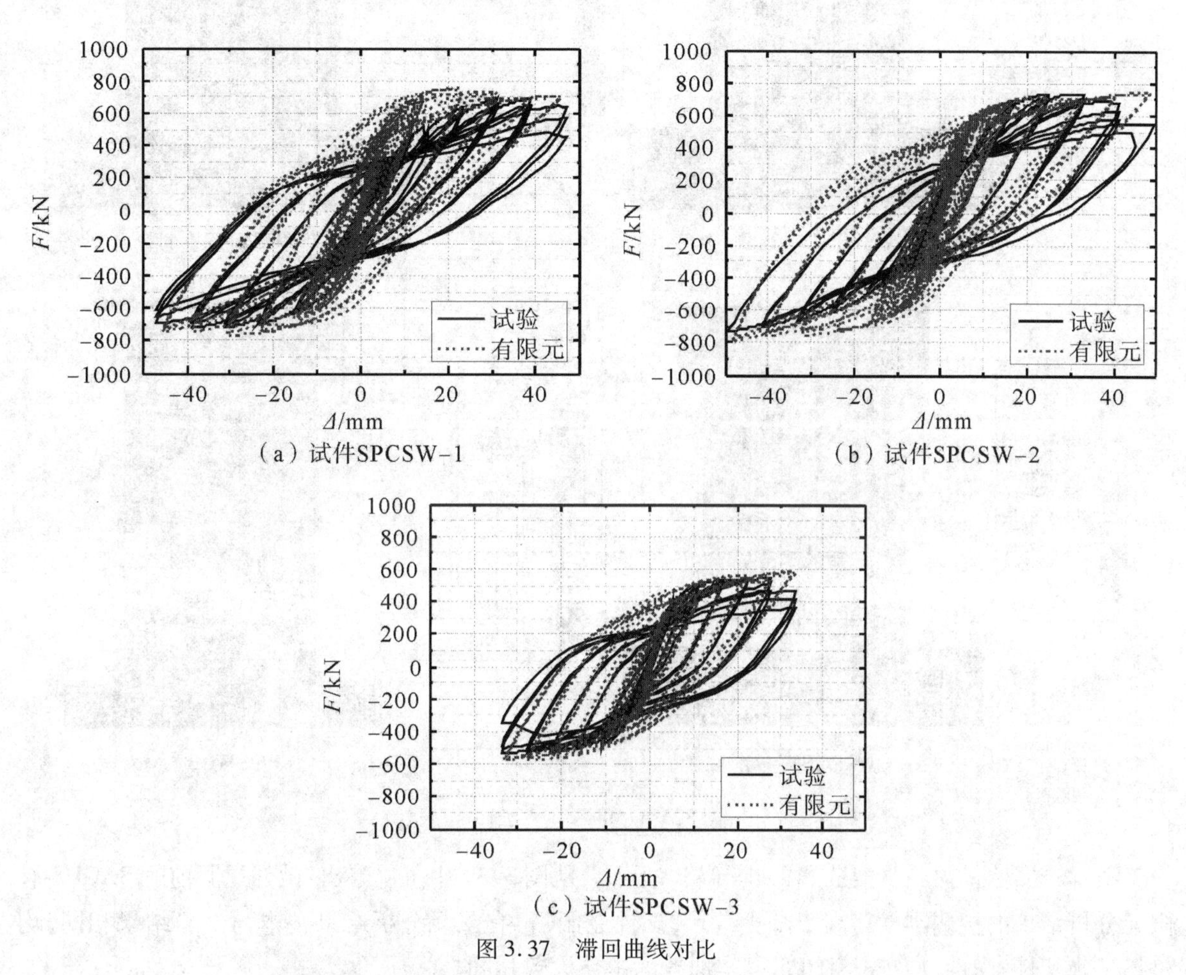

（a）试件SPCSW-1

（b）试件SPCSW-2

（c）试件SPCSW-3

图 3.37　滞回曲线对比

S, Mises
(Avg: 75%)
+4.054e+01
+3.716e+01
+3.379e+01
+3.041e+01
+2.703e+01
+2.365e+01
+2.027e+01
+1.690e+01
+1.352e+01
+1.014e+01
+6.761e+00
+3.383e+00
+5.052e-03

（a）模型SPCSW-1混凝土

S, Mises
SNEG, (fraction = -1.0)
(Avg: 75%)
+5.035e+02
+4.005e+02
+3.672e+02
+3.338e+02
+3.004e+02
+2.671e+02
+2.337e+02
+2.003e+02
+1.669e+02
+1.336e+02
+1.002e+02
+6.683e+01
+3.346e+01
+8.749e-02

（b）模型SPCSW-1钢骨架

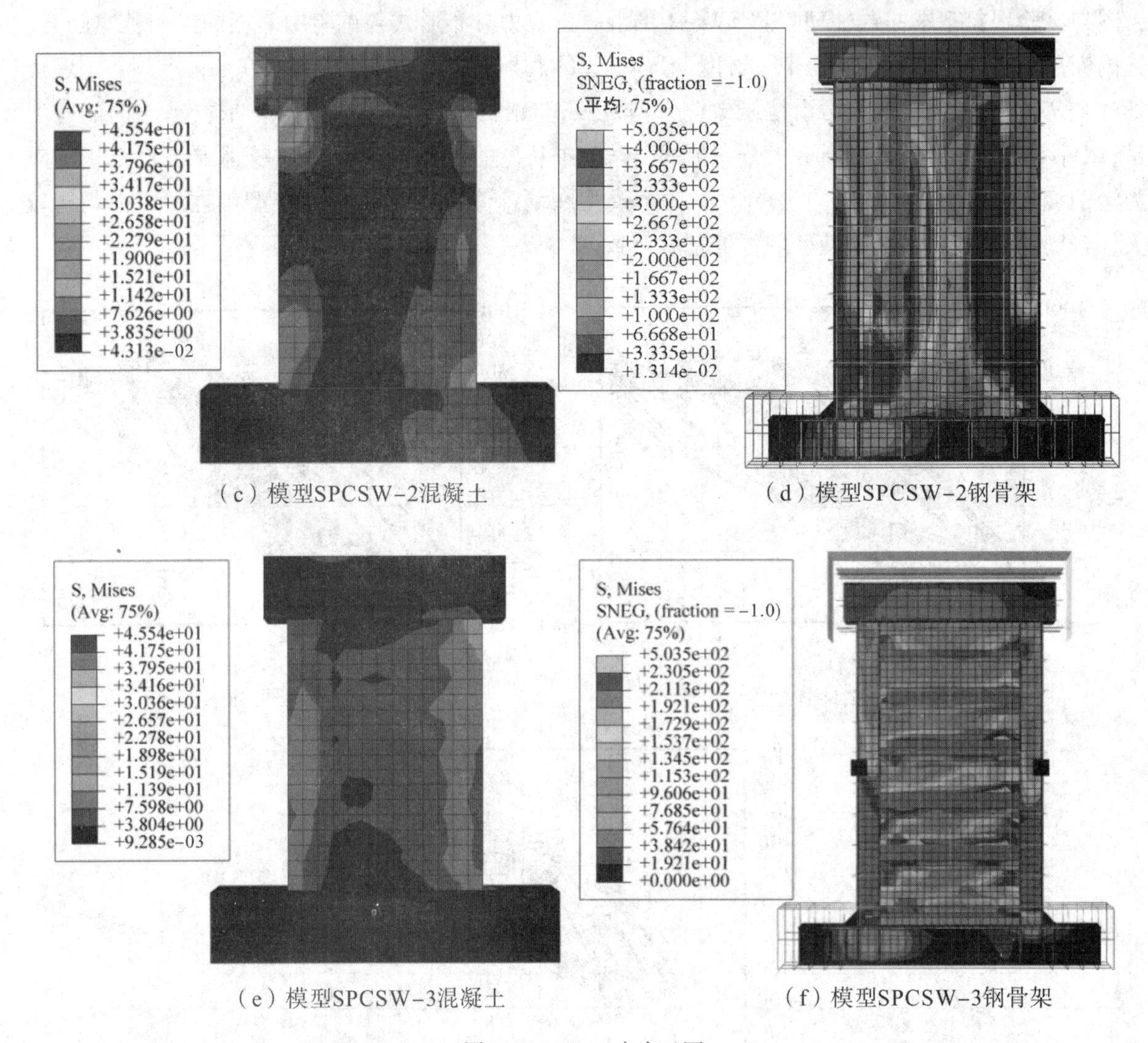

（c）模型SPCSW-2混凝土　（d）模型SPCSW-2钢骨架

（e）模型SPCSW-3混凝土　（f）模型SPCSW-3钢骨架

图 3.38　Mises 应力云图

根据滞回曲线得到骨架曲线，如图 3.39 所示。从图 3.39 中可以看出：试件屈服前，ABAQUS 有限元分析结果的抗侧刚度略高于试验结果，试件屈服后，有限元分析结果基本与试验结果相同，均经历了弹塑性、塑性以及破坏阶段，骨架曲线的走势大致相同。

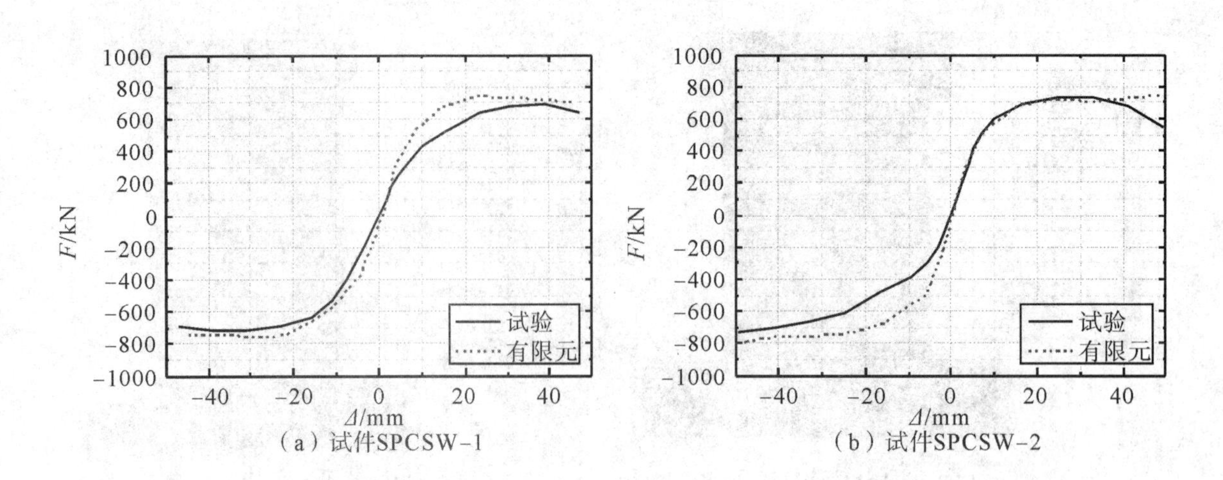

（a）试件SPCSW-1　（b）试件SPCSW-2

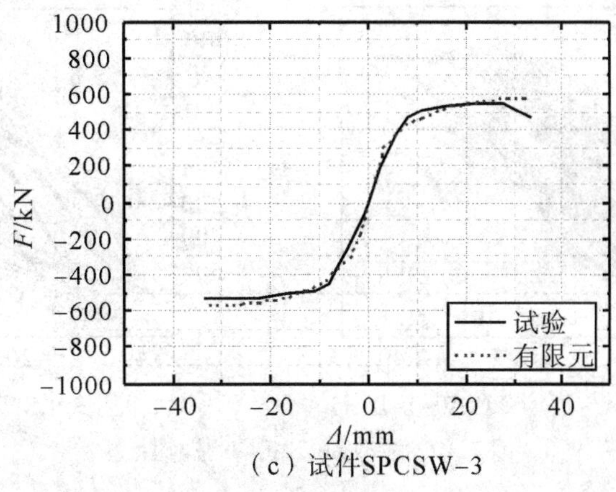

（c）试件SPCSW-3

图3.39　骨架曲线对比

试验与有限元分析的极限荷载对比如表3.7所示。可以看出，通过有限元分析得到的峰值荷载与试验结果相差不大，误差基本都在10%以内。

表3.7　有限元分析结果和试验结果对比

试件	$F_{m,f}$/kN	F_m/kN	$F_{m,f}$/ F_m
SPCSW-1	761.1	705.4	1.079
SPCSW-2	771.1	731.5	1.054
SPCSW-3	582.8	540.3	1.079

注：$F_{m,f}$为有限元分析得到的峰值荷载，F_m为试验峰值荷载。

综上所述，ABAQUS有限元分析结果与试验结果基本吻合，破坏部位以及破坏形态与试验现象基本相同，说明ABAQUS有限元分析结果可以很好地反映和验证试验，因此采用ABAQUS有限元软件计算可以为试验和实际工程提供参考。

3.4.2.2　波形钢板-混凝土组合剪力墙的变参数分析

在上一节的基础上，对波形钢板-混凝土组合剪力墙的滞回性能进一步分析，考虑不同钢板厚度、波角以及剪跨比对其滞回性能的影响，有限元分析结果如图3.40、图3.41和图3.42所示。

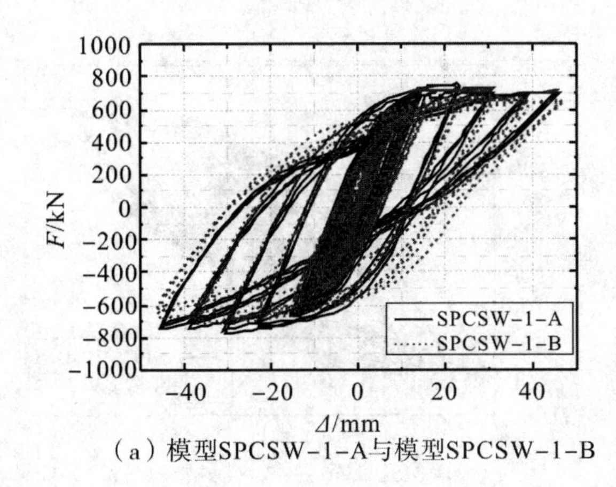

（a）模型SPCSW-1-A与模型SPCSW-1-B

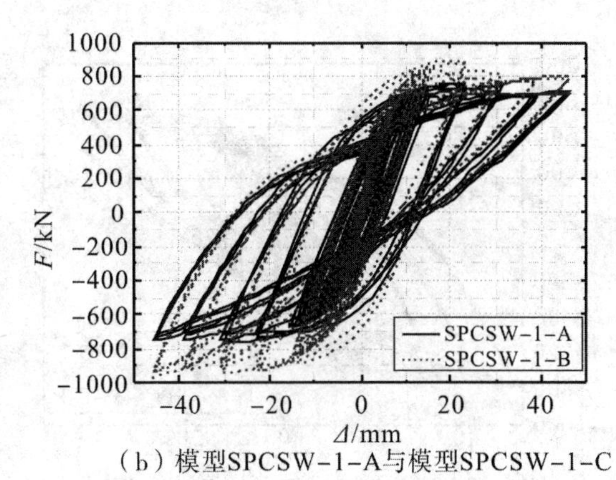

（b）模型SPCSW-1-A与模型SPCSW-1-C

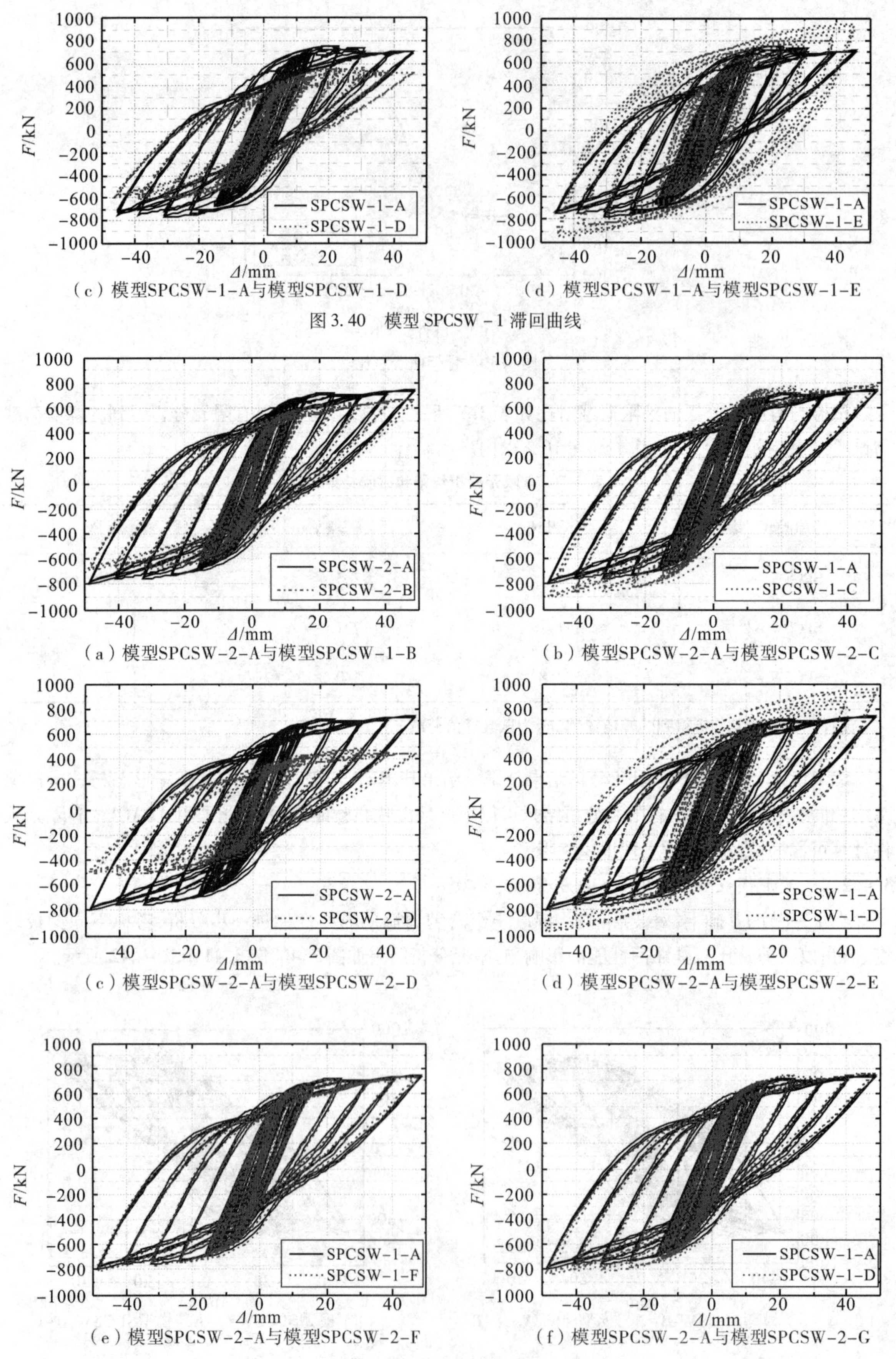

（c）模型SPCSW-1-A与模型SPCSW-1-D　（d）模型SPCSW-1-A与模型SPCSW-1-E

图 3.40　模型 SPCSW－1 滞回曲线

（a）模型SPCSW-2-A与模型SPCSW-1-B　（b）模型SPCSW-2-A与模型SPCSW-2-C

（c）模型SPCSW-2-A与模型SPCSW-2-D　（d）模型SPCSW-2-A与模型SPCSW-2-E

（e）模型SPCSW-2-A与模型SPCSW-2-F　（f）模型SPCSW-2-A与模型SPCSW-2-G

图 3.41　模型 SPCSW－2 滞回曲线

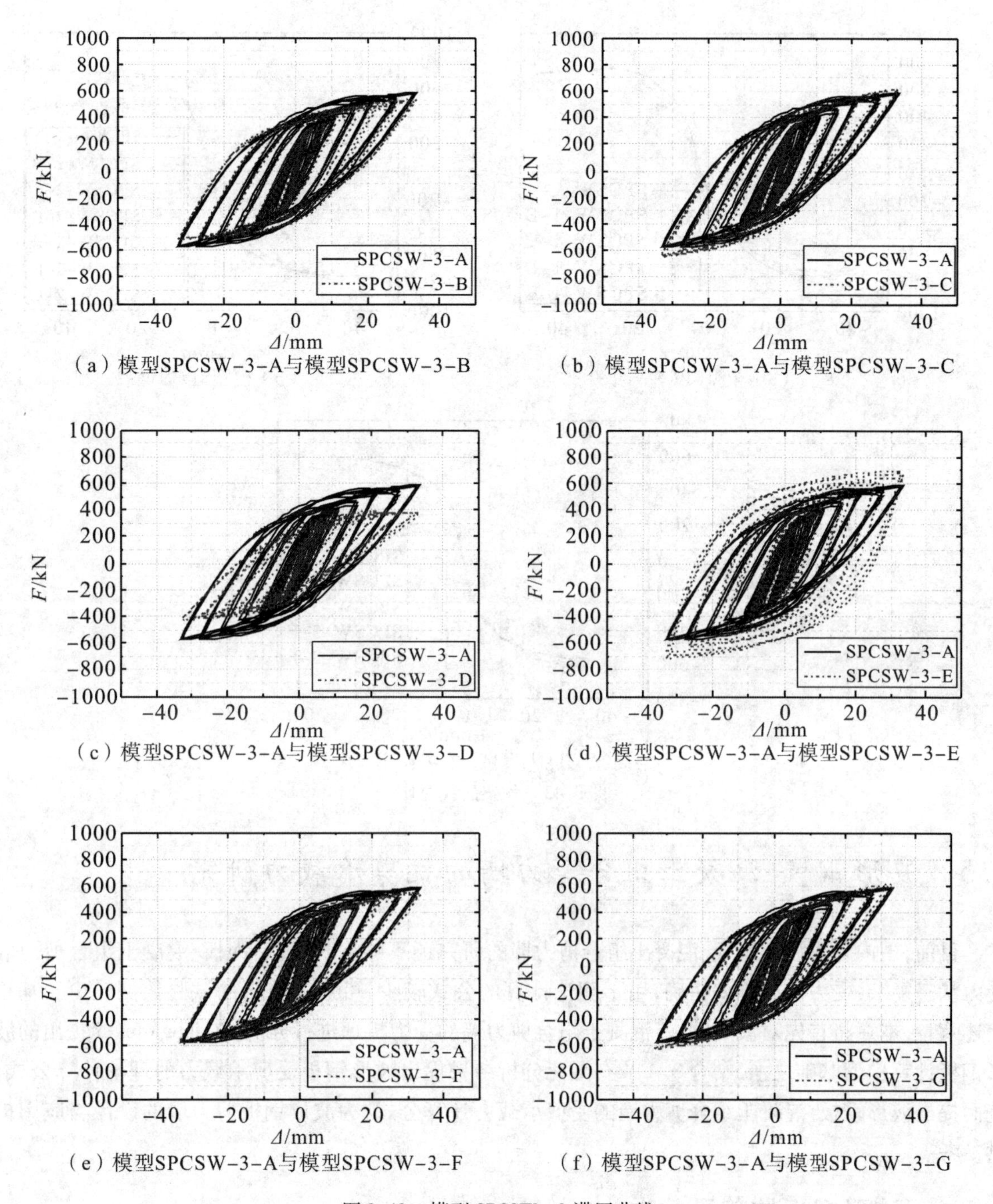

（a）模型SPCSW-3-A与模型SPCSW-3-B　（b）模型SPCSW-3-A与模型SPCSW-3-C

（c）模型SPCSW-3-A与模型SPCSW-3-D　（d）模型SPCSW-3-A与模型SPCSW-3-E

（e）模型SPCSW-3-A与模型SPCSW-3-F　（f）模型SPCSW-3-A与模型SPCSW-3-G

图 3.42　模型 SPCSW - 3 滞回曲线

从图可以看出:波形钢板-混凝土组合剪力墙的承载能力随钢板厚度和波角的增加有少量增加,而剪跨比对其承载力影响较为显著。当剪跨比较大时,滞回曲线围成的面积较小,耗能和承载能力较低;当剪跨比较小时,滞回曲线围成的面积较大,耗能和承载能力较强。

根据上述滞回曲线可以得到各类模型的骨架曲线,见图 3.43。从图 3.43 中可以看出:波形钢板-混凝土组合结构的初始抗侧刚度基本相同,承载力随波形钢板的厚度和波角的增加有少量增加。此外,波形钢板-混凝土组合剪力墙的承载力随剪跨比的增加而降低。

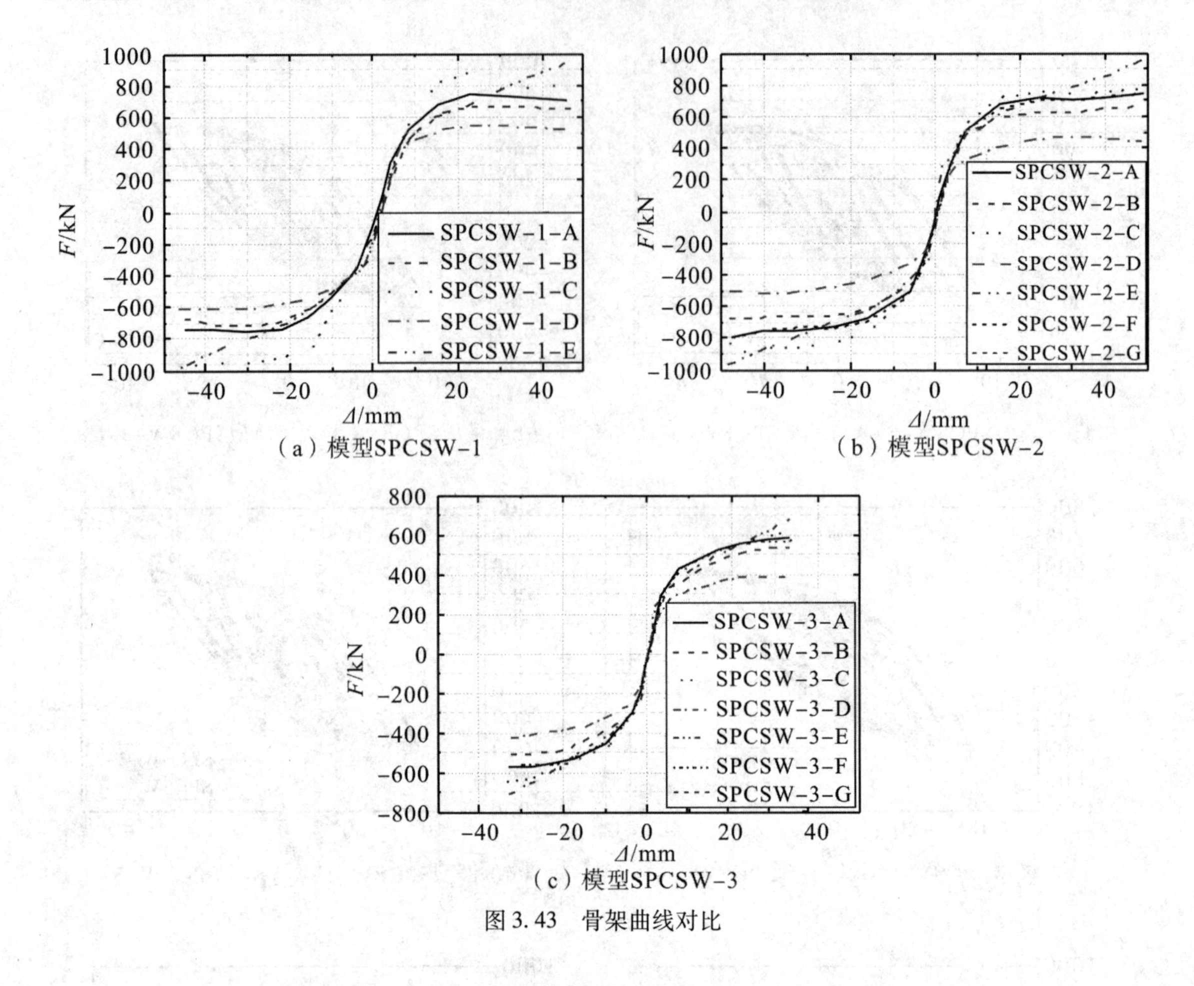

（a）模型SPCSW-1

（b）模型SPCSW-2

（c）模型SPCSW-3

图 3.43　骨架曲线对比

3.5　波形钢板-混凝土组合剪力墙的抗剪承载力研究

目前，国内外对波形钢板-混凝土组合剪力墙的研究还不够深入，波形钢板-混凝土组合剪力墙受力状态复杂，受力机理不太明确，用于理论计算的公式较少，可用于分析的试验数据较少。基于上述背景，本章将首先对波形钢板-混凝土组合剪力墙的受力机理进行分析，在 Jongwon Yi 提出的波形钢板计算模型基础之上，结合 3.4 节有限元分析结果提出波形钢板受剪承载力的理论计算公式，进而提出波形钢板-混凝土组合剪力墙的受剪承载力计算公式，为波形钢板剪力墙的设计与应用提供参考。

3.5.1　波形钢板抗剪承载力

3.5.1.1　内嵌钢板受力特点

平钢板为平面受力状态，主要通过形成的拉力带承担水平荷载，波形钢板由于其特有的几何形状，使得当波形钢板较薄时依然能提供较大的面内剪切屈曲应力和面外刚度，表现为空间受力状态，沿顺波纹方向抗压刚度很小，沿垂直波纹方向具有较高的抗压刚度。一般认为，波形钢板只承担剪力，在相同板厚情况下，波形钢板比平钢板具有更高的抗侧刚度。平钢板和波形钢板的受力简图见图 3.44。波形钢板的抗剪承载力与钢板的高度、宽度、厚度和波角等几何参数等因素有关，波形钢板剪力墙抗剪承载力之所以高于平钢板剪力墙，是因为其几何形状提供了较大的面外刚度，因此采用公式计算时，考虑墙体面外刚度的影响。

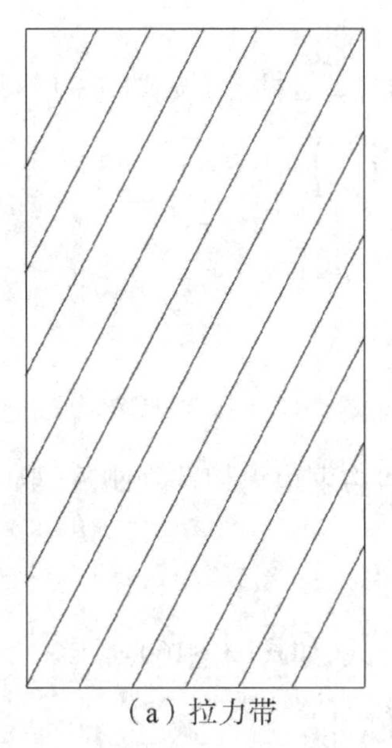
（a）拉力带

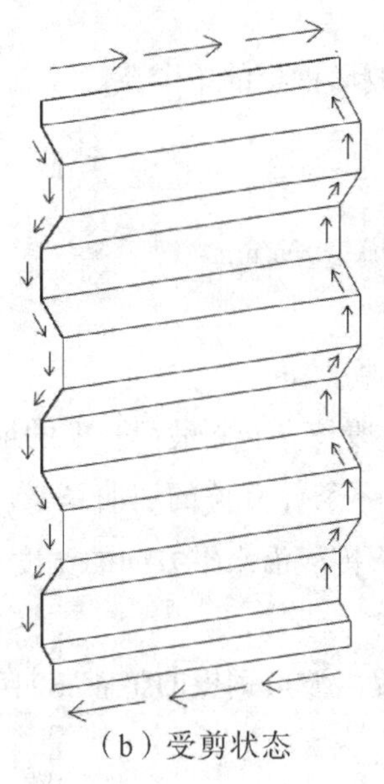
（b）受剪状态

图3.44　钢板的受力简图

3.5.1.2　内嵌钢板的屈曲模式

波形钢板截面设计参数包括：板厚 t_w、波角 θ、平波段长 a 和斜波段长 b，d 为波幅，如图3.45所示。根据Jongwon Yi等学者相关研究，波形钢板剪力墙的屈曲类型可以划分为3种：局部屈曲、整体屈曲和相关屈曲。波形钢板的局部屈曲表现为在某个波段内的屈曲，波段长度与板厚比值较大，整体屈曲表现为横穿几个波段屈曲，波段长度与板厚比值较小，相关屈曲为兼具局部屈曲和整体屈曲的一种屈曲形态。波形钢板的屈曲模态如图3.46所示。从图中可以看出，文章提出的波形钢板的屈曲模态为相关屈曲。现将3种屈曲形式分别展开讨论。

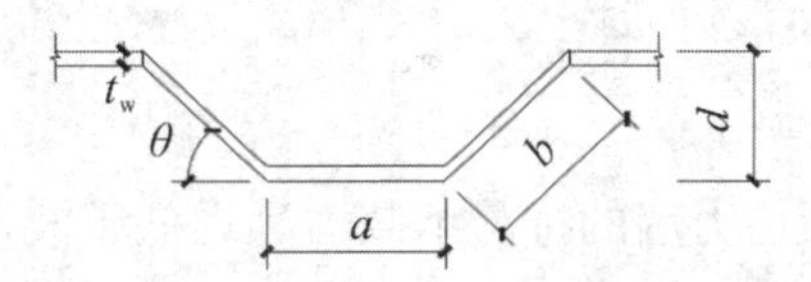

图3.45　波形钢板截面参数

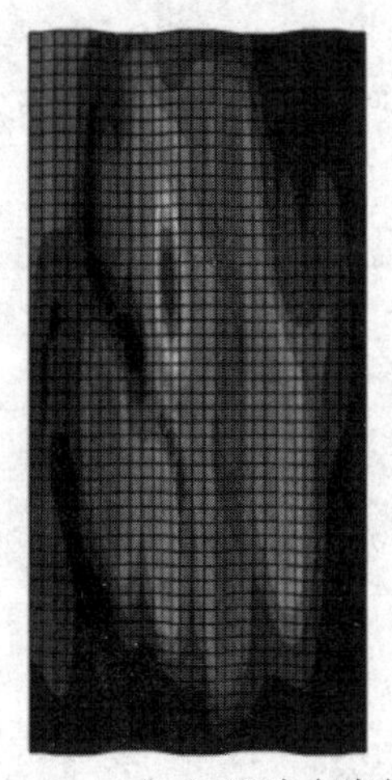
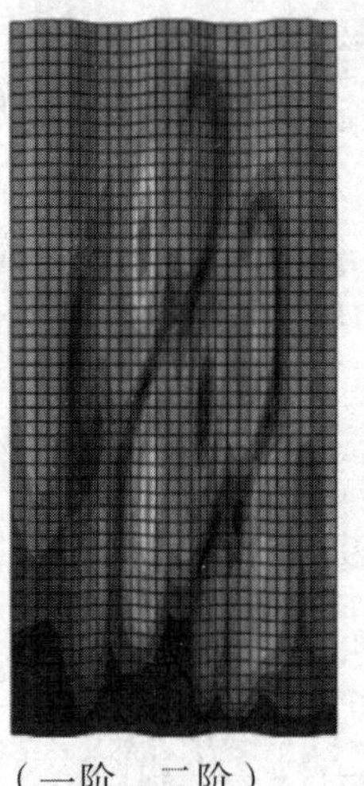
（a）竖波内嵌钢板（一阶、二阶）

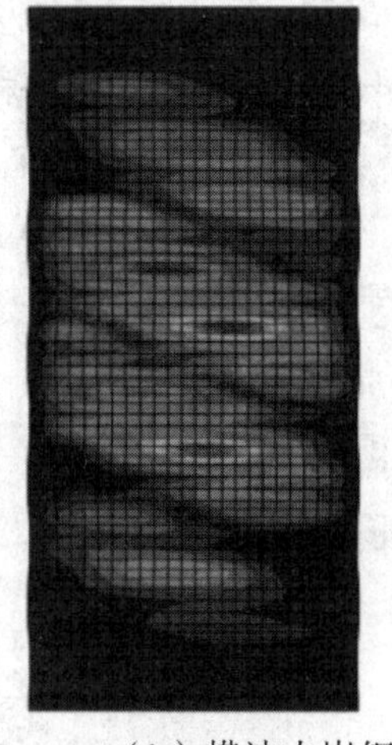
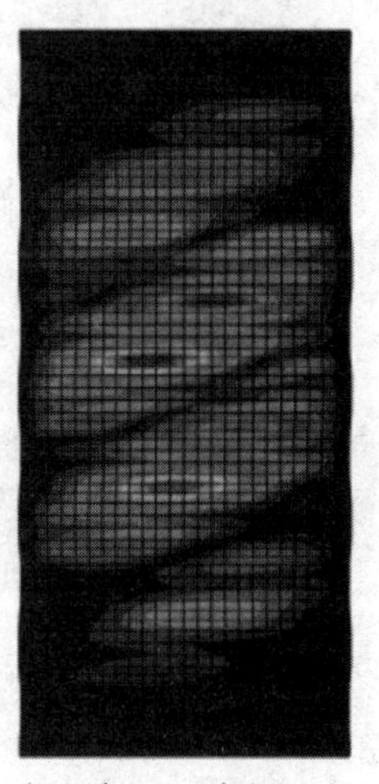
（b）横波内嵌钢板（一阶、二阶）

图3.46　波形钢板的屈曲模态

(1)局部屈曲

局部屈曲由波形钢板的单个波段控制,局部屈曲应力计算公式,可按式(3－15)计算。

$$\tau_{cr,L}^{E} = k_L \frac{\pi^2 E}{12(1-\nu^2)}\left(\frac{t_w}{a_m}\right)^2 \tag{3-15}$$

式中:E——弹性模量,N/mm^2;

ν——泊松比;

t_w——钢板厚度,mm;

a_m——平波段长 a 和斜波段长 b 的最大值,mm;

k_L——与边界条件有关的屈曲系数。文章中钢板和约束边缘构件为刚接,取 $k_L = 8.98 + 5.6(a_m/L)^2$,$L$ 为波形钢板沿水平方向的宽度。

(2)整体屈曲

Jongwon Yi 提出波形钢板的整体屈曲应力修正计算公式,如式(3－16)所示。

$$\tau_{cr,G}^{E} = k_G\left(\frac{d}{t_w}\right)1.5\left(\frac{t_w}{L}\right)^2 \tag{3-16}$$

式中:k_G 是与波形钢板材料和几何参数有关的常数,$k_G = \frac{5.045\,\beta E}{(1-\nu^2)1/4(\eta)3/4}$,$\eta = \frac{a+b\cos\theta}{a+b}$;$d$ 为波形钢板的波幅;L 为波形钢板短边尺寸;β 为整体屈曲系数,取值范围为 1.0～1.9,这里取 1.2。

(3)相关屈曲

相关屈曲目前没有准确的判别方法,Jongwon Yi 定义相关屈曲为不考虑剪切屈服的局部屈曲和整体屈曲的相互作用。过往研究结果表明波形钢板的屈曲失效主要是由于相关屈曲作用,相关屈曲可按式(3－17)计算。

$$\frac{1}{\tau_{cr,I}^{E}} = \frac{1}{\tau_{cr,L}^{E}} + \frac{1}{\tau_{cr,G}^{E}} \tag{3-17}$$

3.5.1.3 内嵌钢板的抗剪承载力计算

根据有限元分析结果,平钢板剪力墙的抗剪承载力远远低于波形钢板剪力墙结构的,竖向波形钢板剪力墙和水平波形钢板剪力墙的承载力相差不大。将有限元分析结果和受力机理相结合,现给出 3 种内嵌钢板的抗剪承载力计算公式。

(1)平钢板

平钢板的抗剪承载力计算采用典型的拉杆模型,本章采用美国 FEMA[107] 给出的平钢板的抗剪承载力公式,见式(3－18)。

$$V_{pw} = 0.42 f_y t_w L \sin 2\alpha \tag{3-18}$$

式中:f_y——钢板的屈服强度,MPa;

t_w——钢板的厚度,mm;

L——波形钢板沿水平方向的宽度,mm;

α——拉力带与竖向形成的夹角,可按式(3－19)计算。

$$\tan^4\alpha = \frac{1 + \frac{t_w L}{2A_c}}{1 + t_w H\left(\frac{1}{A_b} + \frac{H^3}{360 I_c L}\right)} \tag{3-19}$$

式中:H——墙体的高度,mm;

A_c、A_b——柱和梁的截面积，mm^2；

I_c——柱子的惯性矩。

(2)波形钢板

Jongwon Yi 结合屈曲应力理论和非线性有限元分析结果，考虑材料和几何非线性的弹性屈曲分析和非线性分析方法，对波形钢板的抗剪承载力进行研究。基于波形钢板的几何参数提出弹性屈曲分析计算模型，可按式(3-20)计算，需满足基本假设：①波形钢板满足相关屈曲模型；②截面 $a/L<0.2$，$d/t_w>10.0$；③波形钢板受剪状态。

$$\tau_{cr,I}^{E}=\frac{\tau_{cr,L}^{E}\cdot\tau_{cr,G}^{E}}{\tau_{cr,L}^{E}+\tau_{cr,G}^{E}} \tag{3-20}$$

可以根据式(3-20)得到波形钢板的剪切屈曲参数，见式(3-21)。

$$\lambda_s=\sqrt{\frac{\tau_y}{\tau_{cr,I}^{E}}} \tag{3-21}$$

式中：τ_y 是波形钢板的剪切屈服应力，根据 Von Mises 屈服准则确定，$\tau_y=f_y/\sqrt{3}$。

波形钢板的抗剪承载力与其剪切屈曲参数 λ_s 和稳定系数 φ_s 有关，稳定系数考虑了材料非线性、残余应力以及几何初始缺陷等因素的影响，结合有限元分析结果，文章通过非线性拟合得到波形钢板的稳定系数 φ_s 和剪切屈曲参数 λ_s 的关系式，两者可按式(3-22)计算。

$$\varphi_s=\begin{cases}0.9-0.1\lambda_s^2 & \lambda_s<0.4\\ 0.844-0.336\lambda_s^2 & 0.4\leqslant\lambda_s\end{cases} \tag{3-22}$$

因此，可以得到波形钢板的抗剪承载力，见式(3-23)。

$$V_{cw}=\varphi_s\tau_y t_w L \tag{3-23}$$

3.5.1.4　框架与波形钢板叠加模型

2005 年，Sabouri-Ghomi 和 Roberts[108] 提出将内嵌钢板和框架分开考虑计算，然后在利用叠加原理将内嵌钢板和框架的承载力叠加起来，形成钢板剪力墙的抗剪承载力计算方法，此方法称为“PFI 模型理论”。其中，钢板承载力计算按照第 5.1.3 节计算，而框架则按照下述简化计算方法。框架的简化计算简图如图 3.47 所示。

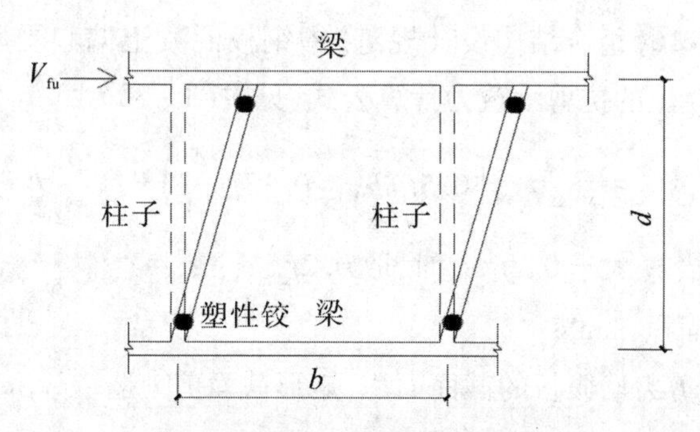

图 3.47　框架的简化计算简图

内嵌波形钢板受力阶段分为弹性剪切阶段和剪切屈服阶段，其剪切屈服荷载 V_{wu} 可以通过式(3-24)计算。

$$V_{wu}=V_i \tag{3-24}$$

式中：V_i 根据式(3-18)和式(3-23)取值。

根据图 3.47 的简化计算模型，结合力学原理可求出框架的极限抗剪承载力，按式(3-25)

计算。

$$V_{fu} = \frac{4M_{fp}}{d} \tag{3-25}$$

式中：M_{fp}为柱子的塑性弯矩，d为墙体的高度。

根据叠加原理可得波形钢板剪力墙的抗剪承载力，见式(3－26)。

$$V = V_{wu} + V_{fu} \tag{3-26}$$

由于在实际受力过程中，框架柱不可能完全形成4个塑性区域，因此采用叠加原理时，考虑对柱子的抗剪承载力进行折减，折减系数采用0.8。修正后的波形钢板剪力墙的抗剪承载力，见式(3－27)。

$$V = V_{wu} + 0.8V_{fu} \tag{3-27}$$

综上所述，可以得到波形钢板剪力墙的抗剪承载力计算公式，见式(3－28)。

(1)平钢板剪力墙

$$V = 0.42f_y t_w L\sin2\alpha + 0.8\frac{4M_{fp}}{d} \tag{3-28a}$$

(2)波形钢板剪力墙

$$V = \varphi_s \tau_y t_w L + 0.8\frac{4M_{fp}}{d} \tag{3-28b}$$

3.5.2 波形钢板-混凝土组合剪力墙抗剪承载力

文章在JGJ 138－2016《组合结构设计规范》的基础之上，采用叠加计算方法[109]，见式(3－29)，将钢筋混凝土剪力墙、型钢和波形钢板的抗剪承载力进行叠加，得到波形钢板－组合剪力墙的抗剪承载力计算公式。

$$V = V_c + V_s + V_p \tag{3-29}$$

式中：V_c、V_s和V_p分别为钢筋混凝土剪力墙、型钢和波形钢板的抗剪承载力。

3.5.2.1 抗剪承载力公式的建立

(1) 钢筋混凝土剪力墙和型钢的抗剪承载力计算公式

文章根据JGJ 138－2016《组合结构设计规范》中钢板混凝土偏心受压剪力墙斜截面受剪承载力计算公式，得到钢筋混凝土的抗剪承载力计算公式，见式(3－30)。

$$V_c = \frac{1}{\lambda - 0.5}\left(0.5f_t bh_0 + 0.13N\frac{A_w}{A}\right) + f_{yv}\frac{A_{sh}}{s_v}h_0 \tag{3-30}$$

式中：N——竖向轴压力，当N大于$0.2f_c bh$时，取$0.2f_c bh$，N；

A——剪力墙的截面面积，mm^2；

A_w——T形、I形截面剪力墙腹板的截面面积，矩形截面剪力墙取A，mm^2；

A_{sh}——配置在同一截面内的水平分布钢筋的全部截面面积，mm^2；

s_v——水平分布钢筋的竖向间距，mm；

λ——计算剪跨比，当λ小于1.5时取1.5，当λ大于2.2时取$\lambda=2.2$；

h_0——截面有效高度，mm；

f_t——混凝土抗拉强度设计值，MPa；

f_{yv}——水平钢筋的屈服应力，MPa。

型钢的抗剪承载力计算公式如下：

$$V_s = \frac{0.3}{\lambda} f_a A_a \tag{3-31}$$

式中：f_a——型钢的屈服应力，MPa；

A_a——型钢的截面面积，mm^2。

(2)内嵌波形钢板的抗剪承载力计算公式

文章在平钢板的基础之上，结合有限元分析结果，通过拟合得到内嵌波形钢板的抗剪承载力计算公式，见式(3-32)。

平钢板

$$V_p = \frac{0.53}{\lambda - 0.5} f_p A_p \tag{3-32a}$$

波形钢板

$$V_p = \xi \frac{0.66}{\lambda - 0.5} \varphi_s f_p A_p \tag{3-32b}$$

式中：f_p——钢板的屈服应力，MPa；

A_p——钢板的截面面积，mm^2；

φ_s——稳定系数，见式(3-22)；

ξ——折减系数。考虑到水平波形钢板-混凝土剪力墙在水平荷载作用下易在墙趾位置形成塑性区域，对极限承载力不利，根据有限元分析结果拟合得到竖向波形钢板 $\xi=1$，水平波形钢板 $\xi=0.6$。

(3)波形钢板-混凝土组合剪力墙的抗剪承载力计算公式

将式(3-30)、式(3-31)和式(3-32)带入式(3-29)，得到波形钢板-混凝土组合剪力墙抗剪承载力公式，见式(3-33)。

平钢板-混凝土组合剪力墙

$$V = \frac{1}{\lambda - 0.5}\left(0.5 f_t b h_0 + 0.13 N \frac{A_w}{A}\right) + f_{yv} \frac{A_{sh}}{s_v} h_0 + \frac{0.3}{\lambda} f_a A_a + \frac{0.53}{\lambda - 0.5} f_p A_p \tag{3-33a}$$

波形钢板-混凝土组合剪力墙

$$V = \frac{1}{\lambda - 0.5}\left(0.5 f_t b h_0 + 0.13 N \frac{A_w}{A}\right) + f_{yv} \frac{A_{sh}}{s_v} h_0 + \frac{0.3}{\lambda} f_a A_a + \xi \frac{0.66}{\lambda - 0.5} \varphi_s f_p A_p \tag{3-33b}$$

3.5.2.2 波形钢板-混凝土组合剪力墙抗剪承载力计算结果

根据式(3-33)可以计算出波形钢板-混凝土组合剪力墙的抗剪承载力，并将计算结果同有限元分析结果和试验结果对比，如表3.8所示。从表3.8中可以看出：计算结果与有限元分析结果基本吻合，误差基本均控制在10%以内，说明理论计算公式拟合效果较好，具有一定的可靠性。

表3.8 有限元分析结果与计算结果的对比

试件编号	$F_{m,f}$/kN	$F_{m,c}$/kN	$F_{m,f}/F_{m,c}$
SPCSW-1-A	761.1	784.4	0.970
SPCSW-1-B	695.5	640.2	1.086
SPCSW-1-C	930	928.7	1.001
SPCSW-1-D	580	557.9	1.040

续表

试件编号	$F_{m,f}$/kN	$F_{m,c}$/kN	$F_{m,f}/F_{m,c}$
SPCSW-1-E	950	784.4	1.211
SPCSW-2-A	771.1	768.4	1.003
SPCSW-2-B	670	609.9	1.099
SPCSW-2-C	834.2	922.6	0.904
SPCSW-2-D	500	547.3	0.914
SPCSW-2-E	960	768.4	1.249
SPCSW-2-F	767.4	747.5	1.027
SPCSW-2-G	810.2	769.8	1.052
SPCSW-3-A	582.8	603.0	0.967
SPCSW-3-B	522.6	507.4	1.030
SPCSW-3-C	629.2	695.9	0.904
SPCSW-3-D	406.6	437.0	0.930
SPCSW-3-E	700	603.0	1.161
SPCSW-3-F	572.1	590.4	0.969
SPCSW-3-G	615.9	603.8	1.020

注:$F_{m,f}$为有限元分析得到的峰值荷载,$F_{m,c}$为计算峰值荷载。

3.5.3 波形钢板-混凝土组合剪力墙的剪力分担率

根据抗剪承载力计算公式,分别计算出钢筋混凝土剪力墙、型钢、波形钢板的抗剪承载力,进而得到钢筋混凝土剪力墙、型钢和波形钢板的剪力分担率,从而为波形钢板-混凝土组合剪力墙提供设计依据,计算结果如表3.9所示。

表3.9 波形钢板-混凝土组合剪力墙剪力分担率

试件编号	钢筋混凝土剪力墙		型钢		波形钢板	
	计算结果/kN	分担率	计算结果/kN	分担率	计算结果/kN	分担率
SPCSW-1-A	250.7	0.32	101.0	0.13	432.8	0.55
SPCSW-1-B	250.7	0.39	101.0	0.16	288.5	0.45
SPCSW-1-C	250.7	0.27	101.0	0.11	577.0	0.62
SPCSW-1-D	193.7	0.35	75.7	0.14	288.5	0.52
SPCSW-1-E	250.7	0.32	101.0	0.13	432.8	0.55
SPCSW-2-A	250.7	0.33	101.0	0.13	416.8	0.54
SPCSW-2-B	250.7	0.41	101.0	0.17	258.2	0.42
SPCSW-2-C	250.7	0.27	101.0	0.11	570.9	0.62
SPCSW-2-D	193.7	0.35	75.7	0.14	277.9	0.51
SPCSW-2-E	250.7	0.33	101.0	0.13	416.8	0.54
SPCSW-2-F	250.7	0.34	101.0	0.14	395.9	0.53
SPCSW-2-G	250.7	0.33	101.0	0.13	418.2	0.54

续表

试件编号	钢筋混凝土剪力墙		型钢		波形钢板	
	计算结果/kN	分担率	计算结果/kN	分担率	计算结果/kN	分担率
SPCSW－3－A	250.7	0.42	101.0	0.17	251.3	0.42
SPCSW－3－B	250.7	0.49	101.0	0.20	155.7	0.31
SPCSW－3－C	250.7	0.36	101.0	0.15	344.3	0.49
SPCSW－3－D	193.7	0.44	75.7	0.17	167.5	0.38
SPCSW－3－E	250.7	0.42	101.0	0.17	251.3	0.42
SPCSW－3－F	250.7	0.42	101.0	0.17	238.7	0.40
SPCSW－3－G	250.7	0.42	101.0	0.17	252.1	0.42

从表3.9中可以看出:平钢板-混凝土组合剪力墙和竖向波形钢板-混凝土组合剪力墙的钢筋混凝土和型钢的剪力分担率均低于内嵌钢板的分担率,内嵌平钢板和竖向波形钢板的分担率基本相同,而水平波形钢板-混凝土组合剪力墙的钢筋混凝土和型钢的剪力分担率占比略高,其中钢筋混凝土与内嵌水平波形钢板基本相同。剪力分担率柱状图如图3.48所示。

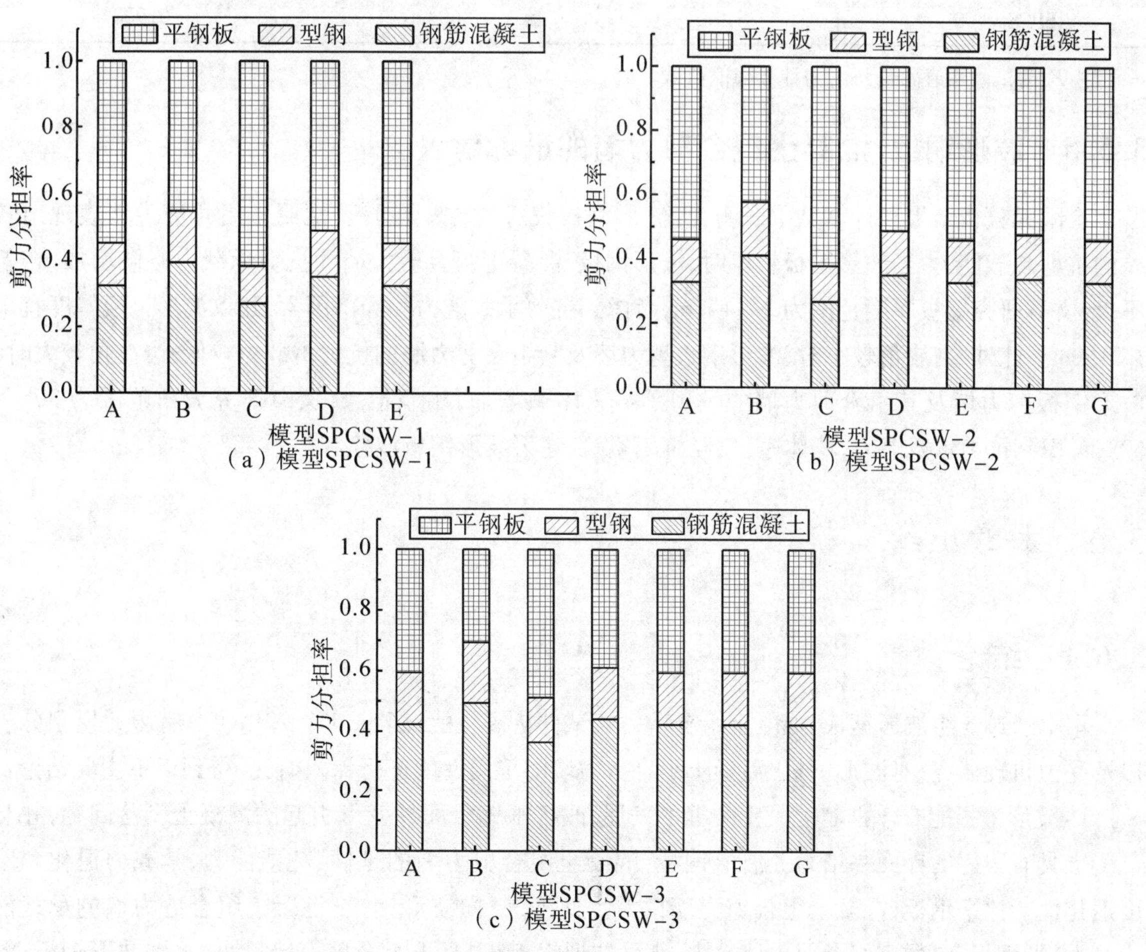

(a) 模型SPCSW-1
(b) 模型SPCSW-2
(c) 模型SPCSW-3

图3.48　波形钢板-混凝土组合剪力墙剪力分担率

从图3.48中可以看出:3个模型中H型钢对波形钢板-混凝土组合剪力墙的抗剪承载力贡献最小,主要依靠钢筋混凝土剪力墙和内嵌钢板提供抗剪承载力,其中模型SPCSW－1和模型SPCSW－

2 钢板提供的抗剪承载力均大于钢筋混凝土剪力墙,模型 SPCSW-3 钢板提供的抗剪承载力与钢筋混凝土剪力墙相当。

3.5.4 理论计算结果与试验结果对比

本章在 ABAQUS 有限元软件计算的基础上,推导出波形钢板-混凝土组合剪力墙的理论计算公式,现将理论计算结果与试验结果进行对比,进一步验证理论计算公式,从而为波形钢板-混凝土组合剪力墙提供理论依据。波形钢板-混凝土组合剪力墙的试验结果与理论计算结果的对比见表 3.10。从表 3.10 中可以看出:通过计算公式得到的计算结果与试验结果基本吻合,误差基本均控制在 10% 以内,说明理论计算公式拟合效果较好,具有一定的可靠性,可以为波形钢板-混凝土组合剪力墙提供理论依据,进而供工程实际参考。

表 3.10 试验结果和计算结果对比

试件	F_m/kN	$F_{m,c}$/kN	$F_m/F_{m,c}$
SPCSW-1	705.4	784.4	0.900
SPCSW-2	731.5	768.4	0.952
SPCSW-3	540.3	603.0	0.900

注:F_m 为试验峰值荷载,$F_{m,c}$ 为计算峰值荷载。

3.5.5 波形钢板-混凝土组合剪力墙的设计建议

有限元分析结果和计算结果表明,当波形钢板较薄时,波形钢板-混凝土组合剪力墙表现出较差的抗剪承载能力,当波形钢板较厚时,波形钢板-混凝土组合剪力墙的抗剪承载力略微增加,相差不大,文章研究钢板厚度范围为 2~4 mm,考虑到抗剪承载能力和经济因素,建议波形钢板厚度宜采用 3 mm。此外,当波角较小时,波形钢板剪力墙及其组合剪力墙的抗剪承载力较低;当波角较大时,波形钢板剪力墙及其组合剪力墙的抗剪承载力略微增加,相差不大,文章研究波角范围为 30°~60°,考虑到抗剪承载能力、墙体厚度、经济因素等,建议波形钢板波角宜采用 45°。

3.6 本章小结

3.6.1 结论

本章通过 3 组波形钢板-混凝土组合剪力墙试件抗震性能试验、30 个 ABAQUS 有限元模型分析以及受力机理研究,对波形钢板-混凝土组合剪力墙的抗震性能进行深入研究,得到以下主要结论:

1)波形钢板能有效抑制混凝土裂缝的发展,改善平钢板面外变形引起的混凝土剥落问题,并与混凝土具有很好的界面黏结力。波形钢板-混凝土组合剪力墙的延性、耗能能力、承载力退化和刚度退化性能比平钢板-混凝土组合剪力墙的好。此外,竖向波形钢板-混凝土组合剪力墙的承载能力最大,平钢板-混凝土组合剪力墙次之,水平波形钢板-混凝土组合剪力墙最小,水平波形钢板-混凝土组合剪力墙墙趾率先出现塑性破坏区域。

2)波形钢板剪力墙外包混凝土形成波形钢板-混凝土组合剪力墙,承载力大幅度提升,滞回曲线更加饱满,具有较大的延性和耗能能力,可以有效地解决波形钢板剪力墙发生失稳的问题。

3)ABAQUS 有限元软件能较好地模拟试件的承载能力、变形以及受力机理等,有限元分析结果与试验结果吻合较好。有限元分析结果表明:波形钢板-混凝土组合剪力墙,当波形钢板的钢板厚度、波角不同时,其初始抗侧刚度基本相同,承载能力随钢板厚度和波角的增加有少量增加,剪跨比对其初始抗侧刚度和承载力影响较为显著,初始抗侧刚度和承载力随着剪跨比的增加而降低。

4)结合波形钢板-混凝土组合剪力墙的受力机理,在 ABAQUS 有限元软件模拟结果基础上,通过拟合得到波形钢板-混凝土组合剪力墙的抗剪承载力理论计算公式,进而得到波形钢板-混凝土组合剪力墙的剪力分担率,H 型钢对波形钢板-混凝土组合剪力墙的抗剪承载力贡献最小,平钢板-混凝土组合剪力墙和竖向波形钢板-混凝土组合剪力墙钢板提供的抗剪承载力均大于钢筋混凝土剪力墙,水平波形钢板-混凝土组合剪力墙钢板提供的抗剪承载力与钢筋混凝土剪力墙相当。通过理论计算结果、有限元分析结果和试验结果的对比,验证了文章提出的理论计算公式的可靠性,可供工程实际参考。

5)结合有限元分析结果和计算结果,本章给出了波形钢板剪力墙及其组合剪力墙的设计建议,建议波形钢板厚度宜采用 3 mm,波形钢板波角宜采用 45°。

3.6.2　展望

波形钢板-混凝土组合剪力墙结构是一种优越的抗侧力体系,但在研究过程中仍存在一些问题有待研究,主要包含如下几个方面:

1)本章仅完成了 3 个波形钢板-混凝土组合剪力试件的抗震性能试验,试件的参数设置较少,对波形钢板-混凝土组合剪力墙抗震性能研究不够充分,缺乏更多的试验数据,因此在以后的试验研究中,应设计更多的参数对其抗震性能进行研究。

2)本章仅对波形钢板-混凝土组合剪力墙试件进行低周往复加载试验,主要研究了其滞回性能。为了进一步了解波形钢板-混凝土组合剪力墙结构体系的动力荷载响应,还应对其进行振动台试验研究以及动力时程分析。

3)本章虽然提出了波形钢板-混凝土组合剪力墙的抗剪承载力计算公式,但是由于影响因素较多,受力复杂,国内外对此问题的研究不够深入,虽然计算结果与试验和有限元结果符合较好,但仍缺乏更多的试验和工程实际的验证,受力机理也有待深入研究。

4)课题组还对波形钢板-混凝土组合剪力墙墙趾可更换构件进行了研究,由于时间限制,未能在本章中体现出来。

总之,为了使波形钢板-混凝土组合剪力墙更好地运用于工程实际中,尚需更多的学者进行试验研究以及系统的理论分析,相信随着国内外关于波形钢板-混凝土组合剪力墙的研究日益成熟,波形钢板-混凝土组合剪力墙将具有很好的运用前景。

第4章　正对称波形钢板阻尼器的滞回性能试验研究

4.1　试验研究

为研究波形软钢阻尼器(Corrugated Mild Steel Damper)的受力性能,并与普通波形钢板阻尼器(Corrugated Steel Plate Damper)做对比,共设计并制作了4个不同形式的阻尼器试件[110-113],对各试件进行循环荷载下的拟静力试验。通过试验得出各阻尼器的破坏形态,并结合滞回曲线和骨架曲线等,分析各阻尼器的受力机理、承载力、刚度、耗能、延性等性能。

目前,根据截面形式的不同,波形板大致可分为梯形波板[113]、正弦波形板以及三角波形板[114-116]。如图4.1所示,本章阻尼器耗能板采用的是梯形波板。

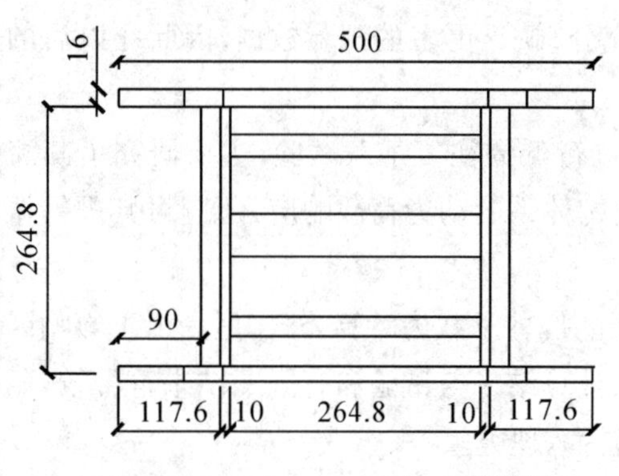

(a) 试件CMSD-H、CSPD-H前视图

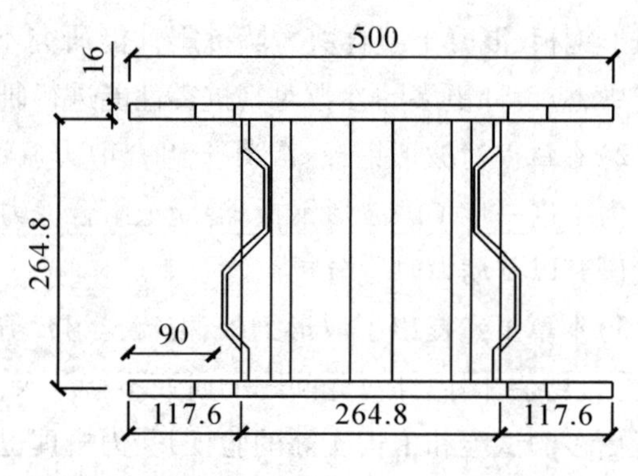

(b) 试件CMSD-V、CSPD-V前视图

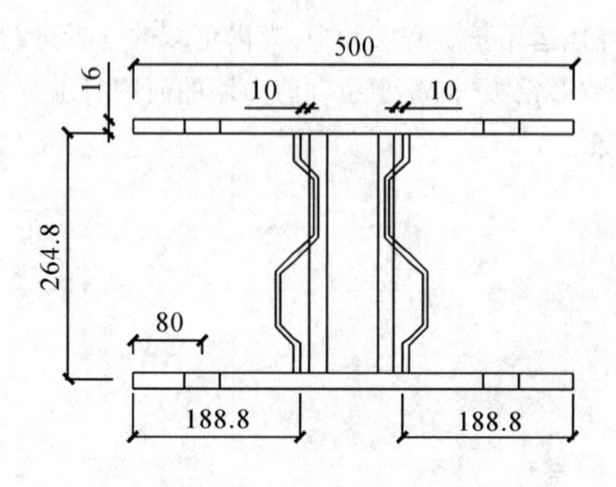

(c) 试件CMSD-H、CSPD-H侧视图

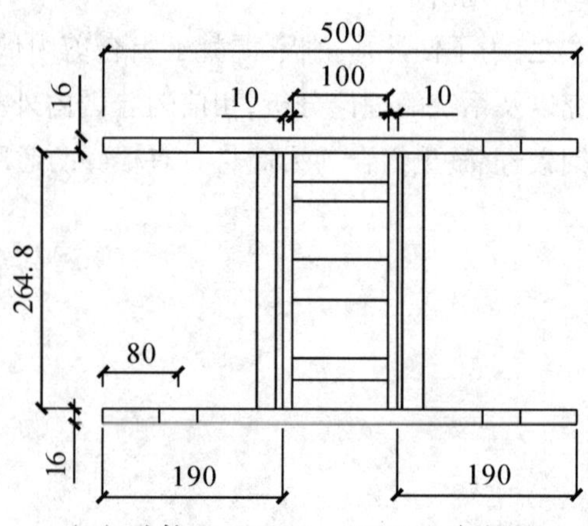

(d) 试件CMSD-V、CSPD-V侧视图

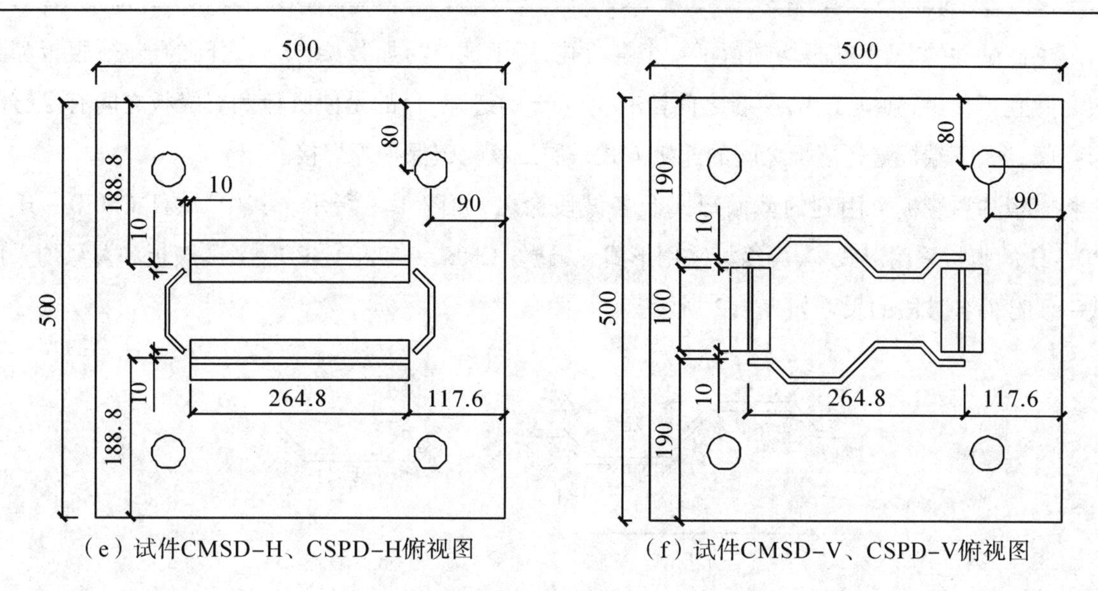

（e）试件CMSD-H、CSPD-H俯视图　（f）试件CMSD-V、CSPD-V俯视图

图 4.1　试件的尺寸图

4.1.1　波形软钢阻尼器的构造设计

表 4.1 为 4 个阻尼器试件的材料和参数设置，图 4.1 为试件的具体构造及尺寸，单位为 mm。根据试件腹板波形方向和材料的不同，2 个波形软钢阻尼器的编号分别为 CMSD - H 和 CMSD - V；波形钢板阻尼器编号分别为 CSPD - H、CSPD - V，其中，腹板波形方向相同的试件，构造相同。

表 4.1　阻尼器试件的参数

试件编号	波形方向	耗能板材料	耗能板厚度/mm	端板材料	端板厚度/mm
CMSD - H	横波	BLY160	6	Q235B	16
CMSD - V	竖波	BLY160	6	Q235B	16
CSPD - H	横波	Q235B	4.5	Q235B	16
CSPD - V	竖波	Q235B	4.5	Q235B	16

如图 4.2 所示，阻尼器的耗能钢板由 2 块翼缘板和 2 块腹板组成，均呈正对称布置。

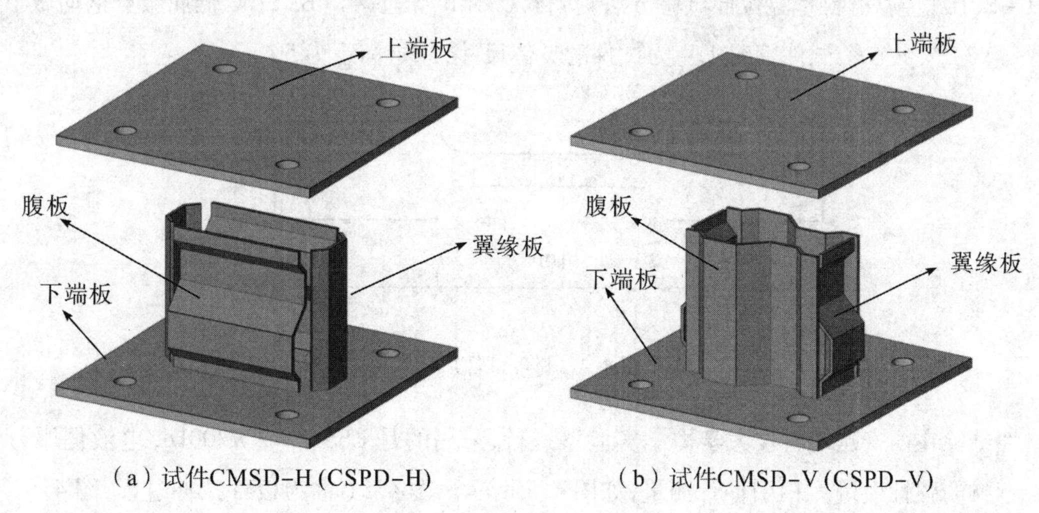

（a）试件CMSD-H (CSPD-H)　（b）试件CMSD-V (CSPD-V)

图 4.2　试件的三维示意图

阻尼器试件的上、下端板均预留了4个螺栓孔，用于试件与加载梁、垫梁之间的连接；腹板和翼缘板之间互不接触，独立工作，两者之间留有10 mm的缝隙，目的是使腹板和翼缘板之间有足够的变形空间；上、下端板与耗能板之间的连接方式采用二氧化碳保护焊焊接。

将腹板和翼缘板中用到的截面形式及各波段命名，如图4.3所示。其中，试件CMSD-H和CSPD-H的腹板采用形式一，翼缘板采用形式二；试件CMSD-V和CSPD-V的腹板和翼缘均采用形式一。截面各波段的尺寸如表4.2所示。

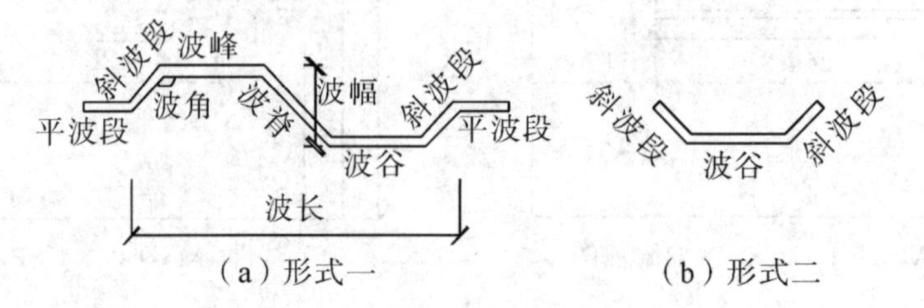

图4.3　耗能板的截面形式及各部位命名

表4.2　截面各部位尺寸

截面	平波段/mm	斜波段/mm	波峰/mm	波谷/mm	波脊/mm	波幅/mm	波长/mm	波角
形式一	30	30	60	60	60	42	205	135°
形式二	—	30	—	60	—	—	—	135°

4.1.2　材性试验

阻尼器试件所采用的钢材均为板材，采用单向拉伸试验。试件样胚和尺寸均按照GB/T2975—1998《钢及钢产品力学性能试验取样位置及试样制备》的要求从母材中切取，试验过程按照GB-T228.1-2010《金属材料室温拉伸试验方法》执行，Q235B普通钢和BLY160低屈服点钢均做了1组试样，每组3个，共6个试件。图4.4为试件的具体尺寸，原始标距为50 mm。

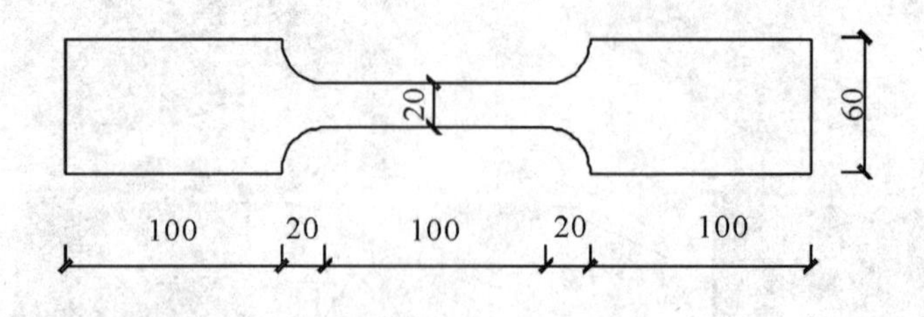

图4.4　材性试件尺寸

材性试验在西安建筑科技大学力学实验室进行，采用的是CSS-WAW300DL电液伺服万能试验机。钢材的弹性模量E由引伸计测量，如图4.5所示。图4.5(a)为板件拉伸过程，图4.5(b)为拉伸后的试样。

（a）板件拉伸

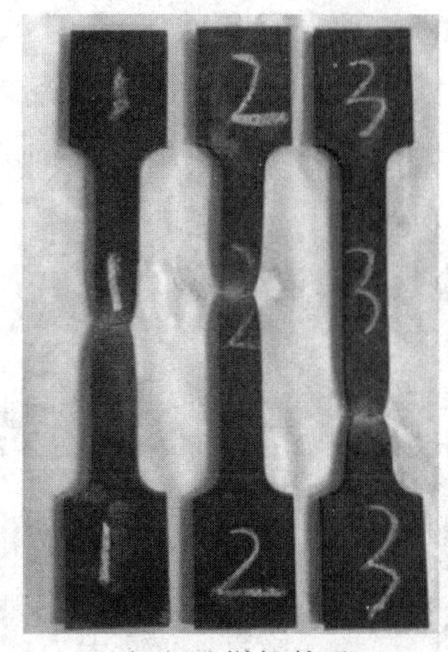

（b）试样拉伸后

图 4.5　材性试验

图 4.6 为钢材的材性数据经过处理后得出的应力-应变曲线。可以看出，BLY160 低屈服点钢不存在明显的屈服平台，测得的 Q235B 钢和 BLY160 低屈服点钢的弹性模量分别为 2.17×10^5 MPa、2.07×10^5 MPa，屈服强度 f_y、屈服应变 ε_y、极限强度 f_u 等参数均由应力-应变曲线得出。具体数值如表 4.3 所示。

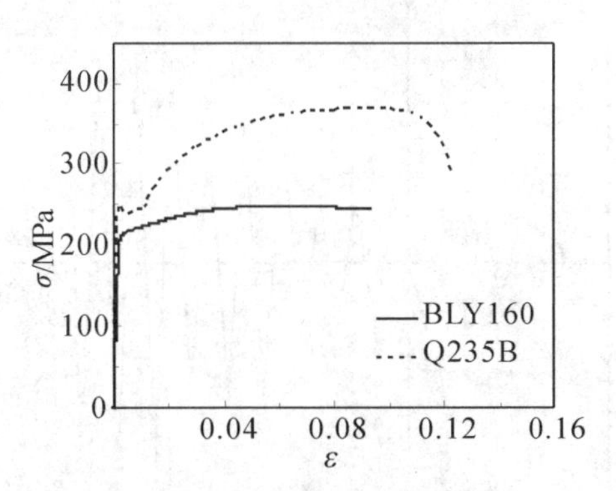

图 4.6　钢材的应力-应变曲线

表 4.3　钢材的力学性能

钢材	弹性模量 $E/10^5$ MPa	屈服强度 f_y/MPa	屈服应变 ε_y	极限强度 f_u/MPa	屈强比/%	伸长率/%
BLY160	2.07	137.2	0.0007	247.5	55.4	51.2
Q235B	2.17	239.5	0.0011	369.2	64.9	42.6

4.1.3　试验加载方案及测点布置

试验的加载采用 JGJ/T101－2015《建筑抗震试验规程》中的荷载－位移双控制方法。试验地点在西安建筑科技大学结构与抗震实验室，循环往复荷载由 MTS 电液伺服试验机系统提供，继而由加载梁传递给阻尼器。阻尼器与加载梁、垫梁之间连接均采用螺栓连接，加载梁和 MTS 作动器之间则采用 4 根螺杆连接。图 4.7 为试验的加载装置，其中反力墙一侧为西侧。

试验加载前，先预加水平荷载以消除试件应力的不均匀性，并检验试验仪器和装置均无异常后开始正式加载。正式开始后，阻尼器进入屈服阶段前，首先采用荷载控制，定 10 kN 为一级，加载次数为一次；阻尼器屈服之后是位移控制，定义试件的屈服位移为 Δ_y，之后以 $0.5\Delta_y$ 为一级，即按照 Δ_y，$1.5\Delta_y$，$2\Delta_y$，$2.5\Delta_y$，$3\Delta_y$，$3.5\Delta_y$，…进行，每级位移的施加次数为 3 次，当试件无法继续承载，或者荷载降低至峰值的 85% 以下时，试验结束。试验的加载制度如图 4.8 所示。

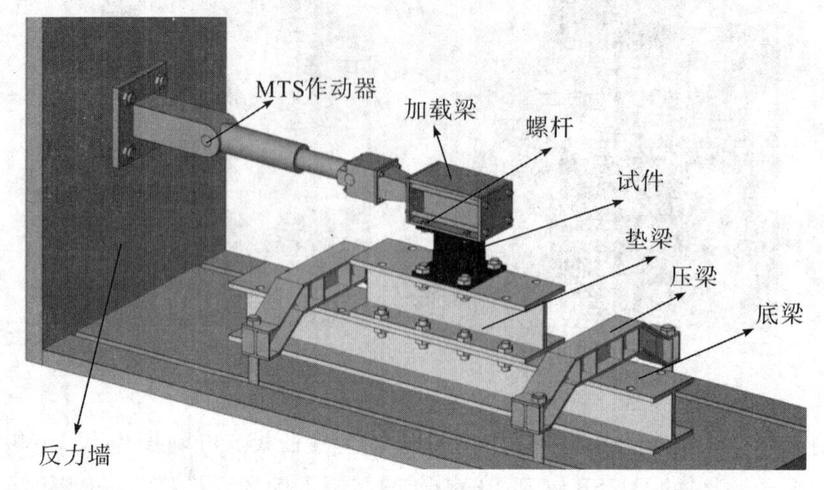

图 4.7　加载装置

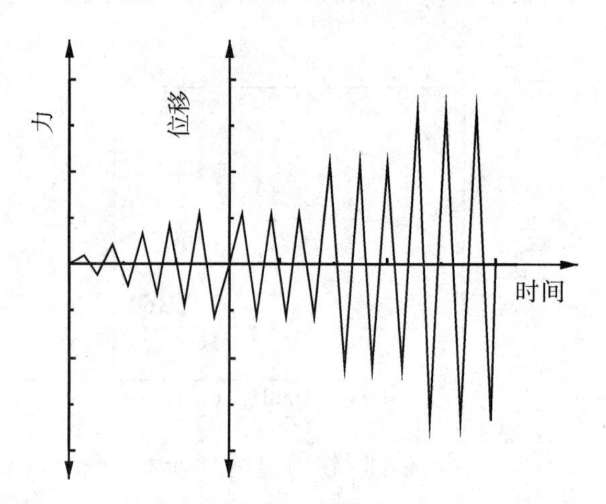

图 4.8　加载制度

试验主要测量阻尼器上端板东西和南北 2 个方向的水平位移，以及翼缘板和腹板中部的水平位移，测点如图 4.9 所示。试件的应变测点为：试件 CMSD－H、CSPD－H 腹板测点布置为 S1～S5，翼缘板测点布置为 S6～S10；试件 CMSD－V、CSPD－V 腹板测点布置为 S1～S8，翼缘板测点布置为 S9～S11，如图 4.10 所示。数据均由 TSD－602 静态数据采集仪实时记录。

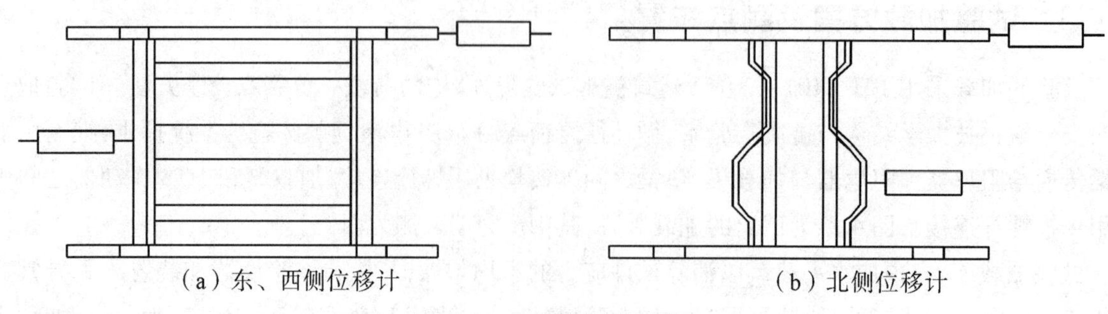

（a）东、西侧位移计　　（b）北侧位移计

图 4.9　位移计布置示意图

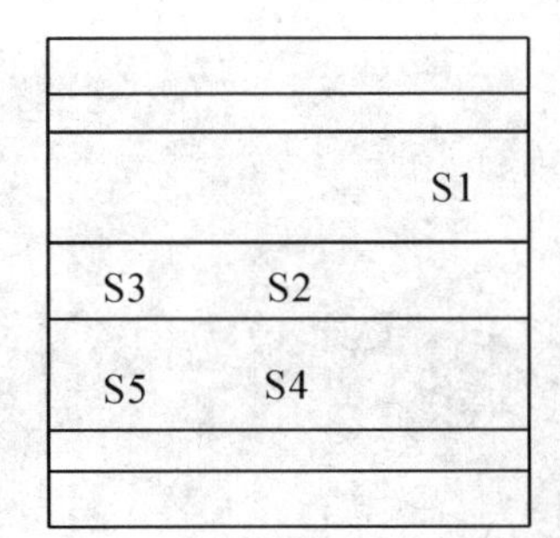

（a）试件CMSD-H、CSPD-H腹板

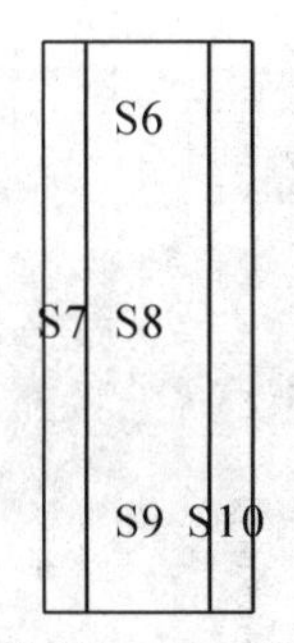

（b）试件CMSD-H、CSPD-H翼缘

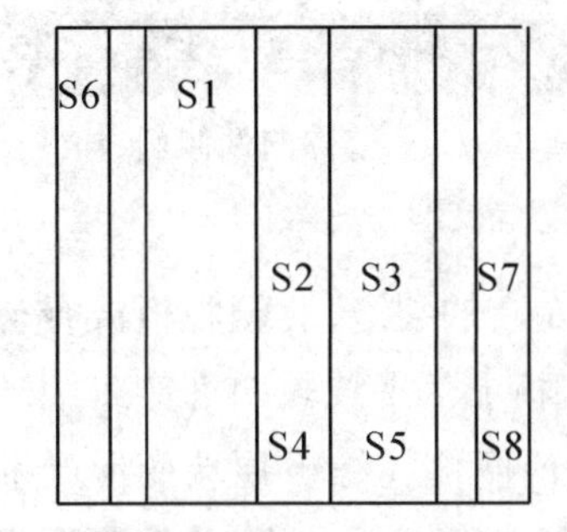

（c）试件CMSD-V、CSPD-V腹板

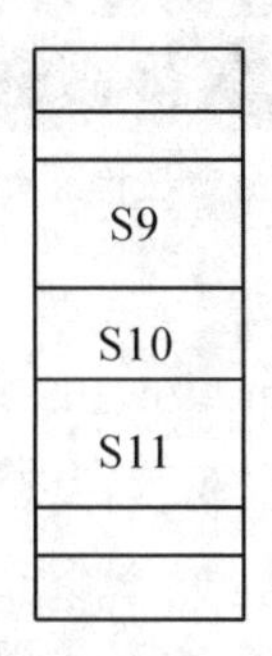

（d）试件CMSD-V、CSPD-V翼缘

图4.10　应变片布置示意图

4.1.4　试验现象

(1)试件 CMSD－H

在加载前期,试件 CMSD－H 还在弹性阶段,耗能板表面几乎无明显现象,只能通过数据采集器观察试件产生的位移和耗能钢板的微小变形情况。当加载至＋70 kN 时,南北两侧腹板的波峰向外略微鼓曲;当加载至－70 kN 时,南北两侧腹板的波峰向内略微收拢。如图 4.11 所示,当加载至＋5 mm级时,南北两侧腹板的波峰向外鼓曲加重;当加载至－5 mm 级时,南北腹板的波峰向内略微收拢,波角角度被略微拉大,此时腹板已经开始变形耗能。当加载至＋10 mm 级时,南北腹板东侧下端斜波段与平波段的波角处发生明显屈服,角度持续增大。

当加载至＋12 mm 级时,两侧翼缘板上下端均出现明显的变形,整体向东倾斜,南北腹板西侧向内收拢,东侧向外鼓曲;当加载至－12 mm 级时,两侧翼缘板整体向西倾斜,南、北腹板东侧均向内收拢,西侧向外鼓曲,如图 4.12 所示。

（a）波峰向外鼓曲

（b）波峰向内收拢

图 4.11　试件 CMSD－H 腹板变形

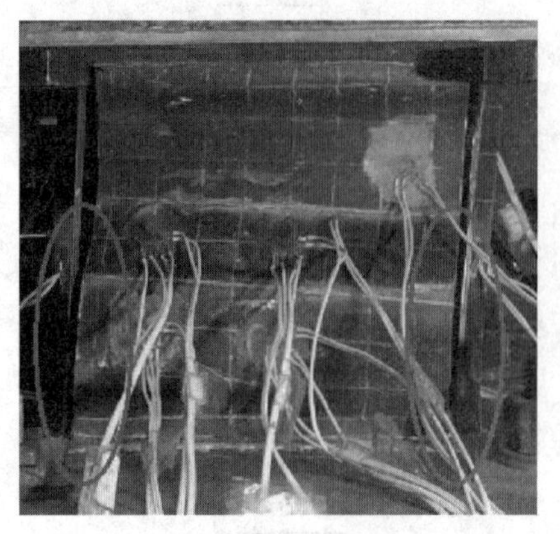
（a）整体向东倾斜

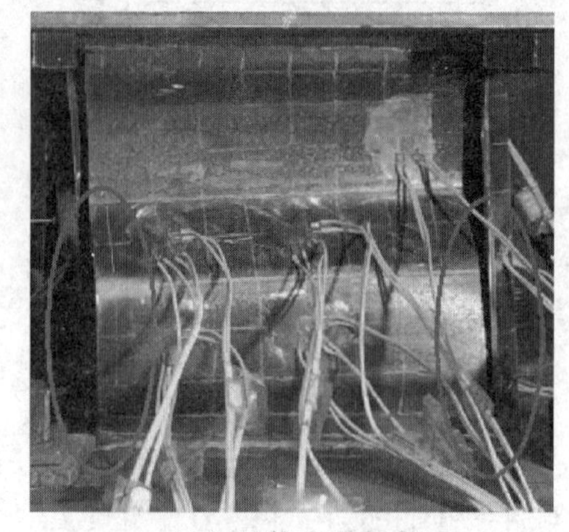
（b）整体向西倾斜

图 4.12　试件 CMSD－H 腹板和翼缘变形

当加载至－14 mm 级时，东侧翼缘上端出现了长 5 mm 左右的裂缝，北侧腹板波脊与波峰、波谷所夹的波角均已接近 180°。当加载至－19 mm 级时，北侧腹板上部平波段内部产生细微裂纹，南侧腹板下部产生长约 32 mm 裂缝；当加载至－20 mm 级时，东西两侧翼缘板顶端变形严重，东侧翼缘板底端同时出现了长约 60 mm 的裂缝，这时阻尼器承载力已经达到最大值，并处于下降阶段；当加载至＋26 mm 级时，北腹板下部东侧的裂缝长度约为 40 mm，北腹板上部西侧出现长约 15 mm 裂缝，此时，南北两侧腹板和翼缘板的上下端部的变形均相当严重，且出现了不同长度的裂缝，阻尼器的承载力降至其峰值荷载的 85%，加载停止。试件的破坏形态如图 4.13 所示。

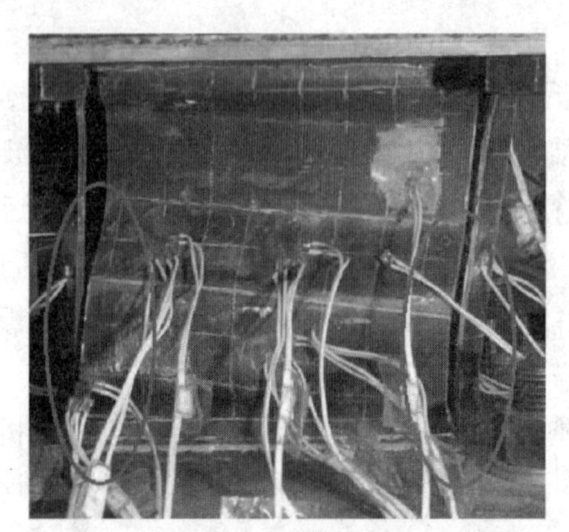
（a）整体破坏

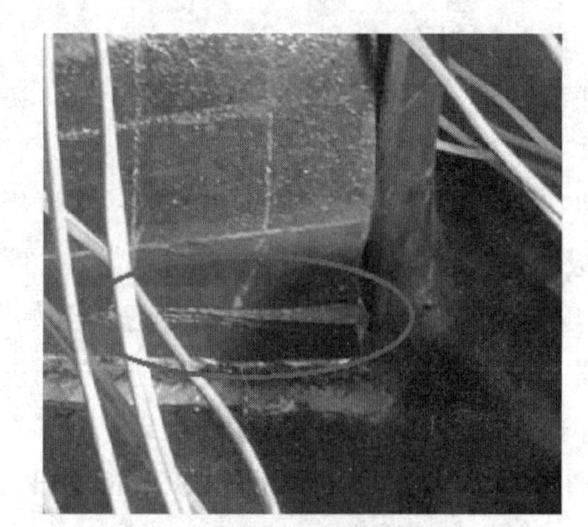
（b）腹板底端裂缝

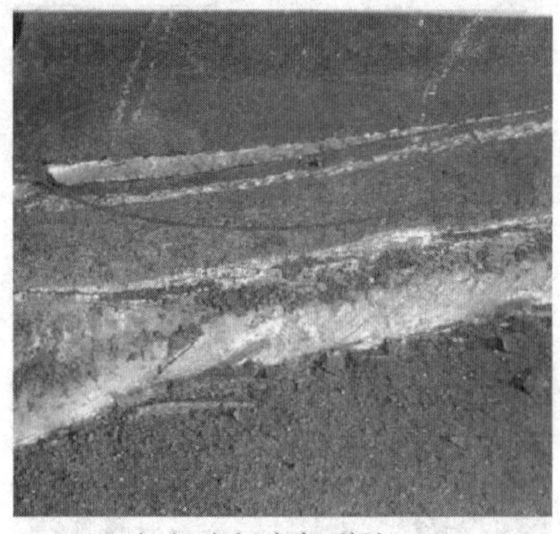
（c）腹板底部裂缝

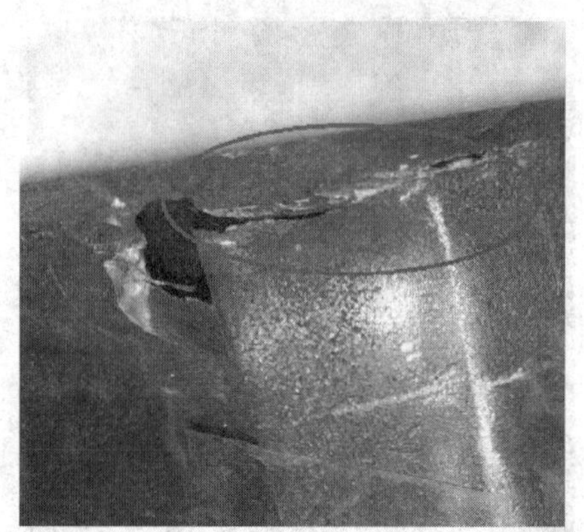
（d）翼缘顶部裂缝

图 4.13　试件 CMSD－H 破坏图

(2)试件 CMSD - V

在加载前期,试件 CMSD - V 在弹性阶段,耗能板无明显变形。当加载至 +6.4 mm 级时,南侧腹板波脊右侧波角中部 6 ~ 12 cm 段出现轻微鼓曲。当加载至 +8 mm 级时,北侧腹板底端平波段出现局部变形,且平波段与斜波段夹角的角度增大,平波段的局部屈服如图 4.14 所示。当加载至 +9.6 mm级时,北侧腹板的西侧平波段底部出现长 10 mm 左右的裂缝;南侧腹板的东侧底端出现长 15 mm裂缝,顶端出现长约 5 mm 裂缝;当加载至 -9.6 mm 级时,南侧腹板东侧平波段底端裂缝延伸至约 30 mm,西侧底端变形严重;当加载至 +14.4 mm 级时,北腹板东侧的平波段裂缝延长至约 30 mm,西侧底部的裂缝延长至 60 mm;当加载至 +16 mm 时,南北腹板的西侧平波段底端裂缝分别延伸至约 60 mm 和 70 mm,此时阻尼器的刚度退化严重,承载力低于其峰值的 85%,无法继续承载。腹板的裂缝如图 4.15 所示。

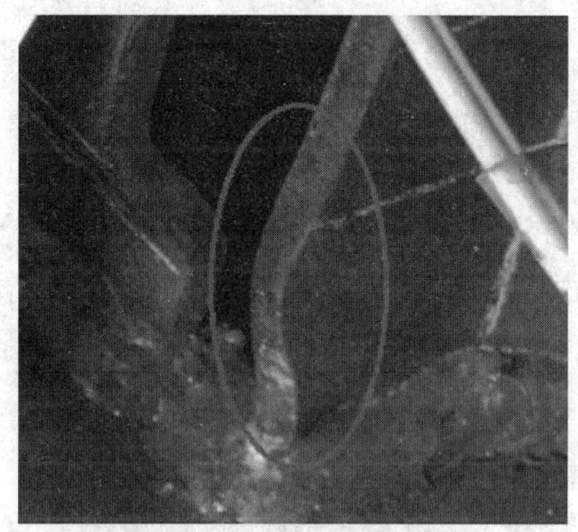

(a)南侧腹板局部屈服

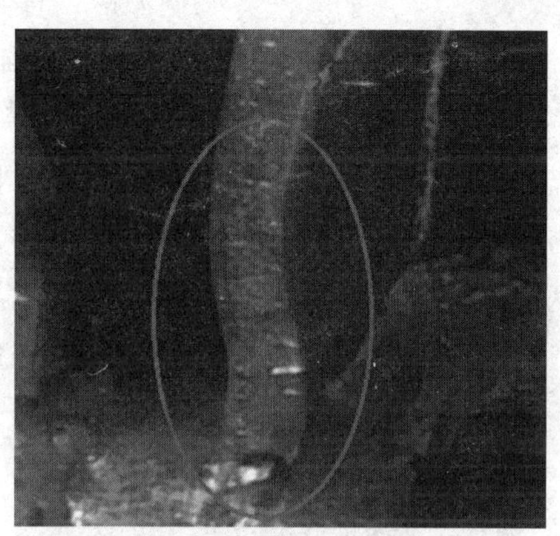

(b)北侧腹板局部屈服

图 4.14　试件 CMSD - V 腹板平波段局部屈服

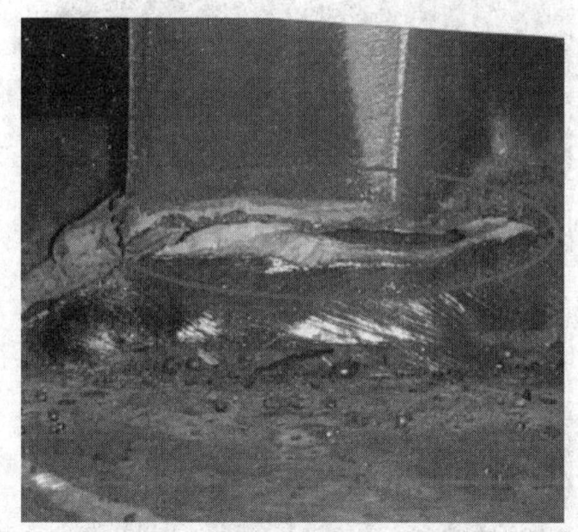

(a)南侧腹板裂缝

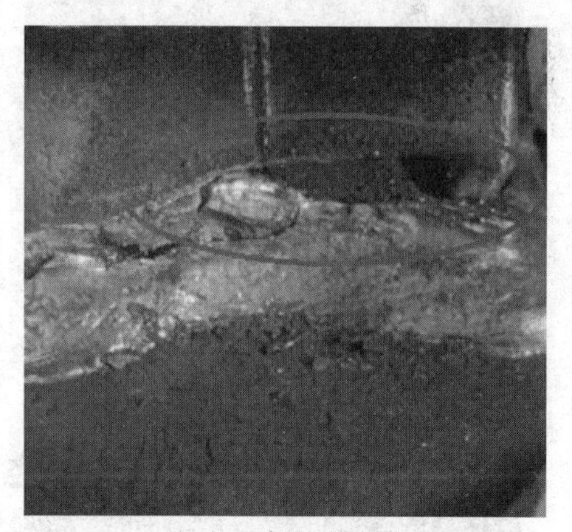

(b)北侧腹板裂缝

图 4.15　试件 CMSD - V 破坏图

(3)试件 CSPD - H

在加载前期,试件 CSPD - H 在弹性阶段,无明显现象。当加载至 +5 mm 级时,南北两侧腹板波峰东侧均向外轻微鼓曲;当加载至 -5 mm 级时,南北两侧腹板波峰西侧向外鼓曲,西侧翼缘顶端出现微小变形;当加载至 +7 mm 级时,南北两侧腹板波峰东侧向外鼓曲加重,北侧腹板底部平波段和斜波段产生局部变形;当加载至 +12 mm 时,波脊与波谷中部产生变形,波角度数增大,如图 4.16 所示。

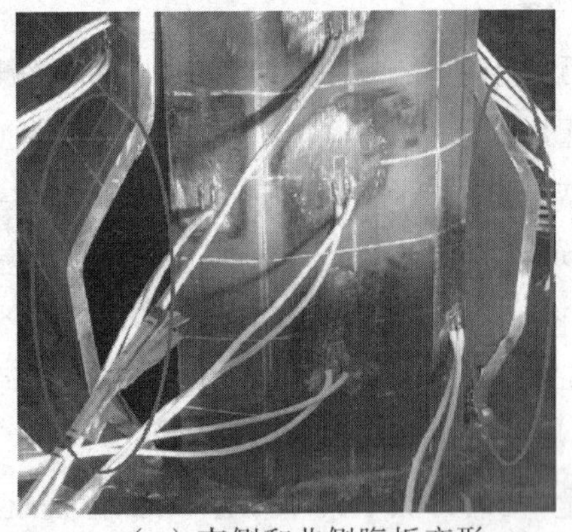
（a）南侧和北侧腹板变形

（b）北侧腹板波角变形

图4.16　试件CSPD-H腹板波角变形

当加载至+14 mm级时，北侧腹板上部斜波段的东侧出现较大变形，波角变形至接近180°；当加载至-14 mm级时，南侧和北侧腹板底端平波段的东侧出现了长约10 mm的裂缝。如图4.18(b)所示，当加载至+18 mm级时，南侧腹板上部平波段西侧出现长约5 mm裂缝；当加载至-18 mm级时，北腹板下部平波段东侧的裂缝延伸到约30 mm；当加载至+20 mm级时，南侧腹板下部平波段的东、西两侧裂缝均延伸至约50 mm，北腹板下部平波段西侧裂缝延长至30 mm左右。此时，试件耗能板变形严重，承载力低于峰值的85%，加载停止。试件CSPD-H的破坏形态如图4.17所示。

（a）南侧腹板整体变形

（b）南侧腹板顶部裂缝

（c）南侧腹板裂缝

（d）北侧腹板裂缝

图4.17　试件CSPD-H破坏图

(4)试件CSPD-V

在加载前期，试件CSPD-V在弹性阶段，无明显现象。当加载至+6 mm级时，南侧腹板波峰中部向外略微鼓起；当加载至 -8 mm 时，南侧腹板西侧平波段产生局部变形，平波段与斜波段夹角度数增大。当加载至 +10 mm 级时，北侧腹板西侧平波段产生局部变形；当加载至 -10 mm 级时，南侧和北侧腹板的波峰同时向外鼓曲。当加载至 +12 mm 级时，南侧和北侧腹板东侧平波段距下端板约 2 cm 处发生较大变形，两侧翼缘整体向东倾斜。图 4.18 所示为腹板的变形。

（a）南侧、北侧腹板变形

（b）北侧腹板变形

图 4.18　试件 CSPD - V 腹板平波段变形

当加载至 +14 mm 级时，北侧腹板底端东侧产生长约 15 mm 裂缝，南侧腹板底端西侧出现长约 10 mm的裂缝；当加载至 +16 mm 级时，北腹板底端裂缝延长至约 45 mm，南腹板底端裂缝延长至约 55 mm。此时，腹板底端裂缝开展较长，阻尼器破坏，停止加载。阻尼器试件的破坏如图 4.19 所示。

（a）北侧腹板裂缝

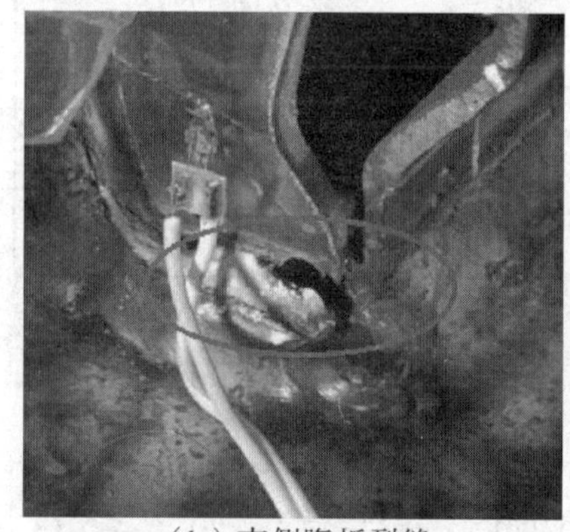
（b）南侧腹板裂缝

图 4.19　试件 CSPD - V 破坏图

4.1.5　受力机理分析

试件 CMSD - H 和 CSPD - H 的波形腹板与上下端板之间是沿着一条直线焊接，对于腹板的约束较小，在受水平荷载时，腹板首先产生局部变形，波峰向外鼓曲、波角度数增大；随着试验的进行，腹板整体产生较大变形，波峰和波谷处不断向外扩展和向内收拢，波角也在不断增大；加载至中期，腹板塑性变形较大，两侧翼缘板的上下端部也产生了明显的屈服变形。整个过程中，腹板先屈服，翼缘后屈服，两者能够较好地协同工作。加载后期，阻尼器 CMSD - H 和 CSPD - H 在经过了弹性、弹塑性、塑性阶段，波形腹板逐渐由局部变形转变为整体变形，其两侧的端部以及波形翼缘板的上下端均产生了裂缝；随着加载的进行，裂缝的延伸不断加重，整体刚度退化严重，试件破坏。

相比于前者，试件 CMSD - V 和 CSPD - V 由于腹板布置方式的不同，其腹板与上下端板沿着波纹焊接，焊接面积较大，约束也较强，因此其抗侧刚度较大，承载力较高。在受水平力时，腹板两侧的平波段首先屈服。随着加载的不断进行，波形腹板内沿对角线方向形成了拉力场，腹板的损伤不断累积，腹板两侧上下端部受力均比较大，整个过程中腹板与翼缘板之间的协同工作能力较差。在加载后期，随着加载位移的增大和加载次数的增多，波形腹板两侧的上、下端部因塑性损伤累积较多而被撕裂，随着裂缝的不断开展，阻尼器的整体刚度退化严重，无法继续承载，最终破坏。

4.2 受力性能分析

4.2.1 滞回曲线

图4.20为4个阻尼器试件的荷载-位移曲线。由图4.20可以分析得到，试件CMSD-H的滞回曲线相当饱满，整体为梭形。在加载初期，阻尼器还未屈服，其滞回曲线是斜率几乎不变的直线，表明阻尼器的刚度基本无退化，产生的残余变形也比较少。随着试验的进行，试件达到屈服，耗能钢板发生了很大的塑性变形；滞回曲线的斜率随着施加荷载的增加而降低，而卸载时，试件的残余变形也在逐渐变大，均表现出了阻尼器试件的刚度退化过程。与试件CMSD-H相同，试件CSPD-H的滞回曲线很饱满，整体也为梭形，其变形、耗能能力均较好。

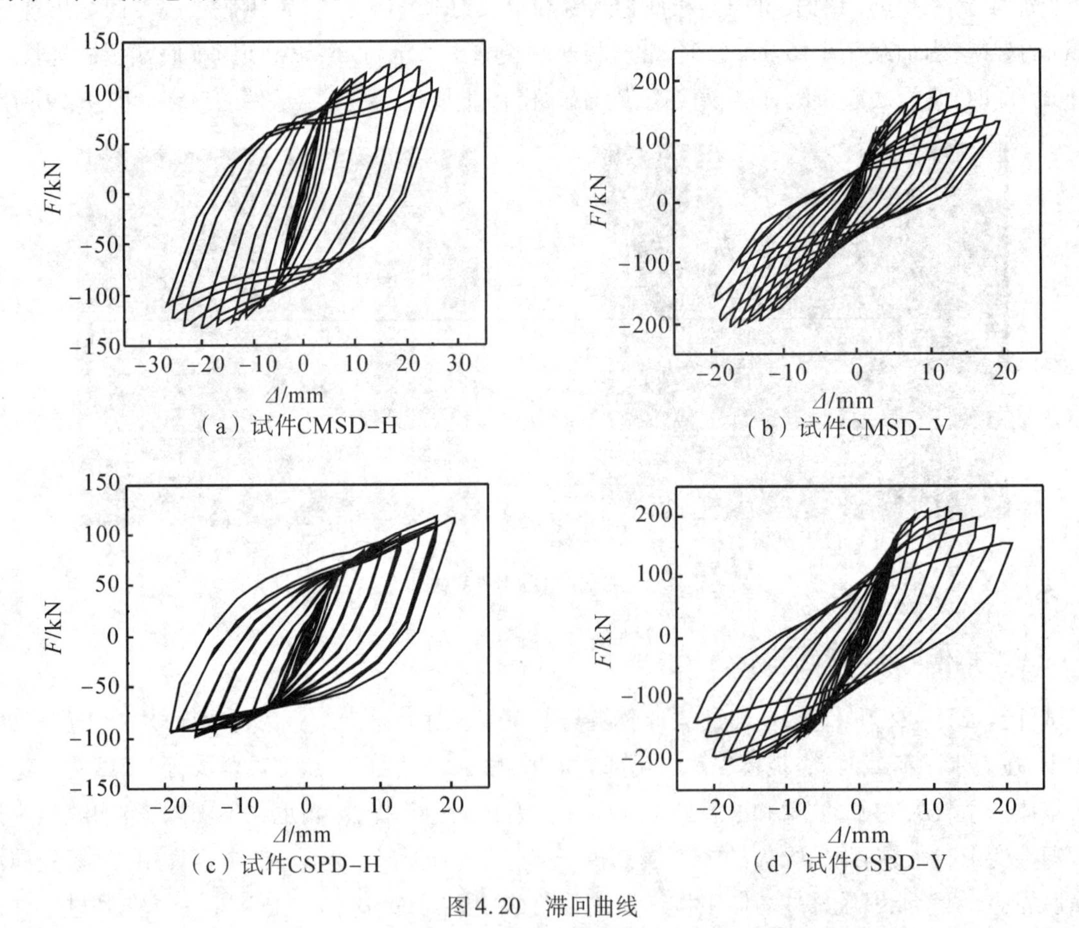

图4.20 滞回曲线

试件CMSD-V的滞回曲线形状整体呈弓形，饱满程度比试件CMSD-H要低，且出现了“捏缩效应”。试件CMSD-V出现“捏缩效应”的原因是阻尼器试件受到了滑移的影响，具体表现为：阻尼器试件在承受水平荷载作用时，在其腹板的对角线方向形成了拉力带，波形腹板的两侧平波段的上、下两端受力较大，而腹板的焊接面积大，抗侧刚度较大，波形腹板和翼缘板的协同工作能力较低，腹板左右两侧的上、下两端均较早地产生裂缝，而这些裂缝的闭合，只需要反向加载时施加一个很小的力就能实现，但施加较小力的这一过程中需要的位移却比较大。试件 CSPD－V 的滞回曲线与试件 CMSD－V 相似，外形整体为弓形，也出现了“捏缩效应”。总的来说，与腹板为横波的2个阻尼器相比，腹板为竖波的阻尼器滞回性能均稍差。

4.2.2　骨架曲线

骨架曲线和单调荷载下得到的荷载－位移曲线比较相似[117]，通过骨架曲线能够得到试件一系列力学性能上的特征点和特征值，可反映试件在各阶段的变形和受力特点，是确定恢复力模型的理论基础。图4.21为各试件的骨架曲线对比。

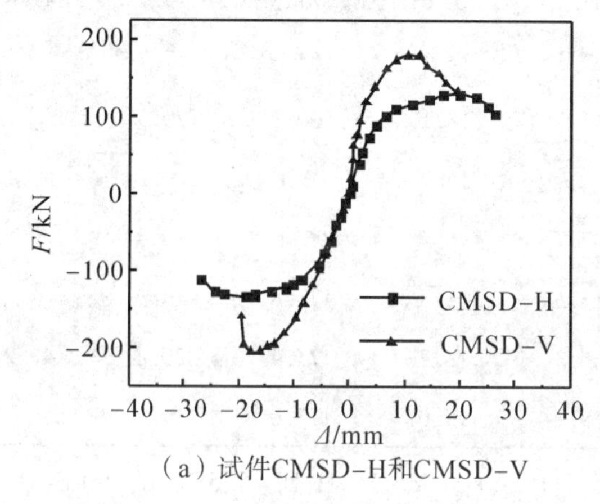

（a）试件CMSD-H和CMSD-V

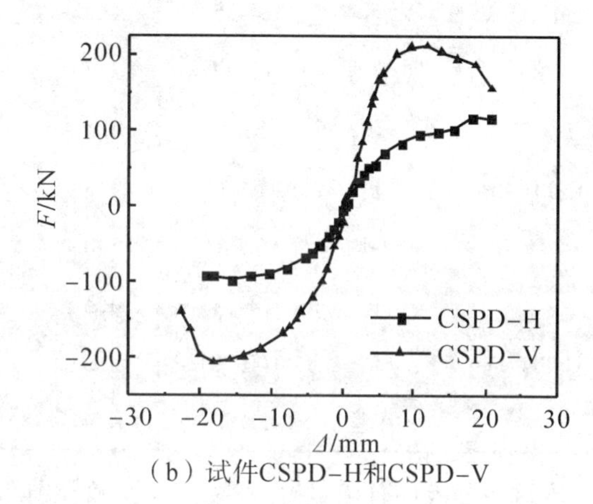

（b）试件CSPD-H和CSPD-V

图4.21　骨架曲线

由图4.21可以看出：试件 CMSD－H 和试件 CSPD－H 的骨架曲线均为S形，在受水平荷载作用下，经过了弹性、弹塑性、塑性以及破坏阶段。在弹性阶段，阻尼器的承载力直线上升，变形较小，耗能也较少；屈服之后，横向波形腹板和波形翼缘板产生较大的弹塑性变形，试件开始耗散大量能量，在此过程中2个试件均出现了较长的塑性阶段；阻尼器在施加荷载达到最大后，其承载力的下降速率较低，阻尼器均表现出了较好的变形能力。总的来看，试件 CMSD－H 的变形和耗能能力更佳。

与试件 CMSD－H 和试件 CSPD－H 相比，试件 CMSD－V 和试件 CSPD－V 的骨架曲线同样均为S形，除了经历了上述4个阶段，这2个试件的曲线在达到峰值荷载后的斜率较大，说明承载力下降较快，且其延性比前两者较差。这是由于竖向波形腹板在受水平荷载时，沿对角线形成了拉力带，波形腹板两侧上、下端部的塑性损伤累积较多，导致腹板提前开裂，此时竖向波形腹板与翼缘板无法协同工作，而腹板出现裂缝后，阻尼器刚度的降低速率也比较快。

4.2.3　延性和承载力

延性是指结构构件在受到多次往复荷载时，在保证其承载力的情况下能够达到的变形能力。一般用延性系数μ作为评价结构构件延性性能好坏的指标，按公式(4－1)求得。其中Δ_y为结构构件的屈服位移，取达到屈服荷载P_y时的位移；Δ_u为结构构件的极限位移，取达到极限荷载P_u时的位移；极限荷载一般取其峰值荷载P_m的85%，此时结构构件的位移为峰值位移Δ_m。

$$\mu = \frac{\Delta_u}{\Delta_y} \tag{4-1}$$

结构构件的屈服荷载及其对应的屈服位移的确定一般有2种方法，分别为能量等值法和几何作图法。本章使用几何作图法来确定阻尼器的屈服点。表4.4为各阻尼器对应的各阶段的特征荷载、位移以及延性系数。

表4.4 阻尼器的特征荷载、位移及延性系数

试件编号	方向	P_y/kN	Δ_y/mm	P_m/kN	Δ_m/mm	P_u/kN	Δ_u/mm	μ
CMSD-H	正	93.6	4.0	129.7	19.9	110.2	25.5	6.34
	负	94.2	4.2	133.1	18.7	113.1	26.4	
	平均	93.9	4.1	131.4	19.3	111.7	26.0	
CMSD-V	正	128.3	3.2	179.4	10.6	152.5	16.3	4.78
	负	144.5	4.2	205.5	17.6	174.7	19.1	
	平均	136.4	3.7	192.5	14.1	163.6	17.7	
CSPD-H	正	55.1	4.1	117.7	18.1	100.1	20.5	5.21
	负	50.1	3.5	97.7	15.7	92.1	19.1	
	平均	52.6	3.8	107.7	16.4	96.1	19.8	
CSPD-V	正	144.1	4.5	211.5	11.8	179.8	19.0	4.52
	负	119.9	4.3	206.3	18.2	175.4	20.8	
	平均	132.0	4.4	208.9	15.0	177.6	19.9	

从表4.4可以看出:试件CMSD-V的峰值承载力比试件CMSD-H高46.5%,试件CSPD-V的峰值承载力比试件CSPD-H高94.0%。这说明在水平往复荷载作用下,具有竖向波形腹板的试件承载力要高于具有水平波形腹板的试件。这是由于竖向波形腹板与上、下端板按波形焊接,焊接面积比水平波形腹板的大得多,即腹板的约束较强,竖向波形腹板的抗侧刚度较大,因此其承载力较高。

试件CMSD-H的延性系数比试件CMSD-V高32.6%,试件CSPD-H比试件CSPD-V高15.3%。这是由于这种阻尼器的腹板为横向波形,与上、下端板之间的焊接是一条直线,对于腹板变形的约束较小,在受水平荷载作用下,横向波形腹板能够产生较大的弹塑性变形,且腹板与翼缘板之间也能够较好地协同工作,阻尼器的延性性能和耗能均较好。整体看来,2种类型的阻尼器试件各有优缺点,横向波形阻尼器的延性和耗能能力较好,承载力较低;竖向波形阻尼器的承载力较高,但水平荷载下的变形能力较弱,低屈服点软钢的优势并没有得到很好的发挥。

4.2.4 耗能能力

图4.22所示为4个阻尼器的等效黏滞阻尼系数与位移之间的关系曲线,试件CMSD-H、CMSD-V、CSPD-H以及CSPD-V的最大等效黏滞阻尼系数分别为0.330、0.217、0.281、0.225。由图4.22可以看出:在加载前期,试件CMSD-H与CMSD-V处于弹性阶段,腹板和翼缘板均无明显变形,耗能都比较小;随着试验的进行,阻尼器进入屈服阶段,试件CMSD-H的耗能能力超过CMSD-V;试件CSPD-H和CSPD-V的等效黏滞阻尼系数的走势与前两者相似。

图4.23和图4.24为4个阻尼器的单周耗能、累积耗能与位移之间的关系曲线。由图4.23(a)可以得到,从开始加载至12 mm期间,试件CMSD-H与CMSD-V的单周耗能能力基本相同;随着试验的进行,加载至16 mm左右时,试件CMSD-V腹板端部开始出现裂缝,耗能能力不再上升;加

载至破坏阶段时，耗能板两侧的裂缝不断延伸，耗能能力降低；试件 CMSD－H 的腹板和翼缘板能够协同工作，变形能力较强，加载至屈服后，阻尼器的耗能能力一直稳定上升，直至加载至 26 mm 时，其耗能能力才开始下降。由图 4.23(b)可以得到，在加载前期，试件 CSPD－H 与 CSPD－V 的单周耗能较少；屈服之后，随着位移的增加，两试件的单周耗能能力开始上升。在整个试验过程中，试件 CSPD－H 的单周耗能能力一直强于试件 CSPD－V。

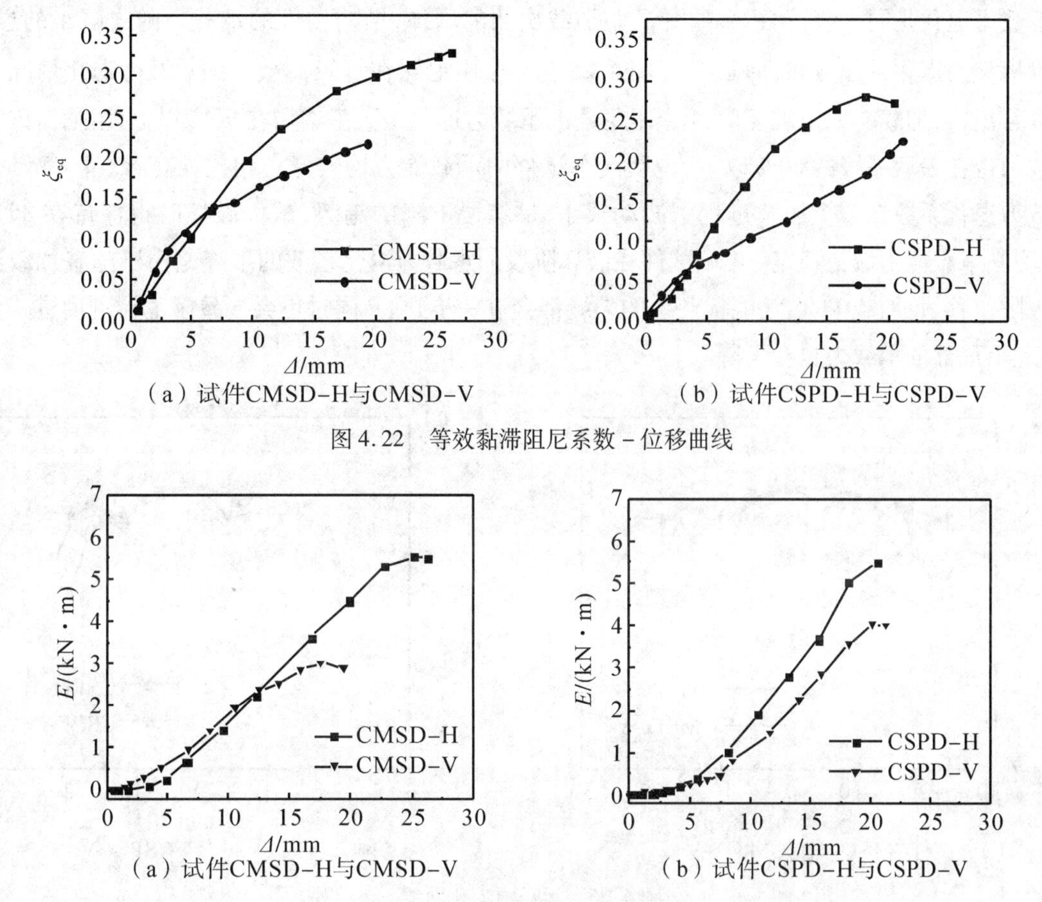

（a）试件CMSD–H与CMSD–V　（b）试件CSPD–H与CSPD–V

图 4.22　等效黏滞阻尼系数－位移曲线

（a）试件CMSD–H与CMSD–V　（b）试件CSPD–H与CSPD–V

图 4.23　单周耗能－位移曲线

由图 4.24 可以看出，试件 CMSD－V 在其整个加载过程中的累积耗能量基本与相同位移下的试件 CMSD－H 累积耗能量相差无几，试件 CSPD－H 与 CSPD－V 的累积耗能量在加载至 10 mm 之前基本一致，当加载至后期，CSPD－H 的累积耗能量及其上升速率均高于试件 CSPD－V。

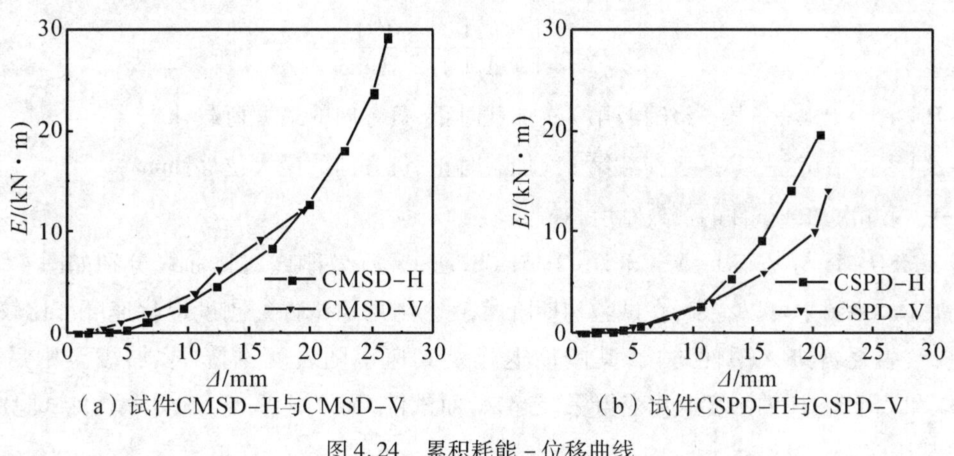

（a）试件CMSD–H与CMSD–V　（b）试件CSPD–H与CSPD–V

图 4.24　累积耗能－位移曲线

整体来看，随着加载的进行，各阻尼器的等效黏滞阻尼系数保持稳步上升，后期趋向于平缓；腹板为横向波形的试件 CMSD－H 和 CSPD－H 表现出了较好的耗能能力，其中试件 CMSD－H 采用了软钢，等效黏滞阻尼系数最大，耗能性能最佳，试件 CSPD－H 次之。

4.2.5 等效刚度和承载力退化

承载力退化是同一级荷载下，随着试验加载次数的增加，结构构件的承载力随之减小的过程，通常以承载力退化系数 η 来衡量[118]。图 4.25 为 4 个阻尼器在每级荷载下的承载力退化情况。整体可以看出，从加载初期至破坏前，4 个阻尼器的承载力退化系数基本均在 90% 以上，阻尼器破坏时的承载力也在最后一级的 80% 以上，说明 4 个试件的承载能力均较好。相比而言，试件 CMSD－H 的承载力退化系数在整个加载过程中波动很小，呈缓慢下降的趋势，试件破坏时也保持在 85% 以上，说明其承载能力最为稳定。4 个试件在破坏阶段的承载力退化系数的下降是由于随着加载位移达到极限位移，每加载 1 次，耗能板产生的裂缝都会进一步开展，同时也会导致阻尼器刚度进一步减小，因此阻尼器的承载力也会下降。

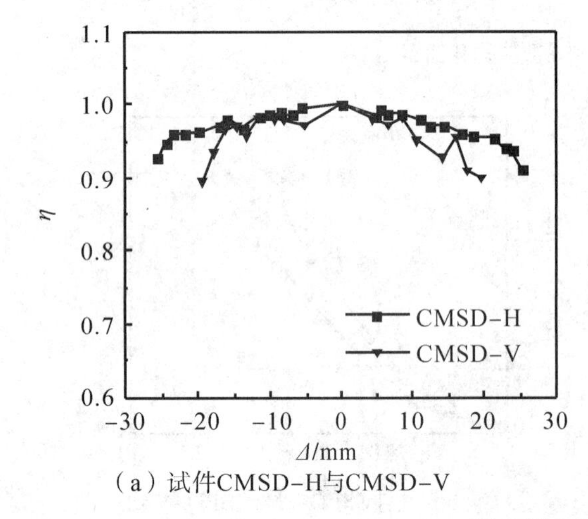

（a）试件CMSD-H与CMSD-V

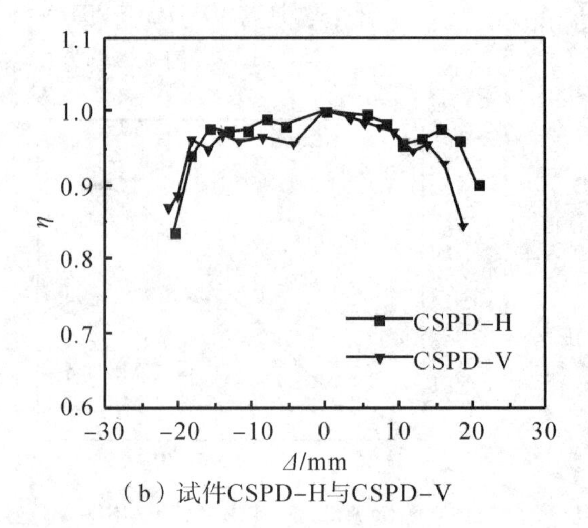

（b）试件CSPD-H与CSPD-V

图 4.25 承载力退化曲线

目前，实际工程中用到的阻尼器设计通常采用等效线性化[119]的方式，目的是将非线性结构转变为线性结构进行分析。延性系数较大时，在常用的几种等效线性化方法中，割线刚度法的变异系数最小，故阻尼器的等效刚度使用割线刚度。其值以式(4－2)求出。

$$K_i = \frac{|+P_i|+|-P_i|}{|+\Delta_i|+|-\Delta_i|} \tag{4-2}$$

式中：$|+P_i|+|-P_i|$——某一级荷载第 i 次加载时正、负方向的最大荷载，kN；

$|+\Delta_i|+|-\Delta_i|$——某一级荷载第 i 次加载时正、负方向的最大位移，mm；

K_i——第 i 次加载试件的等效刚度，kN/m。

试件 CMSD－H 与 CMSD－V、CSPD－H 与 CSPD－V 等效刚度对比曲线分别如图 4.26(a) 和 4.26(b) 所示。由图中可以看出，在试验初期阶段，4 个阻尼器试件的刚度退化速度都比较快；随着试验的进行，阻尼器进入塑性阶段，其刚度退化及其速率随之逐渐降低，加载至中后期，试件 CMSD－H 和 CSPD－H 的刚度退化变得平缓起来，而试件 CMSD－V 与 CSPD－V 在试验中的刚度退化速率都比前 2 个阻尼器快。

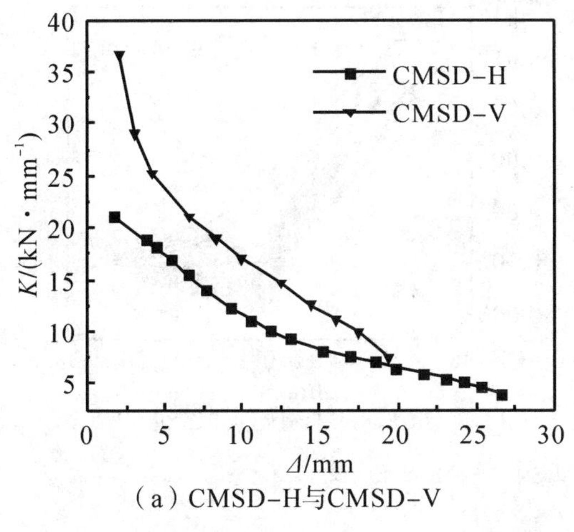

（a）CMSD-H与CMSD-V

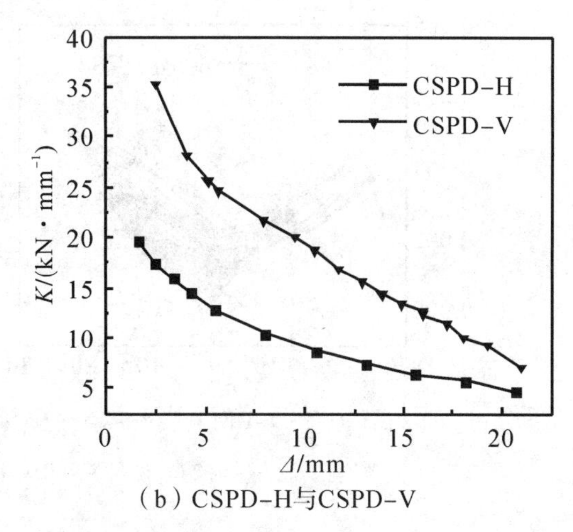

（b）CSPD-H与CSPD-V

图4.26　刚度退化曲线

4.2.6　应变分析

从试件CMSD－H和CSPD－H的测点中选取4个测点的应变进行分析。图4.27和图4.28分别为试件CMSD－H和CSPD－H测点S1、S3、S4、S5的主应变与位移之间的关系曲线。表4.5是所提取的各阻尼器所选测点屈服时对应的位移。

由图4.27、图4.28和表4.5可以得到：试件CMSD－H和CSPD－H测点S1的屈服位移分别为3.4 mm和3.6 mm，S1点位于腹板的右上侧，钢板在试件受推力时的塑性应变发展速率较快；试件CMSD－H测点S3和测点S5的屈服位移分别为3.1 mm、3.2 mm，试件CSPD－H测点S3和S5的屈服位移分别为4.6 mm、5.2 mm，说明此两点在加载初期阶段是基本同时屈服的，测点S3和S5分别在腹板的左侧中部和左下侧，钢板在受拉力时的塑性应变发展较快，主应变迅速增大，在正方向的主应变则基本处于刚刚屈服的阶段；试件CMSD－H和CSPD－H测点S4的屈服位移分别为4.2 mm、4.2 mm，S4点位于腹板的中下部，正负方向的塑性应变发展相当。可以看出，位于波峰和波谷两侧的部位应变较大，说明此处变形较大；位于试件中下部的测点主应变发展基本是对称的，而腹板两侧的测点的主应变－位移曲线表现出了正、负方向的不对称性。

试件CMSD－V和CSPD－V同样选取4个测点进行应变分析。试件CMSD－V和CSPD－V测点S1、S3、S4、S5的主应变－位移曲线分别如图4.29和图4.30所示。

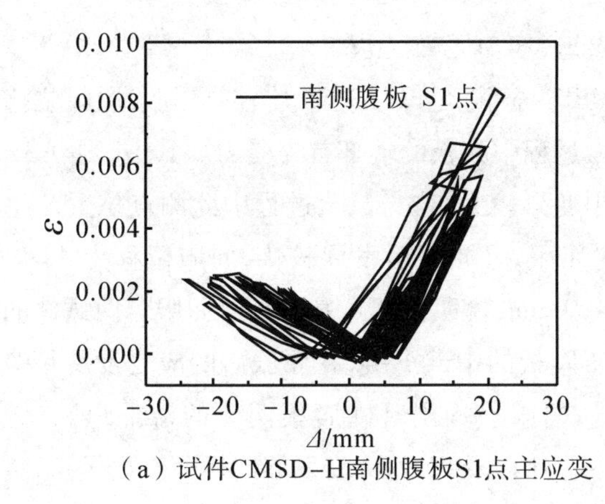

（a）试件CMSD-H南侧腹板S1点主应变

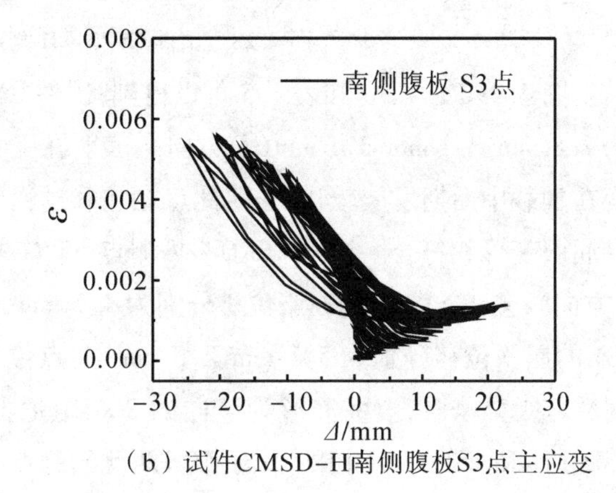

（b）试件CMSD-H南侧腹板S3点主应变

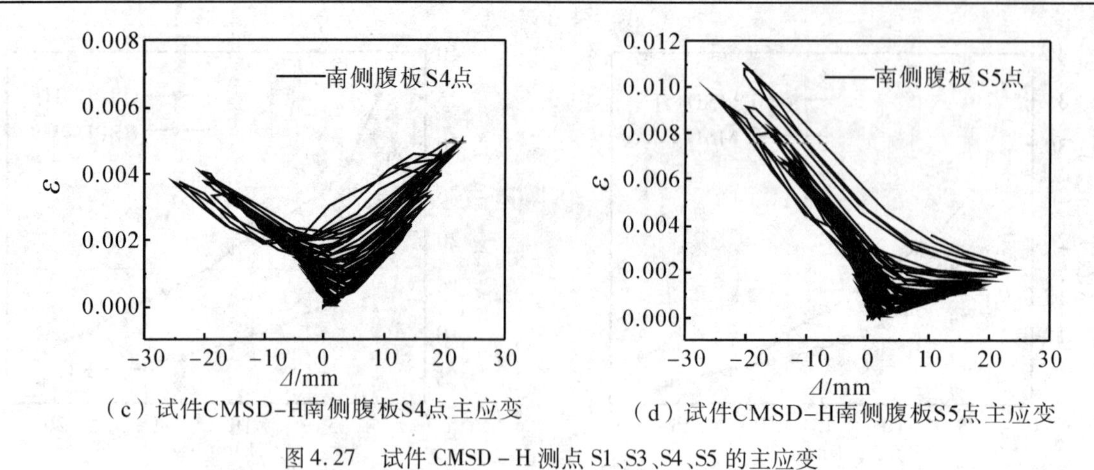

（c）试件CMSD-H南侧腹板S4点主应变　（d）试件CMSD-H南侧腹板S5点主应变

图 4.27　试件 CMSD－H 测点 S1、S3、S4、S5 的主应变

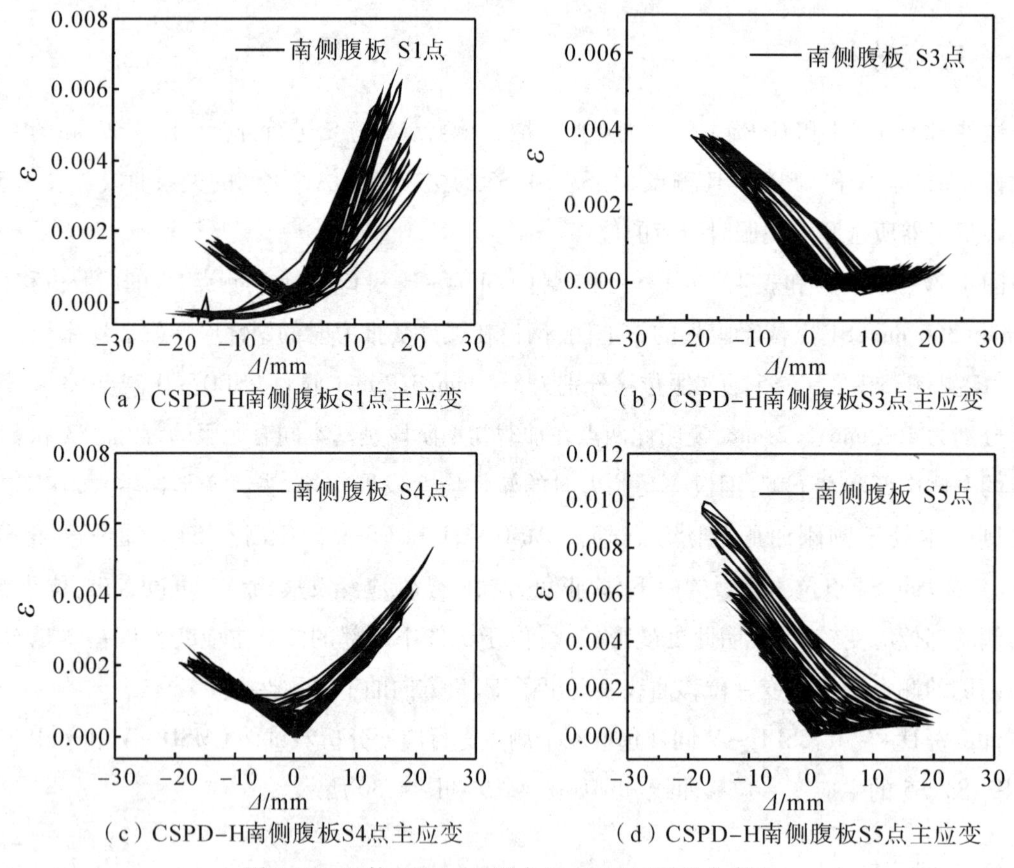

（a）CSPD-H南侧腹板S1点主应变　（b）CSPD-H南侧腹板S3点主应变

（c）CSPD-H南侧腹板S4点主应变　（d）CSPD-H南侧腹板S5点主应变

图 4.28　试件 CSPD－H 测点 S1、S3、S4、S5 的主应变

由图 4.29、图 4.30 和表 4.5 可以得到：试件 CMSD－V 测点 S1、S3、S5 均较早屈服，屈服位移分别为 2.8 mm、3.1 mm、3.1 mm（负方向），表明在受力过程中腹板的端部首先受力。其中，测点 S5 的应变在加载中后期发展较快，表明此点在加载过程中变形较大，这与试验过程中此测点位置产生较大的屈服变形相符合。试件 CSPD－V 测点 S5 首先屈服，且屈服后发展较快，屈服位移为 3.8 mm（负方向）；测点 S1、S3 的屈服位移分别为 4.7 mm、4.9 mm，说明此两点基本同时屈服。两试件的测点 S4 的屈服位移分别为 5.1 mm、7.3 mm，此点位于腹板的中部下端，在屈服后的应变发展趋势基本对称。总体来看，腹板波形为竖向的 2 个阻尼器，屈服点均出现在腹板两侧的端部，且与试件 CMSD－H 和 CSPD－H 相同，位于腹板两侧的测点 S1、S3 以及 S5 的应变发展同样表现出了正、负方

向的不对称性。

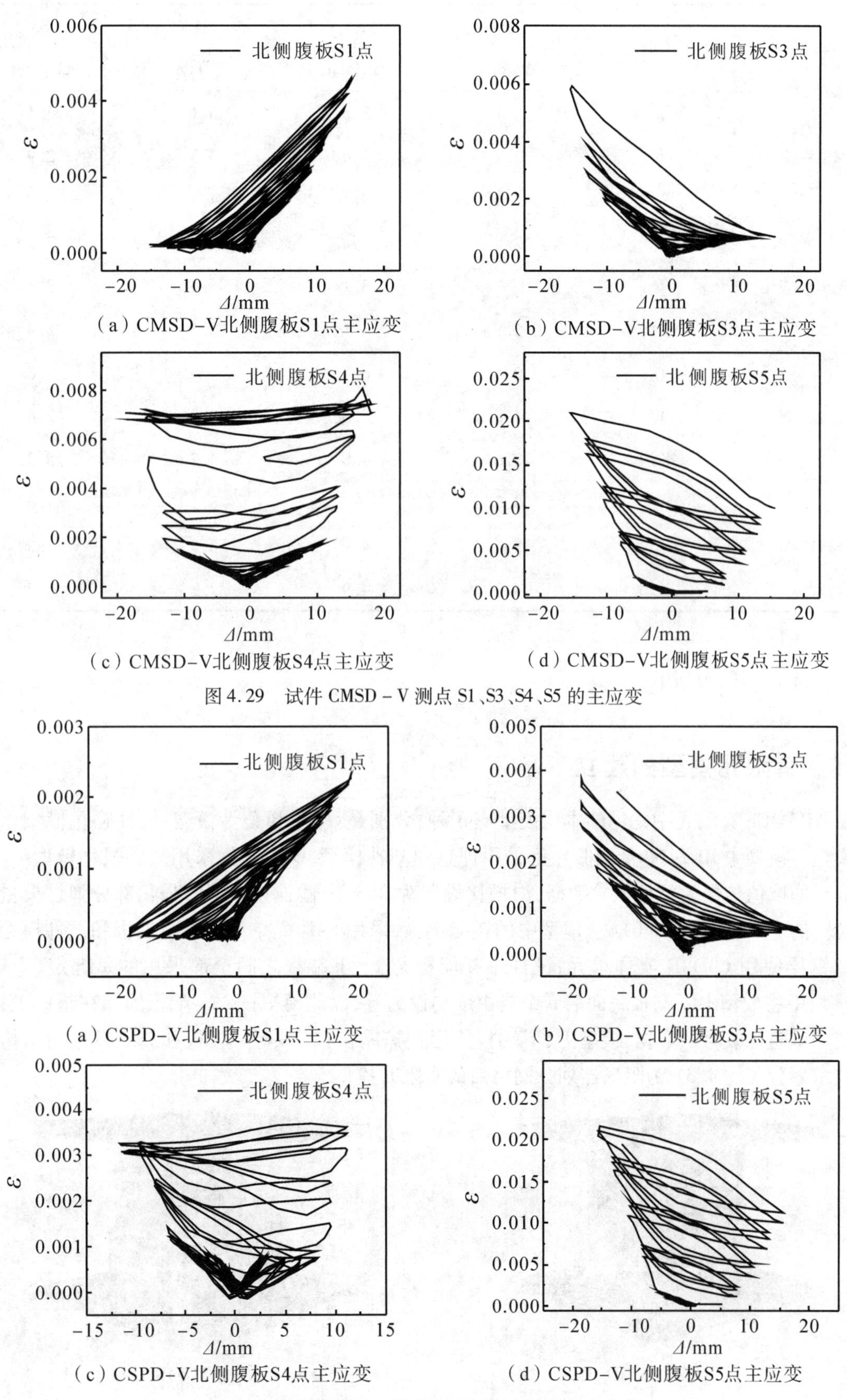

（a）CMSD-V北侧腹板S1点主应变
（b）CMSD-V北侧腹板S3点主应变
（c）CMSD-V北侧腹板S4点主应变
（d）CMSD-V北侧腹板S5点主应变

图4.29　试件CMSD-V测点S1、S3、S4、S5的主应变

（a）CSPD-V北侧腹板S1点主应变
（b）CSPD-V北侧腹板S3点主应变
（c）CSPD-V北侧腹板S4点主应变
（d）CSPD-V北侧腹板S5点主应变

图4.30　试件CSPD-V测点S1、S3、S4、S5的主应变

表 4.5 钢板各测点屈服时的屈服位移

试件编号	方向	S1	S3	S4	S5
		Δ_y/mm	Δ_y/mm	Δ_y/mm	Δ_y/mm
CMSD-H	正	3.1	3.8	5.1	3.5
	负	3.7	2.4	3.3	2.9
	平均	3.4	3.1	4.2	3.2
CMSD-V	正	2.8	—	4.9	7.7
	负	—	3.1	5.3	3.1
	平均	2.8	3.1	5.1	5.4
CSPD-H	正	2.4	6.7	4.6	7.8
	负	4.8	2.5	3.8	2.6
	平均	3.6	4.6	4.2	5.2
CSPD-V	正	4.7	—	8.1	7.6
	负	—	4.9	6.5	3.8
	平均	4.7	4.9	7.3	5.7

4.3 有限元分析

4.3.1 有限元模型的建立

在 ABAQUS 有限元中常见的本构模型有 3 种,分别是:理想弹塑性模型、线性强化模型以及三折线模型。模型中 BLY160 低屈服点钢采用理想弹塑性模型,Q235B 钢采用线性强化模型。其中,各特征点的取值依据为材性试验数据,泊松比设置为 0.3,线性强化模型的强化部分弹性模量取其弹性阶段的 1%,即 $E_1 = 0.01E$。模型中的耗能钢板,采用 S4R 壳单元;上、下端板和试件模型上部的加载钢梁使用 C3D8R 实体单元;试件中耗能板与上、下端板之间全部采用的是绑定(Tie);在 Load 模块中将模型中下端板底面的 6 个自由度均设为零,以此模拟试件下端板固结在垫梁上;加载制度使用试验加载时的数据;模型上、下端板使用扫掠网格技术划分,腹板和翼缘板使用结构优化网格技术划分。图 4.31 为阻尼器划分网格后的有限元模型。

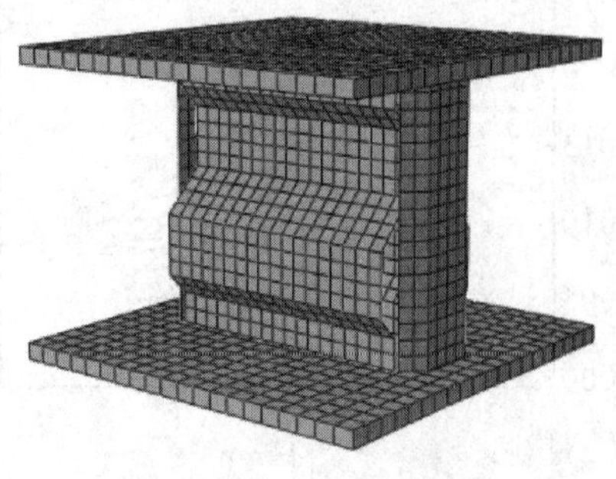

(a)模型CMSD-H

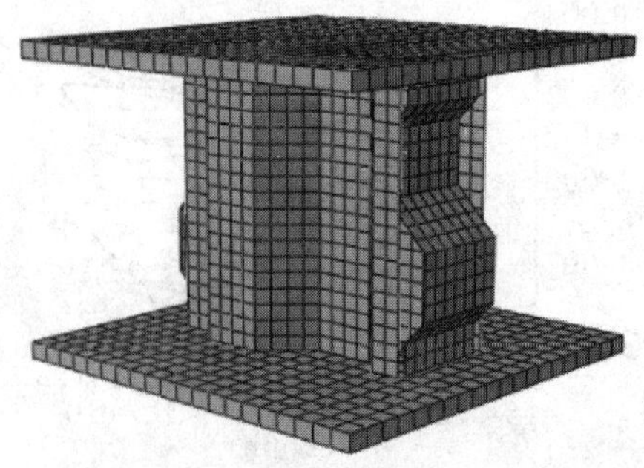

(b)模型CMSD-V

图 4.31 有限元模型

4.3.2　应力云图与变形对比

图4.32为模型CMSD－H和CMSD－V的应力云图与试件的变形图对比。观察得出，阻尼器模拟的变形与试验比较吻合，试件CMSD－H腹板的受力和变形主要在腹板四周，腹板周围的应力较大，越靠近腹板中心，受力和变形越小，应力也就越小，且腹板中下部的应力比腹板右上侧以及左下侧都小，这与试验得出的应变数据分析基本一致；侧面翼缘板整体呈弯曲变形，上、下端部的变形和受力均比较大。

试件CMSD－V腹板的受力和变形主要集中在两侧的上、下端部以及沿对角线的中间区域，形成了沿对角线的拉力场，翼缘板的受力主要集中在波峰和波谷处。整体来看，有限元模拟能够模拟试验试件的变形和受力状态，试件CMSD－H呈围绕腹板中心的整体变形，而试件CMSD－V腹板两侧的顶端和底端受力较大，且沿对角线形成拉力带，呈沿对角线方向的整体变形。

（a）模型CMSD-H正面应力云图

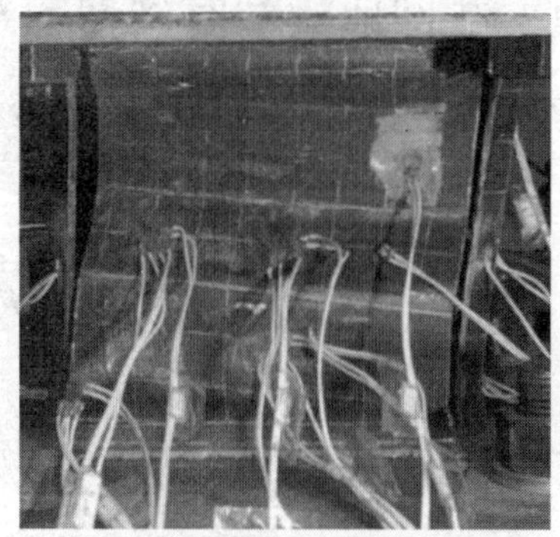

（b）试件CMSD-H正面变形图

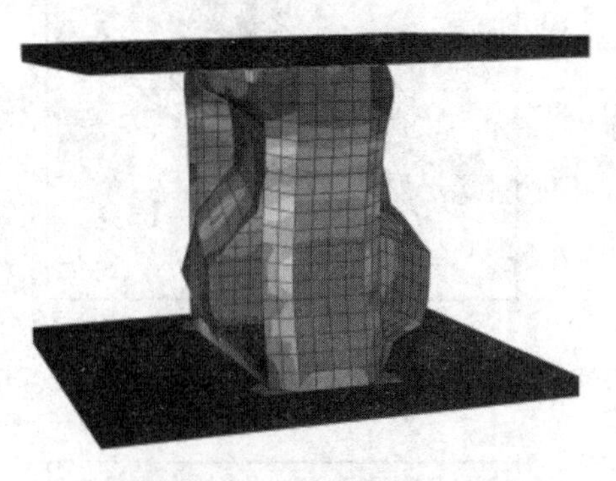

（c）模型CMSD-H侧面应力云图

（d）试件CMSD-H侧面变形图

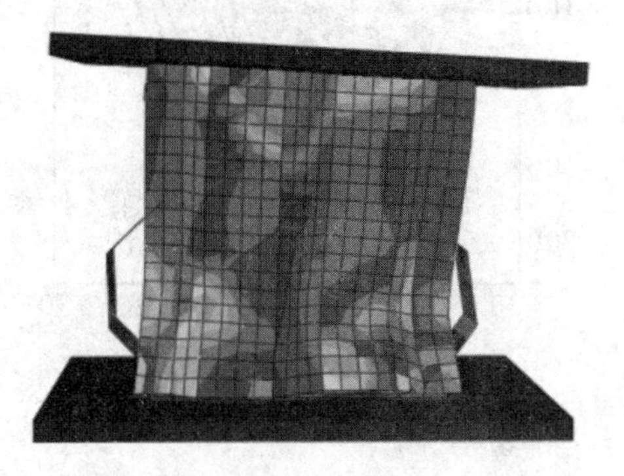

（e）模型CMSD-V正面应力云图

（f）试件CMSD-V正面变形图

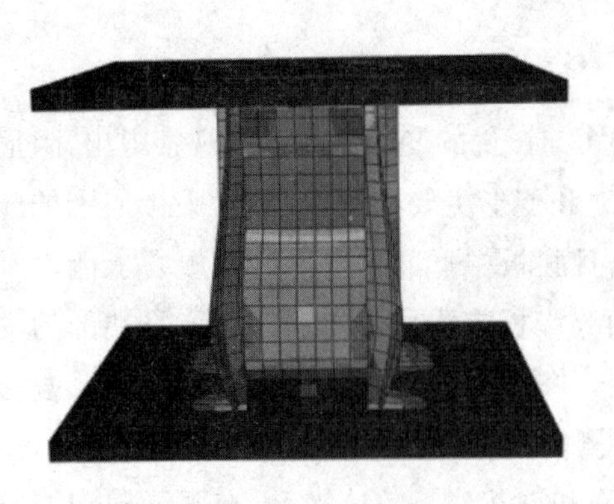

（g）模型CMSD-V侧面应力云图

（h）试件CMSD-V侧面变形图

图4.32　应力云图与变形图对比

4.3.3　滞回曲线与骨架曲线对比

模拟得到的4个阻尼器的滞回曲线与试验的对比如图4.33所示。整体观察得出，模拟得到的各个阻尼器的滞回曲线与试验相似度较高，模型CMSD-H与CSPD-H的滞回曲线均呈梭形，模型CMSD-V与CSPD-V的滞回曲线均呈弓形。

由各图可以得到，在加载初期，模拟滞回曲线与试验基本重合，各阻尼器模型的初始刚度与试验一致；随着试验的进行，进入塑性阶段，滞回环的形状比较对称，环的面积比试验稍大，且承载力和刚度均略高于试验结果。

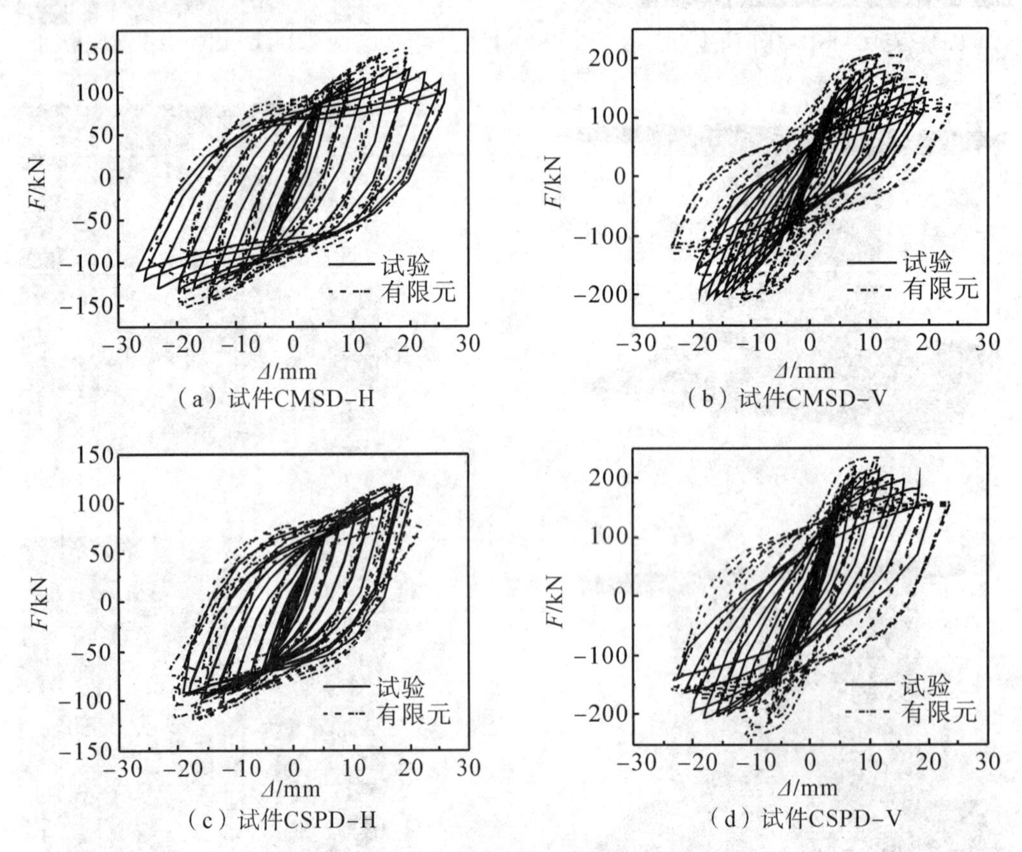

（a）试件CMSD-H

（b）试件CMSD-V

（c）试件CSPD-H

（d）试件CSPD-V

图4.33　试验与有限元滞回曲线对比

图4.34为模拟得出的各个阻尼器的骨架曲线的对比。由图中能够看出，建模分析得到的阻尼

器骨架曲线与试验基本一致，整体走势与试验吻合度较高，均经历了4个典型的受力阶段；进入屈服之前，各模型的刚度与试验基本相同，达到屈服以后，模型的刚度与峰值承载力均稍大于试验值。试件CMSD－H、CMSD－V、CSPD－H以及CSPD－V有限元模型的峰值承载力分别为149.1kN、206.4kN、118.8kN、226.9kN，高于其试验值13.4%、7.2%、10.3%、8.6%，基本保持在10%左右，可以较好地模拟波形软钢阻尼器的承载力。

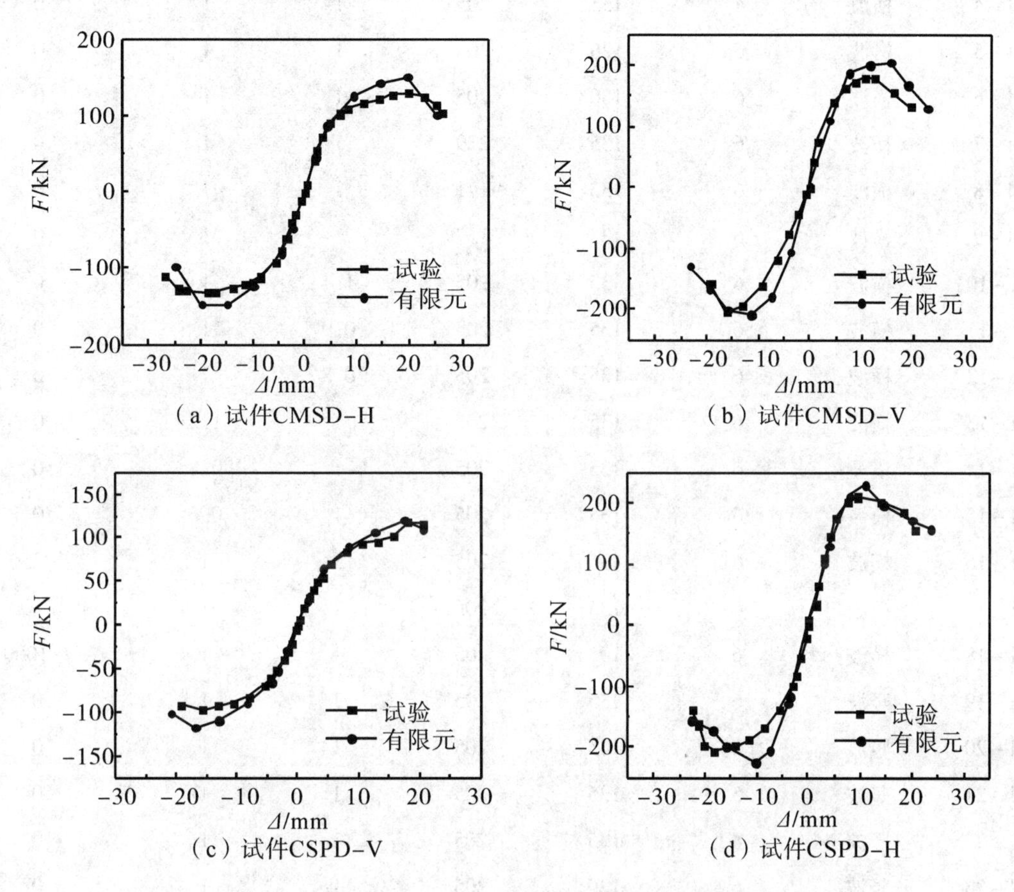

图4.34　试验与有限元骨架曲线对比

4.3.4　参数拓展分析

为进一步研究波形软钢阻尼器的力学性能，本节继续采用ABAQUS对波形软钢阻尼器进行参数化拓展分析，对其耗能钢板的厚度 t，腹板的波角 θ、波长 λ、高宽比 α，翼缘板与腹板的厚度比 n 以及初始缺陷率 φ 等参数对阻尼器的滞回性能、承载力、等效刚度，以及变形和耗能能力的影响进行分析，同时选出耗能和延性均较好的阻尼器模型为钢框架的减震分析提供阻尼器参数依据。

为此，建立了36个不同参数下的有限元模型，其中，模型Model－1～Model－18为横向波形软钢阻尼器，模型Model－19～Model－36为竖向波形软钢阻尼器，各个模型的参数见表4.6。各参数的选取具体为：厚度 t 分别取4 mm、5 mm、6 mm、7 mm，波角 θ 分别取120°、135°、150°，波长 λ 分别取137 mm、171 mm、205 mm、239 mm，高宽比 α 分别取0.8、0.9、1.0、1.1，翼缘板与腹板的厚度比 n 分别取0.6、0.8、1.0、1.2，初始缺陷率 φ 分别取腹板厚度的0、1/250、1/500、1/1000。模拟得到的各模型的特征荷载及其对应的特征位移见表4.7。

表4.6　模型的参数设置

模型编号	波形方向	t/mm	θ/(°)	λ/mm	α	n	初始缺陷率 φ
Model－1	横波	6	135	205	1	1	0
Model－2	横波	7	135	205	1	1	0
Model－3	横波	5	135	205	1	1	0
Model－4	横波	4	135	205	1	1	0
Model－5	横波	6	120	205	1	1	0
Model－6	横波	6	150	205	1	1	0
Model－7	横波	6	135	239	1	1	0
Model－8	横波	6	135	171	1	1	0
Model－9	横波	6	135	137	1	1	0
Model－10	横波	6	135	205	1.1	1	0
Model－11	横波	6	135	205	0.9	1	0
Model－12	横波	6	135	205	0.8	1	0
Model－13	横波	6	135	205	1	1.2	0
Model－14	横波	6	135	205	1	0.8	0
Model－15	横波	6	135	205	1	0.6	0
Model－16	横波	6	135	205	1	1	1/250
Model－17	横波	6	135	205	1	1	1/500
Model－18	横波	6	135	205	1	1	1/1000
Model－19	竖波	6	135	205	1	1	0
Model－20	竖波	7	135	205	1	1	0
Model－21	竖波	5	135	205	1	1	0
Model－22	竖波	4	135	205	1	1	0
Model－23	竖波	6	120	205	1	1	0
Model－24	竖波	6	150	205	1	1	0
Model－25	竖波	6	135	239	1	1	0
Model－26	竖波	6	135	171	1	1	0
Model－27	竖波	6	135	137	1	1	0
Model－28	竖波	6	135	205	1.1	1	0
Model－29	竖波	6	135	205	0.9	1	0
Model－30	竖波	6	135	205	0.8	1	0
Model－31	竖波	6	135	205	1	1.2	0
Model－32	竖波	6	135	205	1	0.8	0
Model－33	竖波	6	135	205	1	0.6	0
Model－34	竖波	6	135	205	1	1	1/250
Model－35	竖波	6	135	205	1	1	1/500
Model－36	竖波	6	135	205	1	1	1/1000

表4.7　各模型特征荷载和特征位移

模型编号	P_m/kN	Δ_m/mm	P_u/kN	Δ_u/mm
Model-1	149.1	19.8	126.7	22.2
Model-2	186.7	19.8	158.7	21.1
Model-3	111.3	19.5	94.6	22.8
Model-4	78.2	19.9	66.5	22.6
Model-5	129.0	19.2	109.7	24.3
Model-6	181.4	14.7	154.2	16.4
Model-7	119.9	22.8	101.9	28.0
Model-8	182.1	14.7	154.8	16.6
Model-9	192.1	14.6	163.3	16.0
Model-10	133.2	19.4	113.2	24.2
Model-11	178.8	19.9	152.0	21.3
Model-12	204.9	17.2	174.2	20.3
Model-13	162.8	19.8	138.3	24.4
Model-14	129.8	14.4	110.3	16.6
Model-15	105.5	9.8	89.7	12.1
Model-16	125.9	14.9	107.0	17.7
Model-17	131.1	16.4	111.4	17.8
Model-18	137.9	15.7	117.2	20.0
Model-19	206.4	12.0	175.4	18.4
Model-20	252.4	11.6	214.5	18.6
Model-21	168.2	11.9	143.0	18.1
Model-22	130.1	12.0	110.6	17.5
Model-23	216.8	14.9	184.5	18.5
Model-24	184.7	11.7	157.0	18.9
Model-25	224.8	11.5	191.0	19.1
Model-26	187.3	11.8	159.2	18.8
Model-27	171.5	11.6	145.8	19.3
Model-28	195.4	15.3	166.1	19.5
Model-29	225.2	11.2	191.4	18.0
Model-30	245.6	11.4	208.8	15.9
Model-31	221.4	11.5	188.2	18.0
Model-32	196.8	11.3	167.3	18.5
Model-33	187.6	11.8	159.4	18.3
Model-34	171.4	17.5	145.6	22.4
Model-35	189.8	15.1	161.3	22.3
Model-36	197.8	11.8	168.1	20.6

(1)厚度对阻尼器性能的影响

模型 Model－1 ~ Model－4 的滞回曲线如图 4.35(a)所示,模型 Model－19 ~ Model－22 的滞回曲线如图 4.35(b)所示。由图 4.35(a)中能够观察得出,Model－2 滞回曲线最为饱满,其承载力最高,模型 Model－1 次之,模型 Model－4 最小。说明耗能板厚度的增加,能够提高横向波形阻尼器的承载力和滞回性能。由图 4.35(b)能够观察得出,4 个阻尼器模型滞回曲线均呈弓形,随耗能板厚度的增大,曲线的饱满程度同样呈上升趋势,承载力也有较大的提高。

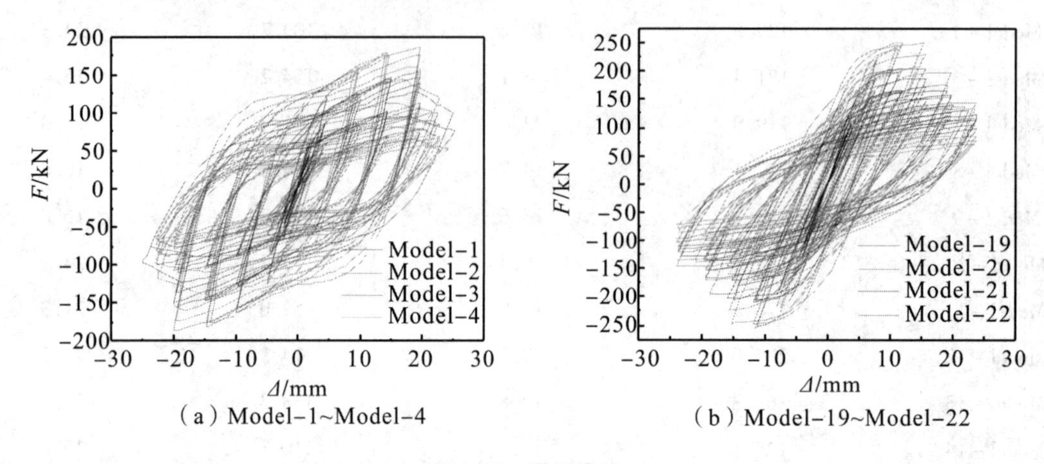

(a) Model-1~Model-4　　(b) Model-19~Model-22

图 4.35　滞回曲线

模型 Model－1 ~ Model－4 和 Model－19 ~ Model－22 的骨架曲线对比如图 4.36 所示。由图 4.36(a)能够观察得出,4 个模型的骨架曲线有着相似的变化规律。其中,承载力和初始刚度 2 个方面,模型 Model－2 最大,Model－1 次之,Model－4 最小,大小顺序为 Model－2 > Model－1 > Model－3 > Model－4。由图 4.36(b)可以看出,4 个模型的承载力和初始刚度大小顺序为 Model－20 > Model－19 > Model－21 > Model－22。整体可以看出,2 种阻尼器的承载力和初始刚度均与耗能板的厚度成正比。

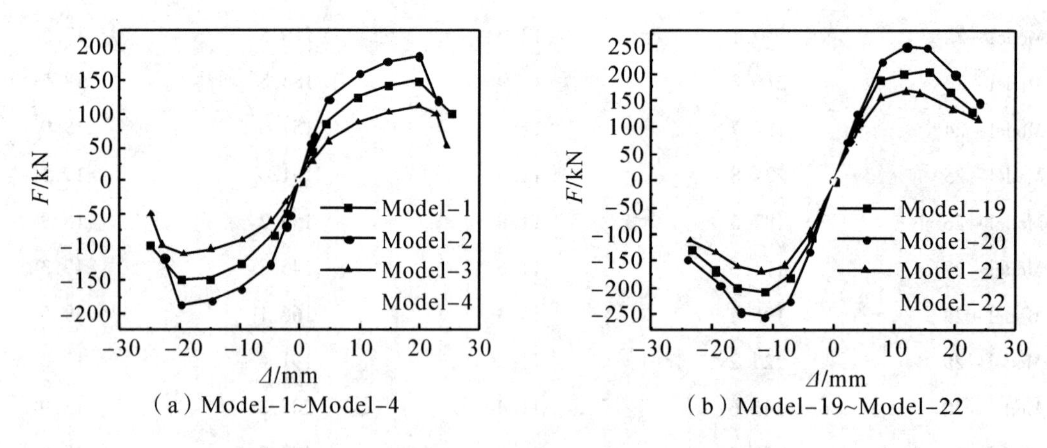

(a) Model-1~Model-4　　(b) Model-19~Model-22

图 4.36　骨架曲线

模型 Model－1 ~ Model－4 和 Model－19 ~ Model－22 的等效黏滞阻尼系数－位移曲线、单周耗能－位移曲线、累计耗能－位移曲线分别如图 4.37、图 4.38、图 4.39 所示。从图 4.37(a)、图 4.38(a)、图 4.39(a)中可以看出,在整个加载过程中,模型 Model－2 的等效黏滞阻尼系数、单周耗能量、累积耗能量均为最大,模型 Model－1 次之,模型 Model－4 最小,大小顺序为 Model－2 > Model－1 > Model－3 > Model－4。

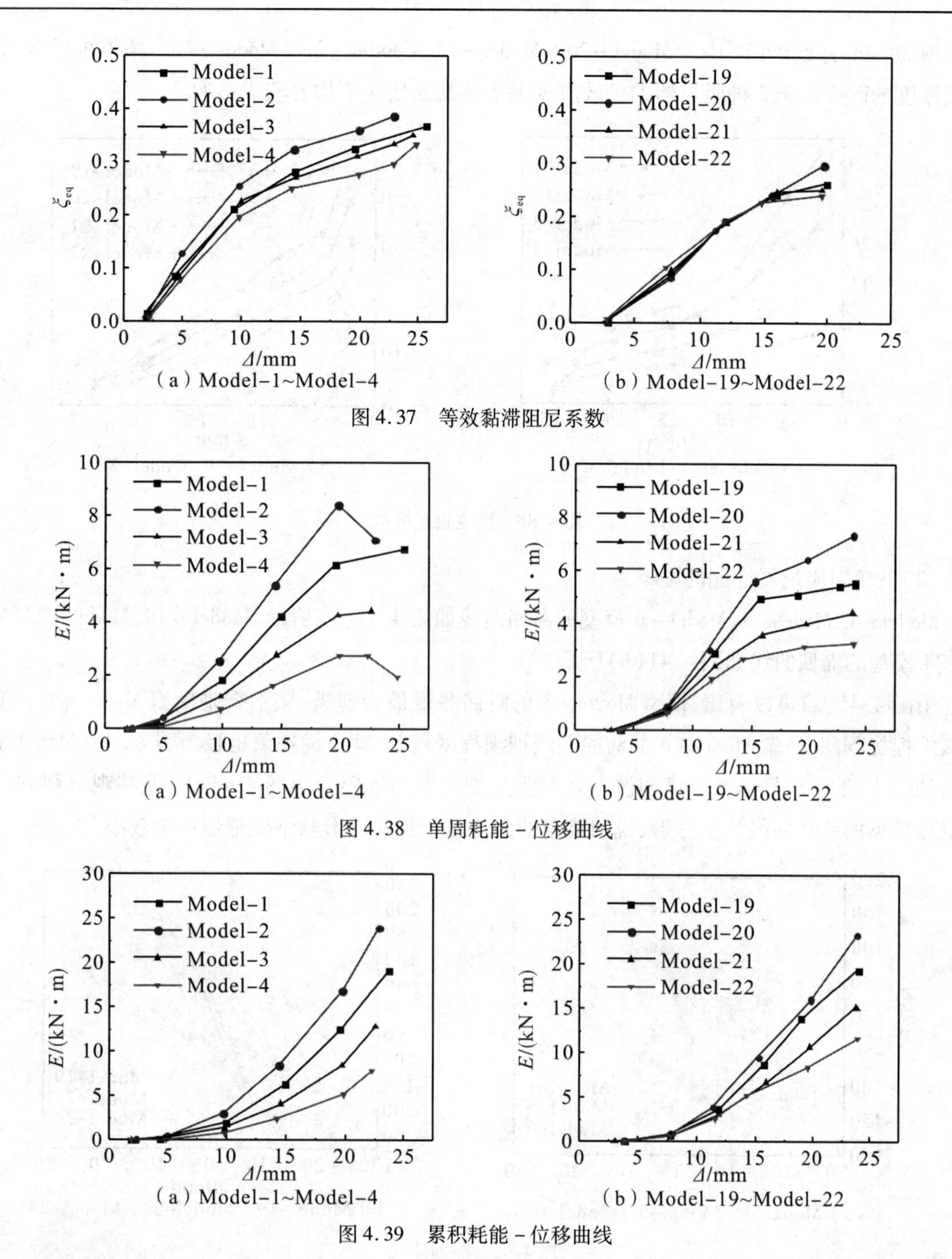

(a) Model-1~Model-4　(b) Model-19~Model-22

图 4.37　等效黏滞阻尼系数

(a) Model-1~Model-4　(b) Model-19~Model-22

图 4.38　单周耗能 - 位移曲线

(a) Model-1~Model-4　(b) Model-19~Model-22

图 4.39　累积耗能 - 位移曲线

从图 4.37(b)、图 4.38(b)、图 4.39(b)中可以看出,4 个不同厚度的竖向波形软钢阻尼器模型的等效黏滞阻尼系数在加载至破坏之前基本相同,直至破坏阶段,模型 Model - 20 的等效黏滞阻尼系数上升为最大;4 个模型的单周耗能量和累计耗能量则由于厚度的增加使阻尼器模型恢复力增大,其耗能量也逐渐增大。整体能够得到,增大耗能板的厚度均能够有效提高 2 种阻尼器的耗能能力。

模型 Model - 1 ~ Model - 4 和 Model - 19 ~ Model - 22 的等效刚度退化曲线如图 4.40 所示。由图 4.40(a)可以看出,各阻尼器模型的等效刚度均随位移的增加呈下降趋势,其中,模型 Model - 2 的等效刚度最大,刚度退化速率最快;各模型的等效刚度大小顺序为 Model - 2 > Model - 1 > Model - 3 > Model - 4。由图 4.40(b)能够观察得出,模型 Model - 20 的等效刚度最大,刚度退化速率最快;

各模型的等效刚度大小顺序为 Model-20 > Model-19 > Model-21 > Model-22。整体可以看出，耗能板厚度的改变对于2种阻尼器的等效刚度大小及其退化速率均有较大影响。

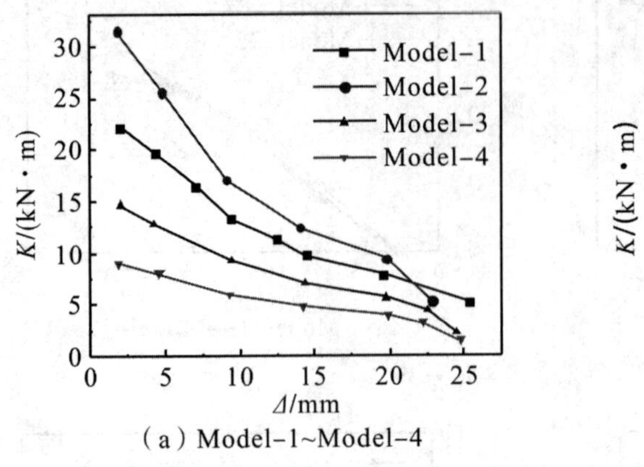

(a) Model-1~Model-4

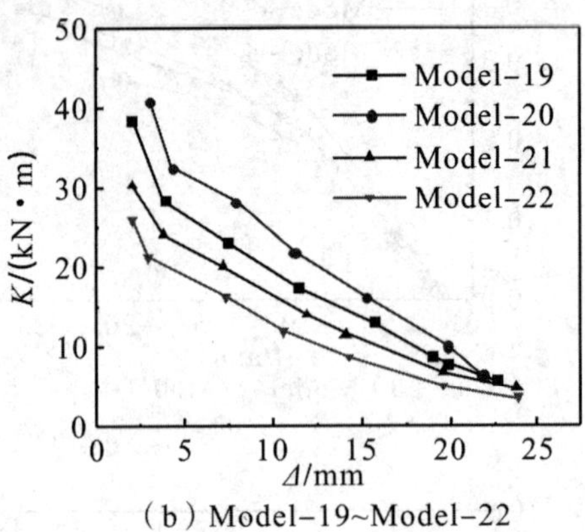

(b) Model-19~Model-22

图4.40 刚度退化曲线

(2)波角对阻尼器性能的影响

Model-1、Model-5、Model-6 模型的滞回曲线如图4.41(a)所示，Model-19、Model-23、Model-24 模型的滞回曲线如图4.41(b)所示。

由图4.41(a)可以看出，模型 Model-5 的滞回曲线最为饱满；接下来是模型 Model-1，出现了轻微的捏拢现象；模型 Model-6 的滞回曲线饱满程度最差，其捏拢现象也最为明显。说明增大腹板波角的大小，能够较好地改善横向波形软钢阻尼器的滞回性能。由图4.41(b)能够观察得到，3个阻尼器模型的滞回曲线均呈弓形，说明波角的变化对于竖向波形软钢阻尼器影响较小。

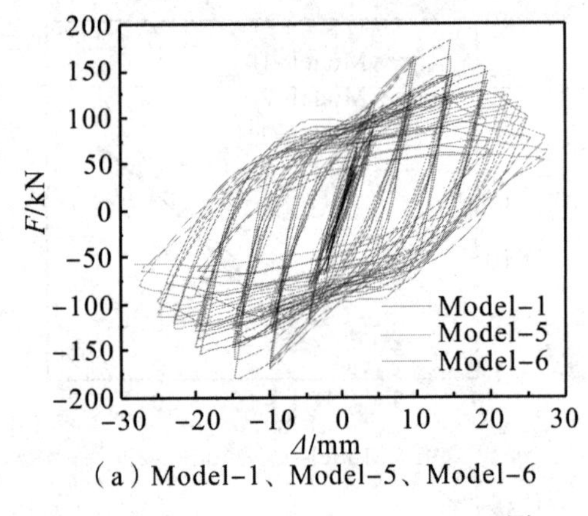

(a) Model-1、Model-5、Model-6

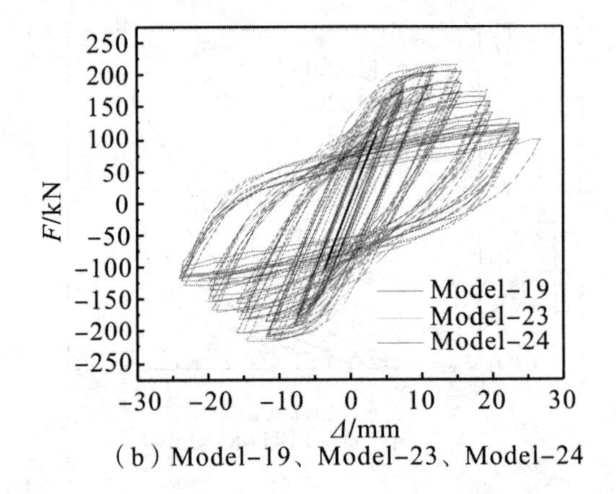

(b) Model-19、Model-23、Model-24

图4.41 滞回曲线

模型 Mode-1、Model-5、Model-6 和 Model-19、Model-23、Model-24 骨架曲线对比如图4.42所示。由图4.42(a)能够得到，3个阻尼器模型的骨架曲线均呈S形，模型 Model-6 的承载力和初始刚度最大，其承载力达到峰值点后，下降较快；模型 Model-1 次之，模型 Model-5 的初始刚度和承载力最小。由表4.7可以得出，3个模型极限位移的大小顺序为 Model-5 > Model-1 > Model-6，说明波角的增大能够提高横向波形软钢阻尼器的承载力，但同时降低了其变形能力。由图4.42(b)可以看出，在加载前期，3个阻尼器模型的骨架曲线相当一致，进入屈服阶段之后，模型 Model-23 的峰值承载力达到最大，Model-19 次之，Model-24 最小，说明波角的增加能够使竖向波形软钢阻尼器的承载能力略微降低。

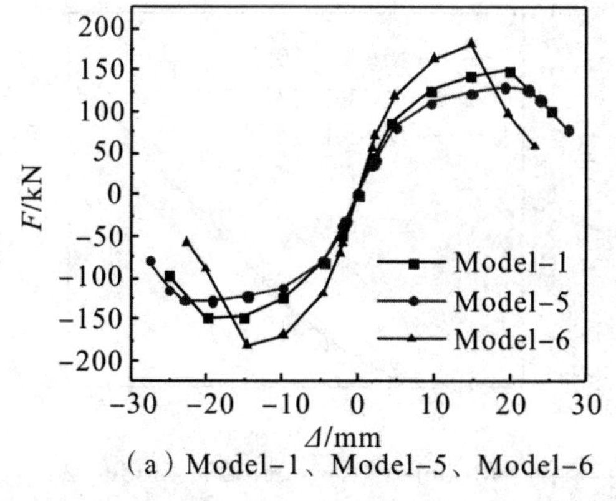

(a) Model-1、Model-5、Model-6

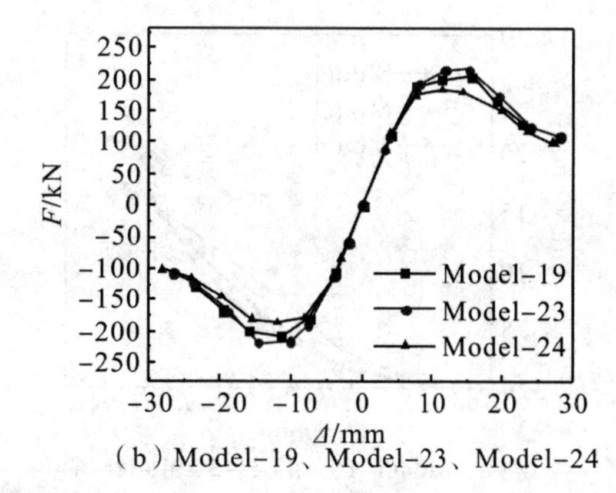

(b) Model-19、Model-23、Model-24

图4.42　骨架曲线

模型 Model－1、Model－5、Model－6 和 Model－19、Model－23、Model－24 的等效黏滞阻尼系数－位移曲线、单周耗能－位移曲线、累计耗能－位移曲线分别如图4.43、图4.44、图4.45所示。

由图4.43(a)、图4.44(a)、图4.45(a)可以看出，在整个加载过程中，模型 Model－5 的等效黏滞阻尼系数随位移的上升逐渐增大，累积耗能量也在后期逐渐超过其余两者；模型 Model－6 虽然在加载前期和中期的等效黏滞阻尼系数和单周耗能量较大，在加载后期下降严重逐渐被反超。综合来看，波角为120°的横向波形软钢阻尼器的耗能能力最佳。由图4.43(b)、图4.44(b)、图4.45(b)可以观察得到，模型 Model－23 的等效黏滞阻尼系数、单周耗能量以及累积耗能量均为最大，模型 Model－19 次之，模型 Model－24 最小。说明对于竖向波形软钢阻尼器，腹板波角的减小能够较好地提高其耗能能力。

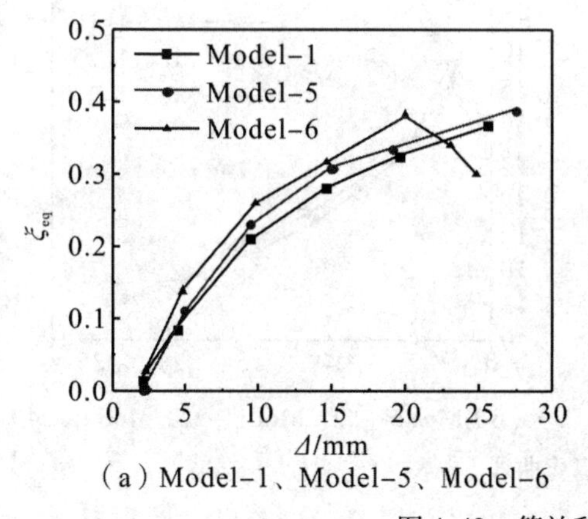

(a) Model-1、Model-5、Model-6

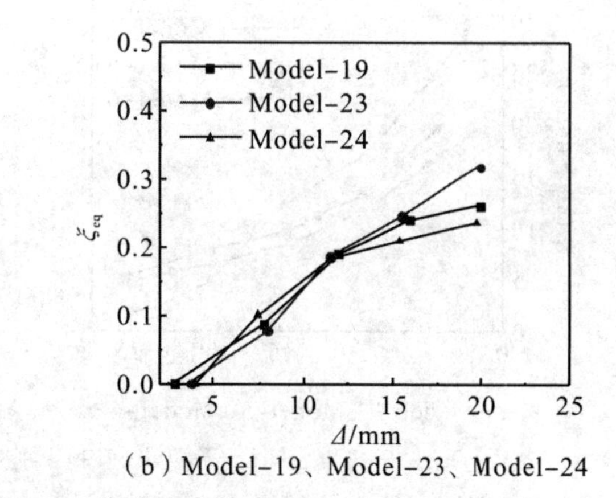

(b) Model-19、Model-23、Model-24

图4.43　等效黏滞阻尼系数-位移曲线

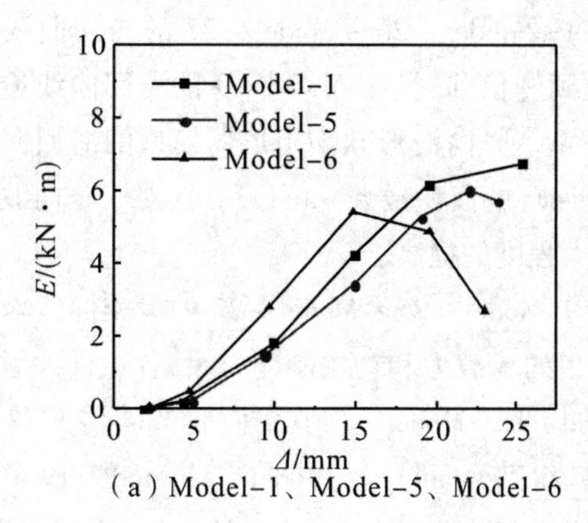

(a) Model-1、Model-5、Model-6

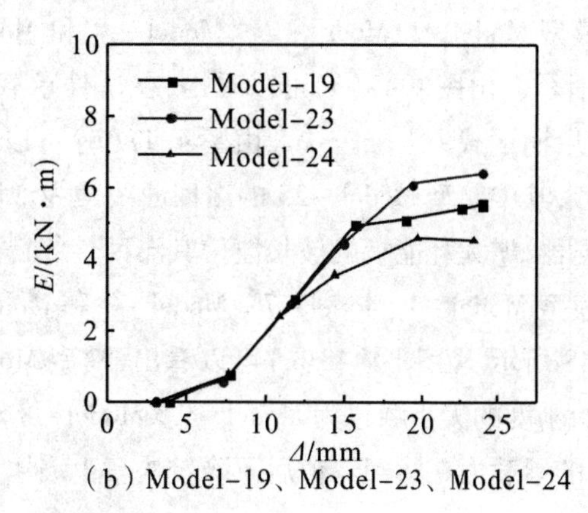

(b) Model-19、Model-23、Model-24

图4.44　单周耗能－位移曲线

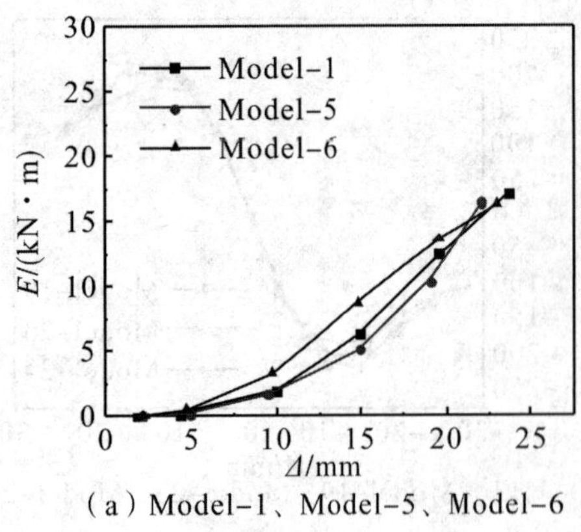

(a) Model-1、Model-5、Model-6

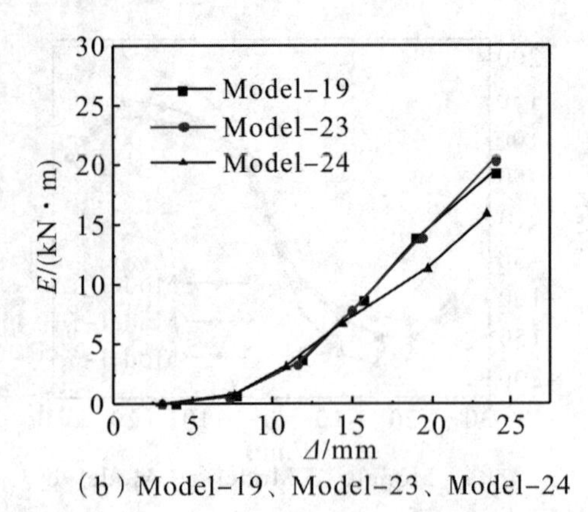

(b) Model-19、Model-23、Model-24

图 4.45　累积耗能 - 位移曲线

模型 Model - 1、Model - 5、Model - 6 和 Model - 19、Model - 23、Model - 24 等效刚度退化曲线如图 4.46 所示。由图 4.46(a)可以看出，在整个加载过程中，模型 Model - 5 的等效刚度略低于模型 Model - 1，两者退化速率相当；在加载前期和中期阶段，模型 Model - 6 的等效刚度最大。由图 4.46(b)可以看出，3 个模型的刚度大小顺序为 Model - 23 > Model - 19 > Model - 24，退化速率基本相同。整体来看，波角的增大能够有效提高横向波形软钢阻尼器模型的承载力和刚度，在达到峰值承载力后，阻尼器的刚度下降较快，导致阻尼器很快无法继续工作；对于竖向波形软钢阻尼器，波角的增大使其刚度略微降低，这是由于波角的增大使竖向波形腹板在受水平力时的“手风琴效应”更加明显导致的。

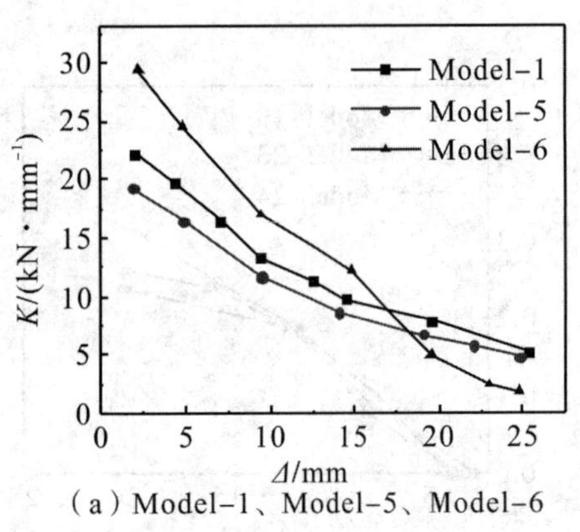

(a) Model-1、Model-5、Model-6

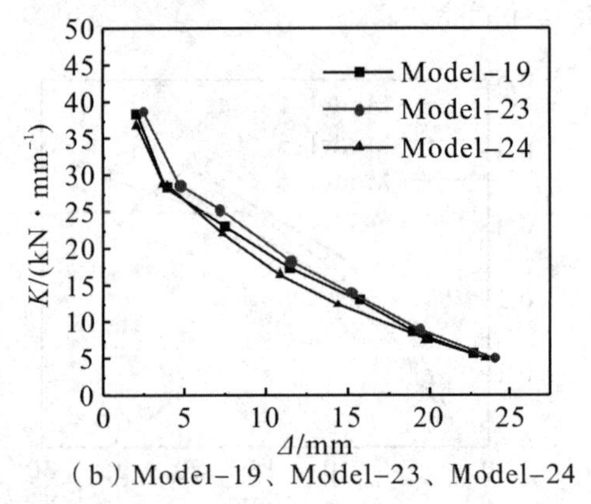

(b) Model-19、Model-23、Model-24

图 4.46　刚度退化曲线

(3)波长对阻尼器性能的影响

模型 Model - 1、Model - 7 ~ Model - 9 和 Model - 19、Model - 25 ~ Model - 27 的滞回曲线如图 4.47 所示。由图 4.47(a)可以看出，在试件承载力达到峰值前，模型 Model - 9 的滞回曲线最为饱满，但后期承载力下降较快。由图 4.47(b)可以看出，4 个竖向波形软钢阻尼器模型的滞回曲线均呈弓形，其中模型 Model - 25 的滞回曲线最为饱满，滞回环的面积最大。可以得出，对于竖向波形软钢阻尼器，增大耗能板的波长能使其滞回性能得到较大程度的提高。

模型 Model - 1、Model - 7 ~ Model - 9 和 Model - 19、Model - 25 ~ Model - 27 的骨架曲线对比如图 4.48 所示。由图 4.48(a)可以看出，模型 Model - 9 的承载力和初始刚度最大，各试件的承载力和初始刚度的大小顺序为 Model - 9 > Model - 8 > Model - 1 > Model - 7，其中模型 Model - 9 和 Model - 8 的承载力在达到峰值后下降较快。由表 4.7 可以得到，Model - 1、Model - 7 ~ Model - 9 的极限位移分别为 22.2 mm、28.0 mm、16.6 mm、16.0 mm，即 Model - 7 > Model - 1 > Model - 8 > Model - 9。

由图4.48(b)可以看出,4个模型的骨架曲线走势相同,在加载前期的初始刚度相差很小;承载力方面,模型Model-25最大,Model-19次之,Model-27最小。整体可以看出,横向波形软钢阻尼器的承载力以及初始刚度与其腹板的波长成正比,但对其变形能力较为不利;对于竖向波形软钢阻尼器,增大波长能够提高其承载力,对其延性影响较小。

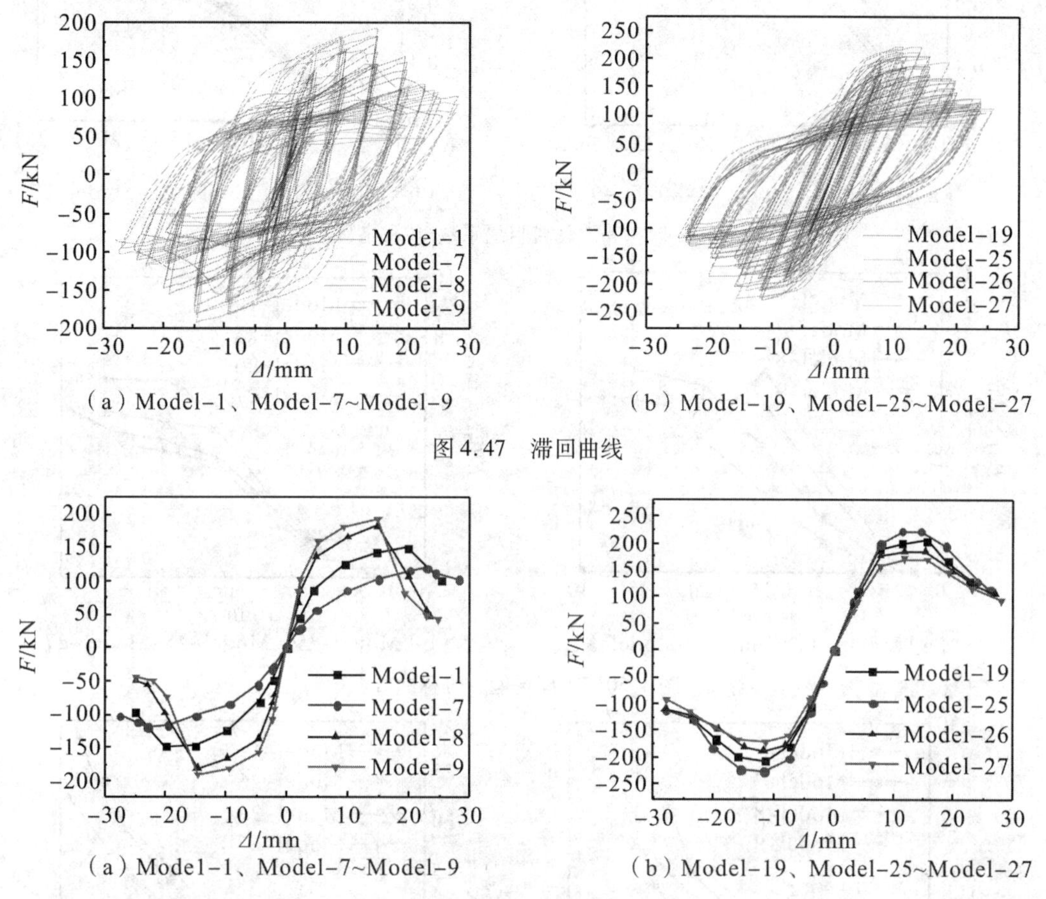

(a) Model-1、Model-7~Model-9　　(b) Model-19、Model-25~Model-27

图4.47 滞回曲线

(a) Model-1、Model-7~Model-9　　(b) Model-19、Model-25~Model-27

图4.48 骨架曲线

模型Model-1、Model-7~Model-9和Model-19、Model-25~Model-27的等效黏滞阻尼系数-位移曲线、单周耗能-位移曲线、累计耗能-位移曲线分别如图4.49~图4.51所示。由图4.49(a)、图4.50(a)、图4.51(a)可以看出,在加载前期和中期,模型Model-9的等效黏滞阻尼系数和单周耗能均为最高,但由于加载后期模型的刚度退化严重引起承载力迅速下降,导致其后期的累计耗能量较低。由图4.49(b)、图4.50(b)、图4.51(b)可以看出,在整个加载过程中,模型Model-25的等效黏滞阻尼系数、单周耗能量以及累积耗能量均为最大,耗能能力最佳;4个模型的耗能能力大小顺序为Model-25 > Model-19 > Model-26 > Model-27,说明竖向波形软钢阻尼器的耗能能力与其腹板的波长成正比。

模型Model-1、Model-7~Model-9和Model-19、Model-25~Model-27的等效刚度退化曲线如图4.52所示。由图4.52(a)可以看出,4个模型的刚度均随位移的增大而降低;在破坏之前,模型Model-9的刚度最大,退化速率最快。由图4.52(b)可以看出,在整个模拟过程中,模型Model-25的等效刚度最大,4个模型的等效刚度的大小顺序为Model-25 > Model-19 > Model-26 > Model-27。整体可以看出,对于横向波形软钢阻尼器,其等效刚度与其耗能板的波长成反比;而对于竖向波形软钢阻尼器,其等效刚度与其耗能板的波长成正比。

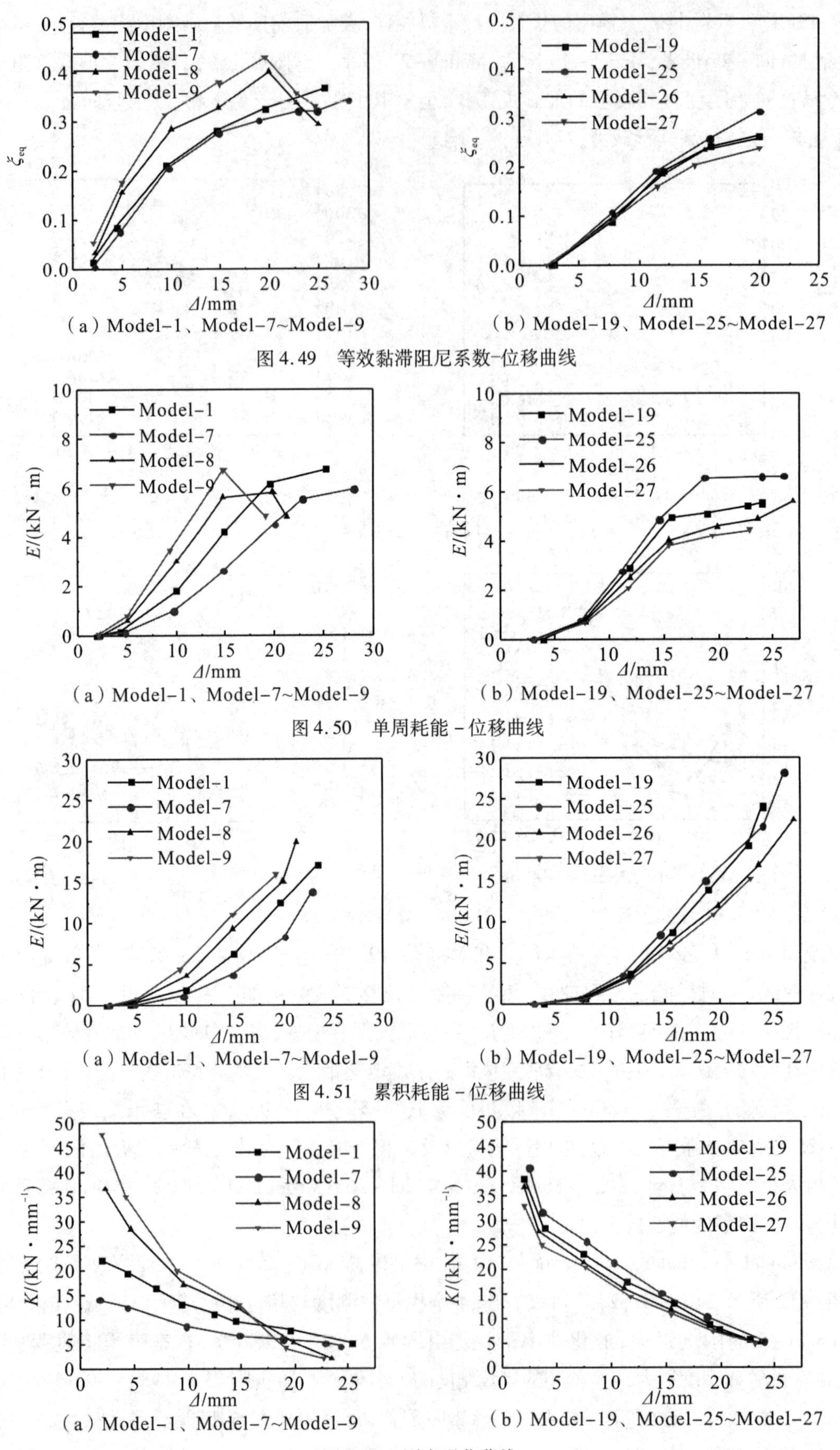

图 4.49　等效黏滞阻尼系数-位移曲线

图 4.50　单周耗能－位移曲线

图 4.51　累积耗能－位移曲线

图 4.52　刚度退化曲线

(4)高宽比对阻尼器性能的影响

模型 Model－1、Model－10～Model－12 和 Model－19、Model－28～Model－30 的滞回曲线如图 4.53 所示。由图 4.53(a)能够观察得到,模型 Model－10 的滞回曲线饱满,外形为梭形,随着高宽比的减小,各阻尼器模型的承载力随之增大,滞回曲线的捏拢效应也愈加明显。由图 4.53(b)可以看出,4 个模型的滞回曲线形状相似,模型 Model－30 的滞回曲线围成的面积最大,形状最为饱满;模型 Model－29 次之,模型 Model－28 最小。整体可以看出,波形腹板高宽比的减小无论是对横波还是竖波软钢阻尼器的滞回性能均有较大的提升作用。

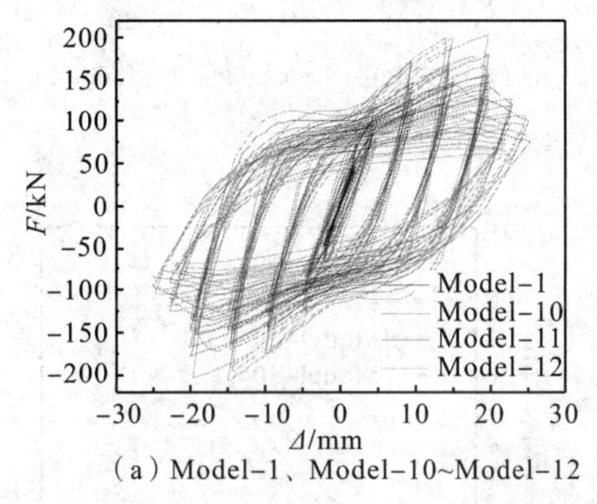

(a) Model-1、Model-10~Model-12

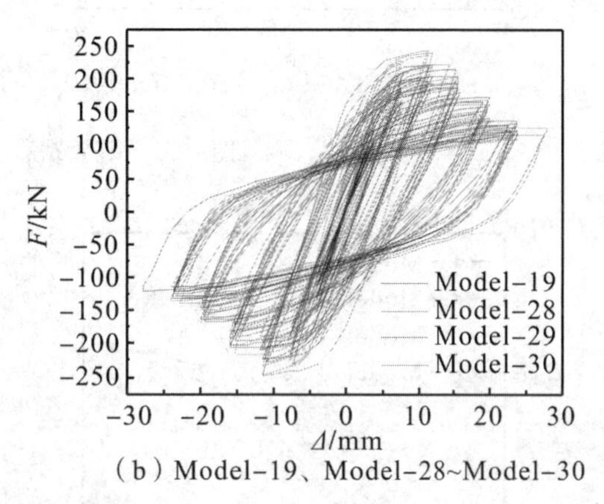

(b) Model-19、Model-28~Model-30

图 4.53　滞回曲线

模型 Mode－1、Model－10～Model－12 和 Model－19、Model－28～Model－30 骨架曲线对比如图 4.54 所示。由图 4.54(a)可以看出,模型 Model－12 的承载力最高,初始刚度最大,4 个模型的大小顺序为 Model－12 > Model－11 > Model－1 > Model－10,随高宽比的减小,阻尼器承载力达到峰值后下降速率加快。由图 4.54(b)能够观察得到,模型 Model－30 的承载力最高,模型的承载力随高宽比的增加而下降。整体可以看出,降低阻尼器腹板的高宽比能够有效提高横向波形软钢阻尼器的承载力和初始刚度;对于竖向波形软钢阻尼器同样有提升作用,但影响没有前者显著。

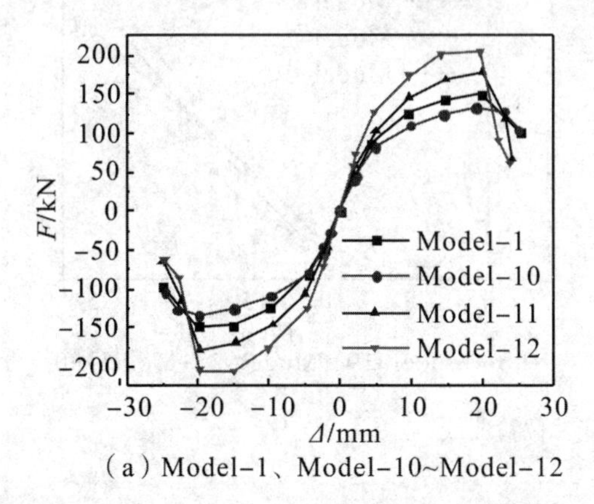

(a) Model-1、Model-10~Model-12

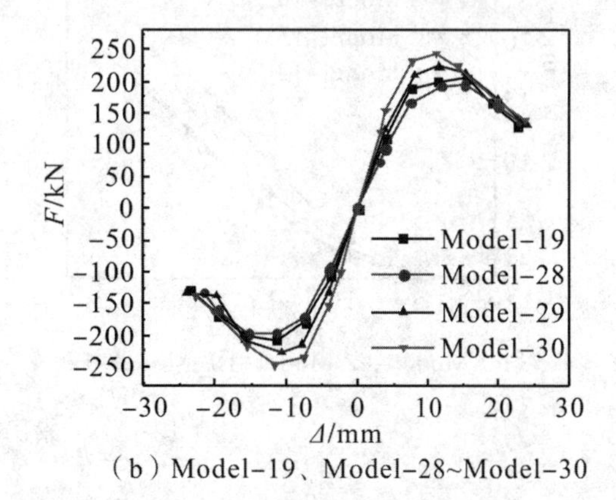

(b) Model-19、Model-28~Model-30

图 4.54　骨架曲线

模型 Model－1、Model－10～Model－12 和 Model－19、Model－28～Model－30 的等效黏滞阻尼系数－位移曲线、单周耗能－位移曲线、累计耗能－位移曲线分别如图 4.55、图 4.56、图 4.57 所示。可以看出,模型 Model－12 和 Model－30 的等效黏滞阻尼系数、单周耗能量、累计耗能量在 4 个同类模型中均为最大,说明两者的耗能能力最强;随着高宽比的降低,阻尼器的耗能能力逐渐上升,且随着加载位移的增加,高宽比对于耗能能力的影响也在不断增大。

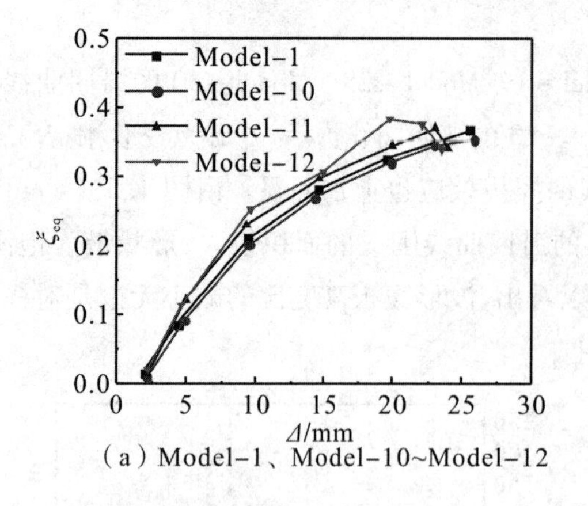

(a) Model-1、Model-10~Model-12

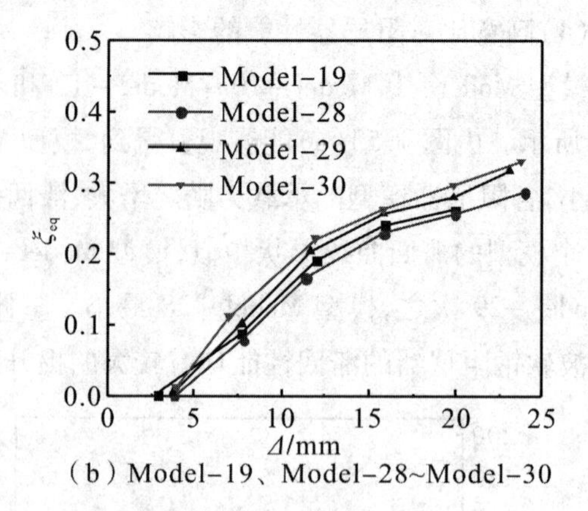

(b) Model-19、Model-28~Model-30

图 4.55　等效黏滞阻尼系数-位移曲线

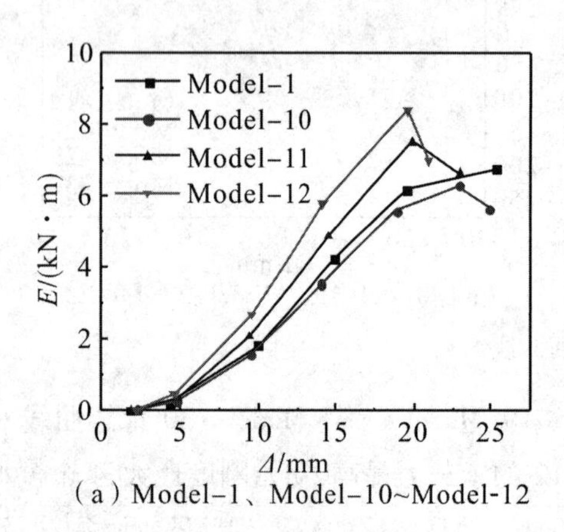

(a) Model-1、Model-10~Model-12

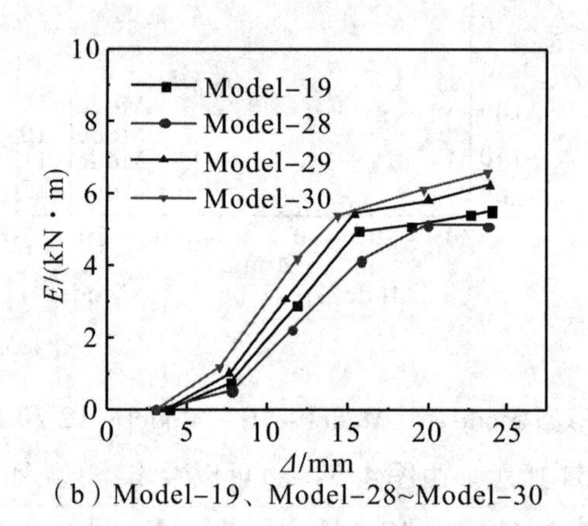

(b) Model-19、Model-28~Model-30

图 4.56　单周耗能－位移曲线

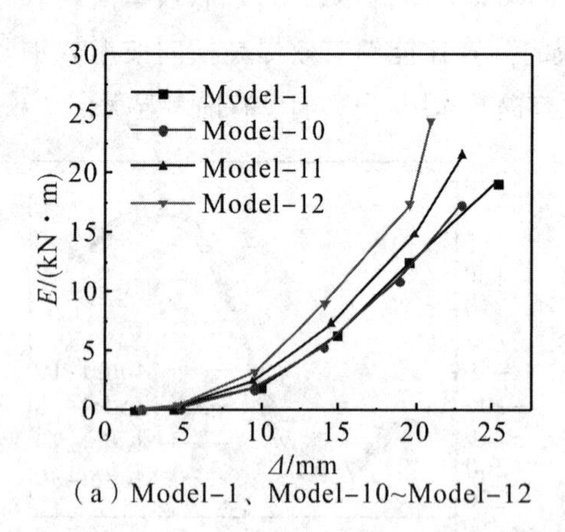

(a) Model-1、Model-10~Model-12

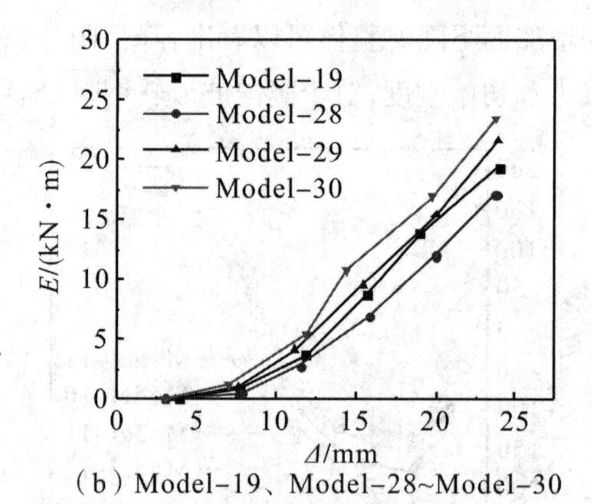

(b) Model-19、Model-28~Model-30

图 4.57　累积耗能－位移曲线

模型 Model－1、Model－10～Model－12 和 Model－19、Model－28～Model－30 的等效刚度退化曲线如图 4.58 所示。由图 4.58(a)可以看出,在模型破坏之前的整个过程中,模型 Model－12 的刚度最大,退化速率也最快;模型 Model－11 次之,模型 Model－10 最小。由图 4.58(b)可以看出,在加载前期和中期,模型 Model－30 的等效刚度最大,退化最快;模型 Model－29 次之,模型 Model－28 最小。随着试验的进行,模型到达破坏阶段,4 个竖向波形软钢阻尼器模型的等效刚度基本趋于一致。整体来看,2 种类型的阻尼器的等效刚度及其退化速率与耗能腹板的高宽比均成反比。

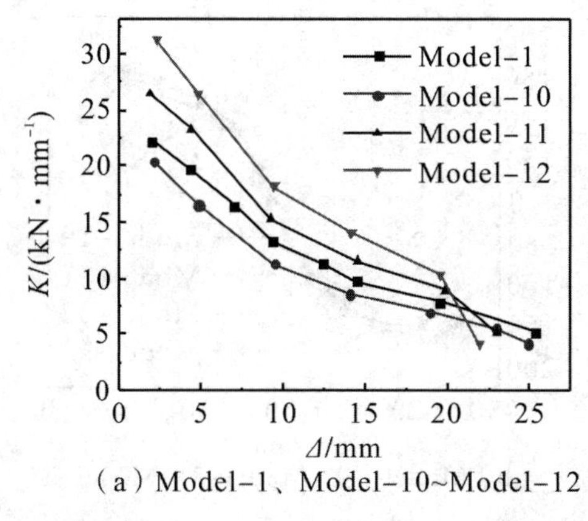

（a）Model-1、Model-10~Model-12

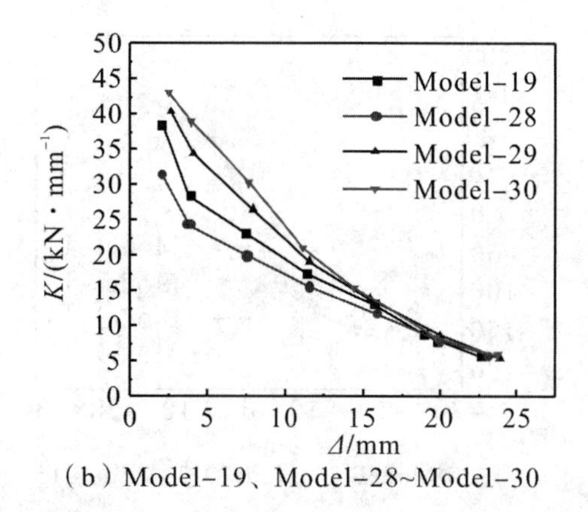

（b）Model-19、Model-28~Model-30

图4.58　刚度退化曲线

(5)厚度比对阻尼器性能的影响

模型Model-1、Model-13~Model-15和Model-19、Model-31~Model-33的滞回曲线如图4.59所示。由图4.59(a)可以看出,翼缘板和腹板的厚度比对于横向波形软钢阻尼器的滞回性能影响很大,模型Model-13的滞回曲线最饱满,模型Model-1次之,模型Model-14和Model-15滞回环面积比前两者小很多;综合来看,增大翼缘板与腹板的厚度比能够显著提高横向波形软钢阻尼器的滞回性能和承载能力。由图4.59(b)可以看出,厚度比同样能够提升竖向波形软钢阻尼器滞回性能,但影响较小。

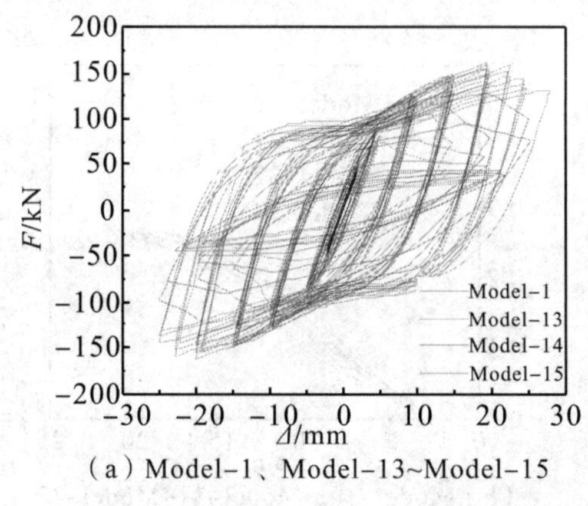

（a）Model-1、Model-13~Model-15

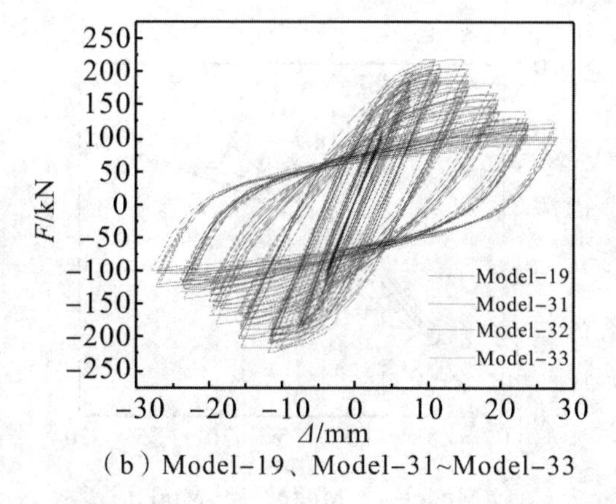

（b）Model-19、Model-31~Model-33

图4.59　滞回曲线

模型Model-1、Model-13~Model-15和Model-19、Model-31~Model-33骨架曲线对比如图4.60所示。由图4.60(a)观察得出,4个阻尼器模型的初始刚度相近,其中模型Model-13的承载力最大,模型Model-1次之,厚度比最小的模型Model-15承载力也最小,且在加载位移较小时承载力就开始下降,4个模型的极限位移大小顺序为Model-13 > Model-1 > Model-14 > Model-15。由图4.60(b)能够得到,4个模型的骨架曲线走势基本相同,初始刚度基本相近,承载力大小顺序为Model-31 > Model-19 > Model-32 - > Model-33。综合看来,翼缘板和腹板的厚度比大小对于横向波形软钢阻尼器的承载力和延性的影响均较大,随着厚度比的增大,阻尼器的承载力随之上升,延性也越来越好;对于竖向波形软钢阻尼器,增加翼缘板和腹板的厚度比也可略微增加其承载力和延性性能。

模型Model-1、Model-13~Model-15和Model-19、Model-31~Model-33等效黏滞阻尼系数-位移曲线、单周耗能-位移曲线、累计耗能-位移曲线分别如图4.61、图4.62、图4.63所示。

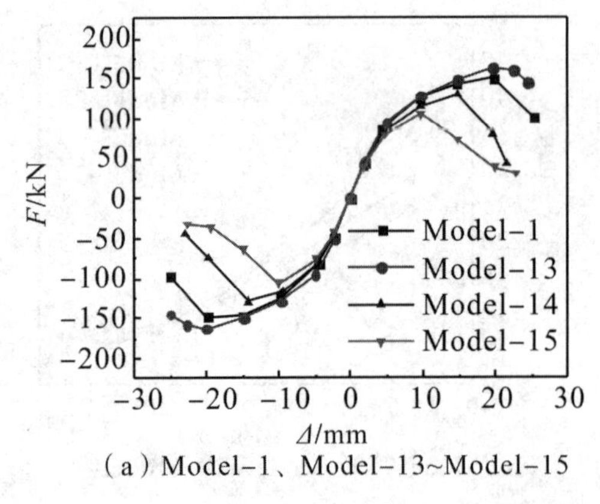

（a）Model-1、Model-13~Model-15

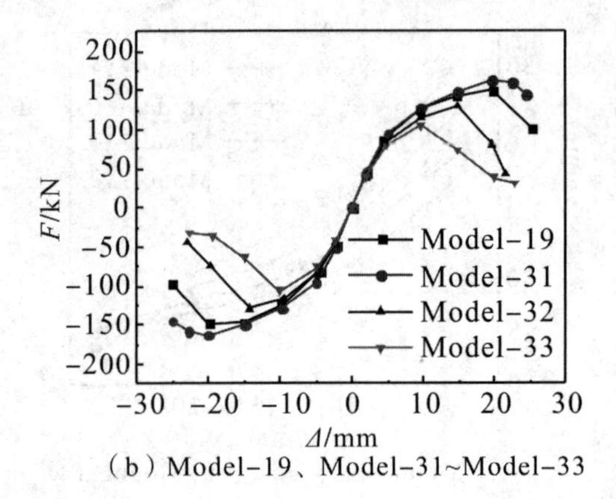

（b）Model-19、Model-31~Model-33

图4.60　骨架曲线

由图4.61(a)、图4.62(a)、图4.63(a)可以看出，模型Model-14和Model-15在破坏之前，其耗能能力和其余两者相当，但由于其延性较差，在加载后期的单周耗能量和累积耗能量均远小于模型Model-1和Model-13，其中模型Model-13的耗能能力最好。由图4.61(b)、图4.62(b)、图4.63(b)可以看出，4个模型的耗能能力强弱顺序为Model-31 > Model-19 > Model-32 > Model-33，模型Model-31的耗能能力最好。综合看来，翼缘板与腹板的厚度比对于横向波形软钢阻尼器的耗能能力影响比较大，随着厚度比的增大，其耗能能力逐渐上升；对于竖向波形软钢阻尼器，其耗能能力与翼缘板和腹板的厚度比同样成正比，但影响较小。

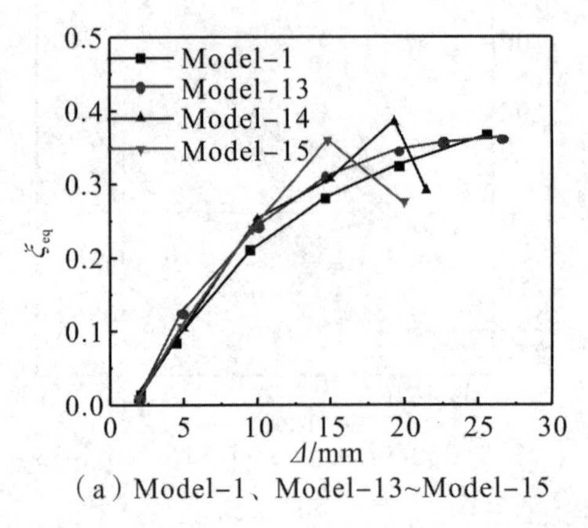

（a）Model-1、Model-13~Model-15

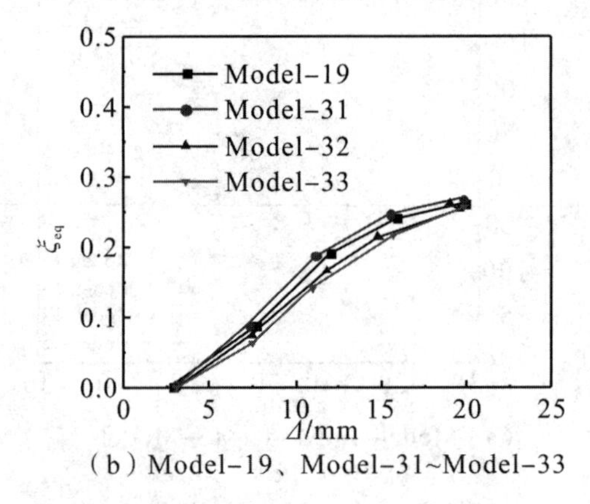

（b）Model-19、Model-31~Model-33

图4.61　等效黏滞阻尼系数-位移曲线

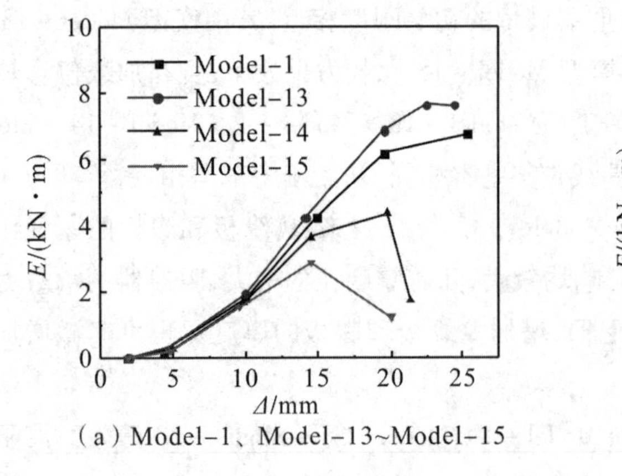

（a）Model-1、Model-13~Model-15

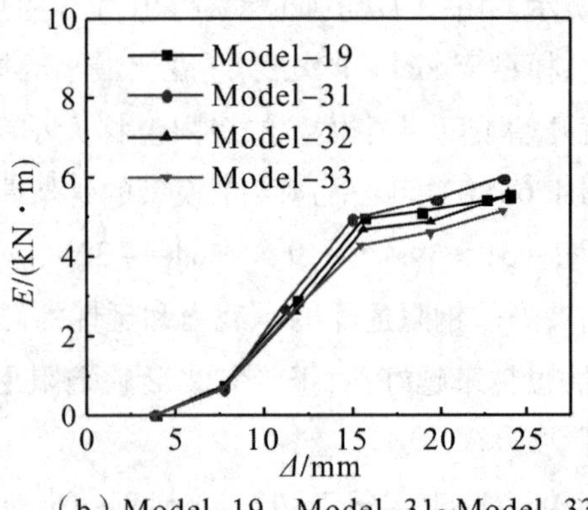

（b）Model-19、Model-31~Model-33

图4.62　单周耗能-位移曲线

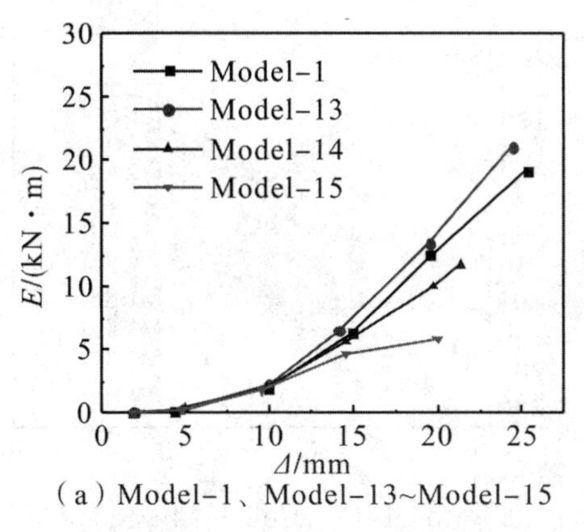

(a) Model-1、Model-13~Model-15

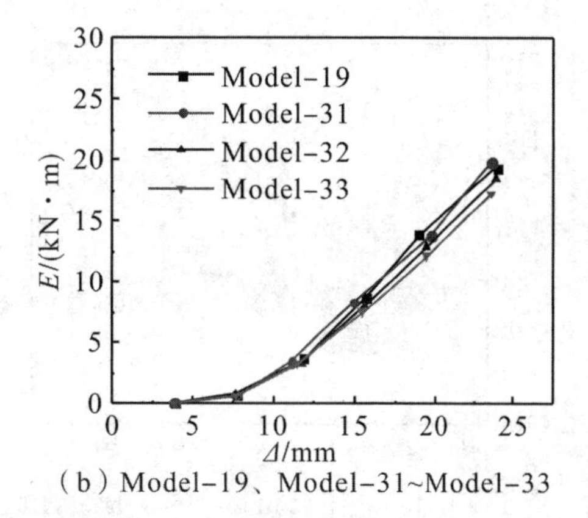

(b) Model-19、Model-31~Model-33

图4.63　累积耗能-位移曲线

模型 Model-1、Model-13~Model-15 和 Model-19、Model-31~Model-33 等效刚度退化曲线如图4.64 所示。由图4.64(a)能够观察得到,在加载初期,4个模型的等效刚度及其退化速率基本相当,随着加载的进行,模型 Model-1 和 Model-13 的刚度退化速率逐渐降低。由图4.64(b)可以看出,在整个加载过程中,4个模型的刚度退化速率基本相当,其中,模型 Model-31 的等效刚度最大,模型 Model-19 次之,模型 Model-33 最小。

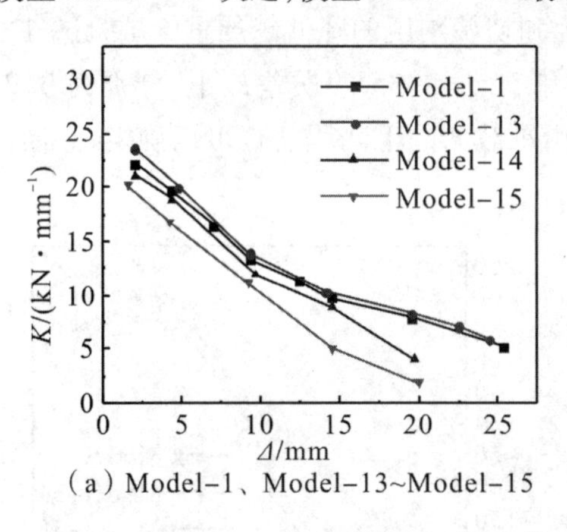

(a) Model-1、Model-13~Model-15

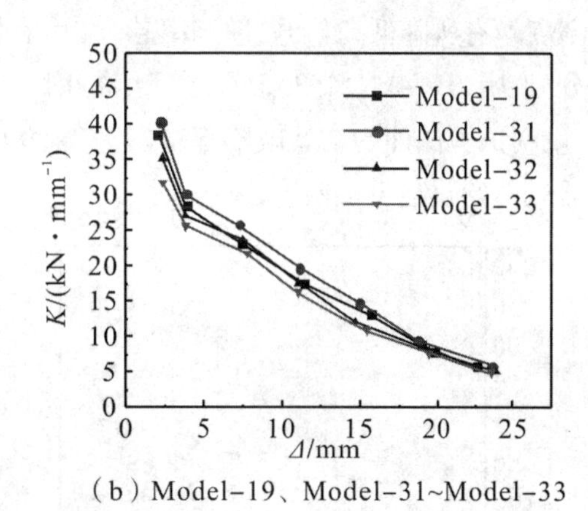

(b) Model-19、Model-31~Model-33

图4.64　刚度退化曲线

(6)初始缺陷率对阻尼器性能的影响

考虑到阻尼器试件在加工制作过程中焊接会产生残余应力,而运输的过程中产生一些碰撞造成初始弯曲等微小变形,而且在试验时也难以避免阻尼器偏心受力,而在有限元分析中均是按照理想情况下进行模型的装配和荷载的施加,所以需要研究初始缺陷对于阻尼器受力性能的影响。引入初始缺陷的方法是通过修改 inp 文件进行屈曲(buckle)模态分析,然后将模态分析得到的一阶或多阶屈曲模态作为初始缺陷引入模型中。具体如何选择模态的阶数需要根据试验试件的实际失效模式对比确定。

模型 Model-1、Model-16~Model-18 和模型 Model-19、Model-34~Model-36 的滞回曲线如图4.65 所示。由图可以看出,引入了初始缺陷的模型滞回曲线的形状均为不对称的形状,且承载力均有下降;2 种模型的滞回曲线饱满程度顺序分别为 Model-1 > Model-18 > Model-17 > Model-16,Model-19 > Model-36 > Model-35 > Model-34。整体看来,随着初始缺陷率的增加,2 种类型的阻尼器滞回曲线饱满程度均有所降低,说明初始缺陷对2种类型的阻尼器的滞回性能均有一定的影响。

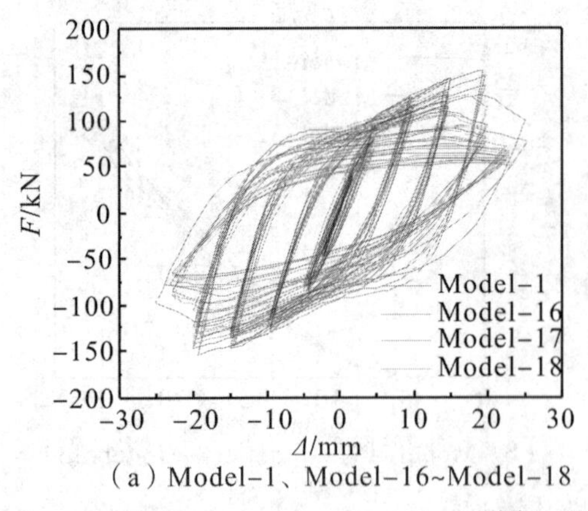

(a) Model-1、Model-16~Model-18

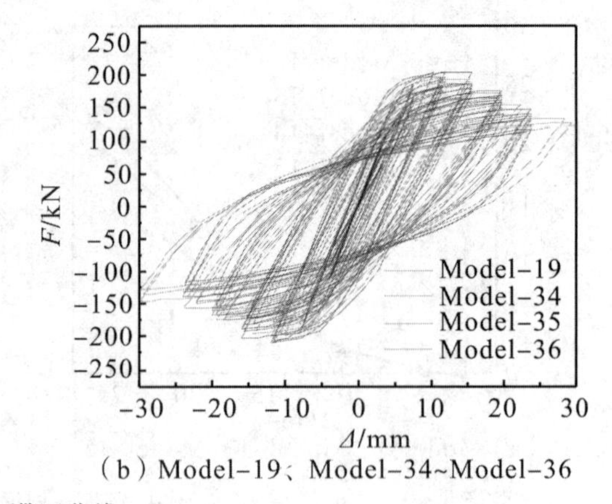

(b) Model-19、Model-34~Model-36

图 4.65　滞回曲线

模型 Model-1、Model-16 ~ Model-18 和模型 Model-19、Model-34 ~ Model-36 的骨架曲线对比如图 4.66 所示，模型的峰值承载力分别为 149.1kN、125.9kN、131.1kN、137.9kN，206.4kN、171.4kN、189.8kN、197.8kN。其中，与未引入初始缺陷的模型相比，模型 Model-16 ~ Model-18 和 Model-34 ~ Model-36 的承载力分别下降了 15.6%、12.1%、7.5%，16.9%、8.0%、4.2%。由图 4.66可以看出，引入了初始缺陷的阻尼器模型与未引入初始缺陷的模型骨架曲线走势相似，承载力和初始刚度均有所降低，且初始缺陷率越大，其承载力和初始刚度的降低越严重。试验试件的实际承载力分别为 131.4kN、192.5kN，模型 Model-17 和 Model-35 的误差最小，分别为 0.23% 和 1.40%，说明试验试件的初始缺陷率基本为 1/500。由承载力的下降程度也可以确定，竖向波形软钢阻尼器对初始缺陷更加敏感。

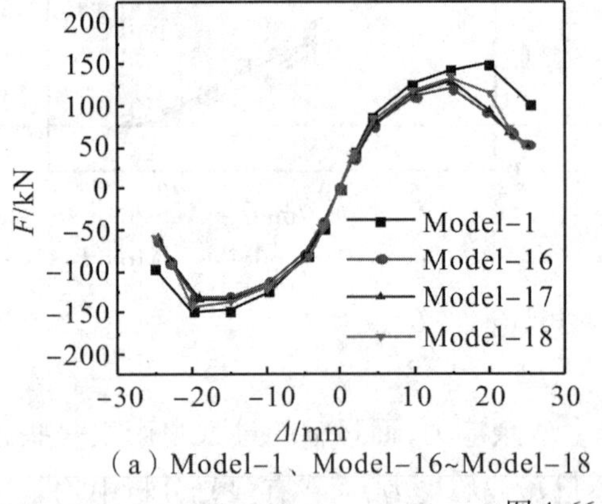

(a) Model-1、Model-16~Model-18

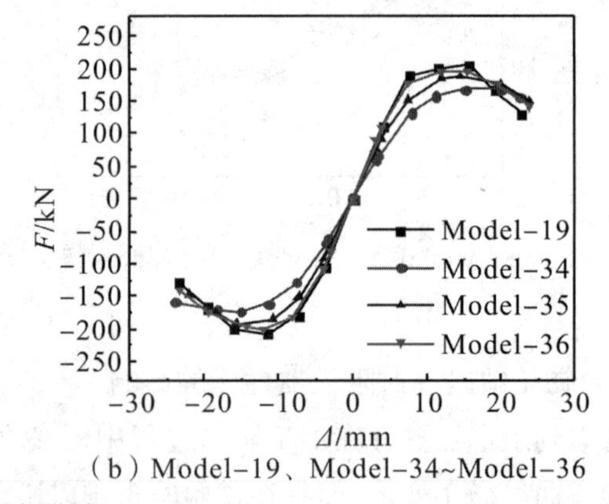

(b) Model-19、Model-34~Model-36

图 4.66　骨架曲线

模型 Model-1、Model-16 ~ Model-18 和模型 Model-19、Model-34 ~ Model-36 的等效黏滞阻尼系数-位移曲线、单周耗能-位移曲线、累计耗能-位移曲线分别如图 4.67、图 4.68、图 4.69 所示。整体可以看出，初始缺陷率越高，阻尼器模型的耗能能力下降越严重；相比之下，初始缺陷率对竖向波形软钢阻尼器的影响更加显著。

模型 Model-1、Model-16 ~ Model-18 和模型 Model-19、Model-34 ~ Model-36 的等效刚度退化曲线如图 4.70 所示。由图 4.70(a)可以看出，随着初始缺陷率的增大，模型的刚度略有下降，4 个试件的等效刚度相差不大，退化速率也比较接近。由图 4.70(b)可以看出，随着加载的进行，模型的等效刚度同样在逐渐退化；与横向波形软钢阻尼器模型相比，4 个竖向波形软钢阻尼器模型前期的等效刚度相差较大。由此也可得到，对于初始缺陷，竖向波形软钢阻尼器比横向波形软钢阻尼器更加敏感。

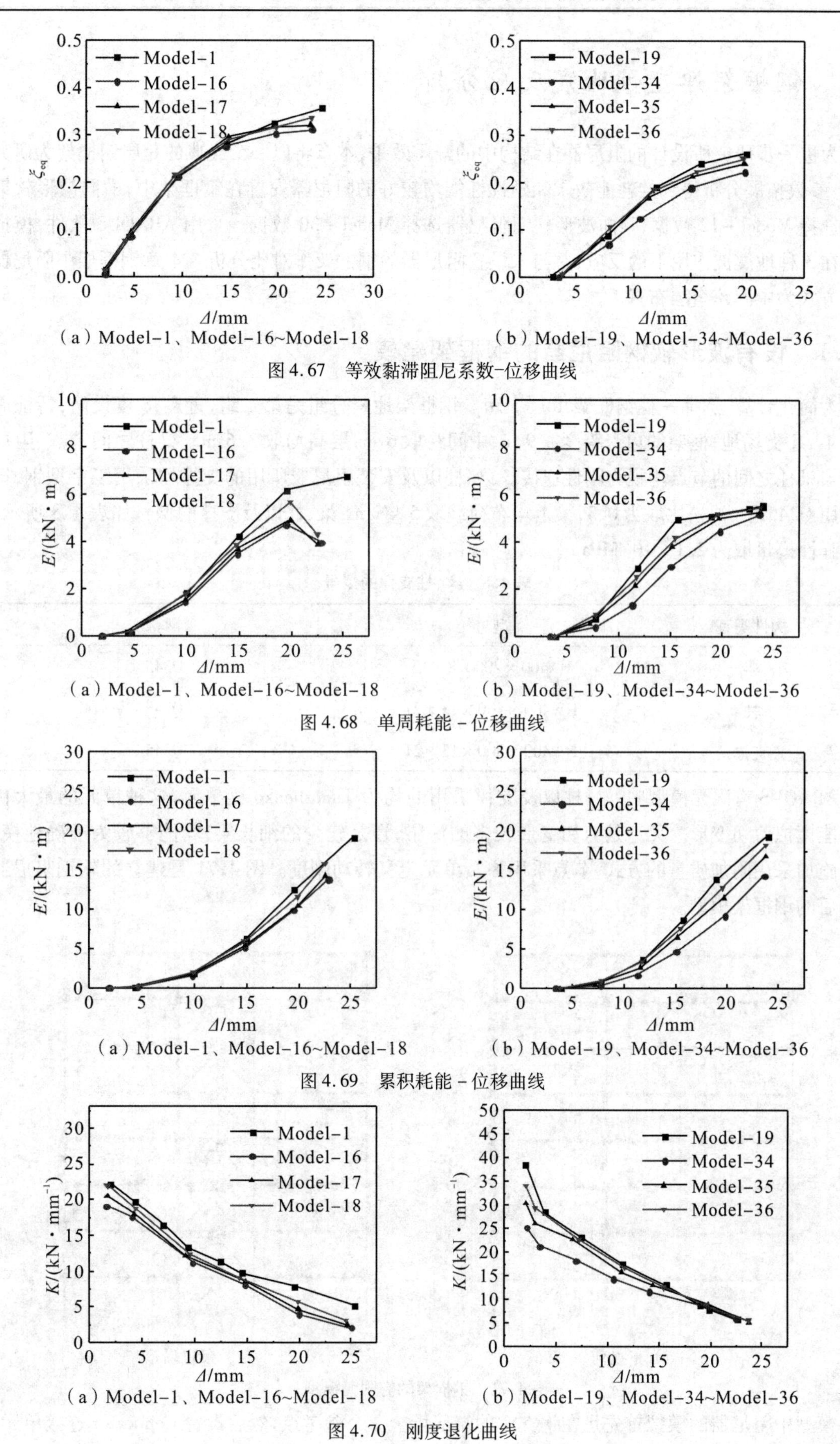

（a）Model-1、Model-16~Model-18　（b）Model-19、Model-34~Model-36

图 4.67　等效黏滞阻尼系数-位移曲线

（a）Model-1、Model-16~Model-18　（b）Model-19、Model-34~Model-36

图 4.68　单周耗能 - 位移曲线

（a）Model-1、Model-16~Model-18　（b）Model-19、Model-34~Model-36

图 4.69　累积耗能 - 位移曲线

（a）Model-1、Model-16~Model-18　（b）Model-19、Model-34~Model-36

图 4.70　刚度退化曲线

4.4 钢框架弹塑性地震反应分析

为进一步研究所设计的阻尼器在结构中的减震效果，本章将以一个经典的8层钢框架为研究对象，将参数拓展分析得到的耗能效果和延性性能均较好的阻尼器安置在钢框架中，横向波形软钢阻尼器选择Model－12数据，竖向波形软钢阻尼器选择Model－30数据。采用ABAQUS软件，模拟钢框架在3种地震波作用下的反应，并与未设置阻尼器的钢框架作对比分析。本章钢框架中阻尼器的布置方式为中间跨全层布置。

4.4.1 设有波形软钢阻尼器的钢框架建模

为简化计算，选择一榀钢框架，8层3跨。钢框架地震分组是第二组，近震，8度设防，特征周期是0.4s，II类场地；框架的边跨跨度取9 m，中间跨取6 m，层高均取3.6 m。梁柱之间节点、阻尼器支撑与梁柱之间的节点均视为刚性连接。梁、柱以及安装阻尼器所用的支撑均采用工字型钢，钢材均采用Q345钢，泊松比取为0.3，梁上均布荷载取5 kN/m，梁、柱以及支撑的型号如表4.8所示，钢材的弹性模量取为2.1×10^5 MPa。

表4.8 梁、柱支撑的型号

构件类型	型号	钢材
梁	HN400×200×8×13	Q345
柱	HW400×400×13×21	Q345
支撑	HW400×400×13×21	Q345

ABAQUS有限元模型中，梁、柱以及支撑采用的均为Timoshenko梁单元，这种单元的最大优势就是能模拟剪切变形。无论是剪切变形较多的深梁，还是较少的细长梁，均能够较为准确地模拟。荷载施加采用附加质量的方式，节点采用弹簧单元定义转动刚度。图4.71是建立的软钢阻尼器布置前后的钢框架模型。

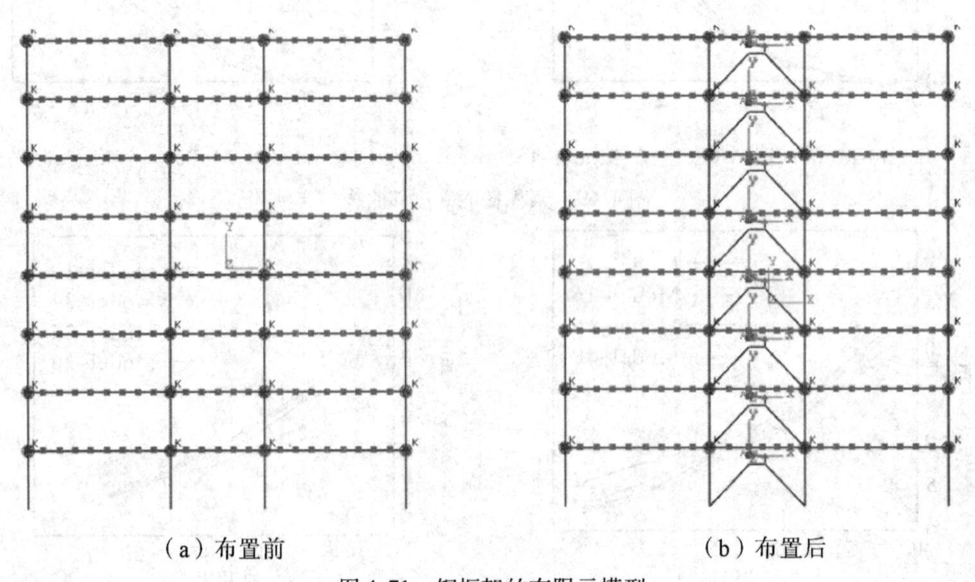

（a）布置前　　（b）布置后

图4.71 钢框架的有限元模型

模型中阻尼器的模拟首先是在钢支撑的端部耦合2个参考点，然后设置Connector连接单元，再通过参数设置模拟阻尼器的力和位移之间的关系。采用这种方法的优点是能够减小模型的自由度数目、计算时长短、占用的内存小,且计算结果容易收敛。由于本文中建立的钢框架模型采用的全部是梁单元,是一种线性的模型,故阻尼器的模拟同样采用线性单元,即 Axial 连接单元。连接单元的参数一般需要设置弹性和塑性数据,弹性数据采用阻尼器的初始刚度,其中,模型 Model - 12 的初始刚度为 30.8kN/mm,模型 Model - 30 的初始刚度为 40.3kN/mm,塑性数据则根据模型中得到的骨架曲线数据处理得到。2 个阻尼器的塑性参数取值如表 4.9 所示。

表 4.9　阻尼器的塑性参数

Model - 12		Model - 30	
Yield Force/N	Plastic Motion/m	Yield Force/N	Plastic Motion/m
58394.9	0	60360	0
72311.8	0.00042233	120720	0.00153546
127071	0.00292631	154180	0.00245902
172701	0.00761142	230920	0.00612934
200247	0.0123353	243974	0.00971606
203639	0.0177775	223024	0.01290296
90426.1	0.02011113	167483	0.01828475
60852.8	0.02143437	138993	0.02175629

4.4.2　钢框架的模态分析及其阻尼计算

模型建好之后第一步需要施加重力对钢框架进行模态分析,从而得到结构的振动频率和振动形态。本章无控结构和有控结构均考虑了模型的第一、第二阶模态,如图 4.72 所示。其中,无控结构和有控结构的第一阶阵型的自震频率分别是 $2.06s^{-1}$ 和 $2.85s^{-1}$,第二阶阵型的自震频率分别是 $6.68s^{-1}$ 和 $6.78s^{-1}$。

ABAQUS 有 4 种定义阻尼的方法[120-121],分别为瑞利阻尼、结构阻尼、复合阻尼以及直接模态阻尼,本章模型采用的是瑞利阻尼。瑞利阻尼的优势为:与其他 3 种阻尼相比,每一阶模态的瑞利阻尼都能够得到准确的定义。

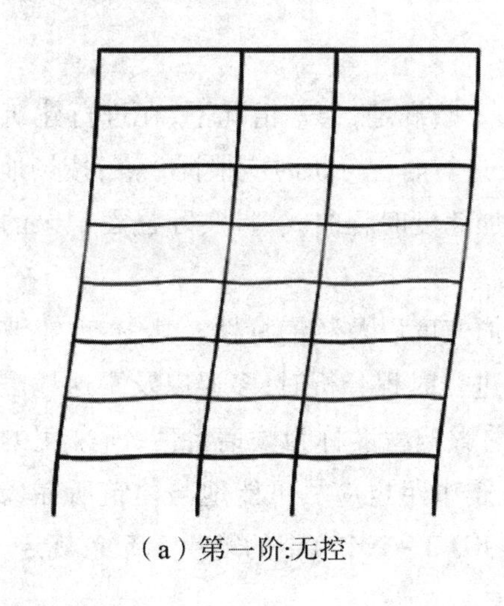

(a) 第一阶:无控

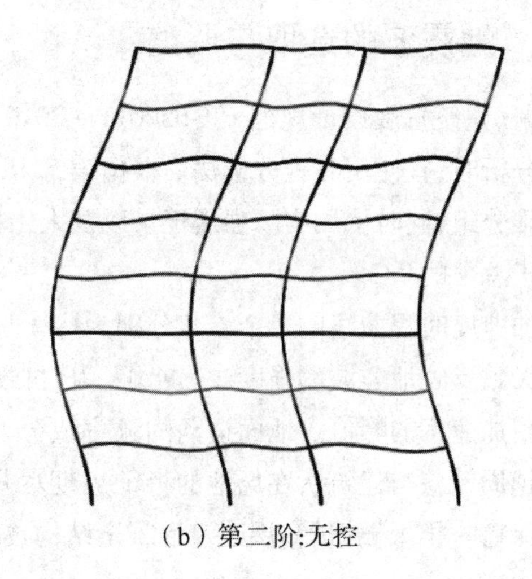

(b) 第二阶:无控

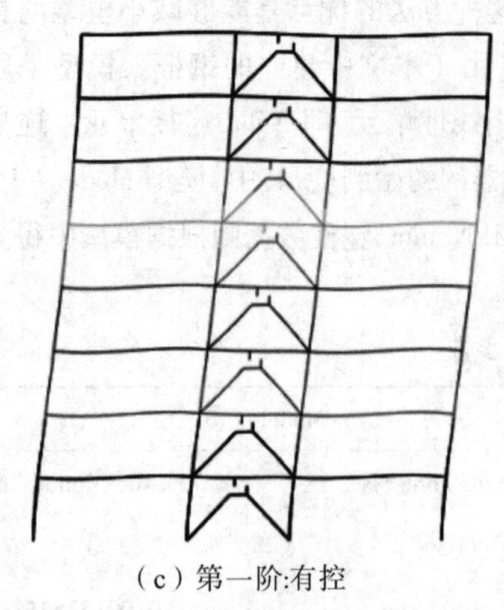
（c）第一阶:有控

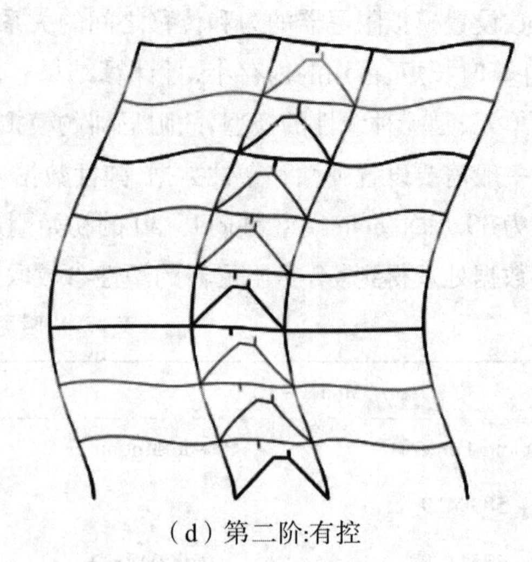
（d）第二阶:有控

图 4.72　钢框架模态分析

假设将结构的质量矩阵和刚度矩阵进行线性组合,可以得到瑞利阻尼,表示如下:

$$[C] = \alpha[M] + \beta[K] \tag{4-3}$$

式中,α 为质量比例系数,β 为刚度比例系数。

对于某一结构的第 n 阶阵型,阻尼比 ξ_n 与结构自震频率 ω_n 的关系为:

$$\xi_n = \frac{\alpha}{2\omega_n} + \frac{\beta\omega_n}{2} \tag{4-4}$$

式中,阻尼比 ξ_n 的取值是按《建筑抗震设计规范》(GB50011－2010)第 8.2.2 条规定。对于钢结构,在多遇地震作用下,若结构的高度不超过 50 m,其阻尼比可取 0.04;在罕遇地震下,结构在进行弹塑性分析时,可取为 0.05。根据无控结构和有控结构的第一阶和第二阶自振频率,联立方程组可得出两结构对应的 α 和 β 值,如表 4.10 所示。

表 4.10　α 和 β 参数取值

地震类型	无控结构		有控结构	
	α_1	β_1	α_2	β_2
多遇地震	0.126	0.0092	0.161	0.0083
罕遇地震	0.158	0.0114	0.201	0.0104

4.4.3　地震波的选取与调整

根据《建筑抗震设计规范》(GB50011－2010)第 12.2.2 条规定,通常情况下,在进行建筑结构减隔震分析时,宜使用时程分析法。根据第 5.1.2 条规定,进行时程分析时应根据 2 点:按场地类别以及地震分组,同时使用实际强震记录以及人工模拟 2 种加速度时程曲线,且实际强震记录的数量不应少于总数的 2/3。

其加速度时程曲线的 3 个参数分别为持续时间,峰值加速度以及频谱特性。其中,地震波的峰值能够大致反映地震波的强度。表 4.11 为《抗规》规定的进行时程分析时,多遇以及罕遇地震情况下的地震加速度的峰值。地面运动的频率成分及各频率的影响程度称为频谱特性,所采用的地震波的卓越周期应与建筑所在场地的特征周期尽量接近,且震中距也应尽可能地与建筑所在场地的震中距保持一样。根据《高层建筑混凝土结构技术规程》(JGJ 3－2010)中的第 4.3.5 条规定,地震波的持续时间一般不宜小于 15s，也不宜小于结构本身基本自振周期的 5 倍；地震波的时间间距一般有 2 种选择：0.01s 或者 0.02s。

表 4.11　时程分析时的峰值加速度（单位：$cm \cdot s^{-2}$）

地震影响	6 度	7 度	8 度	9 度
多遇地震	18	35(55)	70(110)	140
罕遇地震	125	220(310)	400(510)	620

注：括号内的数值分别用于设计基本地震加速度为 0.15 g 和 0.3 g 的地区，g 为重力加速度。

基于钢框架所拟建的场地土、设防烈度以及设计地震分组的要求，本章将选择 2 种实际记录的天然地震波和 1 种人工模拟地震波进行分析。天然波选择 EL－Centro 地震波和 Taft 地震波，人工波选择兰州地震波。其中，EL－Centro 地震波的加速度在第 2.14 s 时最大，持续时间为 25 s，时间间隔为 0.02 s；Taft 地震波的加速度在第 3.7 s 时最大，持续时间为 30 s，时间间隔为 0.02 s；兰州地震波的加速度在第 5.02s 时最大，持续时间为 20 s，时间间隔为 0.02 s。3 种地震波加速度的峰值调幅按照公式(4－5)进行计算调整。

$$A_c(t) = (A_{cmax}/A_{max}) \cdot A(t) \tag{4-5}$$

式中：A_c——调幅后的地震加速度时程曲线；

A_{cmax}——调幅后的地震峰值加速度，cm/s^2；

A_{max}——调幅前的地震峰值加速度，cm/s^2；

$A(t)$——调幅前的地震加速度时程曲线。

调整后的地震波时程曲线如图 4.73 所示。本文进行时程分析时采用的多遇和罕遇地震波下的加速度最大值分别为 0.7 m/s^2 和 4 m/s^2。

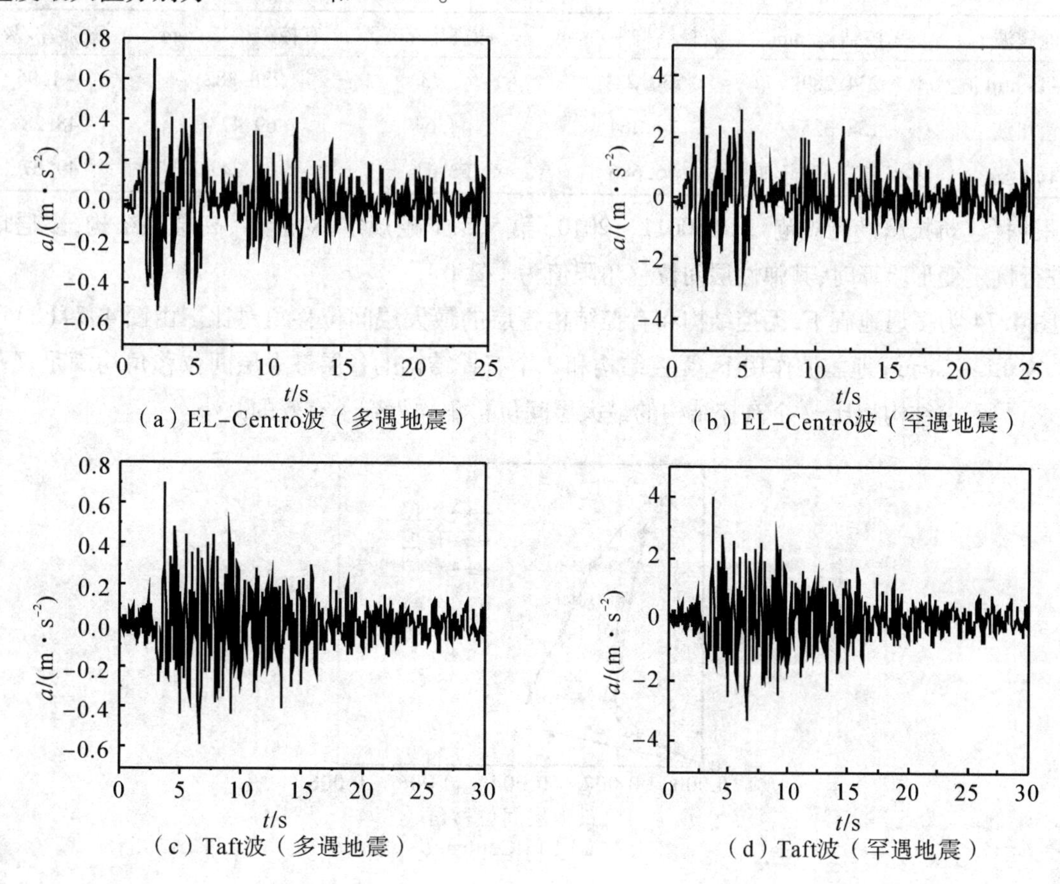

（a）EL-Centro波（多遇地震）　（b）EL-Centro波（罕遇地震）

（c）Taft波（多遇地震）　（d）Taft波（罕遇地震）

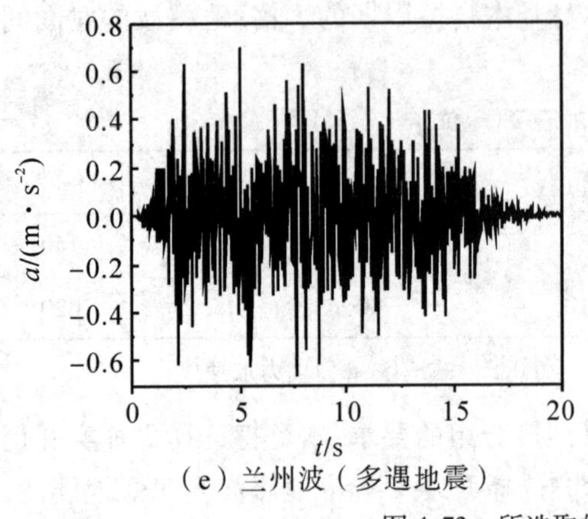

（e）兰州波（多遇地震）

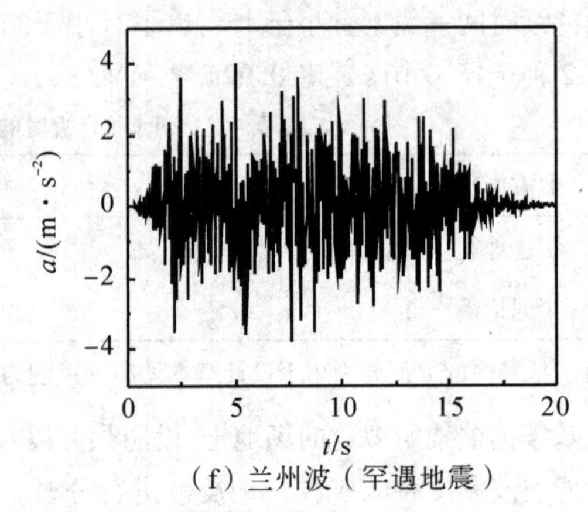

（f）兰州波（罕遇地震）

图 4.73　所选取的地震加速度时程曲线

4.4.4　多遇地震作用下的钢框架减震分析

为了方便描述，把设有波形软钢阻尼器的钢框架简称为有控结构，未设有波形软钢阻尼器的钢框架简称为无控结构。其中，将有控结构中设有横向波形软钢阻尼器（CMSD－H）的钢框架命名为有控结构一，设有竖向波形软钢阻尼器（CMSD－V）的钢框架命名为有控结构二。表 4.12 为 3 种多遇地震下，有控结构和无控结构的顶层水平位移。由表 4.12 能够得到，在兰州波作用下，设置了阻尼器 Model－12 和 Model－30 的钢框架顶层水平位移分别减小了 44.64% 和 48.28%；在 Taft 波作用下，钢框架的顶层水平位移分别减小了 53.41% 和 49.67%；而在 EL－Centro 波作用下，安装阻尼器对于钢框架顶层水平位移的影响不大。

表 4.12　多遇地震下顶层水平位移对比

地震波	无控结构/mm	有控结构一/mm	减震率/%	有控结构二/mm	减震率/%
EL－Centro 波	234.289	230.234	1.73	238.882	－1.96
兰州波	134.335	74.364	44.64	69.473	48.28
Taft 波	121.679	56.686	53.41	61.247	49.67

根据《建筑抗震设计规范》（GB50011－2010）第 5.5.1 条规定，对于多、高层钢结构，多遇地震下，进行抗震变形验算时，其弹性层间位移角限值为 1/250。

图 4.74 为多遇地震下，无控结构和有控结构各层的最大层间位移角对比。由图 4.74（a）可以看出，在 EL－Centro 地震波作用下，无控结构和 2 个有控结构的各层最大层间位移角均满足规范限值要求；与无控结构相比，2 个有控结构的最大层间位移角均得到了有效的减小。

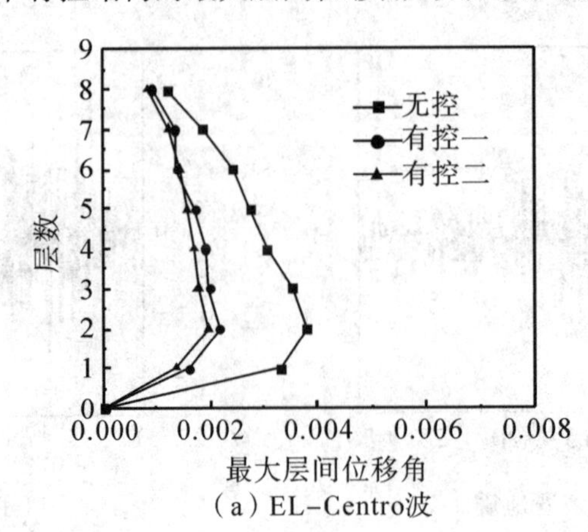

（a）EL-Centro波

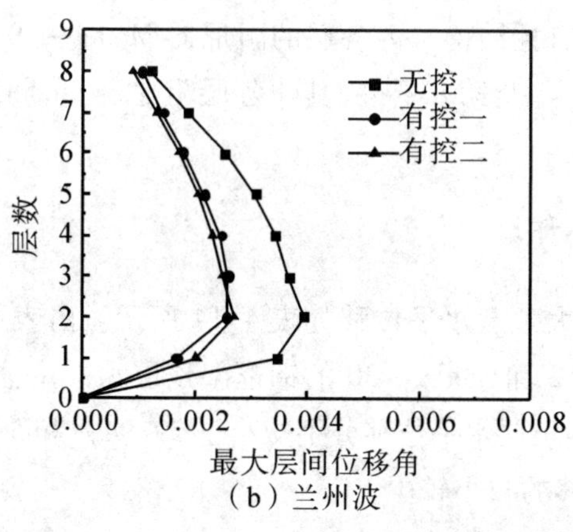

（b）兰州波

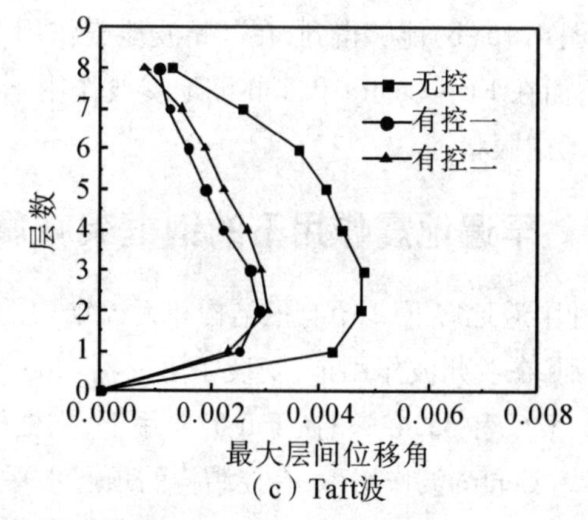

（c）Taft波

图4.74　多遇地震下的最大层间位移角对比

由图4.74(b)和图4.74(c)可以得到，无控结构在兰州地震波作用下的第2层，以及Taft地震波作用下的第1~5层不满足限值要求，而安装了波形软钢阻尼器之后，2个有控结构的各层最大层间位移角都减小至规定的限值之内。以上均说明了在多遇地震下，2种阻尼器均可以显著地减小钢框架的层间位移，起到了很好的减震作用。另外，3个模型所取的地震波烈度相同，但结构的地震反应相差较大，说明结构的地震反应不仅和地震波的烈度有关，还与其结构本身以及地震波的频谱特性有关。

表4.13为有控结构各层最大层间位移角的平均减震率。可以看出，在3种地震波的多遇地震下，2个有控结构各层的层间位移角的平均减震率基本均在30%以上，2种阻尼器在多遇地震下均能够达到较好的减震效果。相对来说，竖向波形软钢阻尼器的减震效果更显著。

表4.13　多遇地震下有控结构的平均减震率

结构类型	EL－Centro波/%	兰州波/%	Taft波/%
有控结构一	38.4	29.9	44.2
有控结构二	43.0	32.1	41.5

通过对模型中连接器两端参考点的数据提取，最终处理得到多遇地震作用下钢框架中各层阻尼器的两端相对位移，如图4.74所示。由第4.3.4节可以得到，阻尼器Model－12和Model－30的屈服位移分别为1.90 mm和1.52 mm。

由图4.75(a)能够得到，在兰州波地震作用下，有控结构一内各层的阻尼器Model－12均未进入屈服阶段；在EL－Centro波地震作用下，除第7、第8层外，其他各层阻尼器Model－12均进入屈服阶段；而Taft波地震作用下，除第8层外，其他各层的阻尼器Model－12的两端相对位移均已达到屈服位移。

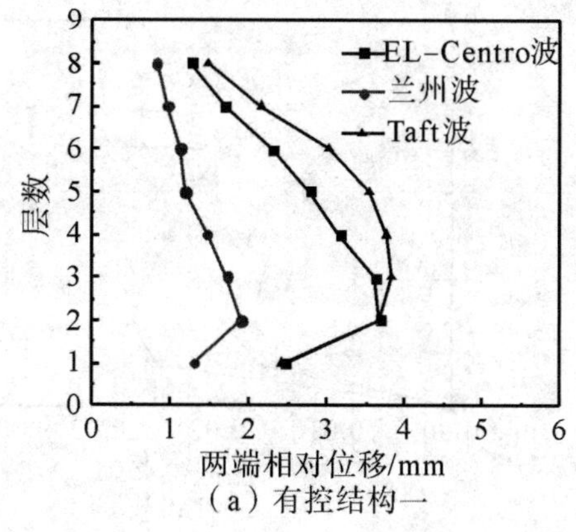

（a）有控结构一

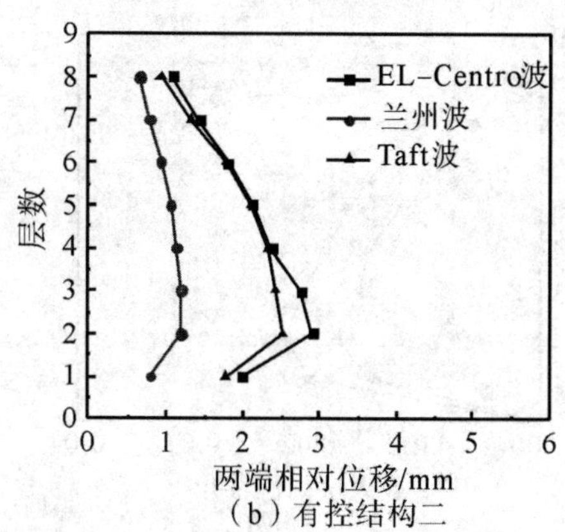

（b）有控结构二

图4.75　阻尼器两端相对位移(多遇地震)

由图4.75(b)能够得到,在兰州波地震作用下,有控结构二内各层的阻尼器 Model-30 都未达到屈服;而在 EL-Centro 和 Taft 波地震波作用下,除第7、第8层外,其他各层阻尼器 Model-30 均已达到了屈服状态。

4.4.5 罕遇地震作用下的钢框架减震分析

3种罕遇地震下,2个有控结构和无控结构的最大顶层水平位移如表4.14所示。由表4.14中可以得到,在兰州波作用下,安装了阻尼器 Model-12 和 Model-30 的钢框架顶层水平位移分别减小了46.52%和45.42%;在 Taft 波作用下,钢框架的顶层水平位移分别减小了59.94%和59.93%;而在 EL-Centro 波作用下,有控结构的顶层水平位移的减小较少。

表4.14 罕遇地震下顶层水平位移对比

地震波	无控结构/mm	有控结构一/mm	减震率/%	有控结构二/mm	减震率/%
EL-Centro 波	1340.34	1335.51	0.36	1313.73	1.99
兰州波	744.658	398.206	46.52	406.461	45.42
Taft 波	657.8	263.527	59.94	263.586	59.93

根据《建筑抗震设计规范》(GB50011-2010)第5.5.5条规定,对于多、高层钢结构,罕遇地震下,进行弹塑性变形验算时,其弹塑性层间位移角限值为1/50。

图4.76是3种罕遇地震下,2个有控结构和无控结构各层最大层间位移角对比。由图中能够得出,无控结构在 EL-Centro 波和兰州波作用下的第2~3层、Taft 波作用下的第1~5层不满足规定的限值要求。安装阻尼器后,有控结构一和有控结构二的各层层间位移角均有显著减小,均满足限值要求。

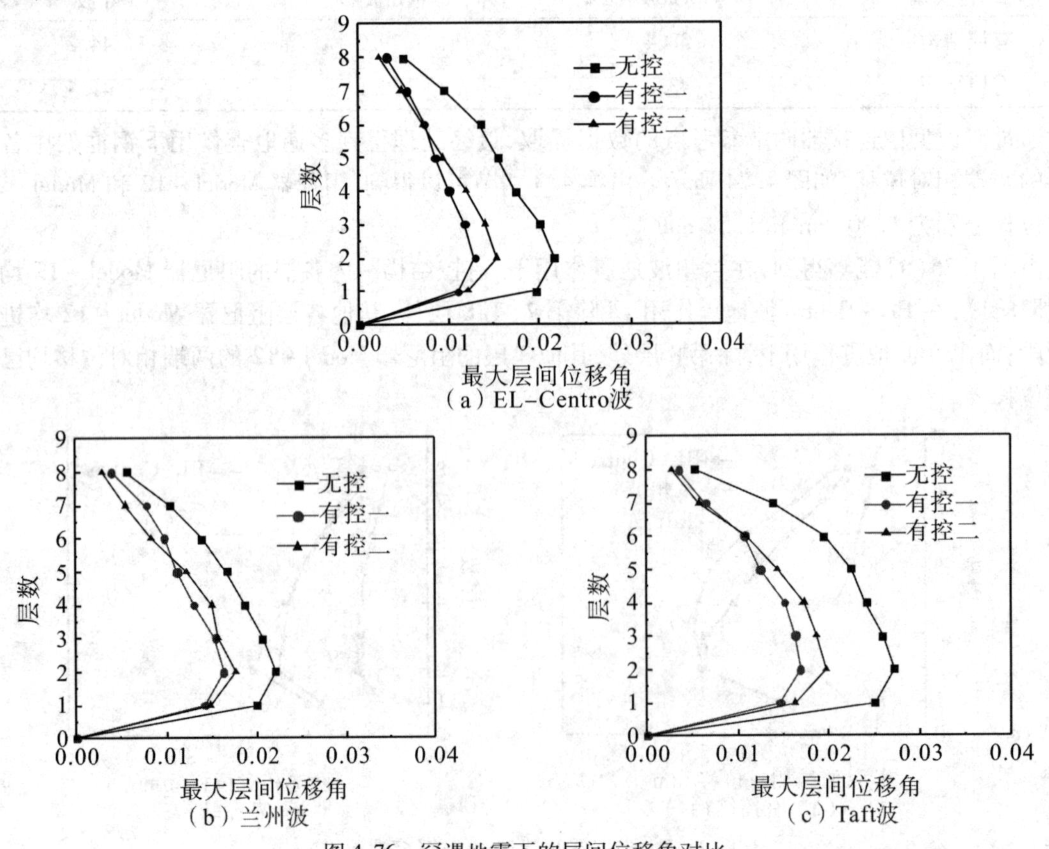

图4.76 罕遇地震下的层间位移角对比

表4.15为罕遇地震下有控结构各层最大层间位移角的平均减震率。可以看出，罕遇地震下，2个有控结构的层间位移角减震率也基本均在30%以上，2种阻尼器能够产生弹塑性变形耗能，减小钢框架的层间位移。相比来看，横向波形软钢阻尼器减震效果更好。

表4.15　罕遇地震下有控结构的平均减震率

结构类型	EL－Centro波/%	兰州波/%	Taft波/%
有控结构一	42.0	28.4	41.4
有控结构二	39.7	30.9	38.1

图4.77为3种罕遇地震下，2个有控结构中的阻尼器的两端相对位移对比。由第4.3.4节可以得到，阻尼器Model－12和Model－30的极限位移分别为20.30 mm和15.90 mm。由图4.78能够得出，在3种罕遇地震下，有控结构一中各层的阻尼器Model－12两端相对位移均未到达极限位移，说明该阻尼器可以满足钢框架的减震要求；而在EL－Centro地震波作用下钢框架的第2、第3层，以及在Taft地震波作用下钢框架的第2、第3、第4层，有控结构二中阻尼器Model－30的两端相对位移均超出了其自身的极限位移，说明此时阻尼器Mode－30已经破坏。

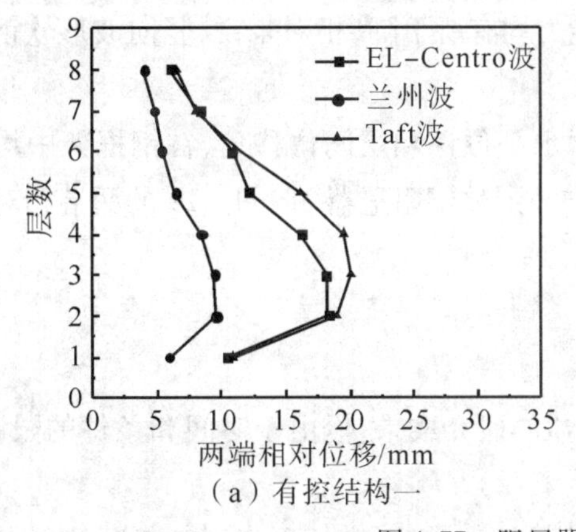

（a）有控结构一

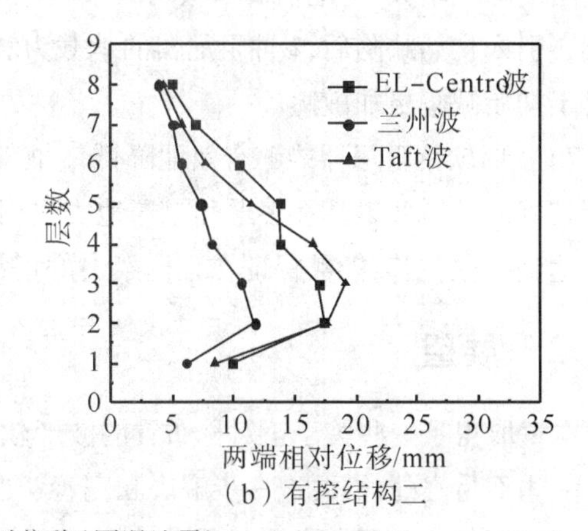

（b）有控结构二

图4.77　阻尼器两端相对位移（罕遇地震）

4.5　本章小节

4.5.1　结论

本次试验设计制作了2种不同构造形式的波形软钢阻尼器，通过一系列的研究方法对阻尼器的性能进行了分析和讨论：①通过循环荷载下的拟静力试验对其力学性能和受力机理进行分析；②采用ABAQUS有限元对阻尼器进行建模分析，为参数化分析提供依据；③进一步拓展分析几个重要参数对阻尼器性能的影响，得出耗能和延性均较好的阻尼器模型，为此，共建立了36个有限元模型；④与未设置阻尼器的钢框架对比，将耗能和延性均较好的阻尼器安装至钢框架中，对钢框架进行3种地震波作用下的弹塑性地震反应分析。

通过以上几项工作的进行，本章主要得到如下结论：

1）竖向波形软钢阻尼器的滞回曲线呈较为饱满的弓形，表现出了比较好的耗能能力，且其初始刚度较大，具有较高的承载力。

2)与竖向波形软钢阻尼器相比,横向波形软钢阻尼器的滞回曲线更为饱满,形状呈梭形,表现出了更佳的滞回耗能能力、变形能力以及稳定的承载能力;在受水平荷载作用下,其腹板和翼缘板能够较好地协同工作,均能够产生较大的塑性变形。

3)ABAQUS 有限元软件能够较为准确地模拟阻尼器试件,通过模拟得到的阻尼器的受力状态、承载力、耗能能力、刚度及其最终的破坏模式等与试验结果均较为吻合。

4)试验与模拟结果均表明:横向波形软钢阻尼器腹板四周的应力较大,随着向腹板中心接近,应力逐渐减小,其翼缘板的上下两端应力较大。竖向波形软钢阻尼器腹板的两侧端部以及沿对角线区域应力值较大,翼缘板的应力主要分布在其波峰和波谷处。

5)对于横向波形软钢阻尼器,耗能板的厚度、高宽比以及翼缘板和腹板的厚度比对阻尼器的性能影响较大,其中,阻尼器的承载力、耗能能力与耗能板的厚度、翼缘板和腹板厚度比成正比,与腹板的高宽比成反比。此外,随着腹板波角的减小和波长的增大,阻尼器的耗能能力随之上升,但其承载力和初始刚度有所下降。

6)对于竖向波形软钢阻尼器,其承载力、耗能能力与耗能板的厚度、波长、翼缘板和腹板的厚度比成正比,与腹板的波角、高宽比成反比。此外,随着耗能板厚度的增加和高宽比的减小,阻尼器的初始刚度随之增大;阻尼器翼缘板与腹板的厚度比,以及腹板的波角和波长对其初始刚度的影响均较小。引入初始缺陷后,2 种阻尼器的承载力和耗能能力均有所下降,相对来说,竖向波形软钢阻尼器对于初始缺陷更加敏感。

7)波形软钢阻尼器能够有效地降低钢框架的顶层水平位移和层间位移角,在钢框架中均能够起到较好的减震效果。在多遇和罕遇地震作用下,横向波形软钢阻尼器 Model-12 的两端相对位移均未达到极限位移,能够保证在钢框架中的正常工作。

4.5.2 展望

本章取得了一些关于正对称布置的波形软钢阻尼器的研究成果,但由于时间和条件的限制,仍存在一些不足之处,需要进一步解决和完善:

1)本章仅完成了 4 个阻尼器试件的拟静力试验,数量较少,需要进行更多试验工况的研究和分析。且试验采用的是人工控制加载,缺点是 MTS 作动器的加载速率不易准确控制,所以加载速率对于阻尼器性能的影响还需要进一步研究。

2)本章对设置了阻尼器的钢框架进行了建模分析,主要分析和讨论了阻尼器在框架中的减震作用,但阻尼器在实际结构中的受力比较复杂,需要进一步对其进行振动台试验,并研究阻尼器与钢框架之间的刚度匹配关系。

第 5 章　波形反对称钢板阻尼器的力学性能试验研究

现今,消能减震装置被广泛应用于结构设计中,金属阻尼器由于具有良好的塑性耗能、价格低廉和安装方便等特点被广泛应用[122-126]。迄今为止,一些学者开发出各种结构形式的金属阻尼器,但部分阻尼器在设计上存在一些缺陷,如传统的平钢板阻尼器[127-129],阻尼器钢板平面内变形能力差,易局部屈服而发生应力集中现象,若在上面焊接加劲肋,由于阻尼器尺寸较小,焊接工艺带来的残余应力影响较大[130];X 形或三角形阻尼器,相比于平钢板阻尼器,在耗能能力上有所提高,却容易产生应力集中现象[131]。故在此基础上,笔者提出一种新型的具有波纹形状的金属阻尼器[132-133]。

5.1　波形反对称钢板阻尼器的试验研究

5.1.1　材性试验

4 个钢制阻尼器试件采用的均是板材,其采用单向拉伸试验来进行材性试验,主要用来测定钢材的弹性模量 E、屈服强度 f_y、屈服对应的应变 ε_y、极限抗拉强度 f_u、极限拉应变 ε_u、钢材断后伸长率和颈缩率等。材性试验得到的应力应变数据,可为分析试验数据、有限元计算和理论分析提供参数。单向静力拉伸试验在西安建筑科技大学的 CSS - WAW300DL 电液伺服万能试验机上进行,采用引伸计标定 50 mm 间距,测量加载过程中力与试样截面积比值(即应力)和标定段的变形值(即应变)的关系,可间接得到钢材的应力 - 应变关系。拉伸试件为板状试样,样胚按照《钢及钢产品力学性能试验取样位置及试样制备》(GB/T2975 - 1998)的要求从母材中切取,并根据《金属材料室温拉伸试验方法》(GB - T228.1 - 2010)的规定将样胚加工成标准尺寸试件。所有材性试验试件均与本试验所用的试件同期加工。材性试验分别对名义屈服强度为 160 MPa 的低屈服点(简称 LYP)钢和名义屈服强度为 235 MPa 的普通钢做了 2 组钢材材性试验,每组 3 个试样。试样样胚尺寸如图 5.1 所示。

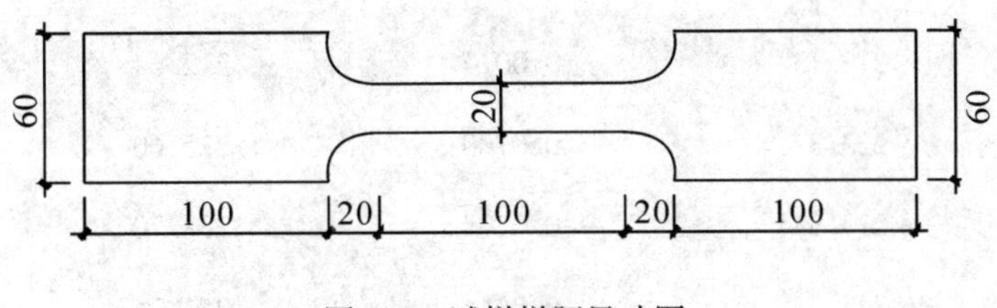

图 5.1　试样样胚尺寸图

根据上述,把通过单轴拉伸试验得到的应力 - 应变曲线定义为名义应力 - 应变曲线。具体材性数值如表 5.1 所示,通过单轴拉伸试验可以求得 2 种钢材的应力－应变曲线如图 5.2 所示。

表 5.1　材性试件的基本参数

强度等级	屈服强度/MPa	抗拉强度/MPa	伸长率/%	弹性模量/MPa
Q160	137.2	247.5	51.2	207000
Q235	239.5	369.2	42.6	217000

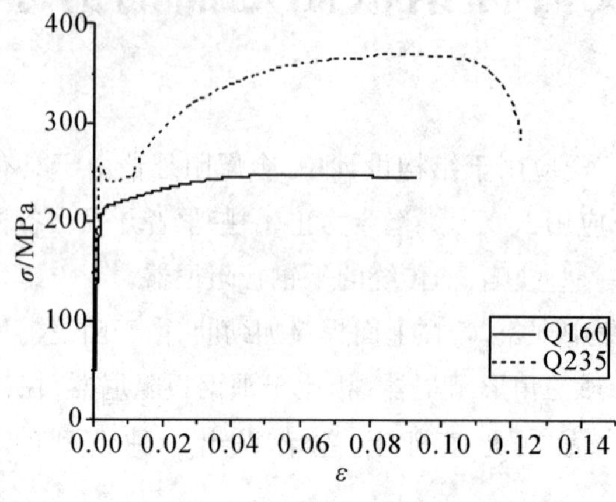

图 5.2　钢材的应力－应变曲线

从表 5.1 和图 5.2 中可以看出,相较于 Q235 普通钢,低屈服点钢具有屈服点低、延性好等特点。由于图 5.2 是钢材的名义应力－应变曲线,而在之后的 ABAQUS 建模中,需要在材料属性中输入真实应力－应变曲线,因此在这里需要将名义应力－应变曲线进行一个转换,其具体转换公式如下:

$$\varepsilon = \ln(1 + \varepsilon_{nom}) \tag{5-1}$$

$$\sigma = \sigma_{nom}(1 + \varepsilon_{nom}) \tag{5-2}$$

式中,ε 为真实应变,ε_{nom} 为名义应变,σ 为真实应力,σ_{nom} 为名义应力。

在 ABAQUS 中,弹性和塑性是分开定义的,而材性试验提供的应变一般是总应变,因此在定义塑性应变时,应该在总应变中去除弹性应变。真实塑性应变根据公式 5－3 所得。

$$\varepsilon^{pl} = \varepsilon^{t} - \varepsilon^{el} - \varepsilon^{t} - \frac{\sigma}{E} \tag{5-3}$$

式中,ε^{pl} 为真实塑性应变,ε^{t} 为真实总应变,ε^{el} 为真实弹性应变,σ 为真实应力,E 为弹性模量。

根据上述公式对钢材 Q160 和钢材 Q235 的名义应力-应变进行转换,选取少数点示意,转化后得到的真实应力-应变如表 5.2 和表 5.3 所示。

表 5.2　Q160 钢材的应力-应变转换

名义应变	名义应力/MPa	真实应变	真实应力/MPa	塑性应变
0.0006	137.20	0.0006	137.28	0
0.0025	212.13	0.0024	212.64	0.0017
0.0101	223.37	0.0100	225.60	0.0033
0.0207	233.93	0.0204	238.70	0.0197
0.0350	243.37	0.0344	251.74	0.0337
0.0493	247.52	0.0481	259.42	0.0474

表5.3　Q235钢材的应力-应变转换

名义应变	名义应力/MPa	真实应变	真实应力/MPa	塑性应变
0.0039	239.52	0.0038	240.43	0.0027
0.0205	293.03	0.0202	298.98	0.0163
0.0321	326.06	0.0316	336.36	0.0277
0.0427	342.47	0.0418	356.58	0.0379
0.0742	366.74	0.0716	392.99	0.0677
0.0985	369.22	0.0912	405.56	0.0873

5.1.2　拟静力试验研究

5.1.2.1　试件设计

笔者以波形钢板放置形式和钢材的屈服强度为变量，共设计了4个波形钢板阻尼器试件，分别命名为CSPD－1、CMSD－1、CSPD－2和CMSD－2。试件CSPD－1和试件CMSD－1的外部构造相同，试件CSPD－2和试件CMSD－2的外部构造相同。4个试件均由中间4块波形板与上、下端板焊接而成，试件加工中使翼缘和两边腹板各留1 cm的空隙以便于加载过程中充分发挥各自的变形能力，翼缘和腹板均反对称布置。该阻尼器试件的设计样式与尺寸如图5.3和图5.4所示，其具体的几何参数如表5.4所示。

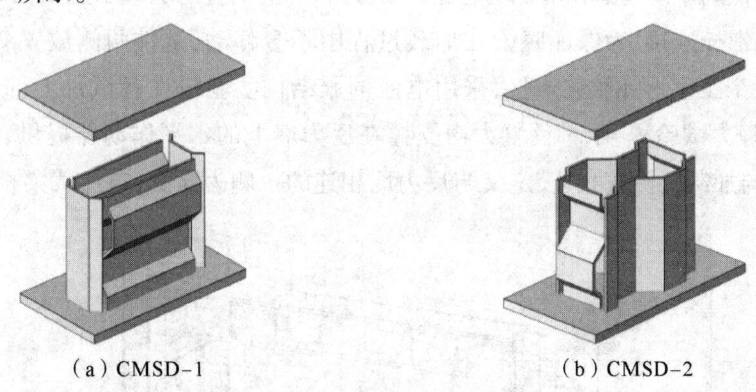

(a) CMSD-1　　(b) CMSD-2

图5.3　阻尼器构造示意

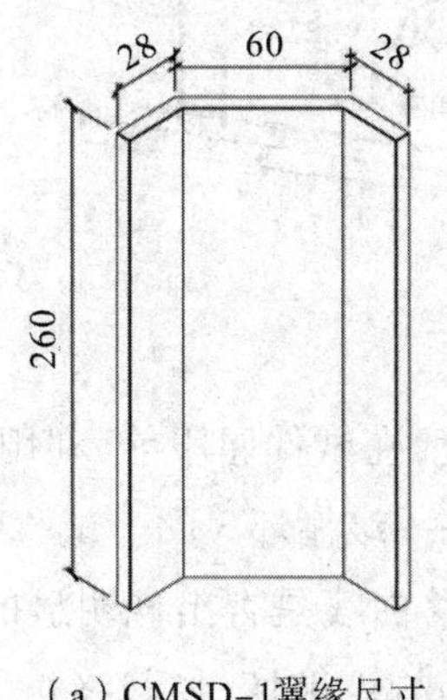

(a) CMSD-1翼缘尺寸

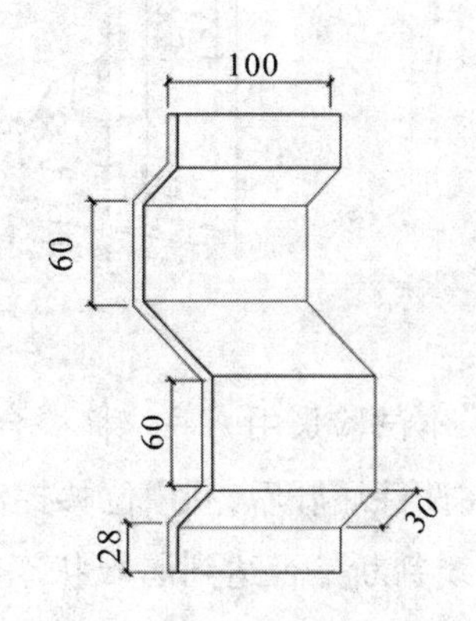

(b) CMSD-2翼缘尺寸

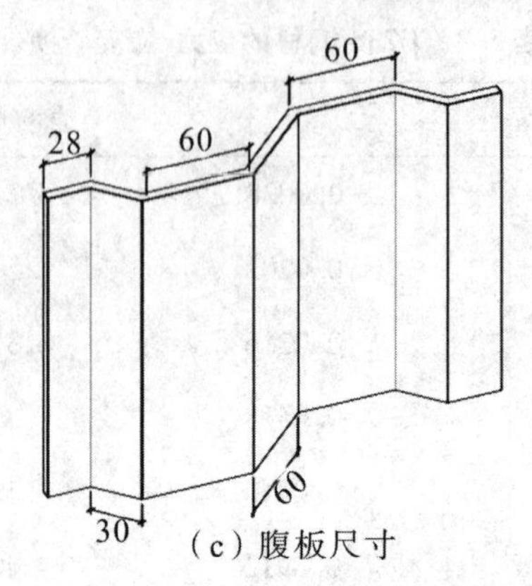

(c) 腹板尺寸

图5.4 阻尼器尺寸示意

表5.4 波形钢板阻尼器试件的基本参数

试件编号	波形板放置形式	波角/(°)	厚度/mm
CMSD-1	水平波形钢板	45	6
CSPD-1	水平波形钢板	45	4.5
CMSD-2	竖向波形钢板	45	6
CSPD-2	竖向波形钢板	45	4.5

5.1.2.2 加载方案

本次试验选择低周反复荷载试验的方法进行试验。本次试验的加载示意如图5.5所示,试件与底梁通过4个高强螺栓连接,为保证底梁在加载过程中不会移动,试件两侧放置2道压梁,试件与MTS加载头通过1个工字形加载梁连接,采用电液伺服结构实验机在各试件上部工字梁一侧施加低周反复荷载(拟静力试验)。水平反复力由支撑在反力墙上的水平作动器提供,作动器一端与反力墙相连,另一端与加载梁侧端相连,定义与反力墙相连的一侧为西侧,与加载梁相连的为东侧。

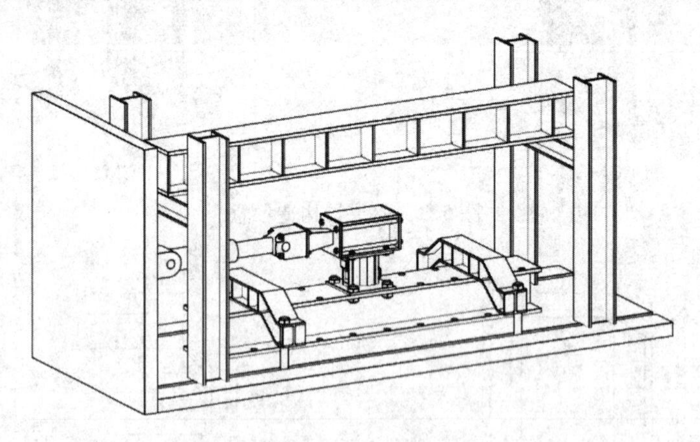

图5.5 加载装置

根据设计要求,本试验采用力-位移混合控制加载制度,在试件屈服前,利用力控制加载制度,每一级循环1圈;在试件屈服后,利用位移控制加载制度,每一级循环3圈。试验中根据数据采集终端上显示的滞回曲线判断是否达到屈服状态(即荷载-位移曲线是否出现明显的转折),直至荷载下降至最大荷载的85%左右或试件不能再继续受力时认为构件破坏,加载终止。加载整个过程见图5.6。

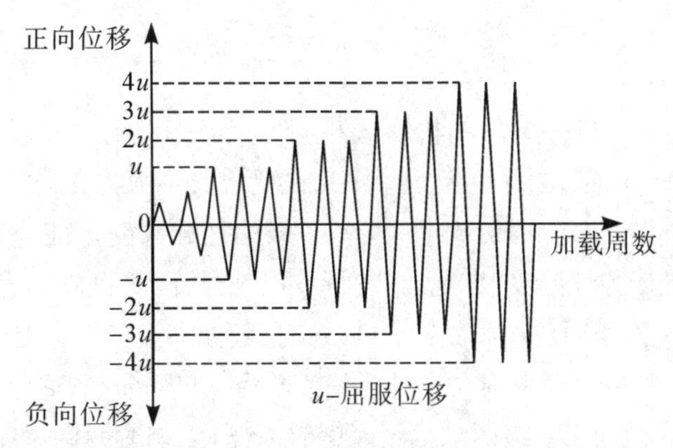

图 5.6　加载制度

测试内容如下:①试件的恢复力特性;②试件的面外变形;③试件的特征点荷载值。

具体数据采集时,由于低屈服点钢后期变形较大,会产生应变花和应变片脱落的现象,所以在本次试验中,为保证后期数据的顺利采集,在腹板和翼缘采用了近乎满贴的形式。其中,左右翼缘和前后腹板的应变片和应变花均为对应的反对称布置。

以试件 CMSD - 1 为例,首先在试件腹板的 2 个波形面布置 2 个位移计,测量其面外变形程度,在上端板下侧布置 1 个位移计,测量其竖向位移;在翼缘中间的水平方向布置 1 个位移计,测量翼缘的鼓曲程度;在上端板背面水平方向布置 1 个位移计,用以测量试验过程中的面外扭转程度。应变片和位移计的布置如图 5.7 和图 5.8 所示。

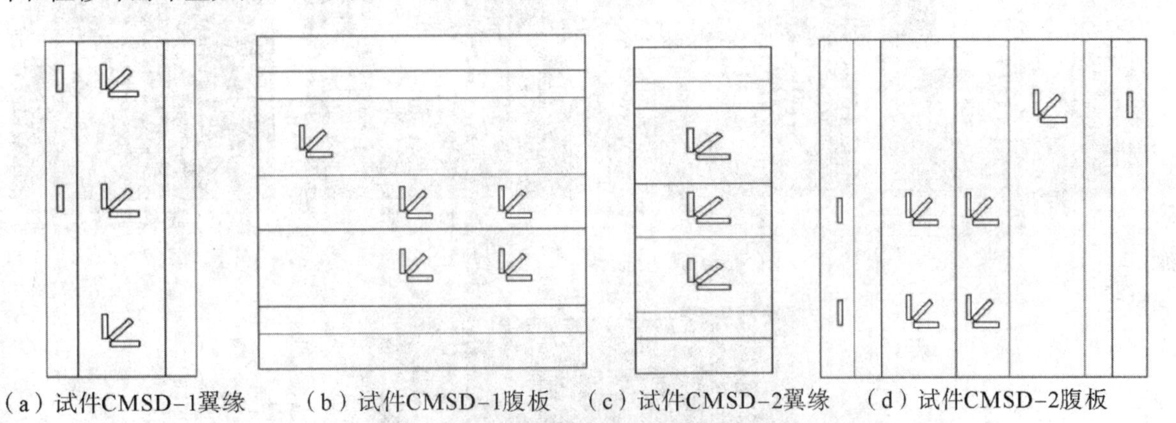
（a）试件CMSD-1翼缘　（b）试件CMSD-1腹板　（c）试件CMSD-2翼缘　（d）试件CMSD-2腹板

图 5.7　试件的应变片及应变花布置示意

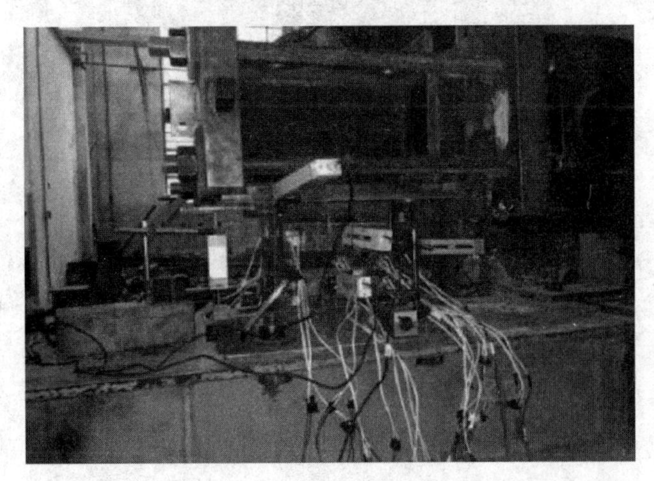
图 5.8　试件的位移计布置示意

5.1.2.3　试验结果

(1)试验现象

试件 CMSD－1 与试件 CSPD－1 的结构形式相同,其变形相似,以试件 CMSD－1 为例。试件 CMSD－1 在试验中的变形特征如图 5.9 所示。本次试验定义推力为正,拉力为负。在加载初始的荷载控制阶段,第一级加载数值为＋10 kN,后续每一级的加载制度比前一级多 10 kN。前 5 级加载,试件均无任何变形,处于弹性阶段,直至加载到＋60 kN 时,南北腹板发生轻微面外变形;当加载到－60 kN 时,南北腹板又回至原位;当加载到 90 kN 时,数据采集室设备上的荷载－位移曲线出现明显拐点,此时认为试件开始屈服,此时位移计 5 的读数为 1.99 mm,取整为 2 mm,改用位移控制加载,将屈服位移定义为 Δ_y,后面每一级的加载制度比前一级大 $0.5\Delta_y$,每一级循环 3 圈。随着加载的进行,腹板的 2 个角部的波角被逐渐拉大,腹板的面外变形也愈来愈明显。加载到中后期时,翼缘的角部也出现局部屈曲。当拉至－13 mm 第 1 圈时,东侧翼缘的左下端出现 1 条长约 1 cm 的裂缝;在后续的加载过程中,腹板和翼缘角部不断出现裂缝,且裂缝逐渐变大。当推至＋22 mm 的第 1 圈时,承载力下降到峰值点的 80% 左右,此时认定试件已基本失效,故停止加载。直至加载结束,腹板和翼缘与端板的焊缝未出现开裂,表明二氧化碳保护焊可以很好地保证纯钢结构的整体性。由于加载结束,作动器要回归原位才可卸载试件,卸载后试件 CMSD－1 的残余变形如图 5.10 所示。

(a) 腹板波角拉大

(b) 腹板面外变形

(c) 腹板出现裂缝

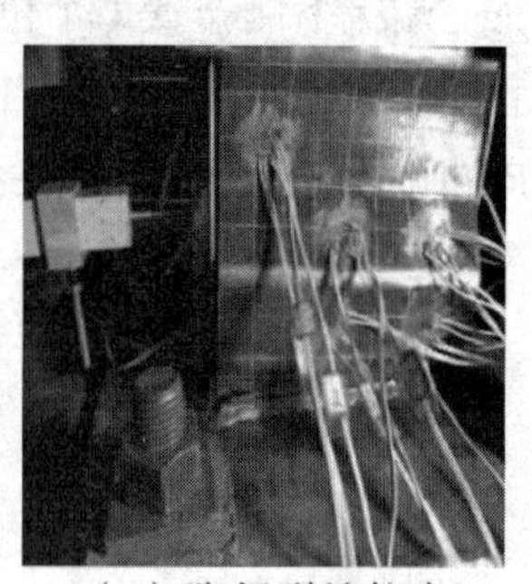
(d) 腹板裂缝拉大

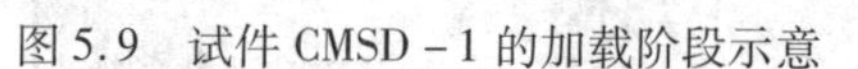
图 5.9　试件 CMSD－1 的加载阶段示意

图 5.10　试件 CMSD－1 的残余变形示意

试件 CMSD－2 与试件 CSPD－2 的结构形式相同,其变形相似,以试件 CMSD－2 为例。试件 CMSD－2 在试验中的变形特征如图 5.11 所示,残余变形如图 5.12 所示。试件 CMSD－2 采用和其他试件同样的加载制度,初始弹性阶段采用荷载控制,第一级荷载定为 10 kN,后续每一级荷载比前一级大 10 kN。在整个荷载控制阶段,试件均未发生任何变形,只出现少量焊渣掉落的现象,直至加载到 120 kN 时,此时数据采集设备上的荷载－位移曲线出现拐点,认为此时试件 CMSD－2 进入塑性阶段,此时位移计 5 的读数为 1 mm,定义此时屈服位移 Δ_y 等于 1 mm,并且后续每一级加载比前一级大 0.5Δ_y。在第二级加载位移时，腹板角部的波角便出现被拉大的现象，随着加载进行，腹板2个角部出现局部屈曲，但是试件整体的变形不明显，伴随着腹板裂缝的产生且不断扩大，最终试件承载力下降严重，停止加载。在整个加载过程中，翼缘均未发生明显的变形。

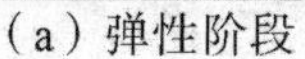

（a）弹性阶段　（b）腹板角部屈曲　（c）腹板出现裂缝　（d）腹板面外变形

图5.11　试件 CMSD－2 的加载阶段示意

图5.12　试件 CMSD－2 的残余变形示意

（2）滞回曲线

本次试验中4个试件的滞回曲线如图5.13所示。从图5.13(a)和图5.13(b)中可以看出，随着加载的进行，试件 CMSD－1 和试件 CSPD－1 的滞回环面积逐渐增大，承载力和刚度退化缓慢，最终滞回曲线呈饱满的梭形，说明水平波形钢板阻尼器的延性好，耗能能力佳，滞回性能稳定。由于低屈服点钢和普通钢厚度的实测值不同，所以试件 CMSD－1 和试件 CSPD－1 承载能力相似。从图5.13(c)和图5.13(d)中可以看出，试件 CMSD－2 和试件 CSPD－2 的滞回曲线在加载初期有一点的捏缩现象，试件 CMSD－2 的滞回曲线呈反S形，试件 CSPD－2 的滞回曲线较为饱满，但是在恢复力达到峰值点后，恢复力下降速度过快。

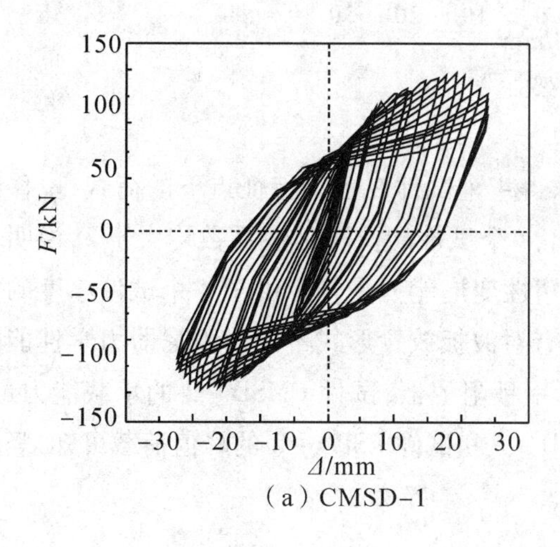

（a）CMSD-1

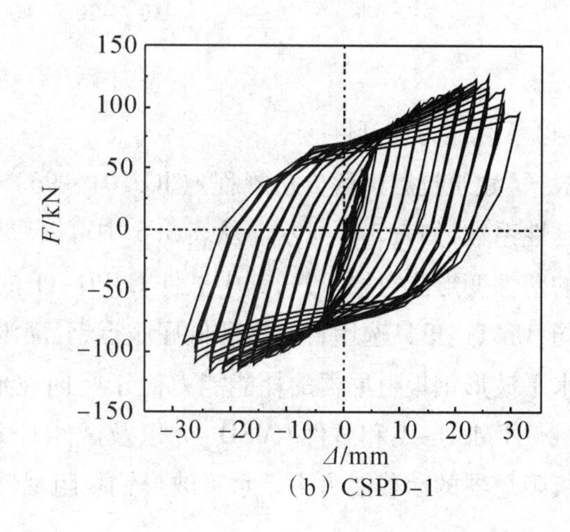

（b）CSPD-1

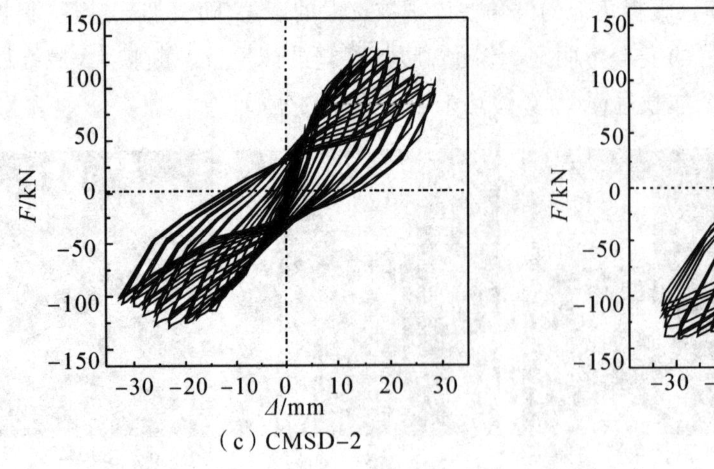

（c）CMSD-2　　（d）CSPD-2

图 5.13　滞回曲线

（3）骨架曲线

为了更清楚地分析4个试件的受力过程，作出4个试件的骨架曲线，如图5.14所示。从图5.14中可以看出，4个试件的骨架曲线均呈S形，说明4个试件在整个加载过程中均经历了弹性、弹塑性、塑性和破坏这4个阶段。4个试件在拉压方向上略有不平衡，原因主要是竖向波形钢板阻尼器在水平方向上会产生一种明显的拉压应力场，水平波形钢板阻尼器在推时腹板发生的剪切变形使腹板出现一些细小裂纹，而在反向加载时，只需施加较小的力便可使这些裂纹闭合。比较4个试件骨架曲线，可以明显得出：在波形钢板屈服强度相同时，竖向波形钢板阻尼器的承载能力大于水平波形钢板阻尼器，但竖向波形钢板阻尼器在加载位移较小时，便达到了峰值状态，说明竖向波形钢板阻尼器先于水平波形钢板阻尼器发生承载力退化，其位移延性比水平波形钢板阻尼器要差。

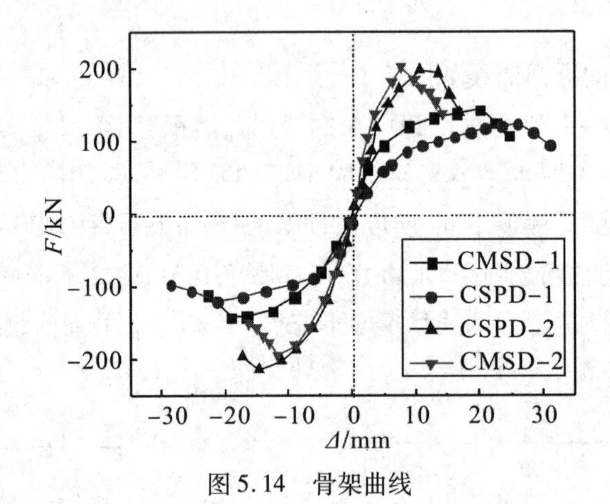

图 5.14　骨架曲线

（4）承载能力和延性

根据《建筑抗震试验方法规程》（JGJ101－96）求得4个试件在各个特征点下的荷载、位移以及位移延性系数，如表5.5所示。从表5.5中可以看出，4个试件的位移延性系数均大于3，说明4个试件的塑性变形能力均较好，其中试件CSPD－1的塑性变形能力最佳。由于4个试件厚度的实测值不同，所以这里只选用普通钢和低屈服点钢，而没有对波板放置形式不同时阻尼器力学性能的比较。水平波形钢板阻尼器的耗能能力优于竖向波形钢板阻尼器；试件CMSD－2的承载能力最大。比较试件CMSD－1和试件CMSD－2以及试件CSPD－1和试件CSPD－2的峰值荷载可知，竖向波形钢板阻尼器的承载能力大于水平波形钢板阻尼器。

表5.5　屈服状态、峰值状态、极限状态对应的荷载和位移及位移延性系数

编号	加载方向	屈服状态		峰值状态		极限状态		F_i
		屈服荷载/kN	屈服位移/mm	峰值荷载/kN	峰值位移/mm	极限荷载/kN	极限位移/mm	
CMSD-1	推向	98.5	4.6	144.9	20.8	123.2	22.7	4.2
	拉向	107.7	5.8	145.3	18.0	123.5	20.7	
	平均	103.1	5.2	145.1	19.4	123.3	21.7	
CSPD-1	推向	61.3	4.7	125.8	26.1	106.9	29.4	6.1
	拉向	67.1	5.2	121.4	21.1	103.2	29.8	
	平均	64.2	4.9	123.6	23.6	105.1	29.6	
CMSD-2	推向	130.5	3.1	209.4	7.8	178.0	10.2	3.2
	拉向	141.9	3.9	201.4	11.7	171.2	12.2	
	平均	136.2	3.5	205.4	9.8	174.6	11.2	
CSPD-2	推向	124.3	4.3	199.5	10.5	169.6	15.5	3.1
	拉向	137.5	5.5	197.9	14.7	168.2	14.7	
	平均	130.9	4.9	198.7	12.6	168.9	15.1	

(5)刚度退化和等效阻尼系数

将4个试件的刚度随加载位移的变化曲线绘制如图5.15所示。从图5.15(a)中可以看出:当阻尼器母材选用低屈服点钢时,试件CMSD-1和试件CMSD-2的刚度退化曲线近似呈线性分布,试件CMSD-1刚度退化速度较慢,说明其刚度退化特性优于试件CMSD-2的刚度退化特性。从图5.15(b)中可以看出:与低屈服点钢阻尼器类似,竖向波形钢板阻尼器的初始刚度远大于水平波形钢板阻尼器,但试件CSPD-1的刚度退化速度较试件CSPD-2的慢。综上说明,当波形腹板放置形式为水平方向时,阻尼器的刚度退化速度较慢,其变形能力较竖向波形钢板阻尼器的好。

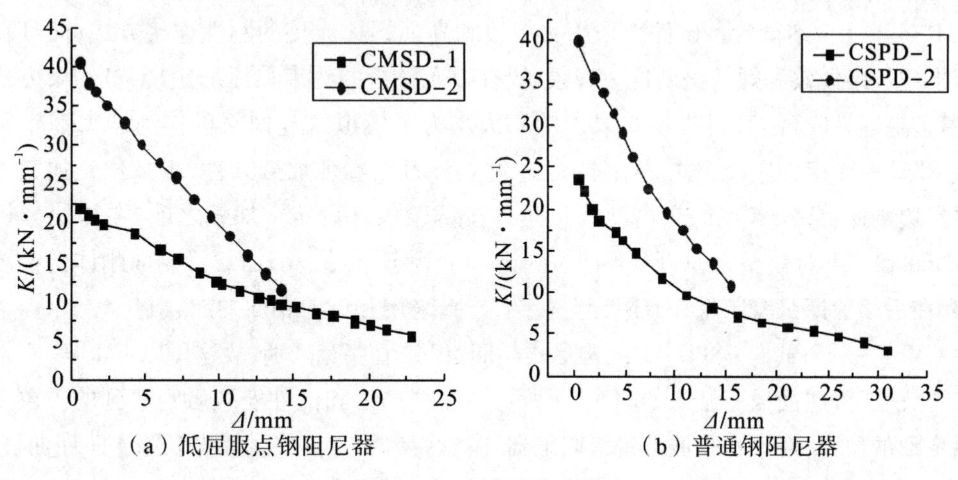

(a)低屈服点钢阻尼器　(b)普通钢阻尼器

图5.15　刚度退化曲线

对于阻尼器来说,其耗能能力尤为重要,所以将4个试件的等效黏滞阻尼系数计算出来绘于图5.16中。由图5.16可以看出:试件CSPD-1的耗能能力最佳,其等效黏滞阻尼系数最大可达到

0.32,而试件 CSPD-2 的耗能效果最差,其等效黏滞阻尼系数最大时仅达到0.18,约为试件 CSPD-1 的56%。进一步说明,水平波形钢板阻尼器的耗能能力优于竖向波形钢板阻尼器,在加载后期随着面外变形的增大,4 个试件的等效黏滞阻尼系数均出现增长速度降低的特征,其中竖向波形钢板阻尼器的等效黏滞阻尼系数上升速度明显比水平方向波形钢板阻尼器慢。

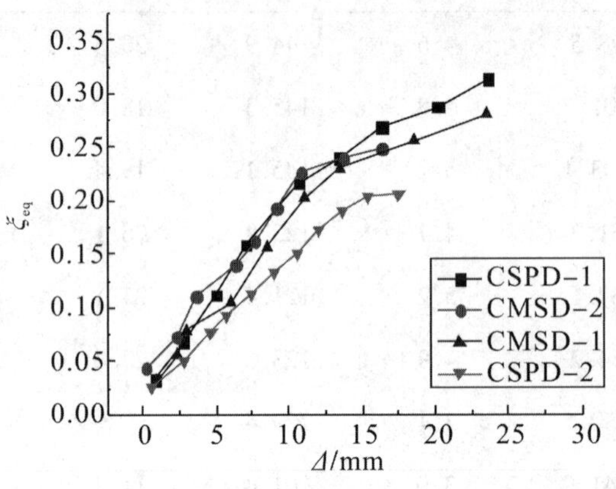

图 5.16　等效黏滞阻尼系数-位移曲线

5.2　波形反对称钢板阻尼器的有限元分析

5.2.1　有限元分析结果与试验结果的对比

(1)屈曲分析结果

对模型进行数值模拟计算之前,进行屈曲分析,选择合适的屈曲模态引入模型,使得数值模拟工况更接近实际工况。本次试验试件由上、下端板和中间腹板翼缘板组成,上、下端板在整个加载过程中,未发生任何变形,其主要是作为连接件的作用,对中间耗能钢板起到一个刚性约束的作用,因此在 ABAQUS 单元选取时,4 个试件的上、下端板均选取 R3D4 离散刚体单元;壳单元指的是构件中某一方向的尺寸远小于其他方向的尺寸,同时忽略该方向上的应力,此时就可选取壳体单元。在本次试验中,试件最大的厚度仅6 mm,远小于其高度和宽度,因此在建立模型时,中间腹板和翼缘板均选择 S4R 壳单元。本试验各试件均采用了焊接和高强螺栓连接的刚性连接方式,而且在试验过程中没有出现焊接失效和螺栓松动这一现象,故有限元分析的约束采用绑定(Tie)约束方式较符合实际,使模型更容易收敛,且对模型结果影响不大。为了模拟试验伺服机作动器水平作用加载条件,在工字梁这一连接件左面建立一刚体,通过建立参考点实现加载条件,水平位移加载参考点位于工字梁左边刚体上,参考点的自由度约束条件按试验条件设定。加载之前,在初始分析步状态下。在 Initial 状态下对模型施加边界条件,在 step-1 状态下对上部加载梁侧面刚体的参考点施加水平位移,在后续验证试验结果和有限元分析结果时,采用和试验相同的加载制度。

试件 CMSD-1 和试件 CSPD-1 结构形式相同,仅数值存有区别,故这里以 CMSD-1 对应的模型为例,给出前四阶屈曲模态结果如图 5.17 所示。根据加工和试件安装后观察到的现象及可能会出现初始变形的位置,对于水平波形钢板阻尼器,本章引入第 1 阶屈曲模态和第 4 阶屈曲模态,按照模型壳单元厚度的 2% 引入初始缺陷。

试件 CMSD-2 和试件 CSPD-2 结构形式相同,故这里以 CMSD-2 对应的模型为例,给出前四阶屈曲模态结果如图 5.18 所示。同理,对于竖向波形钢板阻尼器,本章引入第 1 阶屈曲模态和第 2

阶屈曲模态,按照前面介绍的比例,引入模型中。

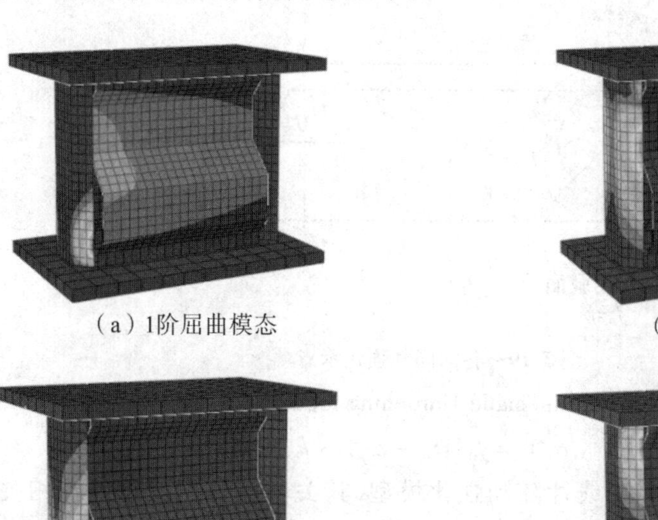

（a）1阶屈曲模态

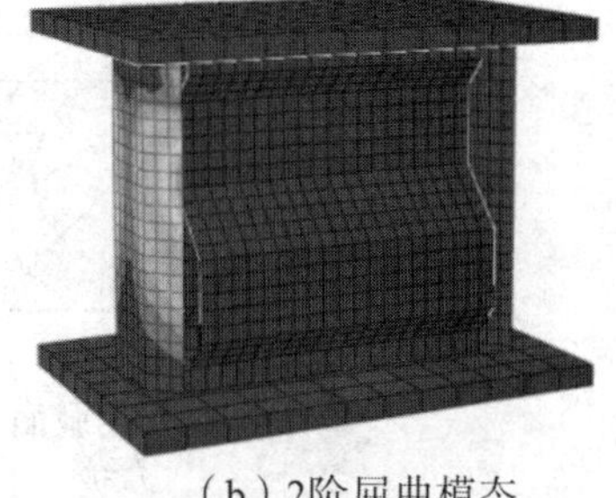

（b）2阶屈曲模态

（c）3阶屈曲模态

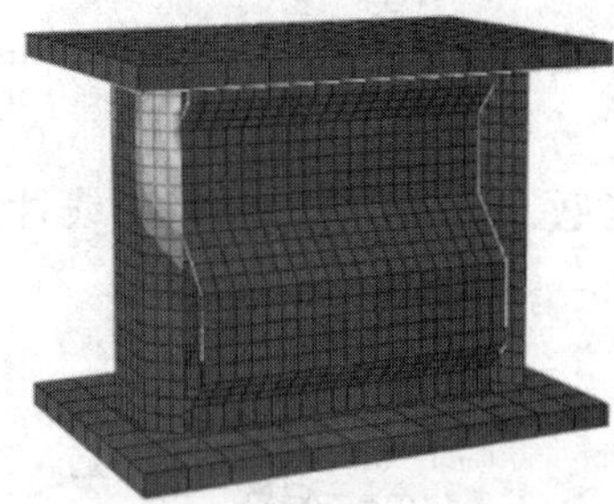

（d）4阶屈曲模态

图5.17　试件CMSD-1模型前四阶屈曲模态结果

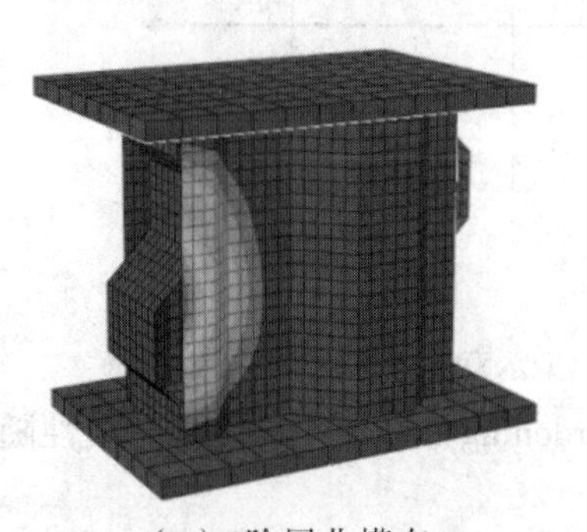

（a）1阶屈曲模态

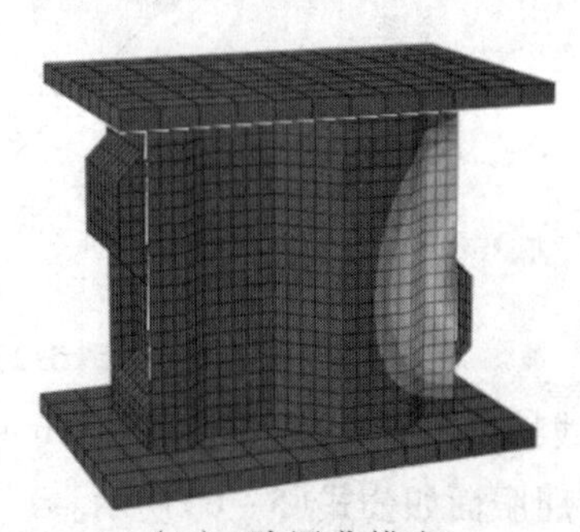

（b）2阶屈曲模态

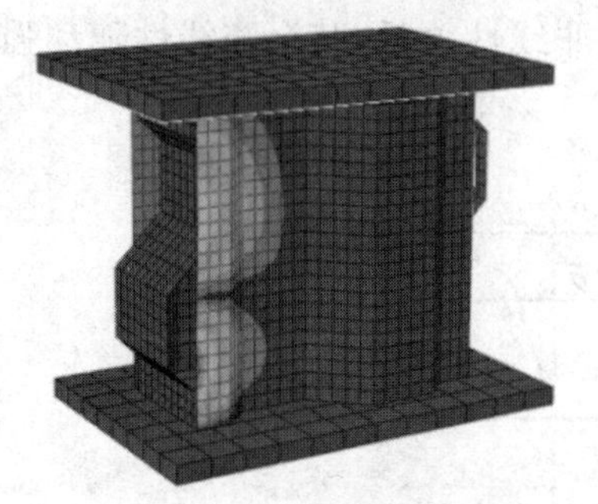

（c）3阶屈曲模态

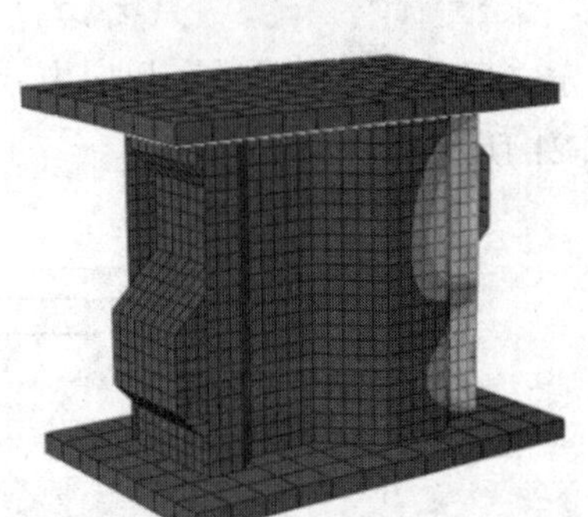

（d）4阶屈曲模态

图5.18　试件CMSD-2模型前四阶屈曲模态结果

(2)本构强化模型

本构模型的选取直接影响到后面数值模拟的结果,先对一些常见的强化模型作简单介绍。

1)各向同性强化模型[134](Isotropic Hardening Model),其屈服面如公式(5-4)所示。

$$f(\sigma_{ij},k) = f_0(\sigma_{ij}) - k(\kappa) = 0 \qquad (5-4)$$

式中,$k(\kappa)$为强化函数或增函数,κ为强化参数。如图5.19所示。

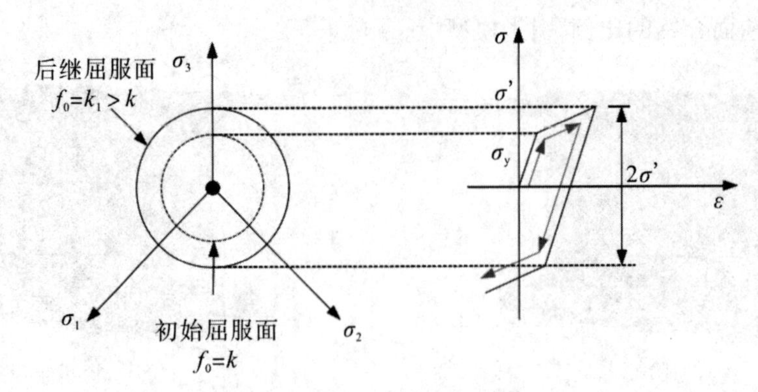

图 5.19　各向同性强化示意

2）线性随动强化模型[135]（Linear Kinematic Hardening Model），其屈服面如公式（5－5）所示。

$$f(\sigma_{ij},\alpha_{ij}) = f_0(\sigma_{ij} - \alpha_{ij}) - k = 0 \tag{5-5}$$

式中，k 为常数，α_{ij} 为反应力。对于线性随动强化模型，其关于塑性应变呈线性相关，如图 5.20 所示。

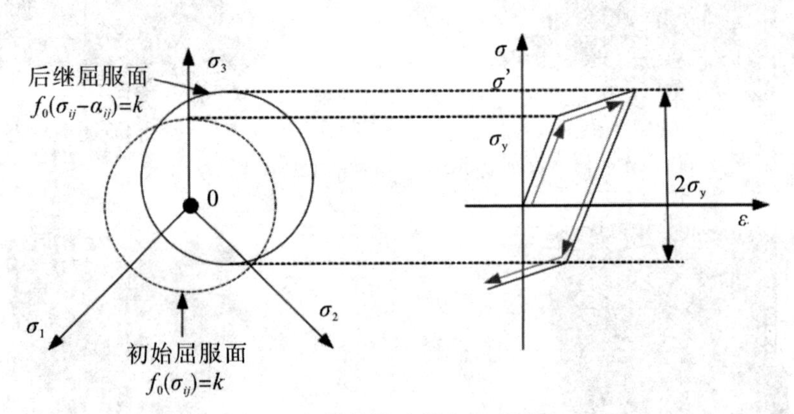

图 5.20　线性随动强化模型示意

3）非线性随动强化模型[136]（Nonlinear Kinematic Hardening Model），其公式与线性随动强化模型类似，其屈服面如公式（5－6）所示。

$$f(\sigma_{ij},\alpha_{ij}) = f_0(\sigma_{ij} - \alpha_{ij}) - R = 0 \tag{5-6}$$

式中，R 为定义屈服应力的常数。反应力 σ_{ij} 与塑性应变呈非线性关系，其余与线性随动强化模型一样，如图 5.21 所示。

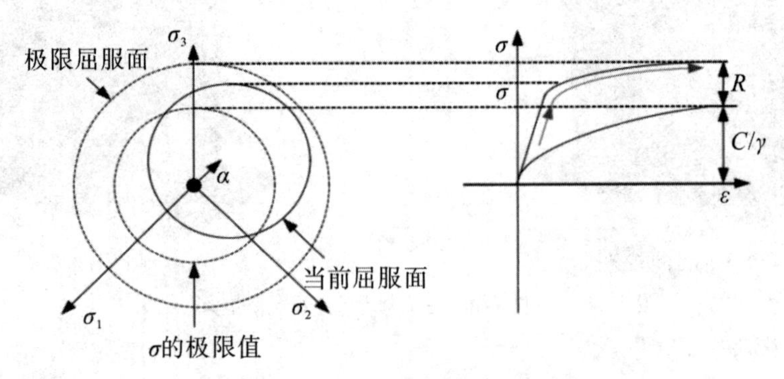

图 5.21　非线性随动强化模型示意

4）混合强化模型（Combined Hardening Model），是将公式（5－6）中的系数 R 重新定义成变量，其余与非线性随动强化模型保持一致。系数 R 定义如公式（5－7）所示。

$$R = \sigma_0 + Q_\infty(1 - e^{pl}) \tag{5-7}$$

式中，σ_0 为弹塑性临界点所对应的应力，Q_∞ 为屈服面尺寸变化的最大值，b 为屈服面尺寸变化的比率。

本书采用双线性随动强化模型、非线性随动强化模型和混合强化模型进行有限元分析，选择一种与试验结果最吻合的模型，进行后续的拓展因素分析。双线性随动强化模型中应力－应变计算如式(5－8)所示，非线性随动强化模型如公式(5－9)所示。

$$\sigma = E\varepsilon \quad \sigma \leqslant f_y \tag{5-8}$$

$$\sigma = f_y + E_i(\varepsilon - \varepsilon_y) \quad \sigma > f_y$$

$$\sigma = E\varepsilon \quad \sigma \leqslant f_y$$

$$\sigma = C\varepsilon^n \quad \sigma > f_y \tag{5-9}$$

如图 5.22 所示。选取 1 组材性数据部分点通过拟合得出系数 $C_1 = 538.5158$，系数 $n_1 = 0.31342$。同理，对后 2 组材性数据作同样处理，取 3 组数据的平均值得出系数 $C = 556.9$，$n = 0.298$。将非线性随动强化模型和双线性随动强化模型进行组合，得到混合强化模型。同理，混合强化模型中的 Chaboche 模型参数根据试验数据拟合得出，这种模型适用于大应变和循环加载。

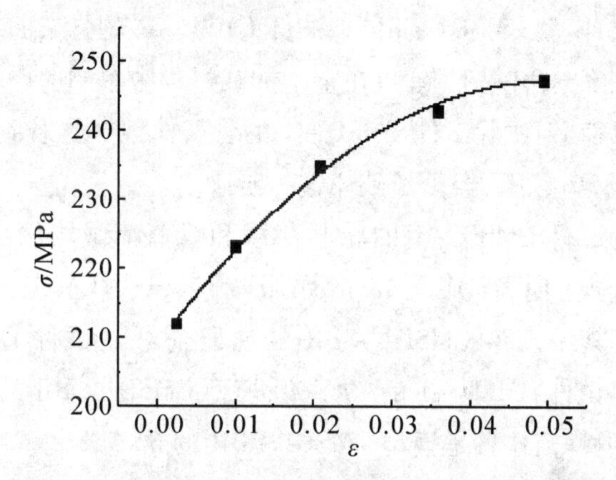

图 5.22　试件 CMSD－1 模型前四阶屈曲模态结果

(3)验证分析

1)与双线性随动强化模型结果的对比。以试件 CMSD－1 和试件 CMSD－2 为例，分别选取上述 3 种本构强化模型进行数值模拟计算，将计算结果与试验结果相对比，模型的编号如表 5.6 所示。

表 5.6　模拟用模型基本参数

模型编号	厚度/mm	屈服强度/MPa	强化模型
CMSD1－BR	6	137.2	双线性随动强化模型
CMSD2－BR	6	137.2	双线性随动强化模型
CMSD1－NR	6	137.2	非线性随动强化模型
CMSD2－NR	6	137.2	非线性随动强化模型
CMSD1－CM	6	137.2	混合强化模型
CMSD2－CM	6	137.2	混合强化模型

低屈服点水平波形钢板阻尼器双线性随动强化模型分析所得结果与试验结果对比见图 5.23。根据滞回曲线和骨架曲线确定出模型 CMSD1－BR 和试件 CMSD－1 特征点的荷载和位移，为方便对比，作表 5.7。

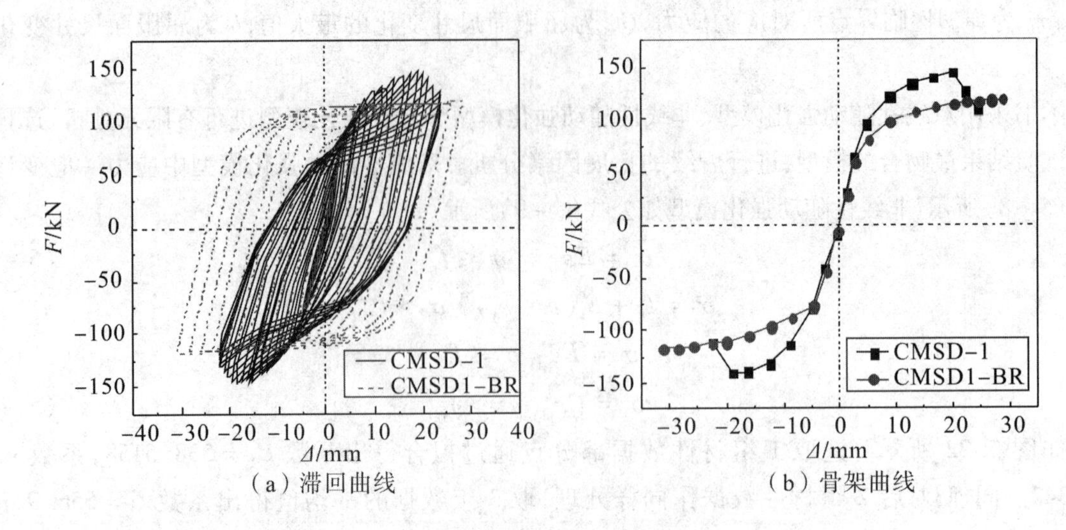

（a）滞回曲线　　　　　　　　（b）骨架曲线

图5.23　模型CMSD1-BR与试件CMSD-1对比

从图5.23中可以看出：模型CMSD1-BR的滞回曲线显著比试件CMSD-1饱满，呈明显的纺锤形，未出现任何捏缩现象；模型CMSD1-BR和试件CMSD-1的骨架曲线在加载初期，近乎重合；模型CMSD1-BR的骨架曲线未出现下降段，在整个加载过程中单调递增，到加载中后期，加载速度下降，骨架曲线逐渐趋于平稳，但试验试件CMSD-1的骨架曲线在加载到后期时出现了下降段，并最终下降到峰值承载力的85%以下，经历了破坏这一阶段。

从表5.7中可以看出：试件CMSD-1的屈服荷载和峰值荷载均大于模型CMSD1-BR，试件CMSD-1的屈服位移大于模型CMSD1-BR的屈服位移，试件CMSD-1的峰值位移大于模型CMSD1-BR的峰值位移，其中模型CMSD1-BR的屈服荷载是试件CMSD-1的73.3%，模型CMSD1-BR的峰值荷载是试件CMSD-1的79.2%；模型CMSD1-BR的屈服位移是试件CMSD-1的75%，试件CMSD-1的峰值位移是模型CMSD1-BR的64.7%。

表5.7　模型CMSD1-BR和试件CMSD-1特征点荷载和位移

试件编号	加载方向	屈服荷载/kN	屈服位移/mm	峰值荷载/kN	峰值位移/mm
CMSD-1	推向	98.5	4.6	144.9	20.8
	拉向	107.7	5.8	145.3	18.0
	平均	103.1	5.2	145.1	19.4
CMSD1-BR	推向	72.4	3.2	112.3	29.3
	拉向	78.8	4.6	117.4	30.7
	平均	75.6	3.9	114.9	30.0

低屈服点竖向波形钢板阻尼器双线性随动强化模型分析所得结果与试验结果对比见图5.24。根据滞回曲线和骨架曲线确定出模型CMSD2-BR和试件CMSD-2特征点的荷载和位移见表5.8。

从图5.24中可以看出：同试件CMSD-1与模型CMSD1-BR的对比，模型CMSD2-BR的滞回曲线也比试件CMSD-2的滞回曲线饱满，模型CMSD2-BR和试件CMSD-2的骨架曲线在加载初期也近乎重合；而且模型CMSD2-BR的骨架曲线也未出现下降段，在整个加载过程中单调递增，到加载中后期，恢复力上升速度下降，骨架曲线逐渐趋于平稳，试验试件CMSD-2的骨架曲线在加载到后期出现了下降段，并最终下降到峰值承载力的85%以下，经历了失效阶段。

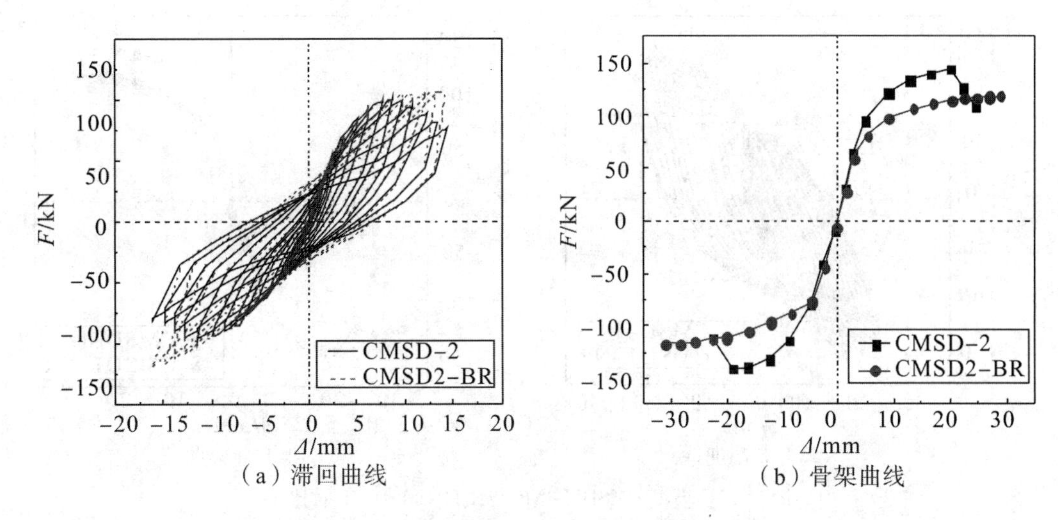

（a）滞回曲线　　（b）骨架曲线

图5.24　模型CMSD2－BR与试件CMSD－2对比

从表5.8中可以看出：试件CMSD－2的屈服荷载和屈服位移均大于模型CMSD2－BR，试件CMSD－2的峰值荷载和峰值位移均小于模型CMSD2－BR。其中模型CMSD2－BR的屈服荷载是试件CMSD－2的79.1%，试件CMSD－2的峰值荷载是模型CMSD2－BR峰值荷载的88.1%；模型CMSD2－BR的屈服位移是试件CMSD－2的80.0%，试件CMSD－2的峰值位移是模型CMSD2－BR峰值位移的64.9%。

表5.8　模型CMSD2－BR和试件CMSD－2特征点荷载和位移

试件编号	加载方向	屈服荷载/kN	屈服位移/mm	峰值荷载/kN	峰值位移/mm
CMSD－2	推向	130.5	3.1	209.4	7.8
	拉向	141.9	3.9	201.4	11.7
	平均	136.2	3.5	205.4	9.8
CMSD2－BR	推向	108.8	2.3	238.7	14.2
	拉向	106.8	3.3	236.9	16.0
	平均	107.8	2.8	237.8	15.1

2）与非线性随动强化模型的对比。低屈服点水平波钢板阻尼器非线性随动强化模型分析所得结果与试验结果对比见图5.25。根据滞回曲线和骨架曲线确定出模型CMSD1－NR和试件CMSD－1特征点的荷载和位移见表5.9。

从图5.25中可以看出：模型CMSD1－NR的滞回曲线比试件CMSD－1的滞回曲线饱满，呈梭形，初始刚度近似相等；模型CMSD1－NR和试件CMSD－1的骨架曲线在加载初期也近乎重合；模型CMSD1－NR的恢复力直至加载制度的最后一级才出现略微下降；模型CMSD1－NR的骨架曲线在整个加载过程中单调递增，到加载中后期，模型CMSD1－NR的恢复力上升速度下降，骨架曲线也逐渐趋于平稳，试验试件CMSD－1的骨架曲线在加载到后期出现了下降段，并最终下降到峰值承载力的85%以下，经历了失效阶段。

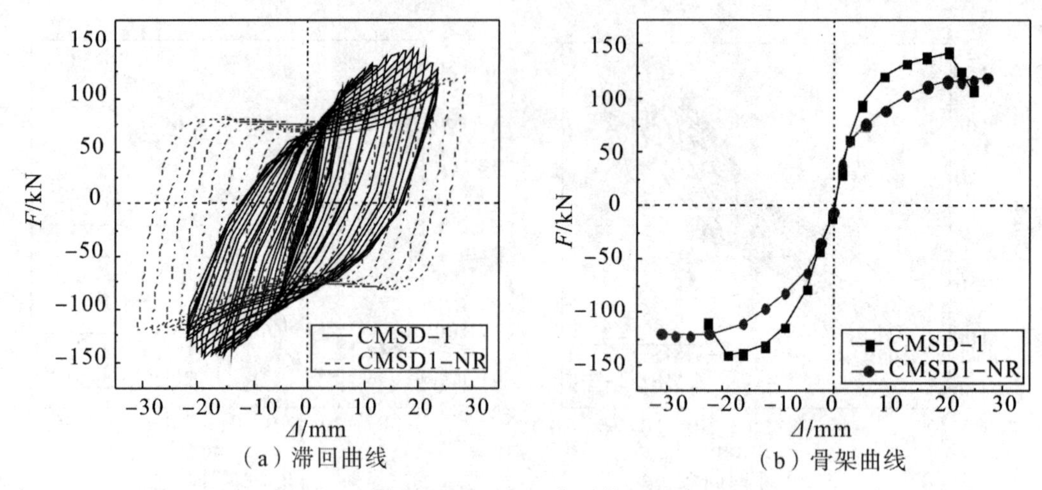

图 5.25 模型 CMSD1-NR 与试件 CMSD-1 对比

表 5.9 模型 CMSD1-NR 和试件 CMSD-1 特征点荷载和位移

试件编号	加载方向	屈服荷载/kN	屈服位移/mm	峰值荷载/kN	峰值位移/mm
CMSD-1	推向	98.5	4.6	144.9	20.8
	拉向	107.7	5.8	145.3	18.0
	平均	103.1	5.2	145.1	19.4
CMSD1-NR	推向	85.4	3.5	119.9	28.7
	拉向	81.3	5.5	123.8	28.3
	平均	83.4	4.5	121.9	28.5

从表 5.9 中可以看出:试件 CMSD-1 的屈服荷载、屈服位移和峰值荷载均大于模型 CMSD1-NR,试件 CMSD-1 的峰值位移小于模型 CMSD1-NR。其中模型 CMSD1-NR 的屈服荷载是试件 CMSD-1 的 80.9%,模型 CMSD1-NR 的峰值荷载是试件 CMSD-1 的 84.1%;模型 CMSD1-NR 的屈服位移是试件 CMSD-1 的 86.5%,试件 CMSD-1 的峰值位移是模型 CMSD1-BR 的 68.1%。

低屈服点竖向波形钢板阻尼器非线性随动强化模型分析所得结果与试验结果对比如图 5.26 所示。根据滞回曲线和骨架曲线确定出模型 CMSD2-NR 和试件 CMSD-2 特征点的荷载和位移见表 5.10。

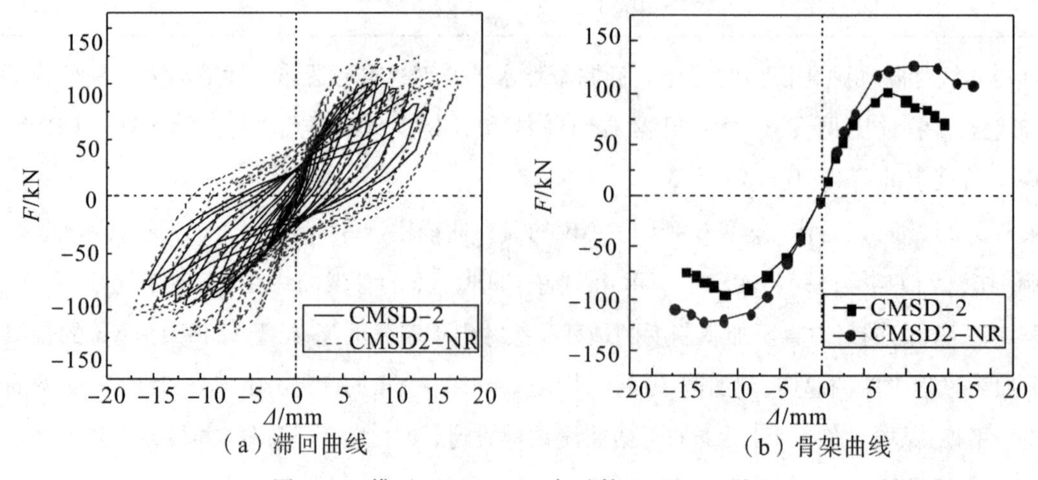

图 5.26 模型 CMSD2-NR 与试件 CMSD-2 对比

图5.26中可以看出:模型CMSD2－NR的滞回曲线同试件CMSD－2的滞回曲线一样也出现了捏拢现象,但是相比试件CMSD－2的滞回曲线较为饱满;模型CMSD2－NR和试件CMSD－2的骨架曲线在加载初期也近乎重合;2条骨架曲线在加载前期均呈线性递增,到加载中后期,均出现了恢复力上升速度下降现象,模型CMSD2－NR骨架曲线在加载后期逐渐趋于平稳显,模型CMSD2－NR受拉时,在倒数第三级加载位移上开始出现恢复力下降现象,而试件CMSD－2在倒数第二级便出现了恢复力下降。

从表5.10中可以看出:试件CMSD－2的屈服荷载和屈服位移均大于模型CMSD2－NR,试件CMSD－2的峰值荷载和峰值位移均小于模型CMSD2－NR。其中模型CMSD2－NR的屈服荷载是试件CMSD－2的80.9%,试件CMSD－2的峰值荷载是模型CMSD2－NR峰值荷载的82.8%;模型CMSD2－NR的屈服位移是试件CMSD－2屈服位移的85.7%,试件CMSD－2的峰值位移是模型CMSD2－NR峰值位移的86.7%。

表5.10　模型CMSD2－NR和试件CMSD－2特征点荷载和位移

试件编号	加载方向	屈服荷载/kN	屈服位移/mm	峰值荷载/kN	峰值位移/mm
CMSD－2	推向	130.5	3.1	209.4	7.8
	拉向	141.9	3.9	201.4	11.7
	平均	136.2	3.5	205.4	9.8
CMSD2－NR	推向	104.6	2.9	235.9	10.1
	拉向	115.9	3.1	260.3	12.4
	平均	110.3	3.0	248.1	11.3

3)与混合强化模型的对比。低屈服点水平波钢板阻尼器混合强化模型分析所得结果与试验结果对比如图5.27所示。根据滞回曲线和骨架曲线确定出模型CMSD1－CM和试件CMSD－1特征点的荷载和位移见表5.11。

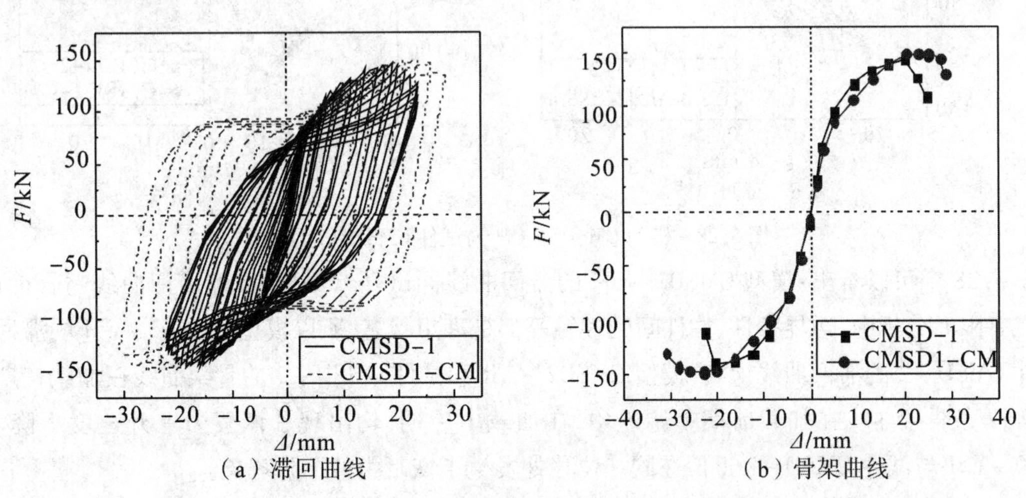

(a)滞回曲线　　(b)骨架曲线

图5.27　模型CMSD1－CM与试件CMSD－1对比

从图5.27中可以看出:模型CMSD1－CM的滞回曲线比试件CMSD－1的滞回曲线饱满,呈梭形;模型CMSD1－CM和试件CMSD－1的骨架曲线吻合度良好,在加载前期均呈线性递增发展趋势;在试件或者模型受推力时,近似在同一位移下发生恢复力下降的现象,而在受拉力时,试件CMSD－1先于模型CMSD1－CM一个加载级度发生恢复力下降,试件CMSD－1和模型CMSD1－

CM 均经过了弹性阶段、弹塑性阶段、初裂阶段和失效阶段。

从表 5.11 中可以看出:试件 CMSD－1 的屈服荷载大于模型 CMSD1－CM,试件 CMSD－1 的屈服位移与模型 CMSD1－CM 的屈服位移近似相等,试件 CMSD－1 的峰值荷载和峰值位移均略等于模型 CMSD1－CM。其中模型 CMSD1－CM 的屈服荷载是试件 CMSD－1 的 88.6%,试件 CMSD－1 的峰值荷载是模型 CMSD1－CM 峰值荷载的 96.2%;试件 CMSD－1 的屈服位移是模型 CMSD1－CM 屈服位移的 96.3%,试件 CMSD－1 的峰值位移是模型 CMSD1－CM 峰值位移的 90.7%。

表 5.11　模型 CMSD1－CM 和试件 CMSD－1 特征点荷载和位移

试件编号	加载方向	屈服荷载/kN	屈服位移/mm	峰值荷载/kN	峰值位移/mm
CMSD－1	推向	98.5	4.6	144.9	20.8
	拉向	107.7	5.8	145.3	18.0
	平均	103.1	5.2	145.1	19.4
CMSD1－CM	推向	89.3	4.8	149.7	20.3
	拉向	93.4	5.9	150.9	22.5
	平均	91.4	5.4	150.7	21.4

低屈服点竖向波形钢板阻尼器混合强化模型分析所得结果与试验结果对比如图 5.28 所示。根据滞回曲线和骨架曲线确定出模型 CMSD2－CM 和试件 CMSD－2 特征点的荷载和位移见表 5.12。

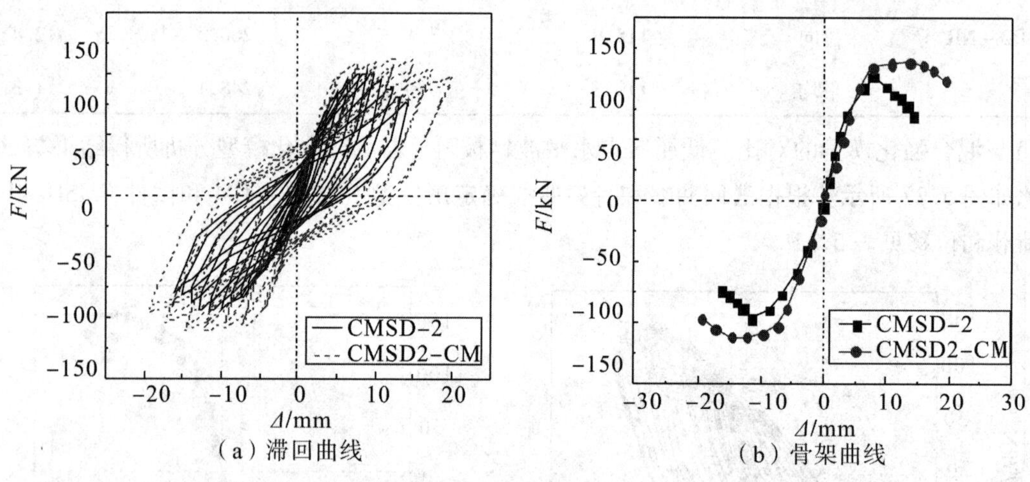

（a）滞回曲线　　（b）骨架曲线

图 5.28　模型 CMSD2－CM 与试件 CMSD－2 对比

图 5.28 中可以看出:模型 CMSD2－CM 的滞回曲线同试件 CMSD－2 的滞回曲线吻合度良好,由于在有限元分析中,边界条件、构件间的接触等都是理想状态,所以模型 CMSD2－CM 的滞回曲线较试件 CMSD－2 的滞回曲线饱满;模型 CMSD2－NR 和试件 CMSD－2 的骨架曲线在加载初期也近乎重合;2 条骨架曲线在加载前期单调递增,在加载中后期,均出现了恢复力上升速度下降,模型 CMSD2－CM 与试件 CMSD－2 近似在同一位移处发生了恢复力的下降现象。

从表 5.12 中可以看出:试件 CMSD－2 的屈服荷载和屈服位移均大于模型 CMSD2－CM,试件 CMSD－2 的峰值荷载和峰值位移均小于模型 CMSD2－CM。其中模型 CMSD2－CM 的屈服荷载是试件 CMSD－2 的 89.3%,试件 CMSD－2 的峰值荷载是模型 CMSD2－CM 峰值荷载的 90.8%;模型 CMSD2－CM 的屈服位移是试件 CMSD－2 屈服位移的 91.4%,试件 CMSD－2 的峰值位移是模型 CMSD2－CM 峰值位移的 74.2%。

表5.12　模型CMSD2－CM和试件CMSD－2特征点荷载和位移

试件编号	加载方向	屈服荷载/kN	屈服位移/mm	峰值荷载/kN	峰值位移/mm
CMSD－2	推向	130.5	3.1	209.4	7.8
	拉向	141.9	3.9	201.4	11.7
	平均	136.2	3.5	205.4	9.8
CMSD2－CM	推向	111.8	2.7	227.2	14.1
	拉向	131.6	3.7	225.2	12.3
	平均	121.7	3.2	226.2	13.2

将上述3种不同强化模型分析结果的特征点参数与试验结果特征点参数整合如表5.13所示，可以看出：对于本次试验试件的结构形式，钢板本构选用双线性随动强化模型和非线性随动强化模型时，有限元分析的结果与试验结果误差较大；当选用混合强化模型时，有限元分析结果和试验结果吻合度较好。

表5.13　不同强化模型和试验结果的对比误差

模型编号	试件编号	误差/%	
		屈服荷载	峰值荷载
CMSD1－BR	CMSD－1	26.7	20.8
CMSD1－NR		19.1	15.9
CMSD1－CM		11.4	3.8
CMSD2－BR	CMSD－2	20.9	11.9
CMSD2－NR		19.1	17.2
CMSD2－CM		10.7	9.2

5.2.2　几何拓展因素分析

前面已经进行了有限元分析结果和试验结果的验证，从试件和对应模型的滞回曲线、骨架曲线、特征点参数还有变形特征上，两者结果都高度吻合；试件和对应模型的受力过程，也与不同力学状态下的微观应变发展趋势高度吻合。因此，对于本文的试验试件，采用混合强化模型以及前文模型所设定的边界条件、接触条件以及加载制度等都是合理的，本节将在此基础上进行拓展因素的分析。模型的具体参数如表5.14所示。

表5.14　模型具体参数表

模型编号	钢板特征	屈服强度/MPa	波角/(°)	厚度/mm	高宽比
Model－1	水平波形钢板	137.2	30	6	1
Model－2	水平波形钢板	137.2	60	6	1
Model－3	水平波形钢板	137.2	45	4.5	1
Model－4	水平波形钢板	137.2	45	3	1
Model－5	水平波形钢板	137.2	45	7.5	1

续表

模型编号	钢板特征	屈服强度/MPa	波角/(°)	厚度/mm	高宽比
Model-6	水平波形钢板	137.2	45	6	0.9
Model-7	水平波形钢板	137.2	45	6	0.8
Model-8	水平波形钢板	137.2	45	6	1.1
Model-9	水平波形钢板	137.2	45	6	1.2
Model-10	竖向波形钢板	137.2	30	6	1
Model-11	竖向波形钢板	137.2	60	6	1
Model-12	竖向波形钢板	137.2	45	3	1
Model-13	竖向波形钢板	137.2	45	4.5	1
Model-14	竖向波形钢板	137.2	45	7.5	1

(1)波角的影响

考虑波角这一影响因素,分别作出不同波角下的水平波形钢板阻尼器的滞回曲线,如图5.29所示。根据图5.29,计算得出各个模型的力学特征点参数,如表5.15所示。从图5.29中可以看出:对于水平波形钢板阻尼器,波形钢板的波角越大,其耗能性越好,但是随着波角的增大,其耗能能力的增大速度不断减小。从表5.15中可以看出:Model-1的峰值承载力最大,约是模型CMSD1-CM和模型Model-2的1.06倍和1.12倍,但是其延性大约只有模型CMSD1-CM和模型Model-2的33.3%。阻尼器作为一种耗能装置,其耗能性能的重要性远大于承载能力。

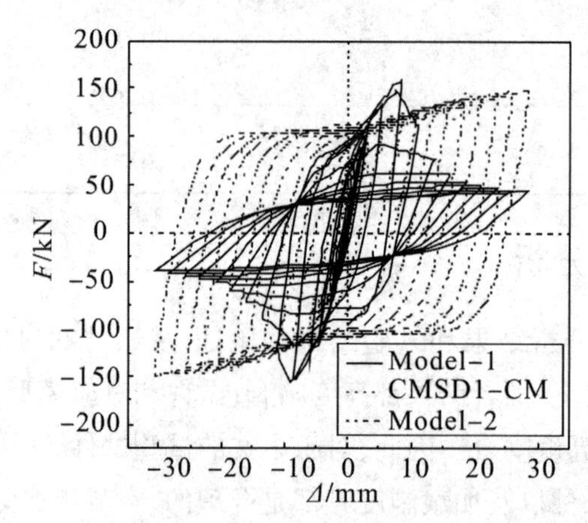

图5.29 不同波角的水平波形钢板阻尼器滞回曲线

表5.15 水平波形钢板阻尼器不同波角下的力学特征参数

模型编号	屈服荷载/kN	峰值荷载/kN	位移延性系数
Model-1	78.3	154.6	1.7
CMSD1-CM	103.1	145.1	5.1
Model-2	98.6	138.6	5.3

对于波角这一影响因素,作出竖向波形钢板阻尼器的滞回曲线,如图5.30所示。从图5.30中可以看出:对于竖向波形钢板阻尼器,波角对其力学性能的影响比例远小于水平波形钢板阻尼器,

波角对其力学性能的影响较低，可忽略不计。

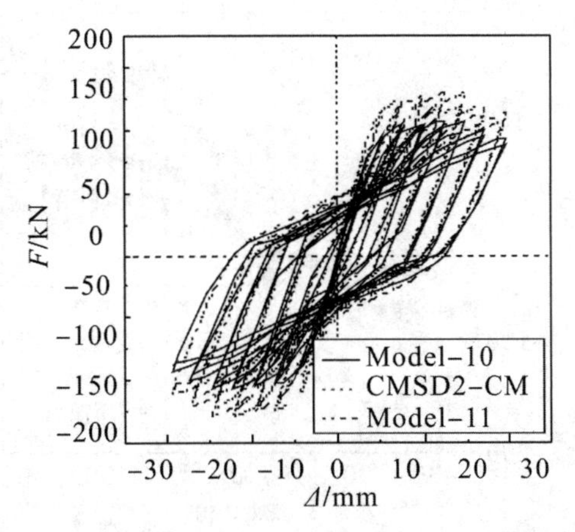

图 5.30　不同波角的竖向波形钢板阻尼器滞回曲线

(2)材料屈服强度的影响

对于水平波形钢板阻尼器，不同屈服强度下阻尼器的滞回曲线和等效黏滞阻尼系数随位移变化曲线如图 5.31 所示。模型 Model－3 等效黏滞阻尼系数的最大值为 0.44，而模型 CSPD－1 的等效黏滞阻尼系数的最大值为 0.39，约为模型 CMSD1－CM 的 88%，说明低屈服点钢阻尼器具有比普通钢阻尼器更优的耗能能力。

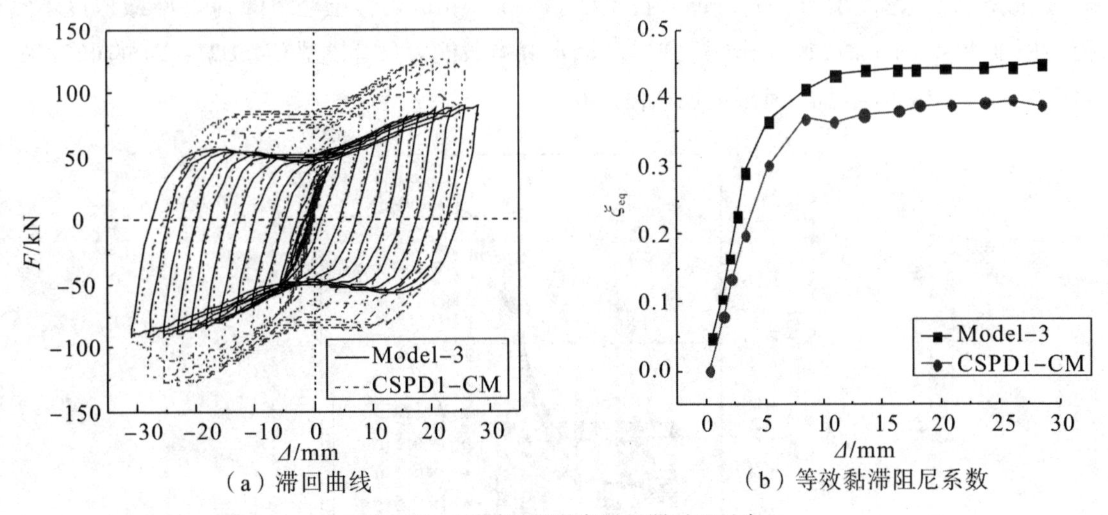

(a) 滞回曲线　　(b) 等效黏滞阻尼系数

图 5.31　不同屈服强度阻尼器对比示意

(3)厚度的影响

对于钢板厚度对水平波形钢板阻尼器的影响，建立模型 Model－3、Model－4、Model－5 与模型 CMSD1－CM 进行对比，作出 4 个模型的骨架曲线如图 5.32 所示。在加载初期可以看出，Model－3 和 Model－4 的初始刚度均较低，直至加载结束，2 个模型的骨架曲线都未达到下降段，但是也趋于平稳状态了。当厚度从 4.5 mm 提升到 6 mm 时，其初始刚度上升约 56%；当厚度为 7.5 mm 时，模型 Model－5 的骨架曲线和模型 CMSD1－CM 的骨架曲线相似度高。模型 Mode－5 与模型CMSD1－CM 的骨架曲线均呈标准的 S 形。通过厚度来控制波形钢板阻尼器的承载能力是最简单的方式，当厚度达到 7.5 mm 时，其承载能力和延性略有提高，分别提高约 7% 和 5%。但对于用钢量来说并不经济，而且当厚度较大时，翼缘刚度过大，使得腹板不能充分发挥作用。综上，本章提出的水平波形钢板阻尼器厚度宜选取在 6 mm。

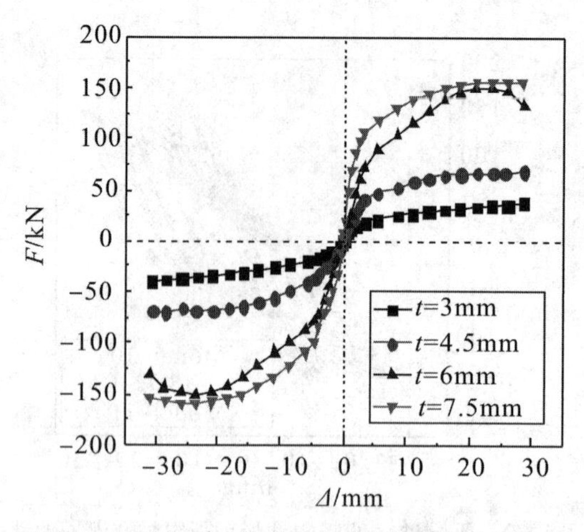

图5.32　不同厚度水平波形钢板阻尼器骨架曲线

对于钢板厚度对竖向波形钢板阻尼器的影响，建立模型 Model-12、Model-13 和 Model-14 与前文模型 CMSD2-CM 进行对比分析。相比于水平波形钢板阻尼器，厚度对竖向波形钢板阻尼器的影响较小，除了厚度等于3 mm时，其余3个厚度模型的滞回曲线相似度较高，比较饱满。为了方便比较，将4个模型的骨架曲线绘制于图5.33中，4个模型的骨架曲线在加载初期吻合度均较高，初始刚度近似相等；当厚度增加到7.5 mm时，模型 Model-14 的延性已经下降到2.8，故厚度不宜过大；而当厚度取4.5 mm时，延性虽然达到了5.8，但其承载能力只有模型 CMSD2-CM 的66%，故建议，对于竖向波形钢板阻尼器，其厚度也取值为6 mm。

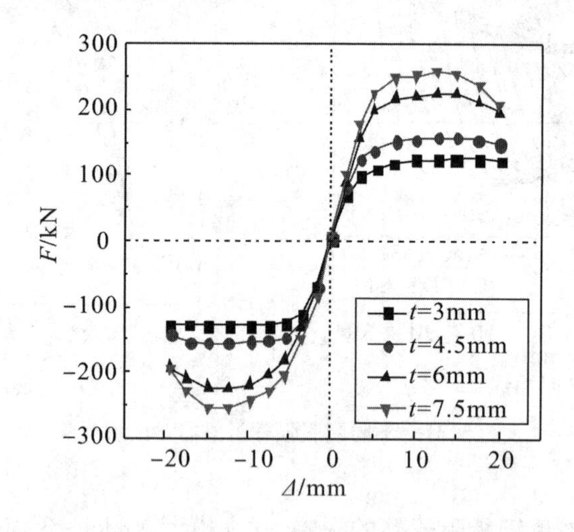

图5.33　不同厚度竖向波形钢板阻尼器骨架曲线

（4）腹板高宽比的影响

为了研究腹板高宽比对水平波形钢板阻尼器整体力学性能的影响，作出5个模型的骨架曲线见图5.34。当腹板高宽比为0.8、1.1和1.2时，3个模型的位移延性系数近似相等，均高于腹板高宽比为0.9和1时的阻尼器位移延性系数。当腹板高宽比为1.1时，阻尼器的承载能力略高于腹板高宽比为0.8和1.2时的阻尼器承载力，因此，对于水平波形软钢阻尼器，高宽比宜设在1.1。竖波面外刚度较大，只改变较小的高宽比时，对整体性能影响不大，故在这里不对竖向波形钢板阻尼器的高宽比进行分析。

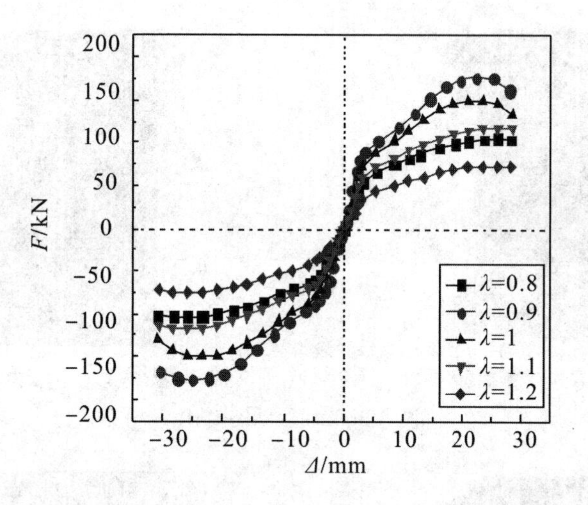

图5.34　不同高宽比水平波形钢板阻尼器骨架曲线

5.3　波形反对称钢板阻尼器的受力机理分析

5.3.1　钢板阻尼器的受力机理分析

波形钢板的受力按波纹方向出现不同的特征[137]。为了方便描述波形钢板受力机理,将波形钢板的受力方向分为顺波纹方向和垂直波纹方向,如图5.35所示。波形钢板沿顺波纹方向的拉伸或压缩刚度很小,基本没有承受荷载的能力,可产生明显的拉压变形,而沿垂直波纹方向受力时,具有较好的承载能力。

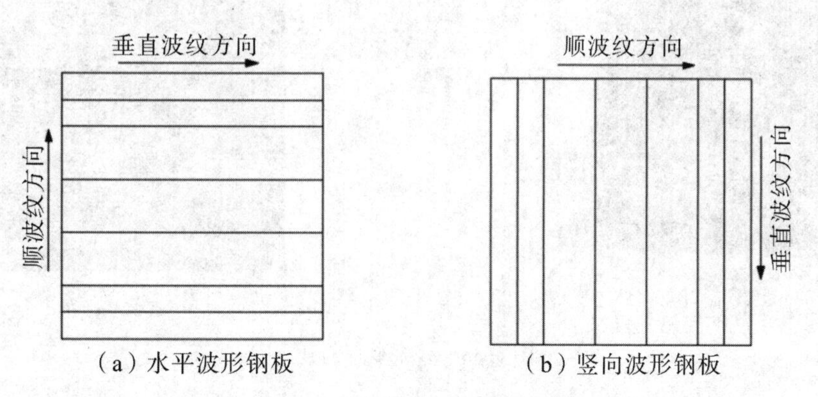

（a）水平波形钢板　　（b）竖向波形钢板

图5.35　波形钢板的波纹方向

(1)水平波形钢板阻尼器的受力机理分析

在水平荷载作用下,作出水平波形钢板阻尼器在不同力学状态下的应力云图与对应的试验照片,从宏观上的受力变形进行对比分析;作出水平波形钢板阻尼器在不同力学状态下的应变云图与试验应变片数据随加载位移变化的曲线,从微观上试件各点的应变发展规律进行对比分析。现对比水平波形钢板阻尼器各受力状态下的应力云图和残余变形,见图5.36~图5.38。可以发现:模型在2种受力状态和残余变形下的变形特征与试验现象高度吻合。波形腹板首先从4个角部屈服并逐渐向中间发展,直至达到破坏状态,波形腹板4个角部的应力值远大于波形腹板的中间部位,在达到破坏状态时,腹板也充分发挥了变形耗能的作用。

（a）模型

（b）试件

图 5.36　屈服状态对比

（a）模型

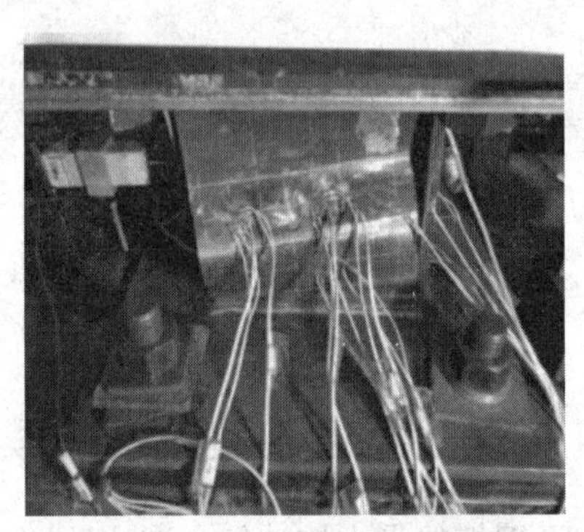

（b）试件

图 5.37　破坏状态对比

（a）模型

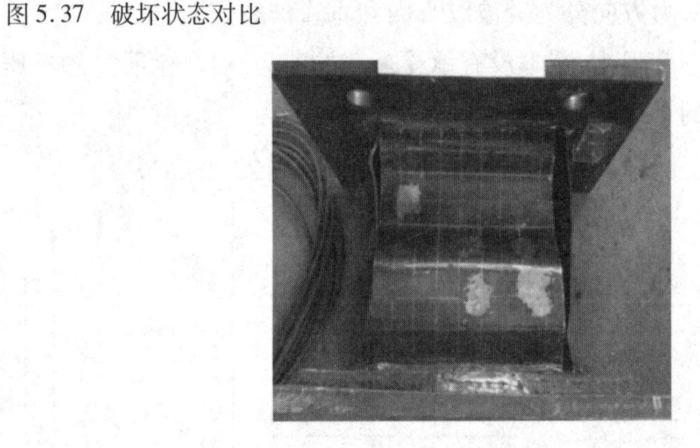

（b）试件

图 5.38　残余变形对比

作出模型推拉破坏状态下的应变云图和试验应变输出数据曲线图，见图 5.39、图 5.40。对比可以发现：模型和试验试件在推拉向的应变值都不平衡，拉向应变值大于推向应变值，这是因为腹板在受推力时会产生细小的裂纹，而在受拉力时，只需要较小力就可以使裂纹重合；翼缘板上、下测点的应变数值明显大于中间测点应变值，这也与试验结果相吻合；当取推向最后一级即破坏状态的加载位移时，试件 CMSD－1 测取点 G 主应变值为 0.00338，而模型 CMSD1－CM 的主应变值为 0.00407，约是测取点 G 的 1.20 倍；当取拉向最后一级加载位移时，试件 CMSD－1 测取点 G 主应变值为 0.00456，模型 CMSD1－CM 的主应变值为 0.00528，约是测取点 G 应变值的 1.15 倍。出现上述现象的原因是，对于水平波形钢板阻尼器，其腹板在顺波纹方向上的面外刚度可以忽略不计，所以腹板主要承受剪力作用，而翼缘主要进行抗弯，所以翼缘的角部会出现屈曲，且应变值偏大。

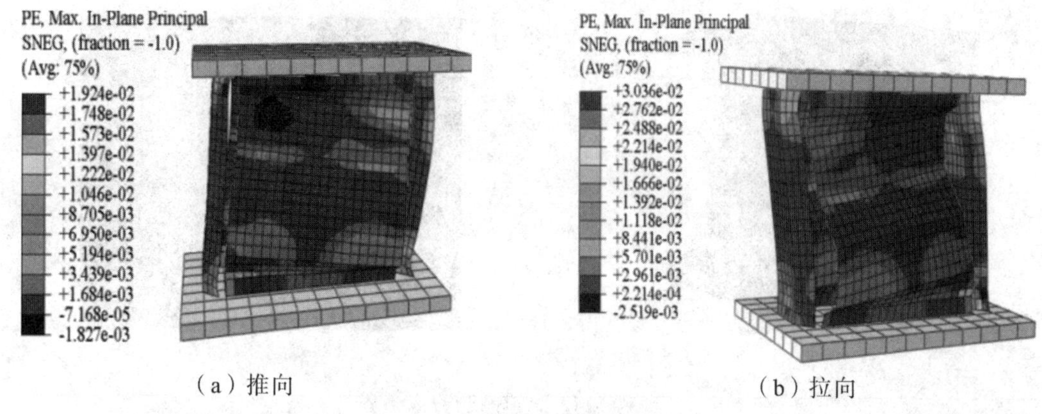

（a）推向　　（b）拉向

图 5.39　水平波形钢板阻尼器破坏状态下的应变云图

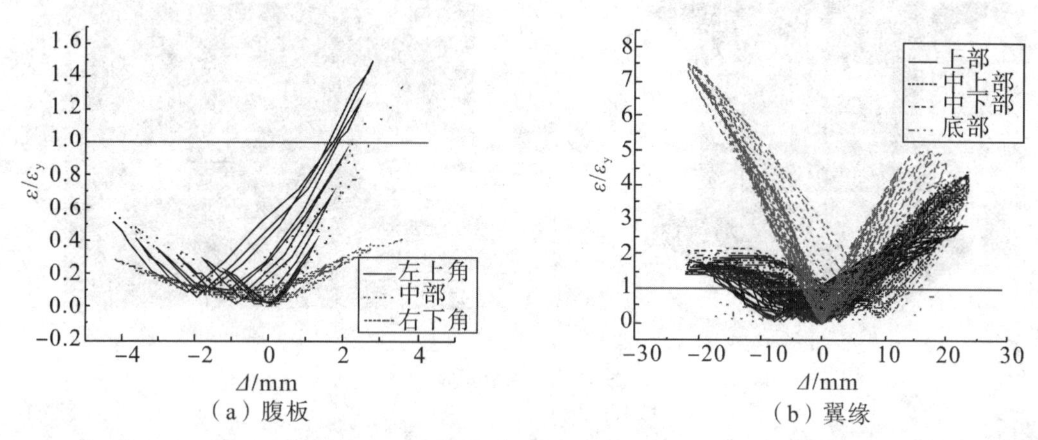

（a）腹板　　（b）翼缘

图 5.40　水平波形钢板阻尼器应变发展规律

(2)竖向波形钢板阻尼器的受力机理分析

现对比水平波形钢板阻尼器各受力状态下的应力云图和残余变形，如图 5.41 ~ 图 5.43 所示。模型在 2 种受力状态和残余变形下的变形特征与试验现象高度吻合；与水平波钢板阻尼器不同，竖向波形钢板阻尼器的应力值从波形腹板底部逐渐向上部发展，在达到破坏状态时，腹板基本全部屈服，说明腹板也充分发挥了变形耗能的作用；翼缘板上、下端的应力显著大于中间波段的应力，由于竖向波形钢板阻尼器在平面外刚度较大，所以其变形很小，耗能性能不如波形钢板水平放置时的阻尼器。

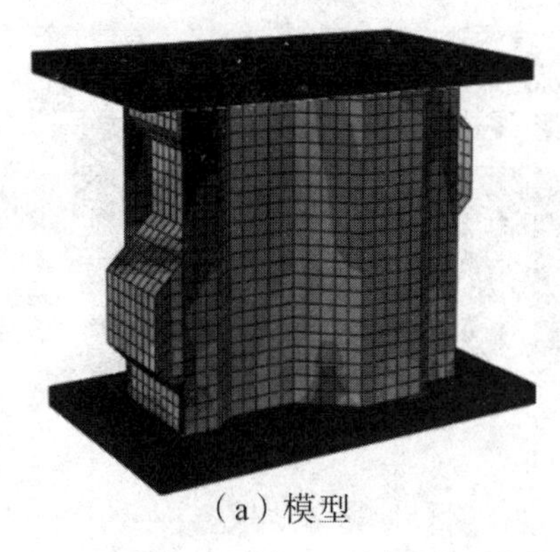

（a）模型　　（b）试件

图 5.41　屈服状态

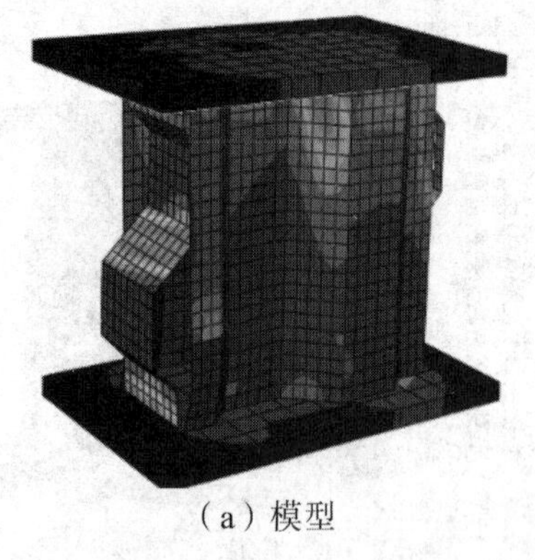

（a）模型

（b）试件

图 5.42　破坏状态

（a）模型

（b）试件

图 5.43　残余变形

作出竖向波形钢板阻尼器模型在推拉破坏状态下的应变云图和试验试件的应变发展规律曲线图，如图 5.44 和图 5.45 所示。可以发现：模型在推拉向应变值也不平衡，拉向应变值大于推向应变值。这是由于当波形腹板竖向放置时，在水平荷载的作用下，其顺波纹方向会产生一种拉压应力场。翼缘板上、下测点的应变数值明显大于中间测点应变值，这与试验结果相吻合，而且翼缘板中间部位几乎未达到屈服应变，这也与试验数据相吻合。根据试验时对试件的网格划分，换算为网格的位置，近似取值，输出模型对应于试验测取点的位移应变值，并与试验所得到的应变片数据进行比较，可以发现：试验测点所测得应变片值与模型对应单元节点输出的应变值还是比较吻合的，少数测点误差较大，可能是因为网格的换算具有误差[122]。

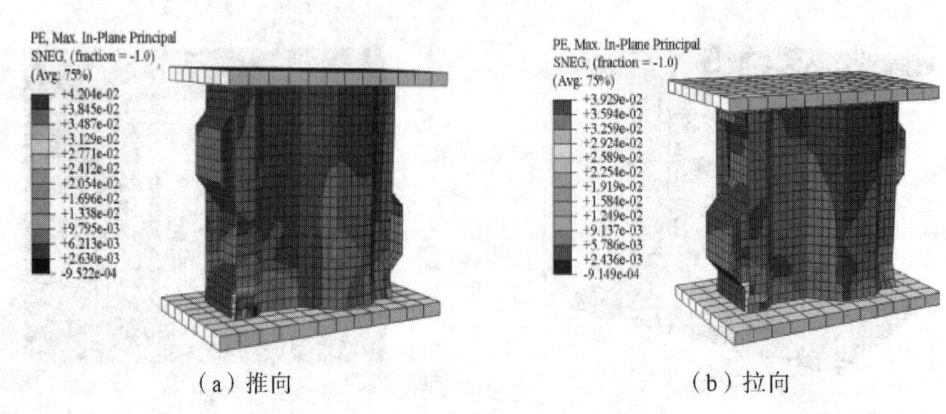

（a）推向　　（b）拉向

图 5.44　竖向波形钢板阻尼器模型破坏状态下的推拉向应变云图

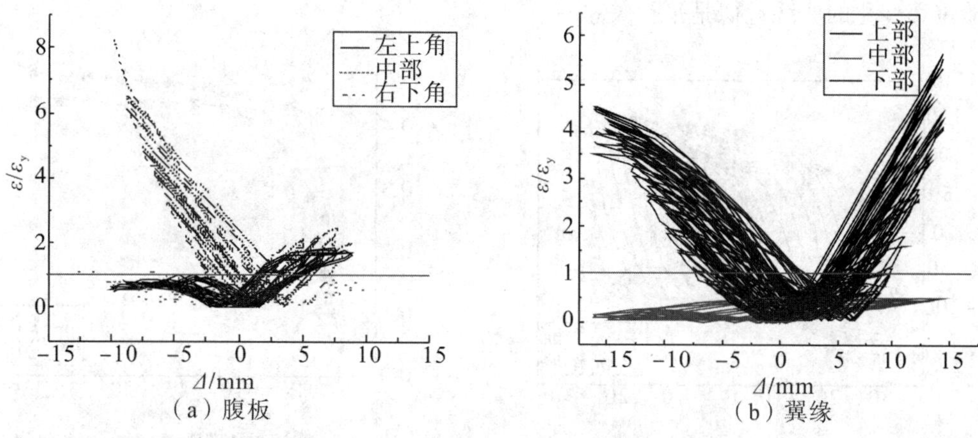

（a）腹板　（b）翼缘

图5.45　竖向波形钢板阻尼器应变发展规律

5.3.2　阻尼器的优化设计

由于所选加工厂加工技术和原材料数量的限制，本书设计的波形钢板阻尼器波板的波段只取1个周期，如图5.46(a)所示。通过前面的分析，对于水平波形钢板阻尼器，由于翼缘主要抗弯，腹板主要抗剪，故在这里假定腹板为纯剪状态。清华大学郭彦林等人已经给出对于纯剪状态下波形板的抗剪承载力计算公式及相关几何因素对其力学性能的影响，波幅越小，波形钢板的力学性能越差；而且对于波形板，其力的传递是一个由小的波段向周围波段传递的过程。本小节对试件的波段进行优化，在保持中间波段波幅不变、波角不变、厚度不变的情况下，将1个周期的波段改变为2个周期长的波段，优化之后的波段示意如图5.46(b)所示。定下2个模型的具体尺寸如表5.16所示。

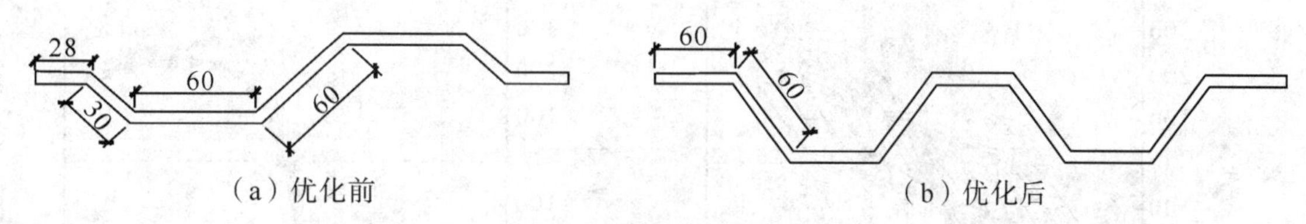

（a）优化前　（b）优化后

图5.46　优化前后波段示意

表5.16　优化后阻尼器尺寸示意

编号	厚度/mm	高宽比	波角/(°)	屈服强度/MPa
水平波形钢板阻尼器优化后	6	1.1	60	137.2
竖向波形钢板阻尼器优化后	6	1	45	137.2

对优化前后的水平波形钢板阻尼器进行数值模拟分析，两者的力学性能对比见图5.47。从图5.47(a)中可以看出，优化后模型的滞回曲线明显比优化前的滞回曲线饱满，呈饱满的纺锤形。优化后阻尼器的初始刚度显著大于优化前阻尼器的初始刚度，推向的峰值承载力近似相等；拉向的峰值承载力，优化后的阻尼器略大于优化前。直至加载结束，优化后阻尼器的承载力也未下降到峰值点的85%，即未到达破坏阶段，证明其还可以继续受力变形。相比于优化前的阻尼器，优化后阻尼器的前期承载力上升较快。

等效黏滞阻尼系数随位移变化关系如图5.47(b)所示。优化后阻尼器的等效黏滞阻尼系数在整个加载过程中，都大于优化前阻尼器的等效黏滞阻尼系数；优化后阻尼器的等效黏滞阻尼系数上升速度显著大于优化前阻尼器的等效黏滞阻尼系数，直至加载结束，优化前后阻尼器的等效黏滞阻尼系数随位移变化的曲线近似是平行关系。

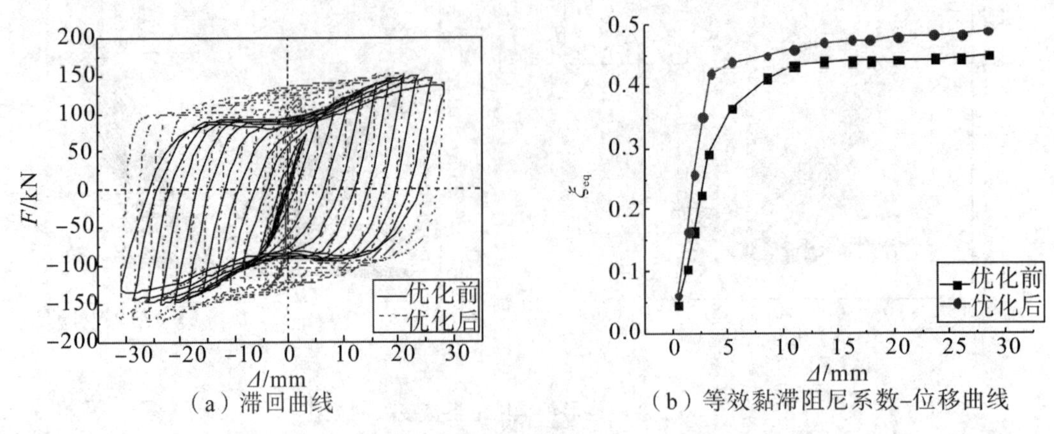

（a）滞回曲线　　（b）等效黏滞阻尼系数-位移曲线

图 5.47　水平波阻尼器优化前后对比分析

对竖向波性钢板阻尼器的波段作同样的处理，对优化后的阻尼器进行建模计算，与优化前阻尼器力学性能的对比如图 5.48 所示。从图 5.48(a) 中可以看出：竖向波形钢板阻尼器在优化后，耗能能力上升程度明显大于优化后的水平波形钢板阻尼器，相对于水平波形钢板阻尼器，腹板在竖向波形钢板阻尼器中发挥作用的比例更大，当波段优化为 2 个波段后，其抗弯承载力得到很大的提升。

从图 5.48(b) 中可以看出：与水平波形钢板阻尼器优化后结果有相似之处，如优化后阻尼器的初始刚度显著大于优化前阻尼器的初始刚度。竖向波形钢板阻尼器优化后的峰值承载力相比优化前阻尼器的峰值承载力提升约 23%，优化后的阻尼器具有更好的塑性变形能力。

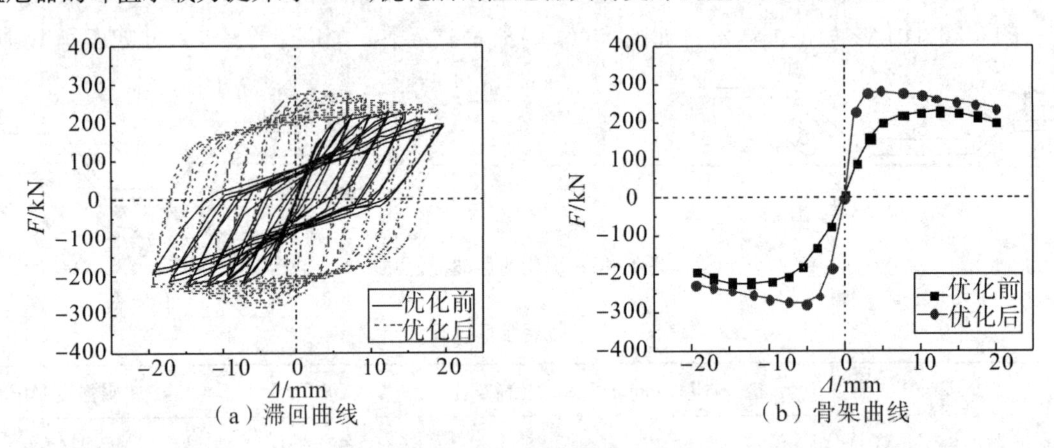

（a）滞回曲线　　（b）骨架曲线

图 5.48　竖波阻尼器优化前后对比分析

计算优化前后波形钢板阻尼器的初始刚度、峰值承载力和延性系数，具体数值如表 5.17 所示。

表 5.17　阻尼器优化前后力学特征参数对比

模型编号	初始刚度/($kN \cdot mm^{-1}$)	峰值承载力/kN	位移延性系数
水平波优化前	22.1	145.1	4.2
水平波优化后	61.9	153.9	7.8
竖波优化前	40.5	205.4	3.2
竖波优化后	115.8	252.6	10.4

5.4　本章小结

5.4.1　结论

本章笔者设计了一种新型波纹形状的金属阻尼器，以波形钢板放置形式和试件母材的材性本构作为变量，进行了4个波形钢板阻尼器的拟静力试验，得到了各试件的承载能力、延性性能、强度刚度退化特征和耗能能力等抗震性能指标，并对这4种形式的阻尼器进行了数值模拟分析，得出了以下结论：

1）相比于名义屈服强度为235 MPa钢材的本构关系曲线，名义屈服强度为160 MPa即低屈服点钢具有屈服点低、伸长率高和塑性变形能力较好等特点，是制作金属阻尼器的理想材料。

2）通过试验可以发现，4个阻尼器的位移延性系数均大于3，证明均具有较好的塑性变形能力；当波形钢板水平放置时，阻尼器的耗能能力优于波形钢板竖向放置时阻尼器的耗能能力，但其承载能力低于竖向波形钢板阻尼器；对于水平波形钢板阻尼器，翼缘主要起抗弯作用，而腹板主要起抗剪作用；对于竖向波形钢板阻尼器，从后期的应变分析来看，主要是腹板发挥作用，翼缘发挥作用较小。

3）选取常见的双线性随动强化模型、非线性随动强化模型和混合强化模型对阻尼器进行数值模拟分析，当选用混合强化模型时，模型的力学特征点计算结果与试验试件力学特征点的计算结果吻合度较高。紧接着从屈服状态、破坏状态以及残余变形对试验试件和对应的模型进行对比分析，进一步论证了模拟结果与试验结果的吻合程度，为后续的数值模拟分析提供依据。

4）在验证了数值模拟分析结果与试验结果具有较高的吻合度后，对阻尼器进行拓展因素分析，可以得出：对于水平波形钢板阻尼器，波形钢板的波角越大，其耗能性越好，但是随着波角的增大，其耗能能力的上升速度不断减小；对于竖向波形钢板阻尼器，波角对其力学性能的影响较低，在后续设计中，可采用本书中的45°；通过不同母材的波形钢板阻尼器的力学性能对比，说明低屈服点钢阻尼器在进入塑性阶段后，其变形能力远优于普通钢阻尼器，位移延性数值远大于普通钢阻尼器；对于水平波形钢板阻尼器和竖向波形钢板阻尼器，波形钢板的厚度均宜选取为6 mm；本书中的水平波形软钢阻尼器，高宽比宜设为1.1。对于竖向波形钢板阻尼器，竖波刚度较大，只改变较小的高宽比时，对整体性能影响不大。

5）对试验试件进行优化设计，选择一组最优几何参数并改变试验试件波段的周期进行优化，将优化后阻尼器的力学性能与优化前的力学性能进行对比。对于水平波形钢板阻尼器：优化后阻尼器的峰值承载力约为优化前的1.05倍，位移延性系数约为优化前阻尼器的1.86倍；对于竖向波形钢板阻尼器：优化后阻尼器的峰值承载力约为优化前的1.25倍，位移延性系数约为优化前的3.25倍。

5.4.2　展望

1）本章所提出的波形钢板阻尼器，其中腹板为梯形波折钢板，但未考虑三角波折钢板和波浪钢板对阻尼器力学性能的影响。希望在后续研究中，对比分析出3种不同波形钢板阻尼器的力学性能。

2）本章仅对波形钢板阻尼器本身的力学性能进行了研究，但未研究将其放置在结构中对整体结构的影响。希望在后续的试验研究中，将阻尼器放置在结构中，并对结构进行拟动力试验，分析出阻尼器对整体结构的影响情况。

第 6 章　波形钢板混凝土界面黏结滑移性能试验研究

6.1　界面黏结滑移性能试验研究方案

6.1.1　试验试件设计与制作

波形钢板(Corrugated Steel Plate)是指将平钢板经冷压或热轧等措施加工成梯形、正弦波形或 Z 字形的钢板件。波形钢板截面由波脊、波谷组成,本章定义波谷或波峰与波脊围成的内夹角为波角,如图 6.1 所示。

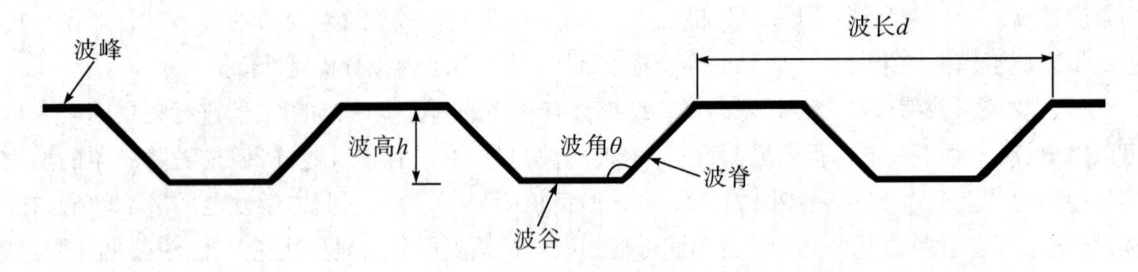

图 6.1　波形钢板截面参数

波形钢板剪力墙是由若干段波形钢板拼接组合而成,若直接对波形钢板-混凝土组合剪力墙进行黏结滑移研究,显然会复杂很多。倘若选取合适的波段,简化黏结滑移试验构件,就可以直观地对波形钢板混凝土结构进行研究。

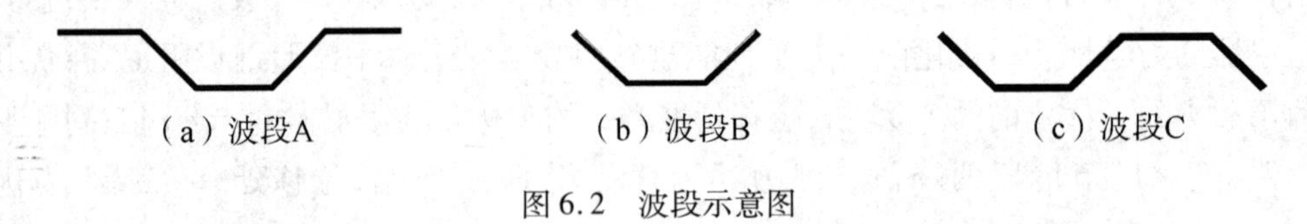

图 6.2　波段示意图

波段选择基于下述原则:

1)尽可能选择轴对称、反对称的波段。由于波段对称的特殊性,滑移传感器、应变片也对称布置,从而提高试验数据的可靠性。

2)尽量选择刚度大的波段,而不至于在推出试验时屈曲。因此,波段 C 的尺寸小适宜做拔出试验,波段 B 刚度大适宜于推出试验。结合实验室设备条件并为了试验的简捷方便,波形钢板的波段选择 B。

为针对性研究波形钢板几何截面参数对黏结滑移的影响,将影响黏结滑移的传统因素如混凝土强度等级、混凝土保护层厚度、波形钢板埋置长度、钢材表面状况、混凝土浇筑方式、横向配箍率等因素控制为1个定值。为方便试验研究，选择如图6.2所示的波段B。《波浪腹板钢结构应用技术规程》(CECS 290－2011)[138]的腹板波幅范围在20～40 mm，规程中波幅的定义类似于本文图6.1中波高h的一半。规程中单波长度范围在150～300 mm之间，其定义类似于本文图6.1中的波长d。《波纹腹板钢结构技术规程》(CECS 291－2011)[139]中定义了波纹腹板几何截面，但未给出波纹钢板型号规格。文献[140]研究波形钢板剪力墙滞回性能时采用了深波和浅波波浪腹板，但未给出深波与浅波的界定。

表6.1 试件设计参数

试件编号	波角/(°)	波谷/mm	波脊/mm	波形类别
S－1	120	100	70	浅波
S－2	120	80	80	深波
S－3	120	60	90	深波
S－4	135	100	70	浅波
S－5	150	100	70	浅波
S－6	90	100	70	浅波
S－7	60	100	70	浅波
S－8		平钢板		浅波

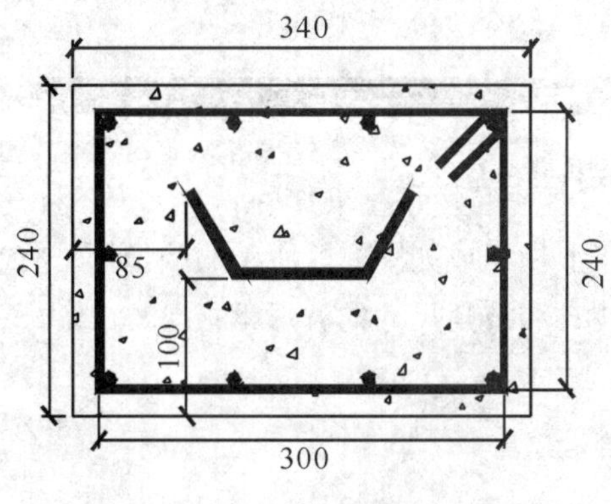

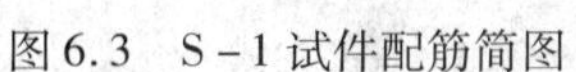

图6.3 S－1试件配筋简图

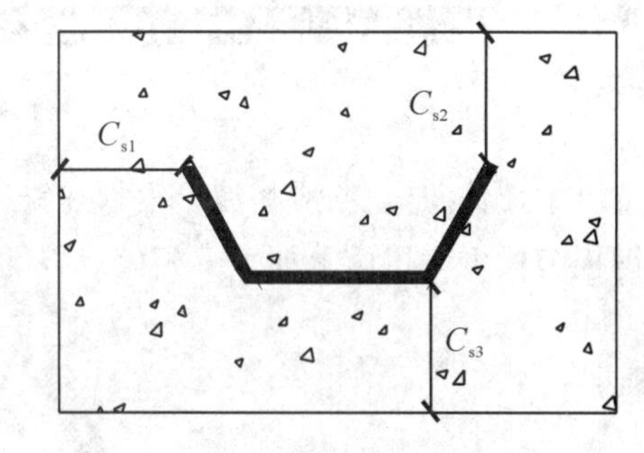

图6.4 混凝土保护层厚度示意图

为合理设计波形钢板截面几何形状，试件的波长和波高尺寸范围符合相关规程。钢板出厂规格的范围定尺是δ(2000～2500)mm×(10000～12000)mm，规定波形钢板截面几何周长不变，取缩尺比例为0.1，则波形钢板截面周长为240 mm。将波脊长度大于等于波谷长度的波形定义为深波，反之，将波脊长度小于波谷长度的波形定义为浅波。波形钢板板厚取7.5 mm。考虑波角θ、波谷长度D_{bg} 2个变量，满足P_t限制条件，设计了8个试件，试件设计参数见表6.1。波形钢板外包混凝土尺寸为340 mm×240 mm×360 mm，其型号为C30细粒混凝土。横向箍筋配置方式为ϕ6@80，配箍率为0.3%，如图6.3所示。混凝土保护层厚度对黏结力有明显的影响，当混凝土保护层厚度大于60 mm时，混凝土保护层厚度对黏结滑移影响甚微[141]。由于外包混凝土尺寸一定，波形钢板的波角在变，因而所有试件的混凝土保护层厚度是个变量。此时，需保证所有试件的混凝土保护层厚度C_s至少大于60 mm，如图6.4所示。试件采用C30细粒商品混凝土，小粒径颗粒可以保护埋置在波形钢板表面滑移传感器。相比于垂直方式浇筑，混凝土采用水平浇筑法，可以避免造成滑移传感器出现初始滑移，从而影响测量精度。

6.1.2 试件测量与加载方案

(1)试件测量方案

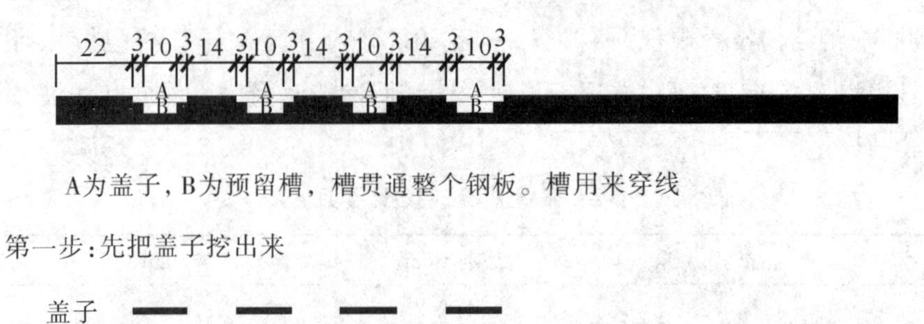

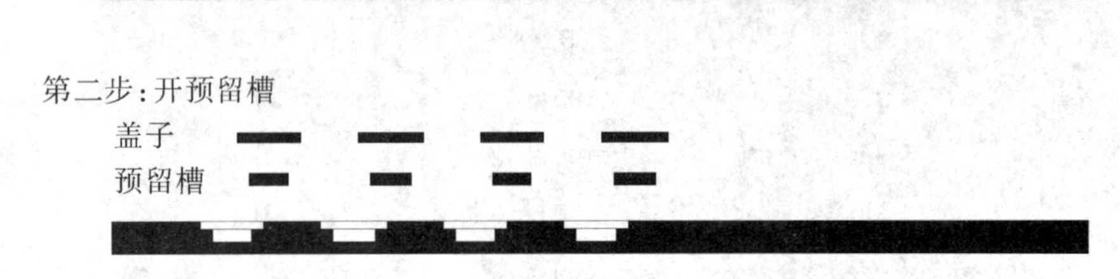

第三步：盖盖子，盖子搭在槽口上，封胶

图6.5 波形钢板开槽与封盖

为测量出钢板轴向应变，应将波形钢板在铣床上加工成如图6.5所示的凸型槽。将平钢板按试验要求在钢板剪板折弯机床上加工成相应波谷、波脊和波角尺寸的波形钢板。

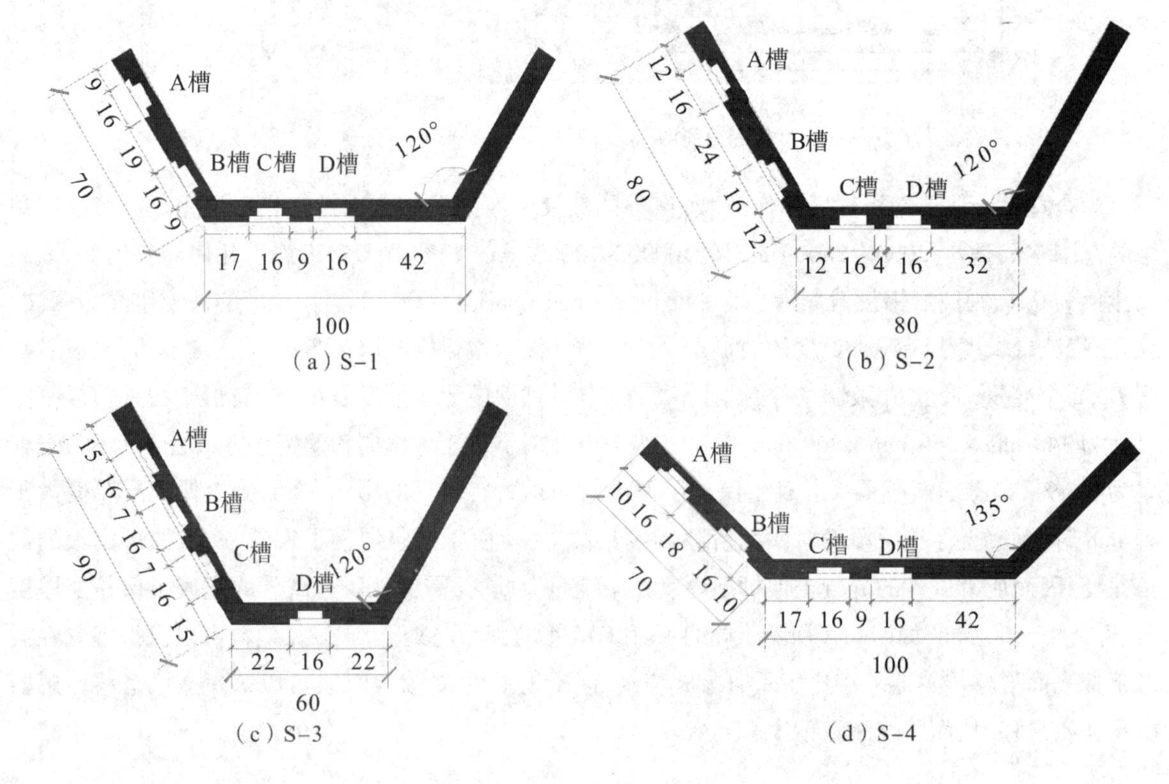

(a) S-1 (b) S-2

(c) S-3 (d) S-4

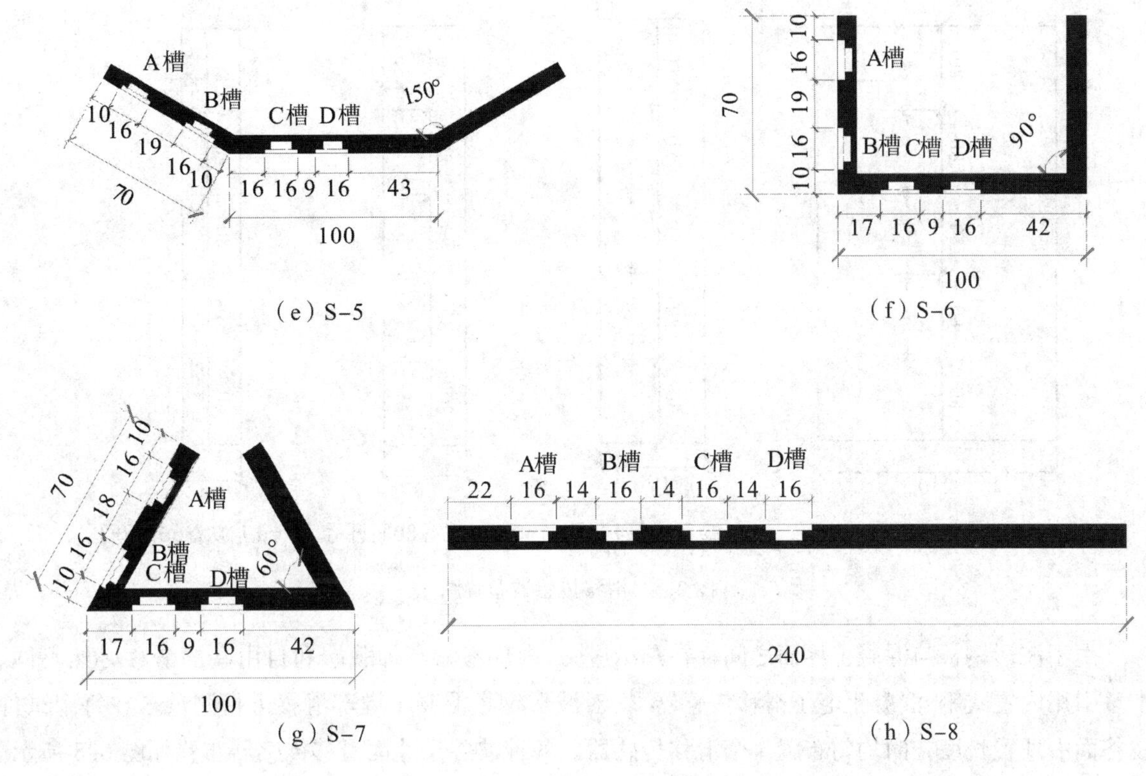

图6.6　各试件开槽示意图

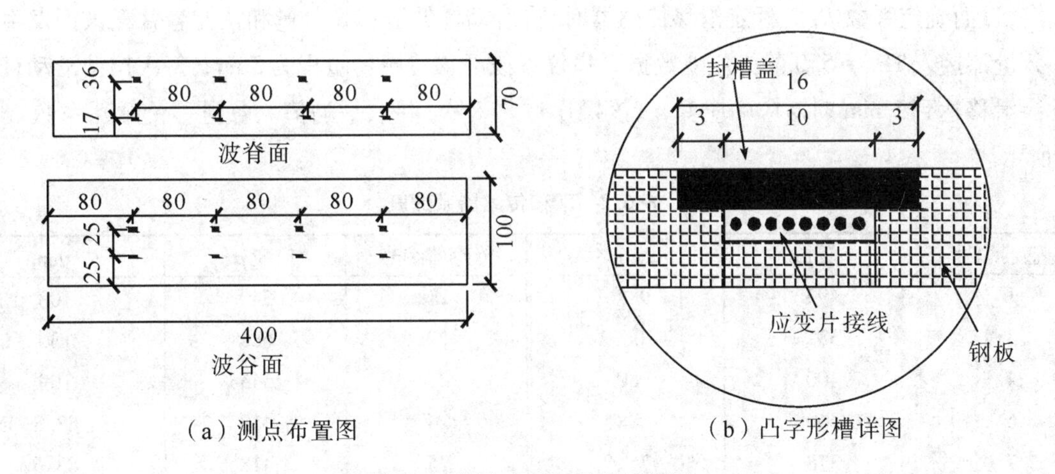

图6.7　测点布置与凸字型槽图

为全面研究波形钢板混凝土黏结应力分布机理，应紧密地布置应变片，测量出应变进而根据力的平衡方程计算出黏结应力。首先在试件波脊、波谷面开凸字形贯通槽，定义从左到右依次是A槽、B槽、C槽和D槽。其中，A槽靠近波脊尖端处的棱，B槽和C槽靠近波角处，D槽在波谷面正中。开槽处的钢板厚度由原来的7.5 mm减少为3.5 mm。之后在凸槽小口内黏贴应变片，最后将凸槽大口封闭以隔绝混凝土，如图6.6和图6.7(b)所示。由于试件的波段对称性，只需在波段一侧处开槽黏贴应变片。在试件波脊、波谷面上各开2道槽黏贴应变片，每1个槽等间距布置4个应变片。在波形钢板波谷面上沿锚固深度方向钻4个孔用以安放内置式滑移传感器。

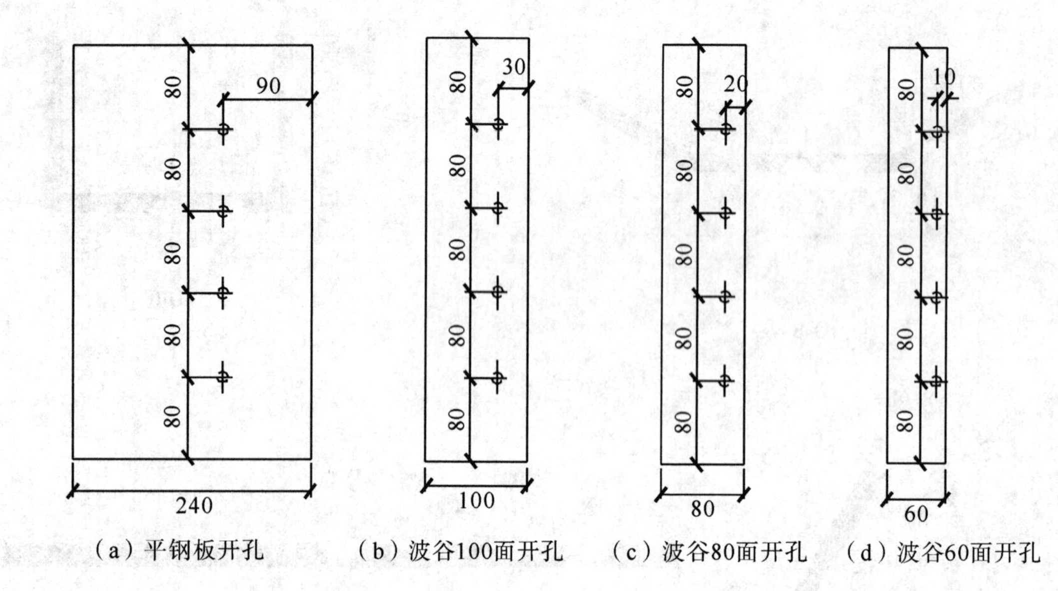

（a）平钢板开孔　（b）波谷100面开孔　（c）波谷80面开孔　（d）波谷60面开孔

图6.8　滑移传感器布置图

由于波形钢板与混凝土界面之间存在黏结应力，内部滑移与加载端和自由端的滑移必然不同。本章引用内置式钢-混凝土电子滑移传感器[142]对波形钢板混凝土内部滑移进行测量。在每个试件波谷面沿埋置长度方向均匀布置4个滑移传感器。各种波谷尺寸面滑移传感器布置如图6.8所示。

当滑移传感器发生滑移时，带动滑动杆拉动弹簧，弹簧拉动青铍铜悬臂梁进而产生弯曲应变。滑移 S 与应变 ε 存在线性关系式 $S=\varepsilon/\xi$ [143]，对所有的滑移传感器用TDS－530静态应变数据采集仪标定，进而确定系数 P_t。标定滑移传感器时，将滑动杆的滑移 S 分量和拉伸悬臂青铍铜发生的应变 ε 分量都接入TDS－530静态应变数据采集仪。该滑移传感器量程为5 mm，每次拉动滑动杆时记录下当滑移达到5 mm时对应的应变 ε，该操作重复5次，并取平均值。各滑移传感器系数 ε 如表6.2所示。

表6.2　滑移传感器系数表

传感器编号	应变 $\mu\varepsilon$	ξ /mm^{-1}	传感器编号	应变 $\mu\varepsilon$	ξ / mm^{-1}
1	493	98.6	21	540	108
3	531	106.2	22	680	136
4	400	80	23	545	109
6	440	88	24	419	83.8
7	378	75.6	25	418	83.6
9	431	86.2	26	465	93
12	537	107.4	28	550	110
13	414	82.8	30	446	89.2
14	416	83.2	31	405	81
15	423	84.6	32	550	110
16	400	80	33	493	98.6
17	467	93.4	34	570	114
18	526	105.2	35	486	97.2
19	414	82.8	37	440	88
20	577	115.4	38	600	120

从表6.2可以看出,各滑移传感器测得应变数据都有差异,这是因为在手工悬臂梁青铍铜的悬臂端黏贴应变片时无法确保每个传感器的青铍铜黏贴应变片的位置完全一致,但可根据上表参数求得试件内部钢板与混凝土相对滑移量。

(2)试件加载方案

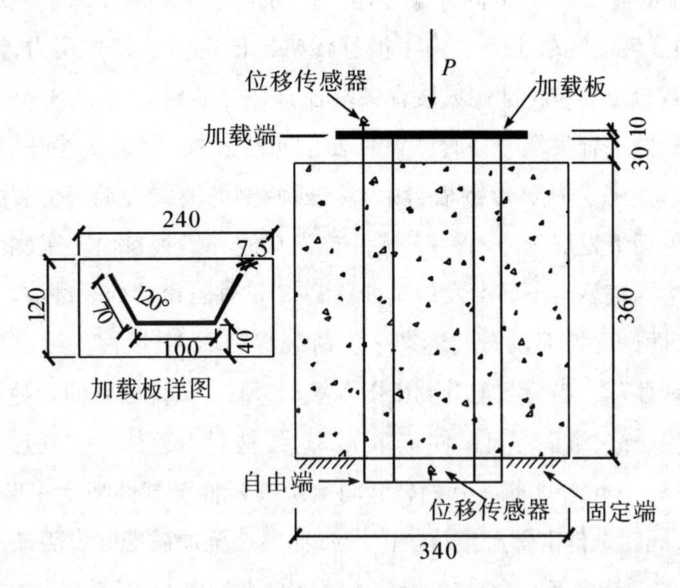

图6.9　试件加载简图

试件加载简图如图6.9所示。在加载端和自由端各自布置位移传感器,并采用TDS-530数据采集仪采集数据。

6.2　界面黏结滑移性能试验结果

6.2.1　试验过程与现象

试件在西安建筑科技大学结构实验室WAW-1000液压伺服万能试验机加载,加载速率为0.3 mm/min。将波形钢板的应变片、加载端和自由端的位移传感器都接入TDS-530数据采集仪,采集数据。为便利地分析描述试验现象,规定试件方位如图6.10所示。

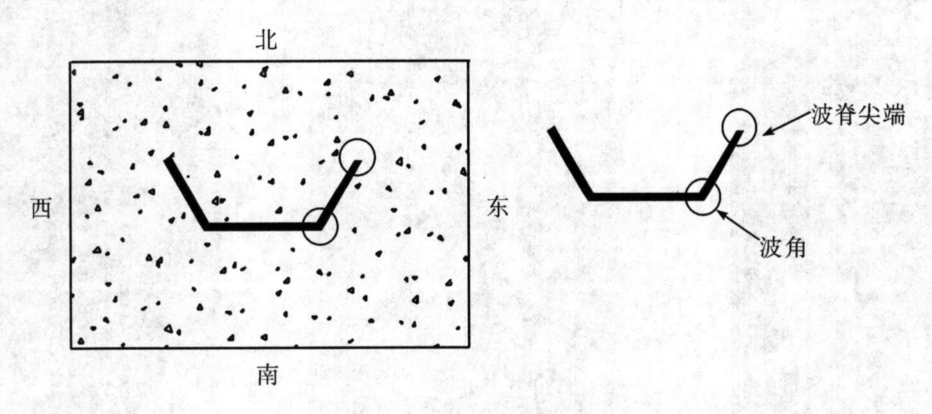

图6.10　试件方位定义

试验在刚开始加载期间,试件基本无滑移或滑移很小,荷载滑移曲线以很大斜率陡然上升。当荷载上升到极限荷载的30% ~65%时,试件开始发生显著的滑移,滑移值约为0.6 mm,荷载滑移曲线进而变得平缓。在此阶段中,试件没有出现细微裂缝。由于内置式滑移传感器量程为5 mm,当试件滑移达到5 mm左右量程极限时,嵌固在波形钢板孔洞中的滑移传感器的金属固定杆发挥出抗剪栓钉作用,荷载滑移曲线转而陡然上升。由于滑移传感器的抗剪栓钉作用力,试件开始出现裂缝。裂缝首先从波形钢板的自由端波角部位或波脊尖端径直往外蔓延。其中,S-1、S-4、S-5、S-8试件裂缝首先从自由端西侧波脊尖端处径直往试件西侧边缘发展,穿过试件底部西侧边缘棱后自下而上垂直延伸。S-2试件首先从波形钢板自由端东西两侧的波脊尖端产生裂缝,分别径直穿过试件北面底部边缘棱自下而上发展延伸。S-3试件首先从波形钢板自由端东侧波角处产生裂缝,径直穿过试件南面底部边缘棱后自下而上发展延伸。S-7试件自由端处局部波形钢板内混凝土随着波形钢板被一起推出,而试件外部没有裂缝产生。荷载继续增大,试件持续出现新裂缝,同时之前产生的裂缝继续扩展和蔓延。当荷载上升到极限荷载时,S-1试件已有的裂缝继续发展,同时加载端东侧波脊尖端处产生裂缝,继而穿过试件东部顶部边缘棱后由上往下扩展延伸,裂缝直达试件高度的一半处。S-2和S-3试件之前已有的裂缝向上扩展延伸至试件高度一半处。S-4试件已有的裂缝继续发展扩大,同时试件南部产生从自由端波脊尖端至加载端波脊尖端的竖向贯通裂缝。S-5和S-8试件已有的裂缝已经完全贯通。S-7试件自由端局部波形钢板内包混凝土随同波形钢板被一起推出,同时自由端东侧波角处产生裂缝,径直穿过试件南侧底部边缘棱后自下而上扩展延伸。S-6试件在荷载上升阶段没有产生明显的宏观裂缝。当荷载到达极限荷载值后,S-7试件荷载滑移曲线逐步下降;S-1、S-2、S-5和S-6试件的荷载滑移曲线均出现多个荷载下降台阶;S-3和S-4虽然也出现荷载下降台阶,但随着滑移增大又逐渐有了上升趋势;S-8试件的荷载滑移曲线在滑移超过滑移传感器量程后呈现“锯齿状”图。最终,各个试件侧面均呈现出加载端与自由端贯通为一体的裂缝。当自由端产生混凝土剥落现象或荷载下降趋势变得平缓后,试验停止加载。

6.2.2 破坏形态特征分析

(a) S-1

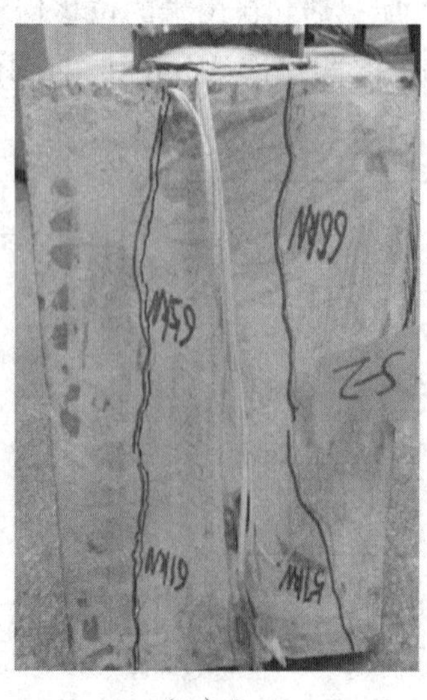
(b) S-2

(c) S-3

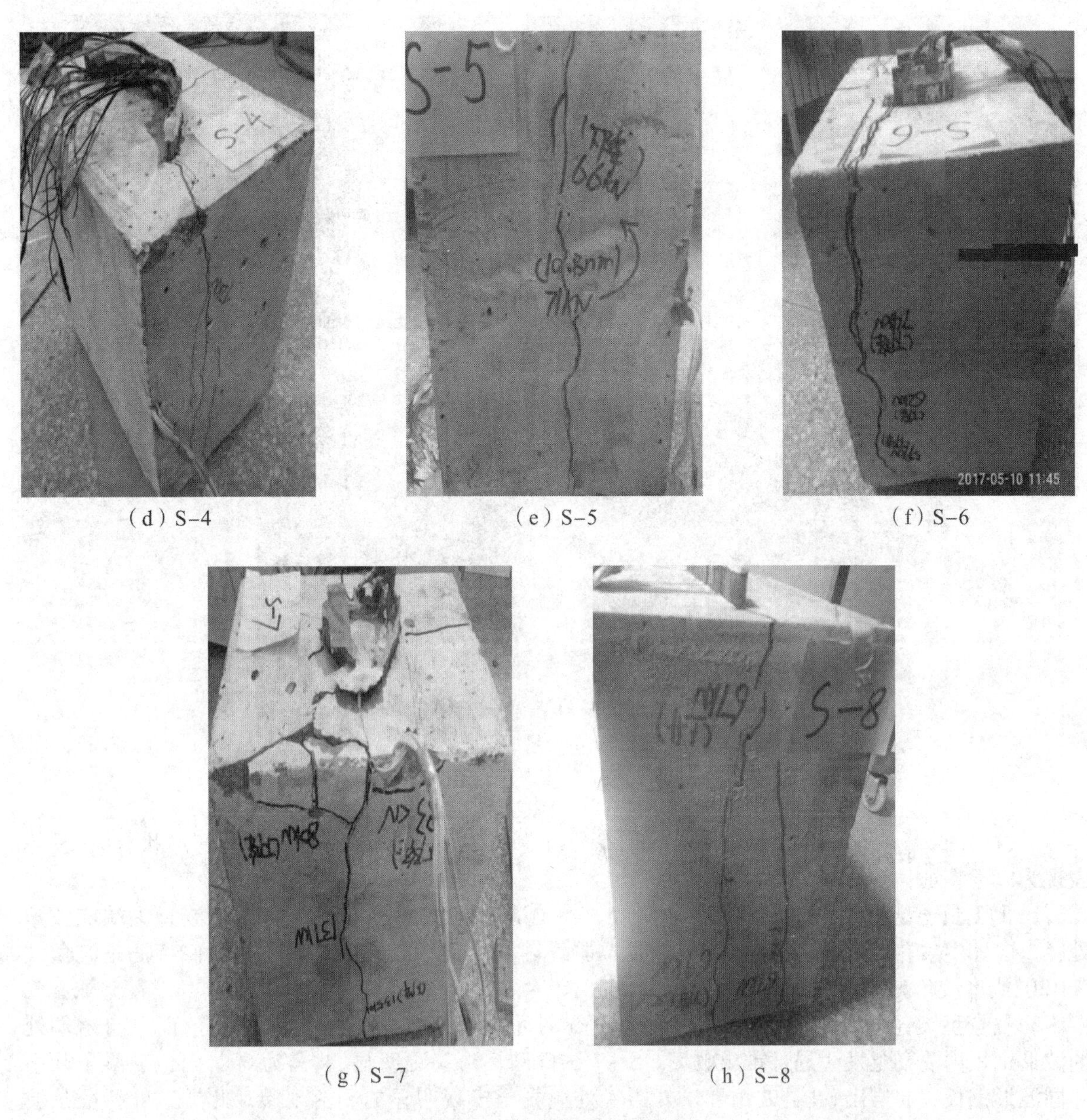

（d）S-4　（e）S-5　（f）S-6

（g）S-7　（h）S-8

图 6.11　试件侧面破坏形态

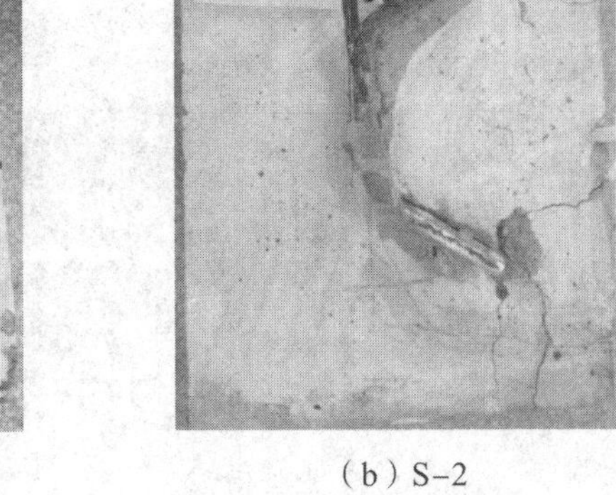

（a）S-1　（b）S-2　（c）S-3

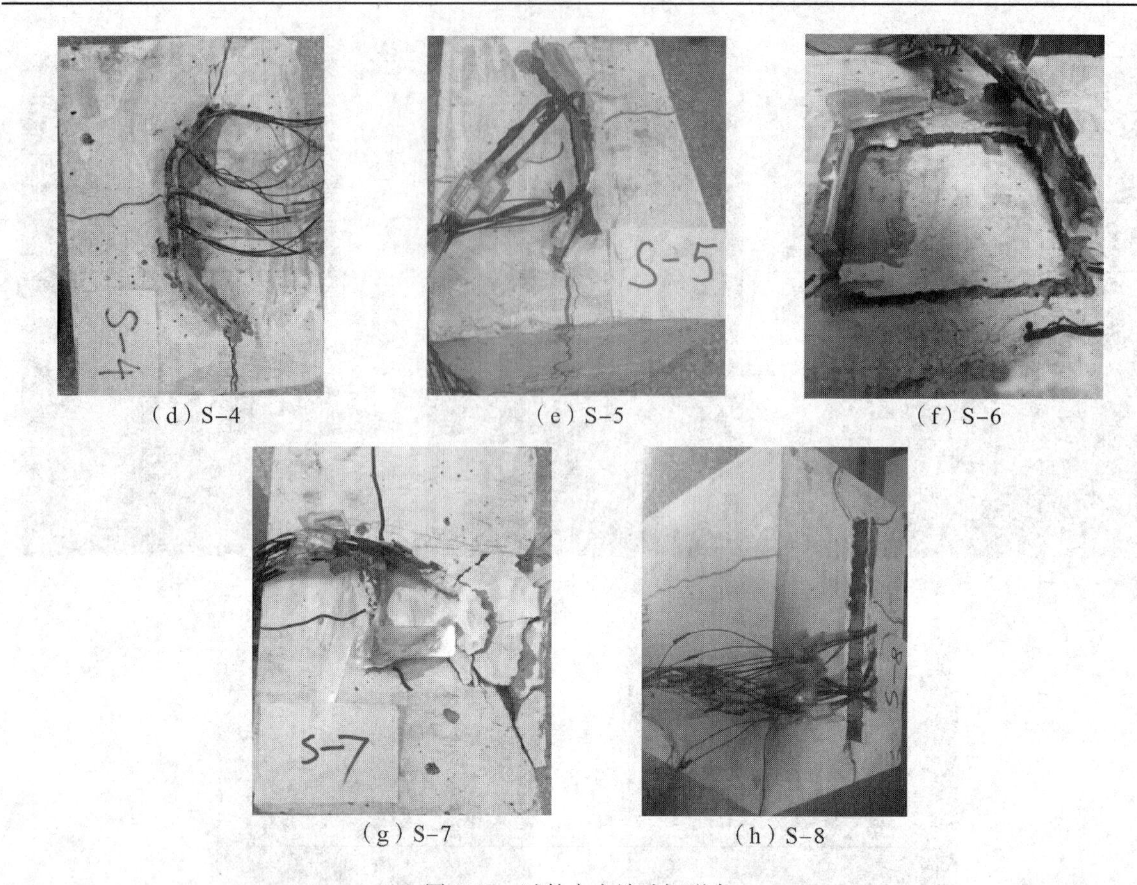

（d）S-4　（e）S-5　（f）S-6

（g）S-7　（h）S-8

图 6.12　试件自由端破坏形态

通过对图 6.11 和图 6.12 试件的破坏形态分析总结，发现破坏形态与试件几何形状有关，具体表现为以下特征：

1）上下贯通型裂缝。如 S－1、S－4、S－5、S－8 试件裂缝形态，裂缝从自由端波脊尖端或波角处径直向外发展，穿过棱边并自下而上扩展至加载端波脊尖端或波角处。此类试件特征是波角大于 120°或者波角为 120°时的浅波。

2）复合型裂缝。如 S－2、S－3、S－6、S－7 试件不仅有多个侧面存在贯通裂缝，而且自由端处的波形钢板内混凝土发生局部推出破坏。S－7 试件破坏形态更明显，波角为 60°，内包混凝土几乎随同波形钢板一起推出，并且波角开口外边缘处混凝土出现明显的剥落现象。此类试件特征是波角小于 120°或者波角为 120°时的深波。

将试件凿开后，发现波形钢板的波谷和波脊与混凝土的接触面上较为光滑，而在波脊尖端处发现少量混凝土碎末。这是因为波形钢板的波脊尖端棱边的摩擦阻力大而波谷和波脊面摩擦阻力小，从而造成现象差异。观察内置式滑移传感器，发现金属固定杆已经严重弯曲，金属盒盒壁被挤压出缺口，波形钢板孔洞被严重削弱，如图 6.13 所示。

图 6.13　滑移传感器破坏形态

6.2.3　荷载滑移曲线特征分析

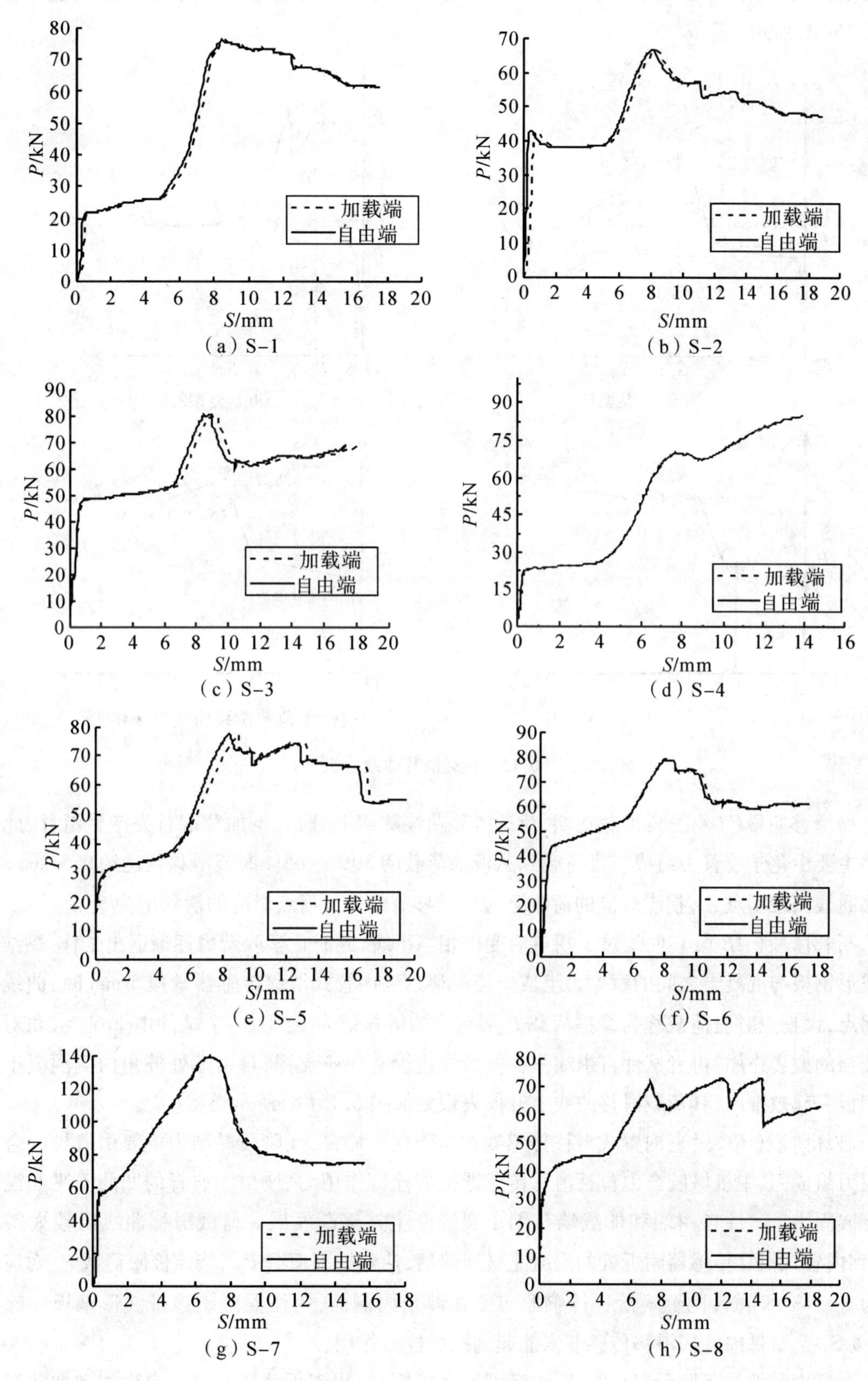

图6.14　各试件荷载滑移曲线

图6.15为试件的荷载滑移曲线,可将荷载滑移曲线简化为图6.15(a)、图6.15(b)、图6.15(c)所示模型。取荷载滑移曲线前6个拐点,将整个过程分为5个阶段,并将荷载滑移曲线统一表示成如图6.15(d)所示。

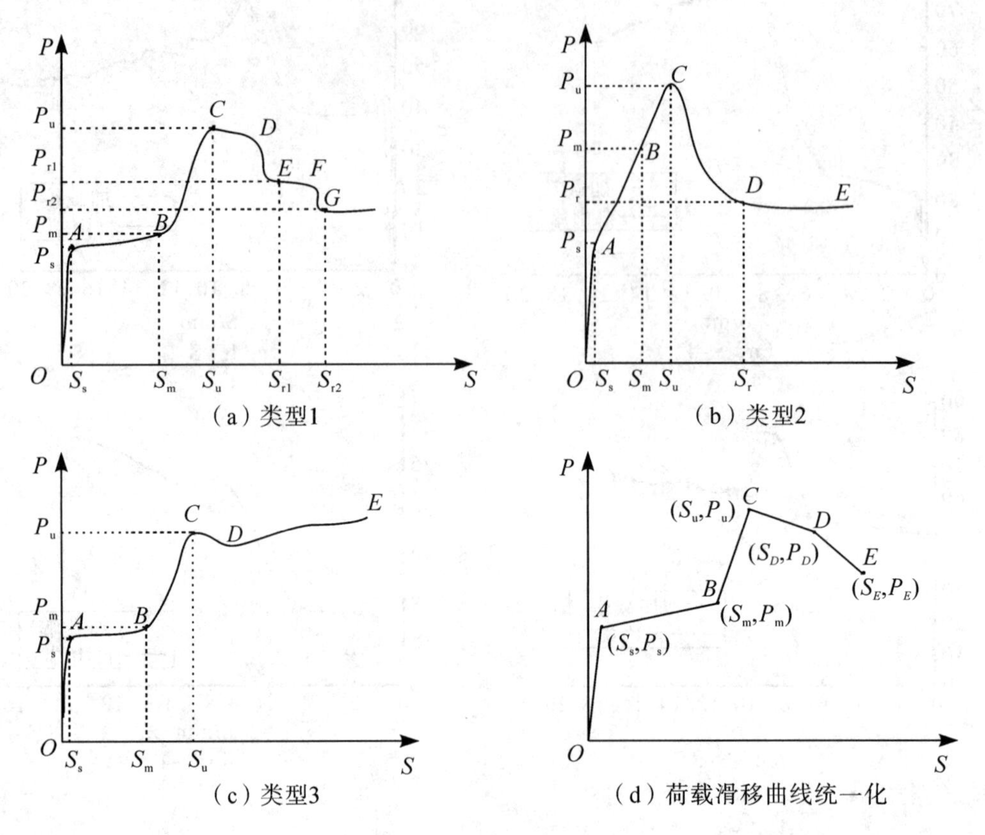

图6.15 荷载滑移曲线分析

1)微滑移阶段(OA段):加载初期,荷载滑移曲线陡然上升,并且加载端首先产生滑移,此阶段黏结力主要由化学胶着力组成。当荷载到达极限荷载的30%~65%时或滑移到达约0.5 mm时,荷载滑移曲线出现拐点A,拐点对应的荷载称为微滑移荷载P_s,拐点对应的滑移记为S_s。

2)滑移阶段(AB段):曲线过了拐点后变得相当平缓,此时化学胶着力逐渐退出工作,黏结力主要由波形钢板与混凝土之间的摩擦力组成。当滑移达到内置式滑移传感器量程5 mm时,曲线再次出现拐点,该拐点对应荷载称为摩擦荷载P_m,对应的滑移记为S_m。S-7试件由于60°波角对混凝土有较强的握裹作用,再者试件自由端只在波角外边缘有底座支撑,自由端处波角内侧混凝土随着波形钢板一起被推出,其荷载滑移曲线上升段表现为如图6.15(b)所示类型。

3)破坏阶段(BC段):内置式滑移传感器相当于抗剪栓钉,此阶段黏结力主要由机械咬合力和摩擦阻力组成,其中机械咬合力包括滑移传感器抗剪栓钉作用力、波角和波脊的凹凸不平与混凝土的咬合嵌固力。试件自由端和加载端有细小裂缝产生并逐渐发展。荷载滑移曲线以较大斜率上升,直到内置式滑移传感器附近处的混凝土被压碎后,达到极限荷载P_u,将该极限荷载P_u对应的滑移记为S_u。S-7试件内置式滑移传感器布置在波角内侧面,内侧混凝土连带波形钢板一起被推出,所以S-7试件内置式滑移传感器未能起到抗剪栓钉作用。

4)荷载滑移曲线下降阶段(CD段):荷载到达极限后,出现下降段。试件自由端和加载端裂缝充分扩展蔓延,伴随着试件侧面产生裂缝。

5)荷载滑移曲线后发展阶段(*DE*段):此阶段曲线上升或下降取决于滑移传感器的破坏形态。当波形钢板孔洞被滑移传感器固定杆挤压变形严重后,造成滑移传感器脱落,荷载滑移曲线均出现了如图6.14(a)所示的梯次下降台阶,如S-1、S-2、S-5、S-6试件。S-4、S-8试件的荷载滑移曲线出现如图6.14(c)所示的上升段,这是由于滑移传感器尚未脱落只是金属盒被挤压破坏,曲线出现短暂的下降段(*CD*段),接着曲线继续上升(*DE*段)。当滑移传感器脱落,荷载滑移曲线才出现梯次下降台阶。S-7试件闭口处内外侧混凝土被剪切破坏后,其荷载滑移曲线下降段表现为如图6.14(b)所示类型。所有试件的最终残余阶段是试件4个滑移传感器脱落后,出现4个下降阶梯后荷载维持一个定值P_r,称为残余荷载。由于试验时试件所有的滑移传感器没有完全脱落便停止加载,未达到残余荷载,本章的残余荷载取试验最终时的荷载。

6.2.4 特征荷载与滑移量

根据荷载滑移曲线特征分析得到各试件的荷载特征值如下表所示。

表6.3 荷载特征值

试件编号	曲线类别	P_s /kN	P_m /kN	P_u /kN	P_D /kN	P_E /kN
S-1	1	21.9	26.5	76.3	71.9	67.3
S-2	1	43.1	38.9	66.7	57.6	53.3
S-3	3	47.3	54	80.4	63	67.1
S-4	3	22.9	25.7	70.1	67.5	84.9
S-5	1	30	36.8	77.6	71.9	67.1
S-6	1	44	54.9	79.6	78.5	74.4
S-7	2	57.8	114.1	139.8	87.9	74.9
S-8	3	39.9	46.1	71.4	62.9	72.9

表6.4中分别给出了各试件加载端S_l、自由端S_f的特征滑移值,从中看出波角和波谷对特征滑移值影响的离散性较大,没有明显规律。文献[144]中在统计回归特征滑移计算公式时认为混凝土强度、横向配箍率和保护层厚度因素与特征滑移没有明显关系,而与试件埋置长度有明显规律。本章所有试件埋置长度都为定值,故各特征滑移值取试验相应平均值来进行黏结滑移本构模型分析。

表6.4 特征黏结滑移一览表

试件编号	S_s/mm		S_m/mm		S_u/mm		S_D/mm		S_E/mm	
	S_l	S_f	S_l	S_f	S_l	S_f	S_l	S_f	S_l	S_f
S-1	0.57	0.435	5.14	4.96	8.545	8.54	12.51	12.36	12.98	12.76
S-2	0.75	0.39	5.36	5.1	8.32	8.21	11.31	11.05	11.35	11.15
S-3	0.855	0.77	6.86	6.55	8.905	8.79	10.71	10.32	17.67	16.91
S-4	0.29	0.27	3.975	3.96	7.67	7.65	8.77	8.74	14.02	13.95
S-5	0.475	0.33	5.155	4.83	9.01	8.42	9.98	9.77	10.22	10.02
S-6	0.76	0.74	5.64	5.62	8.34	8.33	8.64	8.61	8.79	8.73
S-7	0.42	0.3	5.01	4.99	6.85	6.83	9.04	8.85	15.56	15.36
S-8	0.7	0.67	4.71	4.69	7.36	7.34	8.41	8.32	12.11	12.04

6.3 界面黏结强度分析

6.3.1 黏结强度影响因素分析

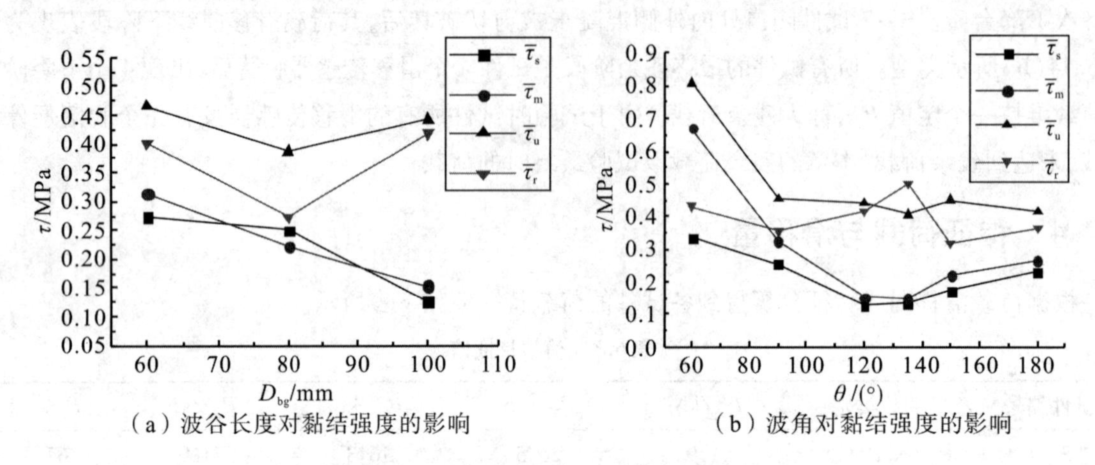

图 6.16 试验设计因素对黏结强度的影响

为宏观上表征波形钢板混凝土界面间黏结力，本小节提出基准黏结强度概念。基准黏结强度是指试验荷载与波形钢板混凝土接触面的总面积的比值，即平均黏结应力。图 6.16 中，$\bar{\tau}_s$、$\bar{\tau}_m$、$\bar{\tau}_u$ 和 $\bar{\tau}_r$ 分别为特征荷载 P_s、P_m、P_u 和 P_r 对应的特征黏结强度。图 6.16(a)为黏结强度与波谷长度的关系图。数据取自 S-1、S-2、S-3 试件，这 3 个试件波角为 120°，波谷长度不同。对于相同波角的波形，$\bar{\tau}_s$、$\bar{\tau}_m$ 随着波谷长度的增大而减小，即波高越大，黏结强度越大。由图 6.16(a)看出，$\bar{\tau}_u$ 和 $\bar{\tau}_r$ 不同于 $\bar{\tau}_s$、$\bar{\tau}_m$ 的规律，S-1、S-3 试件的 $\bar{\tau}_u$ 和 $\bar{\tau}_r$ 均比 S-2 试件的大。这是由于 S-1 波谷长度大，S-3 试件波高大，使得内置式滑移传感器周围包裹的混凝土体积大，导致混凝土不易被滑移传感器压碎。

图 6.16(b)为黏结强度与波角的关系图。数据取自 S-1、S-4、S-5、S-6、S-7、S-8 试件。这组试件的波谷、波脊尺寸相同，分别为 100mm 和 70mm。从图 6.16(b)发现，对于波谷、波脊尺寸相同而只考虑波角的波形，当 $60° \leqslant \theta \leqslant 90°$ 时，$\bar{\tau}_s$、$\bar{\tau}_m$ 值随着波角的减小而增大。当 $120° \leqslant \theta \leqslant 180°$ 时，$\bar{\tau}_s$、$\bar{\tau}_m$ 值随着波角的增大而增大。对于 150°和 135°波形的试件，两者 $\bar{\tau}_s$、$\bar{\tau}_m$ 值相差不大。

6.3.2 特征黏结强度统计分析

(1)微滑移阶段和滑移阶段的 $\bar{\tau}_s$、$\bar{\tau}_m$ 计算

通过综合考虑波角 θ 和波谷长度 D_{bg} 因素对黏结力的影响，线性回归出黏结强度计算公式如下：

当 $60° \leqslant \theta \leqslant 90°$ 时

$$\bar{\tau}_s = (3.6647 - 6.292\gamma)(0.55025 - 0.00346\theta) \tag{6-1}$$

$$\bar{\tau}_m = (3.4419 - 6.00754\gamma)(1.15725 - 0.00086\theta) \tag{6-2}$$

当 $120° \leqslant \theta \leqslant 180°$ 时

$$\bar{\tau}_s = (3.7856 - 6.5317\gamma)(0.00184\theta - 0.10344) \tag{6-3}$$

$$\bar{\tau}_m = (3.4419 - 6.00755\gamma)(0.00201\theta - 0.1083) \quad (6-4)$$

式中：γ 为波谷长度与波形钢板截面总长度之比，即 $\gamma = D_{bg}/240$。平钢板试件特征强度计算忽略式子第1个乘积项，只将180°波角代入第2个乘积项。

(2)极限强度 $\bar{\tau}_u$ 计算

表6.5　滑移传感器"抗剪栓钉"作用力 P_t 一览表

试件编号	波谷长度 D_{bg}/mm	波角 θ/(°)	P_m/kN	P_u/kN	P_t/kN
S-1	100	120	26.5	76.3	49.8
S-2	80	120	38.9	66.7	27.8
S-3	60	120	54	80.4	26.4
S-4	100	135	25.7	69.8	44.1
S-5	100	150	36.8	77.6	40.3
S-6	100	90	54.9	79.6	24.7
S-7	100	60	114.1	139.8	25.7
S-8	平钢板		46.1	71.4	25.3

破坏阶段，黏结力由混凝土与波形钢板之间摩擦阻力和内置式滑移传感器"抗剪栓钉"作用力 P_t 共同组成。其中，滑移传感器"抗剪栓钉"作用力受传感器自身抗剪承载力、钢板孔洞抗挤压承载力、传感器周围局部混凝土抗劈裂承载力影响。各试件的滑移传感器"抗剪栓钉"作用力 P_t 可由 P_u 与 P_m 差值计算得出(见表6.4)。$\bar{\tau}_t$ 为相应黏结强度。结合试件破坏状态，分析内置式滑移传感器"抗剪栓钉"作用力 P_t 与试件破坏状态有关。

对于上下贯通型裂缝的试件，即S-1、S-4、S-5、S-8试件，其 P_t 相应黏结强度 $\bar{\tau}_t$ 与波角 θ 存在以下关系：

$$\bar{\tau}_t = 0.57426 - 0.00235\theta \quad (6-5)$$

对于复合型裂缝的试件，即S-2、S-3、S-6、S-7试件，其 P_t 相应黏结强度 $\bar{\tau}_t$ 与波角、波谷无明显关系。$\bar{\tau}_t$ 取试验平均值0.1515MPa。

因此，极限黏结强度 $\bar{\tau}_u$ 计算公式为：

$$\bar{\tau}_u = \bar{\tau}_m + \bar{\tau}_t \quad (6-6)$$

将式(6-2)、式(6-4)、式(6-5)代入式(6-6)，就可得出 $\bar{\tau}_u$。

(3)曲线下降段 $\bar{\tau}_D$ 计算

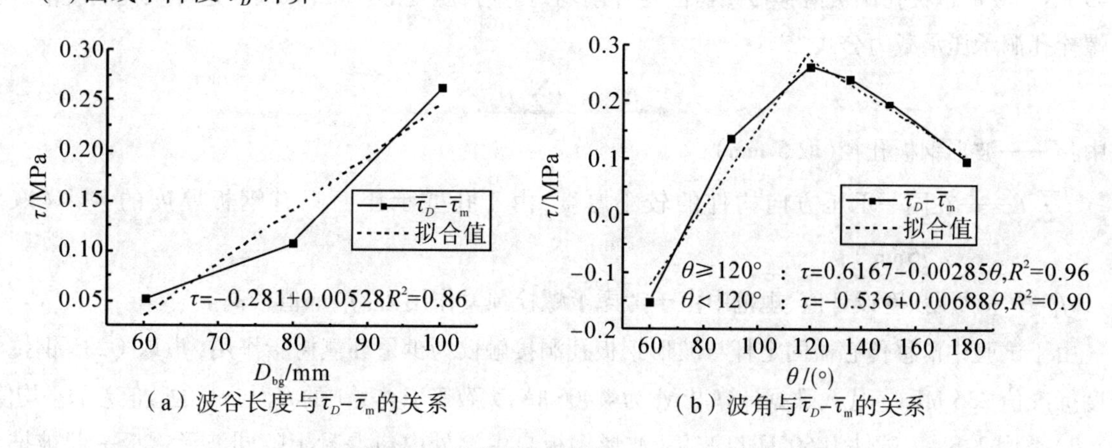

(a) 波谷长度与$\bar{\tau}_D-\bar{\tau}_m$的关系　(b) 波角与$\bar{\tau}_D-\bar{\tau}_m$的关系

图6.17　试验设计因素与 $\bar{\tau}_D - \bar{\tau}_m$ 的关系

当滑移传感器“抗剪栓钉”被剪切破坏后，试件出现类型1、类型2和类型3的破坏规律。无论何种类型，取D点对应黏结强度特征值τ_D作为计算对象。经分析，$\tau_D-\tau_m$与波角、波谷长度存在如图6.17所示的规律。

经数据拟合，得出$\bar{\tau}_D-\bar{\tau}_m$如下计算公式。

当$120°\leqslant\theta\leqslant180°$时

$$\bar{\tau}_D-\bar{\tau}_m=(-1.115+5.028\gamma)(0.6167-0.00281\theta) \qquad (6-7)$$

当$60°\leqslant\theta\leqslant90°$时

$$\bar{\tau}_D-\bar{\tau}_m=(-1.633+7.367\gamma)(-0.516+0.0068\theta) \qquad (6-8)$$

联式(6-2)、式(6-4)就可求出$\bar{\tau}_D$值。

根据以上$\bar{\tau}_s$、$\bar{\tau}_m$、$\bar{\tau}_u$、$\bar{\tau}_D$计算公式，代入相关设计参数得到计算值，并与试验值对比，发现误差较小，如下表所示。

表6.6　特征黏结强度试验值与计算值对比

试件编号	$\bar{\tau}_s$/MPa		误差	$\bar{\tau}_m$/MPa		误差	$\bar{\tau}_u$/MPa		误差	$\bar{\tau}_D$/MPa		误差
	试验	计算	/%	试验	计算	/%	试验	计算	/%	试验	计算	/%
S-1	0.13	0.12	7.7	0.15	0.12	20	0.44	0.41	6.8	0.41	0.39	4.9
S-2	0.25	0.19	24	0.22	0.21	4.5	0.38	0.35	7.9	0.33	0.36	9.1
S-3	0.27	0.25	7.4	0.31	0.28	9.7	0.46	0.43	6.5	0.36	0.32	11
S-4	0.13	0.15	-15	0.15	0.16	6.7	0.4	0.42	5	0.39	0.40	2.5
S-5	0.17	0.18	-5.9	0.22	0.19	14	0.45	0.41	8.9	0.41	0.39	7.3
S-6	0.25	0.25	0	0.32	0.36	-13	0.46	0.51	11	0.46	0.50	6.5
S-7	0.33	0.35	-6	0.67	0.6	10	0.8	0.75	6.2	0.51	0.45	12
S-8	0.23	0.23	0	0.27	0.27	0	0.41	0.42	2.4	0.36	0.38	5.5

(4)曲线后发展S_m分析方法

根据分析试件荷载滑移曲线和试件破坏形态，各试件的S_m值与黏结滑移传感器的脱落状态有关，因而决定了图6.14中荷载滑移曲线的类别。

1)类型1：试件的荷载滑移曲线呈“阶梯”状下降曲线，这主要是内置式滑移传感器在波形钢板孔洞中的固定杆完全脱落，导致滑移传感器抗剪栓钉作用失效所致。根据表6.5，类型1中S-1、S-2、S-5、S-6试件P_D与P_E的数值差分别为4.6 kN、4.3 kN、4.8 kN、4.1 kN，平均差值为4.45 kN。波形钢板孔洞被滑移传感器固定杆削弱，孔壁挤压变形严重，导致固定杆从孔洞脱落。根据螺栓孔洞承压承载力公式[145]：

$$N_c^b=d\sum tf_c^b \qquad (6-9)$$

式中：d——波形钢板孔径(取5 mm)；

$\sum t$——在同一承压方向构件的较小厚度，由于孔壁承压面只有钢板厚度的一半(取为3.75mm)；

f_c^b——承压强度设计值，规范中由于考虑了螺栓预紧作用力，f_c^b取值较高。

由于试验中滑移传感器固定杆与波形钢板孔洞接触仅为少量环氧树脂作用，f_c^b取Q235钢抗压强度标准值235 MPa。代入数据计算得N_c^b为4.406 kN，大致等于类型1的P_D与P_E的数值差的平均值。

2)类型2：S-7试件为60°闭口波角，波形钢板自由端处内包混凝土随同波形钢板一起被推出破坏。因此，内置式滑移传感器未被剪切破坏，P_E便是试件的残余荷载。S-7试件P_E值与波形钢板混凝土界面间摩擦阻力有关。

3)类型3:该类型试件的特征荷载 P_E 大于 P_D,主要原因是滑移传感器未完全脱落。当试件达到极限荷载 P_u 时,滑移传感器的金属盒被挤压破坏,荷载因此下降到 P_D。S－3试件 P_E 值大于 P_D,而小于极限荷载 P_D,由于个别滑移传感器没有完全脱落,有残存的抗剪栓钉作用力。S－4试件 P_E 值大于 P_D 且大于极限荷载 P_u,这是由于4个滑移传感器都没有脱落,只是金属盒被挤压破坏而已,仍能发挥抗剪栓钉作用力。S－8试件荷载滑移曲线表现出锯齿状形,这是由于4个滑移传感器顺序脱落所致。S－8试件 P_E 值取第1个滑移传感器脱落前的荷载,即 P_D 之后第1个锯齿拐点。

6.3.3　基准黏结滑移本构关系研究

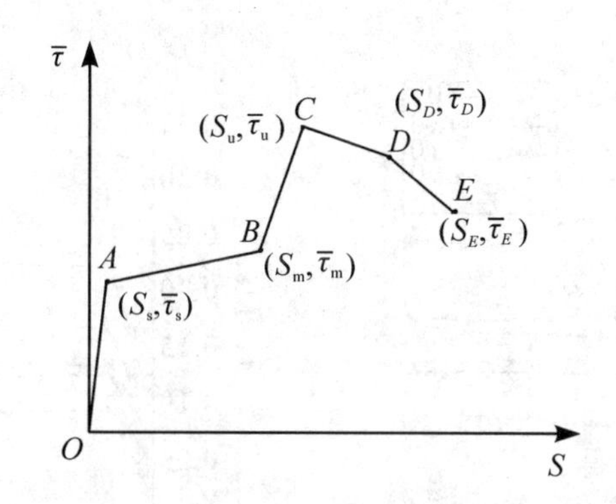

图6.18　基准黏结滑移本构关系力学模型

$$OA段:\quad \bar{\tau}=\frac{\bar{\tau}_s}{S_s}S \tag{6-10}$$

$$AB段:\quad \bar{\tau}=\frac{\bar{\tau}_m-\bar{\tau}_s}{S_m-S_s}(S-S_s)+\bar{\tau}_s \tag{6-11}$$

$$BC段:\quad \bar{\tau}=\frac{\bar{\tau}_u-\bar{\tau}_m}{S_u-S_m}(S-S_m)+\bar{\tau}_m \tag{6-12}$$

$$CD段:\quad \bar{\tau}=\frac{\bar{\tau}_D-\bar{\tau}_u}{S_D-S_u}(S-S_u)+\bar{\tau}_u \tag{6-13}$$

$$DE段:\quad \bar{\tau}=\frac{\bar{\tau}_E-\bar{\tau}_D}{S_E-S_D}(S-S_D)+\bar{\tau}_D \tag{6-14}$$

有限元分析波形钢板混凝土结构受力特性时,除了需要混凝土和钢材本构关系外,还需要波形钢板与混凝土界面间的黏结滑移本构关系。6.3.1小节指出了基准黏结强度概念,本小节引入基准黏结强度对应的加载端滑移,将两者联立的 $\bar{\tau}-S_1$ 称为基准黏结滑移本构关系。通过将各类试件的荷载滑移曲线归类,提出多段线的基准黏结滑移本构关系力学模型,如图6.18所示。力学公式如式(6－10)～式(6－14)所示,式中各特征参数按上文相关公式计算或采取试验值。

6.3.4　考虑位置函数的黏结滑移本构关系研究

有研究表明,型钢混凝土黏结力-滑移曲线在不同锚固深度处是变化的,并且将不同锚固深度处曲线定义为 τ-S 曲线族。波形钢板混凝土黏结滑移试验中测量出的应变和黏结应力 τ-S 沿着锚固深度在变化,因此在确定波形钢板-混凝土黏结滑移本构方程时需引入 τ-S 曲线族。由于当滑移超过5 mm时,滑移传感器发挥抗剪栓钉作用力,只对微滑移阶段和滑移阶段的自然黏结受力行为进行不同锚固深度处的 τ-S 曲线研究。

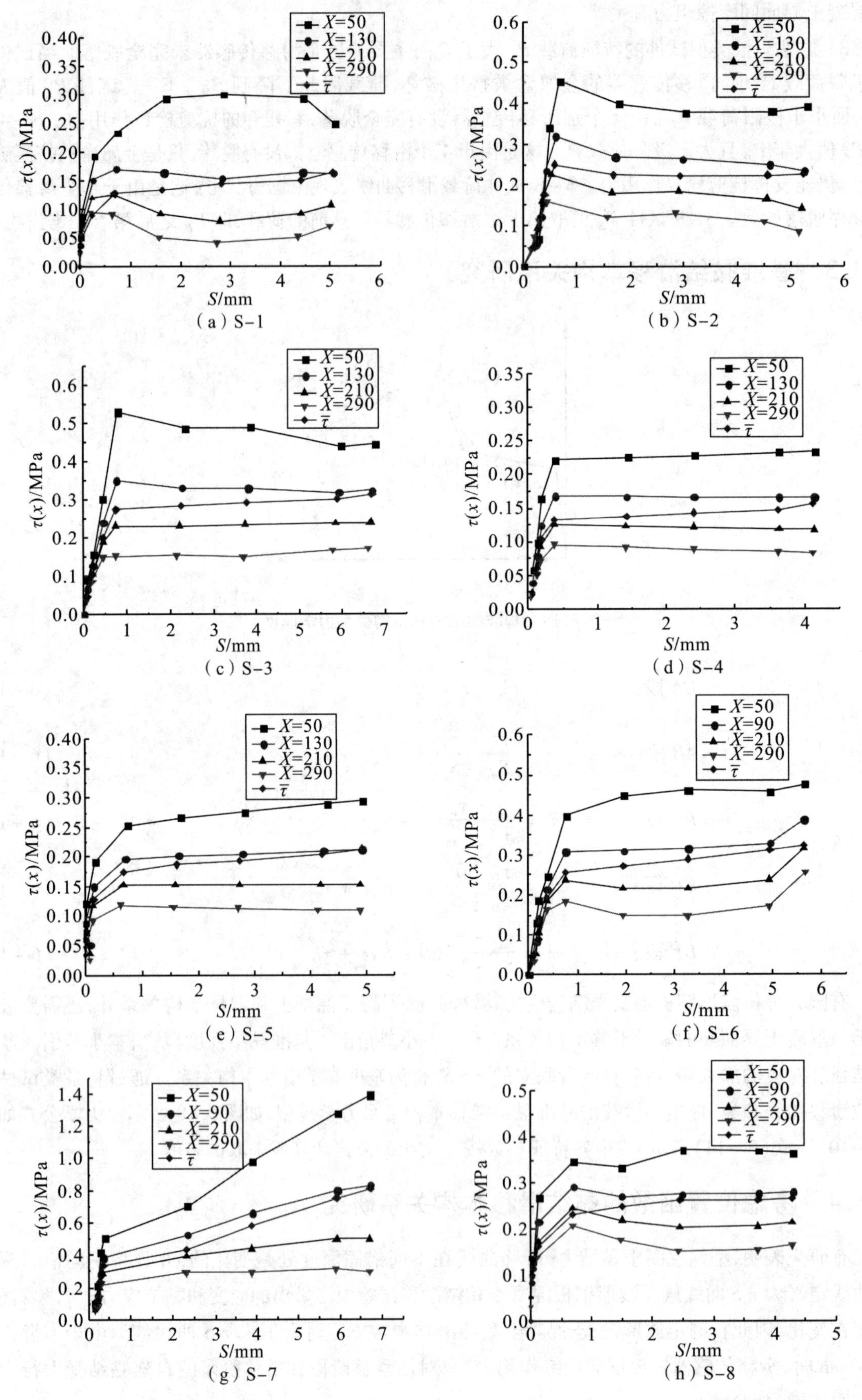

图 6.19　局部黏结滑移曲线

图6.19为试件任意锚固深度处的局部黏结滑移曲线,局部黏结应力由式(6-27)换算得出。个别滑移传感器因制作安装的误差导致测量出的滑移值在加载端和自由端滑移于包络线外。鉴于此,个别滑移传感器相应位置处的滑移取上下相邻2个滑移传感器所测量的滑移的平均值,其他正常的测点采用滑移传感器测量滑移。图中还对比补充了平均黏结应力-滑移曲线,即 $X=\tau$,滑移取试件的加载端滑移和自由端滑移的平均值。

从图6.19看出,在加载端附近的黏结应力最大,并随着锚固深度的增大而减小。平均黏结应力处于锚固深度130~210 mm区间内的黏结应力大小范围,即平均黏结应力值的大小是试件总埋置长度的中间1/3区间的黏结应力范围内。观察不同锚固深度处的黏结滑移曲线,发现除S-2试件和S-7试件之外,其他试件50 mm处的黏结滑移曲线变化走势规律与290 mm处的曲线变化走势规律相反(上升与下降),而130 mm和210 mm处的黏结滑移曲线变化走势规律基本相同。S-2和S-7试件的各个锚固深度处的黏结滑移曲线变化走势差异不大。造成以上这种走势规律的差异与试件的尺寸效应有关,由于试件长细比小,再者加载端和自由端都受到加载装置与支座的横向约束,导致不同锚固深度处的黏结滑移曲线变化走势规律不同。S-2和S-7试件由于波谷和波脊的长度相同,试件保护层厚度较大,因而尺寸效应影响较小。

(1)多点性力学模型的建立

杨勇[142]对推出试件的局部黏结滑移曲线族采用的力学模型认为,曲线族具有和平均黏结应力-加载端滑移曲线相似的形状,并假定任局部初始黏结强度与平均初始黏结强度的比值等于局部极限黏结强度与平均初始黏结强度的比值。然而,局部黏结滑移曲线与平均黏结应力-加载端滑移曲线的相似性仅依靠2个特征黏结强度与相应的平均黏结强度之比来建立有较大的离散性和单一性。因此,本课题组提出了多点性建立不同锚固深度处黏结滑移曲线的力学模型。

1)荷载分级。由于 $\tau(x)$、$S(x)$ 是随着试验荷载变化而变化,故将整个试验过程中荷载分为若干级,即 $P_1, P_2, \cdots, P_n$,对应的黏结应力为 $\tau_n(x)$、滑移 $S_n(x)$,$n=1,2,3,\cdots,N$。$\tau_n(x)$、$S_n(x)$ 量值是个常数。计算出各个锚固深度 x_1 处的滑移 $S_n(x)$ 和黏结应力 $\tau_n(x)$,x_i 应均匀密集地在整个波形钢板与混凝土接触面上取点。并将各个锚固深度处的 $\tau_n(x)$、$S_n(x)$ 绘制在同一坐标系 $\tau-S$ 中。

2)荷载建立位置函数。假定局部黏结应力 $\tau(x)$、平均黏结应力 $\bar{\tau}$、局部滑移 $S(x)$、加载端和自由端的平均滑移 $\bar{S}$ 有如下关系:

$$\frac{\tau(x)}{\bar{\tau}}=G(x) \tag{6-15}$$

$$\frac{S(x)}{\bar{S}}=F(x) \tag{6-16}$$

式中,$G(x)$、$F(x)$ 为位置函数。

3)求解位置函数。$\tau_n(x)$ 是第 n 级荷载作用下锚固深度 x 处的局部黏结应力,$S_n(x)$ 是对应滑移,$\bar{\tau}_n$ 是第 n 级荷载作用下的平均黏结应力值,$\bar{S}_n$ 是第 n 级荷载作用下加载端滑移与自由端滑移的平均值。假定有如下关系式:

$$\frac{\tau_n(x)}{\bar{\tau}_n}=\left.\begin{cases}\dfrac{\tau_1(x)}{\bar{\tau}_1}=G_1(x)\\[2ex]\dfrac{\tau_2(x)}{\bar{\tau}_2}=G_2(x)\\[2ex]\cdots\\[1ex]\dfrac{\tau_N(x)}{\bar{\tau}_N}=G_N(x)\end{cases}\right\}=G_n(x) \tag{6-17}$$

$$\frac{S_n(x)}{\overline{S_n}} = \begin{cases} \dfrac{S_1(x)}{\overline{S_1}} = F_1(x) \\ \dfrac{S_2(x)}{\overline{S_2}} = F_2(x) \\ \cdots \\ \dfrac{S_N(x)}{\overline{S_N}} = F_N(x) \end{cases} = F_n(x) \tag{6-18}$$

式中：$n=1,2,3,\cdots,N$。

对 $G_1(x)$，$G_2(x)$，$\cdots$，$G_N(x)$ 取平均值得 $\bar{G}(x)$，即 $\bar{G}(x)=\dfrac{1}{N}\sum_{1}^{N}G_n(x)$。对 $F_1(x)$，$F_1(x)$，$\cdots$，$F_N(x)$ 取平均值得 $\bar{F}(x)$。然后按相同方式对各锚固深度 x_i 处取平均值 $\bar{G}(x_i)$、$\bar{F}(x_i)$。x_i 应该均匀密集地取值，$i=1,2,3,\cdots,N'$。分别将 $\bar{G}(x_i)$、$\bar{F}(x_i)$ 绘制于坐标系中，将离散点拟合出与锚固深度 x 有关的位置函数 $F(x)$、$G(x)$。因此建立了曲线族的简化模型，得到了不同锚固深度处 x_i 的黏结应力滑移曲线，如图 6.20 所示。

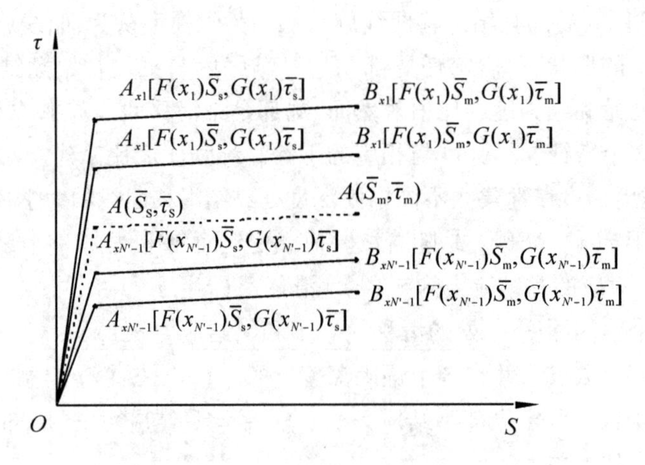

图 6.20　局部黏结滑移曲线力学模型

(2)位置函数的确定

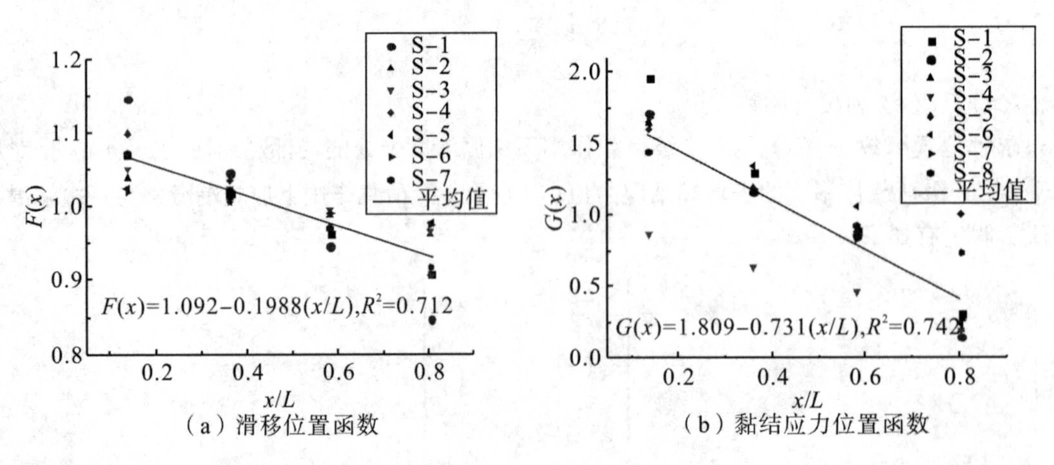

(a) 滑移位置函数　　(b) 黏结应力位置函数

图 6.21　位置函数

根据位置函数的建立方法，首先将微滑移阶段和滑移阶段的荷载分级，分别取 18.5% P_s、

38.5% P_s、72.5% P_s、P_s、0.35 S_m、0.58 S_m、0.88 S_m、S_m 荷载滑移点对应的黏结应力和滑移值；其次根据式(6-16)、式(6-17)对不同锚固深度 S_m 处求比值并取平均值；最后统计回归各平均值，如图6.21所示。

$$F(x) = 1.092 - 0.1988(x/L) \tag{6-19}$$

$$G(x) = 1.809 - 1.731(x/L) \tag{6-20}$$

式(6-19)和式(6-20)为位置函数计算公式，受试件埋置长度较小以及应变片布置数量所限，拟合出的线性位置函数表达式优度系数0.74较小于1。该位置函数能基本反映沿锚固深度的变化规律，但是没能反映出沿波谷、波脊面的变化规律。波角内侧面与波角外侧面的黏结应力也是个值得探索的研究问题。课题组今后将全面研究反映波谷、波脊和锚固深度的位置函数，以及波谷、波脊面黏结应力分担比例。

(3)考虑位置变化的黏结滑移本构方程

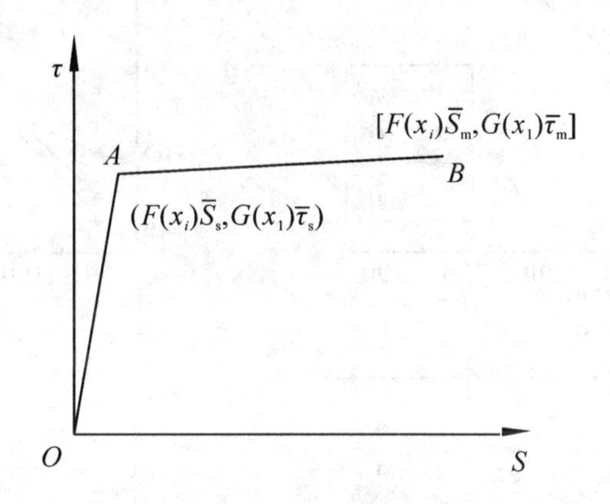

图6.22　考虑位置函数的黏结滑移本构模型

OA 段：
$$\tau = \frac{G(x_i)\bar{\tau}_s}{F(x_i)\bar{S}_s}S \tag{6-21}$$

AB 段：
$$\tau = \frac{G(x_i)\bar{\tau}_m - G(x_i)\bar{\tau}_s}{F(x_i)S_m - F(x_i)S_s}[S - F(x_i)\bar{S}_s] + G(x_i)\bar{\tau}_s \tag{6-22}$$

6.3.3小节给出了基于平均黏结应力加载端滑移曲线的基准黏结滑移本构方程，没能反映黏结应力沿着锚固深度变化这一现象。本小节通过已经建立位置函数来完善黏结滑移本构方程，如图6.22所示。本构方程如式(6-21)、式(6-22)所示，各物理变量参见6.3.3小节。考虑位置函数的本构方程比单一的平均黏结应力本构方程更具有完备性，可适用于任意波形钢板混凝土在轴向荷载作用下的黏结滑移力学模型，为有限元分析此类构件奠定了基础。

6.4　波形钢板应力应变分布规律

6.4.1　波形钢板应变分布规律

依据荷载滑移曲线，分别分析各个受力阶段 P_s、P_m、P_u 和 P_r 的波形钢板应变分布规律。

(1)微滑移荷载 P_s 时应变分布

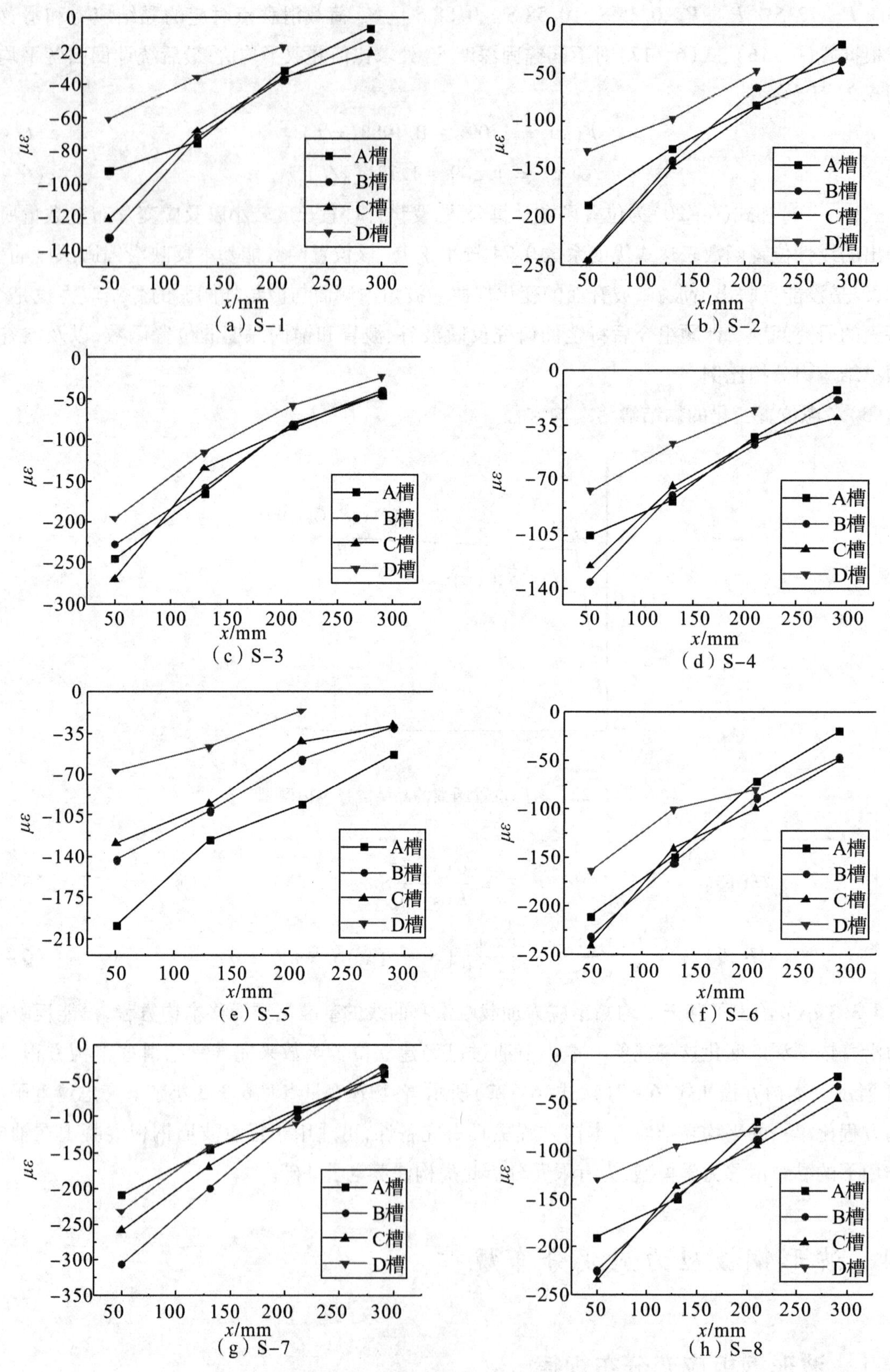

图 6.23　微滑移荷载 P_s 时应变分布

由图 6.23 可以看出,在微滑移阶段,波形钢板的应变在加载端处最大,自由端处应变最小,并且沿着锚固深度逐渐减小。同时发现,波形钢板的波谷面应变(D 槽)小于波脊面(A 槽)和波角(B

槽、C槽)处的应变数值。

(2)摩擦荷载 P_m 时应变分布

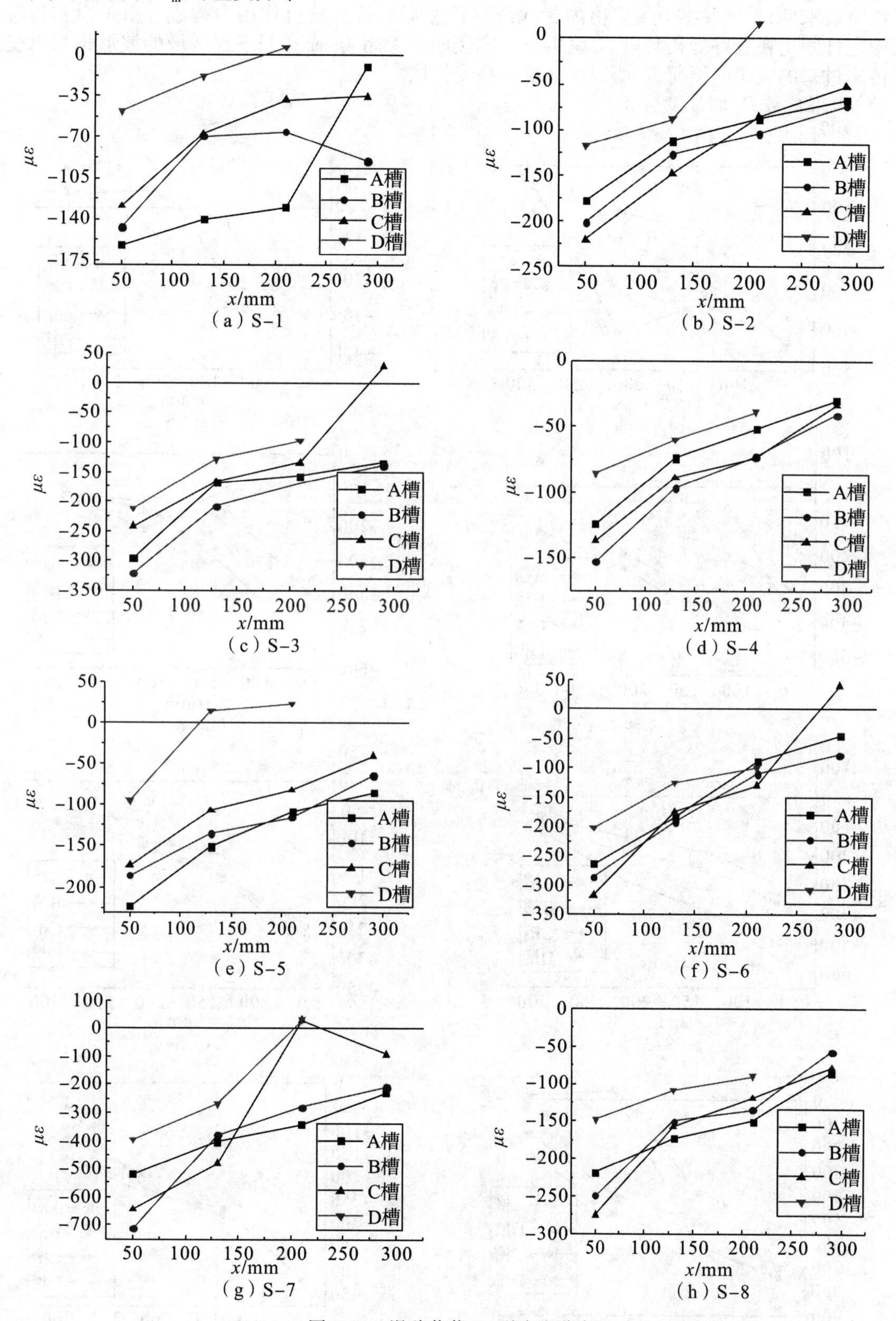

图6.24　滑移荷载 P_m 时应变分布

从图6.24看出,在荷载为 P_m 时,S-1、S-2、S-3、S-6和S-1试件的应变在自由端处出现了过零点现象,即应变为正值。S-4、S-5和S-8试件的应变尚处于负值。这种现象由试件的滑移值和做试验时放置在自由端处的支座与波形钢板的距离综合决定。S-1、S-2、S-3、S-6 和 S-1 试件自由端处的支座与波形钢板的距离较小，即剪跨比小，应变过零点现象率先于其他试件发生。在滑移阶段末期，试件黏结力主要由内置式滑移传感器的抗剪栓钉作用力构成。由于滑移传感器金属固定杆固定在波谷处孔洞里，对钢板有一定竖向向上阻力，而孔洞下部区域的波形钢板承受从波脊传递过来的竖向向下荷载，所以该区域存在受拉区。

(3)极限荷载 P_u 时应变分布

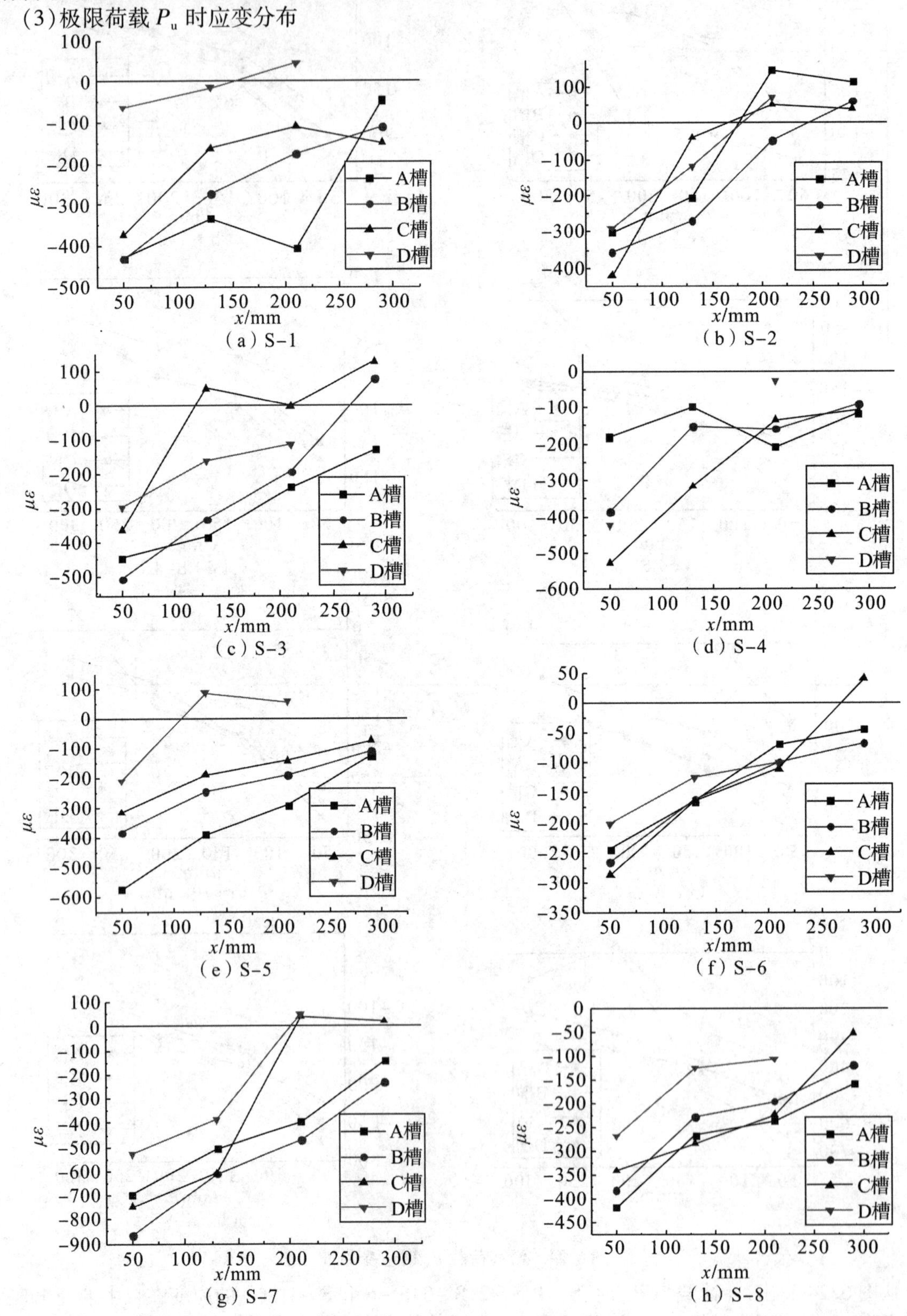

图 6.25　极限荷载 P_u 时应变分布

从图 6.25 看出，在破坏阶段，波形钢板沿着锚固深度方向应变分布规律不同于微滑移阶段。由于试件自由端支座和滑移传感器超过量程后的抗剪栓钉作用的影响，D 槽 290mm 锚固深度处有严重的应力集中现象(因所测的应变值很大，未在图中标注)。大多数试件的 C 槽和 D 槽的应变均出现了过零点现象，即由应变负值变为应变正值。

(4) 残余荷载 P_r 时应变分布

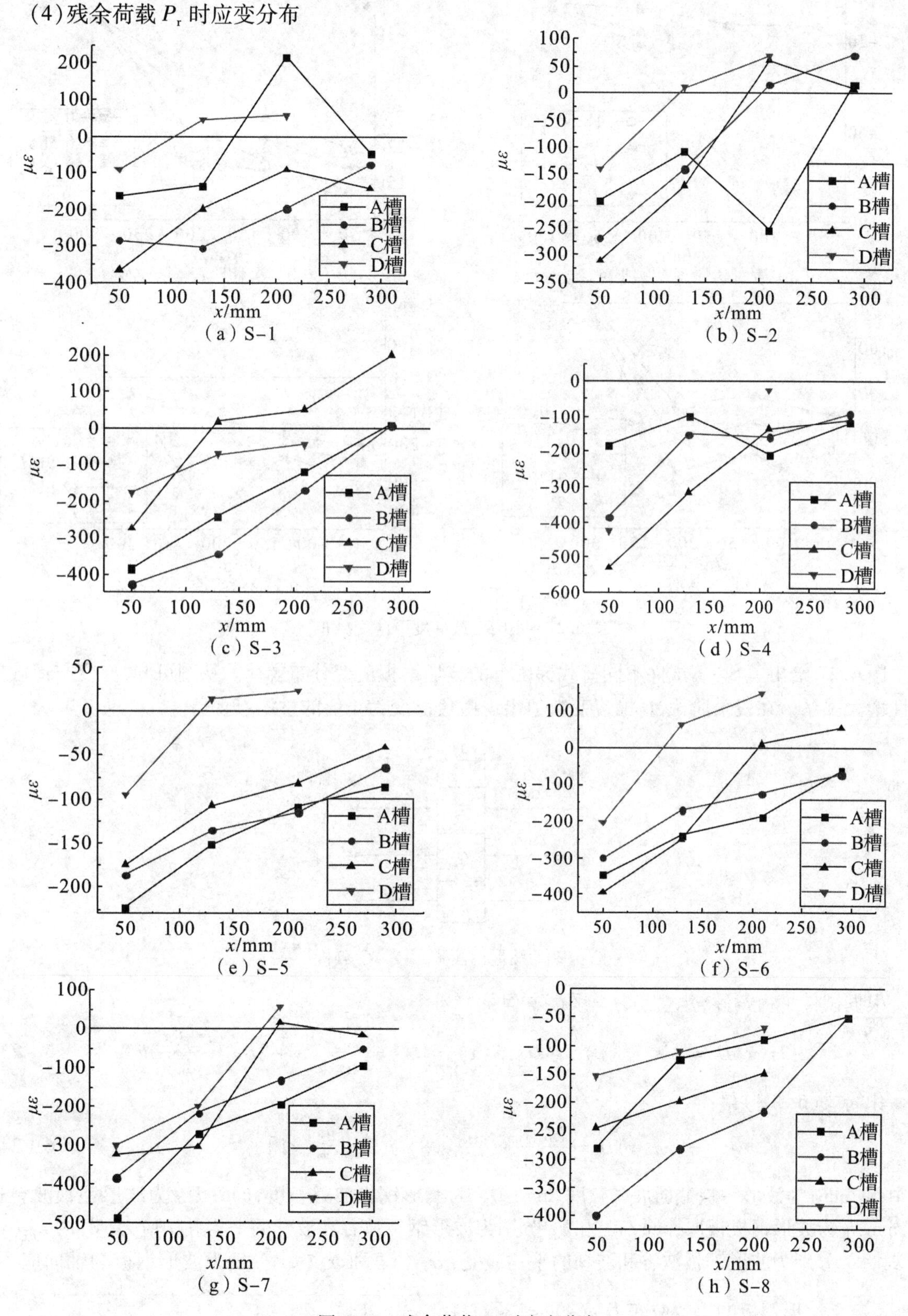

图 6.26　残余荷载 P_r 时应变分布

当试件加载到残余阶段时,波形钢板应变沿锚固深度的分布非常复杂,时而正值,时而负值。只有当所有滑移传感器完全脱落后,不再发挥抗剪栓钉作用,波形钢板表面应变才趋于正值。

(5)不同荷载梯度下的波形钢板应变分布

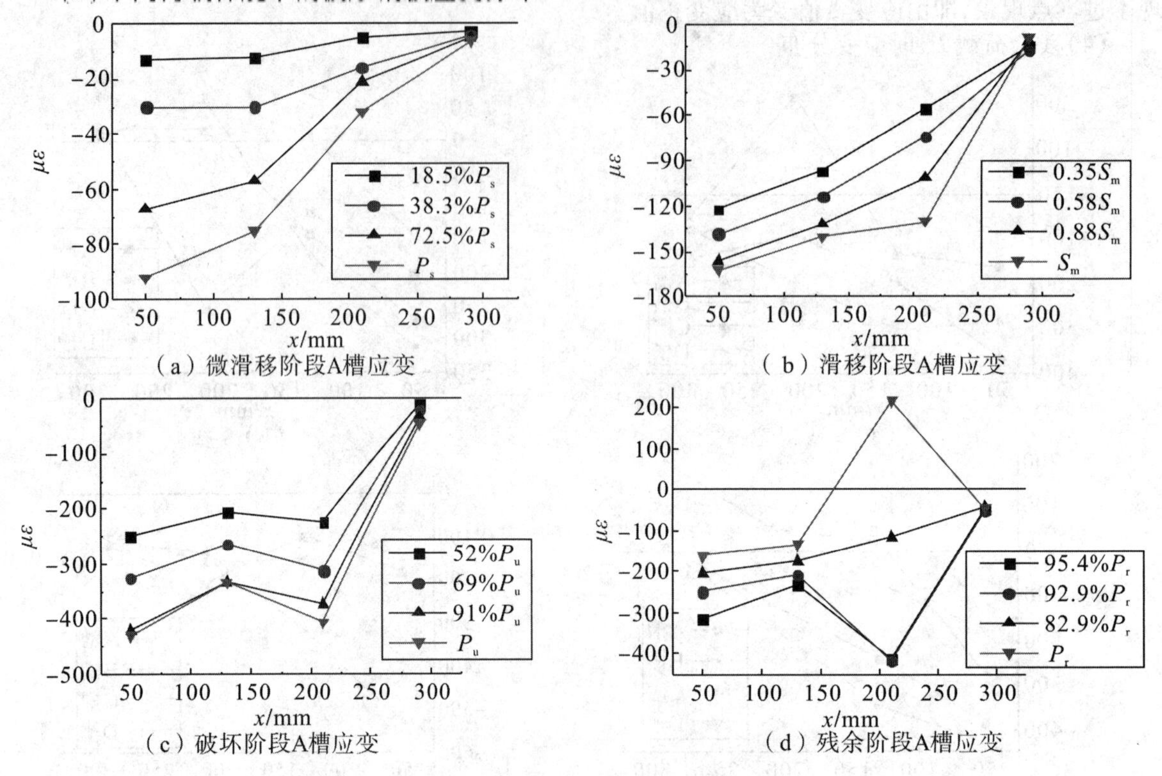

图6.27 不同荷载梯度下应变分布

图6.27给出了S-1试件不同荷载梯度下的波形钢板应变分布规律。从图可知,应变与荷载呈线性增大关系。在残余阶段,D槽应变数值出现由负值变为正值的过零点现象。

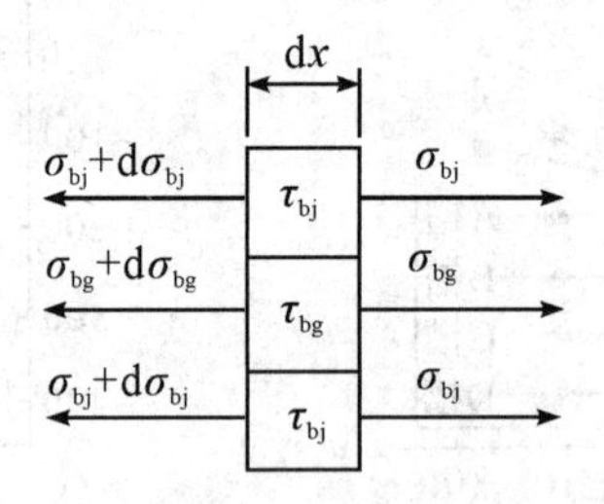

图6.28 波形钢板微元体力学分析

根据试件平衡条件,建立其力学平衡方程:

$$2\tau(x)D = 2D_{bg}\bar{\tau}_{bg}(x) + 4D_{bj}\bar{\tau}_{bj}(x) = D_{bg}\frac{d\sigma_{bg}(x)}{dx}h + 2D_{bj}\frac{d\sigma_{bj}(x)}{dx}h \tag{6-23}$$

化简式(6-23)得:

$$\tau(x)D = \frac{Eh}{2}\frac{d}{dx}[D_{bg}\bar{\varepsilon}_{bg}(x) + 2D_{bj}\bar{\varepsilon}_{bj}(x)] \tag{6-24}$$

式中:D,mm;为波形钢板截面展开长度,mm;D_{bg}为波形钢板波谷长度,mm;D_{bj}为波形钢板波脊长度,mm;h为波形钢板板厚,mm;$\bar{\tau}_{bg}$和$\bar{\tau}_{bj}$分别为波形钢板波谷和波脊的平均黏结应力,MPa;$\bar{\varepsilon}_{bg}(x)$和$\bar{\varepsilon}_{bj}(x)$分别为波形钢板波谷和波脊的平均应变,$\sigma_{bg}(x)$和$\sigma_{bj}(x)$分别为波形钢板的轴向应力,MPa。定义波形钢板的等效应变为$\varepsilon(x) = \bar{\varepsilon}(x) + 2\frac{D_{bj}}{D_{bg}}\bar{\varepsilon}_{bj}(x)$。

(6)微滑移阶段等效应变分布

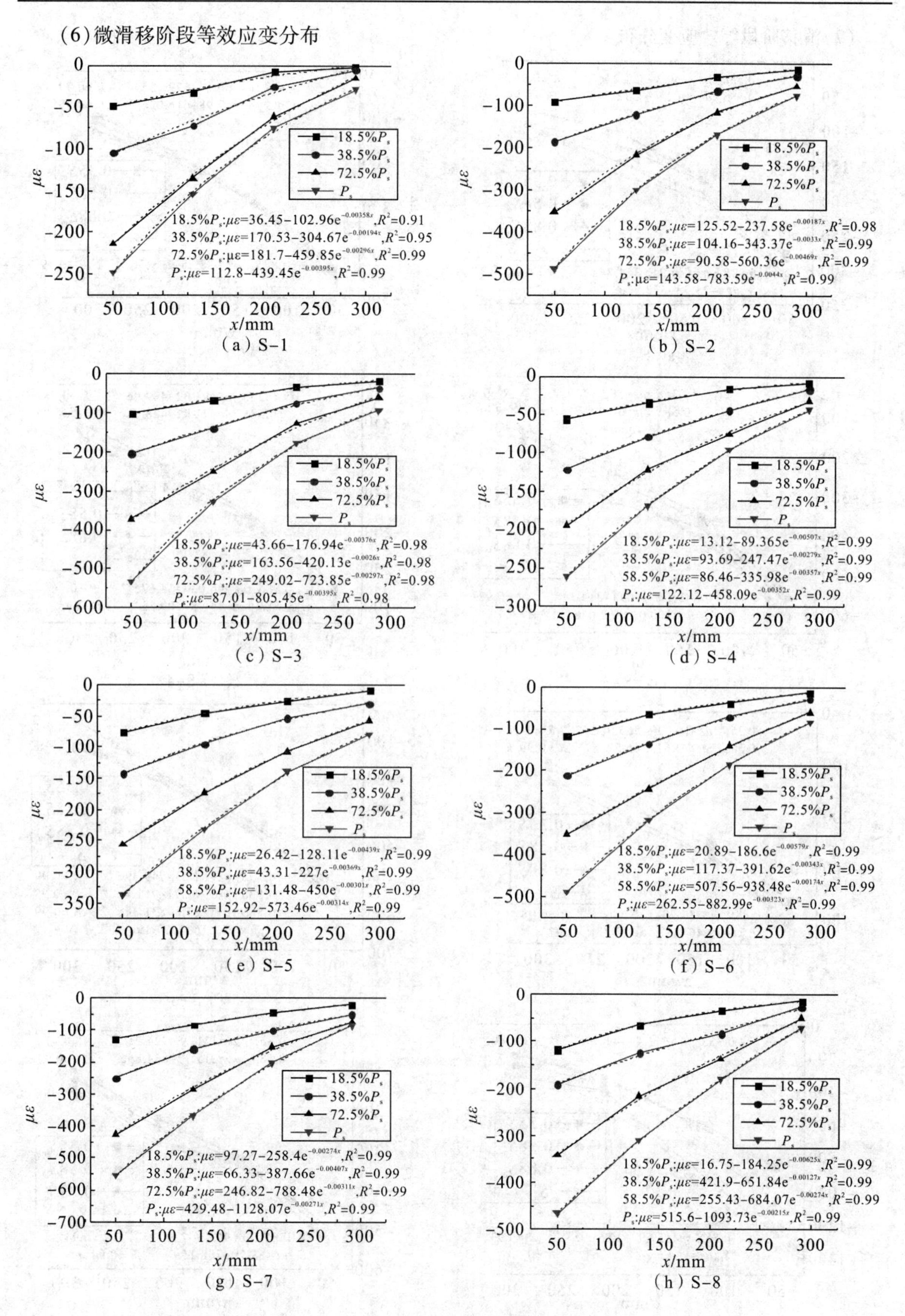

图 6.29　微滑移阶段等效应变分布

(7)滑移阶段等效应变分布

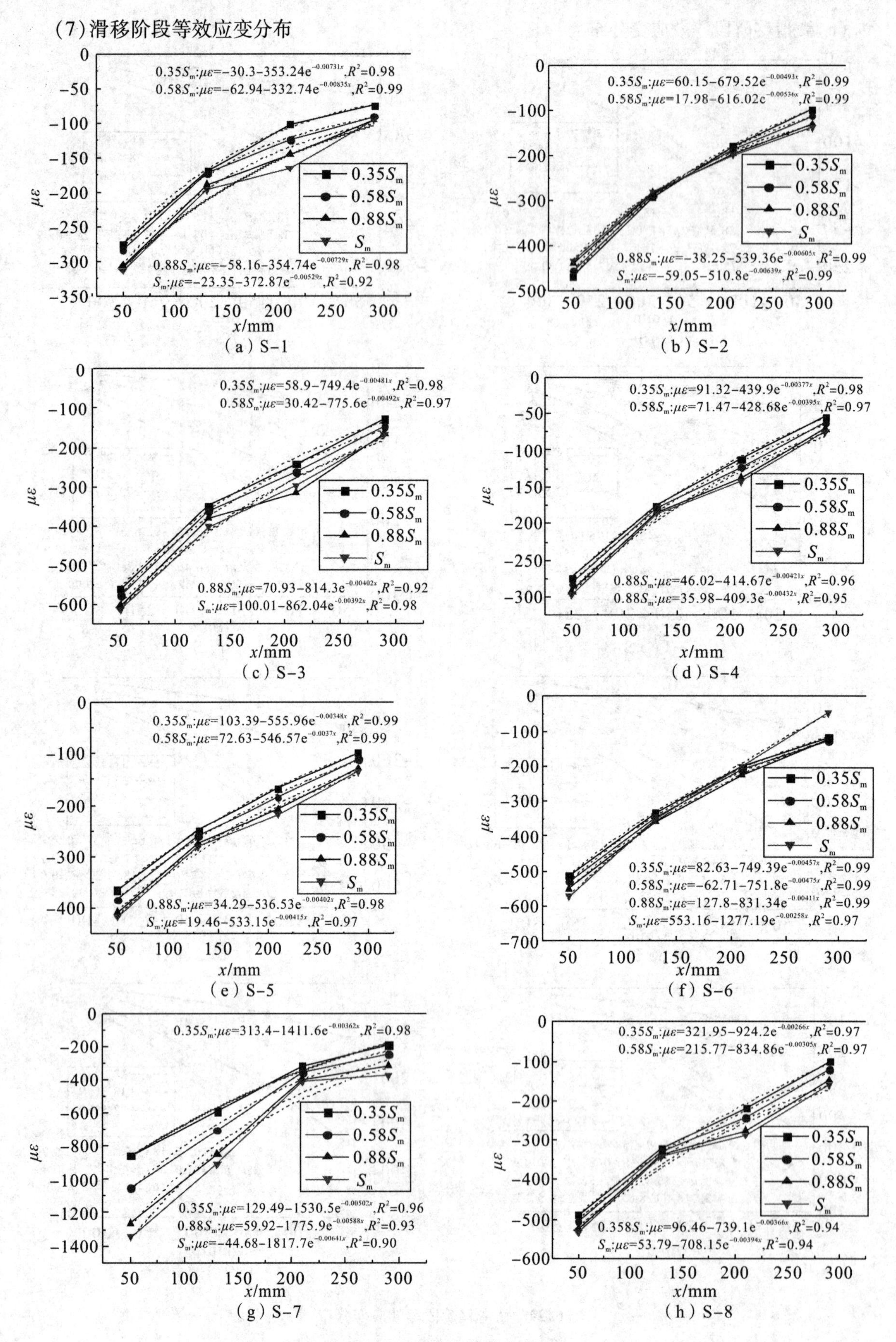

图 6.30 滑移阶段等效应变分布

从图6.29和图6.30可以看出,波形钢板等效应变沿着锚固深度方向呈指数分布规律,可用下式表示:

$$\varepsilon(x) = \eta_1\varepsilon_{\max} - \eta_2\varepsilon_{\max}\mathrm{e}^{-k_1 x} \tag{6-25}$$

式中,η_1、η_2为调整系数,$\varepsilon_{\max}$为波形钢板混凝土加载端局部最大应变值,k_1为波形钢板等效应变特征值。

考虑到试件在滑移阶段的应变出现过零点现象,且A槽、B槽、C槽和D槽的应变沿锚固深度方向不全符合指数分布规律,等效应变分布指数特征值确定只基于微滑移阶段试验数据。将等效应变分布指数k_1放大1000倍后与波谷长度、波角进行数值统计回归后如图6.31所示,并拟合出以下计算公式。

$$\left.\begin{array}{ll}\text{当波角 } \theta \leqslant 120° \text{ 时} & k_1 10^{-3} \times (1.436 + 0.026\theta)(1.595 - 1.702\gamma) \\ \text{当波角 } 180° > \theta \geqslant 120° \text{ 时} & k_1 = 10^{-3} \times (7.571 - 0.0299\theta)(1.754 - 1.872\gamma) \\ \text{当波角 } \theta = 180° \text{ 时} & k_1 = 10^{-3} \times (7.571 - 0.0299\theta)\end{array}\right\} \tag{6-26}$$

式中:γ为波谷长度与截面展开长度之比,即$\gamma = D_{\mathrm{bg}}/240$。

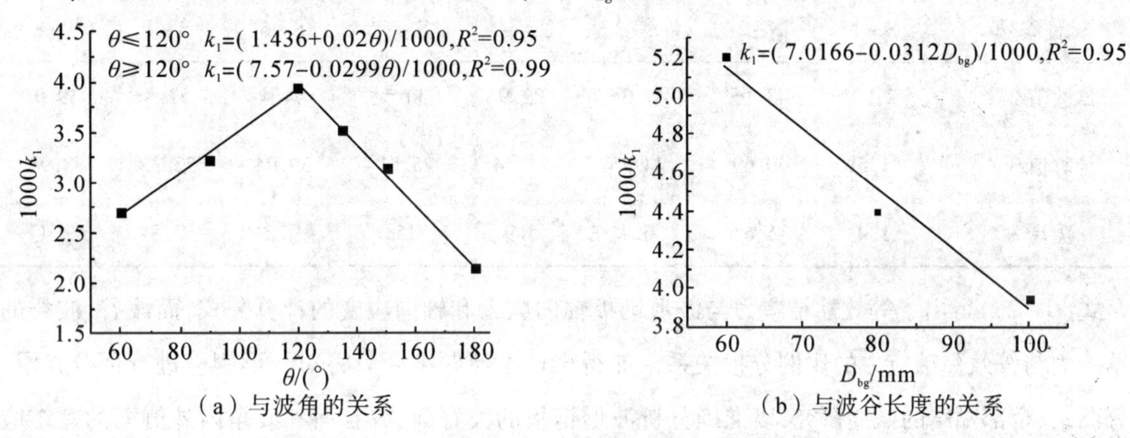

(a)与波角的关系　　(b)与波谷长度的关系

图6.31　等效应变分布指数特征值与各因素关系

6.4.2　波形钢板应力分布规律

由式(6-24)和式(6-25)得到波形钢板等效黏结应力公式如式(6-27)所示。由于试验中对试件进行了开槽,槽口处的数根应变片接线削弱了板厚,导致槽口处局部应力大于其他区域。因此,试验所得的等效黏结应力需换算成同等波形钢板厚度的应力。换算系数为开槽后钢板厚度与开槽前钢板厚度之比,取0.5。波形钢板等效黏结应力分布如图6.32所示。

$$\tau(x) = \frac{D_{\mathrm{bg}}Eh}{2D}k_1\eta_2\varepsilon_{\max}\mathrm{e}^{-k_1 x} \tag{6-27}$$

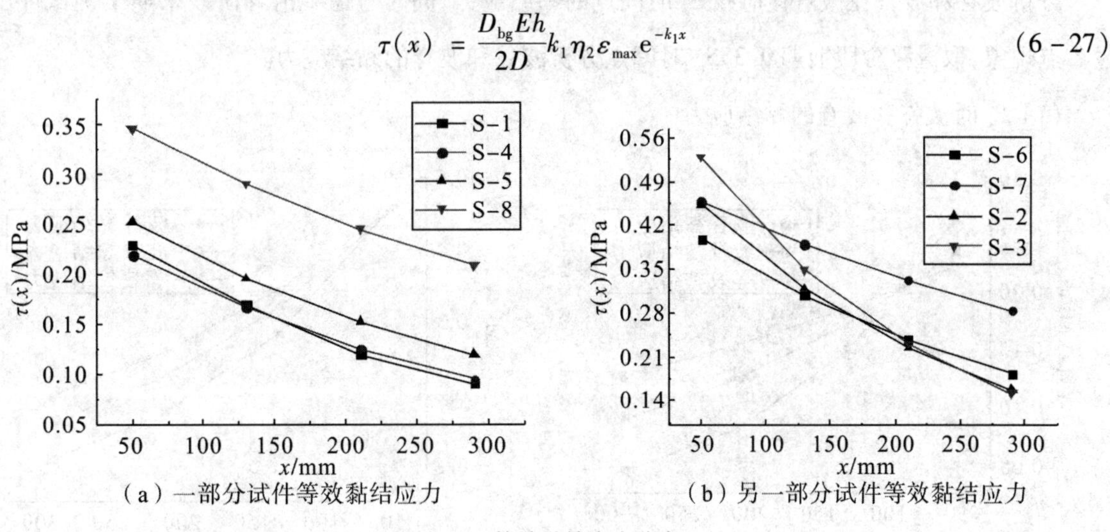

(a)一部分试件等效黏结应力　　(b)另一部分试件等效黏结应力

图6.32　等效黏结应力分布

从图 6.32 看出,锚固深度 50mm 处,即加载端处的黏结应力最大。根据力学平衡方程,波形钢板混凝土加载端处 $x=0$ 和自由端处 $x=360$ 黏结应力应为0,而加载端处波形钢板应变却为最大值,即加载端附近存在黏结应力奇异区。有研究认为,根据变形协调条件,型钢混凝土推出试件在加载端存在黏结应力奇异区。该奇异区范围、应力大小未曾进行深入分析,课题组后续继续进行研究。补充加载端和自由端黏结应力为 0 的边界条件后,对等效黏结应力沿锚固深度方向积分,应满足式(6-28)。将积分计算所得数值与试验值 P_s 比对验证,如表 6.7 所示。

$$2D\int_0^{360}\tau(x)\,\mathrm{d}x = P_s \tag{6-28}$$

表 6.7　等效黏结应力的验证

试件编号	S-1	S-2	S-3	S-4	S-5	S-6	S-7	S-8
试验值/kN	21.9	43.16	47.34	22.9	30.5	44.4	57.8	39.9
计算值/kN	21.59	40.69	44.25	21.54	25.51	39.94	52.32	38.94
误差%	1.4	5.6	6.4	5.9	15	9.2	9.5	2.4

式(6-23)得出了等效黏结应力与波形钢板轴向应力和轴向应变的计算公式,而波谷、波脊的黏结应力与等效黏结应力的比例分担关系未能得出。本课题组今后将对波形钢板进行部分光滑、部分黏结、全部黏结的试验研究,以准确分析波形钢板的波脊面、波谷面和波角内外侧面的黏结应力分担关系。但是,这里根据式(6-23)假定波形钢板的波谷和波脊的黏结应力有如下关系:

$$\bar{\tau}_{\mathrm{bg}}(x) = \frac{Eh}{2}\frac{\mathrm{d}\bar{\varepsilon}_{\mathrm{bg}}(x)}{\mathrm{d}x} \tag{6-29}$$

$$\bar{\tau}_{\mathrm{bj}}(x) = \frac{Eh}{2}\frac{\mathrm{d}\bar{\varepsilon}_{\mathrm{bj}}(x)}{\mathrm{d}x} \tag{6-30}$$

分析波谷和波脊在微滑移荷载 P_s 时间点的黏结应力,同时考虑到滑移阶段末期个别试件出现过零点现象,取滑移阶段前期 $0.35S_m$ 时间点分析波谷和波脊的黏结应力。

(1) P_s 时波谷和波脊的黏结应力

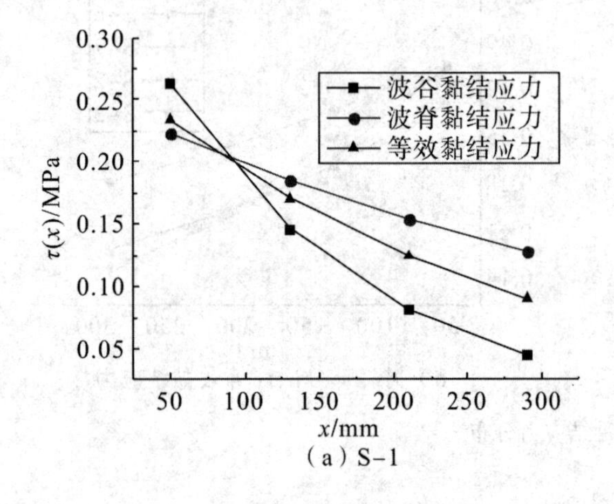

(a) S-1

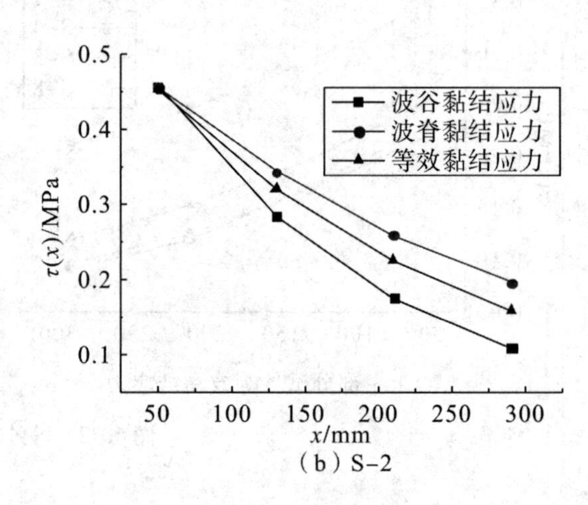

(b) S-2

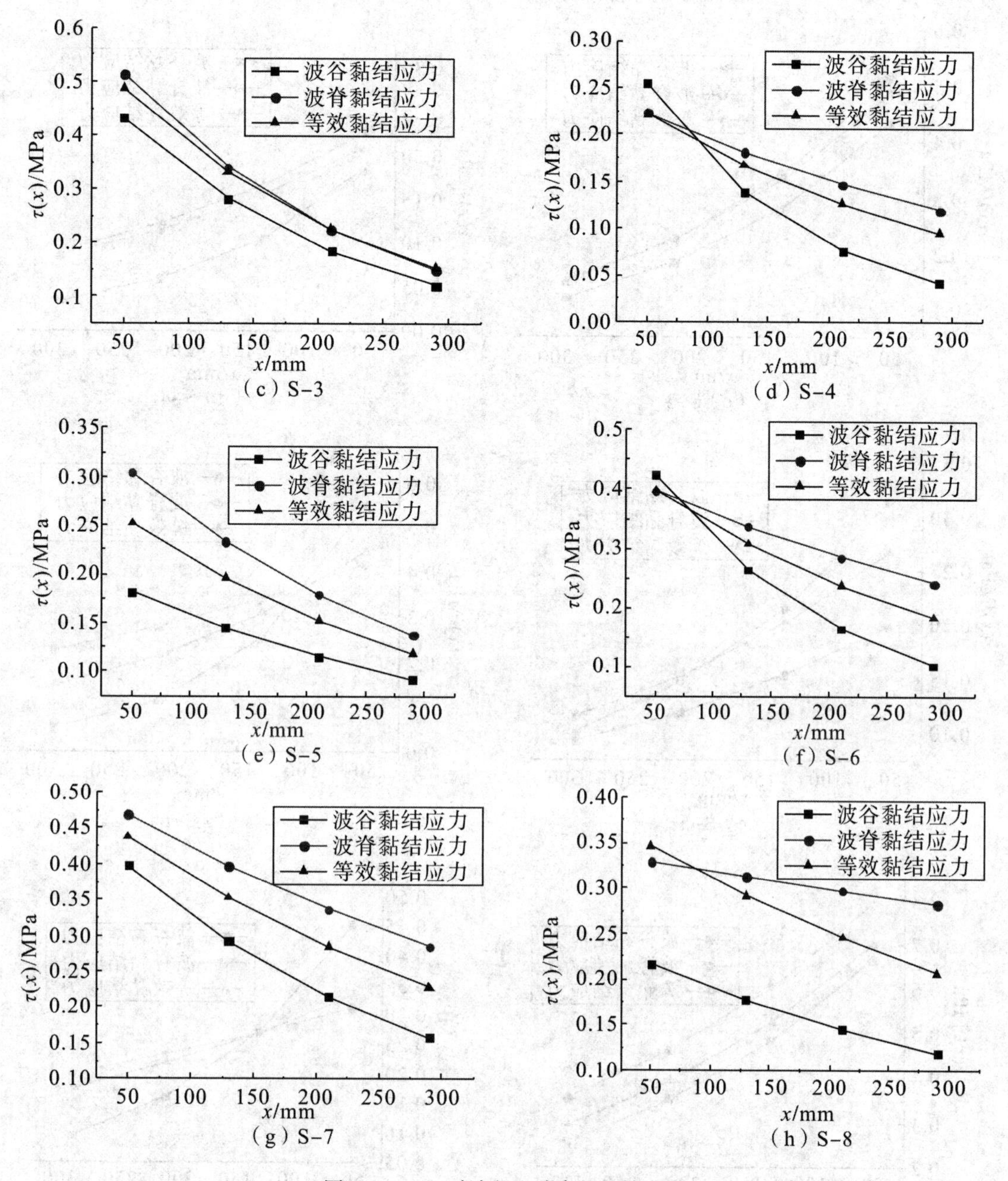

（c）S-3　（d）S-4

（e）S-5　（f）S-6

（g）S-7　（h）S-8

图6.33　P_s 时波谷和波脊的黏结应力

(2)0.35 S_m 时波谷和波脊的黏结应力

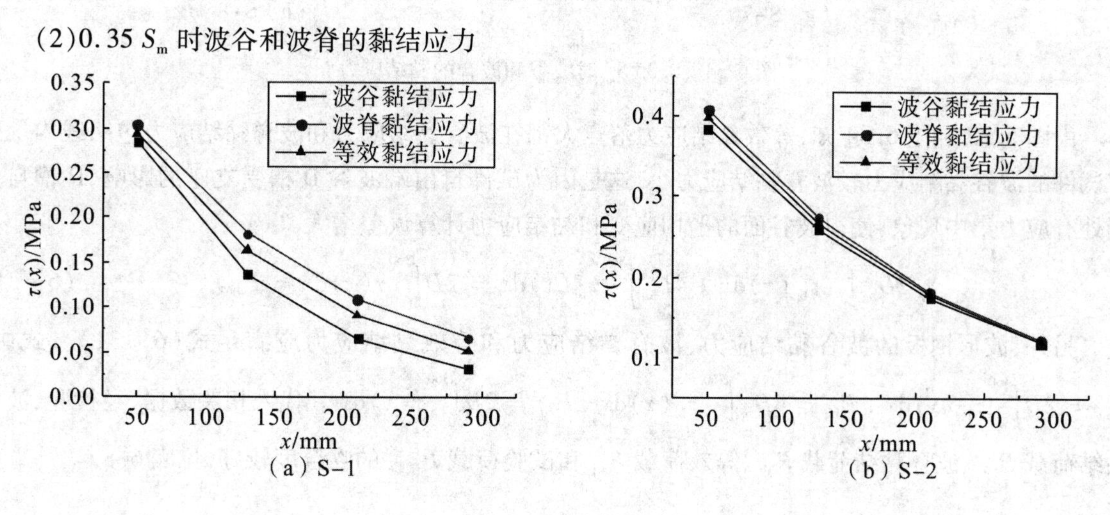

（a）S-1　（b）S-2

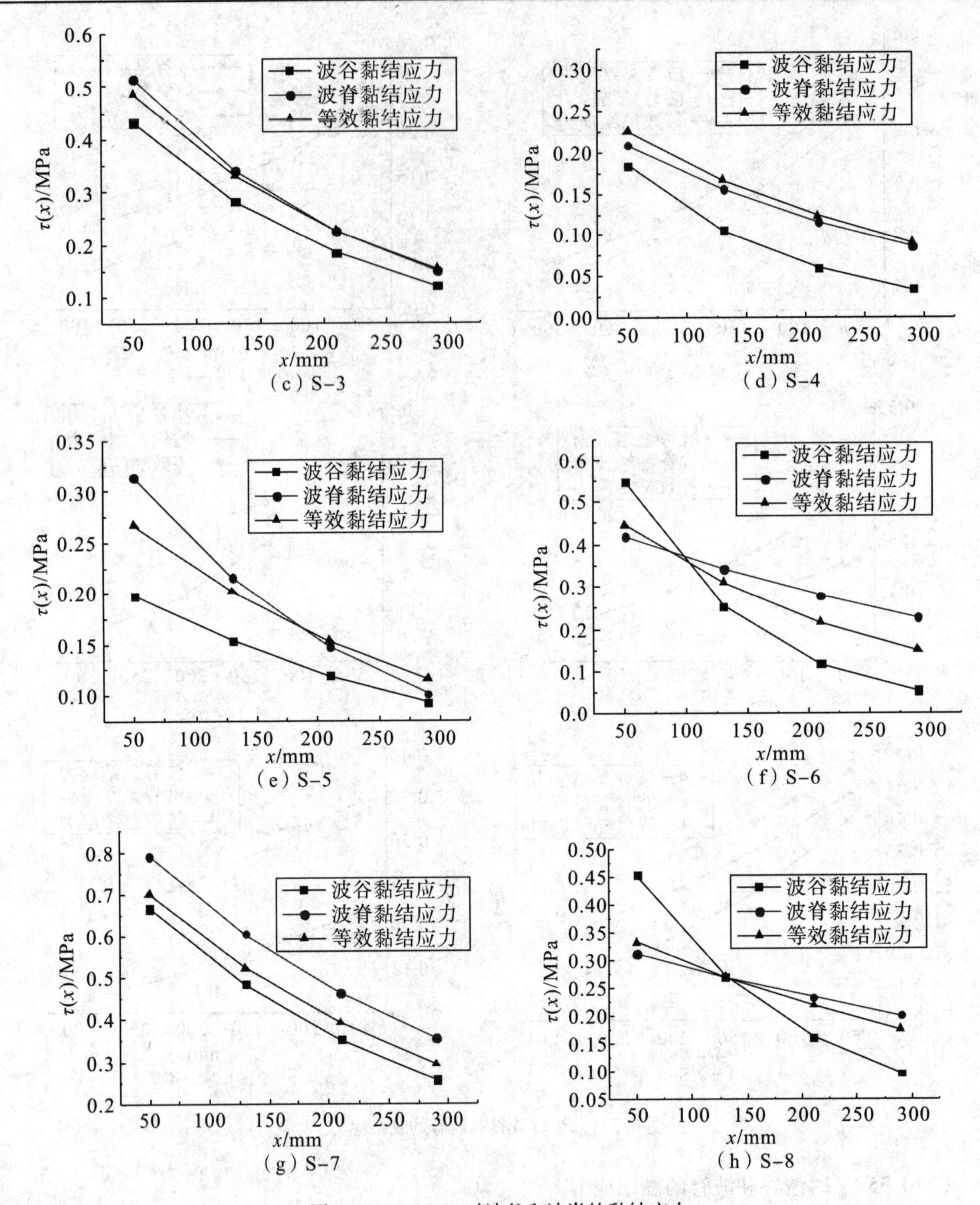

图 6.34 0.35 S_m 时波谷和波脊的黏结应力

由图 6.33 和图 6.34 知,等效黏结应力落点大都在波谷黏结应力和波脊黏结应力包络线内。所有试件的波谷黏结应力较波脊黏结应力小,这是因为试件自由端波谷 D 槽受支座的影响,D 槽自由端处有应力集中现象,使得波谷面的平均应变和黏结应力计算误差增大。

$$2D_{bg}\int_0^{360}\tau_{bg}(x)\,dx + 4D_{bj}\int_0^{360}\tau_{bj}(x)\,dx = 2D\int_0^{360}\tau(x)\,dx = P_{试验} \tag{6-31}$$

另外,波形钢板的波谷黏结应力、波脊黏结应力和等效黏结应力应满足式(6-31)。式中,$P_{bg} = 2D\int_0^{360}\tau_{bg}(x)\,dx$,$P_{bj} = 4D_{bj}\int_0^{360}\tau_{bj}(x)\,dx$、$P_{eq} = 2D\int_0^{360}\tau(x)\,dx$。代入相关数据,经检验,波谷黏结荷载 P_{bg}、波脊黏结荷载 P_{bj}、等效荷载 P_{eq} 和试验荷载 $P_{试验}$ 的吻合度较好,见表 6.8。

表6.8　各黏结荷载计算检验

试件编号		S-1	S-2	S-3	S-4	S-5	S-6	S-7	S-8
P_s /kN	波谷 P_{bg}	7.75	11.94	10.54	7.38	7.92	13.93	17.84	9.76
	波脊 P_{bj}	7.16	14.78	17.6	6.955	8.83	13.12	15.86	12.79
	$P_{bg}+2P_{bj}$	22.07	41.51	45.74	21.29	25.58	40.17	49.56	35.34
	等效荷载	21.59	40.69	44.25	21.54	25.51	39.94	52.32	38.94
	试验值	21.9	43.1	47.3	22.9	30	44	57.8	39.9
	误差%	2.22	2.02	3.37	1.16	2.71	5.82	5.38	9.24
$0.35S_m$ /kN	波谷 P_{bg}	5.93	10.98	8.94	5.57	8.34	13.92	25.89	14.3
	波脊 P_{bj}	7.675	11.53	16.19	5.84	7.995	13.14	22.89	10.61
	$P_{bg}+2P_{bj}$	21.28	34.04	41.32	17.25	24.33	40.2	71.68	35.01
	等效荷载	20.79	33.87	42.06	18.74	26.11	39.48	67.55	35.51
	试验值	23	38.6	48.9	48.9	32.2	46.7	75.1	43.1
	误差%	6.38	1.47	4.57	25.52	22.26	5.47	18.04	1.4
波谷比例		0.32	0.3	0.22	0.32	0.32	0.34	0.36	0.33
波脊比例		0.34	0.35	0.39	0.34	0.34	0.32	0.32	0.33

为初步研究波谷黏结应力、波脊黏结应力和等效黏结应力的关系，分别对各个锚固深度处求波谷黏结应力与等效黏结应力比值和波脊黏结应力与等效黏结应力比值，再取平均值，求得对比系数均值 ξ 如表6.9所示。课题组今后将通过部分黏结、全部黏结等对比试件来完善波谷和波脊面的黏结应力分布机理。

表6.9　黏结应力对比系数 ξ

试件编号	S-1	S-2	S-3	S-4	S-5	S-6	S-7	S-8
波谷系数	0.785	0.894	0.832	0.667	0.764	0.768	0.878	1.055
波脊系数	1.615	1.21	1.434	1.751	1.454	1.864	1.311	1.613

6.5　波形钢板混凝土黏结滑移弹性力学公式的推导

6.5.1　微滑移阶段与滑移阶段公式推导

波形钢板混凝土试件在加载初期，黏结力主要由化学胶着力组成，波形钢板与混凝土界面间没有产生相对滑移，两者协同工作良好。此时，受试件尺寸效应和加载端加载装置的影响，试件加载端局部的受力状态要比试件中部复杂很多。如图6.35所示。在加载端界面取一微元体，受纵向剪应力 τ（即黏结应力）、纵向压应力 σ_z、横向剪应力（拉拔和推出荷载下可忽略）、环向拉应力 σ_θ 和径向拉应力 θ_r 的复合作用。这些应力将形成与试件锚固深度方向呈45°的主拉应力，进而使得加载端混凝土产生与主拉应力垂直的斜裂缝。当剪应力 τ 超过波形钢板与混凝土界面间黏结强度时，化学胶着力丧失。根据材料力学理论，推得主应力计算公式如式(6-32)所示，式中 β 为斜裂缝与波形钢板锚固深度方向夹角。

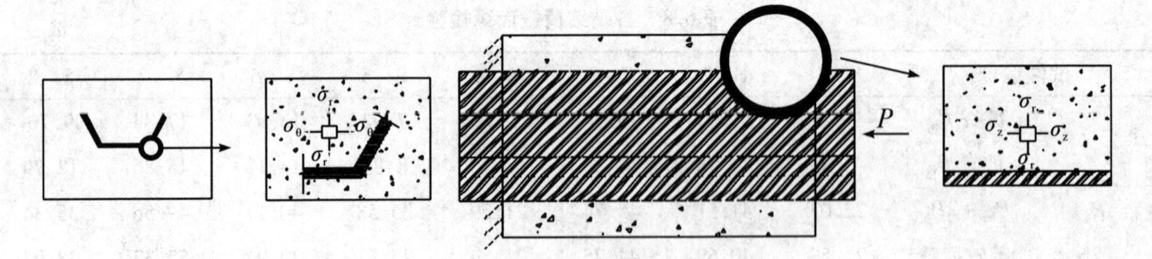

图 6.35 试件加载端混凝土应力状态

$$
\left.\begin{aligned}
\sigma_1 &= -\frac{\sigma_r}{2} + \sqrt{\left(\frac{\sigma_r}{2}\right)^2 + \tau^2} \\
\sigma_2 &= \sigma_\theta \\
\sigma_3 &= -\frac{\sigma_r}{2} - \sqrt{\left(\frac{\sigma_r}{2}\right)^2 + \tau^2} \\
\beta &= -\frac{1}{2}\arctan\left(-2\frac{\tau}{\sigma_r}\right) + \frac{\pi}{2}
\end{aligned}\right\} \tag{6-32}
$$

波形钢板与混凝土界面之间的黏结力在力学宏观上就是剪应力,剪应力使得波形钢板截面应力沿锚固深度发生变化。黏结力由混凝土的水泥胶体与波形钢板表面化学胶着力和混凝土与波形钢板界面间摩擦阻力和波形钢板表面的机械咬合力组成。当试件处于加载初期,尚未发生滑移前,黏结力主要由化学胶着力组成。当试件发生黏结滑移后,水泥砂浆结晶体被剪切破坏,化学胶着力丧失。同时,波形钢板与混凝土界面间存在正压力和摩擦系数,进而产生摩擦阻力。同时,波形钢板波角处、波脊尖端处、粗糙不平的钢板表面和钢板表面的内置式滑移传感器与混凝土的相互咬合嵌固形成了机械咬合力。

波形钢板的应变和应力沿锚固深度呈指数分布规律。另外,型钢混凝土黏结滑移的推出试验,发现在荷载上升段,型钢翼缘和腹板的应变沿锚固深度(距加载端距离)呈指数分布;荷载下降段,型钢翼缘和腹板的应变沿锚固深度趋于线性分布。郝家欢通过压型钢板-混凝土组合楼板剪切黏结滑移性能试验,得出压型钢板底面应力、应变沿剪跨长度呈指数分布规律,并提出 $\varepsilon(x) = \varepsilon_{\max}e^{-kx}$ 公式,k 与混凝土强度、组合楼板高度有关[146]。可见,对于混凝土组合结构的界面黏结滑移,钢材表面的应变分布规律有共性。这为根据弹性力学应用半逆解法[147]求解任意锚固深度处的黏结应力和滑移提供了依据。根据试验对应变的测量,发现波形钢板波脊面和波谷面的应变和黏结应力是不同的,并沿着锚固深度而发生变化。为方便力学分析,假定黏结应力 $\tau(x)$ 是指锚固深度 x 处的平均黏结应力,即6.4.2的等效黏结应力。由于构件只受拉拔(推出)荷载,可以将波谷面外部混凝土分离出来,简化为平面应力问题,如图6.36所示。

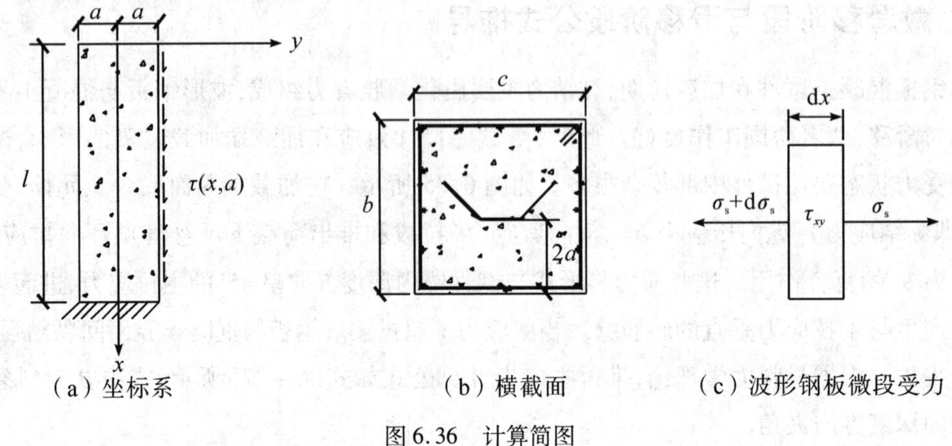

图 6.36 计算简图

(1)混凝土应力公式

根据试验结果知波形钢板黏结应力沿锚固深度呈指数分布规律,进而应用弹性力学半逆解法,设$\tau = \tau_0 e^{kx}$,这里k与第3章公式中k_1互为相反数。τ_0与荷载P有关,随着P增大而增大。由弹性力学公式$\tau_{xy} = \frac{\partial^2 \phi}{\partial x \partial y}$,可假定应力函数$\phi(x,y) = e^{kx} f(y)$,再将应力函数代入式(6-33)应力函数表示的相容方程:

$$\frac{\partial \phi}{\partial x^4} + 2\frac{\partial^4 \phi}{\partial x^2 \partial y^2} + \frac{\partial^4 \phi}{\partial y^4} = 0 \tag{6-33}$$

得出常系数微分方程:

$$k^4 f(y) + 2k^2 f''(y) + f^{(4)}(y) = 0 \tag{6-34}$$

解出:

$$f(y) = (c_1 + c_2 y)\cos ky + (c_3 + c_4 y)\sin ky \tag{6-35}$$

根据应力函数解出如下应力分量:

$$\left.\begin{aligned}
\sigma_{cx} &= \frac{\partial^2 \phi}{\partial y^2} = e^{kx}[(2c_4 k - c_1 k^2 - c_2 k^2 y)\cos ky - (2c_2 k + c_3 k^2 + c_4 k^2 y)\sin ky] = e^{kx} f_2(y) \\
\sigma_{cy} &= \frac{\partial^2 \phi}{\partial x^2} = k^2 e^{kx}[(c_1 + c_2 y)\cos ky + (c_3 + c_4 y)\sin ky] = k^2 e^{kx} f_3(y) \\
\tau_{xy} &= \frac{\partial^2 \phi}{\partial x \partial y} = -ke^{kx}[(c_2 + kc_3 + kc_4 y)\cos ky + (c_4 - kc_1 - kc_2 y)\sin ky] = -ke^{kx} f_1(y)
\end{aligned}\right\} \tag{6-36}$$

主要边界条件:

$$y = -a, \sigma_{cy}\big|_{y=-a} = 0 \qquad y = -a, \tau_{xy}\big|_{y=-a} = 0 \qquad y = a, \tau_{xy}\big| = \tau_0 e^{kx}$$

次要边界引用圣维南原理条件静力等效

$$\int_{-a}^{a} \sigma_{cx}\Big|_{x=0} dy = 0$$

将边界条件带入相应的应力表达式中,解得c_1、c_2、c_3、c_4如下:

$$\left.\begin{aligned}
c_1 &= \frac{(2ka\cos ka + 2\sin ka)c_4 + \tau_0/k}{2k\sin ka} \\
c_2 &= \frac{c_1\cos a + ac_4\sin ka + \dfrac{\tau_0 \sin ka}{2k^2\cos ka}}{a\cos ka + \tan ka(ka\sin ka - \cos ka)/k} \\
c_3 &= \frac{(2ka\sin ka - 2\cos ka)c_2 - \tau_0/k}{2k\cos ka} \\
c_4 &= \frac{\tau_0}{2k[(1-k)\sin ka + (ak^2 - ak)\cos ka]}
\end{aligned}\right\} \tag{6-37}$$

(2)混凝土位移公式

根据弹性力学物理方程和几何方程

$$\varepsilon_{cx} = \frac{1}{E_c}(\sigma_{cx} - \mu\sigma_{cy}) \qquad \varepsilon_{cx} = \frac{\partial u}{\partial x} \tag{6-38}$$

联立两式,得混凝土位移分量表达式为:

$$u_c = \int \varepsilon_{cx} dx + h_1(y) \tag{6-39}$$

将 $x=l, y=0, u|_{\substack{x=l\\y=0}}$ 边界条件代入 u_c 表达式,得:

$$h_1(0)=\frac{e^{kl}}{E_c k}[(\mu+1)k^2c_1-2c_4k] \tag{6-40a}$$

式(6-40a)是边界条件近似满足式子,不满足全边界条件 $x=l, u|_{x=l}=0$,不适用于边界附近位移,但根据圣维南原理不影响远处的位移。

将全边界条件 $x=l, u|_{x=l}=0$ 代入 u_c 表达式,得:

$$h_1(y)=\frac{e^{kl}}{E_c k}[f_2(y)-\mu k^2 f_3(y)] \tag{6-40b}$$

所以,混凝土位移公式如下:

$$u_c=\frac{e^{kx}}{E_c k}[f_2(y)-\mu k^2 f_3(y)]+h_1(0) \tag{6-41a}$$

$$u_c=\frac{e^{kx}}{E_c k}[f_2(y)-\mu k^2 f_3(y)]+h_1(y) \tag{6-41b}$$

(3)波形钢板位移公式

设 h 为板厚,根据力平衡方程有:

$$\sigma_{sx}=\frac{2}{h}\int\tau_{xy}\Big|_{y=a}dx=-\frac{2}{h}e^{kx}f_1(a)+\sigma_i \tag{6-42}$$

式中,σ_i 由 $\sigma_{sx}|_{x=0}=\frac{P}{A}$ 边界条件确定,A 为波形钢板横截面面积,P 为试验荷载。波形钢板位移公式如下:

$$u_s=\frac{1}{E_s}\int(\sigma_{sx}-\mu\sigma_{sy}|_{y=a})dx=\frac{1}{E_s}\left[\sigma_i x-\frac{2}{hk}e^{kx}f_1(a)-\mu k e^{kx}f_3(a)\right] \tag{6-43}$$

滑移就是混凝土与波形钢板在接触面上的位移差,联立式(6-42)、式(6-43),得

$$S=u_s-u_c|_{y=a}=\frac{1}{E_s}\left[\sigma_i x-\frac{2}{hk}e^{kx}f_1(a)-\mu k e^{kx}f_3(a)\right]-\frac{e^{kx}}{E_c k}[f_2(a)-\mu k^2 f_3(a)]-h_1(0) \tag{6-44}$$

而黏结应力表达式为:

$$\tau_{xy}|_{y=a}=-ke^{kx}f_t(a) \tag{6-45}$$

通过式(6-44)、式(6-45)可分别计算出在静荷载 P 作用下任意锚固深度处的滑移和黏结应力。由式(6-44)知,在微滑移阶段,滑移沿锚固深度呈指数与一次函数的复合分布形式。本试验在对滑移传感器进行制作安装时,造成了传感器内部损伤。测量出的滑移值虽然在加载端与自由端滑移的包络线内,但精度偏低,未能得知滑移沿锚固深度的变化规律。课题组今后将提高滑移传感器精度,研究滑移沿锚固深度的分布规律,进一步验证公式(6-44)。

6.5.2 荷载下降阶段公式推导

型钢混凝土黏结滑移推出试验中,荷载下降阶段时的黏结应力沿锚固深度呈常数分布[148-149]。由于试验在波形钢板表面安装了滑移传感器,导致当滑移超过5mm时,波形钢板混凝土界面自然黏结滑移转变为抗剪栓钉作用力。荷载下降阶段应变沿锚固深度方向分布有过零点现象,因而黏结应力沿锚固深度的表达式无法建立。本章为了研究基于弹性力学的波形钢板混凝土黏结应力滑移理论计算公式,做出黏结应力沿锚固深度呈常数分布的假定。课题组今后将做不放置滑移传感器

的补充试验,研究波形钢板混凝土全过程自然黏结机理。

(1)混凝土应力公式

在荷载下降段时,黏结应力沿锚固长度呈常数分布。设 $\tau = \tau_u$(τ_u 由试验确定,与荷载 P 有关),假定应力函数 $\phi(x,y) = (x+d)f(y)$ 。同上文小节所述,解出应力分量如下:

$$\left.\begin{aligned}\sigma_{cx} &= (x+d)(6Ay+2B)\\ \sigma_{cy} &= 0\\ \tau_{xy} &= -(3Ay^2+2By+C)\end{aligned}\right\} \tag{6-46}$$

边界条件:

$$y=-a,\sigma_{cy}\big|_{y=-a}=0 \qquad y=-a,\tau_{xy}\big|_{y=-a}=0$$

$$y=a,\tau_{xy}\big|_{y=a}=\tau \qquad \int_{-a}^{a}\sigma_{cx}\Big|_{x=0}\mathrm{d}y=0$$

将边界条件代入(6-46)式,解得:

$$B=\frac{\tau_u}{4a} \qquad d=0 \qquad A=\frac{\tau}{4a^2} \qquad C=-\frac{\tau}{4}$$

(2)混凝土位移公式

同6.5.1小节类似,得出混凝土位移表达式为:

$$u_c=\frac{x^2}{2E_c}\left(\frac{\tau_u}{4a^2}y+\frac{\tau_u}{2a}\right)+h_1(y) \tag{6-47}$$

$$v_c=-\frac{\mu x}{E_c}\left(\frac{\tau_u}{8a^2}y^2+\frac{\tau_u}{2a}y\right)+h_2(x) \tag{6-48}$$

根据弹性力学中 γ_{xy} 分量的物理方程和几何得:

$$\gamma_{xy}=\frac{\partial v}{\partial x}+\frac{\partial u}{\partial y}=\frac{x^2\tau_u}{8E_ca^2}+\frac{\mathrm{d}h_1(y)}{\mathrm{d}y}-\frac{\mu}{E_c}\left(\frac{\tau_u}{8a^2}y^2+\frac{\tau_u}{2a}y\right)+\frac{\mathrm{d}h_2(x)}{\mathrm{d}x} \tag{6-49}$$

$$\gamma_{xy}=\frac{2(1+\mu)}{E_c}\tau_{xy}=\frac{2(1+\mu)}{E_c}\left(3\frac{\tau_u}{4d^2}y^2+\frac{\tau_u}{2a}y-\frac{\tau_u}{4}\right) \tag{6-50}$$

联立式(6-49)、式(6-50),得

$$\frac{(-12-11\mu)\tau_u}{8a^2E_c}y^2-\frac{2+\mu\tau_u}{2aE_c}y+\frac{(1+\mu)\tau_u}{2E_c}-\frac{\mathrm{d}h_1(y)}{\mathrm{d}y}=\frac{\tau_u}{8a^2E_c}x^2+\frac{\mathrm{d}h_2(x)}{\mathrm{d}x}=\omega \tag{6-51}$$

解得: $h_2(x)=\omega x-\frac{\tau_u}{24a^2E_c}x^3+v_0$ (6-52)

$$h_1(y)=\frac{(-12-11\mu)\tau_u}{24a^2E_c}y^3-\frac{(2+\mu)\tau_u}{4aE_c}y^2+\left(\frac{(1+\mu)\tau_u}{2E_c}-\omega\right)y+u_0 \tag{6-53}$$

其中,任意常数 u_0、v_0、ω 为刚体位移,由约束条件定,即满足:

$$v\Big|_{\substack{x=l\\y=0}}=0 \qquad \frac{\partial v}{\partial x}\Big|_{\substack{x=l\\y=0}}=0 \qquad u\Big|_{\substack{x=l\\y=0}}=0$$

解得常数 u_0、v_0、ω 后代入式(6-47),得混凝土位移公式如下:

$$u_c\big|_{y=a}=\frac{3\tau_u}{8aE_c}x^2-\frac{(12+5\mu)a\tau_u}{24E_c}-\frac{3l^2\tau_u}{8aE_c} \tag{6-54}$$

(3)波形钢板位移公式

与6.5.1小节类似,得波形钢板位移公式为:

$$u_s=\frac{1}{E_s}\left(\sigma_i x+\frac{\tau_u}{h}x^2\right)+\mu_{s0} \tag{6-55}$$

这里，μ_{s0} 物理意义是峰值荷载对应的加载端位移，由式(6－45)计算。

滑移和黏结应力表达式如下：

$$S = u_s - u_c\big|_{y=a} = \left(\frac{\tau_u}{hE_s} - \frac{3\tau_u}{8aE_c}\right)x^2 + \frac{\sigma_i}{E_s}x + \mu_{s0} + \frac{(12+5\mu)a\tau_u}{24E_c} + \frac{3l^2\tau_u}{8aE_c} \tag{6-56}$$

$$\tau_{xy}\big|_{y=a} = \tau_u \tag{6-57}$$

式(6－56)、式(6－57)为在荷载下降段时滑移量和黏结应力的理论公式。由式(6－56)可以看出，在荷载下降段时，滑移 S 沿锚固深度呈二次函数分布。

6.5.3 黏结滑移本构关系的建立与验证

上一小节通过弹性力学推导了黏结应力与滑移各自的理论计算公式，但并未将黏结应力与滑移建立联系，即黏结滑移本构关系的理论公式。对此，本小节展开进一步研究。

1)平衡方程：

$$\tau(x)\mathrm{d}x = \frac{h}{2}\mathrm{d}\sigma_s(x) \tag{6-58}$$

$$\tau(x)[2D_{bg} + 4D_{bj}]\mathrm{d}x = A_c\mathrm{d}\sigma_c(x) \tag{6-59}$$

式中：$A_c = B \times H - (D_{bg} + 2D_{bj})h$，mm^2；$A_c$为混凝土部分的截面面积，mm^2；$B$ 为试件截面的宽度，mm；H 为试件截面的高度，mm。

2)变形方程：

$$\mathrm{d}S(x) = [\bar{\varepsilon}_s(x) - \bar{\varepsilon}_c]\mathrm{d}x \tag{6-60}$$

3)黏结滑移方程：

由式(6－58)和式(6－59)得：

$$\bar{\varepsilon}_c(x) = \alpha_{sc}\beta\bar{\varepsilon}_s(x) \tag{6-61}$$

式中，$\alpha_{sc} = \frac{E_s}{E_c}$，$\beta = \frac{h(D_{bg} + 2D_{bj})}{A_c}$。将其代入式(5－29)得：

$$\frac{\mathrm{d}S(x)}{\mathrm{d}x} = (1 - \alpha_{sc}\beta)\varepsilon_s(x) \tag{6-62}$$

再联立式(6－58)得：

$$\frac{\mathrm{d}S^2(x)}{\mathrm{d}x^2}\frac{hE_s}{2(1-\alpha_{sc}\beta)} = \tau(x) \tag{6-63}$$

因此，式(6－63)为波形钢板黏结滑移本构关系的理论表达式，任意锚固深度 x 处的黏结应力是该位置对应滑移的二次微分。

根据等效应变特征值 k_1 计算公式，代入各试件的波谷长度 D_{bg} 波角 θ 得到 k_1 值。将 $\tau_0 = \frac{D_{bg}Eh}{2D}k_1\eta_2\varepsilon_{max}$、$k_1 = -k$ 代入本章相关理论公式，解出系数 c_1、c_2、c_2、c_4和$f_1(a)$，如表 6.10 所示。根据表中各试件的系数，进而得出黏结应力 τ_{cr} 理论值，并与试验值作比较。

表 6.10 理论公式计算系数表

试件编号	a/mm	k_1	c_1	c_2	c_3	c_4	$f_1(a)$
S－1	50	0.00415	5.841E+06	3.965E+06	9.140E+08	－1.212E+04	－72.10
S－2	47.5	0.00481	6.705E+06	－3.602E+06	－7.085E+08	－1.614E+04	－128.56

续表

试件编号	a/mm	k_1	c_1	c_2	c_3	c_4	$f_1(a)$
S-3	42	0.00548	5.939E+06	-1.471E+06	-2.541E+08	-1.627E+04	-132.14
S-4	51	0.00356	1.058E+07	7.091E+06	1.926E+09	-1.883E+04	-75.16
S-5	53	0.00314	1.959E+07	-1.799E+07	-5.578E+09	-3.072E+04	-94.08
S-6	47.5	0.00315	4.127E+07	-5.324E+07	-1.654E+10	-6.494E+04	-144.72
S-7	50	0.00268	7.873E+07	1.318E+08	4.791E+10	1.083E+05	-173.92
S-8	58.5	0.00235	8.812E+07	-4.303E+07	-1.796E+10	-1.035E+05	-179.44

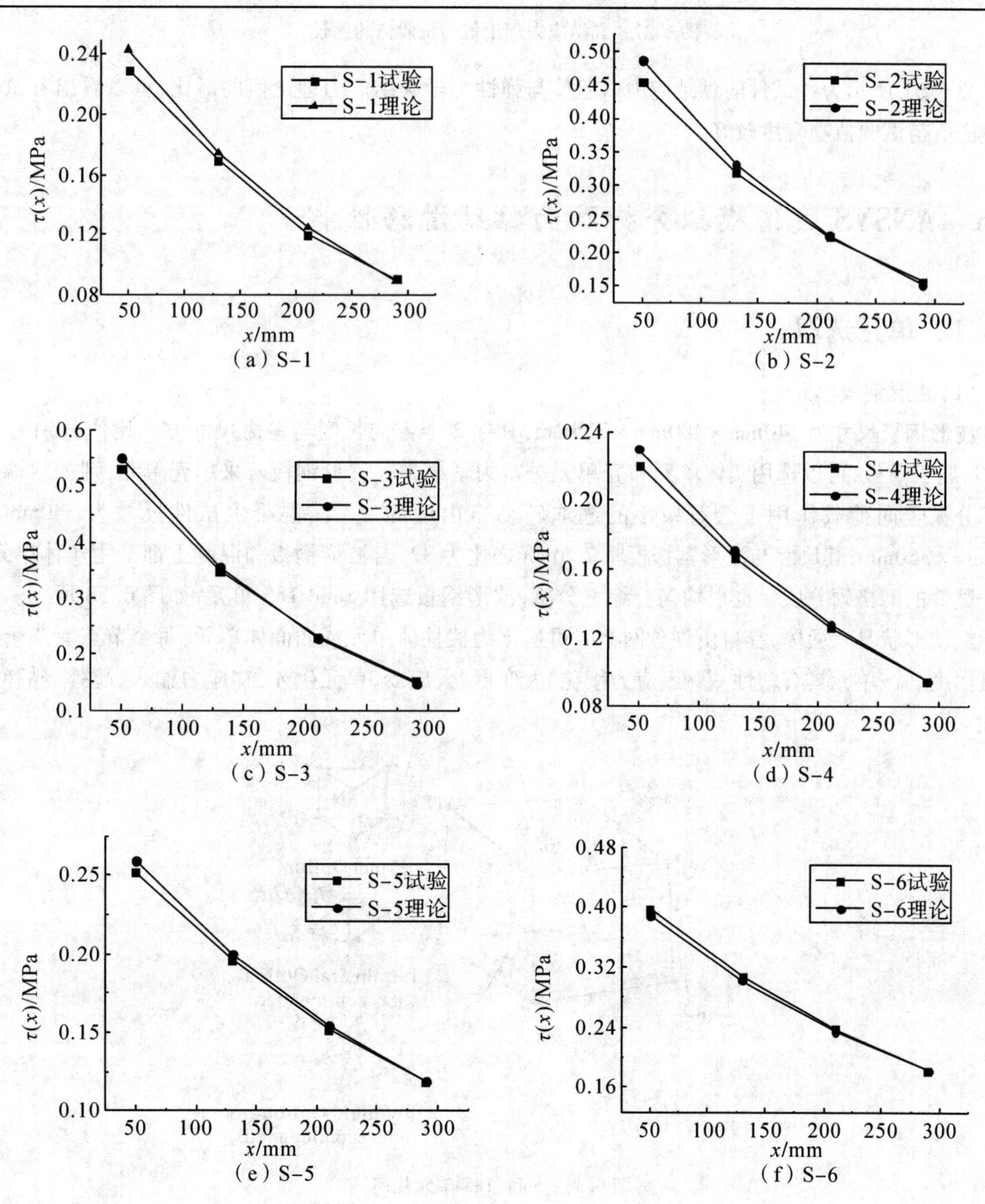

(a) S-1　(b) S-2
(c) S-3　(d) S-4
(e) S-5　(f) S-6

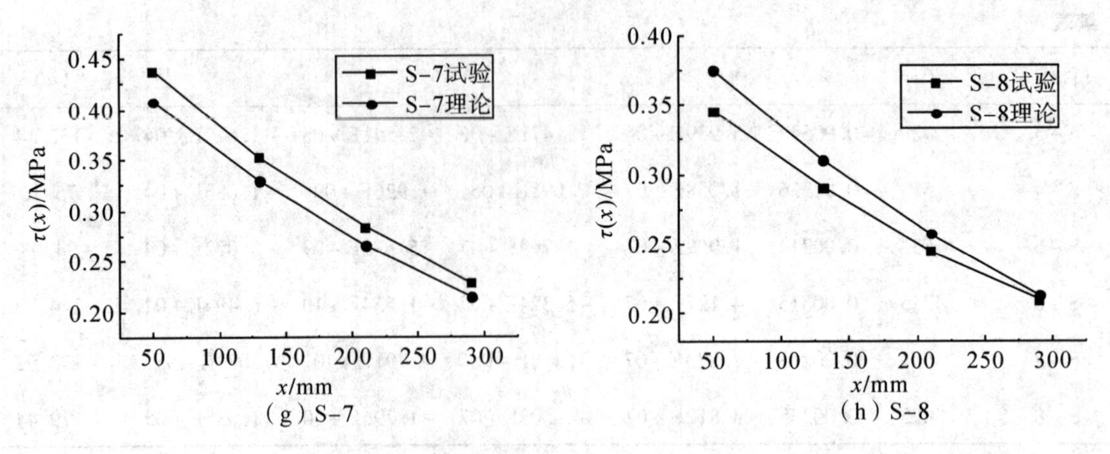

图 6.37 黏结应力理论值与试验值的比较

图 6.37 所示为各试件的黏结应力试验值与弹性力学黏结应力理论值的对比,可以看出各试件的理论值与试验值吻合度较好。

6.6 ANSYS 数值模拟分析界面黏结滑移性能

6.6.1 单元选取

(1)波形钢板单元

波形钢板尺寸为 240mm×400mm×7.5mm,其他 2 个方向长度与最短尺寸方向比值分别为 32 和 53,属于薄板,可以选用实体单元和壳单元进行力学模拟。波形钢板若采用壳单元,则加载端外凸部分在竖向荷载作用下会有极小的翘取转动自由度的变形。混凝土试件尺寸为 340mm×240mm×360mm,其尺寸与波形钢板板厚 7.5mm 之比为 32,若波形钢板和混凝土都采用实体单元,整个试件的网格划分质量也很均匀。综上分析,波形钢板选用 Solid 185 单元,如图 6.38 所示。该单元默认形状是六面体,在自由划分网格时可退化为棱柱体单元或四面体单元,每个节点有 3 个平动自由度。该单元具有塑性、蠕变、应力刚化、大变形、大应变、单元生死、初应力输入、超弹、黏弹等特性[150]。

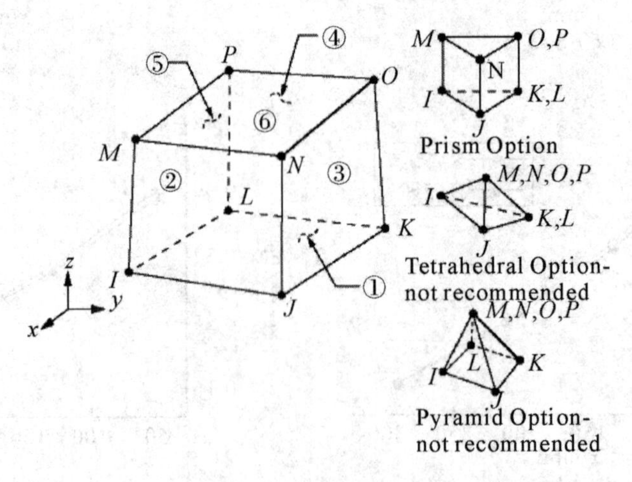

图 6.38 Solid 185 单元几何

(2)混凝土单元

ANSYS单元库中专门提供了用以模拟混凝土拉裂与压碎特性的Solid 65单元,如图6.39所示。该单元默认形状是六面体,在自由划分网格时可退化为棱柱体单元或四面体单元,每个节点有3个平动自由度。这里必须强调一点,混凝土单元对于网格形状的要求特别高,建模时应尽可能避免四面体网格和棱柱体网格,否则影响有限元计算收敛和计算精度。Solid 65单元可以通过实常数定义3个方向的钢筋体积配筋率,当采用分离式建模方法时,实常数输入空值;当采用整体式建模时,需要考虑结构不同部位的钢筋不均匀性,不同的部位体积配筋率是不同的,因而实常数也因部位而定义。Solid 65单元在材料常数里定义混凝土抗拉强度、抗压强度、剪力传递系数来模拟混凝土裂缝的张拉闭合。剪力传递系数为1时,表示粗糙裂缝,能完全传递剪力;剪力传递系数为0时,表示光滑裂缝,完全不传递剪力。

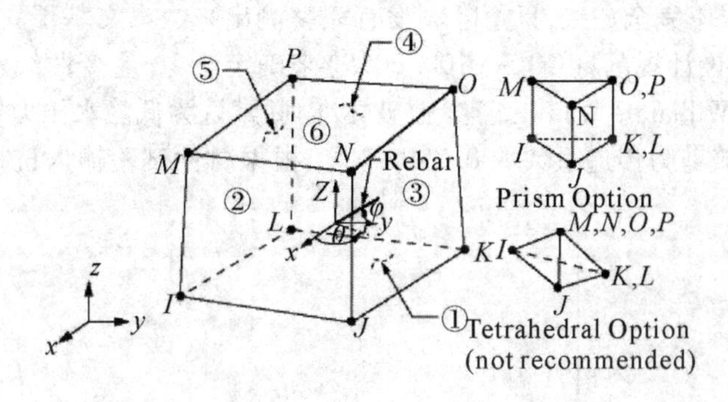

图6.39　Solid 65单元几何

(3)黏结滑移单元

波形钢板与混凝土界面间黏结滑移的有限元数值模拟通过某种连接单元实现,该单元应能反映出波形钢板混凝土黏结滑移本构关系。ANSYS模拟黏结滑移性能可以采用弹簧单元和接触单元。当采用接触单元时,须将接触行为设置为标准接触,绝不能是绑定接触和粗糙接触。标准接触采用的是库伦摩擦模型,其可以定义极限剪应力和指数衰减的动摩擦系数。当接触面间剪应力超过极限剪应力时,便发生了滑移。采取接触单元模拟黏结滑移行为的难点是动摩擦系数定义能否正确表达出试验确定的黏结滑移本构关系。弹簧单元类里Combin 39非线性弹簧单元,可以定义广义力-位移曲线,即$F-D$曲线,能直观有效地模拟黏结滑移特性,如图6.40所示。

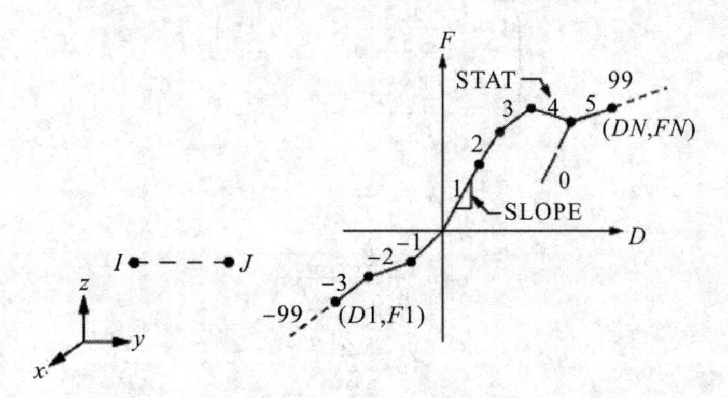

图6.40　Combin 39单元几何

(4)钢筋单元

钢筋是个很细的杆件,常忽略剪切变形,采用Link180单元。该单元有2个节点,每个节点有3

个平动自由度。

6.6.2 材料本构模型

ANSYS 里弹塑性材料模型有双线性随动强化模型 BKIN、多线性随动强化模型 MKIN 与 KINH、非线性随动强化模型 CHAB、双向性等向强化模型 BISO、多线性等向强化模型 MISO、非线性等向强化模型 NLISO 和组合模型[151]。

1)混凝土本构模型。第 2 章测量的棱柱体混凝土应力-应变曲线有上升段和下降段,所以应选取多线性本构模型描述。MKIN(固定表)可以定义 5 条温度曲线,每条温度曲线可以定义 5 个应力-应变数据点;KINH(通用)可以定义 40 条温度曲线,每条温度曲线可以定义 20 个应力-应变数据点;MISO 能定义 20 条温度曲线,每条温度曲线可以定义 100 个应力-应变数据点。目前 ANSYS 版本不再支持 MISO 应力-应变曲线下降段,因此,选用 KINH 模型。第 2 章中 3 个混凝土棱柱体试件轴心受压应力-应变关系曲线不完全一致,且下降段没有完整测出来。本文基于立方体抗压强度试验结果,并按照《混凝土结构设计规范》(GB 50010 - 2015)来确定应力-应变曲线。如图 6.41 所示。此外,ANSYS 采用混凝土 William - Warnke 五参数破坏准则,默认为低静水压力,输入张开裂缝剪力传递系数为 0.35,闭合裂缝剪力传递系数取 0.75[152-153],根据材性试验输入抗拉强度 2.02MPa,单轴抗压强度 23.85MPa。

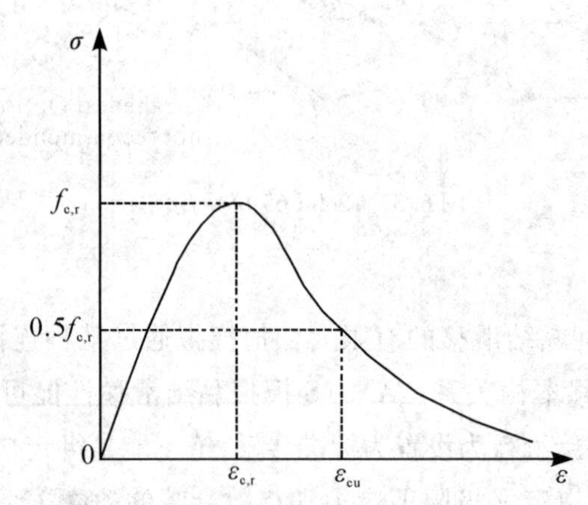

图 6.41 混凝土单轴受压应力 - 应变曲线关系

各参数根据下列公式确定:

$$\sigma = (1 - d_c)E_c \tag{6-64}$$

$$d_c = \begin{cases} 1 - \dfrac{\rho_c n}{n - 1 + x^n} & x \leqslant 1 \\ 1 - \dfrac{\rho_c}{\alpha_c(x-1)^2 + x} & x > 1 \end{cases} \tag{6-65}$$

$$\rho_c = \frac{f_{c,r}}{E_c \varepsilon_{c,r}} \tag{6-66}$$

$$n = \frac{E_c \varepsilon_{c,r}}{E_c \varepsilon_{c,r} - f_{c,r}} \tag{6-67}$$

$$x = \frac{\varepsilon}{\varepsilon_{c,r}} \tag{6-68}$$

式中:α_c ——混凝土单轴受压应力 - 应变曲线下降段参数值;

$f_{c,r}$——混凝土单轴抗压强度代表值,其值可根据实际结构分析的需要分别取 $f_{c,r}$、f_{ck} 或 f_{cm},MPa;

$\varepsilon_{c,r}$——与单轴抗压强度 $f_{c,r}$ 相应的混凝土峰值压应变;

d_c ——混凝土单轴受压损伤演化参数。

2)钢材本构模型。根据波形钢板材性试验应力-应变数据，选取KINH随动强化模型；钢筋选双线性随动强化模型BKIN。

6.6.3　黏结滑移本构在ANSYS中实现

为全面模拟波形钢板混凝土黏结滑移作用，应在波形钢板与混凝土界面相对应的节点间建立法向、纵向切向和横向切向的3个方向的弹簧单元，如图6.42所示。其中，钢板与混凝土的作用力在法向上可忽略拉力，而只有压力，相当于刚度很大而只能承受压力的弹簧。因此，法向的弹簧单元$F-D$曲线可以假设为斜率很大的负方向折线。纵向切向的作用力就是试验确定的黏结滑移本构关系，$F-D$曲线据此确定。横向切向上的作用力假设和纵向切向相同。这里的D就是试验中的滑移S；F就是黏结应力τ与弹簧单元所对应连接面上的从属面积A的乘积，即$F=\tau(D,x_i)A_i$。从属面积A取相邻单元尺寸范围的一半，即二分法。波形钢板混凝土接触面间的弹簧单元应按照角部、边界和中间3种情况分别定义，如图6.42(a)所示。

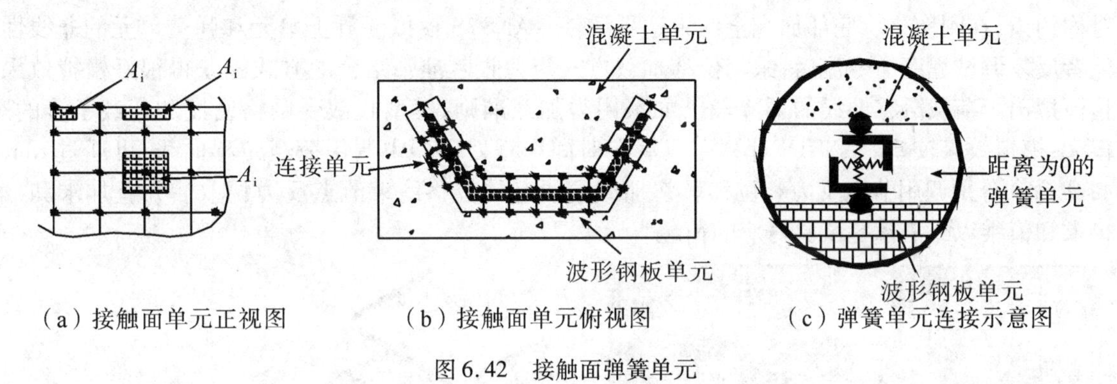

(a)接触面单元正视图　(b)接触面单元俯视图　(c)弹簧单元连接示意图

图6.42　接触面弹簧单元

考虑位置函数的黏结滑移本构关系曲线，其位置函数只能反映黏结应力沿锚固深度变化的规律。事实上，黏结应力不只是沿着锚固深度在发生纵向变化，还沿着波脊、波谷发生横向变化。鉴于此，本章位置函数在ANSYS中Combin39单元中$F-D$曲线的实现分纵向和横向的类别，具体步骤如下：

1)根据试件波谷和波脊，计算各试件基准黏结滑移$\tau-S_l$曲线对应的特征黏结强度和特征滑移值。

2)为准确描述位置函数，在纵向上应将整个波形钢板混凝土埋置长度密集地划分为N段，N越大越接近实际，黏结应力和滑移变化的连续性越好。依据N个锚固深度的位置函数值、特征黏结强度和特征滑移值，建立N个锚固深度处的黏结滑移曲线。

3)在横向上，依据表3.6中波谷和波脊的黏结应力与波形钢板全截面等效黏结应力的比例系数ξ，得到波形钢板波脊和波谷的黏结滑移曲线。

4)根据Combin39单元所对应连接面的面积，即图6.42(a)，得到实常数$F-D$曲线。实常数的种类由划分段数N决定，需要$3N$个实常数定义。

6.6.4　试件模型的建立

ANSYS有限元软件分析波形钢板混凝土黏结滑移的核心技术是将黏结滑移本构关系准确地转变为弹簧单元$F-D$曲线，因此在建立模型时必须确保波形钢板与混凝土界面之间的网格单元和节点的位置对应关系准确。F取值与网格尺寸有直接关系，直接影响计算精度，所以网格划分应尽可能规则。建模时先将混凝土部分进行必要的轮廓切分，将波形钢板轮廓切割出来，再利用布尔运算把波形钢板减去，如图6.43(a)、图6.43(b)和图6.43(d)所示。网格采用六面体映射划分方式，这种网格规则，可以方便地计算从属面积A。钢筋与混凝土之间的变形协调可通过实体切分共用节点法或者节点自由度耦合法，本章采用后者。Combin39单元$F-D$曲线和混凝土应力-应变曲线都有上升段和下降段，具有高度非线性，网格划分和自由端支座对模型收敛性有较大关联。单元尺寸应结合所分析问题的类别而做出合理的定义。对于分析混凝土构件,单元尺寸一般以 5 cm 为宜,不应小于实际混凝土的颗粒粒径,否则混凝土单元很容易受应力集中影响而导致有限元计算不收敛。考虑到各试件的波形钢板波角是不同的,ANSYS 在切分几何体和映射划分网格时,必须避免畸形网格,否则影响收敛。采用四面体过渡网格、合理设置划分段数等操作精细化划分网格,网格形状以近似正方体为宜。考虑到试验采用的是 C30 细粒混凝土和位置函数取值沿锚固深度方向的连续性,单元尺寸定为 1 cm。为了考虑位置函数,将波形钢板埋置长度划分为 12 段,纵向上定义 13 个实常数。每段长度为 30 mm,每 3 个单元定义 1 个实常数。考虑到波谷和波脊的黏结应力不一样,根据表 3.7 波谷和波脊黏结应力比例系数 γ,总共定义 26 个实常数,如图 6.43(e)所示。横向切向上由于波角和波脊的限制和试件只受纵向荷载,波形钢板横向切向发生滑移很小。对于横向切向和法向的波形钢板混凝土相互作用力可以用刚度系数远大于纵向方向的弹簧单元来模拟,也可以不用弹簧单元直接将波形钢板与混凝土对应节点的法向自由度和横向切向自由度耦合。试件底部自由端边界约束如果直接施加在混凝土上可能会导致混凝土过早开裂,本章在混凝土底部建了刚性垫块,垫块弹性模量为钢材的 1000 倍。由于试件具有左右对称性,只需建立一半模型,在对称面加对称约束,在刚性垫块底部加完全约束边界条件。ANSYS 模拟混凝土单元和弹簧单元的非线性,经笔者反复调试程序命令流后,采用位移加载方式与力收敛准则结合的方式能获得很好模拟效果,并且模拟出了荷载滑移曲线的下降段。如采用力加载准则,模型收敛受网格密度和荷载子步的影响很大,模拟效果较差。ANSYS 计算完成后在时间历程处理器中调用荷载位移曲线,可通过 rforce 和 nsol 命令分别调用节点反力和位移。将加载端所有的位移约束节点反力调取后并叠加求和,最后将求和值乘以 2 倍才是试验对应的荷载。

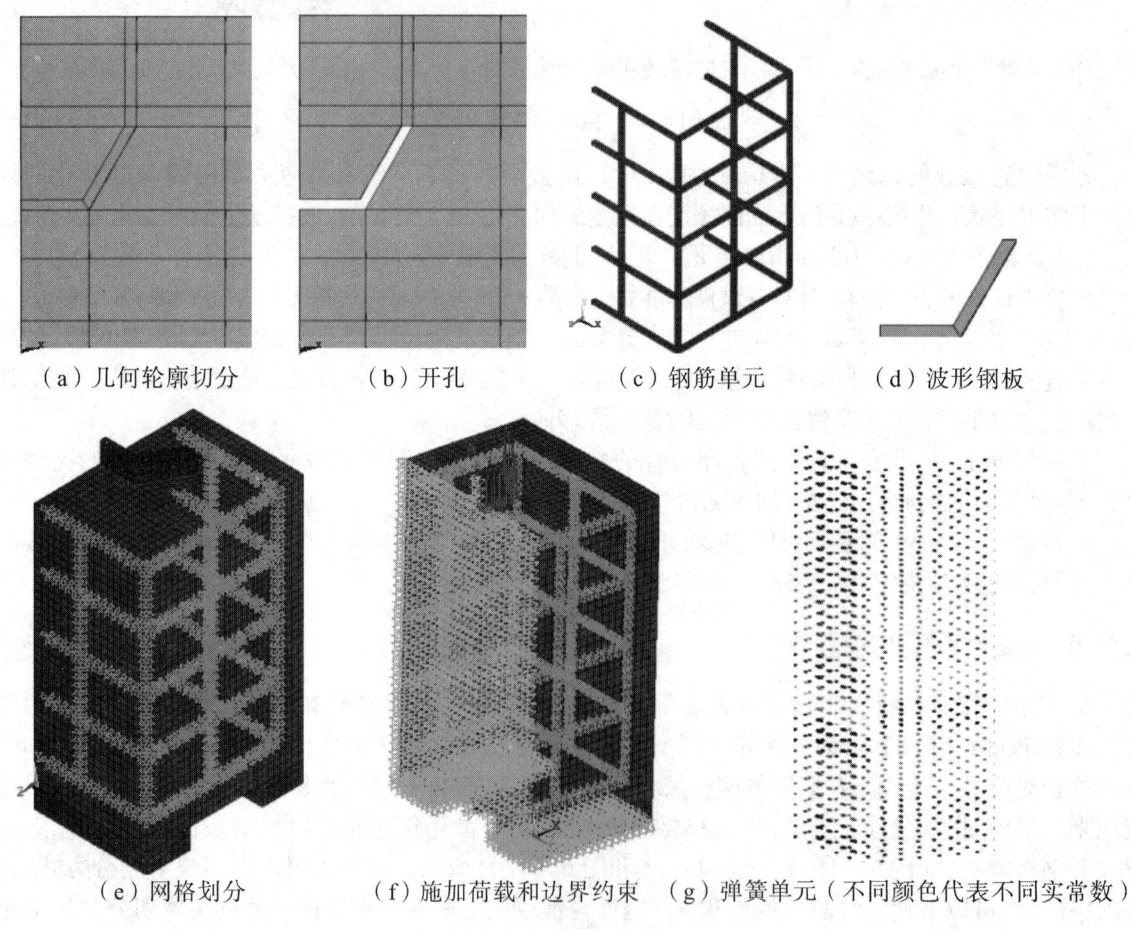

图 6.43 有限元模型

6.6.5　模拟结果与试验对比分析

(1)基准黏结滑移本构模拟结果

为验证 ANSYS 对于波形钢板混凝土黏结滑移模拟的准确程度，基于基准黏结滑移本构模型，采取试验实际量测的特征黏结强度和特征滑移值对 8 个试件进行模拟。考虑到基准本构模型中 E 点的取值受滑移传感器是否脱落有关，具有随机性，本节的 ANSYS 模拟只取 A、B、C、D 4 个特征点。本节首先按不考虑位置函数情况进行模拟，以考察试验结果与模拟结果的差别，进而为考虑位置函数模拟提供对比依据。本文有限元模型网格划分规则，波谷和波脊面的单元网格面积均为 100 mm^2，因此考虑基准黏结滑移本构关系的 $F-D$ 曲线实常数只需按中间弹簧、波形钢板边界弹簧和角部弹簧 3 种情况定义。

1)荷载-滑移曲线的模拟。图 6.44 所示为 S-2 和 S-3 试件的加载端荷载-滑移曲线的数值模拟，可知曲线形状与基准黏结滑移本构模型形状一样，表明 ANSYS 模拟结果具有准确性。图 6.45 为各试件的荷载-滑移曲线的试验结果与模拟结果的对比，由图 6.45 发现加载端试验曲线与模拟曲线的吻合度高于自由端试验曲线与模拟曲线的吻合度。这主要是由于有限元模拟时没有考虑沿锚固深度变化的位置函数，导致整个模型中弹簧单元的内力输出值是相同的(波形钢板边界除外)，如图 6.47 所示。

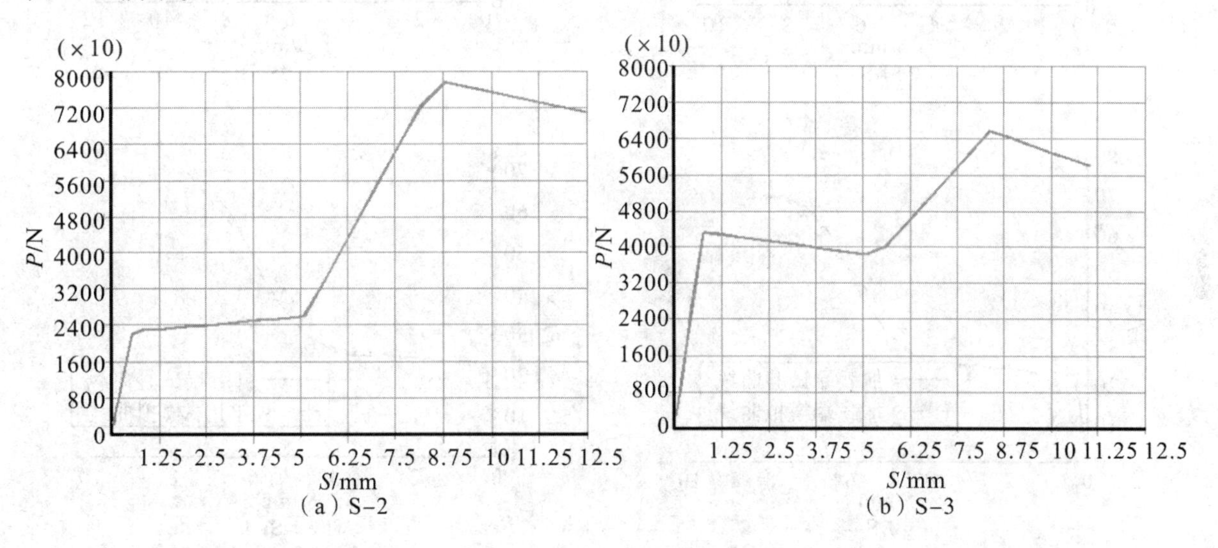

(a) S-2　　(b) S-3

图 6.44　荷载-滑移曲线的模拟

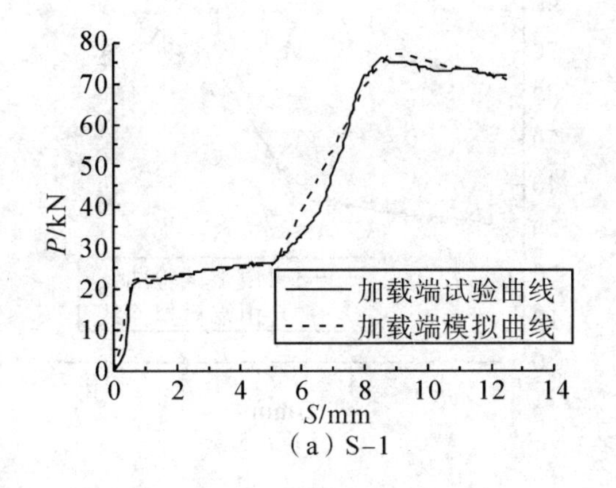

(a) S-1

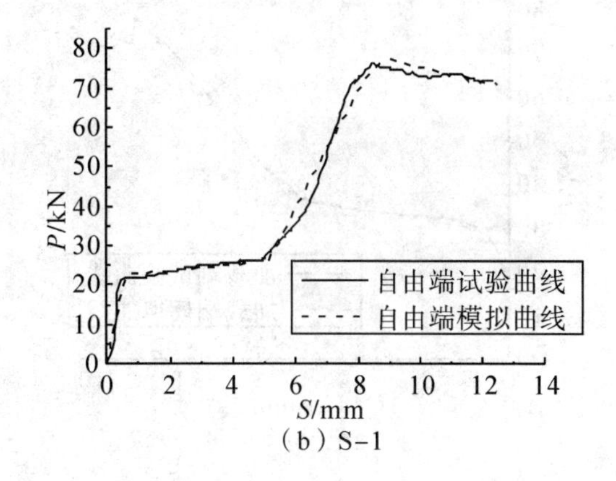

(b) S-1

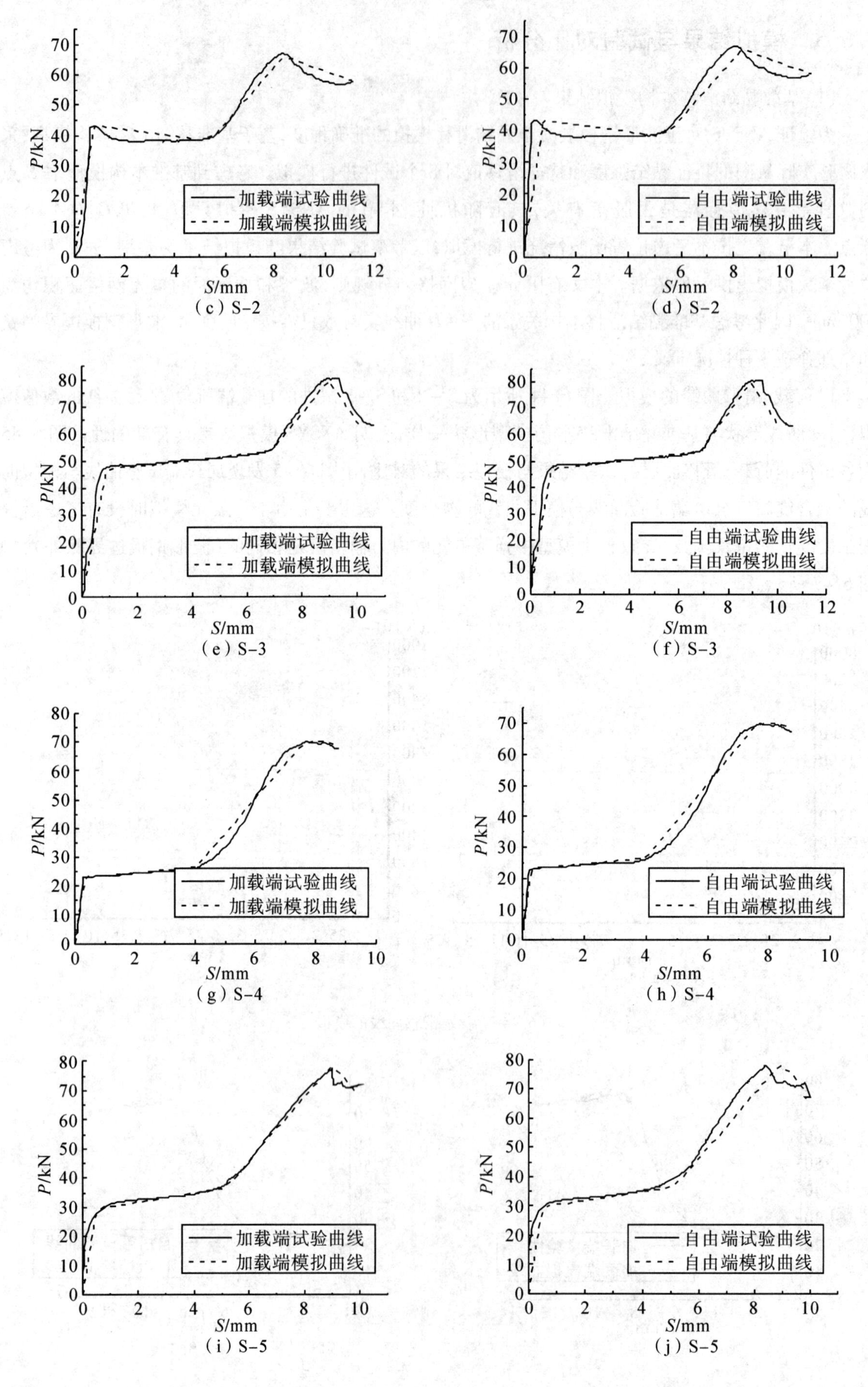

（c）S-2 （d）S-2

（e）S-3 （f）S-3

（g）S-4 （h）S-4

（i）S-5 （j）S-5

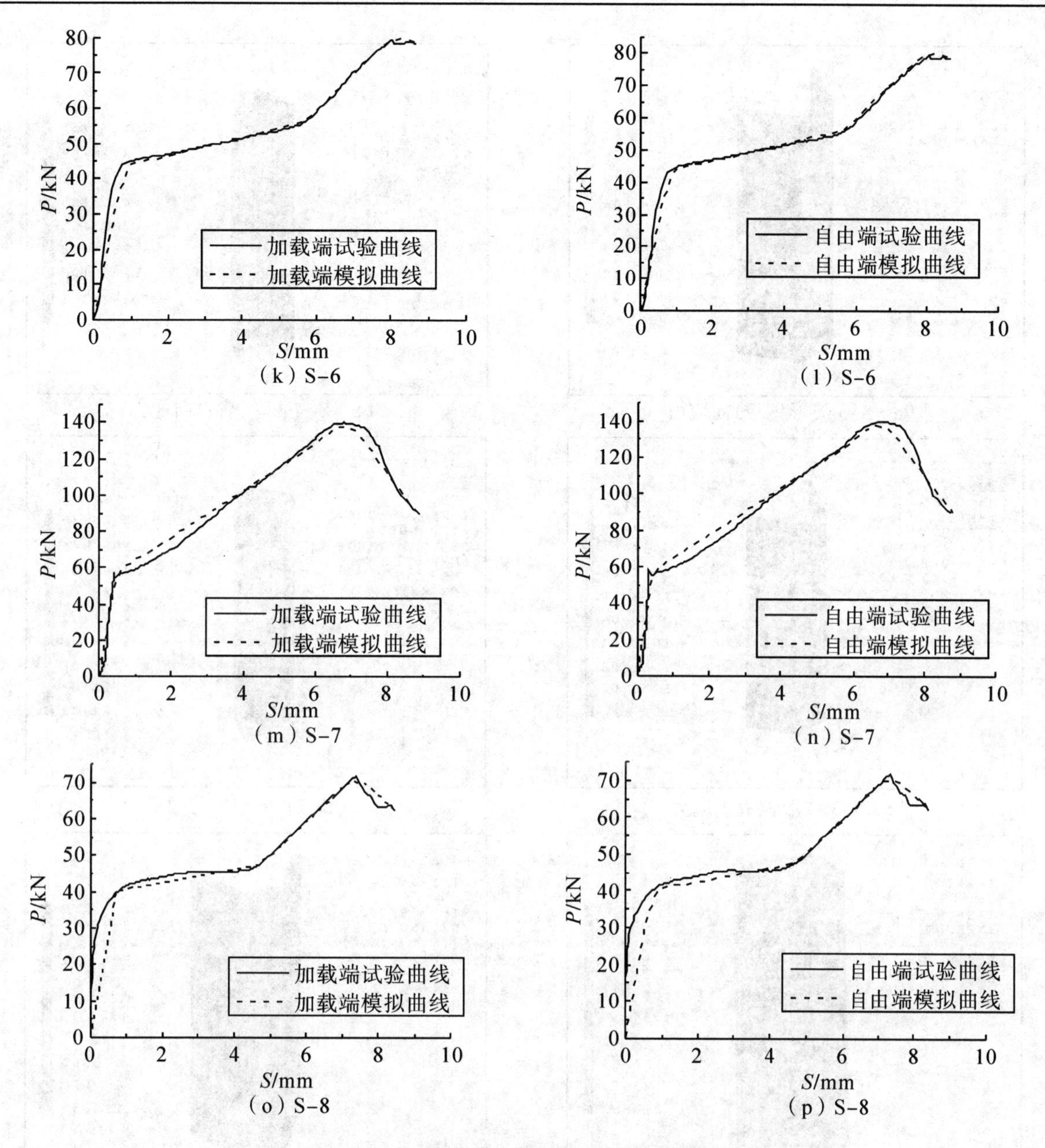

图 6.45　荷载-滑移曲线的试验结果与数值模拟

2)应力分析。图 6.46(a)和图 6.46(b)为试件承受极限荷载时的波形钢板截面 Y 向正应力图，图 6.46(c)和图 6.46(d)分别为第三主应力和等效应力。为省略篇幅，本节只列举了所有试件中极限荷载较大的 S－3 和 S－7 试件。由图 6.46 发现，S－7 试件等效应力最大值和 Y 向正应力最大值均为 87 MPa 左右，远小于屈服强度。波形钢板的正应力、等效应力和主应力沿着锚固深度的增加而减小，加载端应力最大。图 6.46(e)、图 6.46(f)、图 6.46(g)和图 6.46(h)为试件承受极限荷载时的波形钢板表面剪切应力图，从中发现，波形钢板剪切应力不是均匀分布，不同位置的剪切应力是不同的。在有限元模拟中，波形钢板与混凝土界面间弹簧单元的 $F-D$ 曲线是平均黏结强度与加载端滑移建立的，因而 $F-D$ 曲线在波形钢板中分布是完全相同的(边界 $F-D$ 曲线除外)。ANSYS 有限元中应力分量 S_{xy} 是剪应力在总体坐标系下的 XY 面内投影，因坐标系变化而变化。S_{xy} 的计算与坐标系、3 个方向弹簧单元产生的外力和竖向外荷载有关，因而 S_{xy} 不等于波形钢板与混凝土界面间宏观上的剪应力。

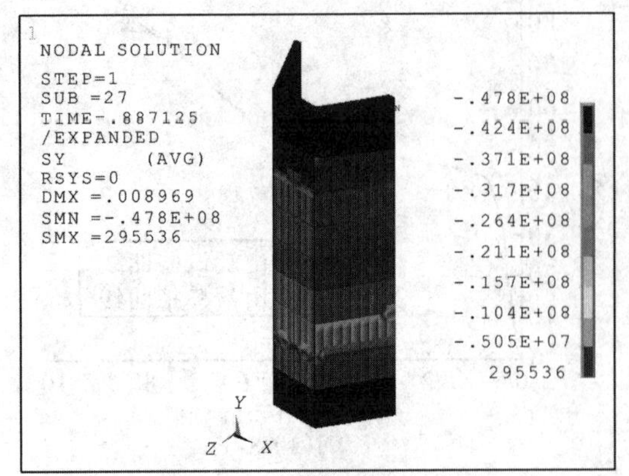

(a) S-3 波形钢板Y向应力

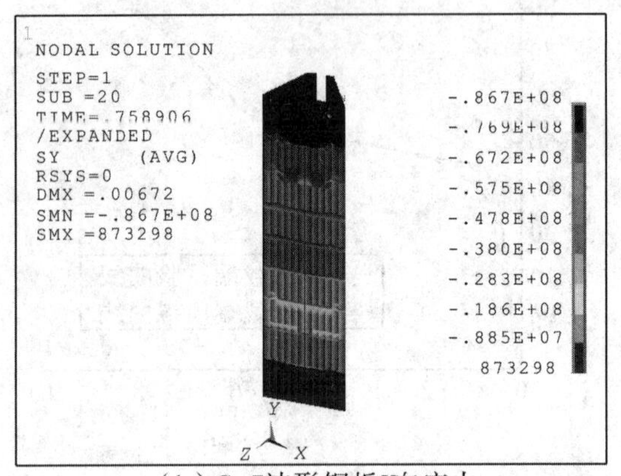

(b) S-7波形钢板Y向应力

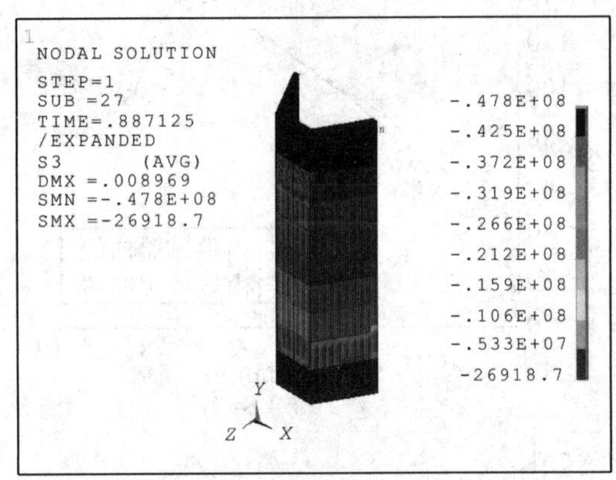

(c) S-3 波形钢板主应力

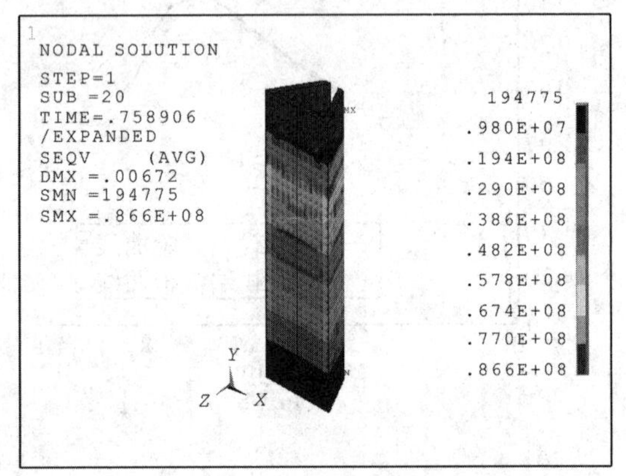

(d) S-7波形钢板等效应力

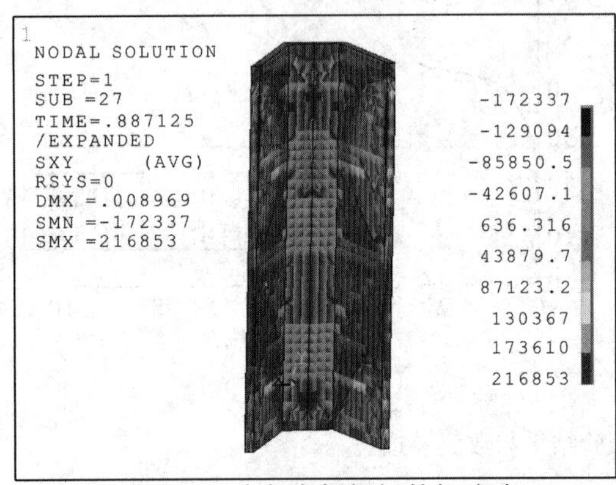

(e) S-3波角内侧钢板剪切应力

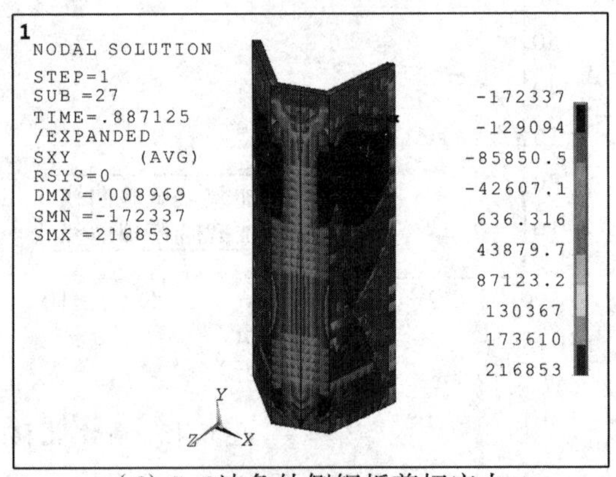

(f) S-3波角外侧钢板剪切应力

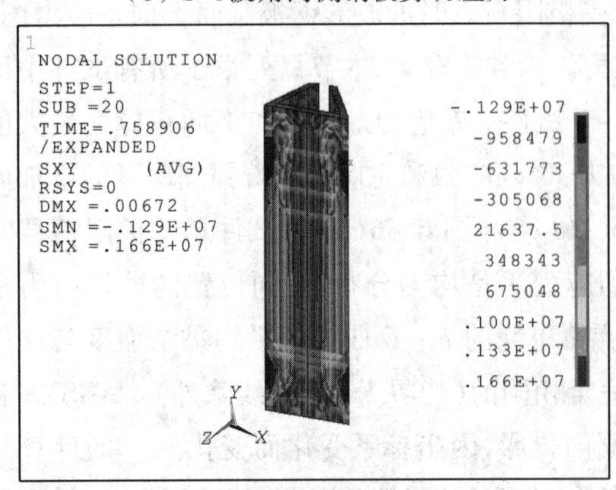

(g) S-7波形钢板剪切应力

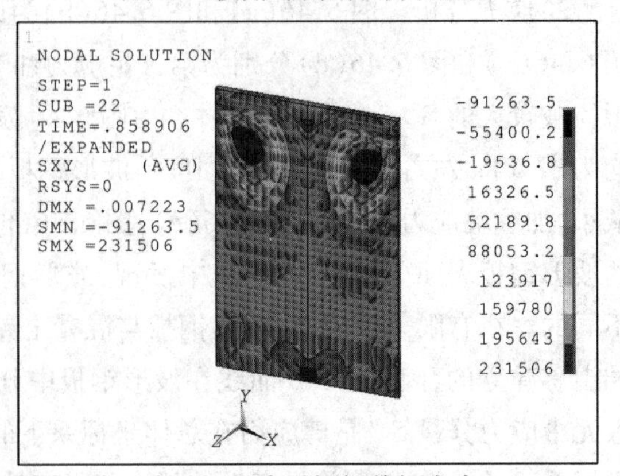

(h) S-8波形钢板剪切应力

图 6.46　波形钢板应力

通过 Etable 命令将弹簧单元的内力提取出来，发现波形钢板不同位置的弹簧单元的内力呈一常数，即平均黏结强度。图6.47 为弹簧单元内力沿着锚固深度的变化规律，加载端和自由端的内力为中部的一半，与弹簧单元实常数分布类别一样。

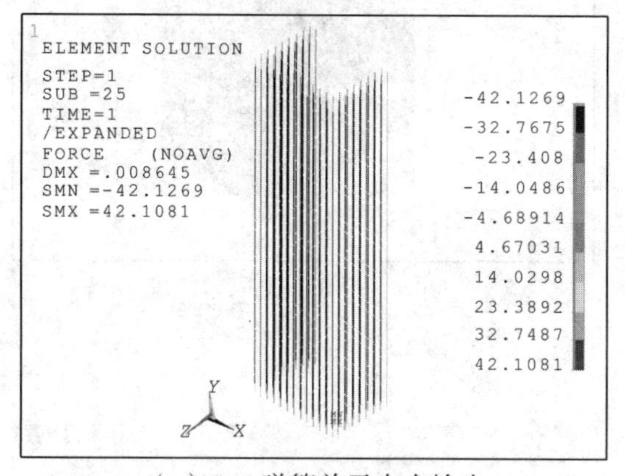

（a）S-6 弹簧单元内力输出

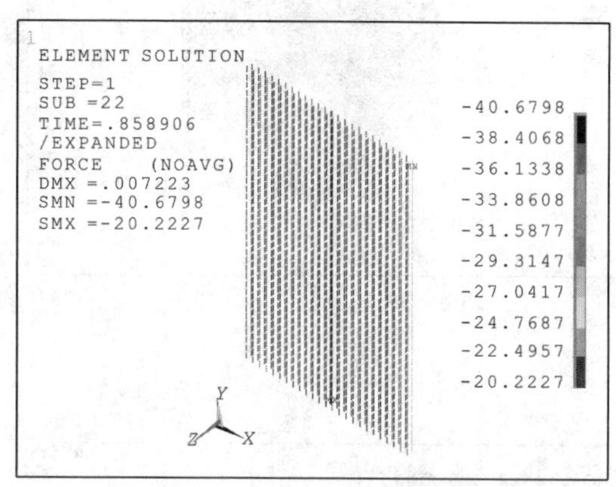

（b）S-8弹簧单元内力输出

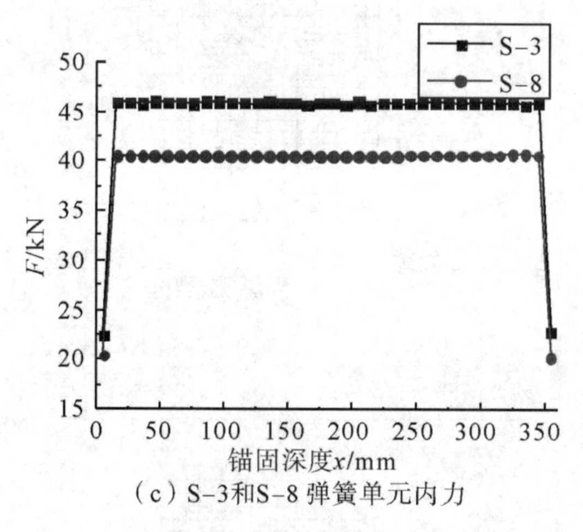

（c）S-3和S-8 弹簧单元内力

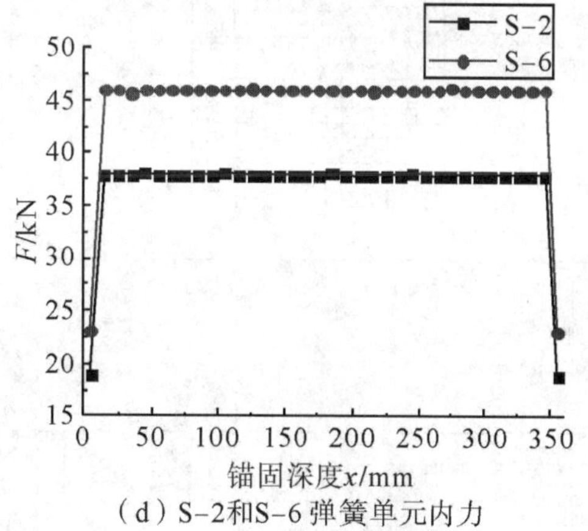

（d）S-2和S-6 弹簧单元内力

图6.47　弹簧单元内力沿锚固深度变化规律

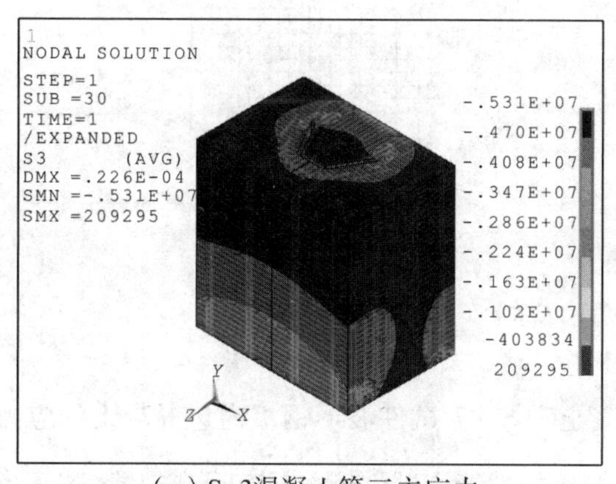

（a）S-3混凝土第三主应力

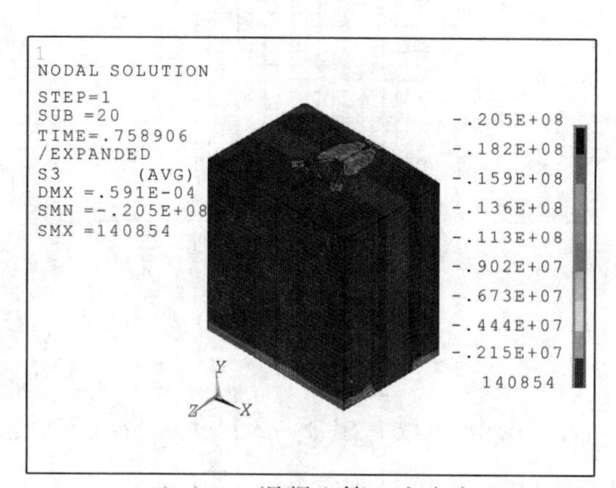

（b）S-7混凝土第三主应力

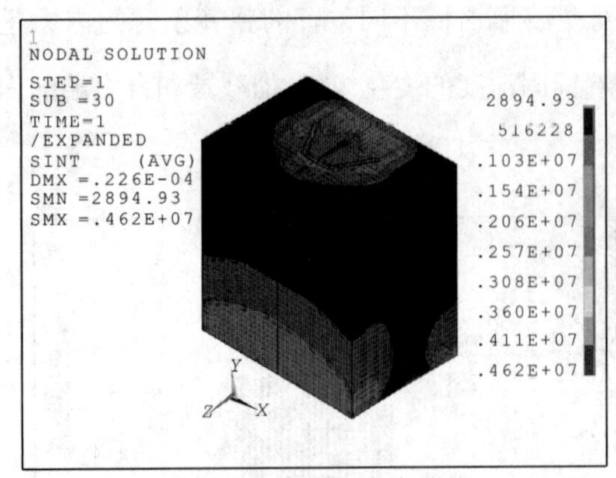

(c) S-3混凝土应力强度

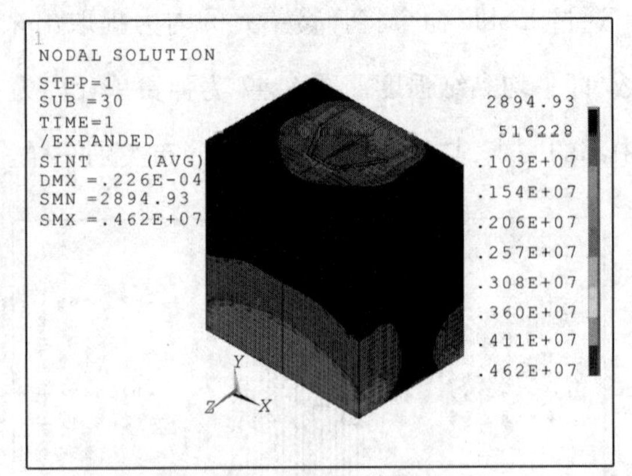

(d) S-7混凝土应力强度

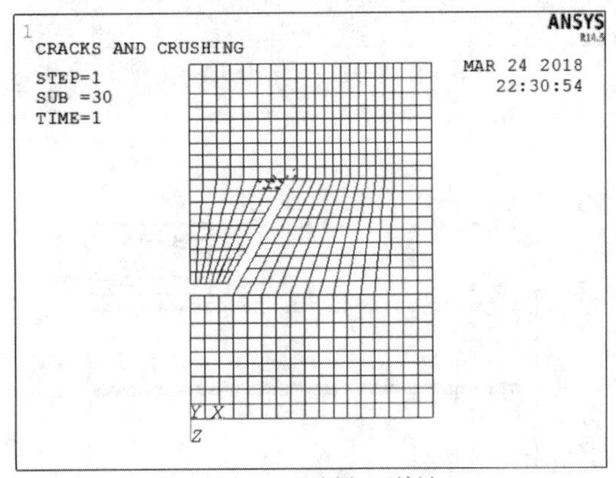

(e) S-3混凝土裂缝

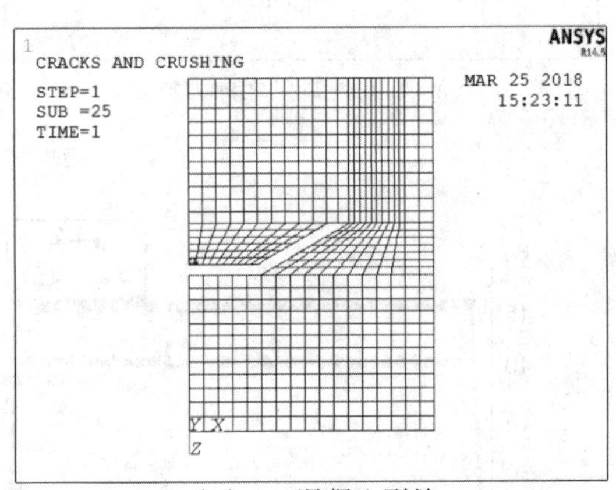

(f) S-5混凝土裂缝

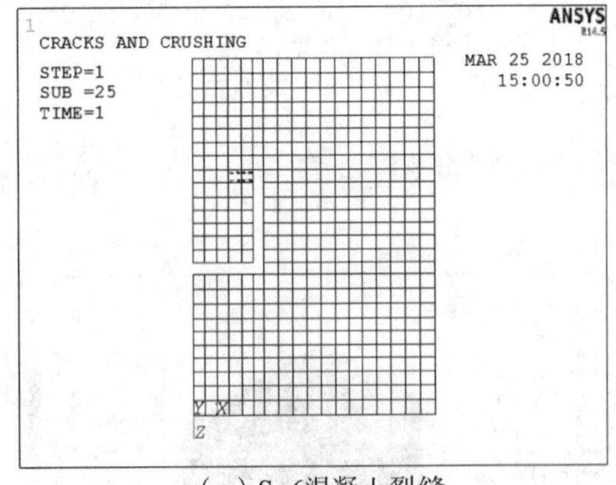

(g) S-6混凝土裂缝

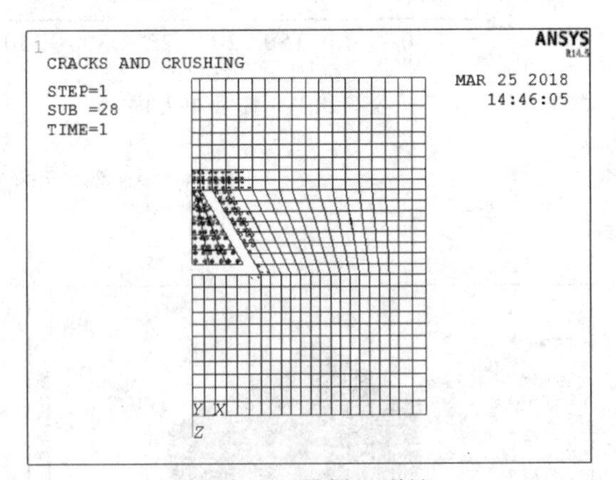

(h) S-7混凝土裂缝

图6.48 混凝土应力分析

从图6.48可以看出,S-3试件波脊尖端处混凝土和S-7试件波形钢板内包混凝土的应力强度均超过混凝土极限抗拉强度2.02 MPa,产生开裂拉碎的裂缝。试件侧面没有出现裂缝,破坏形态与试验现象不符,这是因为在模拟时未考虑滑移传感器的抗剪栓钉作用力。

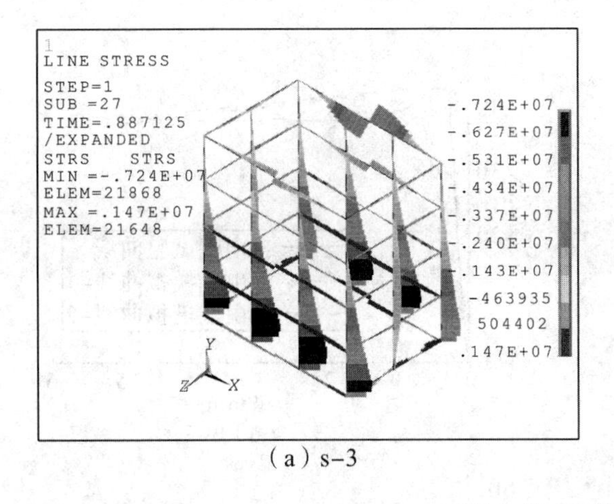

（a）s-3

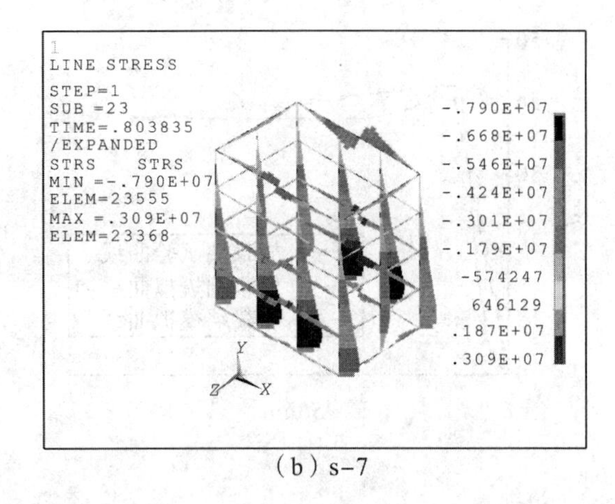

（b）s-7

图6.49　边缘钢筋轴向应力

图6.49为试件边缘构造钢筋轴向应力图。考虑到S-3和S-7是所有试件中黏结强度较大的试件,只对其分析钢筋轴向应力。由图6.49可以看出,试件自由端受支座垫块的影响,轴向应力最大为7.9 MPa,远小于屈服强度。

图6.45和图6.47的结果表明,如果不考虑位置函数的黏结滑移本构关系,虽然数值模拟能得到与试验荷载位移曲线相似的形状,但两者吻合度有偏差,且弹簧单元内力输出也是个常数,不能反映试件真实的受力情况。因此,对波形钢板混凝土黏结滑移内部真实受力准确进行数值模拟,必须考虑位置函数本构关系式。

(2)考虑位置函数黏结滑移本构模拟结果

1)不考虑波谷和波脊黏结应力的比例。将试件埋置长度划分为12段,根据式(6-19)、式(6-20)计算$F(x)$、$G(x)$位置函数,如表6.11所示。鉴于当滑移超过5 mm时,滑移传感器开始发挥抗剪栓钉作用力,本小节只对波形钢板混凝土自然黏结阶段(微滑移阶段和滑移阶段)进行数值模拟,如图6.50所示。图中,曲线-1为考虑位置函数的模拟曲线,曲线-2为不考虑位置函数的模拟曲线。

表6.11　位置函数一览表

第i段	1	2	3	4	5	6	7	8	9	10	11	12
x_i/L_i	0.083	0.167	0.25	0.333	0.417	0.5	0.583	0.667	0.75	0.833	0.917	1
$F(x)$	1.075	1.059	1.042	1.026	1.009	0.993	0.976	0.959	0.943	0.926	0.910	0.893
$G(x)$	1.665	1.521	1.376	1.232	1.088	0.943	0.799	0.655	0.511	0.366	0.222	0.078

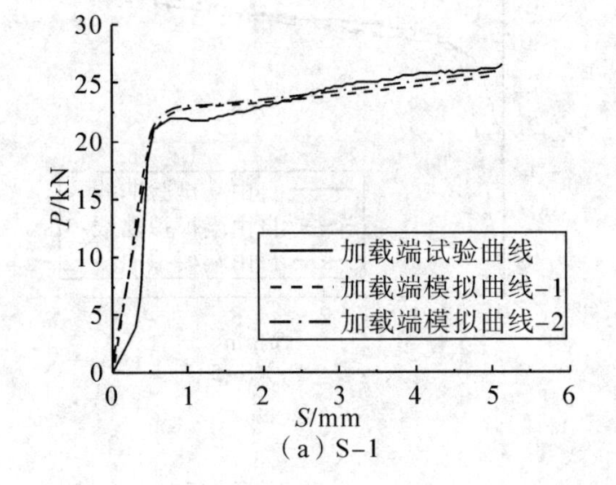

（a）S-1

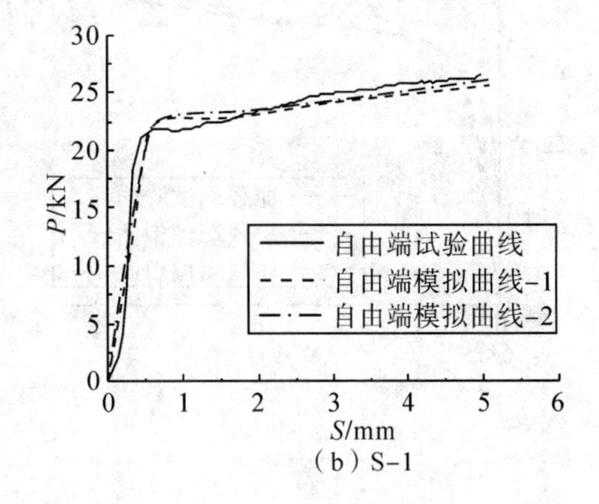

（b）S-1

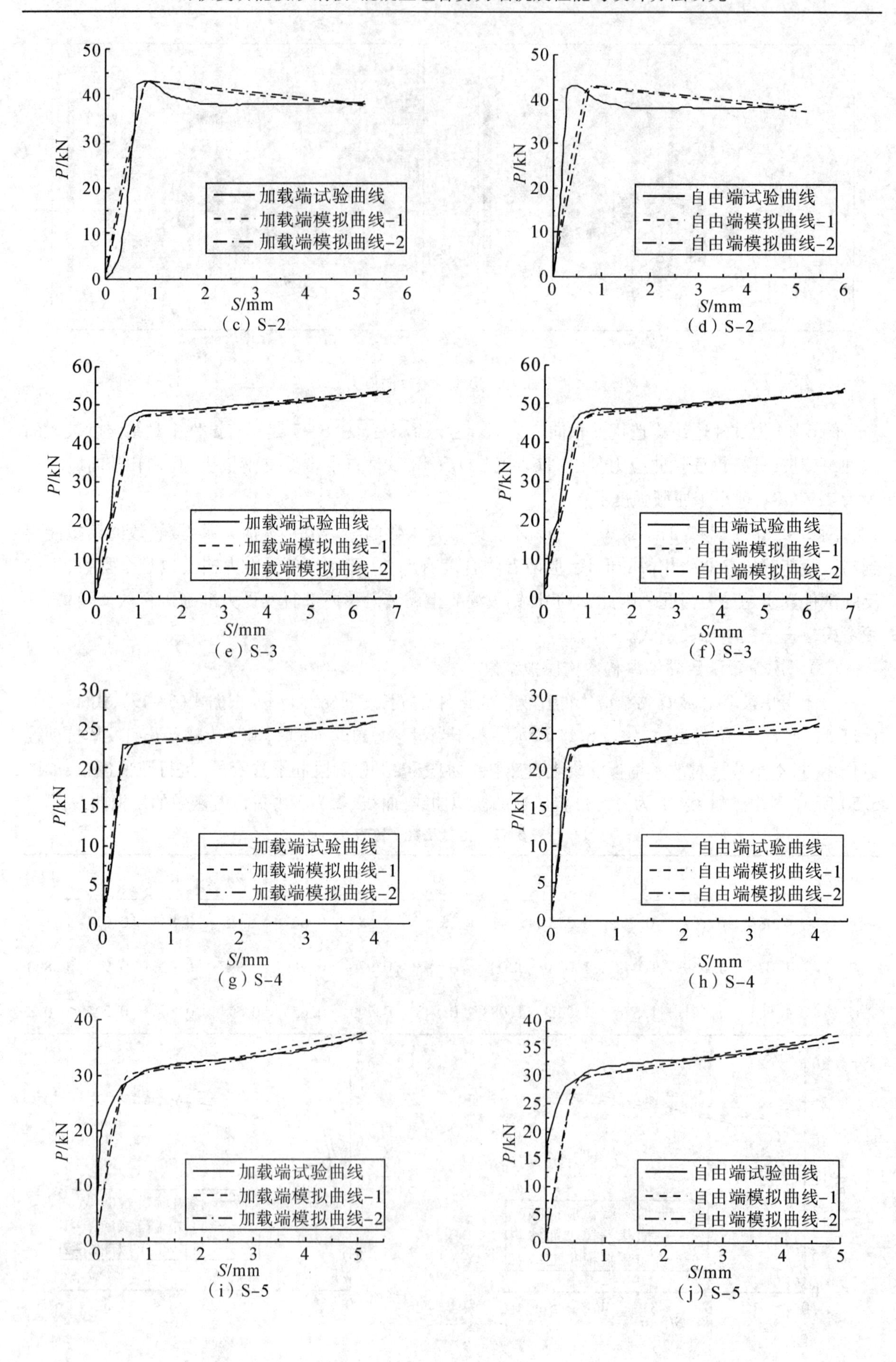

（c）S-2 （d）S-2

（e）S-3 （f）S-3

（g）S-4 （h）S-4

（i）S-5 （j）S-5

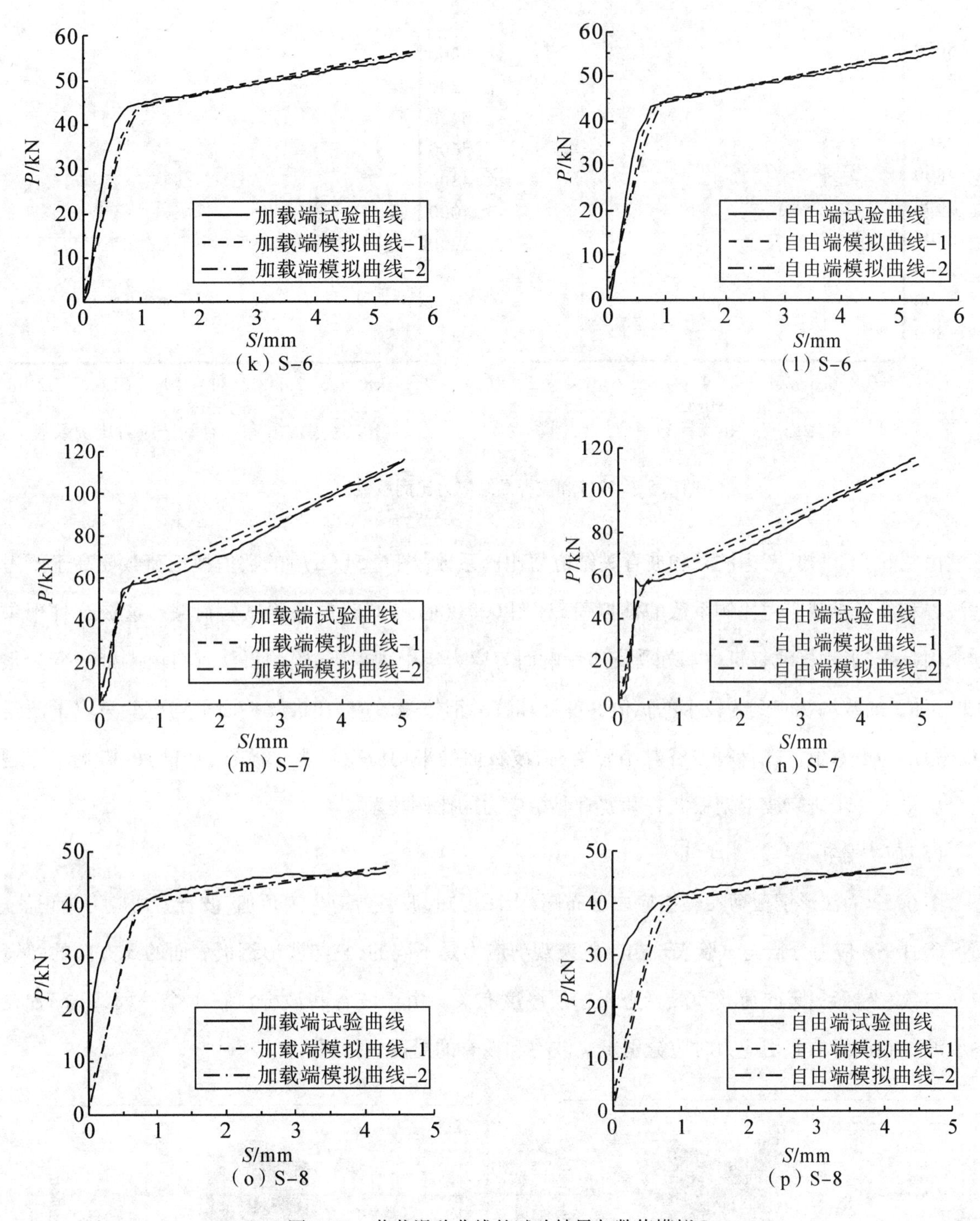

图6.50　荷载滑移曲线的试验结果与数值模拟2

观察图6.50可知,考虑位置函数的模拟曲线-1处于试验曲线与不考虑位置函数的模拟曲线-2之间,表明采用位置函数的黏结滑移本构关系具有很高的准确度,更能反映试件的实际受力情况。

2)考虑波谷和波脊黏结应力的比例。上文没有考虑黏结应力在横向上的分布,即波谷和波脊的黏结应力与等效黏结应力的比例系数,见表6.9。为说明问题,仅对S-3试件进行有限元数值模拟。

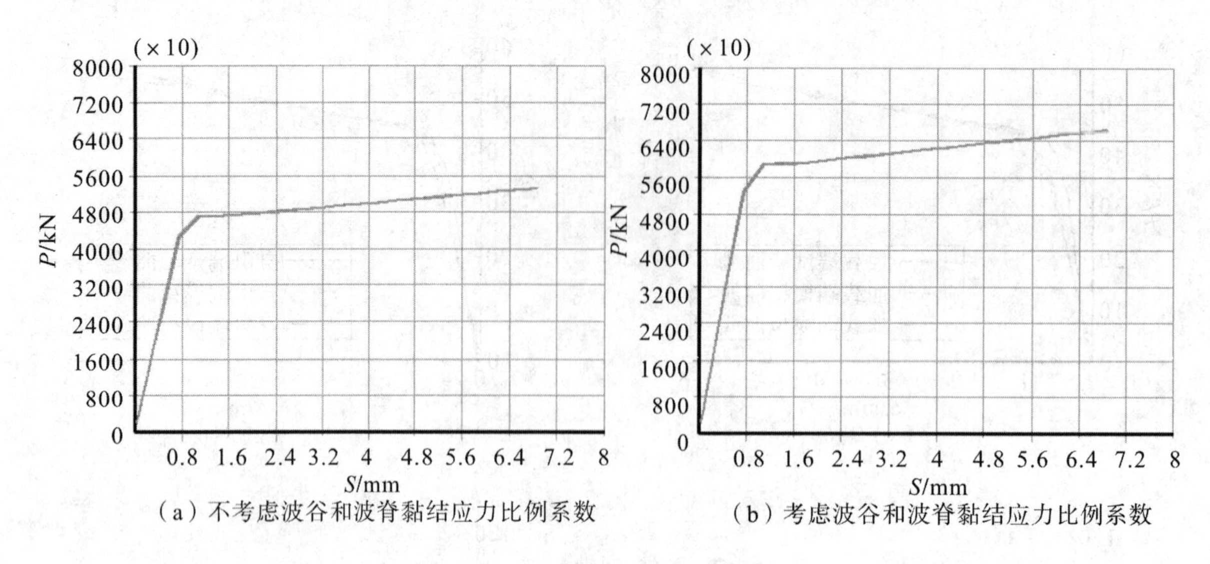

(a)不考虑波谷和波脊黏结应力比例系数　　(b)考虑波谷和波脊黏结应力比例系数

图6.51　波谷和波脊黏结应力比例系数的影响

由图6.51可知,考虑波谷和波脊黏结应力比例系数[图6.51(b)]的数值模拟荷载要高于不考虑波谷和波脊黏结应力比例系数的模拟荷载[图6.51(a)],同时也高于试验荷载。造成这种现象的原因是:波形钢板波谷自由端处受支座影响而有应力集中现象,试验测得波谷自由端处应变为很大的正值,加载端处应变为较小的负值。在计算波形钢板等效应力时,波谷面平均应变只取了波角(C槽)的应变数值。在计算波谷黏结应力时,波谷面的平均应变考虑了波谷(D槽)的影响。课题组今后将进一步研究波形钢板波谷和波脊黏结应力的比例关系。

(3)应力分析

图6.52为波形钢板剪切黏结应力分布图,由图可知,波谷剪应力为负值,波脊剪切应力为正值。ANSYS中S_{xy}应力分量与试验表现出来的宏观剪应力是不同的,它与波形钢板表面的3方向的弹簧单元参数、坐标系、竖向荷载和混凝土保护层厚度有关。由于波谷和波脊没在1个平面,ANSYS在调取波谷和波脊的剪切应力时应分别定义波谷和波脊的局部坐标系。

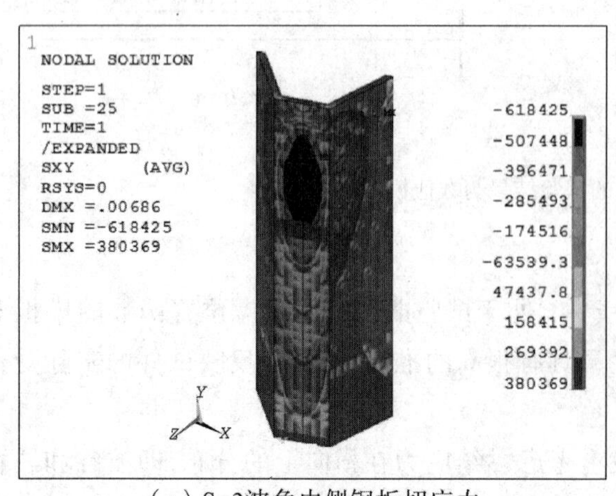

(a)S-3波角内侧钢板切应力

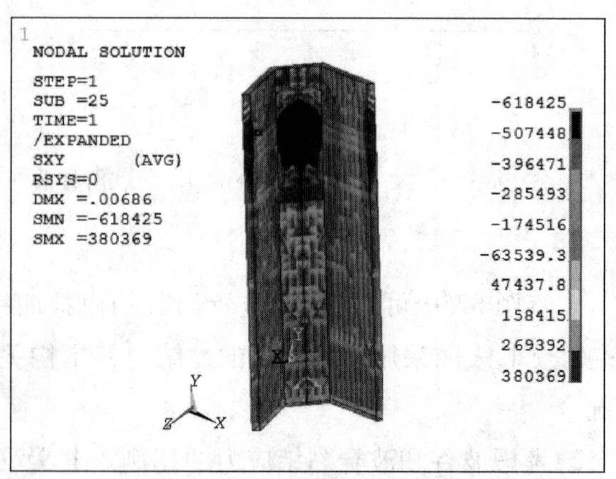

(b)S-3试件波角外侧钢板切应力

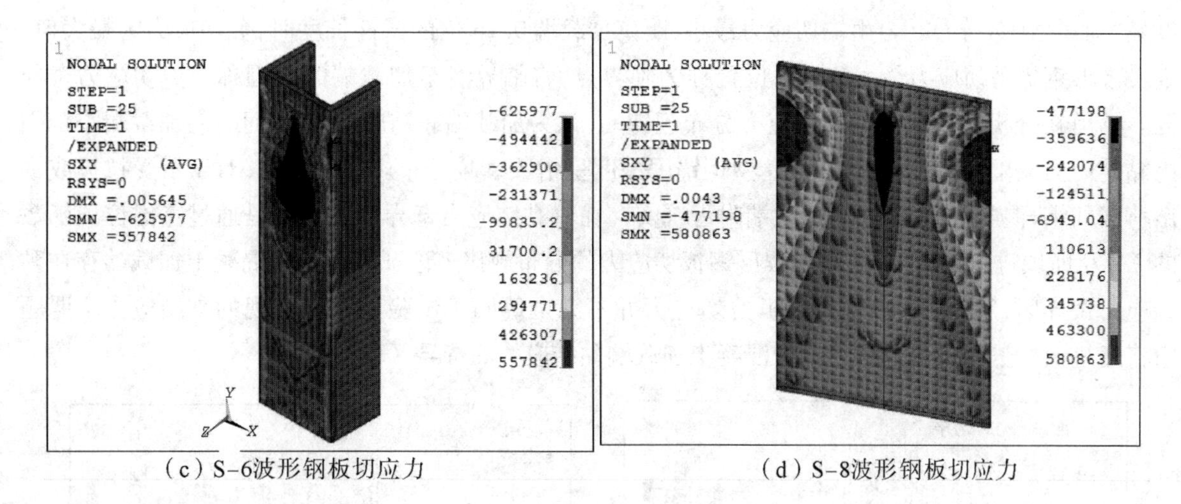

（c）S-6波形钢板切应力　　　　（d）S-8波形钢板切应力

图6.52　波形钢板剪切应力

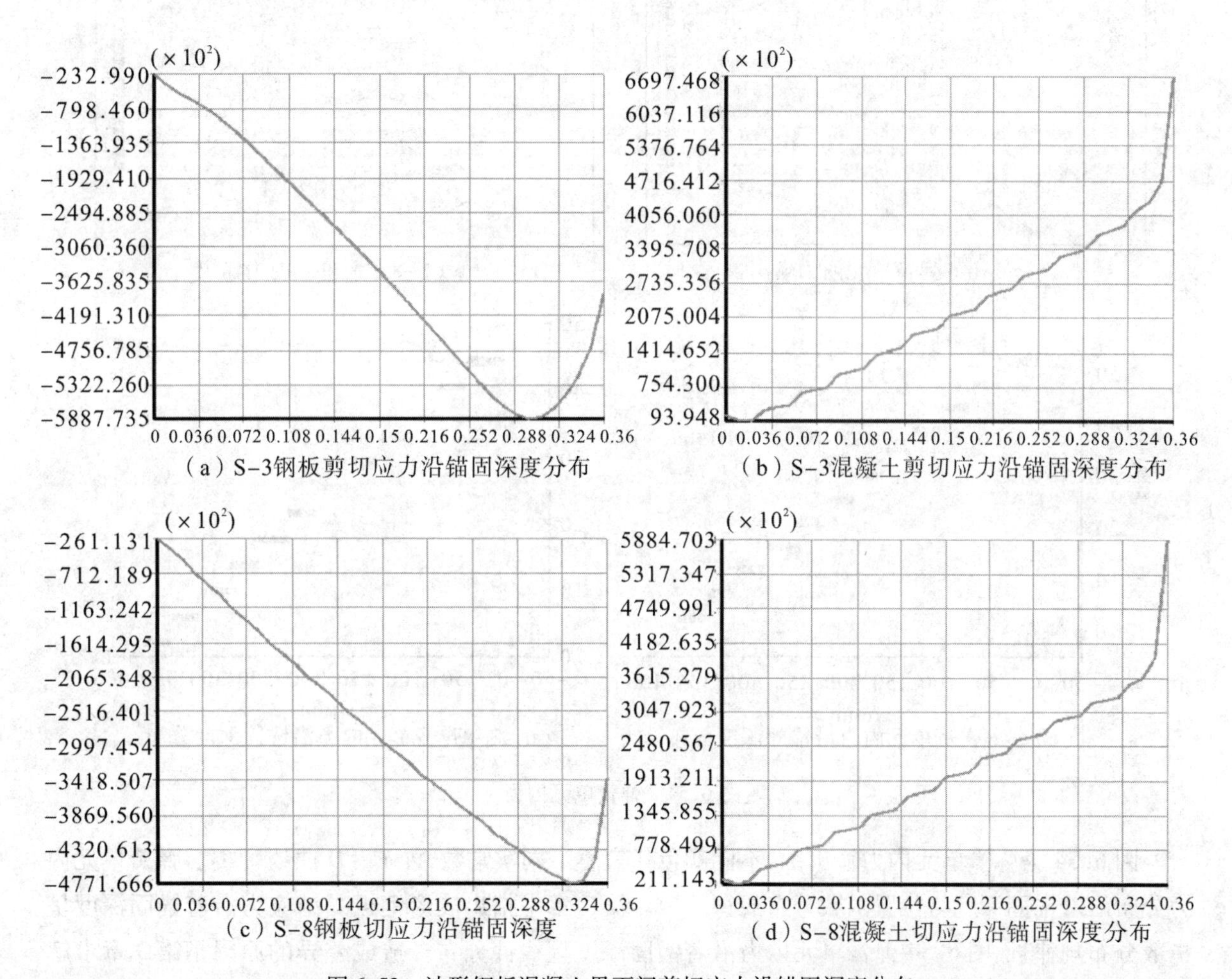

（a）S-3钢板剪切应力沿锚固深度分布　　　　（b）S-3混凝土剪切应力沿锚固深度分布

（c）S-8钢板切应力沿锚固深度　　　　（d）S-8混凝土切应力沿锚固深度分布

图6.53　波形钢板混凝土界面间剪切应力沿锚固深度分布

为考察混凝土与波形钢板切应力 S_{xy} 的区别，沿着锚固深度方向分别取波谷正中央的混凝土节点和重合位置的波形钢板节点，通过 PATH 命令定义路径调取切应力 S_{xy}，如图6.53所示。由图6.53(b)、图6.53(d)发现，混凝土切应力 S_{xy} 为正值，自由端切应力 S_{xy} 处最小，并随着深度(距自由端距离)的增大而增大。当达到距加载端0.1倍的试件长度时，切应力曲线斜率增大，陡然上升至加载端处，切应力达到最大值。由图6.53(a)、图6.53(c)发现，钢板切应力呈负值，并沿着锚固深度呈“对号”函数分布。自由端切应力最小,距离加载端0.16倍的试件长度时,剪切应力为最大值。定义波形钢板剪切应力最大值时的位置称为临界点,将临界点至加载端的范围称为剪切应力奇异区。杨勇在分析型钢混凝土黏结应力分布规律时,认为加载端黏结应力为0,而距离加载端小范围内黏结应力突增到最大值,接着沿着型钢锚固深度呈指数衰减分布规律。因此,对于承受拉拔或推出荷载的钢-混凝土组合结构,加载端附近确实存在着黏结应力奇异区。本节是通过考虑位置函数的 $F-D$ 曲线进行数值模拟,获取波形钢板切应力的分布规律来论证波形钢板混凝土加载端存在黏结应力奇异区,然而数值模拟的钢板剪切应力并不完全等同于试验中宏观表现的黏结应力。课题组将通过试验进一步研究波形钢板混凝土加载端黏结应力的奇异区范围。

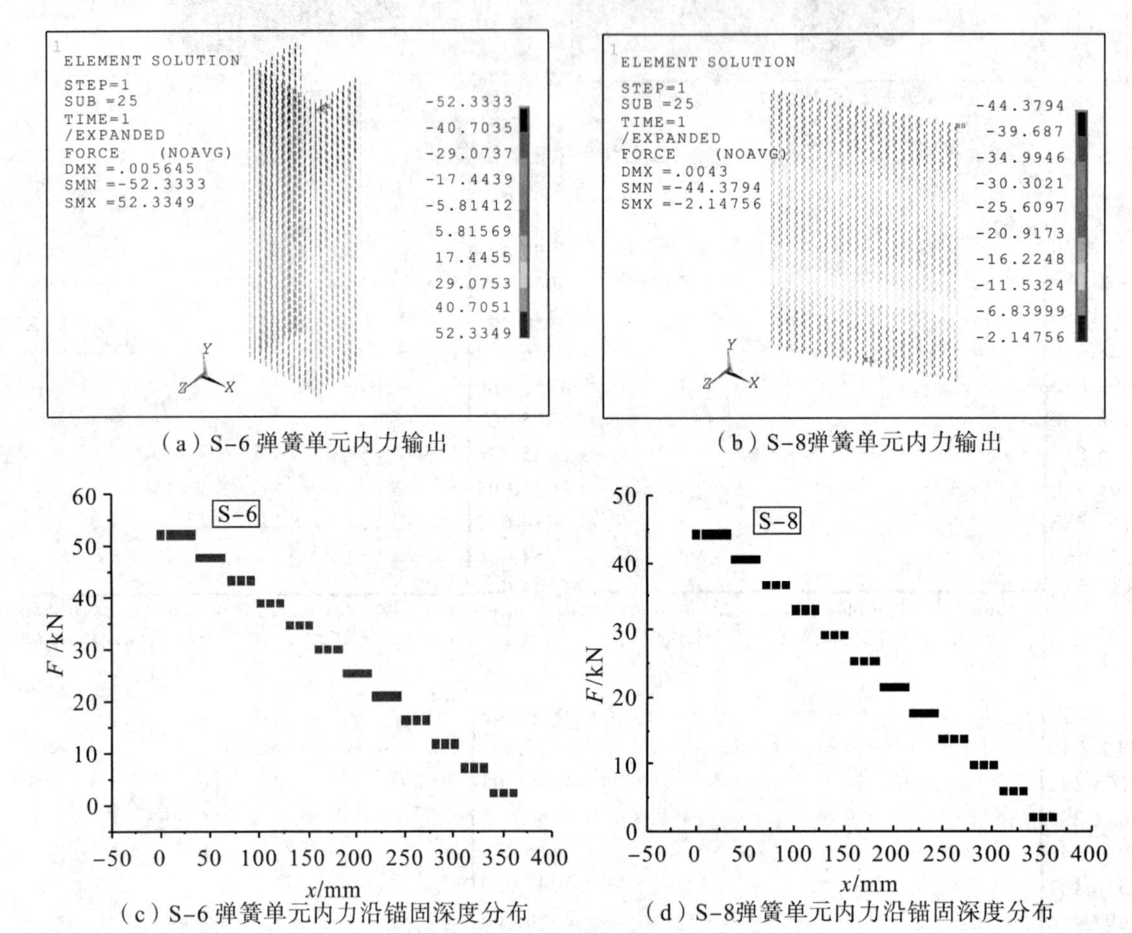

（a）S-6 弹簧单元内力输出　　（b）S-8弹簧单元内力输出

（c）S-6 弹簧单元内力沿锚固深度分布　　（d）S-8弹簧单元内力沿锚固深度分布

图6.54　弹簧单元内力

图6.54为弹簧单元内力输出图,不同颜色代表着不同实常数,即 $F-D$ 曲线种类。弹簧单元内力分布沿着锚固深度与位置函数分布规律一致。第3章中指出波形钢板黏结应力沿着锚固深度呈指数分布规律,而图6.54弹簧单元内力沿着锚固深度呈线性分布。造成差异的原因是第3章求解位置函数时统计了所有试件的数据,不再是单一的试件,拟合出的位置函数具有均衡性。本节数值模拟结果表明,引入位置函数的黏结滑移本构关系具有较高的准确度。

（4）不考虑考黏结滑移有限元模拟

前文论述了考虑黏结滑移本构关系对波形钢板混凝土结构进行有限元的精确模拟原理和方法,数值模拟结果与试验结果吻合度高。本节不考虑黏结滑移本构关系,有限元对波形钢板与混凝土界面采取共用节点方法。

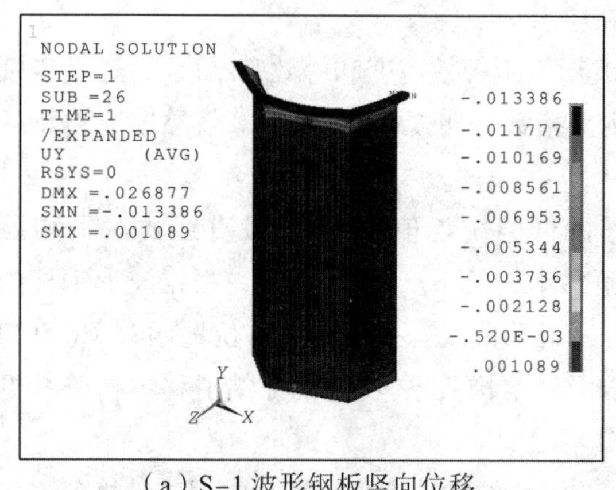

（a）S-1 波形钢板竖向位移

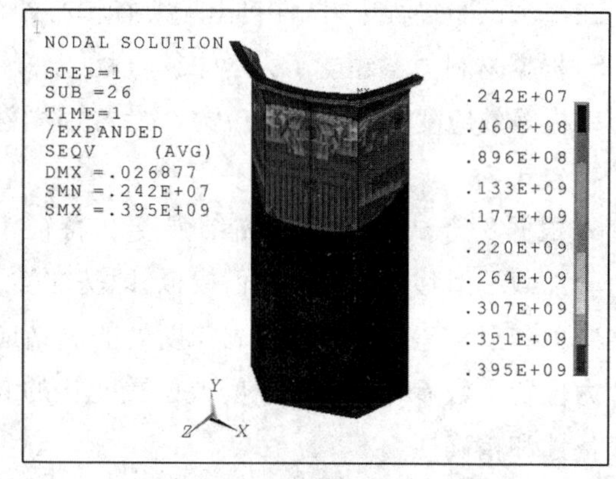

（b）S-1 波形钢板等效应力

图6.55　不考虑黏结滑移的有限元模拟

由图6.55看出，波形钢板加载端的位移为11.7 mm，等效应力为395 MPa，等于波形钢板极限强度。包含在混凝土中的波形钢板的位移仅为1 mm，等效应力为46～89 MPa之间。当不考虑黏结滑移时，有限元模拟结果表明波形钢板加载端发生了很大的塑性变形，而包含在混凝土中波形钢板几乎没有变形。

6.7　本章小结

6.7.1　结论

本文通过考虑波形钢板波谷和波角的截面几何因素对波形钢板混凝土黏结滑移的影响，进行了8个推出试件的试验研究、有限元数值模拟和弹性力学理论分析，得到如下结论：

1）试验得到的试件破坏形态与波角和波谷有关。当波角大于120°或当波角为120°的深波时，裂缝从自由端波脊尖端或波角处径直向外发展穿过棱边并自下而上扩展至加载端波脊尖端或波角处，最终形成上下贯通型裂缝。当波角小于120°或当波角为120°的浅波时，试件多个侧面存在贯通裂缝，而且自由端处的波形钢板内包混凝土发生局部推出破坏，裂缝更为复杂，形成复合型裂缝。

2）对试件荷载－滑移曲线进行归纳，波形钢板混凝土推出试件的受力全过程可划分为微滑移阶段、滑移阶段、破坏阶段、曲线下降段和曲线后发展阶段5个受力阶段。定义了微滑移荷载、摩擦荷载、极限荷载以及对应的特征黏结强度和特征滑移值，并提出了波形钢板混凝土特征黏结强度计算公式。

3）通过分析试验黏结强度，对于波角相同的波形，深波的黏结强度大于浅波的黏结强度。当波角小于120°，黏结强度随着波角的减小而增大。当波角大于等于120°时，对于波谷相同的波形，黏结强度随着波角的增大而增大，平钢板黏结强度最大。考虑到波角为锐角的闭口型波形钢板工程中不常用，试验最终得出波角120°、波谷长度与截面展开长度之比γ为0.25的波形钢板与混凝土界面间的黏结强度最大，此波形为最优截面。

4）通过在波形钢板波谷面和波脊面开槽黏贴应变片测得波形钢板应变的分布规律，表明在微滑移阶段和滑移阶段，波形钢板应变沿锚固深度呈指数分布，并且波谷轴心处应变数值小于波角和波脊处的应变。在破坏阶段、荷载下降阶段和残余阶段，波形钢板应变在埋置长度上有过零点现象。在整个试验过程中,试件自由端波谷轴心处存在应力集中现象。

5)根据材料力学建立了力学平衡方程,定义了波形钢板等效应变和等效黏结应力,进一步发现波形钢板等效应变和等效黏结应力都沿着锚固深度呈指数分布规律,得到了等效黏结应力特征值的计算公式。

6)根据8个试件的特征黏结强度和特征滑移的试验统计值,采用多段直线式对平均黏结应力－加载端滑移曲线进行数值模拟,即基准黏结滑移本构关系。在此基础上,根据波形钢板内部黏结应力和滑移建立了不同锚固深度处的黏结应力－滑移曲线。提出了滑移位置函数 $F(x)$ 和黏结应力位置函数 $G(x)$,建立了反映位置变化的黏结滑移本构关系,比基准黏结滑移本构关系更具有完备性和精确性。

7)根据弹性力学理论推导了波形钢板混凝土黏结滑移的黏结应力和滑移的理论计算公式。代入相关数据后求得黏结应力理论解,并将理论黏结应力与试验结果进行比较,发现两者吻合度较好,表明理论公式具有准确度。

8)利用ANSYS有限元软件,从基准黏结滑移本构关系和考虑位置函数滑移本构关系两方面对波形钢板混凝土推出试件进行了数值模拟,结果表明,采用考虑位置函数黏结滑移本构关系模拟得到荷载滑移曲线更具有准确度,与试验吻合度更高。数值模拟得到波形钢板剪切应力和混凝土剪切应力沿锚固深度的分布规律表明在加载端附近存在零界点,零界点至加载端间的范围为剪切应力奇异区。

6.7.2 展望

本章对波形钢板混凝土黏结滑移进行了试验研究、数值模拟和理论分析,取得了一些研究成果,同时也有很多重要的问题亟待研究。

1)本章分析波形钢板混凝土内部黏结应力是基于波形钢板应变沿锚固深度的分布规律,进而根据材料力学间接地得到黏结应力与应变的关系,有一定的误差性。亟须一种能直接测量出钢-混凝土内部黏结应力的高精度电子荷载传感器。

2)本章虽然得到了波形钢板内部等效黏结应力,但是对于波谷黏结应力和波脊黏结应力与等效黏结应力之间的比例关系没能深入研究。同时,位置函数 $F(x)$ 和 $G(x)$ 只反映了纵向锚固深度变化,没能反映波脊、波谷和波角内侧的变化。建议后续工作通过隔离波谷和波角内侧等试验来补充研究波谷和波脊的黏结应力,完善位置函数。

第 7 章　带栓钉波形钢板-混凝土黏结滑移性能试验研究与数值模拟

7.1　带栓钉波形钢板-混凝土黏结滑移性能试验设计

本次试验采用梯形波形钢板，钢板截面包含波峰、波谷和波脊，定义波角为波谷或者波峰与波脊的外夹角，如图 7.1 所示。

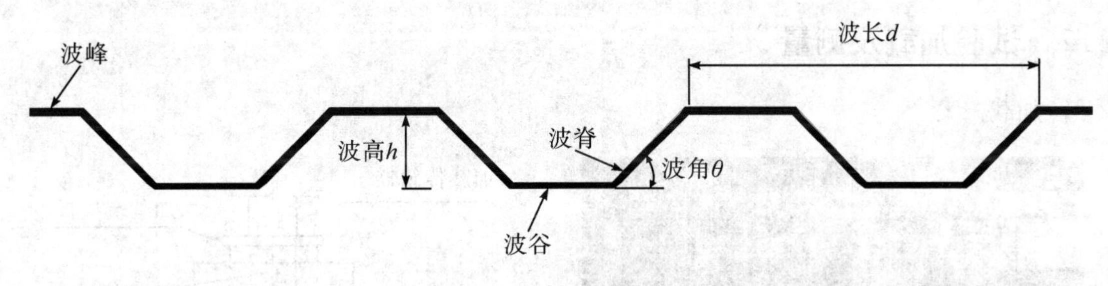

图 7.1　波形钢板截面参数

7.1.1　试件设计与制作

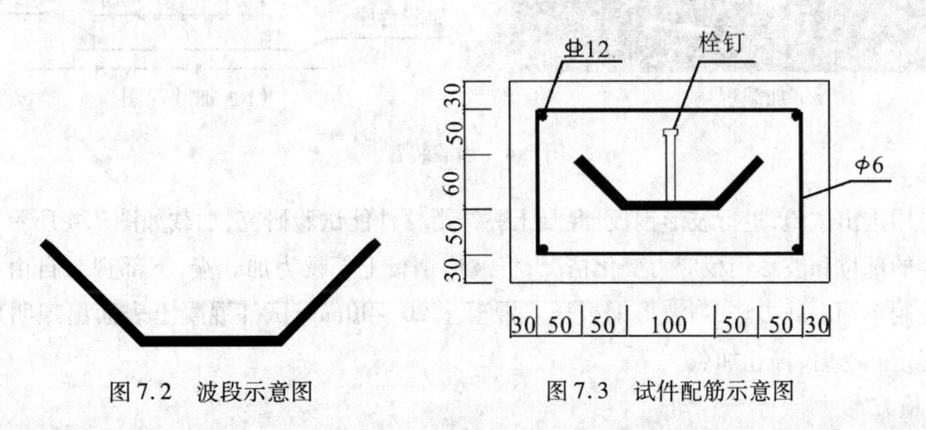

图 7.2　波段示意图　　图 7.3　试件配筋示意图

结合第 6 章推出试验，选取波谷、波脊组成的波段，如图 7.2 所示。确定波谷、波脊长度分别为 100 mm、70 mm，波角为 45°，混凝土保护层厚度为 80 mm。由于外包混凝土尺寸一定，需保证所有试件混凝土外包尺寸均为 360 mm × 220 mm × 400 mm。横向箍筋配置方式为 ϕ6@ 90，试件截面配筋示意图如图 7.3 所示。

本次试验共设计了 12 个波形钢板混凝土试件，包括 9 个正交试件和 3 个对比试件，试件主要变化参数为波形钢板厚度、栓钉直径、长度、数量和间距，见表 7.1。

表 7.1　试件主要参数

试件编号	栓钉直径/mm	栓钉长度/mm	栓钉数量	钢板厚度/mm	栓钉间距/mm
SC-1	10	60	1	8	—
SC-2	10	70	2	10	100
SC-3	10	80	3	12	100
SC-4	13	60	2	12	100
SC-5	13	70	3	8	100
SC-6	13	80	1	10	—
SC-7	16	60	3	10	100
SC-8	16	70	1	12	—
SC-9	16	80	2	8	100
SC-10	10	70	2	10	150
SC-11	10	70	2	10	200
SC-12	—	—	—	10	—

7.1.2　试验加载及测量

(1)加载方案

(a)加载现场

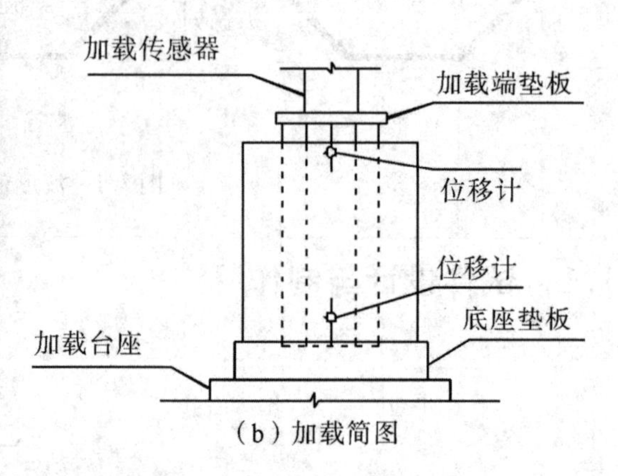

(b)加载简图

图 7.4　加载装置

本章采用推出试验,进行波形钢板-混凝土黏结滑移性能试验研究,加载如图 7.4 所示。根据滑移首先发生的部位和波形钢板应力变化情况,将波形钢板上部视为加载端,下部视为自由端。本章采用位移控制单调加载方法,当波形钢板压入混凝土 20~40mm,试件混凝土表面出现明显裂缝或荷载处于稳定状态时,停止加载。

(2)测量方案

1)加载端和自由端位移测量。波形钢板混凝土加载端和自由端的滑移量通过架设于两端的千分表测得,分别在波形钢板加载端和自由端分别黏贴玻璃片,用千分表顶住引出的玻璃片。千分表数据通过数据采集仪获得。千分表的架设方式如图 7.4(b)所示,最终测得的加载端的读数为正值,自由端的读数为负值。

2)黏结应力测量。本章试验采用直接将应变片布置在钢板表面的方法,在应变片上面涂上环氧树脂。分别在波脊、波谷表面中间位置沿波形钢板埋置深度布置应变片,另外在每一个带栓钉试件最下部栓钉的端头和根部均布置1个应变片，如图7.5所示。

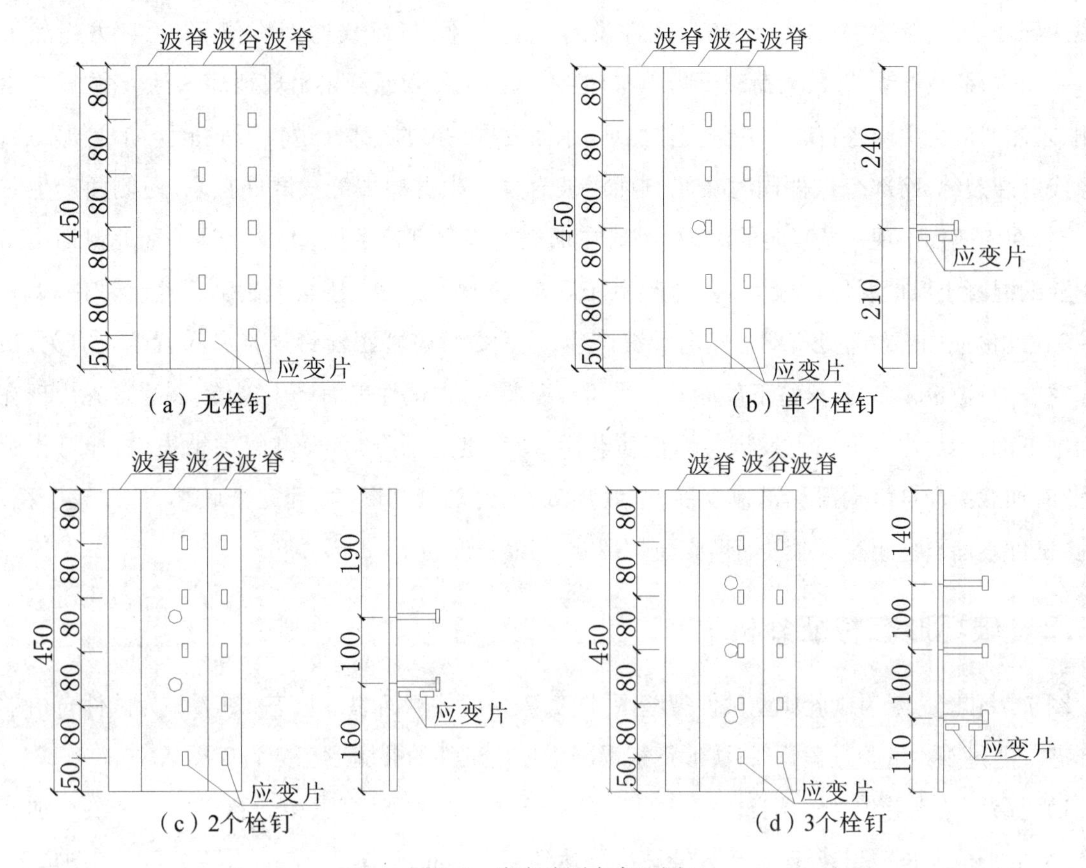

图7.5　应变片测点布置图

7.2　带栓钉波形钢板-混凝土黏结滑移性能试验结果分析

7.2.1　试验过程与现象

试件在结构实验室WAW－1000液压伺服万能试验机上进行加载，采用位移控制单调加载，加载速率为0.3 mm/min。采用TDS－530数据采集仪对波形钢板的应变片、栓钉的应变片以及加载端和自由端位移传感器的数据进行采集。为方便描述试验的现象，定义试件方位如图7.6所示。

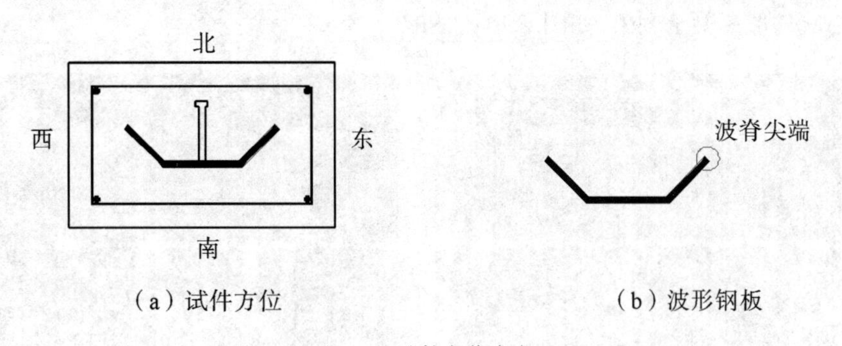

图7.6　试件方位定义

加载初期，加载端和自由端的滑移基本无变化，可以说明内部没有产生相对滑移，随着荷载增大,波形钢板和混凝土界面化学胶结力开始出现局部失效,加载端开始滑移,继续加载,滑移变大,荷载达到峰值前,除试件 SC－5,其余试件没有裂缝产生,当荷载达到峰值后,承载力突然下降 10%～20%,荷载继续下降,当荷载下降 10%～40%时,试件表面开始出现裂缝,裂缝首先从自由端西侧、东侧两波脊尖端各自产生并分别往西面、东面发展,穿过底部棱边自下向上竖向延伸发展,最终形成劈裂裂缝,而部分试件同时在北侧面沿波脊也产生劈裂裂缝。试件在东、西侧面产生裂缝后,接着在南侧面出现一条竖向的细微裂缝,在加载过程中迅速发展,上下贯通。而北侧面由于波谷钢板的混凝土保护层厚度较大,裂缝产生滞后东、西侧面裂缝,甚至无裂缝产生。试件 SC－7、SC－9在北侧面中部位置处有明显竖向裂缝产生,这种裂缝位置跟栓钉规格和布置位置有关,当栓钉直径较大、数量较多时,栓钉下部混凝土受压劈裂严重,在试件表面产生裂缝,裂缝首先出现在北侧面中下部,然后均自下向上发展。峰值荷载后,荷载迅速下降,界面自然黏结失效,栓钉作用变大,此时加载端和自由端滑移迅速发展,继续加载,栓钉陆续剪断,直到完全破坏,荷载趋于稳定。此时,试件表面裂缝相互贯通进而形成通长裂缝,裂缝宽度为 1～3 mm。

7.2.2 破坏形态特征分析

图 7.7 和图 7.8 为试验典型试件裂缝图,图 7.7 为试件侧面裂缝形态,图 7.8 为试件自由端裂缝形态。通过观察试验过程,可将波形钢板混凝土推出试件的裂缝形态分为 3 类。

1)劈裂裂缝。首先裂缝从自由端波脊尖端处径直向外发展,穿过棱边自下向上扩展至加载端波脊尖端,形成通长劈裂裂缝,最后裂缝宽度能达到 2～3 mm,如图 7.7(c)、图 7.7(d)和图 7.7(e)等所示。另外,试件 SC－7、SC－9 栓钉的试件在栓钉一侧的混凝土即北侧面中间位置也出现明显竖向裂缝,这是由于栓钉下部混凝土受压劈裂所致,如图 7.7(c)所示。

2)膨胀裂缝。由于钢板波谷外侧混凝土连接面上法向应力的作用,波谷外侧混凝土有向外鼓胀的趋势,在箍筋约束作用失效后,在试件南侧表面产生裂缝,并迅速发展为上、下通长裂缝,进而向混凝土内部钢板方向延伸。该裂缝较第一种裂缝出现较晚,最后能达到 1～2 mm 宽,在所有试件中均出现,如图 7.7(a)和图 7.7(b)等所示。

3)复合裂缝。如试件 SC－5、SC－7 试件不仅在多个侧面存在上、下通长裂缝,而且自由端处的波形钢板内包裹的混凝土发生局部推出破坏,产生复杂裂缝。SC－7 试件破坏形态更为明显,角部裂缝膨胀,自由端角部混凝土剥落,如图 7.8(a)和图 7.8(c)所示。

(a) SC-1

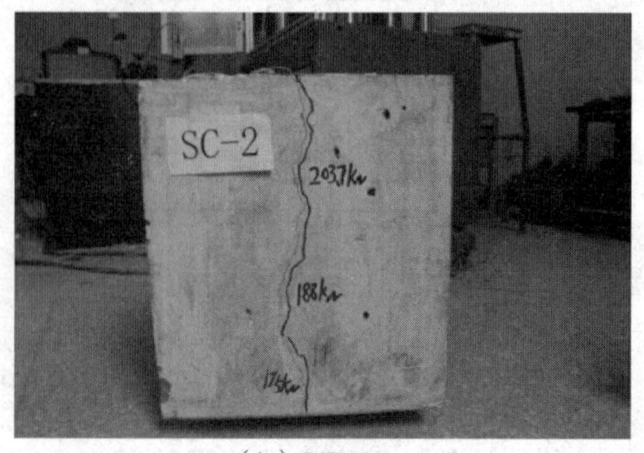

(b) SC-2

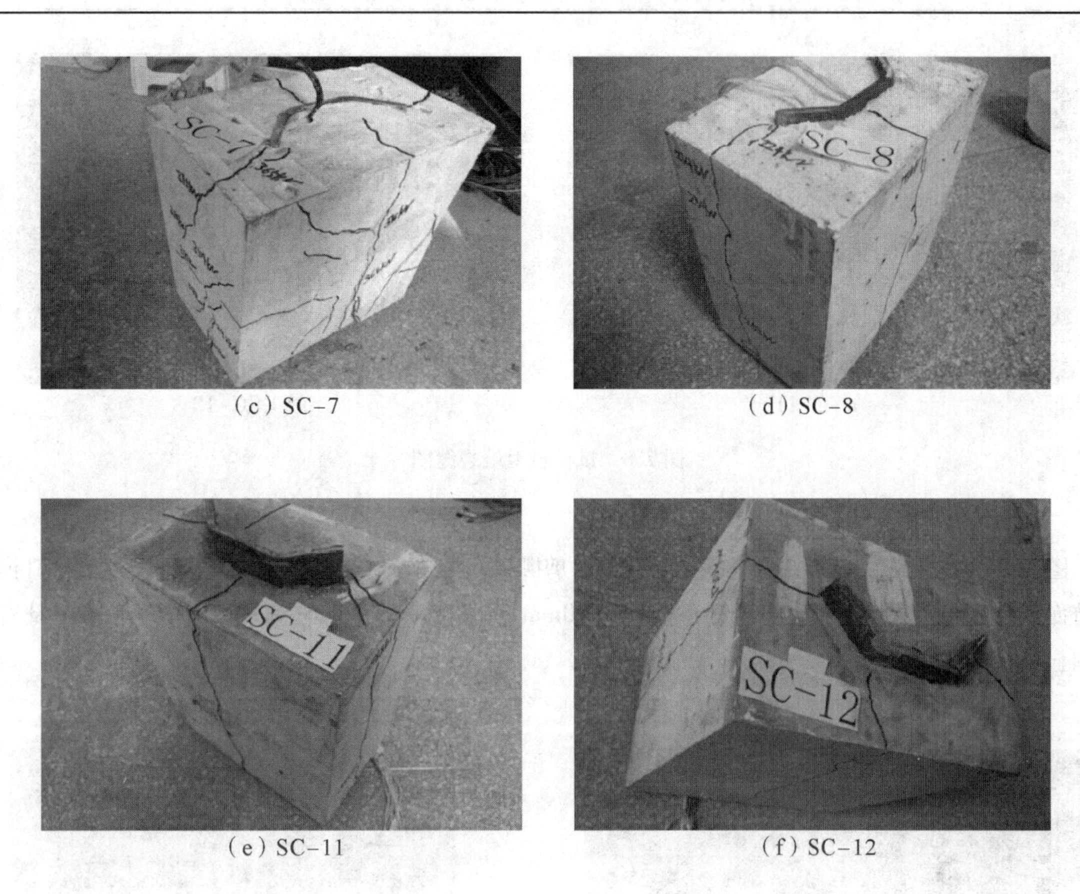

（c）SC-7　　（d）SC-8

（e）SC-11　　（f）SC-12

图7.7　试件侧面裂缝图

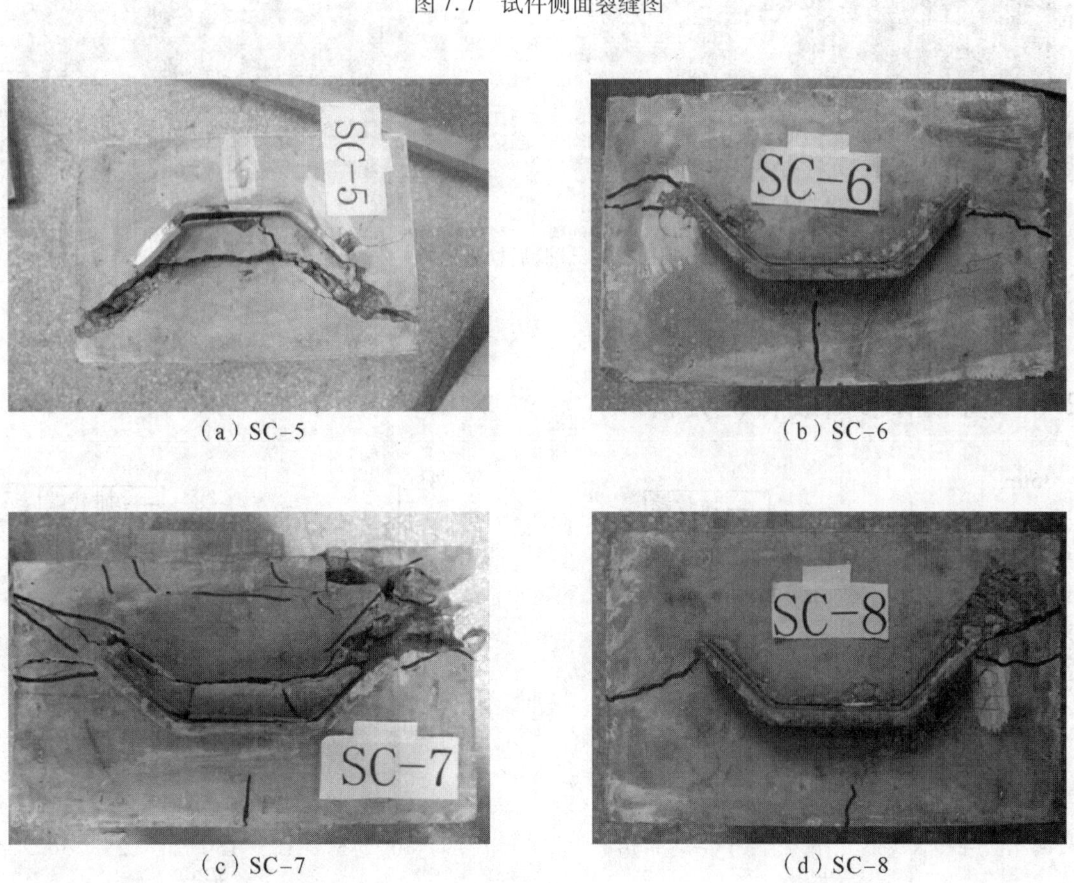

（a）SC-5　　（b）SC-6

（c）SC-7　　（d）SC-8

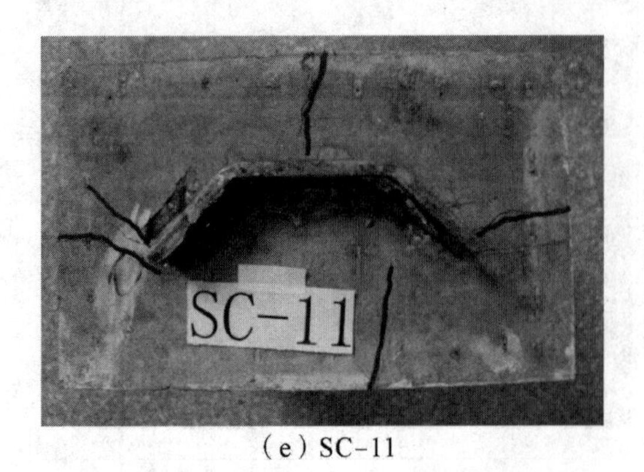

（e）SC-11

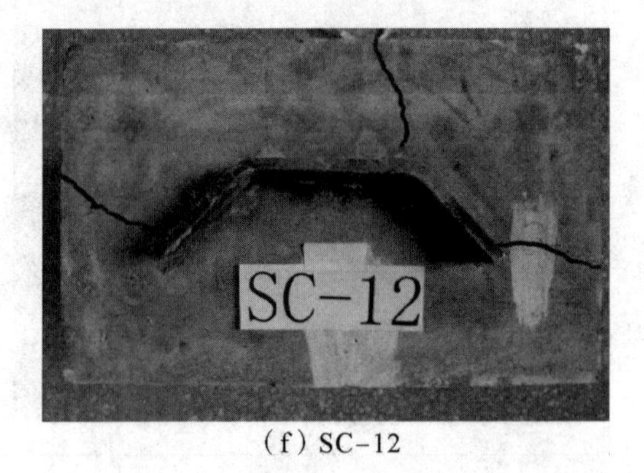

（f）SC-12

图7.8　试件自由端裂缝图

图7.9为试验结束后混凝土中栓钉的照片，剪断部位处于靠近焊缝的栓钉根部。由于栓钉横向受剪而产生弯曲变形，可以看出栓钉在根部约10mm的区域发生了明显弯曲变形，其他部位没有如此明显的变形。

（a）试件开凿

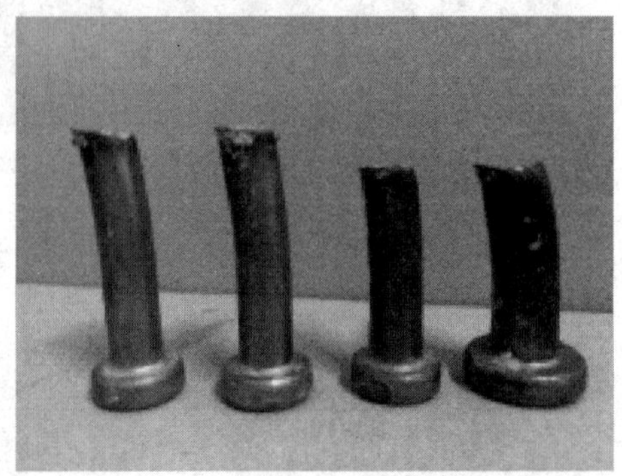

（b）栓钉破坏形态

图7.9　试验后栓钉照片

7.2.3　荷载滑移曲线特征分析

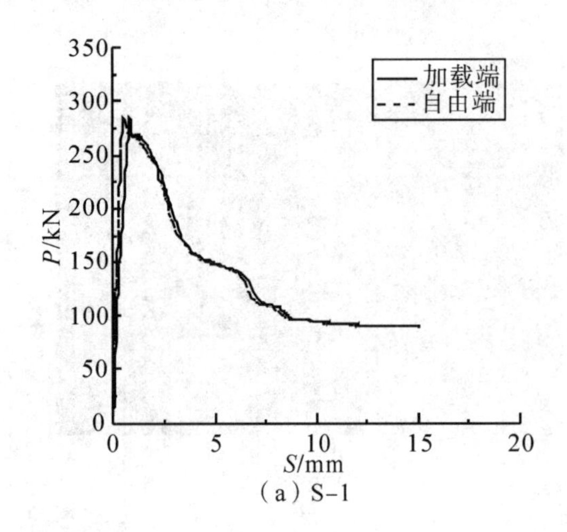

（a）S-1

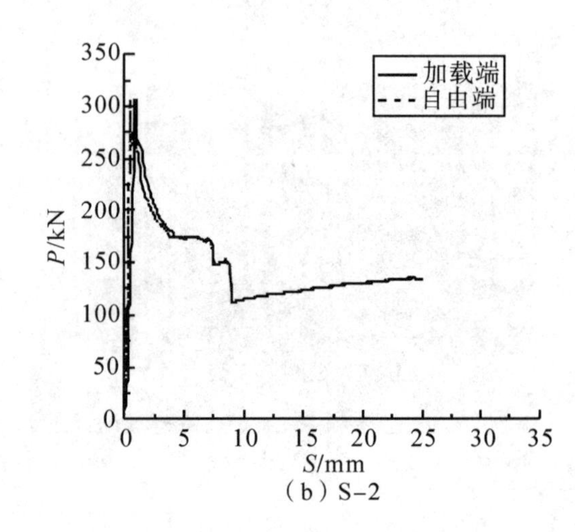

（b）S-2

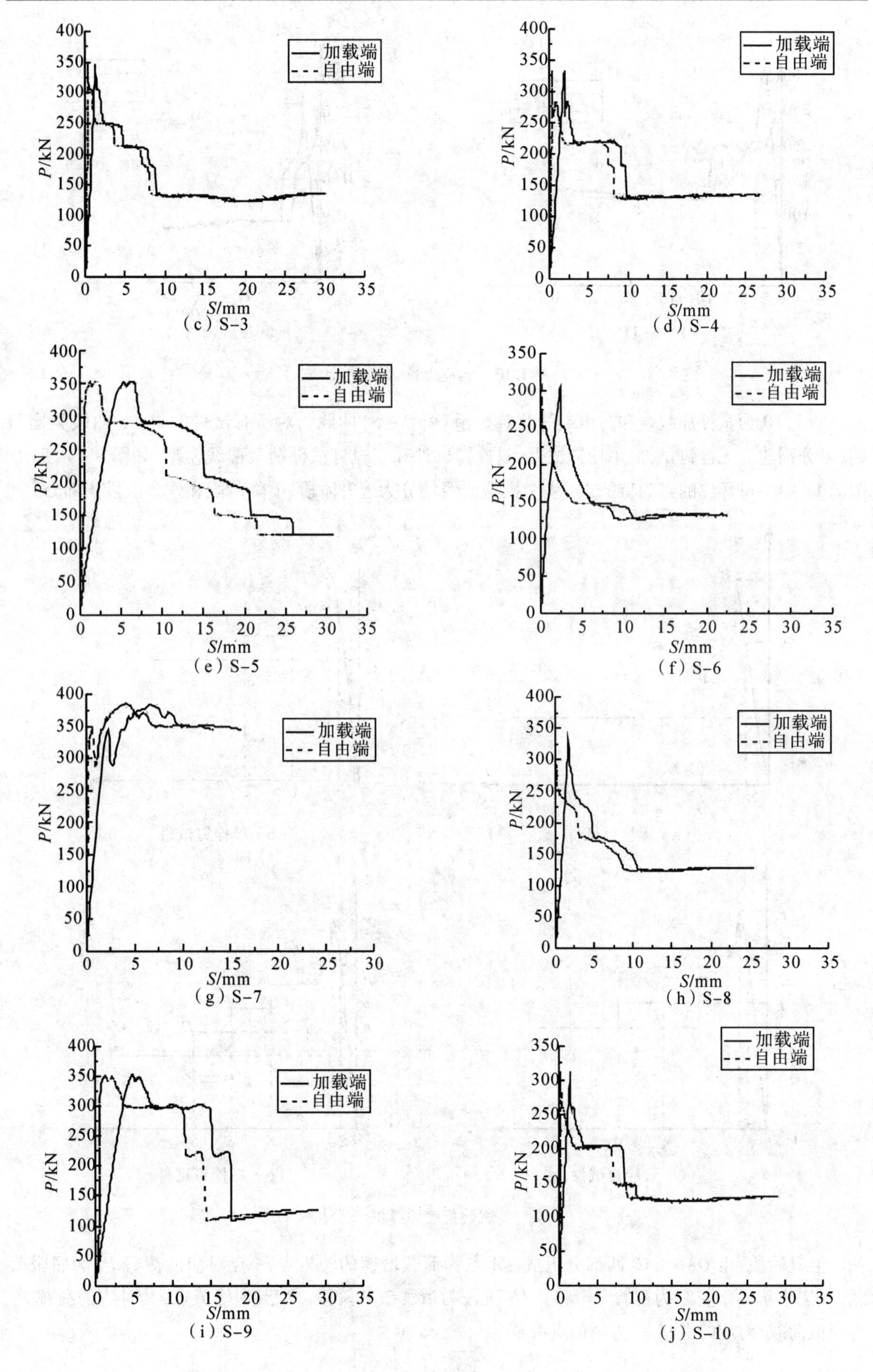

(c) S-3

(d) S-4

(e) S-5

(f) S-6

(g) S-7

(h) S-8

(i) S-9

(j) S-10

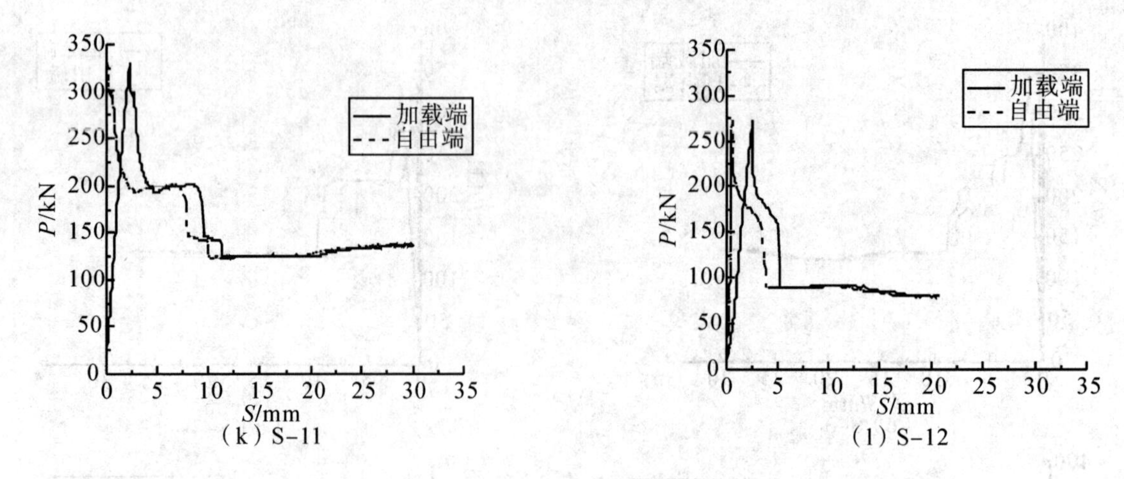

图 7.10 试验荷载-滑移曲线

图 7.10 为试件加载端和自由端的荷载 - 滑移($P-S$)曲线。对所有试件的 $P-S$ 曲线类比归纳,可分别建立无栓钉试件、单栓钉试件、双栓钉试件和三栓钉试件荷载曲线模型,如图 7.11 所示。图 7.11 中字母标注的点为特征点。4 个模型曲线均分为上升阶段、下降阶段和残余阶段 3 部分。

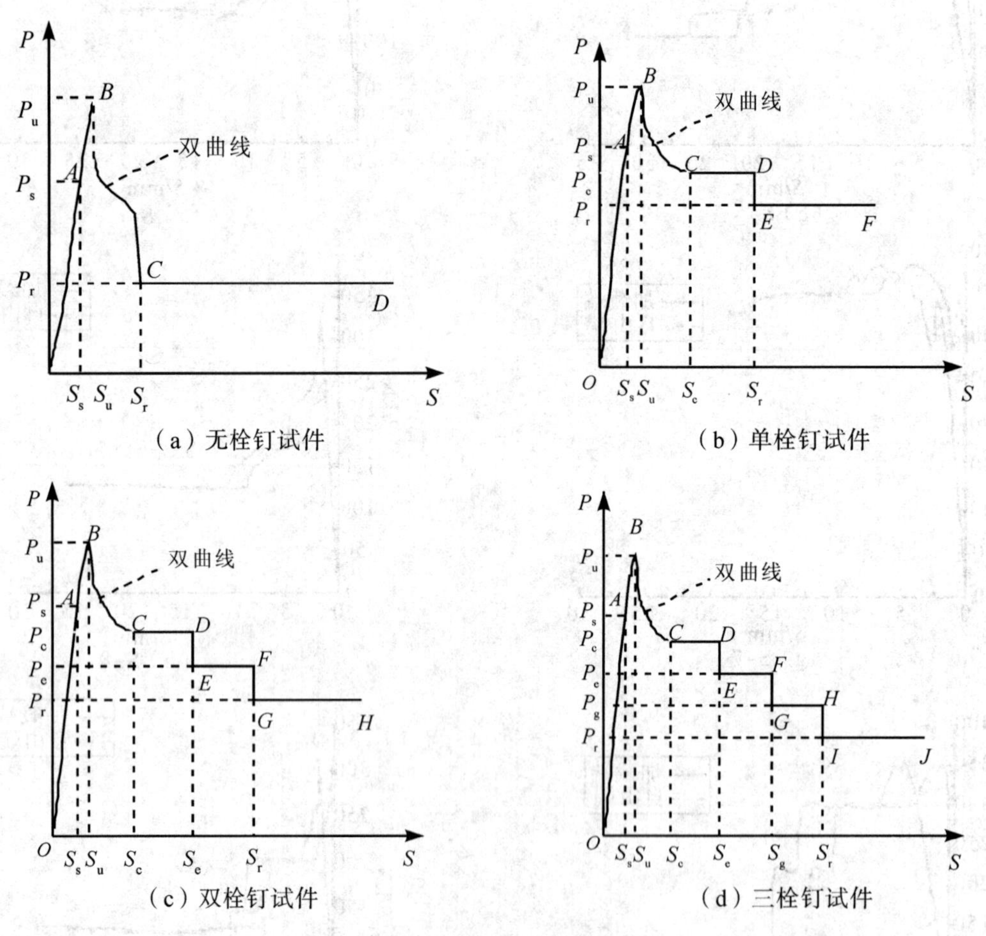

图 7.11 试验荷载-滑移曲线分析

上升阶段:由 OA 和 AB 两部分组成。A 点为荷载增速的转折点,A 点对应的荷载 P_s 为屈服荷载,A 点对应的滑移 S_s 为初始点滑移。AB 阶段为滑移破坏阶段。B 点为峰值点,其对应的荷载 P_u 为峰值荷载,对应的滑移 S_u 为峰值点滑移。

下降阶段:①对于无栓钉试件,其下降段出现2次荷载突降:第一次突降是因为峰值点过后,钢板与混凝土之间的化学胶结作用失效,而后荷载相对缓慢下降,此时钢板与混凝土之间的摩擦力与机械咬合力起主要作用,随着滑移增加,作用力减小,滑移到达一定量时,荷载出现第二次突降。C点对应的荷载P_r为残余荷载,对应的滑移S_r为残余阶段初始滑移。②对于单栓钉试件,峰值点后,钢板与混凝土之间的化学胶结作用失效,由于钢板与混凝土之间的摩擦力与机械咬合力作用,加上栓钉作用逐渐变大,荷载相对无栓钉试件缓慢降至C点,荷载保持稳定,滑移量继续增加至点D点。在D点栓钉被剪断,荷载发生荷载骤降,滑移量不变而荷载降至E点。此时栓钉作用失效,摩擦力与机械咬合力起主要作用。D点对应的荷载为首次骤降荷载,E点对应的P_r和S_r分别为残余荷载与残余阶段初始滑移。③对于双栓钉试件,荷载同单栓钉试件类似,荷载缓慢降至C点,直到上部栓钉被剪断,荷载降至E点,此时,下部栓钉和钢板与混凝土之间的摩擦力与机械咬合力起主要作用,荷载保持稳定,当滑移量增至F点,下部栓钉被剪断,荷载再次发生骤降,滑移量不变而荷载降至G点。此时摩擦力与机械咬合力起主要作用,荷载保持稳定。D点对应的荷载为首次骤降荷载,E点对应的滑移为首次骤降滑移,F点对应的荷载为二次骤降荷载,G点对应的P_r和S_r分别为残余荷载与残余阶段初始滑移。④对于三栓钉试件,同理,荷载降至G点。此时,最下部栓钉和钢板与混凝土之间的摩擦力与机械咬合力起主要作用,荷载保持稳定,滑移量增至H点,最下部栓钉被剪断,荷载再次发生骤降,滑移量不变而荷载降至I点。此时,栓钉作用失效,摩擦力与机械咬合力起主要作用,荷载保持稳定。D点对应的荷载为首次骤降荷载,E点对应的滑移为首次骤降滑移,F点对应的荷载为二次骤降荷载,G点对应的滑移为二次骤降滑移,H点对应的荷载为三次骤降荷载,I点对应的P_r和S_r分别为残余荷载与残余阶段初始滑移。

残余阶段:荷载不变,当滑移增加到一定量时,结束加载,曲线表现为一条平行于横轴的水平线。

试验测得的各试件特征荷载值见表7.2。

表7.2　各试件实测特征荷载强度值

栓钉个数	试件编号	P_s/ kN	P_u/ kN	P_r/ kN	P_c/ kN	P_e/ kN	P_g/ kN
1	SC-1	256.4	286.1	97	145	—	—
	SC-6	276.3	306.8	128.4	150.4	—	—
	SC-8	301	330.8	125.9	177.6	—	—
2	SC-2	276.3	305.4	113	174	148.5	—
	SC-4	306.5	332.2	129.1	216.5	182.3	—
	SC-9	325.4	351.4	109.9	300	217.8	—
	SC-10	281.3	312.3	128	200.5	150.4	—
	SC-11	290.5	330.7	123.7	193.9	146.2	—
3	SC-3	316.6	347.4	136.6	249.6	213.1	183.2
	SC-5	319.7	354.4	120.9	290.3	210.8	151.6
	SC-7	326.6	387.3	—	350.9	—	—
无	SC-12	247	273.8	90.8	—	—	—

7.2.4　承载力影响因素分析

以栓钉直径、长度、数量、间距以及波形钢板厚度为主要因素,分析其对带栓钉波形钢板混凝土构件峰值荷载的影响，即对试件抗剪承载力的影响。

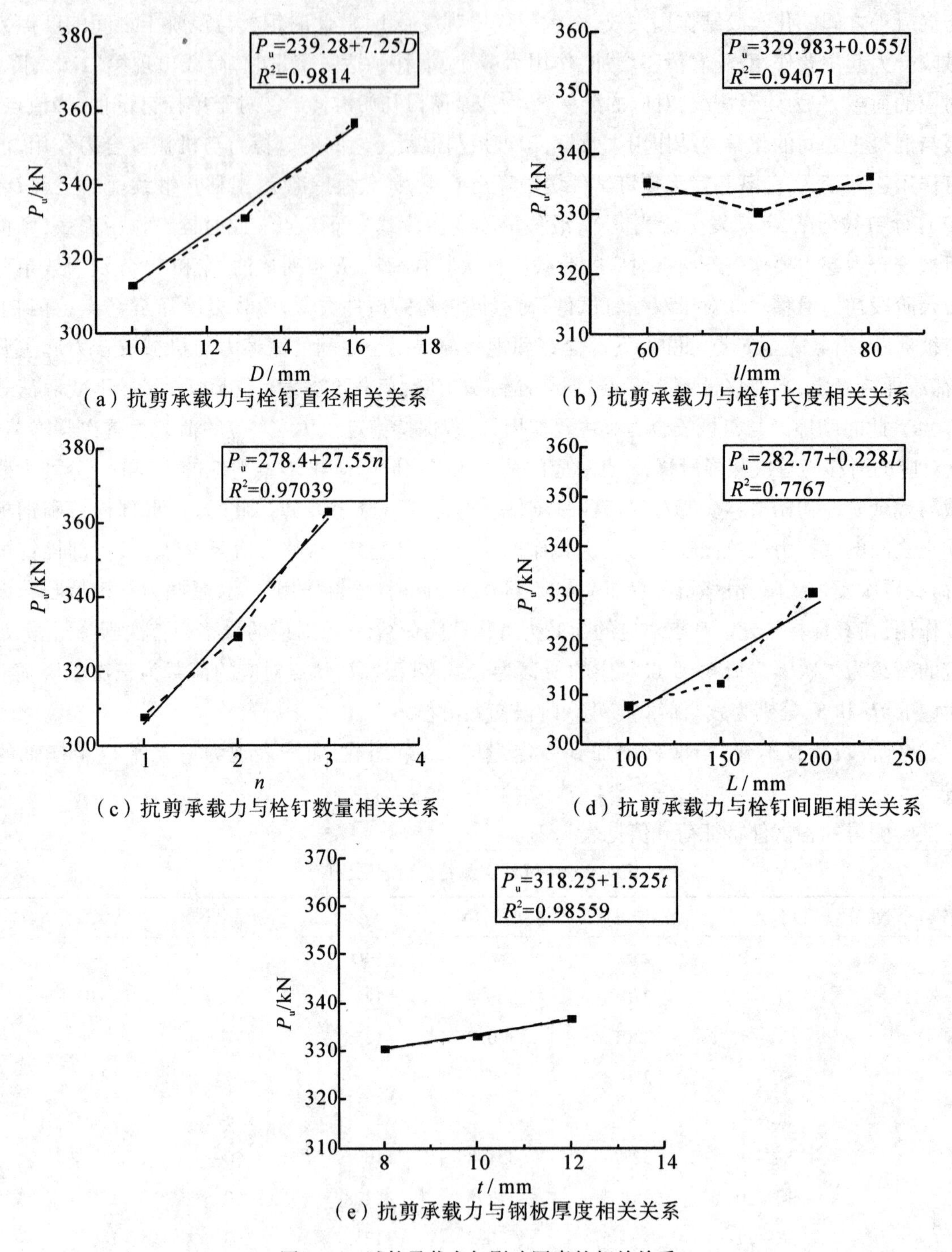

图 7.12　试件承载力与影响因素的相关关系

1)栓钉直径。图 7.12(a)所示为波形钢板混凝土试件抗剪承载力与栓钉直径的相关关系。由图可知，受剪承载力随栓钉直径的增大近似呈线性增加。

2)栓钉长度。本试验栓钉长度的取值按规范规定的长径比不小于 4。从图 7.12(b)中可以看出，随栓钉长度的增大，受剪承载力并没有明显增加，栓钉长度对受剪承载力影响不大。

3)栓钉数量。图 7.12(c)所示为波形钢板混凝土试件抗剪承载力与栓钉数量的相关关系。通过分析可知，受剪承载力随栓钉数量的增大近似呈线性增加。

4）栓钉间距。本试验栓钉间距的取值在200 mm以内，图7.12(d)所示为波形钢板混凝土构件抗剪承载力与栓钉间距的相关关系。由图7.12(d)可知，适当增大栓钉间距对抗剪承载力有一定的提高。这是因为栓钉纵向间距较大时，其下方被压碎的混凝土区域相互独立，周围混凝土给栓钉提供较强的约束。

5）钢板厚度。图7.12(e)所示为波形钢板混凝土试件抗剪承载力与波形钢板厚度的相关关系。通过分析可知，受剪承载力随钢板厚度的增大而增加，但增幅很小，对受剪承载力影响不大。

7.2.5　黏结滑移曲线特征值的统计回归

根据荷载-滑移曲线，利用 $\tau = P/A$，得到试件表面平均黏结应力，即将各试件加载端-荷载滑移（$P-S$）曲线折算为黏结-滑移（$\tau-S$）曲线，定义 τ_s、τ_u、τ_r、τ_c、τ_e 和 τ_g 为特征荷载 P_s、P_u、P_r、P_c、P_e 和 P_g 相对应的特征黏结应力。

通过对以上试验数据进行分析，发现栓钉直径和数量对试件波形钢板混凝土黏结强度的影响最大。考虑到所有试件栓钉被剪断，参考《钢结构设计规范》（GB 50017-2017）所给栓钉抗剪承载力形式，根据表3.1中试验数据和栓钉材性试验结果，回归各特征点处黏结应力的计算式，发现黏结应力并不是完全随栓钉面积的增大而增大，当栓钉面积增大到一定程度时，黏结应力增长速度减弱或黏结应力有降低的趋势，因此，计算式采用二次形式更符合试验结果。具体如下所示：

$$\tau_s = 1.25809 + 0.86889\frac{NA_sf_y}{A} + 0.41889\left(\frac{NA_sf_y}{A}\right)^2 \tag{7-1}$$

$$\tau_u = 1.43633 + 0.60421\frac{NA_sf_y}{A} - 0.1554\left(\frac{NA_sf_u}{A}\right)^2 \tag{7-2}$$

$$\tau_r = 0.45073 + 0.73234\frac{NA_sf_u}{A} - 0.58193\left(\frac{NA_sf_u}{A}\right)^2 \tag{7-3}$$

$$\tau_c = 0.24671 + 1.98965\frac{NA_sf_u}{A} - 0.64387\left(\frac{NA_sf_u}{A}\right)^2 \tag{7-4}$$

$$\tau_e = 0.33631 + 2.94506\frac{NA_sf_u}{A} - 2.68502\left(\frac{NA_sf_u}{A}\right)^2 \tag{7-5}$$

式中：N 为栓钉数量；A_s 为栓钉钉杆面积，mm^2；A 为钢板与混凝土有效黏结面积，mm^2。

由于试验试件个数有限，这里不再对 τ_g 进行回归统计。将特征黏结强度试验值与计算值进行对比（见表7.3），计算值与试验值吻合良好。从表7.3和以上计算式中可以看出，相对于自然黏结试件，特征点黏结强度主要受栓钉含量的影响，栓钉可增大各特征点黏结强度。

表7.3　特征黏结强度试验值与计算值对比

试件编号	τ_s/MPa		误差/%	τ_u/MPa		误差/%	τ_r/MPa		误差/%	τ_c/MPa		误差/%
	试验	计算		试验	计算		试验	计算		试验	计算	
SC-1	1.34	1.38	3.2	1.49	1.54	3.4	0.51	0.56	11.1	0.76	0.58	23.6
SC-6	1.44	1.43	2.4	1.60	1.62	1.3	0.67	0.63	5.5	0.78	0.87	8
SC-8	1.57	1.54	1.6	1.73	1.69	2.3	0.66	0.68	3.8	0.93	1.05	13.9
SC-2	1.44	1.48	2.8	1.59	1.63	2.5	0.59	0.64	8.1	0.91	0.87	4.4
SC-4	1.60	1.62	1.4	1.73	1.77	2.3	0.67	0.68	1.1	1.13	1.30	15.1
SC-9	1.70	1.69	0.38	1.83	1.87	2.2	0.57	0.62	7.8	1.56	1.56	0

续表

试件编号	τ_s /MPa		误差/%	τ_u /MPa		误差/%	τ_r /MPa		误差/%	τ_c /MPa		误差/%
	试验	计算		试验	计算		试验	计算		试验	计算	
SC-10	1.47	1.48	1	1.63	1.63	0	0.67	0.64	4.5	1.04	0.87	17
SC-11	1.51	1.48	2.2	1.72	1.63	5.2	0.64	0.64	1.2	1.01	0.87	14.2
SC-3	1.66	1.56	5.6	1.81	1.71	5.5	0.71	0.68	5.1	1.3	1.12	16.3
SC-5	1.67	1.82	9	1.85	1.89	2.2	0.63	0.60	5.6	1.51	1.60	6
SC-7	1.70	1.69	0.4	2.02	1.98	2	—	—	—	1.83	1.78	2.8
SC-12	1.29	1.26	2.2	1.43	1.44	0.7	0.47	0.45	4.7	—	—	—

表 7.4　各试件实测特征滑移值

栓钉个数	试件编号	S_s/ mm	S_u/ mm	S_r/ mm	S_c/ mm	S_e/ mm	S_g/ mm
1	SC-1	0.73	0.84	8.88	5.59	—	—
	SC-6	2.04	2.41	11.12	6.06	—	—
	SC-8	1.64	1.77	10.71	5.03	—	—
2	SC-2	0.82	0.88	9.04	4.24	7.54	—
	SC-4	1.74	1.91	9.73	3.36	9.11	—
	SC-9	3.89	4.82	17.78	7.33	15.36	—
	SC-10	1.28	1.43	10.46	3.51	8.58	—
	SC-11	1.95	2.32	11.37	4.66	9.5	—
3	SC-3	1.19	1.32	8.87	2.56	4.75	8
	SC-5	4.2	6.41	25.99	7.9	15.08	20.84
	SC-7	3.44	6.89	—	9.61	—	—
无	SC-12	2.3	2.59	5.26	—	—	—

表 7.4 中分别给出了各试件加载端 S 的特征滑移值。从表 7.4 可以看出,特征滑移主要受栓钉含量的影响。对于栓钉面积较小的单栓钉试件,栓钉可限制峰值点滑移,而栓钉面积较大的试件 SC-5、SC-7、SC-9 可增大峰值点滑移,同时栓钉可增大残余段初始滑移,提高延性。

型钢混凝土特征滑移值主要受锚固长度的影响,混凝土强度、保护层厚度和配箍率与特征滑移值没有明显关系。本文所有试件埋置长度都为定值。由于试验试件个数较少,以及界面摩擦的不均匀性和栓钉与混凝土之间相互作用的复杂性,从表 7.4 中可以看出特征滑移具有一定离散性,故特征滑移值取试验相应平均值或实测值,用来分析黏结滑移本构模型。

7.2.6　黏结滑移本构模型的建立

根据上述确定的各个特征点,可以分段定义各个试件的 τ-S 曲线表达式,对所有试件加载端滑移和平均黏结强度的 τ-S 本构关系,均可以采用图 7.13 所示模型进行描述。

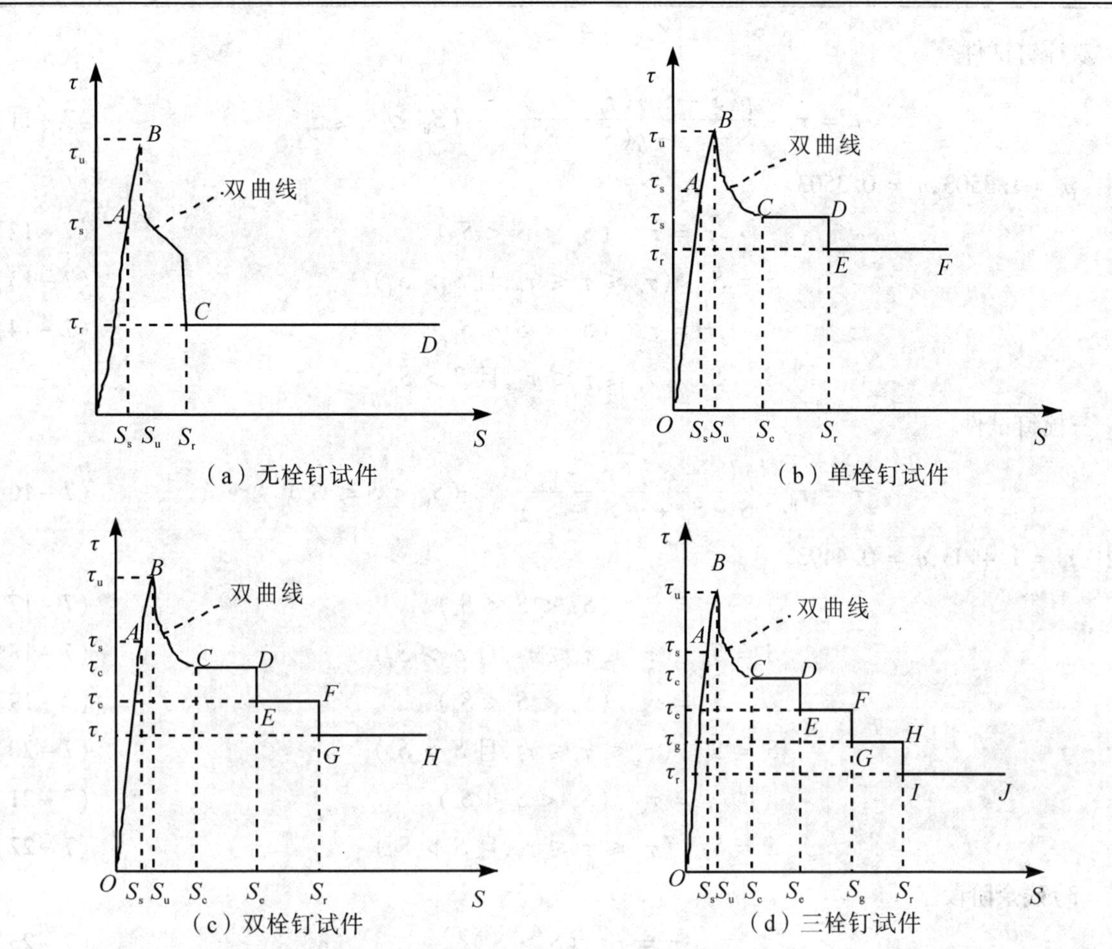

图 7.13　$\tau - S$ 本构模型

根据数据并利用归一化分析方法，分段拟合了无栓钉试件、单栓钉试件、双栓钉试件和三栓钉试件 $\tau - S$ 曲线的表达式。

(1)上升阶段

$$\tau = \begin{cases} \dfrac{\tau_s}{S_s} S & (0 \leqslant S \leqslant S_s) \\ \dfrac{S - S_s}{(S_u - S_s)}(\tau_u - \tau_s) & (S_s < S \leqslant S_u) \end{cases} \tag{7-6}$$

(2)下降阶段

无栓钉试件

$$\tau = \tau_u - \frac{p(S - S_u)(\tau_u - \tau_r)}{S - S_u + q(S_r - S_u)} \quad (S_u < S \leqslant S_r) \tag{7-7}$$

式中：$p = 1.19703, q = 0.19703$。

单栓钉试件

$$\tau = \tau_u - \frac{p(S - S_u)(\tau_u - \tau_c)}{S - S_u + q(S_c - S_u)} \quad (S_u < S \leqslant S_c) \tag{7-8}$$

式中：$p = 1.27186, q = 0.27186$。

$$\tau = \tau_c (S_c < S < S_r) \tag{7-9}$$

$$S = S_r (\tau_r \leqslant \tau \leqslant \tau_c, \text{且} S > S_u) \tag{7-10}$$

双栓钉试件

$$\tau = \tau_u - \frac{p(S - S_u)(\tau_u - \tau_c)}{S - S_u + q(S_c - S_u)} \quad (S_u < S \leqslant S_c) \tag{7-11}$$

式中：$p = 1.3503, q = 0.3503$。

$$\tau = \tau_c \quad (S_c < S < S_e) \tag{7-12}$$

$$S = S_e \quad (\tau_e \leqslant \tau \leqslant \tau_c, 且 S > S_u) \tag{7-13}$$

$$\tau = \tau_e \quad (S_e < S < S_r) \tag{7-14}$$

$$S = S_r \quad (\tau_r \leqslant \tau \leqslant \tau_e, 且 S > S_u) \tag{7-15}$$

三栓钉试件

$$\tau = \tau_u - \frac{p(S - S_u)(\tau_u - \tau_c)}{S - S_u + q(S_c - S_u)} \quad (S_u < S \leqslant S_c) \tag{7-16}$$

式中：$p = 1.4493, q = 0.4493$。

$$\tau = \tau_c \quad (S_c < S < S_e) \tag{7-17}$$

$$S = S_e \quad (\tau_c \leqslant \tau \leqslant \tau_c, 且 S > S_u) \tag{7-18}$$

$$\tau = \tau_e \quad (S_e < S < S_g) \tag{7-19}$$

$$S = S_g \quad (\tau_g \leqslant \tau \leqslant \tau_e, 且 S > S_u) \tag{7-20}$$

$$\tau = \tau_g \quad (S_g < S < S_r) \tag{7-21}$$

$$S = S_r \quad (\tau_c \leqslant \tau \leqslant \tau_g, 且 S > S_u) \tag{7-22}$$

(3)残余阶段

$$\tau = \tau_r \quad (S > S_r) \tag{7-23}$$

7.2.7 波形钢板表面黏结滑移分布规律

上一小节提出的黏结滑移本构模型无法准确描述波形钢板表面黏结应力沿波形钢板埋置深度方向的变化规律。实际上，波形钢板与混凝土界面之间的黏结应力是复杂的，伴随埋置长度发生变化，其波谷面和波脊面的黏结应力也是不同的，其栓钉的影响将变得更为复杂。本节将研究波形钢板混凝土界面黏结应力分布规律。

由于直接在波形钢板表面黏贴应变片，当荷载达到峰值时，试件内部钢板表面黏结破坏，导致大部分应变片损坏失效，因此，根据荷载-滑移曲线，只分析荷载上升阶段的波形钢板应变分布规律。

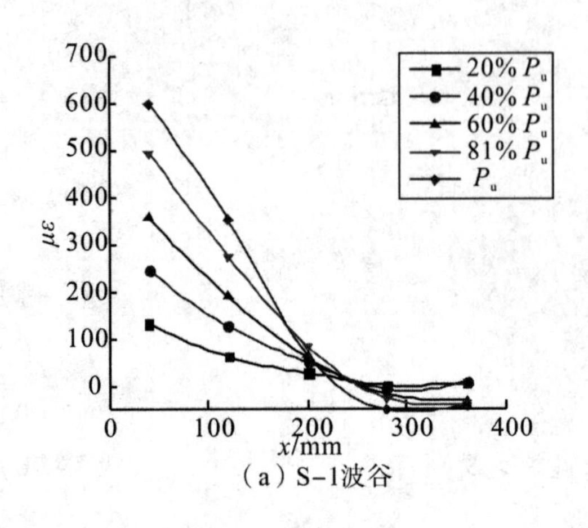

(a) S-1波谷

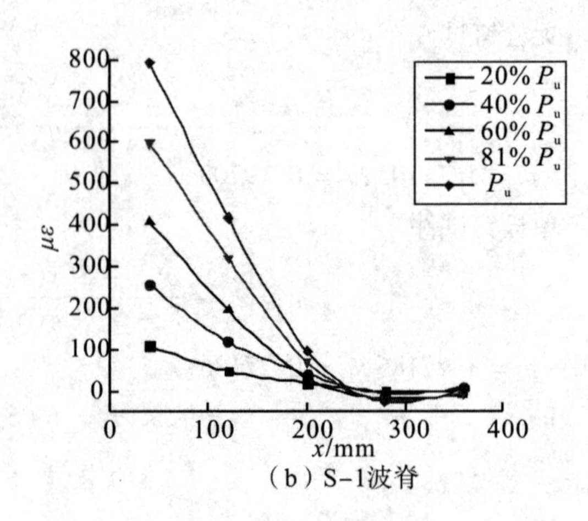

(b) S-1波脊

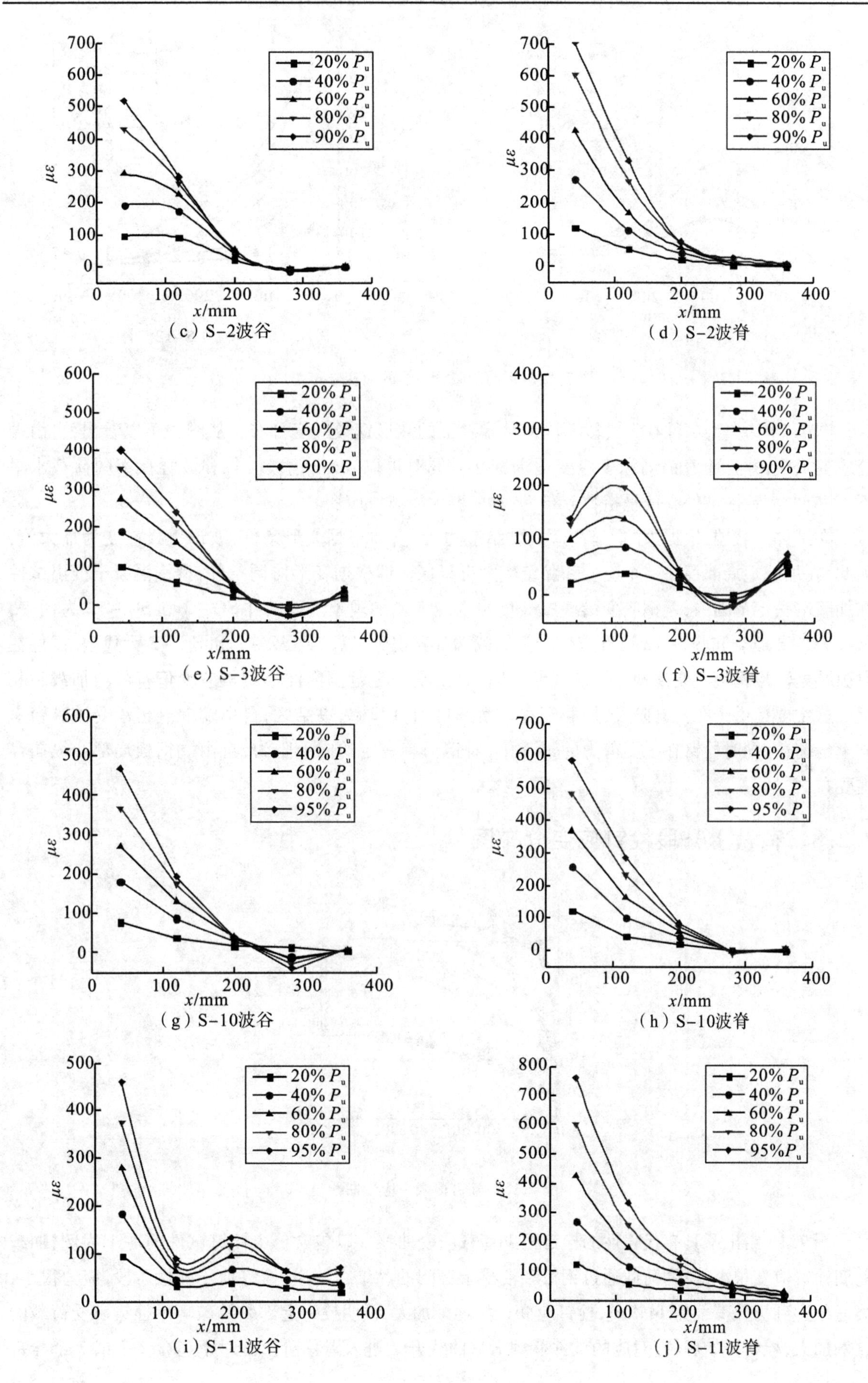

(c) S-2波谷　(d) S-2波脊

(e) S-3波谷　(f) S-3波脊

(g) S-10波谷　(h) S-10波脊

(i) S-11波谷　(j) S-11波脊

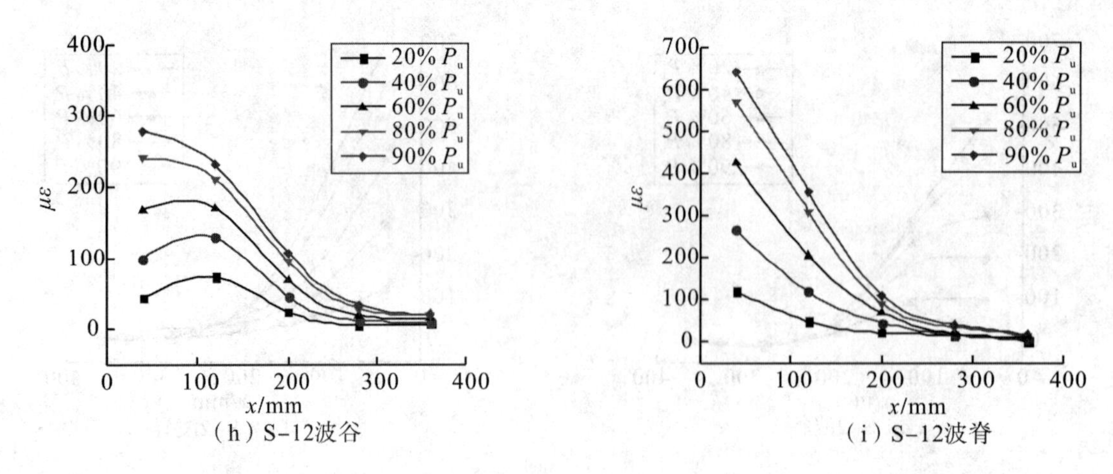

图 7.14　不同荷载分布下的应变分布图

图 7.14 为典型试件在上升段不同荷载梯度下的波形钢板应变分布。从图中可以看出，自由端处应变最小，并且随着锚固深度应变逐渐减小。同时可以发现，钢板波谷和波脊在不同荷载水平下，其应变大致沿试件高度呈指数分布，波脊应变大于波谷应变。

在试件加载端，根据力的平衡方程，黏结应力为零，而根据变形条件，波形钢板应变为最大值，因此，在加载端局部存在一个应变和黏结应力奇异区。即根据变形协调条件，型钢混凝土推出试件在加载端一定范围内，型钢应变沿埋置长度出现应变增加现象。以试件 SC－3 和 SC－12 为代表，试件 SC－3 波脊和 SC－12 波谷应变产生加载端奇异现象；以试件 SC－1 和 SC－3 为代表，试件在自由端处波形钢板应变出现过零点现象，即在自由端一定范围内波形钢板应变值符号与加载端相反。这主要是由于在上升阶段，加载端存在滑移区，自由端为黏结区，自由端混凝土承受试验台座向上的荷载，同时栓钉在承受剪力的过程中，对钢板有一定的向上阻力，自由端钢板局部在纵向存在受拉区。

7.2.8　荷载上升段栓钉应变分布图

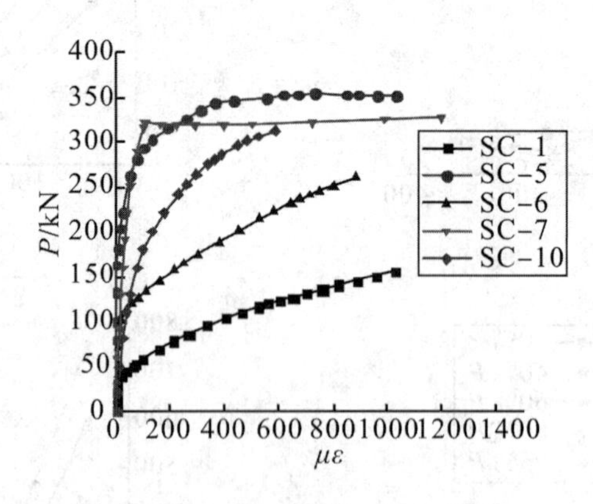

图 7.15　栓钉荷载－应变曲线

图 7.15 给出了具有代表性的栓钉根部荷载应变曲线。以包含单个栓钉试件 SC－1 为例，加载前期栓钉应变很小，说明荷载通过钢板和混凝土之间的黏结力传递，栓钉处于弹性阶段，应力很小；当荷载达到极限荷载的 14% 时，栓钉应变开始逐渐加大，说明栓钉上部黏结破坏后栓钉承受荷载的比例加大，栓钉开始屈服，对应的试件荷载滑移曲线开始进入滑移阶段。对于包含 2 个或 3 个栓钉

的试件，加载过程中，下部栓钉应变变化不大，当荷载达到极限荷载的70% ~90%时，最下部栓钉应变会发生突变，说明在加载过程中栓钉受力是不均匀的，刚开始上部栓钉承担较多荷载，随着荷载的增大和上部栓钉的屈服，下部栓钉承受的荷载增加，荷载分配趋于接近。

7.3　带栓钉波形钢板-混凝土黏结滑移 ANSYS 模拟

7.3.1　带栓钉波形钢板-混凝土黏结滑移有限元模拟方法

7.3.1.1　单元选择

混凝土单元选取与第6章一样，选取 Solid 65 单元。波形钢板和栓钉单元选取 Solid 185 单元，黏结滑移单元选用 Combin 39 单元，钢筋单元选取 Link 180 单元。

7.3.1.2　单元本构模型在 ANSYS 中输入

(1)混凝土本构模型

本文基于立方体抗压强度试验结果，选用 MISO 模型，参照《混凝土结构设计规范》(GB 50010 - 2010)，确定曲线上升段，如图 7.16 所示。

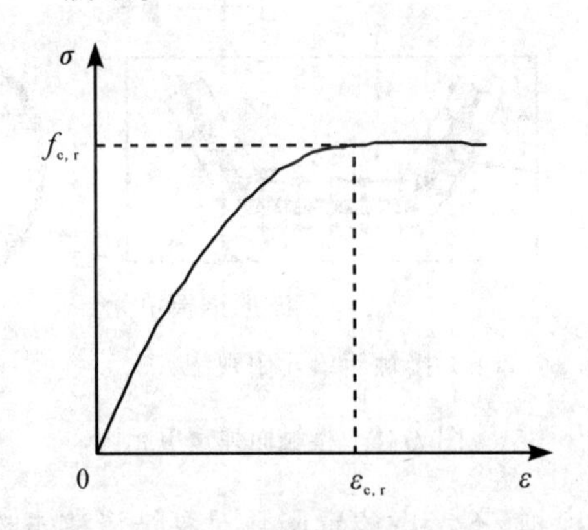

图 7.16　混凝土单轴受压应力 - 应变曲线

模拟混凝土采用 William-Warnke 五参数破坏准则，默认为低净水压力，需输入张开裂缝和闭合裂缝剪力传递系数，分别为 0.5 和 0.95，混凝土抗拉、抗压强度根据混凝土材性试验确定。

(2)钢材本构模型

本文波形钢板、栓钉、纵筋和箍筋均选用 BKIN 模型，如图 7.17 所示。

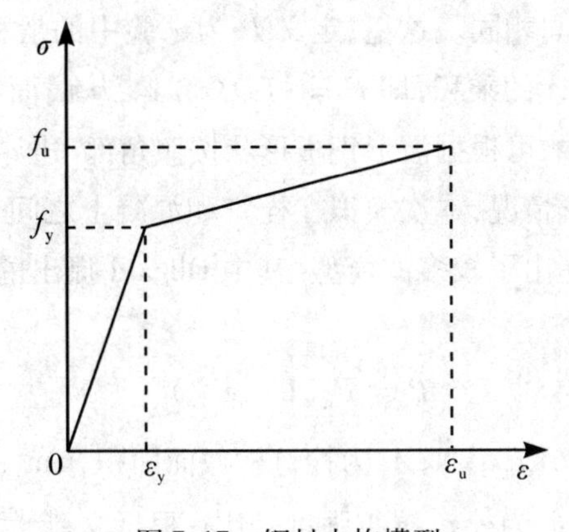

图 7.17　钢材本构模型

其本构表达式如下所示：

$$\begin{cases}\sigma_s = E_s\varepsilon & \varepsilon < \varepsilon_y \\ \sigma_s = f_y & \varepsilon = \varepsilon_y \\ \sigma_s = 0.01E_s(\varepsilon - \varepsilon_y) + f_y & \varepsilon > \varepsilon_y\end{cases} \tag{7-24}$$

钢筋和钢板弹性模量取 2.06×10^{11} Pa，栓钉弹性模量取 2.16×10^{11} Pa，钢材泊松比均取0.3，需要输入的参数有钢材屈服强度、极限强度等，具体材料数据选取根据金属拉伸试验测试结果而确定。根据材性试验，测得混凝土立方体平均抗压强度为56.59 MPa，钢材材性如表7.5所示。

表7.5　材料属性试验结果

钢材	钢板			钢筋			栓钉	
	8 mm	10 mm	12 mm	ϕ6 mm	ϕ12 mm	ϕ10 mm	ϕ13 mm	ϕ16 mm
屈服强度 f_y /MPa	283.2	234.4	292.3	429.5	484.4	364.3	416.2	389.9
极限强度 f_u /MPa	403.5	397.5	394.2	606.4	681.3	430.1	489.6	458.7

7.3.1.3　黏结滑移本构在ANSYS中实现

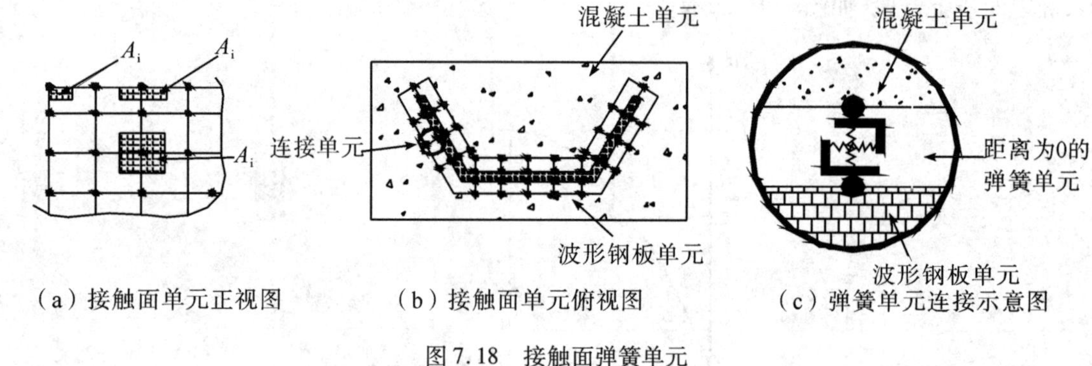

图7.18　接触面弹簧单元

这里对所有推出试件进行模拟，不考虑位置函数对黏结滑移本构的影响。为模拟带栓钉波形钢板-混凝土黏结滑移作用，选取弹簧单元，将该单元布置在波形钢板和混凝土界面相对应的节点间，考虑不同方向作用，包括法向、纵向和横向，进行有限元模拟，具体如图7.18所示。其中可以忽略钢板和混凝土之间作用力在法向上的拉力，只有压应力，相当于弹簧刚度很大并且只能承受压力。因此在弹簧单元法向 $F-D$ 曲线上可以看作斜率很大的负方向折线。参照试验确定的带栓钉的黏结滑移本构关系，来确定波形钢板和混凝土间弹簧纵向切向的作用力，即试验 $F-D$ 曲线，并假设横向切向上的作用力与纵向切向相同。这里，定义 D 为试验中的滑移 S；F 为黏结应力 τ 与弹簧单元所对应连接面上的从属面积 A 的乘积，即 $F=\tau(D,x_i)A_i$，从属面积 A 取相邻单元尺寸范围内的一半，即二分法。在定义弹簧中，可根据波形钢板形状按照角部、边界和中间3种情况分别定义。另外，为了研究最终栓钉受力变形情况，本次模拟在栓钉和混凝土之间也建立了弹簧单元。关于栓钉的剪力滑移曲线本构，国内外提出了较多的模型，其中Ollgard提出的模型应用最为广泛[154]。其计算式如下：

$$P = P_u(1 - e^{-ns})^m \tag{7-25}$$

式中：$P_u = 0.43A_s\sqrt{E_c f_c} \leqslant 0.7A_s f_u$，kN；$A_s$ 为栓钉横截面面积，mm²；E_c 为混凝土弹性模量，MPa；f_c 为混凝土轴心抗压强度，MPa；f_u 为栓钉抗拉强度，MPa；根据文献[155]确定 $m=0.989$，$n=1.535$。

最终波形钢板与混凝土确定的黏结滑移关系是考虑减去栓钉处弹簧单元影响后的本构。

7.3.1.4　建立模型与单元网格划分

用ANSYS有限元软件分析黏结滑移的核心，是将黏结滑移本构准确地转变为弹簧单元的 $F-D$ 曲线，在确定波形钢板、混凝土、材料性质和波形钢板-混凝土之间的非线性弹簧所对应的黏结滑移本构关系后，建立考虑波形钢板-混凝土推出试验ANSYS有限元分析模型，建模时需注意波形钢板与混凝土界面之间的网格单元和节点的位置要对应准确。网格尺寸关系到 F 的取值，进而影响计算精度，所以混凝土与钢板网格划分尽量规则。本节建模方法与第6章相同。首先用工作平面将波形钢板、混凝土和钢筋的轮廓切分出来，然后利用布尔运算减去波形钢板，如图7.19(a)、图7.19(b)和图7.19(c)所示。建模时，先建立混凝土，后建立钢筋，两者独立，采用节点耦合法，搜索离钢筋节点最近的混凝土节点，将划分后的两者单元节点绑定，来实现钢筋和混凝土的变形协调。一般混凝土单元尺寸以5cm为宜，而且不应小于实际混凝土的颗粒粒径。本文根据试验实际情况，考虑到试件实际尺寸和构造，避免单元网格畸形，影响收敛，先将与波形钢板横截面相同的边界划分，纵向尺寸定为2 cm，波形钢板单元尺寸跟混凝土要匹配，如图7.19(d)、图7.19(e)和图7.19(f)所示。由于试件只承受竖向荷载，而且法向发生的滑移极小，在定义弹簧法向切向的实常数时，可令法向的刚度系数远大于纵向刚度系数。本文根据实际情况在混凝土底部建立刚性支座，为保持垫块与混凝土单元网格的连续性，设置支座界面尺寸与混凝土试块横截面完全相同，厚度为3 cm，不考虑支座影响，其弹性模量设为钢材的1000倍。试件左右对称，建立1/2模型，对称面对称约束，支座底面完全约束。本文模拟采用力加载方式和力收敛准则的组合方式。

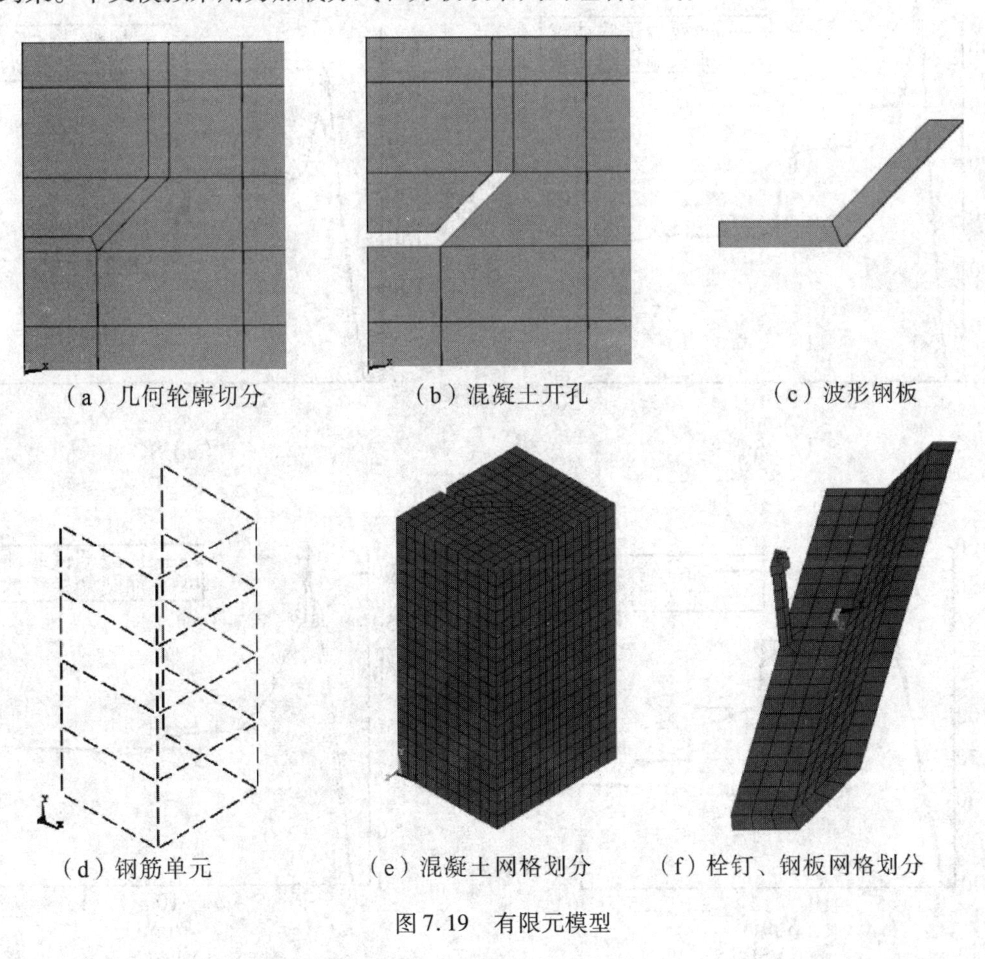

(a) 几何轮廓切分　(b) 混凝土开孔　(c) 波形钢板

(d) 钢筋单元　(e) 混凝土网格划分　(f) 栓钉、钢板网格划分

图7.19　有限元模型

7.3.2 有限元数值模拟结果分析

基于7.2.6节建立的黏结滑本构模型,采取加载端实测特征值共对12个波形钢板混凝土试块进行模拟,其中包括11个带栓钉试件和1个无栓钉的自然黏结试件。

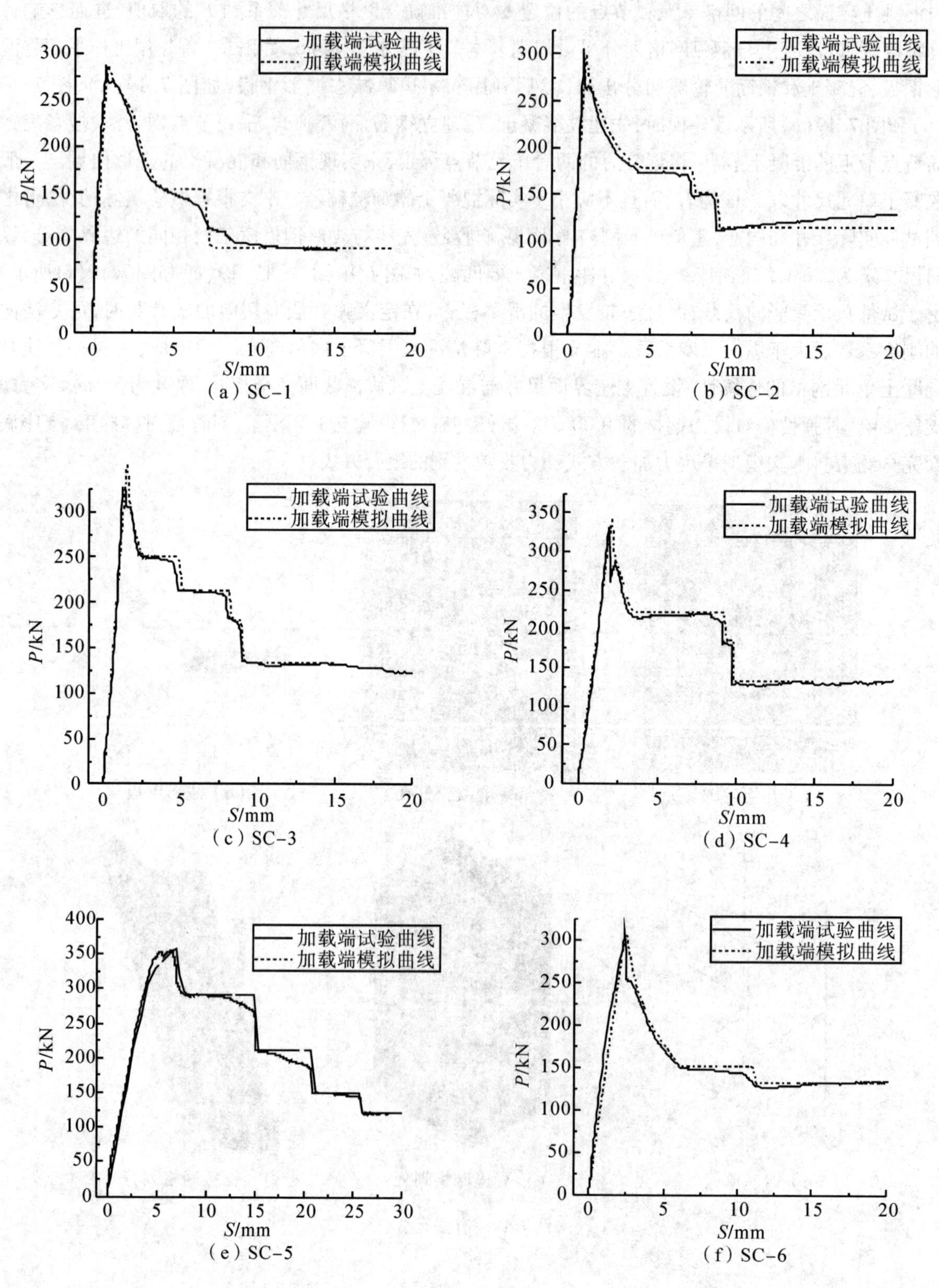

(a) SC-1
(b) SC-2
(c) SC-3
(d) SC-4
(e) SC-5
(f) SC-6

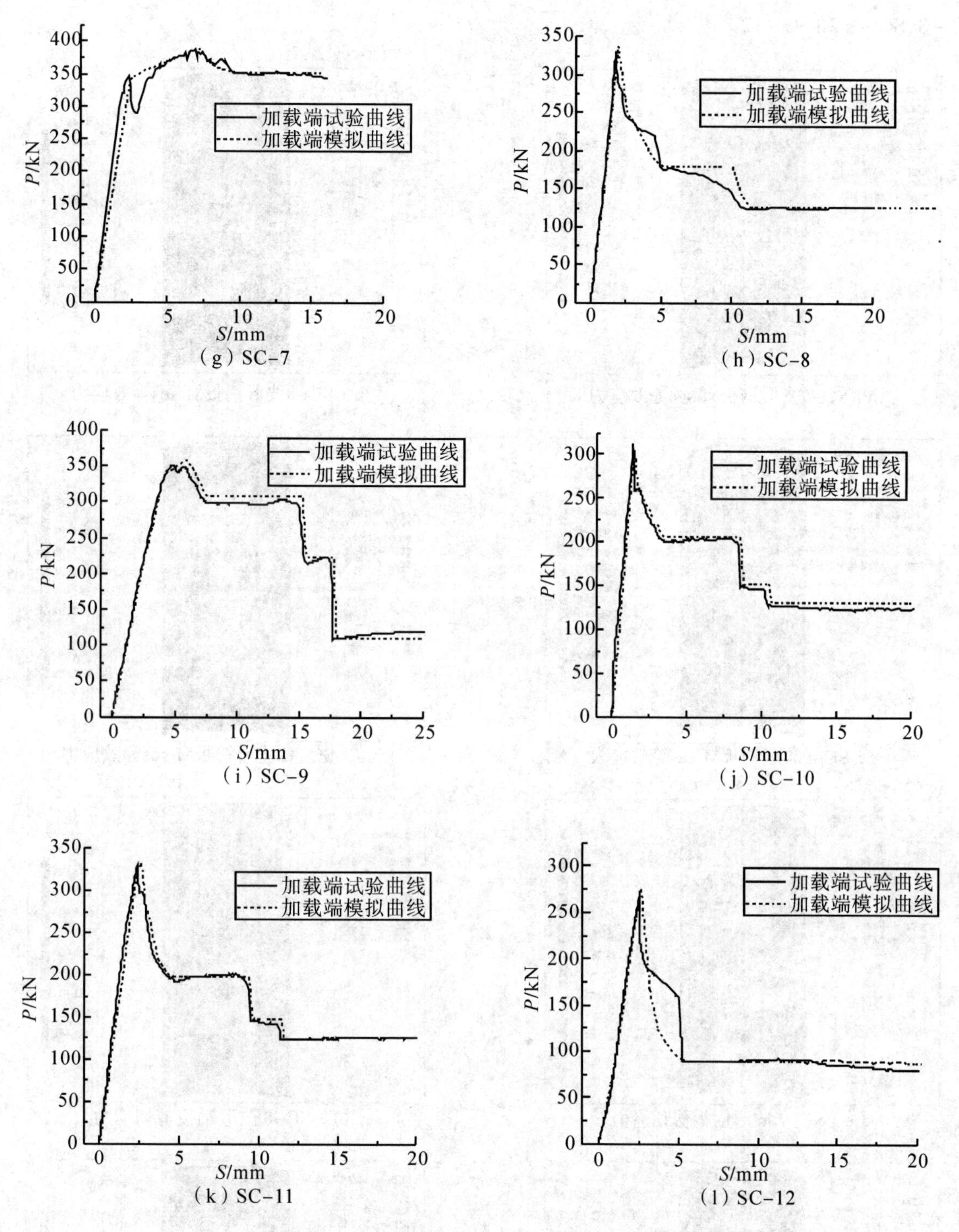

图7.20　荷载滑移曲线试验结果与数值模拟

提取各试件加载端荷载滑移曲线模拟结果，然后与试验结果对比，如图7.20所示。从图7.20中可以看出，加载端模拟试验曲线和试验曲线吻合度较好；同时，从图7.20可以看出，SC-7、SC-8、SC-12等个别试件局部出现一定的误差，这种误差可能是由于栓钉与混凝土相互作用的复杂性以及界面摩擦的不均匀性所致。

(1)波形钢板应力分析

本次依据栓钉个数不同，选取试验峰值荷载较大的几个试件进行应力分析，试件分别为SC-7、

SC－8、SC－9 和 SC－12。

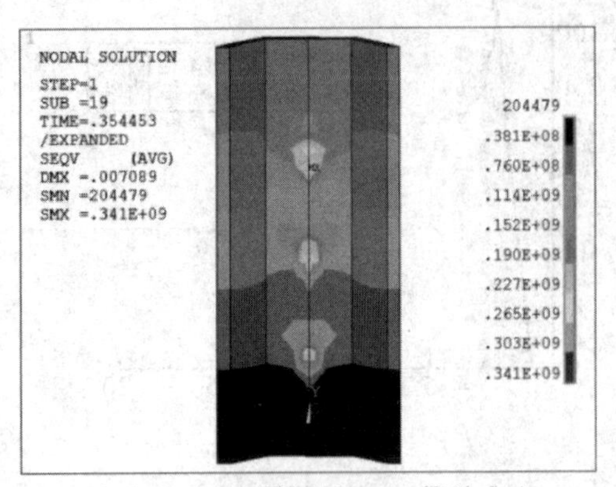

（a）SC-7波形钢板Mises等效应力

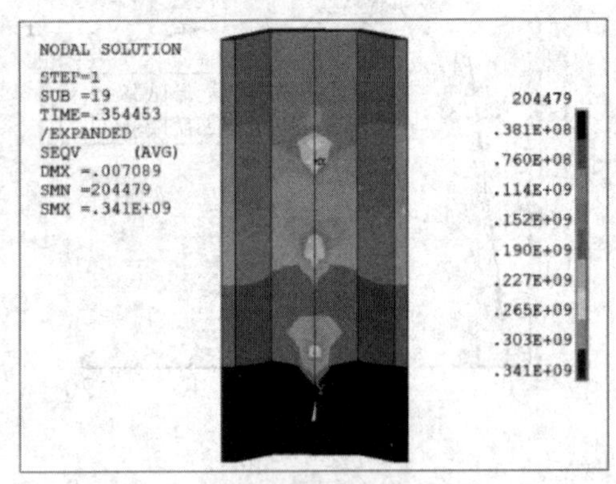

（b）SC-8波形钢板Mises等效应力

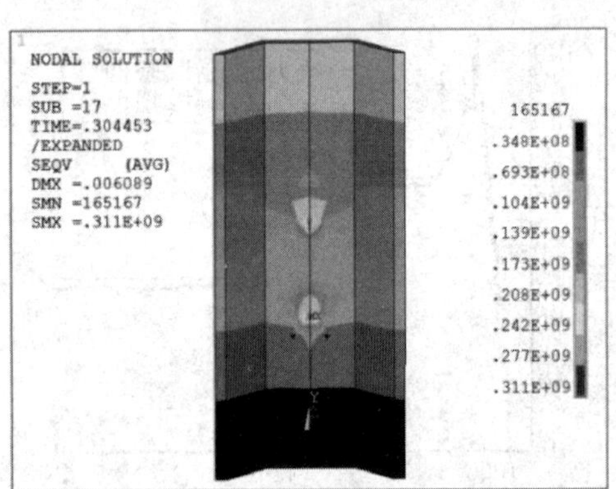

（c）SC-9波形钢板Mises等效应力

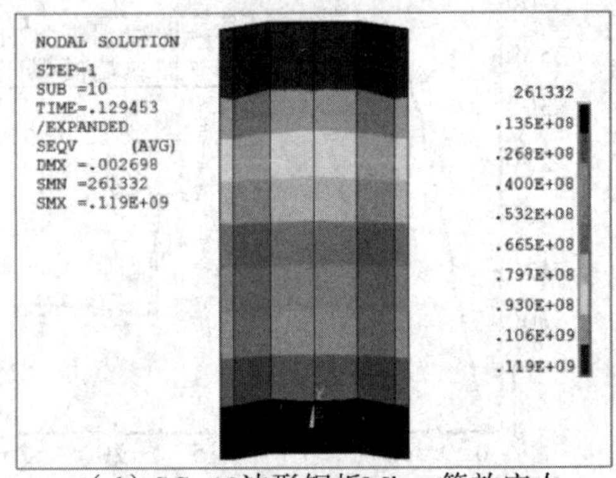

（d）SC-12波形钢板Mises等效应力

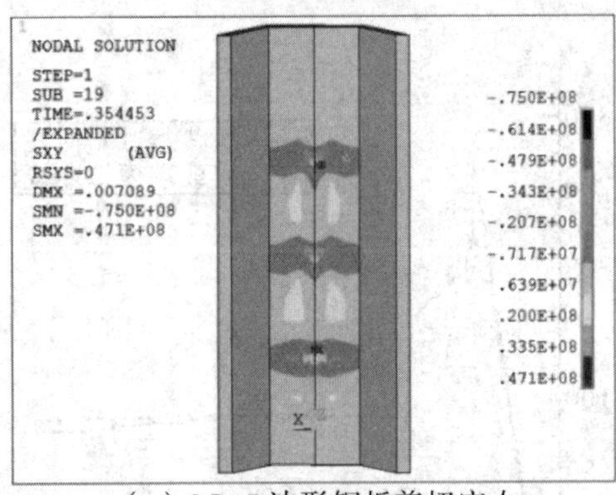

（e）SC-7 波形钢板剪切应力

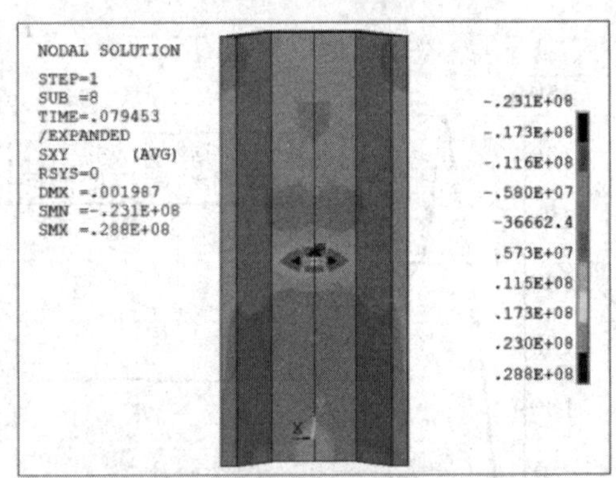

（f）SC-8 波形钢板剪切应力

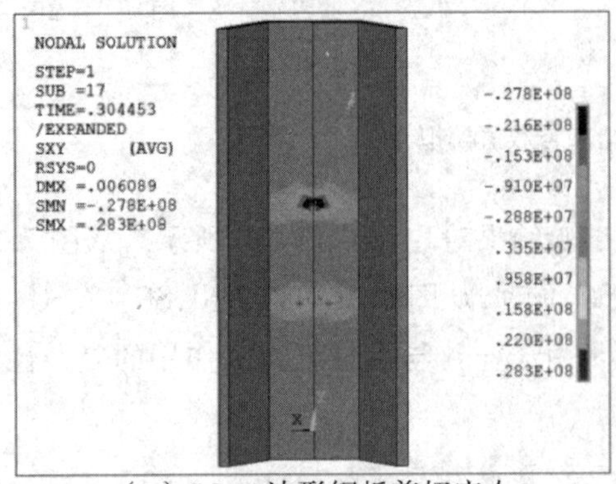

（g）SC-9 波形钢板剪切应力

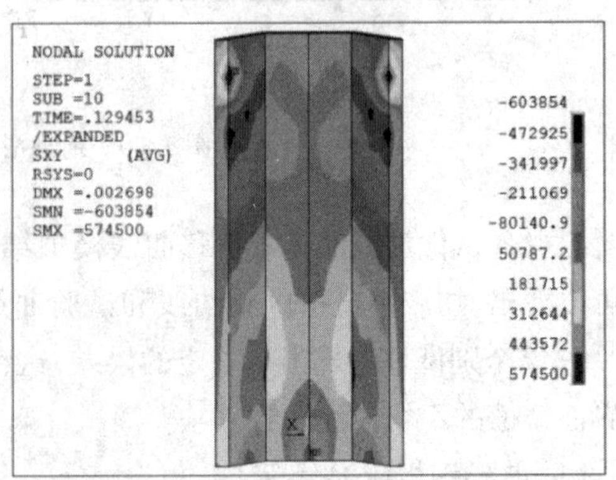

（h）SC-12 波形钢板剪切应力

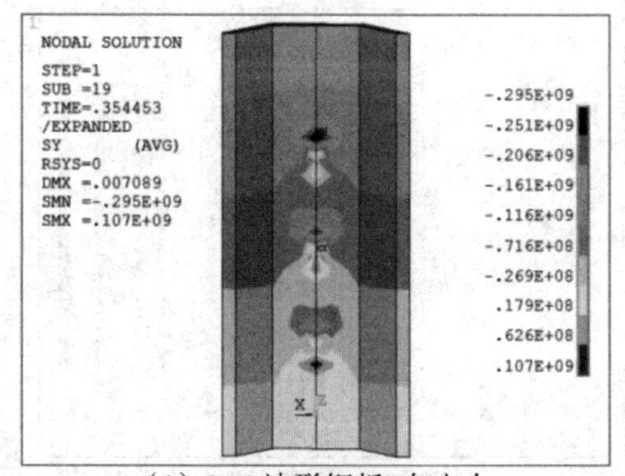

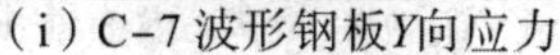
（i）C-7波形钢板Y向应力

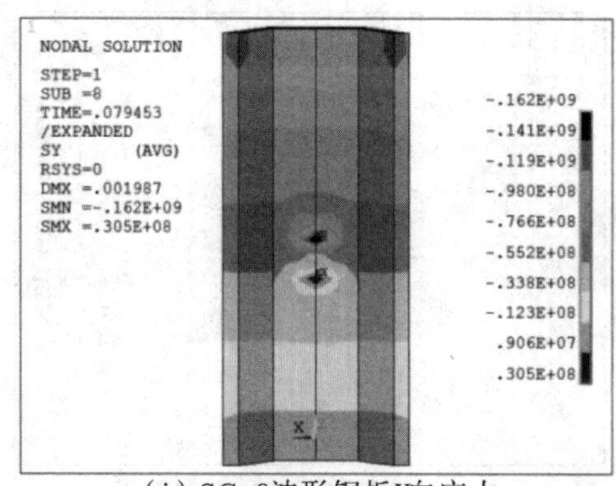

（j）SC-8波形钢板Y向应力

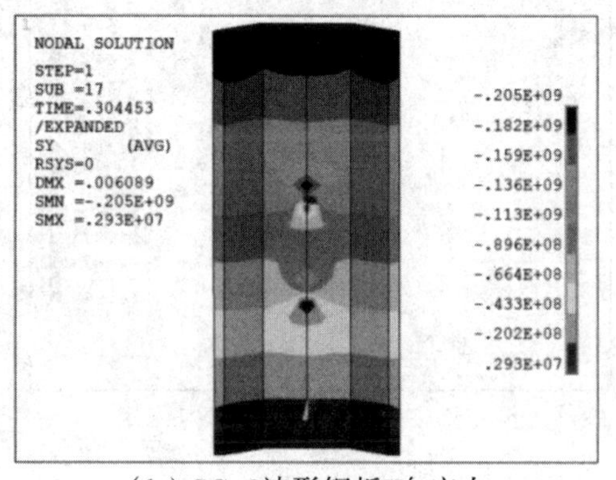

（k）SC-9波形钢板Y向应力

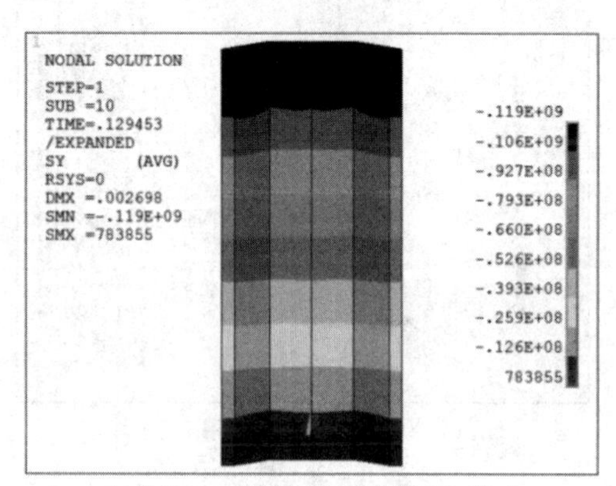

（l）SC-12波形钢板内侧Y向应力

图7.21　波形钢板应力图

图7.21(a)~图7.21(d)为各个试件波形钢板在承受极限荷载下的Mises等效应力云图。通过对比钢板加载端应力可以看出，无栓钉试件SC-12波形钢板加载端应力最小为119MPa，SC-7、SC-8和SC-9波形钢板加载端应力分别为190MPa、129MPa和208MPa，均小于钢板实测屈服强度值。对于无栓钉试件，波形钢板加载端等效应力最大，应力沿着锚固深度的增加而减小。对于带栓钉试件，波形钢板的等效应力沿着锚固深度的增加而减小的同时，由于栓钉的作用，波形钢板波谷局部应力突变。图7.21(e)~图7.21(h)为各试件承受极限荷载时的波形钢板表面剪切应力图，从中发现，波形钢板剪切应力不是均匀分布，不同位置的剪切应力是不同的。ANSYS有限元中应力分量S_{xy}是剪应力在总体坐标系下的XY面内投影，因坐标系变化而变化。S_{xy}的计算与坐标系、3个方向弹簧参数、竖向外荷载和栓钉作用有关，因而S_{xy}不等于波形钢板与混凝土界面间宏观上的剪应力。图7.21(i)~图7.21(l)为各试件承受极限荷载时的波形钢板表面Y向的应力图，从中发现，除栓钉作用造成波谷局部应力变化，波形钢板的Y向应力整体沿着锚固深度的增加而减小，在自由端应力由负变正、过零点，证明自由端存在受拉区，与试验现象吻合。

通过Etable命令将波形钢板与混凝土之间的弹簧单元的内力提取出来，发现波形钢板不同位置的弹簧单元的内力呈一常数，即平均黏结强度。图7.22为弹簧单元内力沿着锚固深度的变化规律，波形钢板加载端和自由端的内力为中部的一半，与弹簧单元实常数分布类别一样。

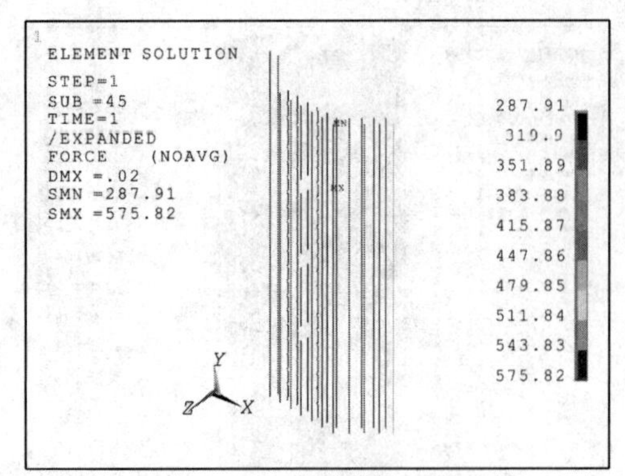

（a）SC-7 弹簧单元内力输出

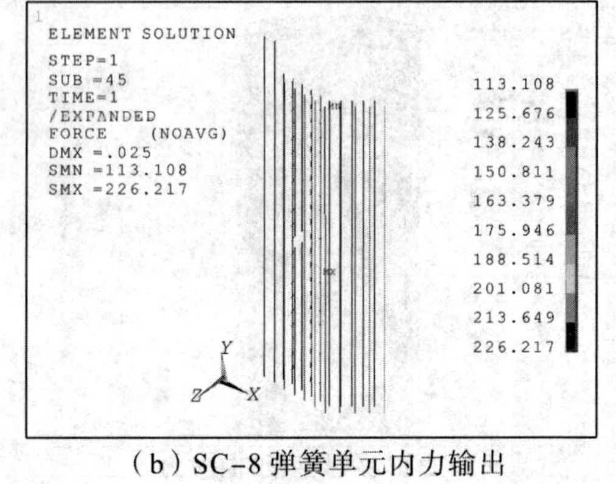

（b）SC-8 弹簧单元内力输出

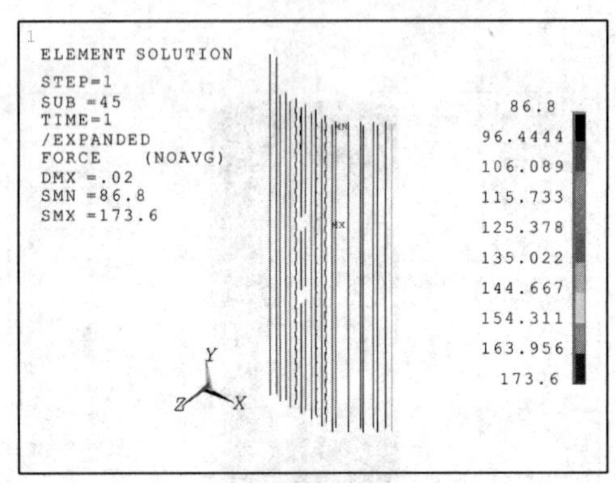

（c）SC-9 弹簧单元内力输出

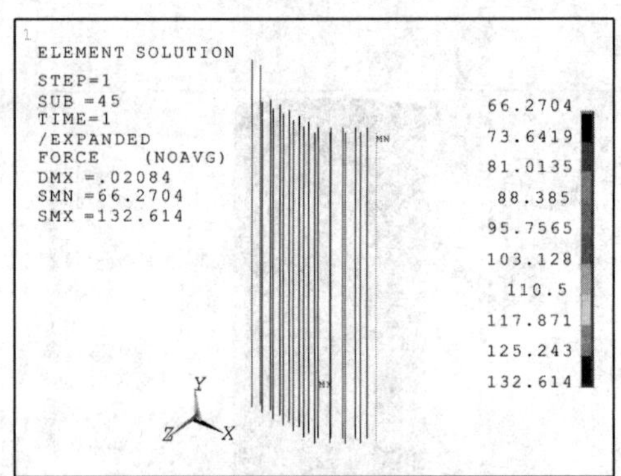

（d）SC-12 弹簧单元内力输出

图 7.22　弹簧单元内力沿锚固深度变化规律

（2）栓钉应力分析

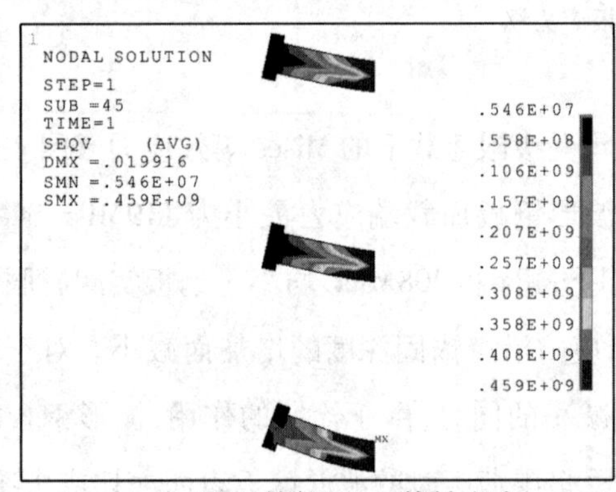

（a）SC-7栓钉Mises等效应力

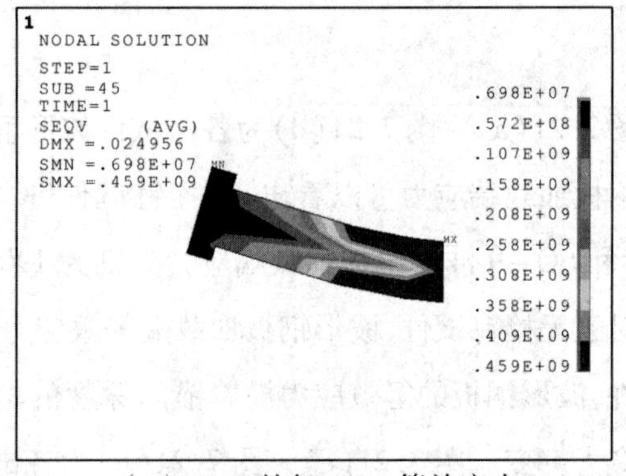

（b）SC-8栓钉Mises等效应力

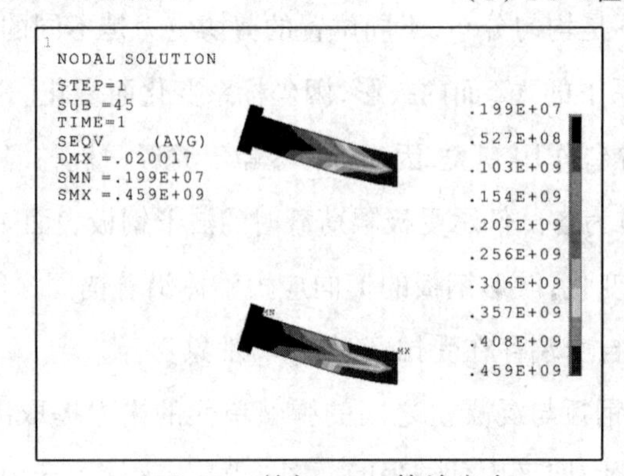

（c）SC-9栓钉Mises等效应力

图 7.23　栓钉等效应力

图7.23为各试件在加载结束时的模拟栓钉Mises等效应力图。从图7.23中可以看出，栓钉根部为全塑性区，长度在1cm以内，应力达到栓钉极限强度，证明栓钉被剪断，栓钉端头应力较小，几乎不受力。图7.24给出了栓钉受力模型，栓钉受力类似于悬臂梁，栓钉根部剪力最大，传递给下部混凝土，栓钉承受弯剪作用力，最后栓钉钉杆有一定的弯曲变形。图7.25为栓钉最后变形图，其模拟破坏形态与实际栓钉破坏形态相似，类似于图7.9。证明在栓钉和混凝土之间建立弹簧单元来模拟栓钉受力变形，具有一定的可行性。

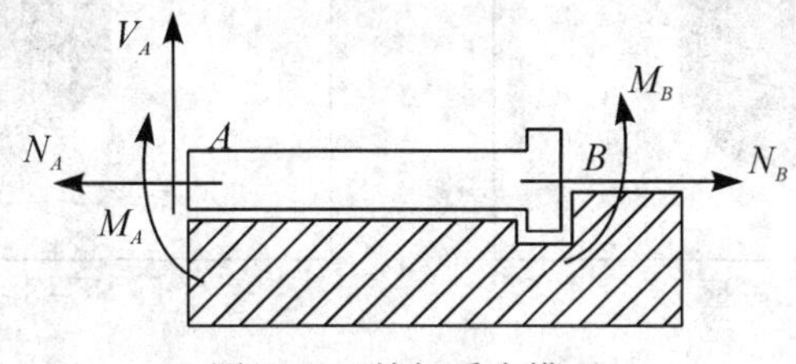

图7.24　栓钉受力模型

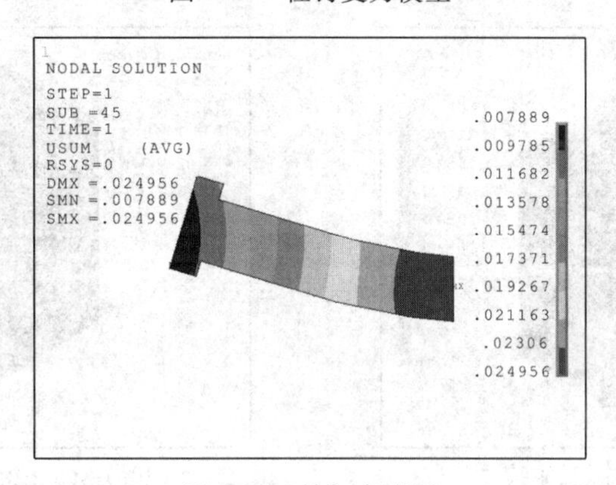

图7.25　栓钉变形图

(3)混凝土应力分析

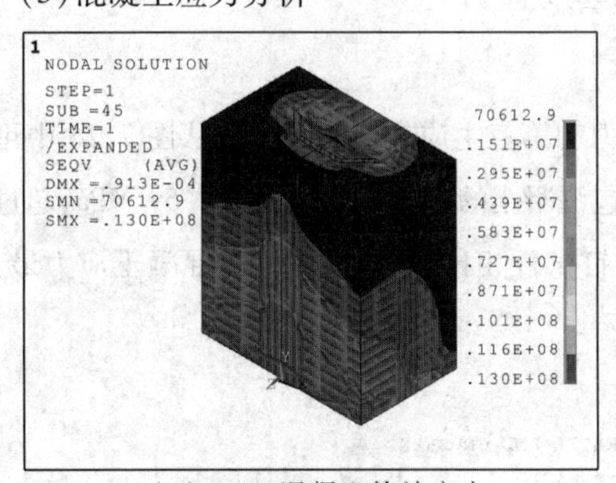

(a) SC-7混凝土等效应力

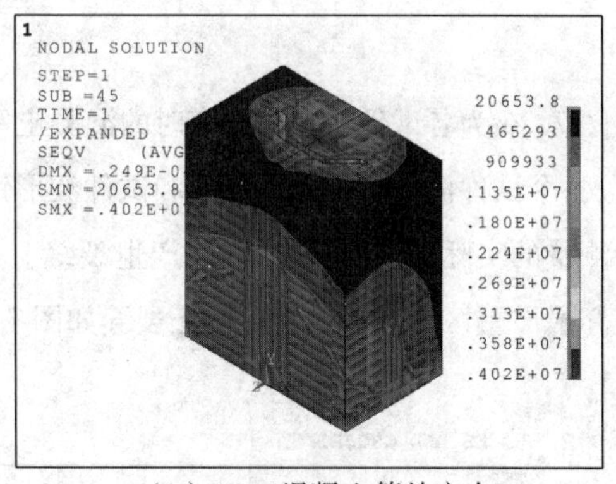

(b) SC-8混凝土等效应力

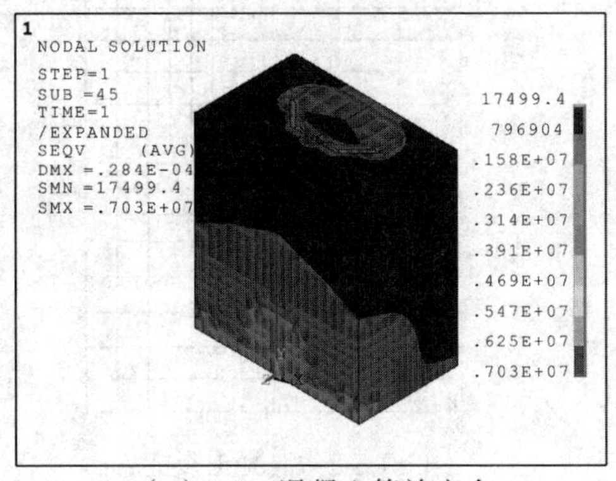

(c) SC-9混凝土等效应力

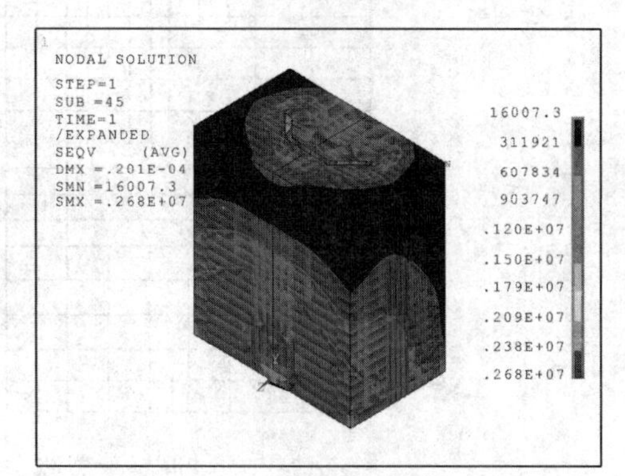

(d) SC-12混凝土等效应力

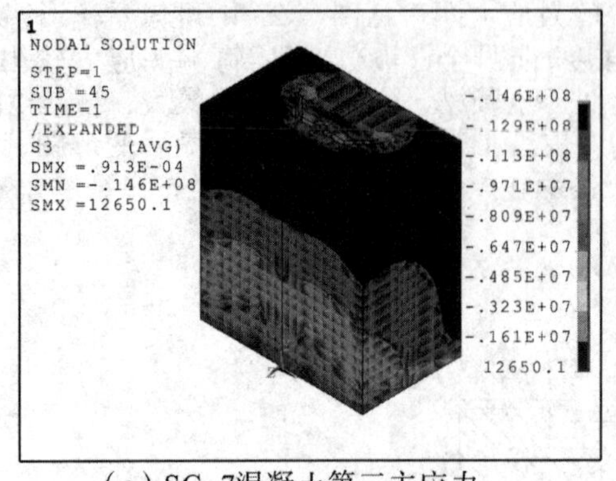

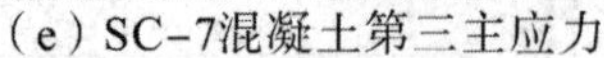
（e）SC-7混凝土第三主应力

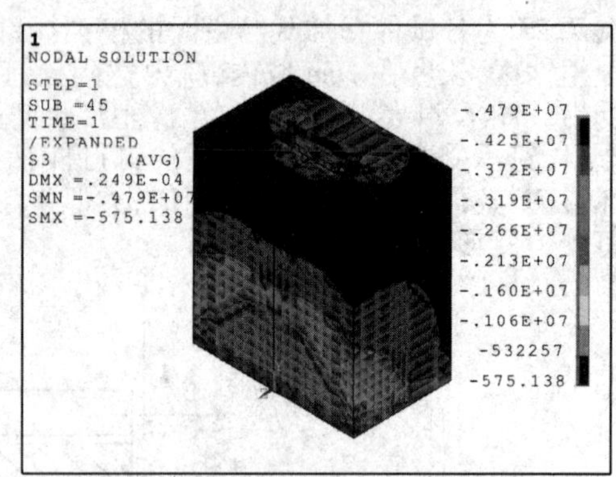

（f）SC-8混凝土第三主应力

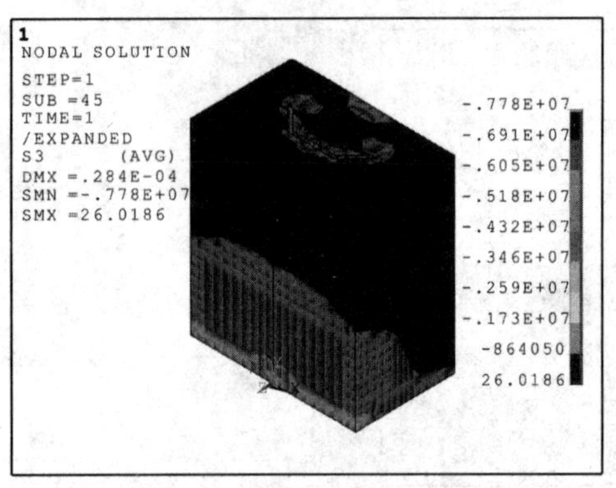

（g）SC-9混凝土第三主应力

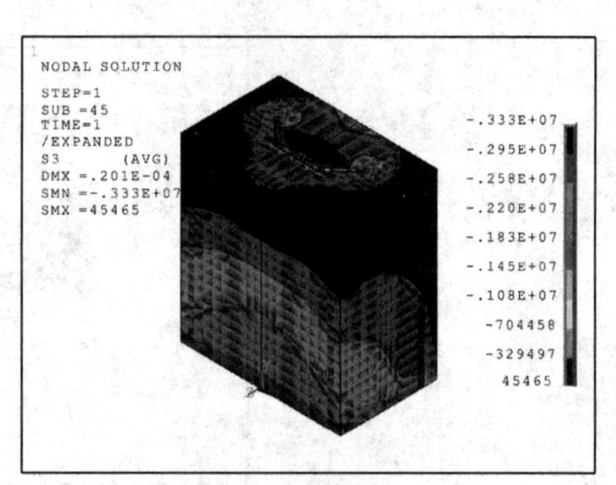

（h）SC-12混凝土第三主应力

图7.26 混凝土应力分析

图7.26为各试件在加载结束时的混凝土等效应力和第三主应力应力云图。从图7.26中可以看出，各个试件波脊尖端处混凝土和试件波形钢板内包混凝土的应力强度均大于2.59 MPa，超过了试验测量的实际极限抗拉强度值，产生裂缝。与无栓钉试件相比，栓钉周围处的混凝土应力最大，为破坏最严重区域。各试件混凝土裂缝如图7.27所示。

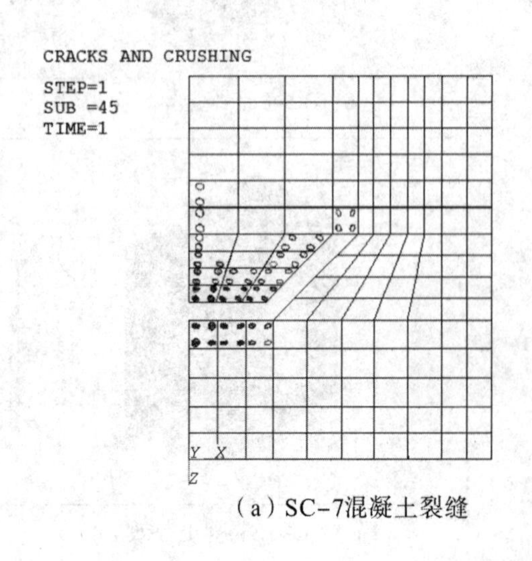

（a）SC-7混凝土裂缝

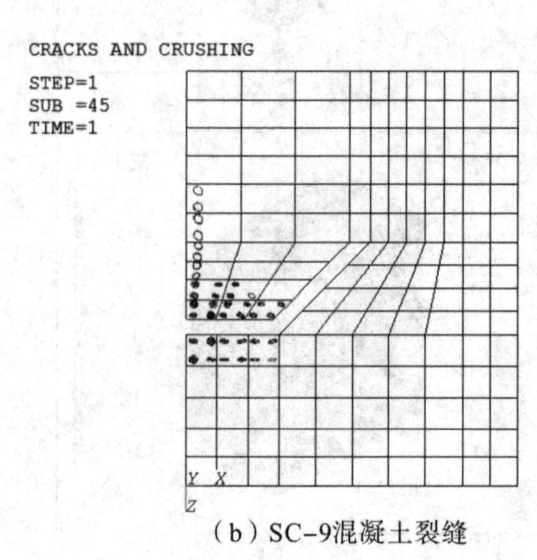

（b）SC-9混凝土裂缝

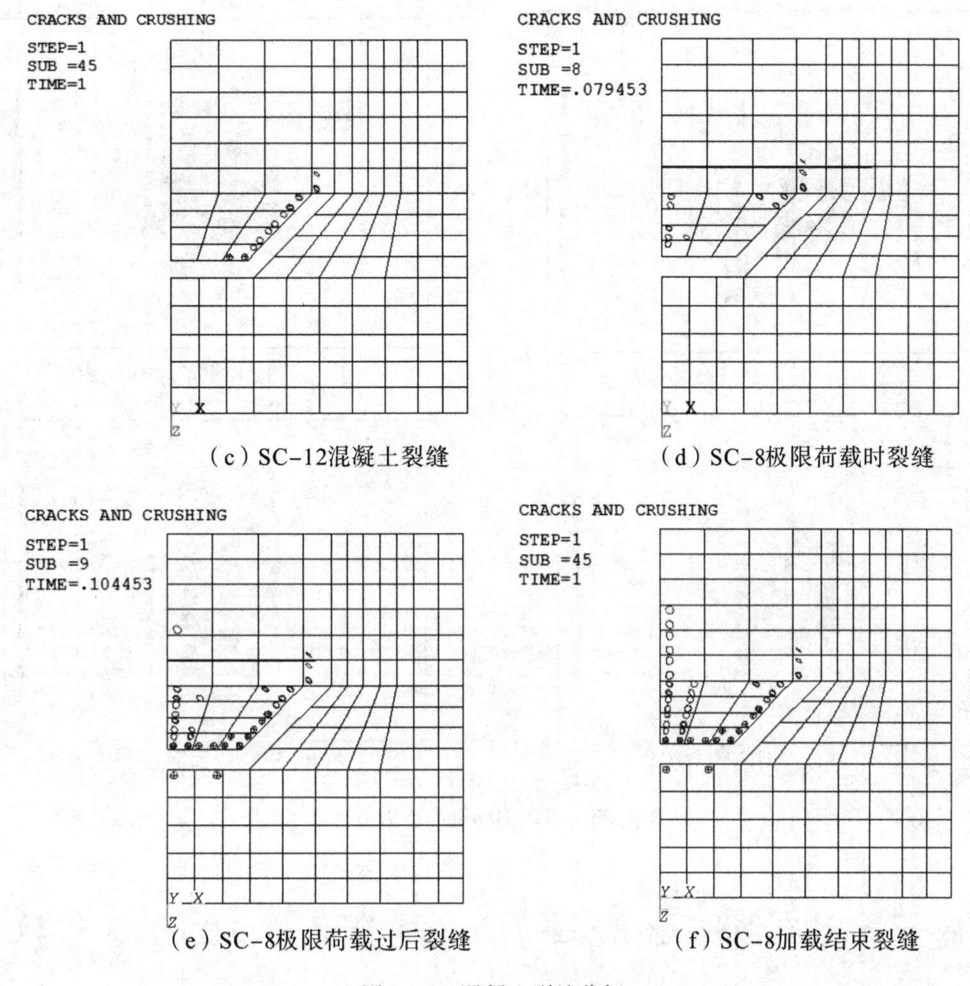

（c）SC-12混凝土裂缝　（d）SC-8极限荷载时裂缝

（e）SC-8极限荷载过后裂缝　（f）SC-8加载结束裂缝

图7.27　混凝土裂缝分析

图7.27为各个试件最终的混凝土裂缝形态图,以及以试件SC-8为例试件的混凝土裂缝发展趋势图。从图7.27中可以看出:对于带栓钉试件,混凝土裂缝集中出现在波谷以内,这主要是由于栓钉作用和钢板尺寸效应的影响。另外,单元网格尺寸也会有一定的影响,由于波谷外侧法向应力作用,在波谷外侧也产生裂缝。对于无栓钉试件SC-12,裂缝最初发生在波脊尖端处,然后顺着波脊向波谷延伸。从图7.27(d)、图7.27(e)和图7.27(f)可以看出,当试件到达极限荷载时,裂缝最先出现在栓钉根部和波形钢板的波脊尖端,峰值荷载过后,裂缝在波谷内侧快速发展,同时波谷外侧也出现裂缝,裂缝出现位置与试验最初裂缝产生位置相似。

但是,试件在波脊尖端或者波谷内外侧出现的裂缝并没有延伸到试件的侧面,最终破坏形态与试验现象不完全相符。主要原因如下:在试验和模拟中发现,是否设置支座和支座形状尺寸均会对试件自由端混凝土应力产生不同影响,考虑到实际工程没有支座,为消除支座会对自由端参数应力集中,本文建模时将下部支座与混凝土试块界面尺寸设置为一样,并且黏结在一起,其弹性模量为钢材的1000倍,即模拟时试件是在理想支座下加载的,实际情况下波形钢板自由端与支座之间有一定的间隙,而模拟时支座限制了裂缝向试件侧面的发展,因此试件侧面最终没有产生混凝土裂缝。

(4)钢筋应力分析

图7.28为各个试件边缘构造钢筋轴向应力图。针对每个试件,只对其分析钢筋轴向应力。从图7.28看出,试件自由端受支座垫块的影响,轴向应力最大为30.6 MPa,远小于屈服强度。

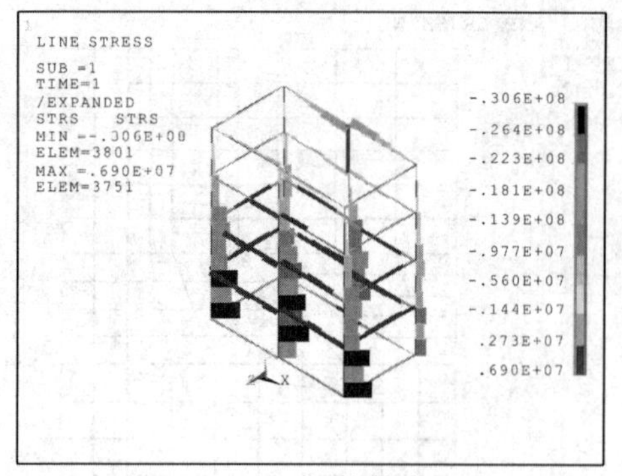

（a）SC-7钢筋轴向应力

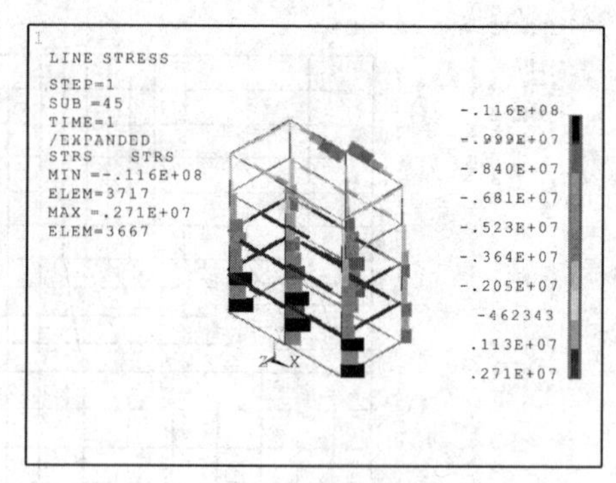

（b）SC-8钢筋轴向应力

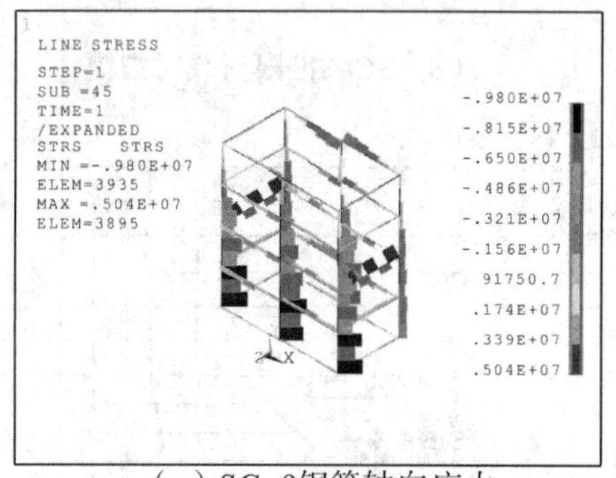

（c）SC-9钢筋轴向应力

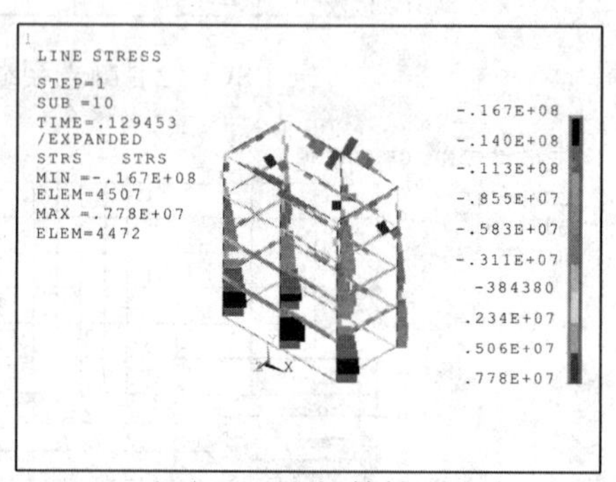

（d）SC-12钢筋轴向应力

图7.28　边缘钢筋轴向应力分析

7.4　带栓钉波形钢板-混凝土剪力传递性能的ABAQUS模拟分析

本节在带栓钉波形钢板混凝土推出试验的基础上，参考已有相关研究成果，为了细致、较为全面地探究带栓钉波形钢板混凝土短柱纵向受力性能，采用大型有限元工程分析软件ABAQUS 6.13对其进行非线性分析。选用合适的单元类型、本构关系及接触单元类型，建立带栓钉组合构件的ABAQUS模型，将非线性分析结果与试验结果进行对比，论证本文有限元分析方法的可行性。结合试验，对其纵向剪力传递性能进行分析，并为波形钢板-混凝土组合剪力墙的ABAQUS数值模拟分析提供仿真技术支撑。

7.4.1　单元的选取

(1)波形钢板与混凝土单元类型

在ABAQUS中提供了完全积分实体单元与减缩积分实体单元，本次模拟波形钢板与混凝土之间纵向剪力传递性能，为了能够较为真实地再现两者间相互受力的真实情况，对波形钢板与混凝土，采用不会发生“剪切自锁”的C3D8R(线性减缩积分)实体单元。因为实体单元可以用来建立任何几何形状、承受任意荷载的模型，按照试验试件真实的几何尺寸进行建模，可以达到更好的分析结果。同时，它对进行位移求解的计算结果较为精确，即使网格存在较大扭曲变形，对分析结果精度也影响不大。

(2)钢筋单元类型

由于钢筋不是主要的研究对象，在混凝土中只是起到加强约束的作用，故选择只能承受拉伸和压缩荷载的两节点三维桁架单元即T3D2。在实际建模操作过程中,通过截面定义钢筋的横截面大小,不定义钢筋与混凝土的黏结作用,采用嵌入的方式完成钢筋骨架的布置。

(3)栓钉单元类型

针对组合结构中栓钉的模拟选择单元类型主要有3种:①实体单元;②SPRING2弹簧单元;③梁单元。

带栓钉型钢混凝土纵向受力性能[156]、钢管混凝土栓钉抗剪性能[157]及栓钉本身受力性能的模拟分析中,都是选择实体单元模拟栓钉,主要是研究栓钉本身或在结构构件中的受力性能。实体单元(Solid Element)模拟结果可以较好地观察栓钉自身的应力云图及变形情况。

当栓钉在研究对象中不是主要部分时,大部分学者都是将其简化成弹簧单元或梁单元进行模拟,由于栓钉连接件的力学性能研究成果已经很成熟,得到了不同参数下栓钉本身的荷载-滑移曲线关系,为利用弹簧单元模拟栓钉提供了理论基础。在组合梁柱、组合剪力墙等结构中利用弹簧单元来布置栓钉能够提高模拟计算的效率和收敛性,计算结果精度也能够达到工程应用的要求。

梁单元模拟栓钉[158]笔者觉得有待商榷,应用梁单元的前提是结构在一个方向上的长度明显大于其他两个方向的长度时并沿着长度方向的应力最重要,即结构横截面的尺寸必须小于轴向尺寸的1/10。栓钉长径比一般都是大于4,但对于普通组合结构构件长径比不会大于10。

故本节笔者采用SPRING2弹簧单元与实体单元分别模拟栓钉的受力过程,对比计算结果精度。

(4)波形钢板与混凝土界面黏结滑移单元

本节采用ABAQUS中弹簧单元SPRING2,作为波形钢板与混凝土界面的黏结滑移单元,来模拟钢板与混凝土界面间的黏结滑移[159]。SPRING2弹簧单元是两节点间弹簧,可以指定其运动的方向,只需根据试验或参考相关文献得到相应的荷载-滑移关系曲线,就可通过修改INP文件赋予弹簧单元模拟黏结运动的特性。

7.4.2 模型本构关系

7.4.2.1 混凝土模型本构关系

本节计算所需的单轴混凝土抗压强度及抗拉强度代表值,均根据本次试验混凝土试块标准抗压试验平均值结合相关公式换算得到。笔者采用ABAQUS提供的塑性损伤模型,来模拟混凝土的受力性能。模型中受压应力-应变关系及受压损伤因子,是根据《混凝土结构设计规范》(GB50010-2010)中附录C相关公式进行计算。本节模拟所有混凝土受压应力-应变曲线计算公式如下:

$$y=\begin{cases} a_a x+(3-2a_a)x^2+(a_a-2)x^3 & x\leqslant 1 \\ \dfrac{x}{a_a(x-1)^2+x} & x>1 \end{cases} \tag{7-26}$$

式中:$x=\dfrac{\varepsilon}{\varepsilon_c}$,$y=\dfrac{\sigma}{f_c}$,$\varepsilon_c=(700+172\sqrt{f_c})\times 10^{-6}$;

f_c——混凝土单轴抗压强度代表值,MPa;

a_a——单轴受压应力-应变曲线上升段参数值;

a_d——单轴受压应力-应变曲线下降段参数值。

ABAQUS中提供了受拉应力-应变、应力-位移及应力-断裂能3种混凝土受拉本构关系,普遍有限元分析都采用受拉应力-应变本构关系曲线。本文采用受拉应力-应变模拟混凝土开裂会带来计算收敛性问题,故采用输入混凝土断裂能的方式,定义了如图7.29所示的受拉软化本构模型。笔者根据 CEB－FIP Model Code[160]中提供的公式计算所需输入的混凝土断裂能，表达式见式(7－27)。

$$G_f^I = 0.03 \times (f_c/10)^{0.7} \tag{7-27}$$

式中：f_c 为混凝土抗压强度代表值，MPa。

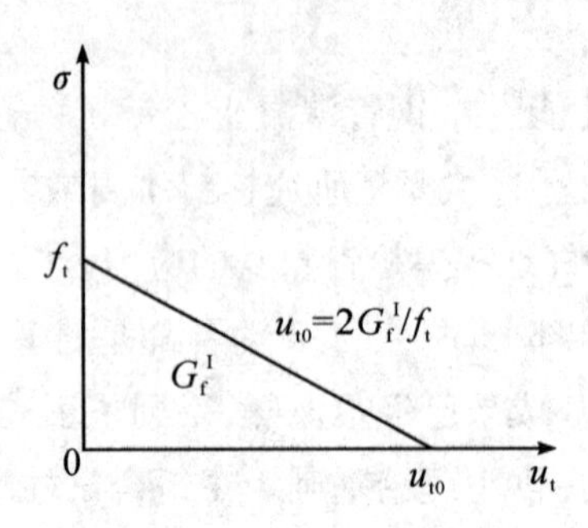

图 7.29　混凝土受拉软化本构

7.4.2.2　钢材模型本构关系

在 ABAQUS 中，Property 模块通过对截面赋予材料属性，来定义部件的本构特性。钢材的本构关系曲线主要有如图 7.30 所示的 3 种本构模型：①弹塑性模型；②弹性－线性强化模型；③弹－塑性强化模型。弹－塑性强化模型能够较为真实地反映钢材的屈服、强化和塑性变形，但模型较为复杂。

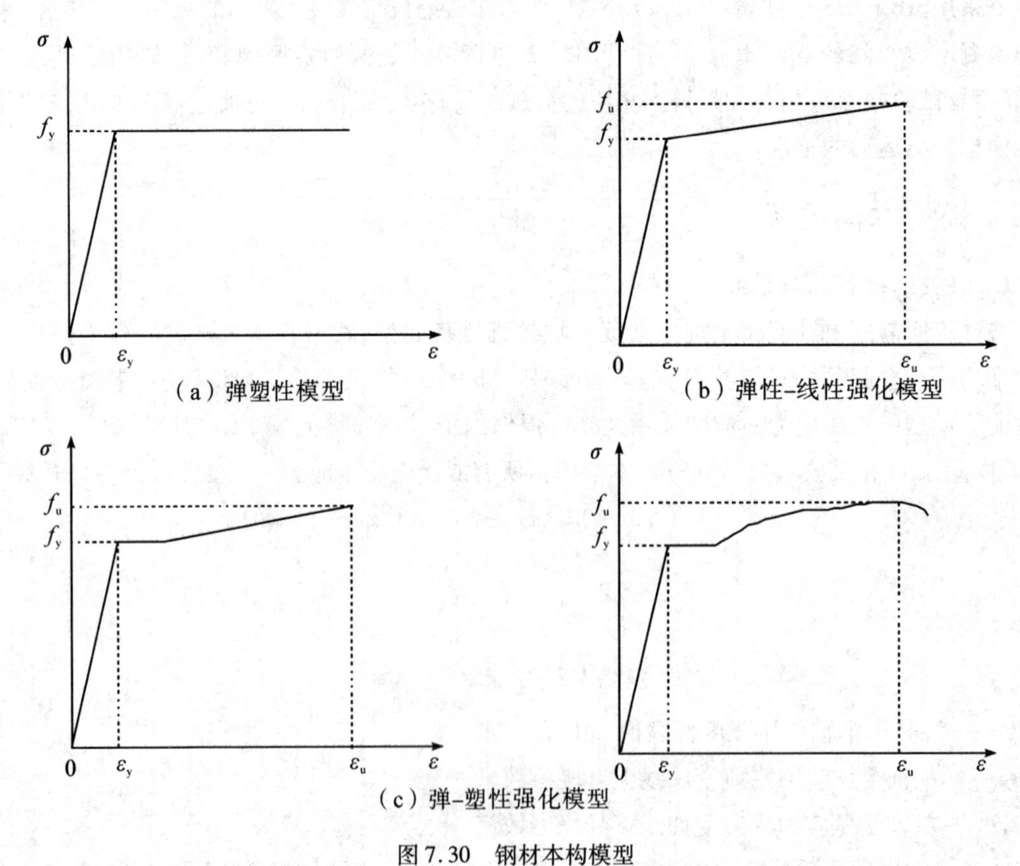

图 7.30　钢材本构模型

(1)钢板与栓钉的本构关系

论文中钢板与栓钉的本构模型采用如图 7.30(b)所示弹性－线性强化模型，该模型有利于提高计算模型的收敛性，其本构关系表达式与式(7-24)一致，钢板与栓钉的力学性能参数根据材性试验结果取值，具体输入值与7.3.2节一致。

(2)钢筋的本构关系

论文中钢筋的本构模型采用图3.2(a)弹塑性模型，钢筋的主要性能参数根据单轴拉伸试验结果取值，其中弹性模量取2.06×10^{11}Pa，泊松比v取0.3，质量密度取7.80×10^{3}kg/m^{3}。

7.4.3　试件有限元模型的建立

7.4.3.1　界面黏结滑移单元在ABAQUS中实现

在钢-混凝土组合结构有限元分析中，考虑钢板与混凝土间界面黏结力的作用一直是个难点。就目前研究成果来说，型钢与混凝土界面间的黏结滑移规律研究最为成熟，可为波形钢板与混凝土界面黏结滑移ABAQUS有限元分析提供参考。为实现界面黏结滑移的非线性分析，应在波形钢板与混凝土界面相对应单元节点(一一对应的单元节点)处布置界面法向及纵向、横向切向3个方向的弹簧单元，在ABAQUS中提供了可以指定方向运动并赋予刚度的SPRING2弹簧单元。若赋予其非线性运动特征，在INP文件进行修改定义即可。界面黏结滑移单元如图7.31所示。

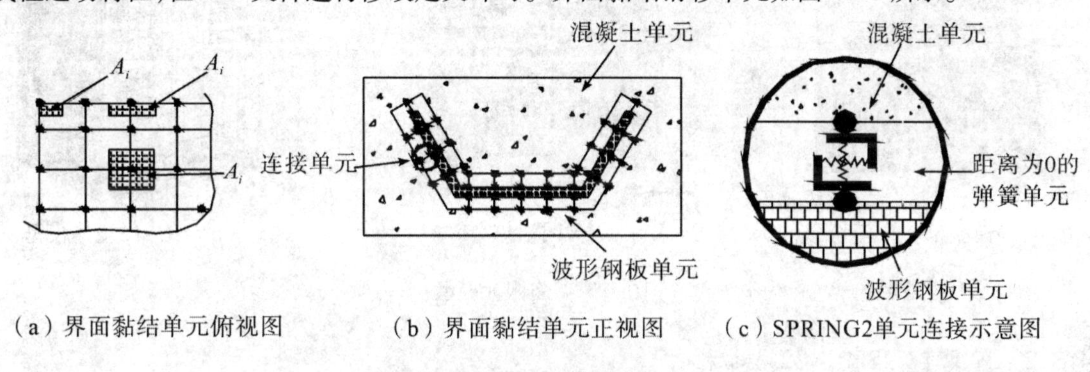

(a)界面黏结单元俯视图　(b)界面黏结单元正视图　(c)SPRING2单元连接示意图

图7.31　界面黏结滑移单元

下面以SC-12试件为例进行介绍，钢板与混凝土在界面法向上根据实际受力情况可不考虑法向拉力，而只考虑压力，法向弹簧可以简化设置成刚度很大的线性弹簧。而纵向与横向切向这2个方向，可根据推出试验得到的$P-S$曲线进行定义，利用公式$P=\tau(S,x_i)A_i$计算弹簧单元的非线性本构关系，并采用二分法计算弹簧单元的从属面积A_i，将波形钢板混凝土界面弹簧单元按照角部、中部及边界进行定义。SC-12的$\tau(S,x_i)$根据试验荷载-滑移曲线中$P/A_{钢板}$求得，试件SC-12的$\tau-S$关系如图7.32所示。

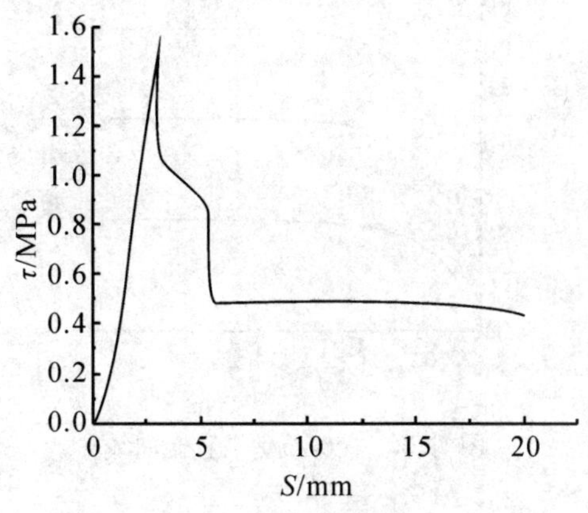

图7.32　SC-12黏结应力本构关系

由于弹簧单元本构关系曲线中 P 与单元从属接触面积有关，对计算分析精度有直接影响，故波形钢板与混凝土部件网格应尽可能地采用结构化网格划分，即在钢板与混凝土部件边线上布置种子。试件具有对称性，本文统一选择试件一半尺寸大小进行建模，并对混凝土与波形钢板进行几何切分，便于在 mesh 中进行网格划分，如图 7.33(a)所示。将混凝土与波形钢板部件沿截面布置种子划分网格如图 7.33(b)所示，混凝土纵向单元尺寸为 1.25 cm，一共划分为 32 段，波形钢板埋入部分与混凝土单元尺寸相同，最终试件 SC-12 整体模型如图 7.33(c)所示。结合网格划分，在界面沿纵向布置 $17 \times 12 = 204$ 个弹簧单元，根据从属面积的不同一共分为 9 种，通过修改 INP 文件，完成对弹簧单元非线性本构关系的定义。

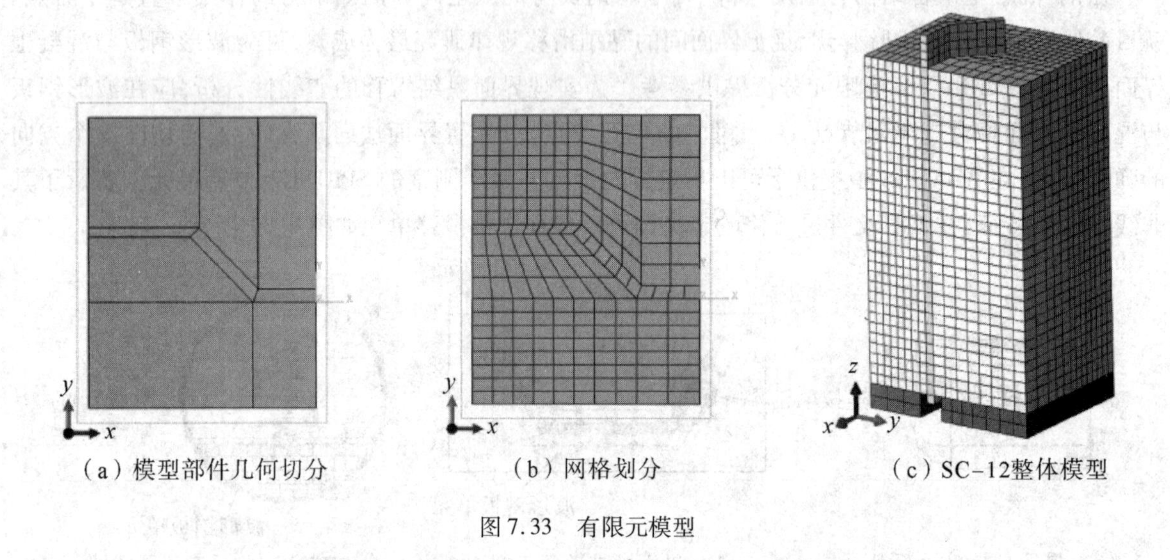

（a）模型部件几何切分　（b）网格划分　（c）SC-12整体模型

图 7.33　有限元模型

7.4.3.2　弹簧单元 SPRING2 模拟栓钉

采用单元 SPRING2 来模拟栓钉，建模简单方便，只需要在钢板布置栓钉位置处设置 3 个方向的弹簧单元即可，具体做法与在界面添加黏结滑移单元类似。栓钉的轴向截面 2 个方向通过定义栓钉本身的剪切滑移曲线关系(即 X、Z 方向)来考虑栓钉的剪切变形，栓钉轴向(即 Y 方向)通过定义线性弹簧并赋予栓钉本身的抗拉刚度来模拟栓钉的抗拔。

本次模拟栓钉荷载滑移-曲线本构与 7.3 节相同，并根据材性试验结果，求得本次试验所用栓钉荷载-滑移曲线关系，如图 7.34 所示。

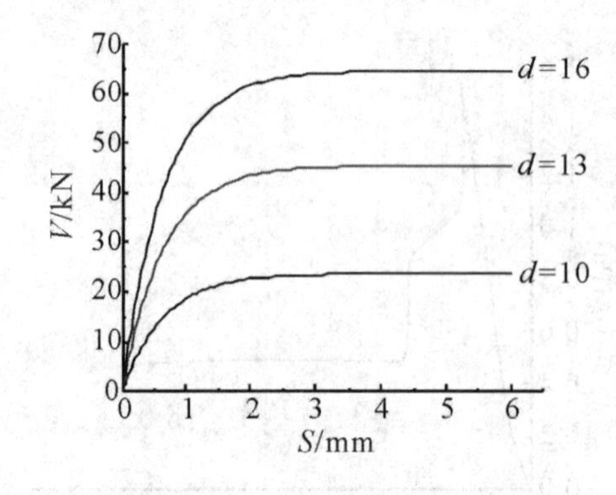

图 7.34　栓钉抗剪滑移全曲线

由于栓钉在实际结构当中滑移量是有限的，故根据学者赵洁[161]在钢板-混凝土组合梁非线性有限分析采用的栓钉断裂破坏准则进行定义，得到如图7.35所示本次模拟所需的栓钉本构模型。相关公式如下：

$$S_f/d = 0.45 - 0.0021f_c \tag{7-28}$$

$$S_u/d = 0.41 - 0.0030f_c \tag{7-29}$$

式中：S_f 为栓钉的极限滑移值，mm；S_u 为栓钉抗剪承载力达到峰值时的滑移量，mm；d 为栓钉直径，mm。

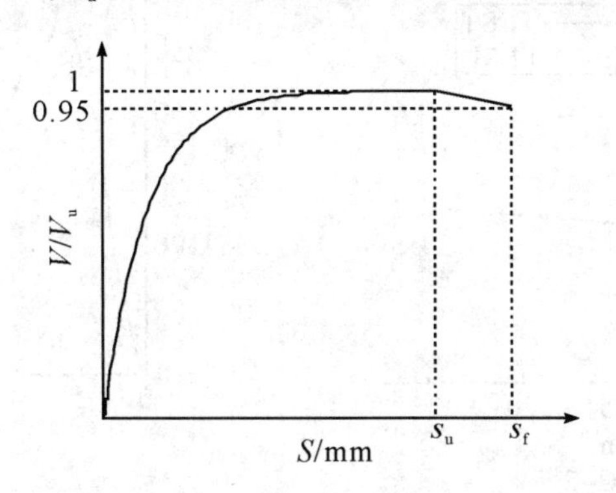

图7.35　本文栓钉本构模型

7.4.3.3　实体单元模拟栓钉

采用C3D8R实体单元模拟栓钉时，栓钉与钢板在1个部件中创建，这样有利于防止栓钉与钢板采用TIE连接导致应力不连续情况的发生。创建模型如图7.36所示。考虑栓钉在混凝土中的实际受力情况，并参考文献[162]对栓钉与混凝土3种接触方式模拟分析结果，定义栓钉与混凝土之间的接触时，栓钉下半部分及柱头与混凝土采用TIE连接。上半部分与混凝土采用面面接触，即法向“硬接触”、切向定义摩擦系数，这样有利于提高模型的收敛性。

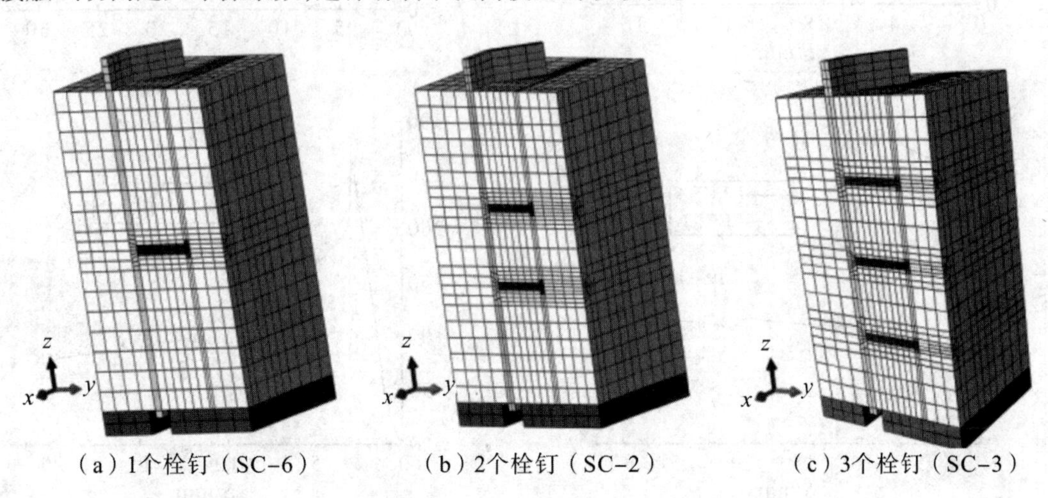

（a）1个栓钉（SC-6）　（b）2个栓钉（SC-2）　（c）3个栓钉（SC-3）

图7.36　带栓钉试件有限元模型

7.4.3.4　模型边界条件及荷载施加

在混凝土底部建有刚性垫块，与混凝土TIE连接，垫块只定义弹性参数不定义塑性特性。设置试件模型的边界条件，在模型对称面施加对称约束即XYSMM。为接近试验的真实加载情况，选择在波形钢板加载端施加轴向位移荷载，即对钢板加载面上的所有节点施加沿 Z 轴负方向的位移荷载。

7.4.4 有限元分析结果与试验对比分析

7.4.4.1 考虑界面黏结作用模拟结果

(1)荷载-滑移曲线的对比

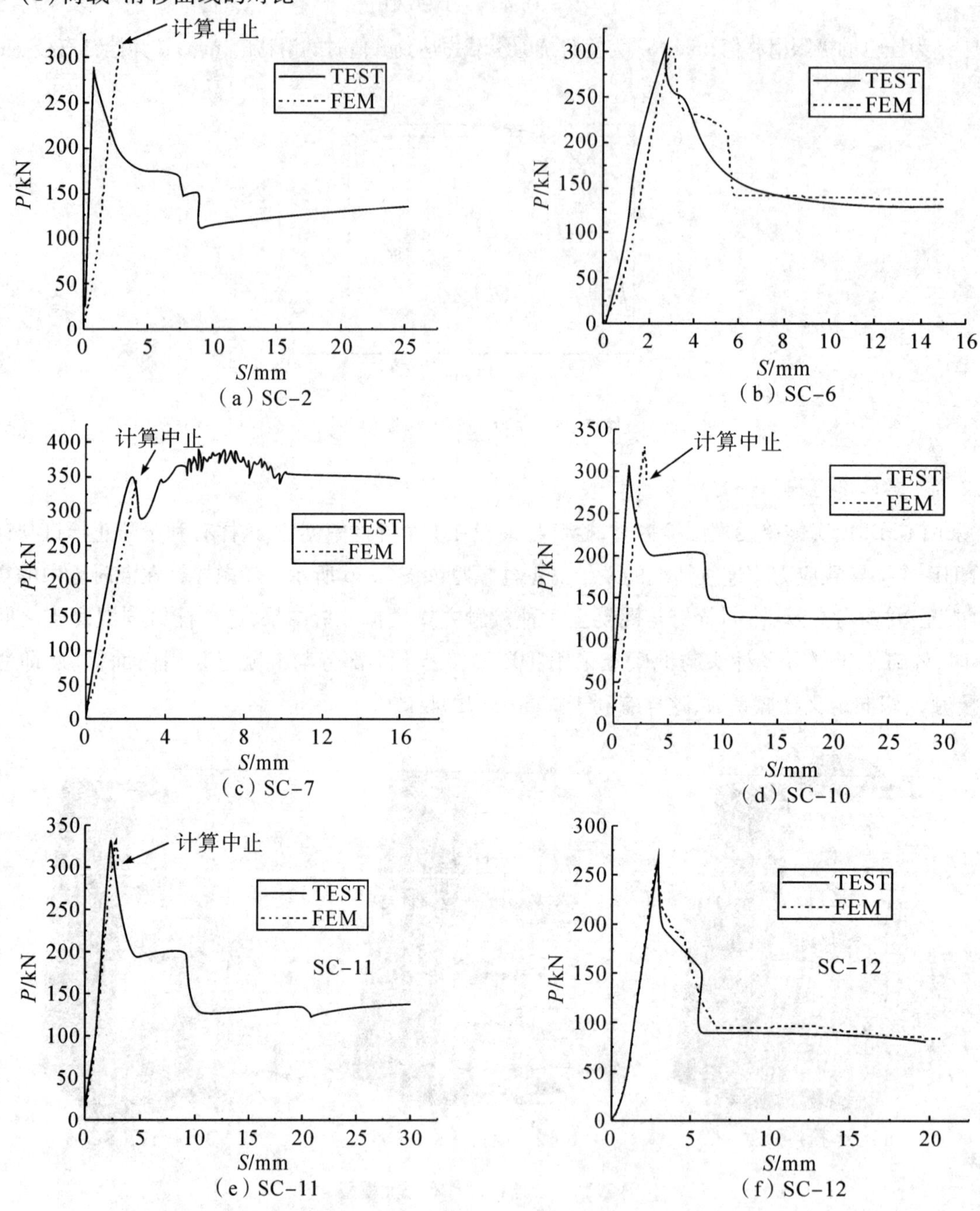

图 7.37 试验与有限元荷载 - 加载端滑移曲线对比

为了能够更真实、准确地模拟试件整体的纵向抗剪承载力,选择钢板为 10mm 厚系列的 SC - 2、SC - 6、SC - 7、SC - 10、SC - 11、SC - 12 试件进行有限元模拟,界面黏结滑移本构关系采用试件 SC - 12试验所得的荷载 - 滑移数据求得(即图 7.32 所示),并采用上一小节中提到的 SPRING2 弹簧单元模拟栓钉,推出试件试验与有限元模拟的荷载 - 加载端滑移曲线如图 7.37 所示。横坐标为试件加载端的位移,纵坐标为纵向抗剪承载力荷载值,试验数据整理得到的曲线为 TEST 曲线,

ABAQUS 计算得到的曲线为 FEM 曲线。

由于界面黏结本构曲线与栓钉本构曲线都存在较陡的荷载下降段,导致 ABAQUS 计算收敛困难,使得 SC－2、SC－7、SC－10、SC－11 存在计算中断点。因此,当波形钢板加载端滑移达到一定位移值时,计算中止,此时可以认为栓钉被剪断了。试件纵向抗剪承载力试验值与有限元计算值对比整理如表 7.6 所示。

表 7.6　抗剪承载力试验结果与有限元对比

试件编号	SC－2	SC－6	SC－7	SC－10	SC－11	SC－12
$P_{u,T}$ /kN	305.4	306.8	387.3	312.3	330.7	273.8
$P_{u,FEM}$ /kN	312.7	304.4	350.0	329.5	332.4	261.2
$P_{u,FEM}/P_{u,T}$	1.02	0.99	0.90	1.06	1.00	0.95

从图 7.37 与表 7.6 可以看出,有限元模拟曲线与试验曲线基本相似,不带栓钉试件 SC－12 的模拟曲线吻合度较高,带栓钉试件的模拟曲线初始刚度小于试验值。这是由于利用弹簧单元模拟具有一定体积的栓钉导致初始刚度略小,模拟所得纵向抗剪峰值荷载与试验值误差在 10%。

(2)应力应变分析

图 7.38 中钢板应力应变均是当试件承受峰值荷载时的模拟计算值,着重分别给出了试件(SC－2、SC－6、SC－11、SC－12)的 Mises 等效应力云图,Z 方向应力、应变即沿钢板纵向的应力应变。从图 7.38 中等效应力云图及 Z 方向应力最大值可以发现,当试件荷载达到峰值时,试件波形钢板的应力均远小于 10 mm 厚钢板的屈服应力 234.4 MPa;波形钢板的 Mises 等效应力、Z 方向应力及应变在加载端最大,沿着钢板锚固深度的增大而减小,同时发现试件无论是否布置有栓钉,钢板自由端应变存在过零点现象即存在受拉区,但应变数值很小;观察试件 Z 方向的应力值同样在自由端发现出现正应力值,证实了自由端由于钢板与混凝土的界面黏结作用出现受拉区。从整体应力应变分析来说,基本规律与试验所得规律基本吻合。

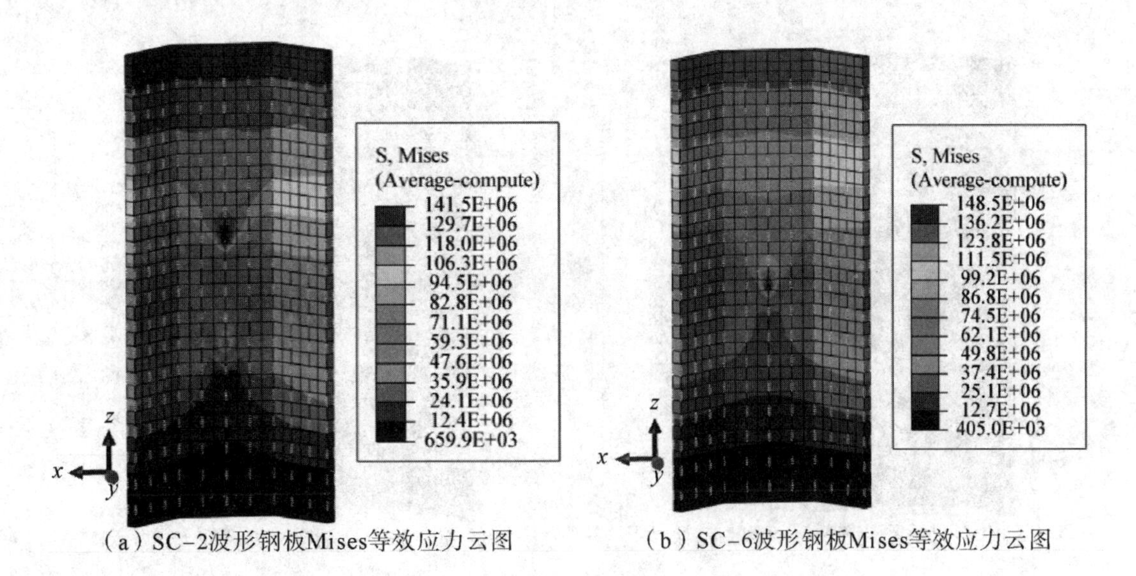

(a) SC-2波形钢板Mises等效应力云图　　(b) SC-6波形钢板Mises等效应力云图

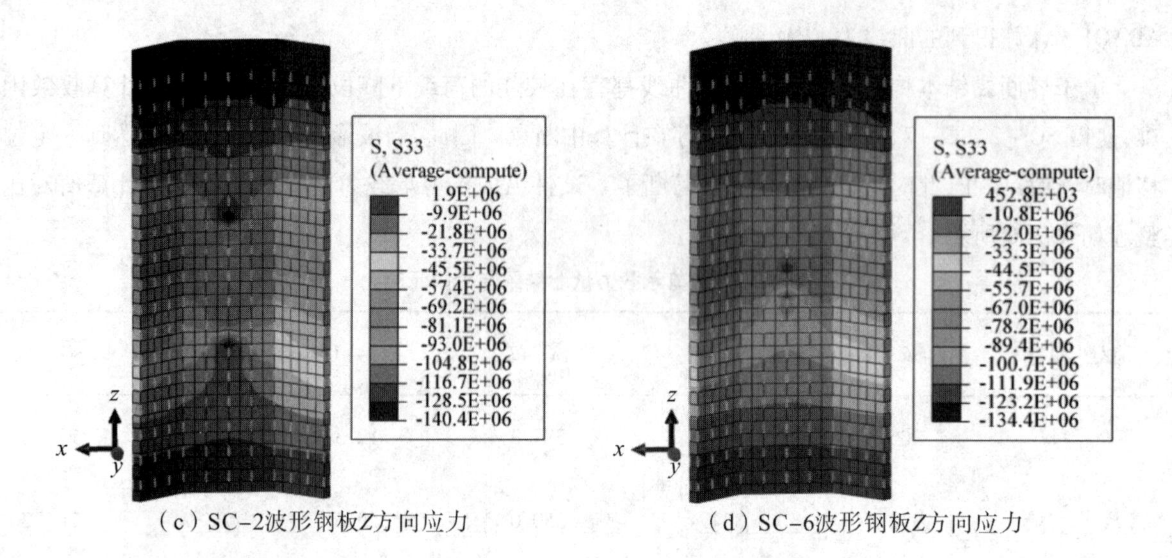

（c）SC-2波形钢板Z方向应力　　（d）SC-6波形钢板Z方向应力

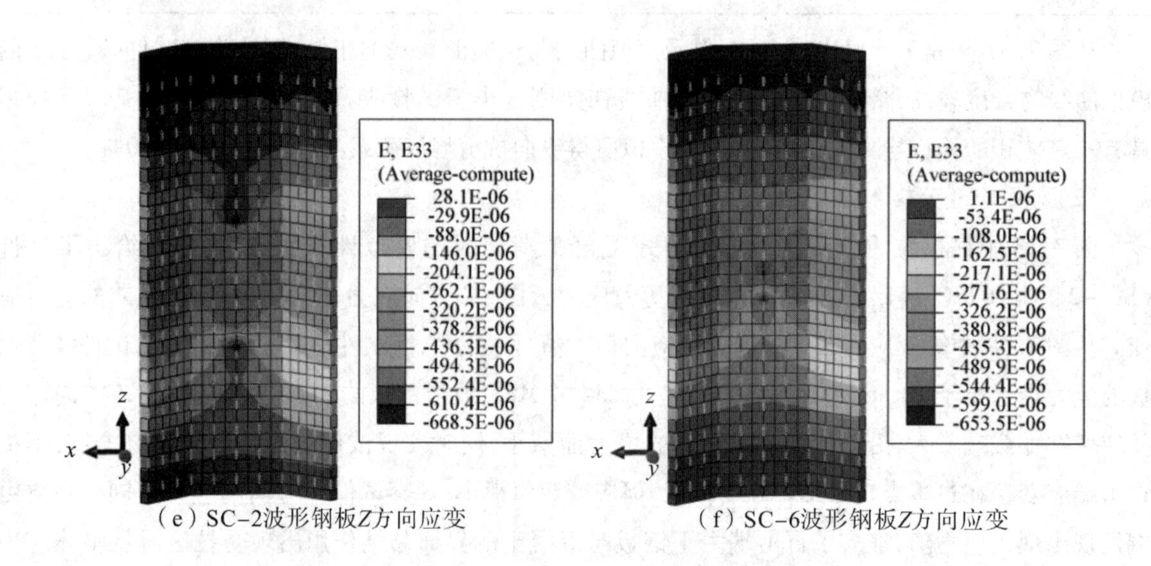

（e）SC-2波形钢板Z方向应变　　（f）SC-6波形钢板Z方向应变

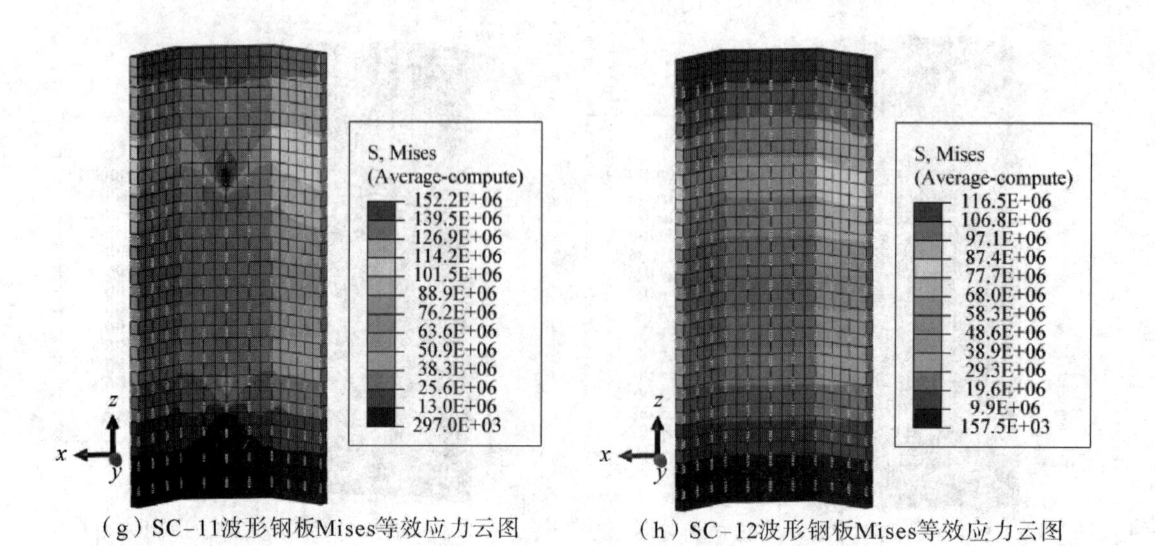

（g）SC-11波形钢板Mises等效应力云图　　（h）SC-12波形钢板Mises等效应力云图

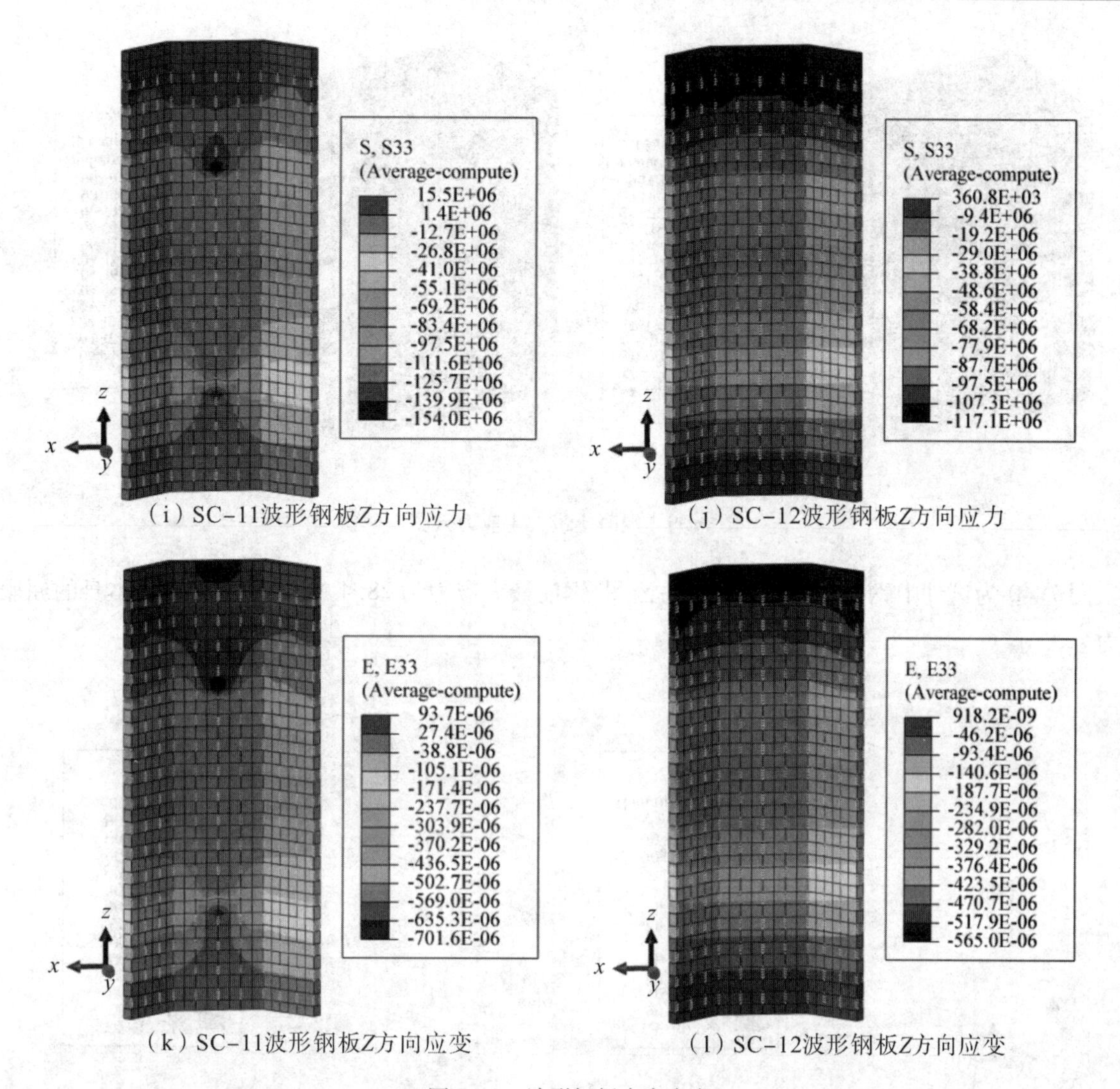

（i）SC-11波形钢板Z方向应力　（j）SC-12波形钢板Z方向应力

（k）SC-11波形钢板Z方向应变　（l）SC-12波形钢板Z方向应变

图7.38　波形钢板应力应变

(3)混凝土及钢筋受力情况

根据适用于脆性材料的第一强度理论即最大主应力定义材料破坏准则，当最大主应力达到混凝土极限抗拉强度时，说明此时混凝土开始开裂并产生裂纹，混凝土最大主应力云图如图7.39所示。由混凝土最大主应力云图可知，试件波形钢板波谷外侧即试验试件方位图的东侧混凝土开裂，形成上下贯通裂缝，与第7.2节试验现象规律总结结果一致。

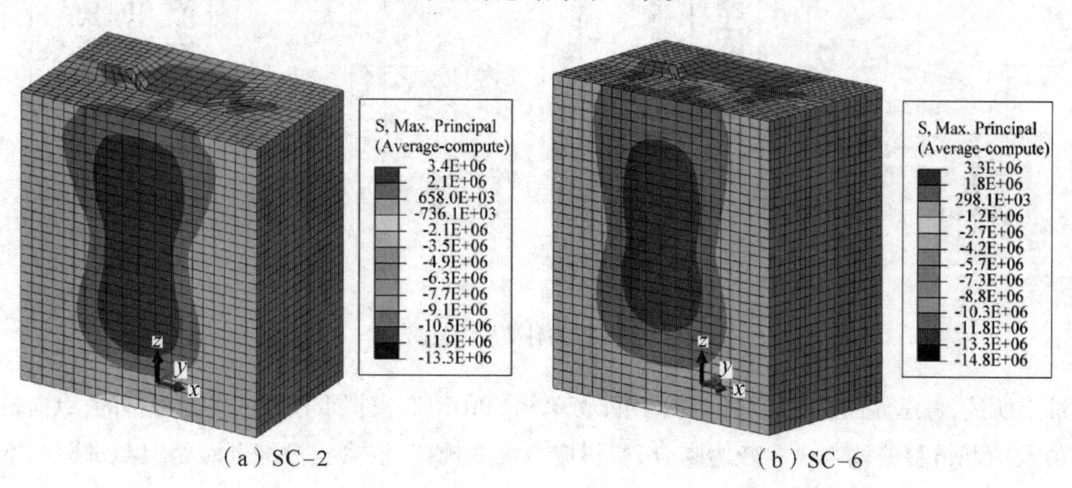

（a）SC-2　（b）SC-6

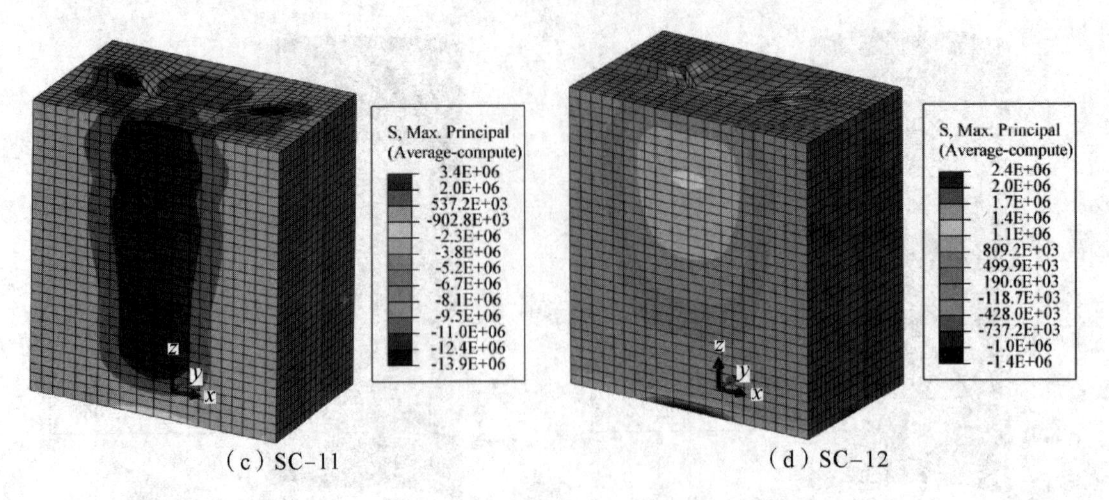

(c) SC-11　　(d) SC-12

图 7.39　混凝土最大主应力云图

图 7.40 为试件中钢筋骨架 Mises 应力云图,钢筋最大应力为 28.4 MPa,远小于钢筋本身的屈服应力。

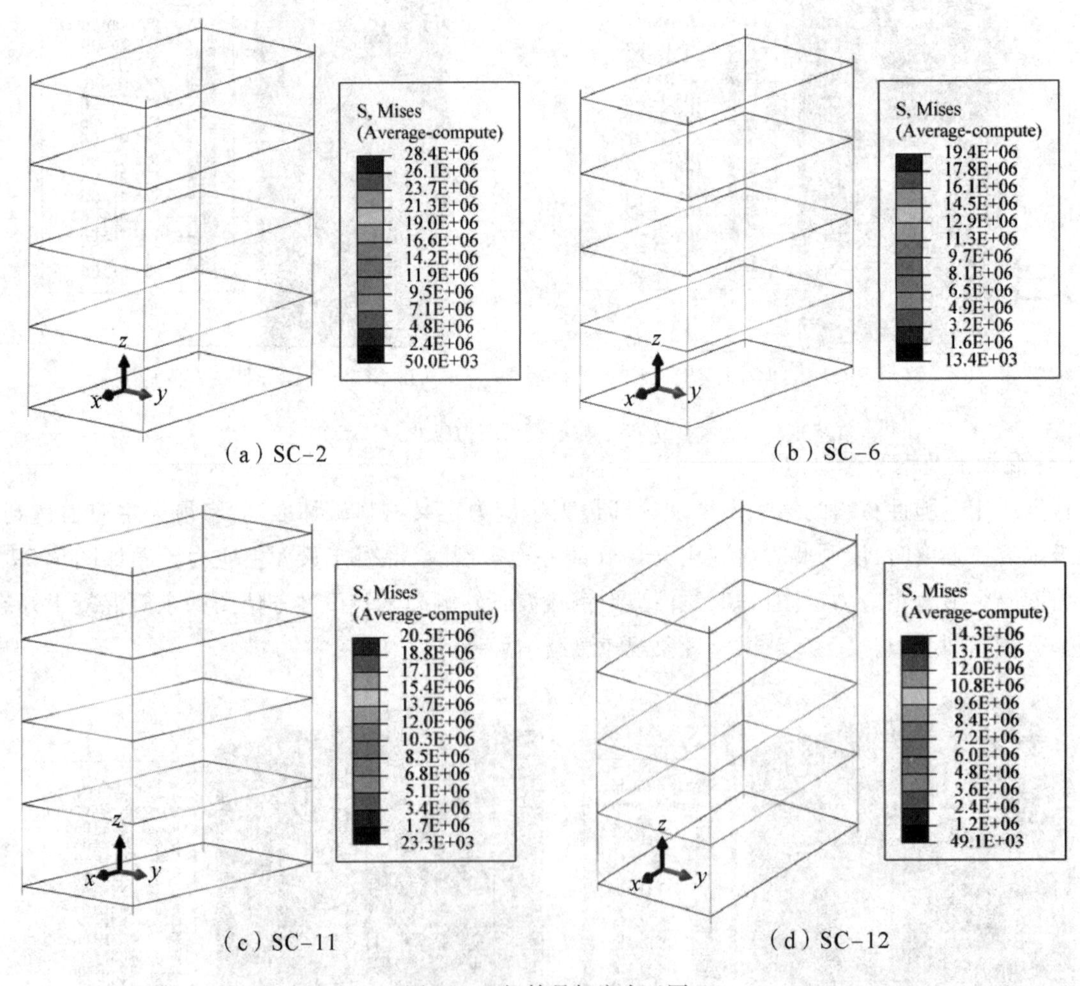

(a) SC-2　　(b) SC-6

(c) SC-11　　(d) SC-12

图 7.40　钢筋骨架应力云图

综上所述,考虑界面黏结滑移作用采用弹簧单元 SPRING2 模拟带栓钉试件是可行的,纵向抗剪承载力及荷载滑移曲线与试验较为吻合,所得应力应变规律、混凝土裂缝开裂情况与试验基本相同。但这种方法无法较为清楚地观察到栓钉本身的受力情况,对于主要研究带栓钉组合构件的抗剪性能,需要考虑栓钉本身的受力性能。

7.4.4.2　不考虑界面黏结作用模拟结果

鉴于上一种方法用弹簧单元模拟栓钉无法得到栓钉本身的受力情况,笔者尝试使用实体单元模拟栓钉,通过结构化网格划分,合理地布置黏结滑移单元模拟试件 SC－6 的加载过程,得到最终试件荷载－滑移曲线与试验、方法一模拟曲线对比结果如图 7.41 所示。

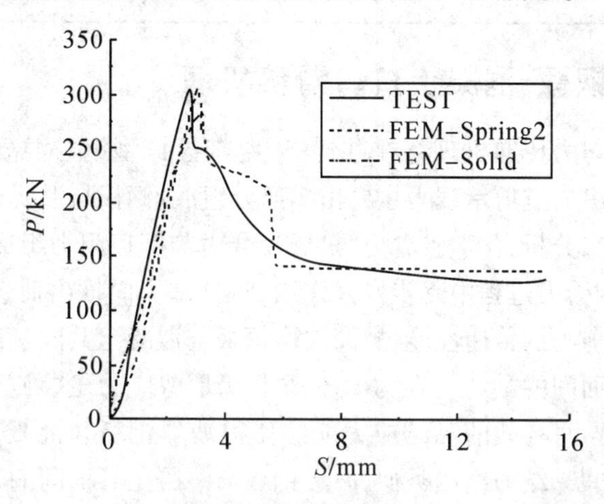

图 7.41　试验与 2 种方法模拟所得荷载－加载端滑移曲线对比

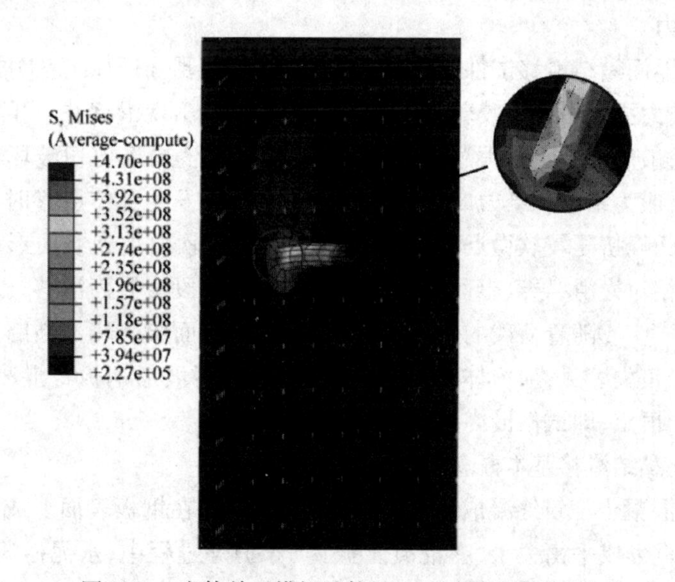

图 7.42　实体单元模拟试件 SC－6(考虑黏结作用)

从图中可以发现,方法二采用实体单元模拟栓钉得到的峰值荷载值为 282.5kN,小于试验值及方法一所得峰值荷载,峰值荷载位移也大于试验与方法一所得的位移,其模拟所得精度比第一种方法差。同时,笔者查看计算过程中栓钉的 Mises 等效应力云图(图 7.42),全过程栓钉根部应力最大值为 470MPa,小于栓钉自身的真实抗拉极限强度 489.6MPa。黏结滑移单元的高度几何非线性使得有限元计算收敛性差,荷载－滑移曲线处于下降阶段时,无法模拟出栓钉断裂的真实状态。为此,重点分析栓钉在波形钢板组合结构中的受力状态及对混凝土、钢板的影响,可忽略界面间黏结滑移作用。

不考虑界面黏结滑移作用,对布置 1 个栓钉试件(SC－6)、布置 2 个栓钉试件(SC－2、SC－10、SC－11)及布置 3 个栓钉试件(SC－3)进行了有限元模拟分析,各试件当栓钉根部应力达到栓钉极限抗拉强度时认为栓钉被剪断了,此时荷载为 P_f 、相对应的加载端滑移量为 S_f ,整理如表 7.7 所示。从表中可以看出:试件栓钉被剪断时,加载端滑移量随着栓钉数量的增加而减小;试件纵向抗剪承载力随栓钉间距增大略有提高,但影响不显著,而试件栓钉断裂点的滑移量在增加。

表 7.7 栓钉断裂荷载与对应的加载端滑移量

试件编号	SC-2	SC-3	SC-6	SC-10	SC-11
荷载 P_f / kN	71.6	95.1	63.5	75.6	76.8
滑移 S_f / mm	1.67	1.45	2.35	1.8	2.0

7.4.5 带栓钉波形钢板-混凝土抗剪滑移机理

由于钢与混凝土界面剪力传递机理存在共性,借鉴带栓钉型钢与混凝土之间的抗剪滑移机理可知,在本次试验中,试件纵向抗剪承载力主要由2部分组成:钢板与混凝土界面间的黏结力及栓钉抗剪连接件。从微观角度来分析,化学胶着力、机械咬合力与摩擦阻力组成了钢板与混凝土界面间的黏结力,三者在试件不同受力过程中逐步发挥作用,将外部纵向推出荷载传递给混凝土。而栓钉的布置有利于加强其纵向剪力的传递性能,提高波形钢板与混凝土共同工作性能。

波形钢板与混凝土界面间的黏结力在力学本质上就是剪应力,这种剪应力使得波形钢板截面应力沿长度发生变化,全界面有效的黏结应力能够使得波形钢板与混凝土协同工作、共同承担荷载。同钢筋与混凝土界面间黏结力组成类似,波形钢板与混凝土界面间的黏结力主要由以下3部分组成:①波形钢板与混凝土界面间的化学胶着力;②波形钢板表面的机械咬合力;③波形钢板与混凝土界面间的摩擦阻力。

不带栓钉试件即界面黏结滑移试件(SC-12)受力过程简要分析如下:①推出荷载较小即界面尚未发生滑移时,黏结力主要由化学胶着力组成。②界面开始出现滑移并产生微裂缝,化学胶着力开始全界面慢慢丧失,最后混凝土水泥凝胶体破碎,界面层发生局部剪切破坏,机械咬合力与摩擦力迅速增加参与受力,成为组成黏结力的主要部分。③全界面发生整体滑移时,波形钢板与混凝土局部接触点处较硬微凸峰挤压较软微凸峰,使其发生断裂,较软面受到磨损形成粉体屑,沉积在钢板表面使得钢板表面相对光滑,导致界面摩擦系数下降。此阶段全界面滑移,黏结应力由界面摩擦阻力与机械咬合力构成。④随着荷载的进一步增大,混凝土表面微凸峰不断断裂磨损,粉体屑越来越多,机械咬合力逐步丧失。最终,粉体屑填平钢材表面,使得波形钢板与混凝土接触界面磨合平整,界面摩擦系数处于恒定,即试件最终残余荷载趋于水平。

波形钢板-混凝土黏结滑移基本概念:

1)化学胶着力。混凝土浇筑终凝成型时,水泥砂浆体积元在钢板表面形成张力,并与钢板表面的水泥砂浆体积元自重形成平衡关系,在混凝土振捣、养护等过程中,水泥砂浆体结晶硬化形成化学胶着力。

2)机械咬合力。波形钢板波角、波脊处及粗糙不平的波形钢板表面与混凝土相互咬合嵌固形成了机械咬合力。

3)摩擦阻力。当试件发生相对滑移时,混凝土水泥凝胶体破碎,界面层发生局部剪切破坏,化学胶着力开始慢慢全界面丧失。由于波形钢板几何截面的特点,钢板与混凝土界面间存在压力和滑动摩擦,进而形成了摩擦阻力。

7.5 带栓钉波形钢板-混凝土组合剪力墙的 ANSYS 有限元模拟

本节以第3章试验为基础,取其中一片竖向波形钢板-混凝土组合剪力墙做参照,在考虑波形钢板和混凝土黏结滑移的情况下,利用ANSYS建立竖向波形钢板-混凝土组合墙有限元模型,并验证模型的可靠性,进一步分析不同参数对波形钢板-混凝土组合剪力墙受力性能的影响,为波形钢板-混凝土组合剪力墙的设计提供依据。波形钢板-混凝土组合剪力墙试件设计参数见第3章。

7.5.1 ANSYS有限元模型的建立

(1)单元选择

波形钢板-混凝土组合剪力墙的混凝土墙板采用Solid 65实体单元。根据板壳分类,组合墙内嵌波形钢板选用ANSYS单元库中提供的Shell 181单元。波形钢板-混凝土组合剪力墙的钢筋采用Link 180杆单元。

(2)材料本构模型在ANSYS中输入

对于本节模拟,混凝土单元类型选取和本构确定与7.3.3节一样,具体材料属性均按照材性试验结果确定。混凝土到达最大应力后,应力应变上曲线为水平直线,如图7.43所示。

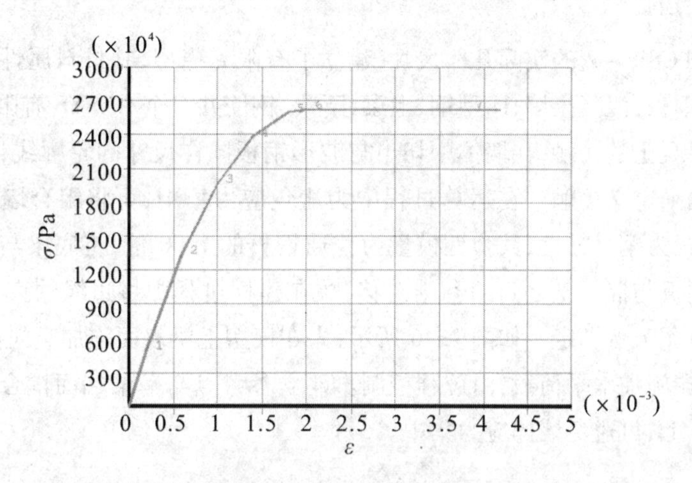

图7.43 混凝土单轴应力受压应力-应变曲线

波形钢板采用多线性随动强化模型(MKIN),钢筋采用双线性随动强化模型(BKIN),如图7.44、图7.45所示。

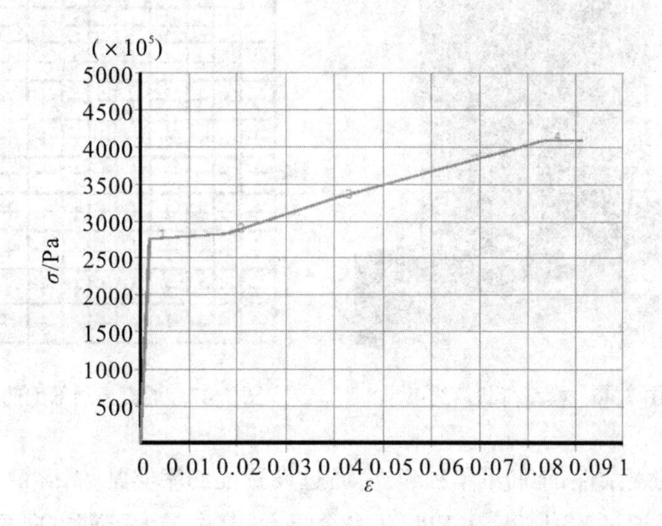

图7.44 钢板单向拉伸应力-应变曲线

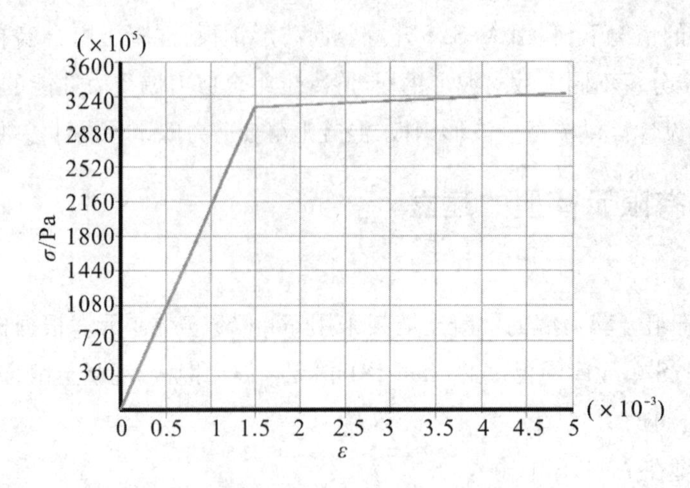

图 7.45　钢筋单向拉伸应力 - 应变曲线

(3)模型的约束条件

根据试验构件 SPCSW - 2 的实际几何尺寸,建立了有限元模型,其材料属性与边界条件均与试验相同,模型由波形钢板、混凝土墙、H 型钢、上梁、下梁、钢筋共 6 个 ANSYS 有限元部分组成。为便于定义波形钢板与混凝土的接触,在墙体中切出与波形钢板同样尺寸的轮廓线,在波形钢板与混凝土之间建立弹簧单元来定义接触。在运算过程中为避免应力集中,可将组合墙的顶梁和底梁看作刚体,其材料属性设置为钢材材性,其弹性模量为普通钢材的 1000 倍,将底梁与地面完全固结。本文模拟只考虑波形钢板与混凝土之间的黏结滑移,故在建模过程中将边缘约束构件 H 型钢柱单元节点与墙体混凝土单元节点绑定。如图 7.46 所示,先在模型上梁表面施加竖向荷载,荷载大小与试验保持一致,再在梁端施加水平荷载,由位移控制。建立参考点与一梁端面耦合,采用刚性杆连接,水平荷载施加在该点上,可避免墙体应力集中。

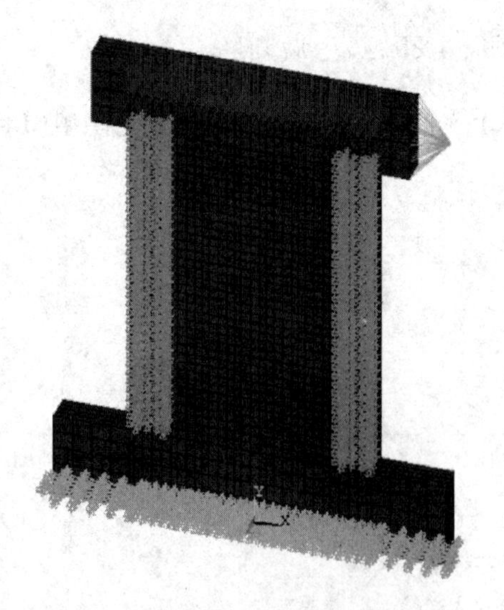

图 7.46　模型荷载及约束

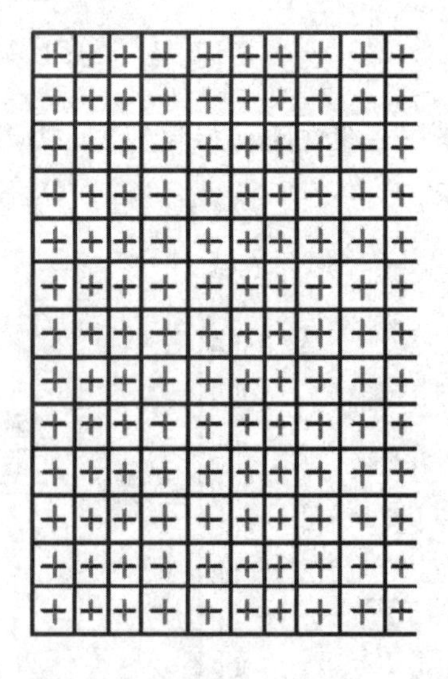

图 7.47　混凝土局部配筋图

考虑到建立钢筋的复杂性,钢筋不单独建立,通过设置配筋率实常数,弥散分布。如图 7.47 所示,如查看配筋情况,可通过 ESHAPE 和 EPLOT 命令显示,其中最大配筋方向显示红色,绿色次之,蓝色最小。另外,整体式模型不易查看钢筋应力情况。

(4)网格划分

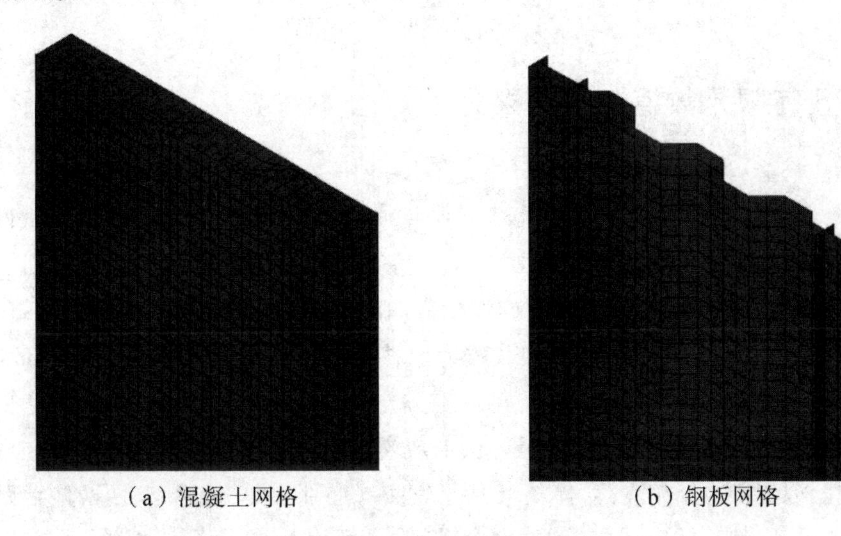

(a) 混凝土网格　　(b) 钢板网格

图 7.48　模型网格划分

剪力墙左右对称,可先建立 1/2 墙体模型,利用工作平面切分出波形钢板和型钢的轮廓,然后经过镜像命令生成完整模型。ANSYS 模拟钢 - 混组合结构很容易出现计算不收敛问题,而网格大小与收敛性有直接关系。另外,网格越密,计算精度越高,与实际的误差也会越小,一般认为,5 cm 是混凝土划分单元的一个临界值,大于 5 cm 能有效避免应力集中。因此,混凝土、波形钢板和 H 型钢单元划分尺寸均为 5 cm,其节点能够一一对应,也方便建立弹簧单元。网格划分如图 7.48 所示。

7.5.2　黏结滑移本构的确定

本节在波形钢板与混凝土节点间建立 Combin39 单元,在考虑黏结滑移情况下,来模拟组合墙受力性能。为考虑栓钉作用,在栓钉焊接处也建立相应的弹簧单元,来模拟栓钉受力。因此需要定义 2 种不同的黏结滑移本构,一种为波形钢板与混凝土之间的黏结滑移本构,另一种为栓钉的剪力滑移本构。

本节关于栓钉的剪力滑移曲线本构与 7.3 节所采用的本构模型一样。栓钉的抗拉强度取自7.3 节,栓钉断裂的破坏标准与 7.4.3.2 节相同。模拟选用的栓钉荷载滑移曲线如图 7.49 所示。

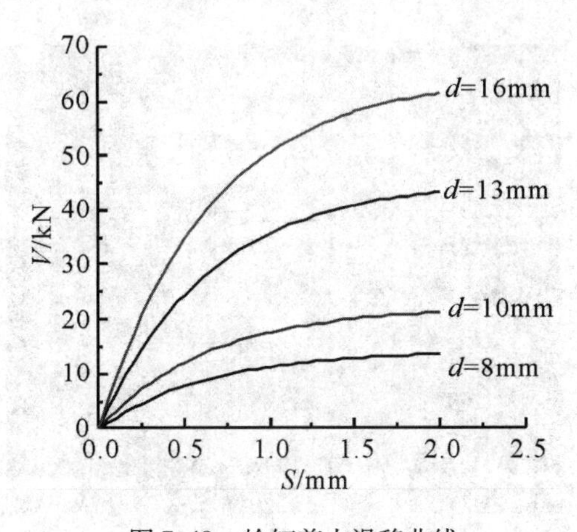

图 7.49　栓钉剪力滑移曲线

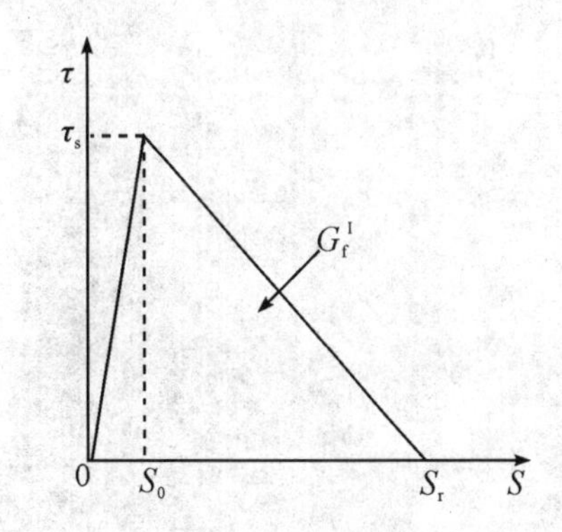

图 7.50　波形钢板-混凝土黏结滑移本构模型

本节波形钢板-混凝土黏结滑移的本构选取参考文献,选用双折线黏结滑移本构模型,如图 7.50 所示。根据欧洲规范 4 黏结强度取 0.3 MPa,对应的滑移量 S_0 为 0.056mm,黏结滑移的极限滑

移量 G_f^I 可根据曲线与水平轴所围成的面积即混凝土的断裂能 G_f^I 求出。混凝土断裂能计算公式见式(7－27)。

7.5.3 ANSYS 有限元数值模拟结果分析

(1) 破坏形态对比

1)试验现象。竖向波形钢板混凝土试件 SPCSW－2 在施加竖向荷载过程中以及试件达到开裂荷载之前,均无明显现象。当水平荷载继续加载,墙体东、西两侧墙趾先后产生裂缝,而裂缝不断发展,出现多条裂缝,并且在墙体中部产生与竖向波折方向产生与水平夹角为60°的斜裂缝,裂缝发展情况如图 7.51 所示。试件进入屈服阶段,加载改为位移控制。当顶点位移至 16.4 mm 时,墙体表面形成 2 条主裂缝,一条沿墙体对角线方向,与水平方向夹角为 60°,另一条与水平向夹角为 45°。随加载继续,东侧墙趾处混凝土受压严重而剥落,形成塑性区域;东侧墙趾处 H 型钢柱底部严重屈曲,接着西侧墙趾处混凝土也开始剥落,伴随着 H 型钢翼缘局部屈曲,最终东、西两侧墙趾塑性区域混凝土脱落更加严重,H 型钢柱底屈服,试件完全破坏,承载力大幅下降。试件最终破坏情况如图 7.52 所示。试验试件具体破坏过程及受理机理分析详见本书第 3 章。

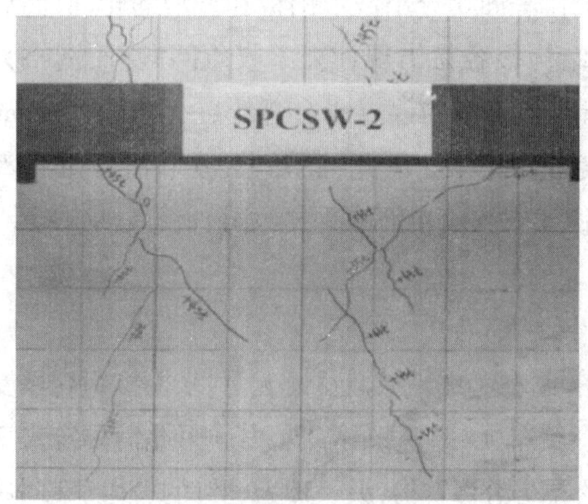

(a) 60°方向的斜裂缝

(b) 屈服时的裂缝发展

图 7.51 试件裂缝发展图

(a) 墙趾塑性区域与主裂缝贯通

(b) 墙体破坏

图 7.52 试件破坏图

2)混凝土矢量图。有限元模型 SPCSW－2 在单推荷载作用下的裂缝发展矢量图如图 7.53 所示。命令 PLACK 可查看混凝土开裂情况，每个积分点最多在3个平面上开裂，根据裂缝产生顺序，分别标为红色、绿色、蓝色。从图中可以发现，随着水平荷载的增大，波形钢板-混凝土组合剪力墙受拉侧根部最先达到抗拉强度，产生开裂。随着加载进行，裂缝以斜向60°的角度从受拉侧向墙体中上部蔓延，形成斜裂缝。当墙体破坏时，裂缝几乎蔓延至整个墙面，与试验现象符合较好。

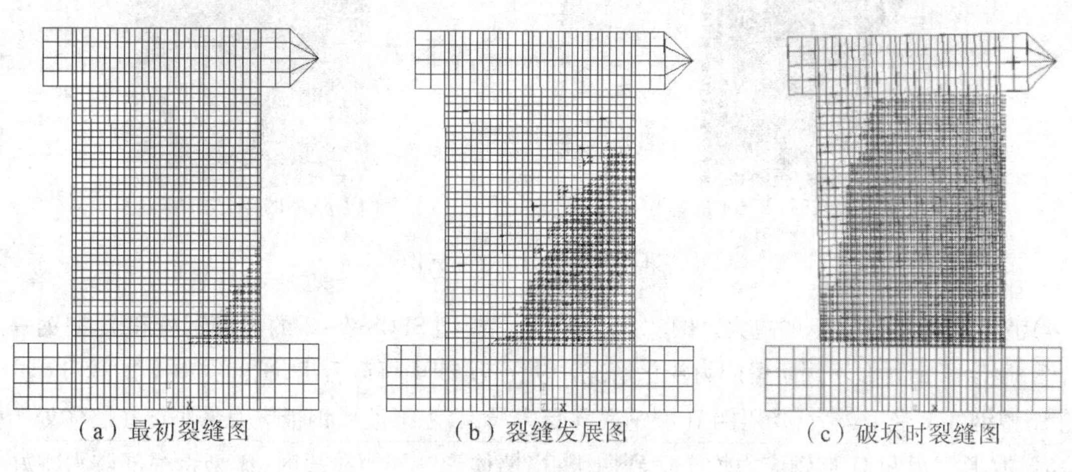

（a）最初裂缝图　　（b）裂缝发展图　　（c）破坏时裂缝图

图7.53　模型裂缝发展图

3)混凝土应力图。图7.54为有限元模型SPCSW-2在试件达到屈服、峰值荷载和墙体破坏时的混凝土Mises应力与第三主应力云图。从图中可以看出，左侧墙趾处应力最大，在屈服时就达到了混凝土抗拉、抗压承强度，表明混凝土破坏，随荷载继续增大，墙趾处破坏区域变大，并向墙体底部中间部位延伸，这与试验中试件墙趾处混凝土压碎、脱落现象吻合。

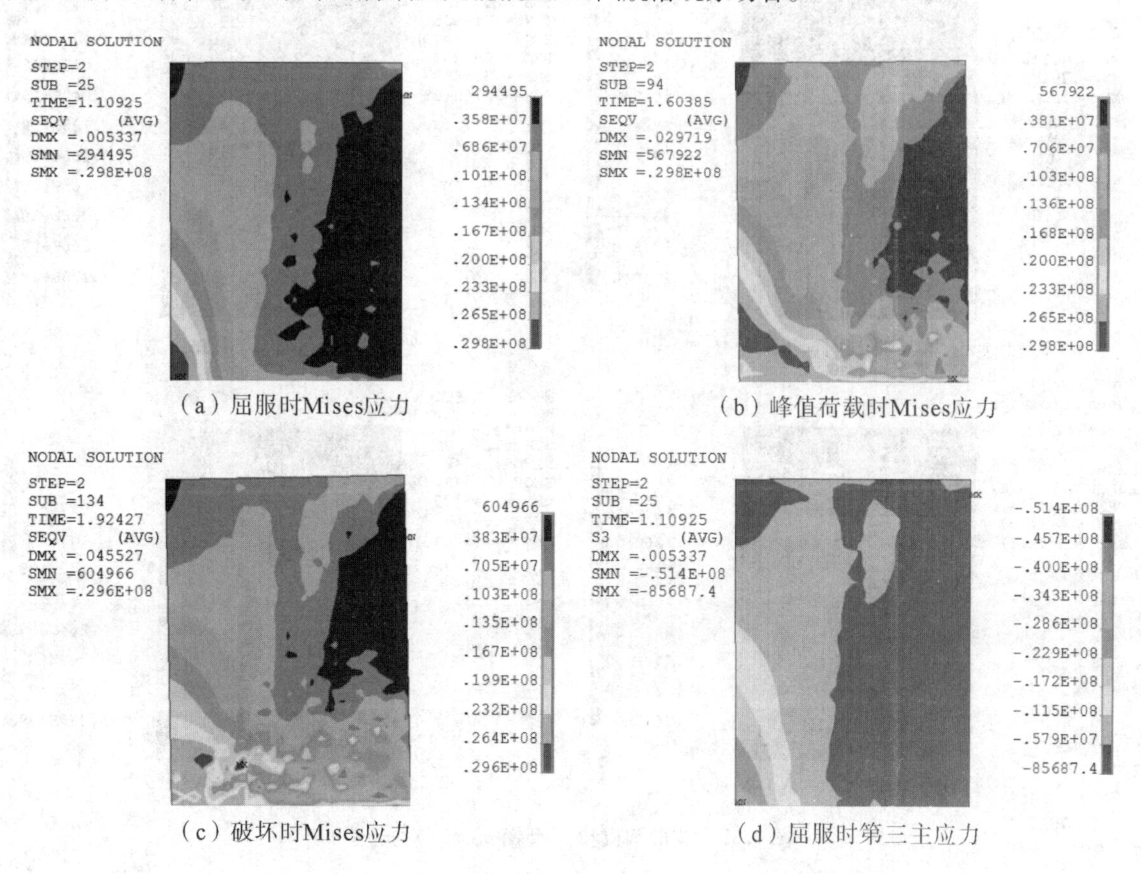

（a）屈服时Mises应力　　（b）峰值荷载时Mises应力

（c）破坏时Mises应力　　（d）屈服时第三主应力

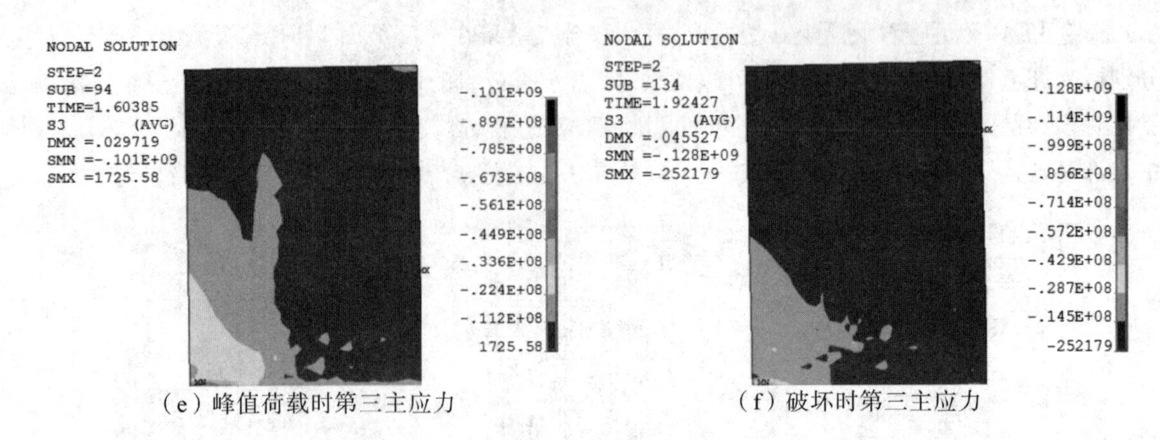

（e）峰值荷载时第三主应力　　（f）破坏时第三主应力

图 7.54　混凝土应力云图

4)波形钢板和 H 型钢的应力。图 7.55 为有限元模型 SPCSW－2 的波形钢板和 H 型钢等效应力云图,展示了钢材在不同阶段应力变化情况。从图 7.55 中可以看出,试件在整个加载过程中，受拉侧 H 型钢底部受力最大,受压侧 H 型钢底部受力最大,上部波形钢板应力最小。在墙体处于弹性阶段时,波形钢板和 H 型钢应力均未达到屈服;当墙体到达屈服阶段时,H 型钢根部应力刚好也达到屈服应力,而波形钢板尚未屈服;随着荷载继续加载,在峰值荷载时,H 型钢进入强化阶段,而靠近 H 型钢的波形钢板局部屈服;当试件破坏时,波形钢底部与 H 型钢根部周围应力最大,与试验破坏时塑性区域出现的位置相吻合。

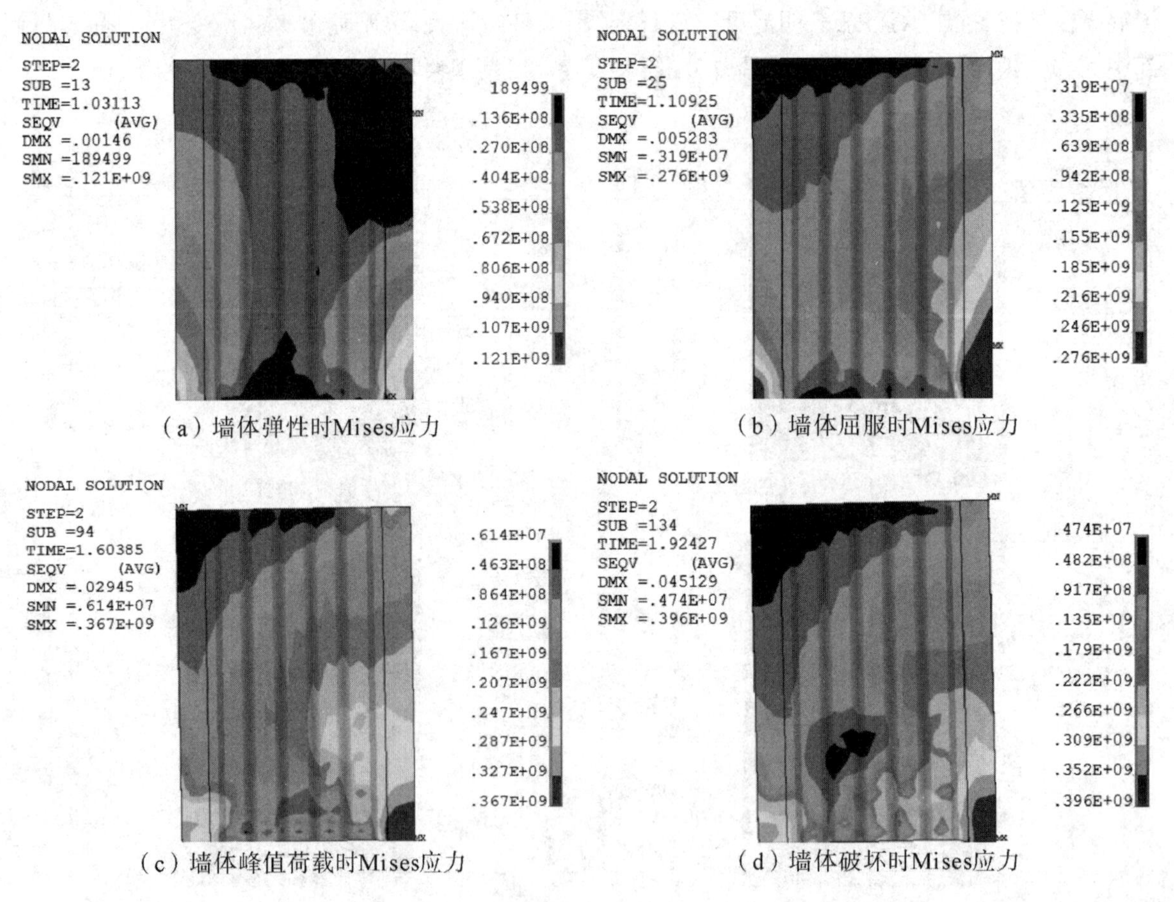

（a）墙体弹性时Mises应力　　（b）墙体屈服时Mises应力

（c）墙体峰值荷载时Mises应力　　（d）墙体破坏时Mises应力

图 7.55　波形钢板和 H 型钢 Mises 应力云图

(2)荷载-位移曲线对比分析

本文有限元模拟采用单调加载的方式进行单推,模拟首先在顶梁施加竖向均布荷载,与试验值保持一致,大小保持恒定不变,水平荷载采用位移控制加载,单向逐步增加至试件破坏。本次模拟还对不考虑黏结滑移的波形钢板-混凝土组合剪力墙进行了对比,对不考虑黏结滑移的波形钢板-混凝土组合剪力墙有限元模型,在波形钢板与混凝土节点之间不再建立弹簧单元,直接将波形钢板和H型钢单元节点与混凝土单元节点进行绑定约束,其他约束条件和荷载条件与考虑黏结滑移的有限元模型一致。

图7.56所示为波形钢板-混凝土组合剪力墙SPCSW－2的模拟荷载－位移曲线与试验结果骨架曲线对比,横向坐标为顶梁加载点水平位移,纵向坐标为顶梁加载点的反力。

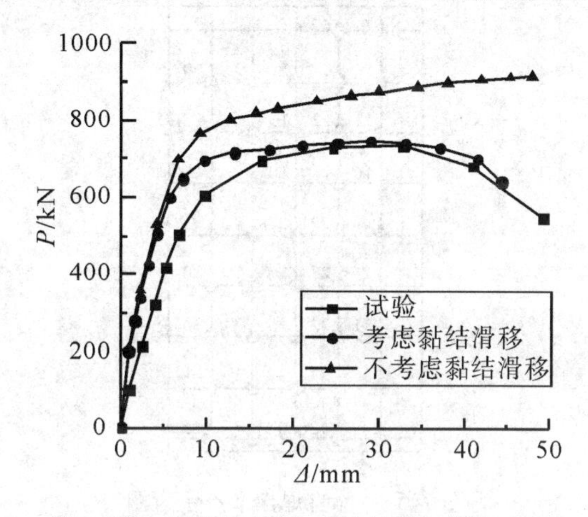

图7.56 有限元计算与试验的骨架曲线对比

从图7.56中可以看出,在考虑黏结滑移情况下,其有限元计算的荷载－位移曲线与试验的骨架曲线总体上吻合较好,承载力和变形基本一致,下降段也比较相似,屈服前数值模拟所计算弹性刚度稍大于试验弹性刚度。这主要与试验加载方式有关。试验中为位移控制反复加载,而模拟中只对有限元模型进行单推,因此,未考虑试件刚度累积退化。另外,数值模拟中并未考虑材料的非均质性和初始缺陷,由于钢筋弥散分布,无法考虑钢筋与混凝土界面黏结滑移的影响,所以,模拟刚度偏大。当模拟水平位移加载至44.5 mm左右时,由于试件底部混凝土破碎,承载力下降过快,计算不收敛。对于不考虑黏结滑移的数值模拟,其计算的刚度与考虑黏结滑移的数值模拟基本一致,而极限承载力明显大于试验值和考虑黏结滑移的有限元模拟。因为在加载前期,受力最大处为墙趾处,而型钢与混凝土均采用同样的方式绑定,因此不考虑黏结滑移的有限元模拟与考虑黏结滑移的有限元模拟在试件屈服前刚度基本一致,而混凝土开裂后,试件开始屈服,对于不考虑黏结滑移的模型,钢板与混凝土节点全部绑定,因此,进一步增大了结构构件整体的刚度与协调工作能力。当模拟加载到试验最大位移时,承载力得到较大提升,模拟曲线未产生下降段。

表7.8 试件承载力模拟值与试验值对比

试件编号	试验值/kN	模拟值/kN (考虑黏结滑移)	误差/%	模拟值/kN (不考虑黏结滑移)	误差/%
SPCSW－2	731.5	745	2	915	25

表7.8给出了承载力模拟值与试验值。从图7.56和表7.6中可以看出,考虑黏结滑移的有限元模拟,其计算结果误差在5%以内;相较于不考虑黏结滑移的有限元模拟,其计算结果与试验结果

更接近,验证了考虑黏结滑移有限元模型的可靠性。不考虑黏结滑移的模拟承载力比考虑黏结滑移模拟承载力高出22.8%,证明黏结滑移确实是组合结构中不可忽略的关键科学问题。

(3)栓钉对波形钢板和混凝土变形协调的影响

为研究带栓钉的波形钢板-混凝土组合剪力墙破坏时,栓钉破坏模式和栓钉对两者变形协调的影响,这里对考虑波形钢板-混凝土黏结滑移的模型,分析了波形钢板上焊接的全部栓钉节点的X方向和Y方向的相对滑移值。图7.57为波形钢板焊接栓钉节点示意图,节点分为5列,分别为A列、B列、C列、D列和E列。表7.9为试件破坏时栓钉处节点的X向、Y向相对位移值,图7.58为栓钉处节点相对位移分布图。

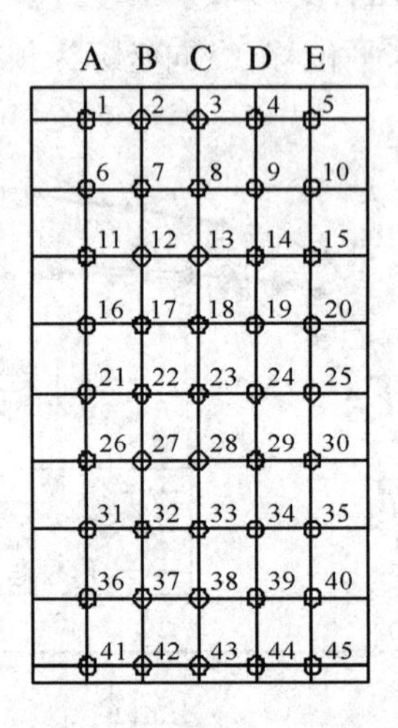

图7.57 栓钉焊接节点示意图

根据文献[163-165]对栓钉建立滑移曲线计算公式 $s_f/d_s = 0.45 - 0.0021f_c$ 和 $s_u/d_s = 0.45 - 0.0030f_c$,可得8 mm直径的栓钉的极限滑移值为3.09 mm,以此作为参照,判断栓钉是否剪断。

表7.9 栓钉节点 X 向、Y 向 相对位移值

栓钉节点编号	X方向相对位移/mm	Y方向相对位移/mm
1	0.025	0.001
2	0.001	0.001
3	0.098	0.003
4	0.092	0.007
5	0.004	0.007
6	0.019	0.001
7	0.032	0.002
8	0.034	0.003
9	0.013	0.003
10	0.002	0
11	0.013	0.002
12	0.016	0.002
13	0.007	0.002
14	0.008	0.001

续表

栓钉节点编号	X方向相对位移/mm	Y方向相对位移/mm
15	0.009	0
16	0.008	0.002
17	0.004	0.002
18	0.001	0.001
19	0.011	0.002
20	0.015	0
21	0.005	0.002
22	0.005	0.002
23	0.019	0.001
24	0.026	0.002
25	0.022	0.002
26	0.005	0.001
27	0.072	0.001
28	0.125	0.003
29	0.094	0.002
30	0.027	0.007
31	0.059	0.001
32	0.344	0.009
33	0.463	0.020
34	0.318	0.061
35	0.043	0.055
36	0.264	0.005
37	0.835	0.039
38	1.150	0.098
39	0.684	0.307
40	0.126	0.374
41	1.586	0.038
42	1.968	0.350
43	2.962	0.720
44	3.171	1.128
45	2.287	1.186

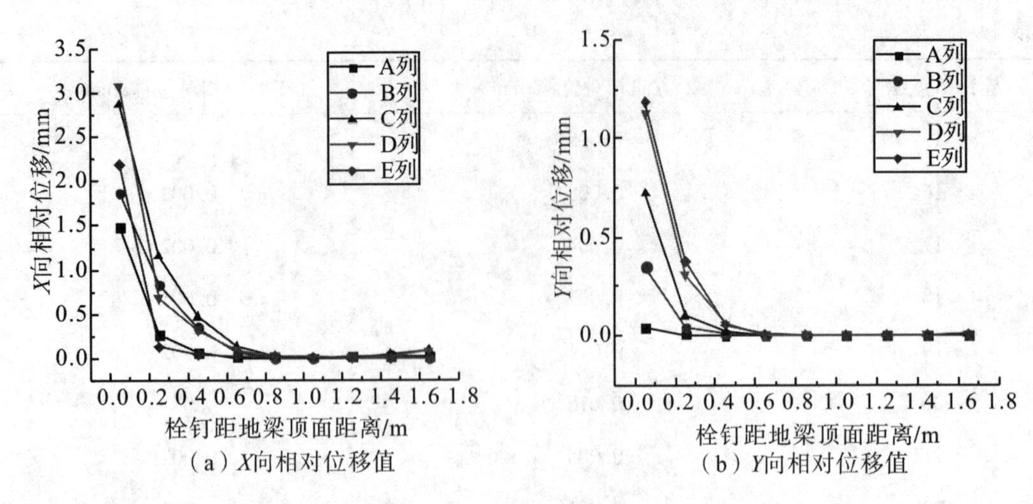

(a) X向相对位移值　　(b) Y向相对位移值

图 7.58　栓钉节点位移分布图

从表 7.9 和图 7.58(a)、图 7.58(b)中可以看出，当组合墙墙体破坏时，墙体最下部栓钉在 X 方向与混凝土相对位移最大，其值已达到或者接近栓钉极限滑移值，说明墙体破坏时，下部混凝土破坏，相应的最下部栓钉被剪断，其作用已经失效。而试验结束时也发现底部栓钉有脱落现象，模拟与试验吻合。在波形钢板上，下部栓钉滑移量大于上部栓钉滑移量，右侧栓钉滑移量大于左侧栓钉滑移量，中下部以上栓钉滑移量很小，抗剪能力不能很好发挥，组合墙墙体下部受力与变形明显，下部栓钉滑移量较大，作用效果显著，较快达到其抗剪承载力。因此，对墙体下部栓钉，可加强其强度，因大部分栓钉并没有失效，波形钢板与混凝土墙体受力明显，证明波形钢板与混凝土墙体变形协调一致，两者可共同作用。

7.5.4　带栓钉波形钢板-混凝土组合剪力墙性能参数分析

(1)栓钉间距的影响

在考虑黏结滑移的情况下，其他试验条件不变，只改变栓钉布置间距，计算带栓钉波形钢板-混凝土组合剪力墙在栓钉间距变化下的荷载 - 位移曲线，SPCSW - 2 有限元计算结果如图 7.59 所示。

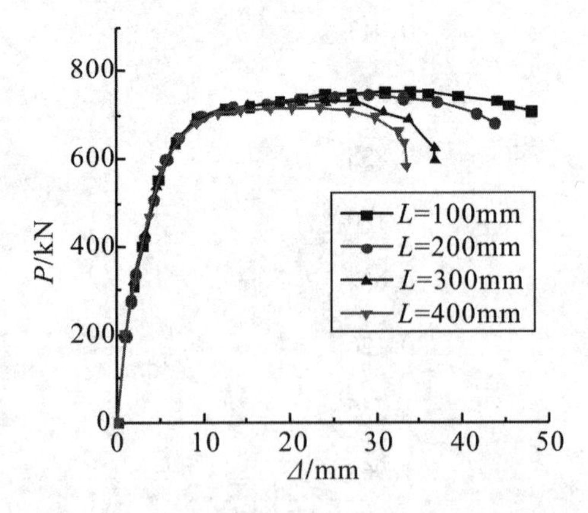

7.59　栓钉间距变化下的荷载 - 位移曲线

从图 7.59 中可以看出，栓钉间距对剪力墙的抗侧刚度几乎没影响。当栓钉间距从 100 mm 增大为 200 mm 时，试件承载力基本没变化，延性稍微降低；当栓钉间距从 200 mm 增加到 300 mm 时，峰值承载力下降了 2%，曲线在 30 mm 左右就开始出现明显下降段；当栓钉间距从 300 mm 增加到

400 mm时，峰值承载力下降了2%，曲线在26mm左右就开始出现明显下降段。可见，栓钉间距对试件承载力影响不大，而对其延性有显著影响，建议栓钉焊接间距取200 mm。

(2)栓钉直径的影响

在考虑黏结滑移的情况下，其他试验条件不变，只改变栓钉直径，带栓钉波形钢板-混凝土组合剪力墙试件荷载－位移曲线如图7.60所示。

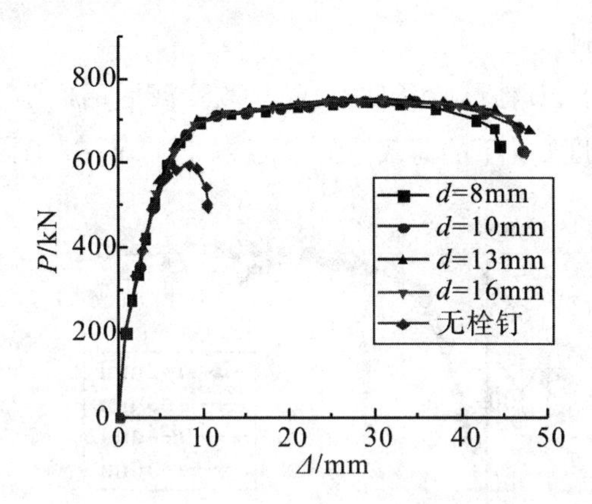

图7.60　栓钉直径变化下的荷载－位移曲线

从图7.60中可以看出，栓钉直径从8 mm增加至16 mm，极限承载几乎没有变化，这是因为钢板与混凝土相互咬合，焊接栓钉后，两者组合效果很好，能够协同工作，而栓钉作为抗剪连接件焊接在钢板波谷内，再增加栓钉直径对承载力影响不大。从图7.60中可以看出，当不配置栓钉的情况下，试件屈服时，刚度大幅下降，荷载很快达峰值，由于钢板与混凝土不能有效协调工作，承载力快速下降，试件延性非常低，与布置栓钉的试件相比，承载力下降19%左右。可见，配置栓钉对试件延性有很大影响，增大栓钉直径对试件承载力影响不大。

(3)型钢的影响

在考虑黏结滑移的情况下，其他试验条件不变，只改变H型钢腹板厚度或翼缘厚度，计算带栓钉波形钢板-混凝土组合剪力墙在型钢腹板厚度或者翼缘厚度变化下的荷载－位移曲线。SPCSW－2有限元计算结果见图7.61。

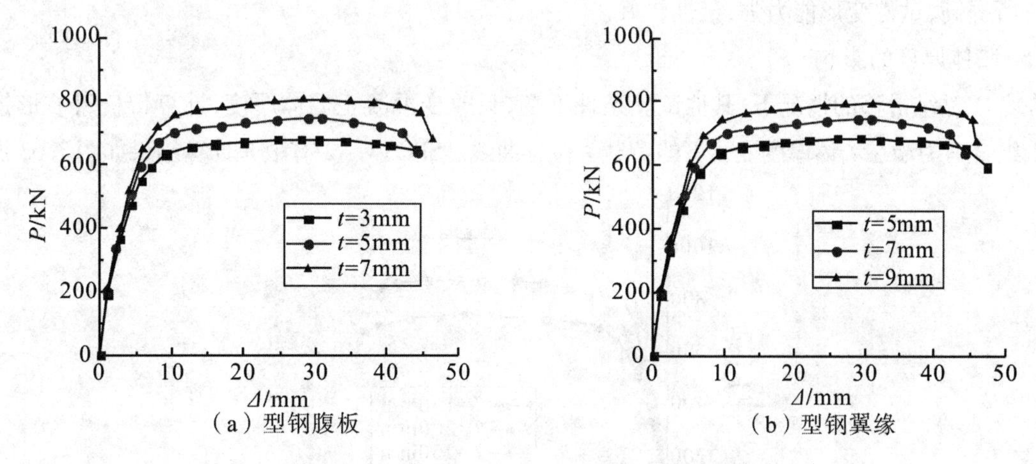

(a) 型钢腹板　　(b) 型钢翼缘

图7.61　型钢厚度变化下的荷载－位移曲线

从图7.61(a)和图7.61(b)中可以看出，改变型钢腹板厚度或者翼缘厚度，剪力墙在弹性阶段，刚度变化不大，试件屈服后，随着腹板厚度或者翼缘厚度增加，剪力墙的刚度有所提高。从图7.61

(a)和图7.61(b)可以看出,型钢腹板厚度从3 mm增加到5 mm时,试件承载力提高了9%;型钢腹板厚度从5 mm增加到7 mm时,试件承载力提高了8%;型钢翼缘厚度从5 mm增加到7 mm时,试件承载力提高了9%;型钢翼缘厚度从7 mm增加到9 mm时,试件承载力提高了7%。从荷载-滑移曲线可以看出,剪力墙进入塑性阶段后,承载能力稳定,承载力总体在40 mm以后才表现出明显的下降,表明波形钢板组合剪力墙具有良好的延性性能。

(4) 波形钢板厚度的影响

在考虑黏结滑移的情况下,其他试验条件不变,只改变波形钢板厚度,计算带栓钉波形钢板-混凝土组合剪力墙在波形钢板厚度变化下的荷载-位移曲线。SPCSW-2有限元计算结果如图7.62所示。

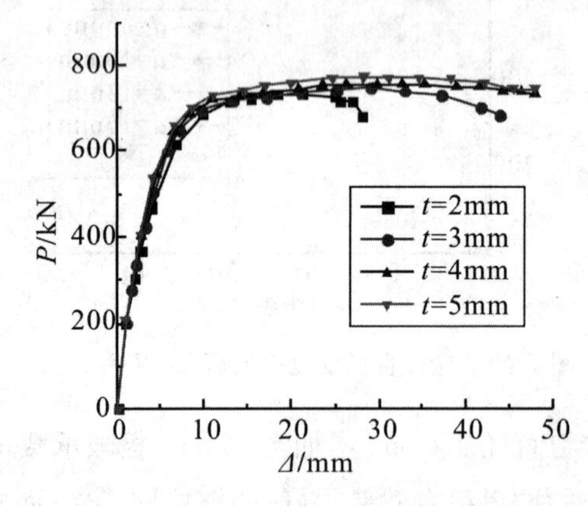

图7.62　钢板厚度变化下的荷载-位移曲线

从图7.62中可以看出,改变波形钢板厚度,在弹性阶段,试件刚度变化不大,试件屈服后,随着波形钢板厚度增加,试件刚度稍微有所提高。从图7.62可以看出,波形钢板厚度从2 mm增加到3 mm时,承载力提高2%;从3 mm增加到4 mm时,承载力提高1.4%;从4 mm增加到5 mm时,承载力提高2%。从荷载-滑移曲线可以看出,剪力墙进入塑性阶段后,钢板厚度为2 mm的剪力墙在26 mm左右时,承载力出现明显下降;钢板厚度为3 mm的剪力墙在42 mm左右时,承载力才出现明显下降,表现出较好的延性性能;钢板厚度为4 mm、5 mm的剪力墙在整个加载过程中,承载力未出现明显下降,试件表现出很好的延性性能。可见,随着波形钢板厚度增大,剪力墙的抗侧刚度和承载力有所提高,试件变形能力强,延性较好。

(5)墙体厚度的影响

在考虑黏结滑移的情况下,其他试验条件不变,只改变混凝土墙体厚度,计算带栓钉波形钢板-混凝土组合剪力墙在墙体厚度变化下的荷载-位移曲线。SPCSW-2有限元计算结果如图7.63所示。

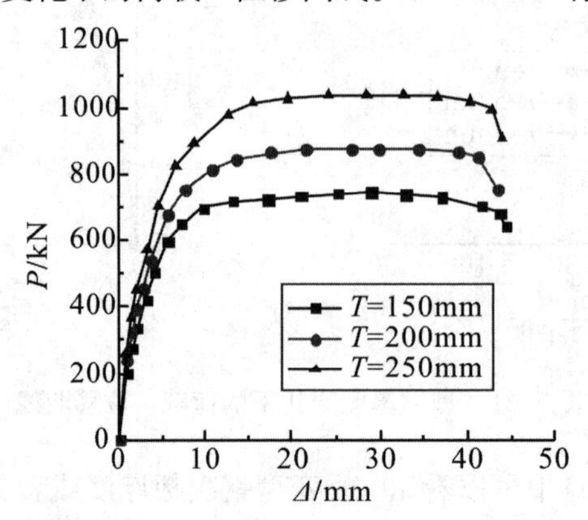

图7.63　墙厚变化下的荷载-位移曲线

从图7.63中可以看出，随着墙体厚度的增加，试件的抗侧刚度和承载力都有明显的提高。屈服阶段过后，试件承载力保持较好的稳定性，表现了带栓钉波形钢板-混凝土组合剪力墙较好的延性性能。与150 mm厚的墙体相比，厚度为200 mm和250 mm的剪力墙的承载力分别提高了18%和39%。因此，增加墙厚可以明显提高其承载力。

(6)轴压比的影响

在考虑黏结滑移的情况下，其他试验条件不变，只改变轴压比，计算带栓钉波形钢板-混凝土组合剪力墙在轴压比变化下的荷载-位移曲线。SPCSW-2有限元计算结果如图7.64所示。

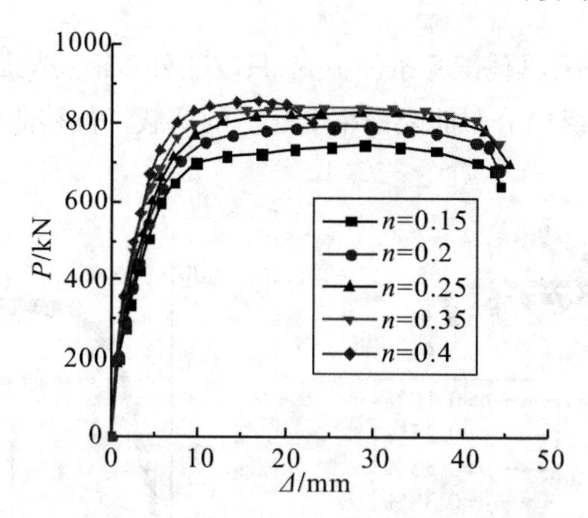

图7.64　轴压比变化下的荷载-位移曲线

从图7.64中可以看出，在弹性阶段，随着轴压比从0.15增加到0.4，试件刚度有一定的增大，试件屈服后，随着轴压比增大，试件刚度增大明显，承载力也得到较大提高，而后承载力保持一定稳定性，说明波形钢板-混凝土组合剪力墙具有较好的延性。随着轴压比增大，剪力墙承载能力增强，但承载力提高幅度值逐渐减小。这是因为墙体轴向压力增大会增大墙体截面压应力，进而抵消墙体受拉一侧拉应力，推迟斜裂缝的产生和发展，因此提高了承载力。另外，当轴压比增加到0.4时，曲线在18.4 mm时出现下降段，承载力快速下降，试件延性大幅度减小，这主要是因为在混凝土极限压应变不变的情况下，轴压比增大，墙体截面受压区高度变大，相应截面曲率延性系数随之变小，剪力墙延性降低。因此，限制轴压比可在一定程度上使剪力墙保持较好的延性。

(7)剪跨比的影响

在考虑黏结滑移的情况下，其他试验条件不变，只改变剪跨比，计算带栓钉波形钢板-混凝土组合剪力墙在波形钢板厚度变化下的荷载-位移曲线。SPCSW-2有限元计算结果如图7.65所示。

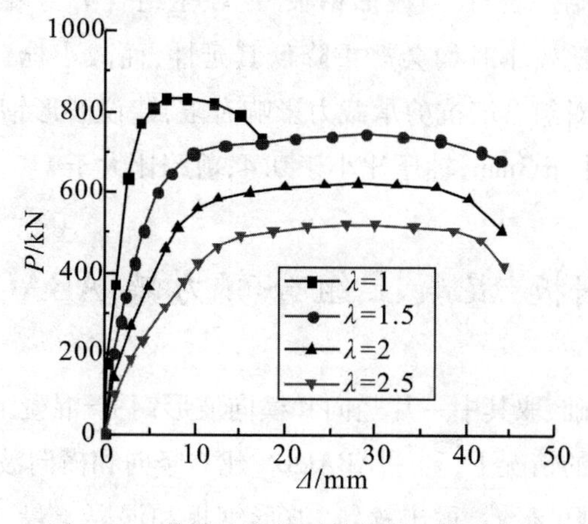

图7.65　剪跨比变化下的荷载-位移曲线

从图 7.65 中可以看出,剪跨比对剪力墙的抗侧刚度和承载力有明显的影响。随着剪力墙剪跨比增大,曲线刚度和承载力明显降低。在高宽比为 1 时,剪力墙在 8.5 mm 左右时达到峰值荷载,之后曲线便出现下降段,剪跨比为大于 1 的剪力墙,其曲线下降段均出现在 40 mm 左右,表现出较好的延性。相比于剪跨比为 2.5 的剪力墙,剪跨比为 1、1.5 和 2 的剪力墙,其承载力分别提高了 59%、43% 和 19%。可见,剪跨比增大,会降低剪力墙的抗侧刚度和承载力,但试件延性较好,变形能力强。

(8) 配筋率的影响

在考虑黏结滑移的情况下,其他试验条件不变,只改变分布钢筋配筋率,计算带栓钉波形钢板-混凝土组合剪力墙在水平和纵向分布筋配筋率变化下的荷载 - 位移曲线。SPCSW - 2 有限元计算结果如图 7.66 所示。

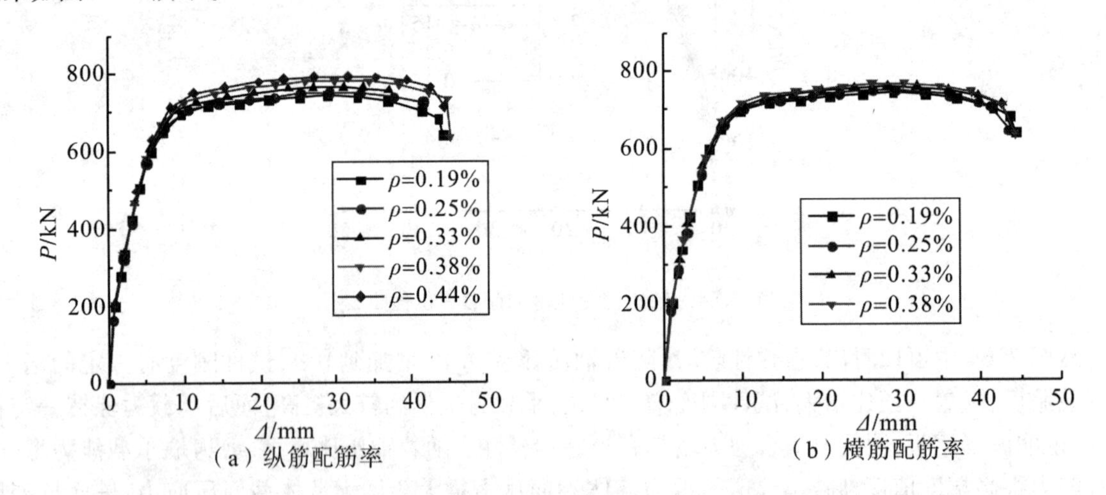

图 7.66 配筋率变化下的荷载 - 位移曲线

由图 7.66(a) 和图 7.66(b) 可知,当纵筋配筋率从 0.17 增加至 0.44 时,极限承载有一定的提高,但作用不大。当横筋配筋率从 0.19 增加至 0.38 时,极限承载稍微有所提高。可见,提高竖向或者水平分布筋配筋率对剪力墙抗剪承载力影响有限。另外,配筋率对试件刚度和延性影响不大。

7.5.5 带栓钉波形钢板-混凝土组合剪力墙的设计建议

有限元分析结果和计算结果表明,当波形钢板-混凝土组合剪力墙中栓钉间距较大、波形钢板厚度较薄、轴压比较大、剪跨比较小时均会严重降低其延性,而减小栓钉间距、增大栓钉直径、增大钢板厚度、增大钢筋配筋率,对组合墙抗剪承载力影响有限,建议波形钢板-混凝土组合剪力墙栓钉间距取 200mm,钢板厚度不小于 3mm,轴压比小于 0.4,剪跨比大于 1。

7.6 带栓钉波形钢板-混凝土组合剪力墙 ABAQUS 有限元模拟

本节以第 3 章试验为基础,取其中一片竖向和横向波形钢板-混凝土组合剪力墙做参照,在考虑波形钢板和混凝土黏结滑移的情况下,利用 ABAQUS 建立竖向和横向波形钢板-混凝土组合墙有限元模型,验证组合墙受力模型可行性,得出栓钉、波形钢板和混凝土最优组合形式,为波形钢板-混凝土组合剪力墙的设计提供依据。波形钢板-混凝土组合剪力墙试件设计参数见第 3 章。

7.6.1　ABAQUS 有限元模型建立

(1)单元本构模型在 ABAQUS 中输入

本小节钢材及混凝土的本构关系模型与 7.4.2 节所采用的本构模型一样。由于本章选择 SPRING2 弹簧单元模拟栓钉,栓钉本构模型详见 7.4.2 小节,栓钉抗拉强度统一取 450 MPa。

波形钢板与混凝土之间的界面黏结作用通过弹簧单元 SPRING2 模拟实现,本节混凝土强度等级为 C35,波形钢板与混凝土之间的黏结滑移本构模型确定与 7.5.2 节相同。

(2)有限元模型介绍

带栓钉波形钢板-混凝土组合剪力墙模型中波形钢板、H 型钢及混凝土都采用实体单元 C3D8R (Solid Element),钢筋采用桁架单元即 T3D2,栓钉采用弹簧单元 SPRING2 进行模拟,剪力墙模型根据试验试件实际尺寸进行建模。采用分离式方法建模,建模过程如图 7.67 所示。为了简化模型、提高运算效率,将加载梁、地梁设置成与墙体相同的截面,但高度不变,同时设置材料属性时,将加载梁、地梁设为钢材材性,弹性模量放大 1000 倍,不定义塑性与破坏准则。在墙体中挖出波形钢板及边缘构件 H 型钢相同的大小尺寸,定义相互接触时 H 型钢与混凝土采用约束绑定命令(Tie),波形钢板与混凝土采用弹簧单元 SPRING2 定义相互作用。有限元模型的边界条件与试验保持一致,将地梁的平动和转动全部加约束。模型中建立了 2 个分析步:Step1 施加轴压力,轴压力折算成均布荷载的形式施加在模型顶面,并在加载全过程中保持不变;Step2 施加水平荷载,通过建立参考点与加载端面耦合进行加载控制,水平方向位移控制值与试验相同。为防止应力集中在加载面设置了弹性垫块。

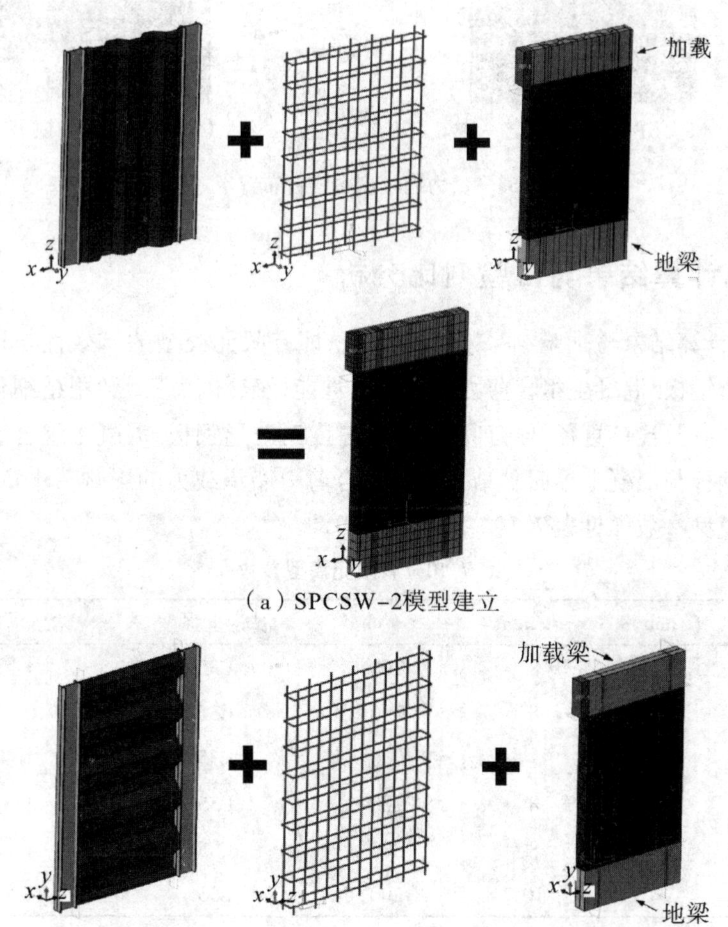

(a) SPCSW-2模型建立

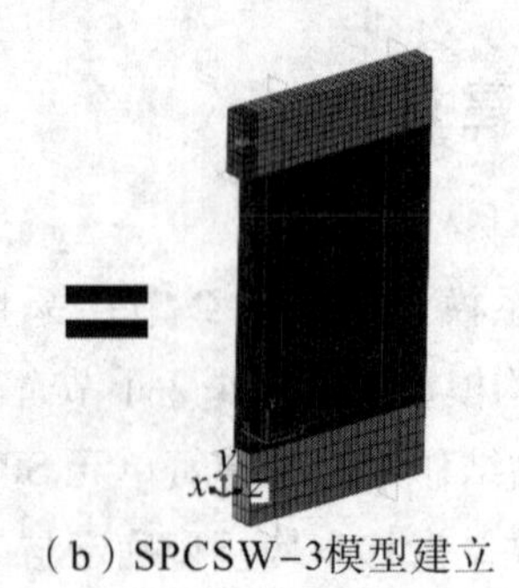

（b）SPCSW-3模型建立

图 7.67 剪力墙有限元模型建立过程

考虑到模型中界面黏结单元与栓钉的布置，波形钢板与混凝土的网格划分尺寸为 50 mm。根据试验试件，将栓钉布置在波形钢板波谷内侧，间距为 200 mm。栓钉的布置如图 7.68 所示。

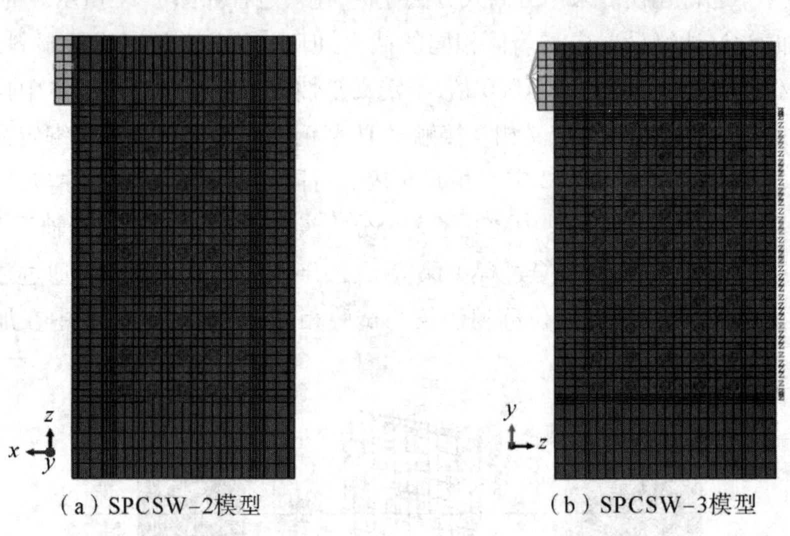

（a）SPCSW-2模型　　（b）SPCSW-3模型

图 7.68 剪力墙模型中栓钉布置示意图

7.6.2 有限元计算结果与试验对比分析

本节将有限元计算结果与试验结果对比分析，论证有限元模型的有效性与精确性。在此基础上，分析带栓钉波形钢板-混凝土组合剪力墙的受力性能及破坏状态。利用精细化组合剪力墙模型分析是否布置栓钉，以及栓钉直径、栓钉间距、钢板厚度对波形钢板-混凝土组合剪力墙抗震性能的影响，并探究波形钢板与混凝土界面黏结作用对组合剪力墙承载力的影响。本章共建立 28 个有限元模型，各有限元模型参数详见表 7.10。

表 7.10 有限元模型参数

有限元模型编号	t/mm	d/mm	S_d/mm	混凝土强度	黏结作用	内置钢板特征
SPCSW－2－FEM	3	8	200	C35	1	竖向波形钢板
SPCSW－2－O	3	8	200	C35	0	竖向波形钢板
SPCSW－2－A	3	无栓钉		C35	1	竖向波形钢板
SPCSW－2－B	3	8	100	C35	1	竖向波形钢板
SPCSW－2－C	3	8	300	C35	1	竖向波形钢板
SPCSW－2－D	3	10	200	C35	1	竖向波形钢板

续表

有限元模型编号	t/mm	d/mm	S_d/mm	混凝土强度	黏结作用	内置钢板特征
SPCSW－2－E	3	13	200	C35	1	竖向波形钢板
SPCSW－2－F	3	10	100	C35	1	竖向波形钢板
SPCSW－2－G	3	10	300	C35	1	竖向波形钢板
SPCSW－2－H	3	13	100	C35	1	竖向波形钢板
SPCSW－2－I	3	13	300	C35	1	竖向波形钢板
SPCSW－2－J	2	无栓钉		C35	0	竖向波形钢板
SPCSW－2－K	3	无栓钉		C35	0	竖向波形钢板
SPCSW－2－L	5	无栓钉		C35	0	竖向波形钢板
SPCSW－3－FEM	3	8	200	C35	1	水平波形钢板
SPCSW－3－O	3	8	200	C35	0	水平波形钢板
SPCSW－3－A	3	无栓钉		C35	1	水平波形钢板
SPCSW－3－B	3	8	100	C35	1	水平波形钢板
SPCSW－3－C	3	8	300	C35	1	水平波形钢板
SPCSW－3－D	3	10	200	C35	1	水平波形钢板
SPCSW－3－E	3	13	200	C35	1	水平波形钢板
SPCSW－3－F	3	10	100	C35	1	水平波形钢板
SPCSW－3－G	3	10	300	C35	1	水平波形钢板
SPCSW－3－H	3	13	100	C35	1	水平波形钢板
SPCSW－3－I	3	13	300	C35	1	水平波形钢板
SPCSW－3－J	2	无栓钉		C35	0	水平波形钢板
SPCSW－3－K	3	无栓钉		C35	0	水平波形钢板
SPCSW－3－L	5	无栓钉		C35	0	水平波形钢板

注：t为波形钢板的厚度；模型中栓钉布置在波形钢板波谷，长度统一取60 mm；d为栓钉直径；S_d为栓钉间距；0表示不考虑波形钢板与混凝土界面的黏结作用，此时模型中钢板与混凝土接触属性采用法向硬接触、切向无摩擦；1表示考虑波形钢板与混凝土界面间的黏结作用；本章有限元模型中栓钉抗拉强度统一取450MPa。

(1)试件破坏形态对比

图7.69为试件SPCSW－2、SPCSW－3的试验破坏与裂缝发展形态，图7.69(a)为试件SPCSW－2位移加载至±41.0mm(位移角：±2.1%)时试件破坏现场实测图，图7.69(b)为试件SPCSW－3位移加载至±33.6mm(位移角：±1.7%)时试件破坏现场实测图。由图7.69可知，剪力墙均发生弯剪破坏，墙体中下部产生较多的剪切短斜裂缝，SPCSW－2墙体中部形成与竖直方向成30°的X形主裂缝，SPCSW－3墙体中部形成与竖直方向成60°的V形主裂缝，墙体底部形成弯曲破坏裂缝，破坏时主斜裂缝与底部水平裂缝贯通，SPCSW－3试件墙体底部破坏更严重。试验试件SPCSW－2与SPCSW－3最终的破坏主要表现为墙体两侧墙趾混凝土被压碎，H型钢与钢筋外露屈服，导致试件承载力下降。试验试件具体破坏过程及受理机理分析详见本书第3章，试验过程中波形钢板表面焊接的栓钉无脱落现象。

（a）SPCSW-2试件破坏与裂缝形态（加载位移：±41.0mm）

（b）SPCSW-3试件破坏与裂缝形态（加载位移：±33.6mm）

图7.69　试件破坏状态实测图

本节采用ABAQUS中混凝土塑性损伤模型来模拟混凝土，可以通过后处理中的最大塑性应变图或最大塑性应变矢量图来反映混凝土裂缝的发展与分布情况，裂缝的方向垂直于最大塑性应变矢量方向，即与拉应变的红色箭头的方向垂直。图7.70是SPCSW－2剪力墙模型在位移加载为±41.0mm时混凝土墙体的最大塑性应变图与最大塑性应变矢量图，图7.71是SPCSW－3剪力墙模型在位移加载为±33.6mm时混凝土墙体的最大塑性应变图与最大塑性应变矢量图。从图7.70、图7.71可以看出，墙体墙趾处最大塑性应变已经远远大于混凝土的极限压应变，表明混凝土已经被压碎。最大塑性应变矢量图同样表明，墙体两侧墙趾处混凝土被压溃，与试验试件墙角混凝土破坏现象一致。根据图7.71(b)可以得到在墙体底部形成水平贯通裂缝，这与图7.69(b)试验现象吻合。

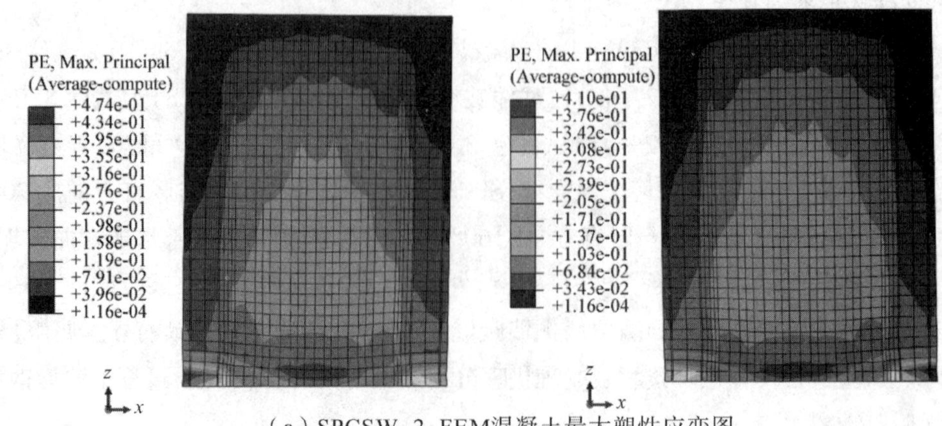

（a）SPCSW-2-FEM混凝土最大塑性应变图

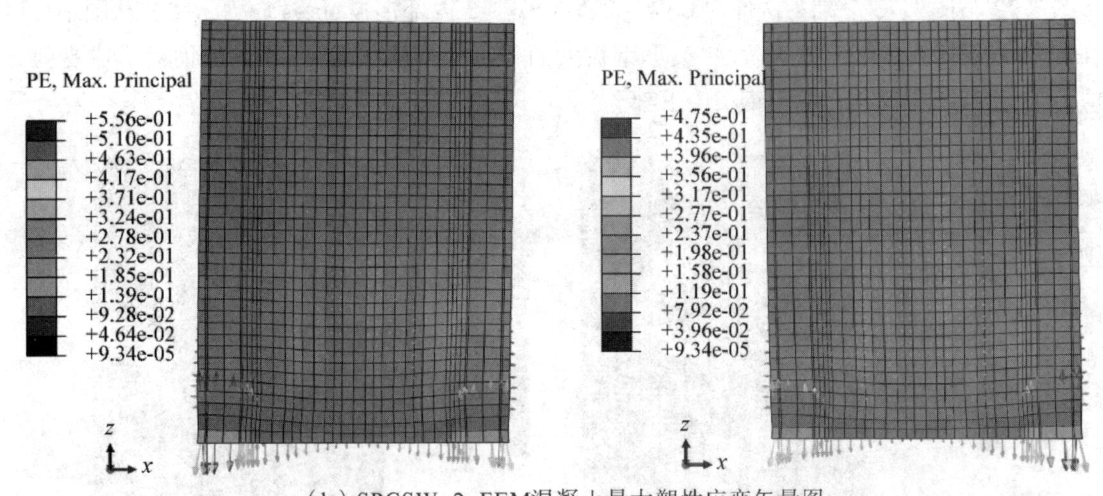

（b）SPCSW-2-FEM混凝土最大塑性应变矢量图

图7.70　模型SPCSW-2-FEM混凝土墙体破坏状态(加载位移：±41.0mm)

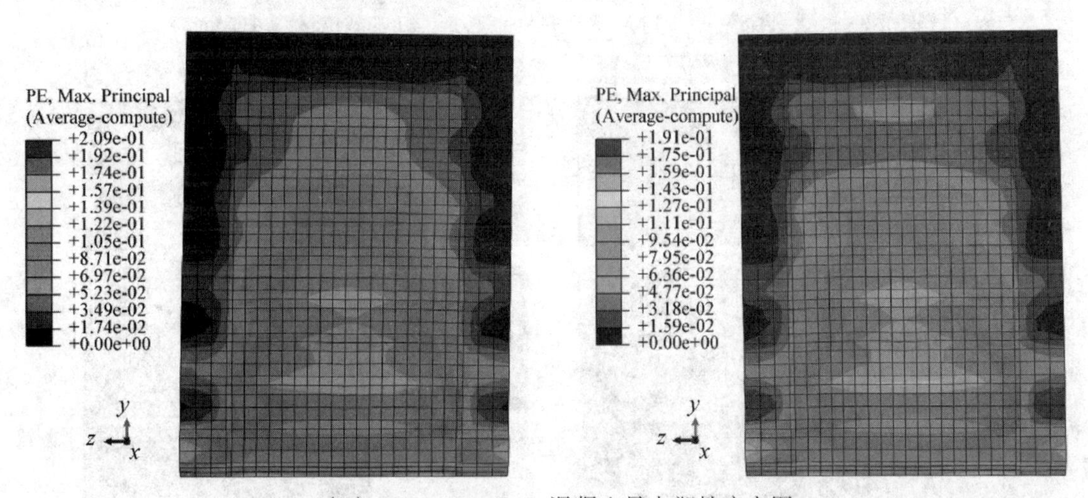

（a）SPCSW-3-FEM混凝土最大塑性应变图

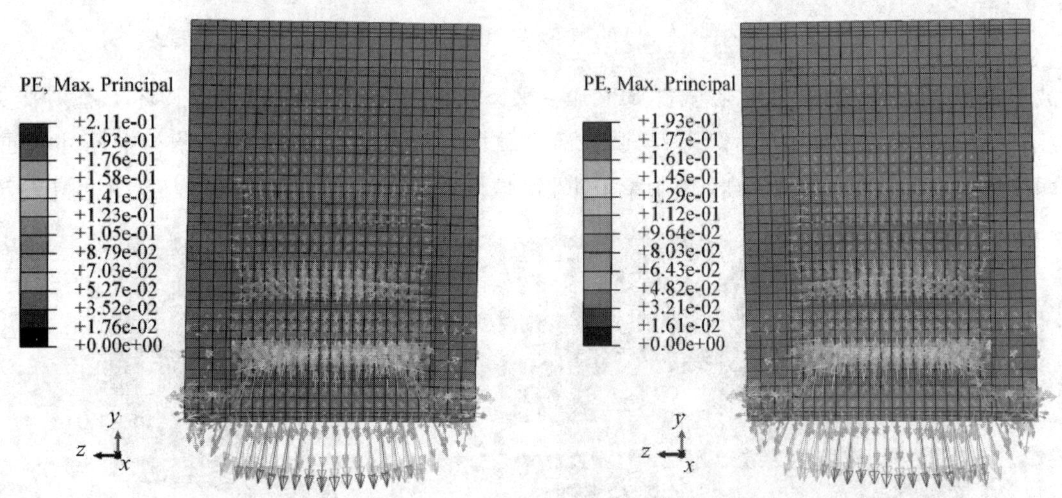

（b）SPCSW-3-FEM混凝土最大塑性应变矢量图

图7.71　模型SPCSW-3-FEM混凝土墙体破坏状态(加载位移：±33.6mm)

图7.72与图7.73分别为试件SPCSW－2、SPCSW－3内部钢板Mises应力云图。从图中可以看出，H型钢柱已经进入屈服破坏阶段，波形钢板大面积进入屈服状态，内部波形钢板形成受剪方向的应力带，主要集中出现在波形钢板中下部。

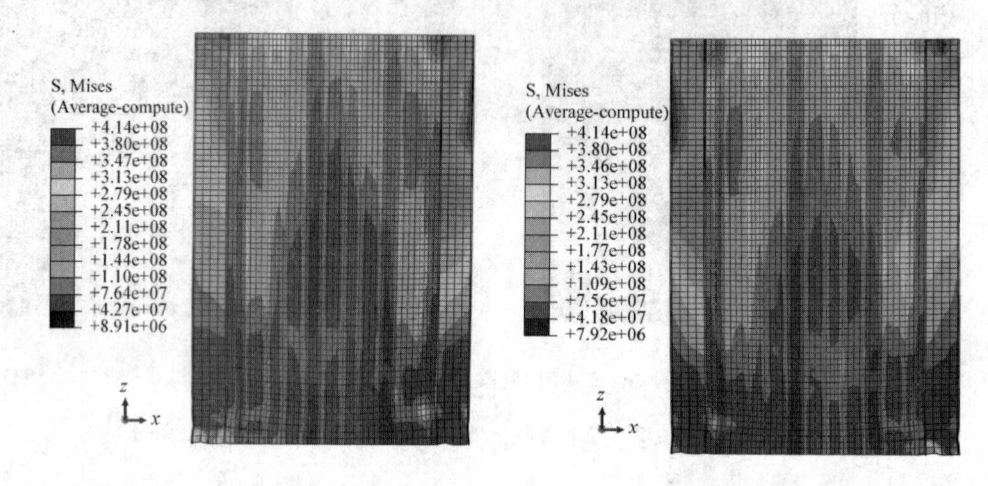

图7.72　模型SPCSW－2－FEM钢板Mises应力云图(加载位移：±41.0mm)

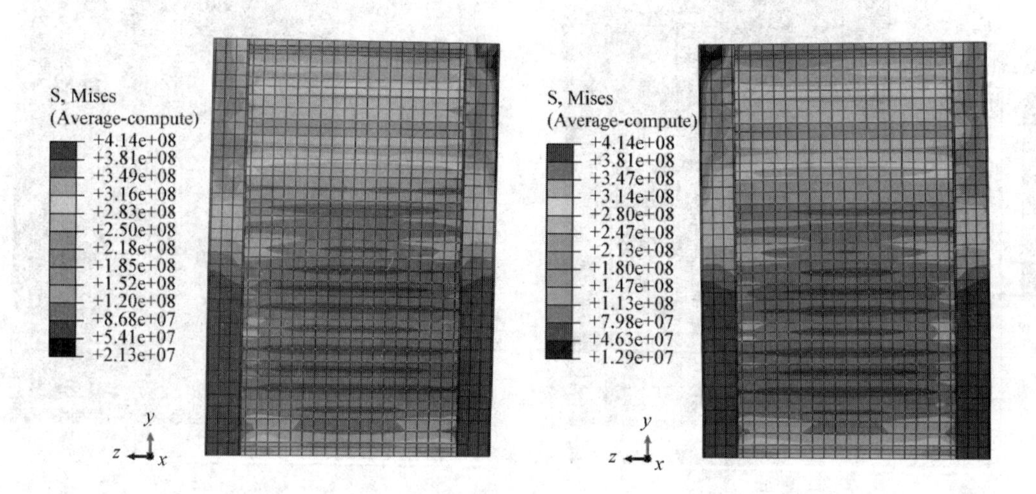

图7.73　模型SPCSW－3－FEM钢板Mises应力云图(加载位移：±33.6mm)

波形钢板-混凝土组合剪力墙试件SPCSW－2、SPCSW－3墙体两侧钢材破坏形态对比见图7.74、图7.75。模型中钢材的破坏形态与试验最终破坏时现象基本相同，H型钢与钢筋外露屈服，墙角两侧形成塑性区域与试验中形成的墙角塑性区域位置基本一致。钢筋的应力云图见图7.76。

(a) SPCSW-2左侧墙角钢材破坏形态对比

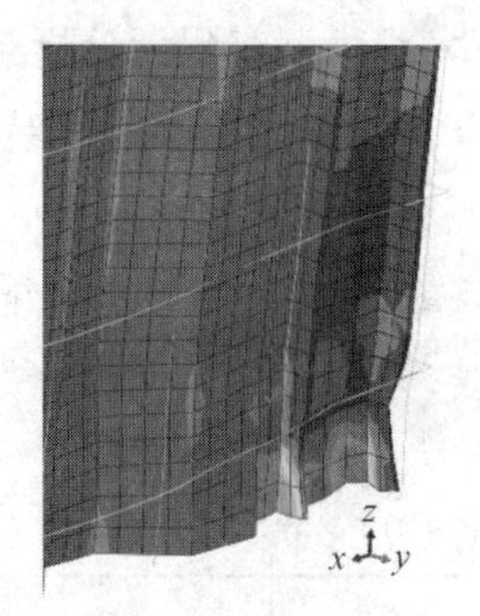

（b）SPCSW-2右侧墙角钢材破坏形态对比

图 7.74　试件 SPCSW－2 墙角处钢材破坏形态对比

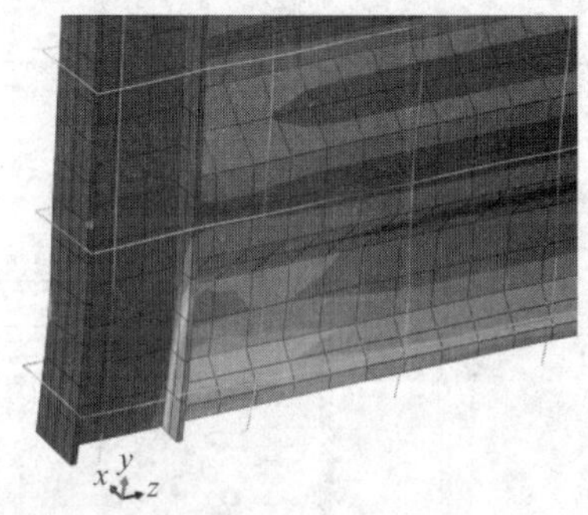

（a）SPCSW-3左侧墙角钢材破坏形态对比

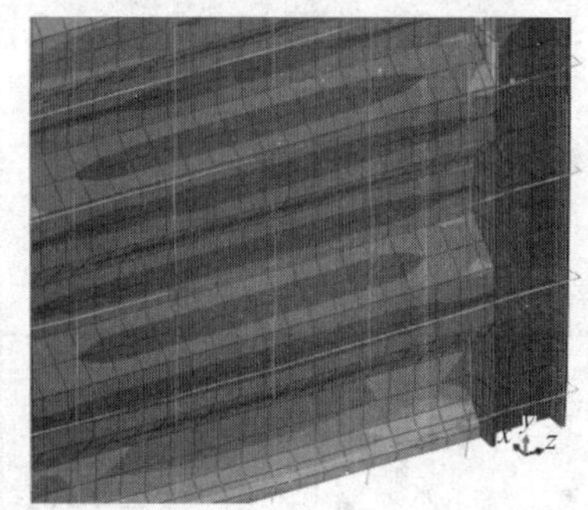

（b）SPCSW-3右侧墙角钢材破坏形态对比

图 7.75　试件 SPCSW－3 墙角处钢材破坏形态对比

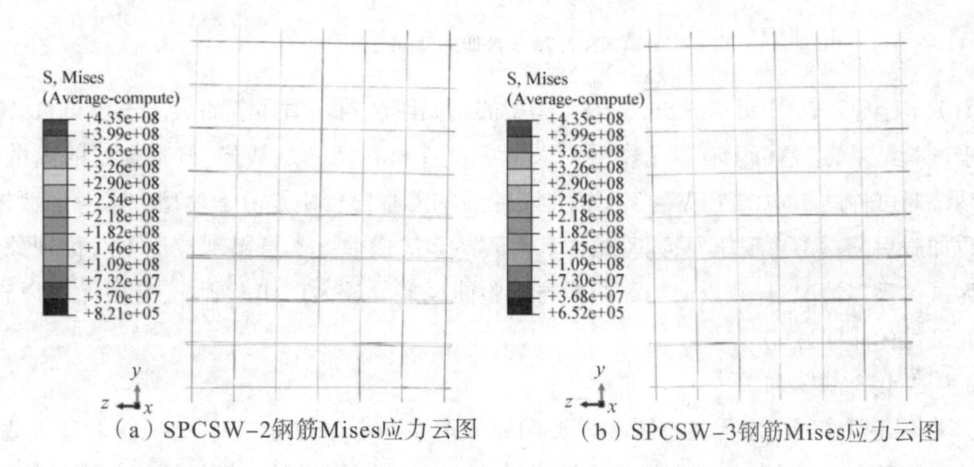

（a）SPCSW-2钢筋Mises应力云图　　（b）SPCSW-3钢筋Mises应力云图

图 7.76　钢筋应力云图

综上所述,剪力墙模型有限元分析与试验所得到的破坏形态基本相近,这初步说明本章所建立的有限元模型可以有效地模拟分析波形钢板-混凝土组合剪力墙。

(2)荷载-位移曲线对比分析

通过 ABAQUS 有限元软件分析结果,得到模型 SPCSW-2-FEM、模型 SPCSW-3-FEM 的滞回曲线与骨架曲线,其与试验数据对比如图 7.77、图 7.78 所示。

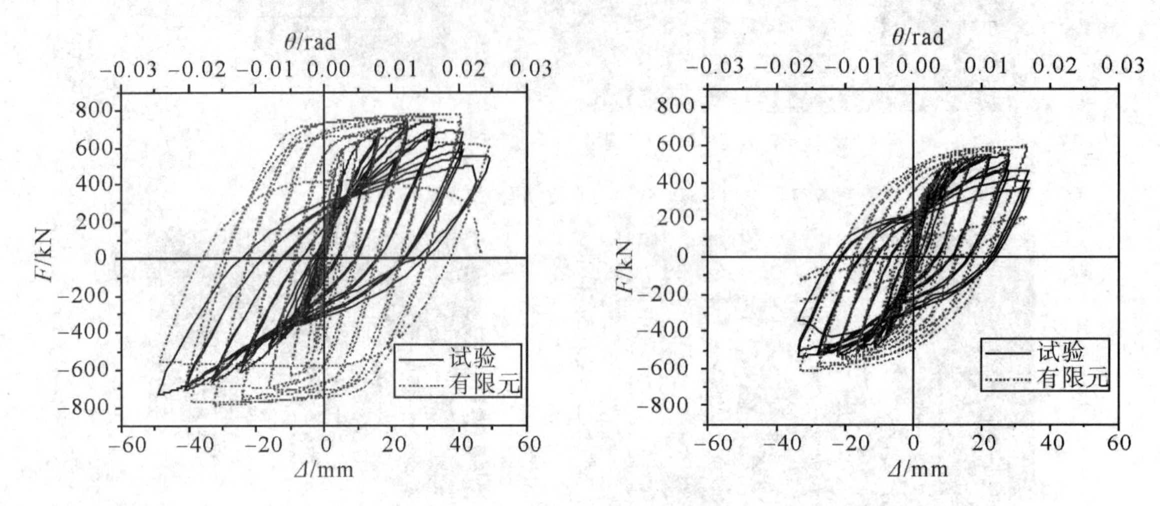

图 7.77　滞回曲线对比

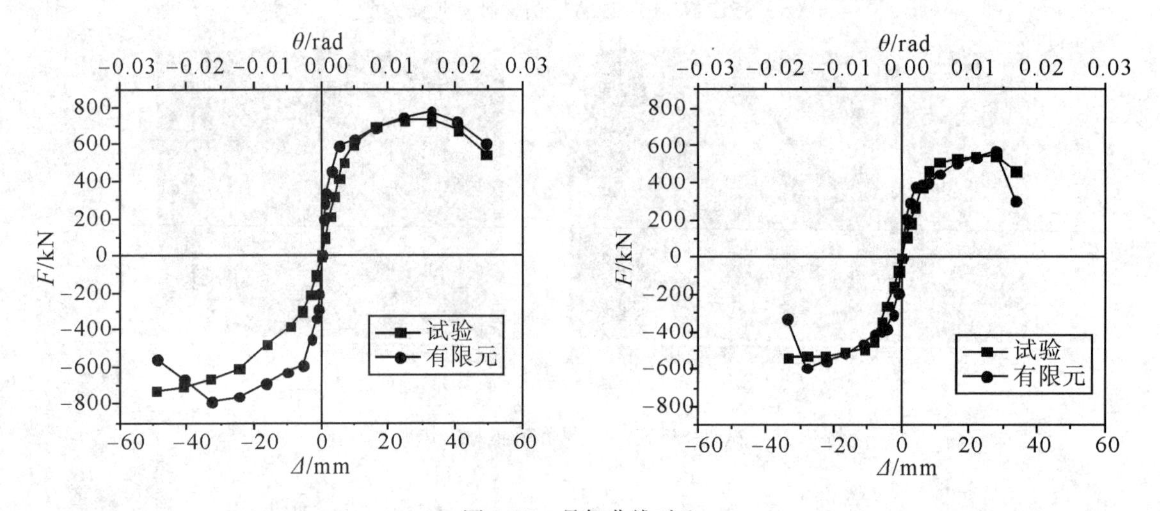

图 7.78　骨架曲线对比

从图 7.77、图 7.78 中可以看出,有限元模型的初始刚度与峰值荷载略大于试验试件,滞回环面积也大于试验结果,这是由于有限元模型中未考虑试件材料的初始缺陷、材料强度的离散性、平面外支撑系统对试件的影响;SPCSW-3 模拟骨架曲线的下降段较快是由于模型中未考虑墙体的侧向支撑导致加载后期模型出现压屈;试验试件 SPCSW-2 滞回曲线本身出现拉压不对称现象,但有限元模拟为试件理想情况,导致反向加载曲线与试验曲线差异较大。如上所述,有限元可以较好地模拟剪力墙试件的滞回性能。

(3)主要计算结果对比

本文采用几何作图法求得各有限元模型的屈服荷载与屈服位移,表 7.11、表 7.12 分别为试件 SPCSW-2、SPCSW-3 试验与模拟的主要结果对比。从表中数据可知,模拟结果与试验结果基本一致,峰值荷载误差在 10% 左右,满足工程精度要求。除了屈服位移由于有限元模型初始刚度略大导致误差较大,其余误差均在合理范围内,SPCSW－3 的模拟结果与试验结果吻合度较高。

表 7.11　SPCSW－2 计算结果对比

项目	加载方向	屈服点		峰值荷载点	
		F_y/kN	Δ_y/mm	F_{max}/kN	Δ_{max}/mm
试验结果	推	579.4	9.3	733.0	32.8
	拉	419.7	12.1	730.0	49.2
模拟结果	推	544.1	4.7	778.9	32.8
	拉	540.4	4.6	782.8	32.7
模拟结果/试验结果	推	0.94	0.51	1.06	1.00
	拉	1.29	0.38	1.07	0.66

注:F_y 为屈服荷载,Δ_y 为屈服荷载对应的位移,F_{max} 为峰值荷载,Δ_{max} 为峰值荷载对应的位移。

表 7.12　SPCSW－3 计算结果对比

项目	加载方向	屈服点		峰值荷载点	
		F_y/kN	Δ_y/mm	F_{max}/kN	Δ_{max}/mm
试验结果	推	450.0	8.0	547.2	28.0
	拉	440.9	8.2	533.4	33.6
模拟结果	推	394.6	6.3	577.1	27.9
	拉	388.6	5.6	590.5	28.0
模拟结果/试验结果	推	0.88	0.79	1.05	1.00
	拉	0.88	0.68	1.11	0.83

注:F_y 为屈服荷载,Δ_y 为屈服荷载对应的位移,F_{max} 为峰值荷载,Δ_{max} 为峰值荷载对应的位移。

7.6.3　栓钉对波形钢板与混凝土组合效应的影响

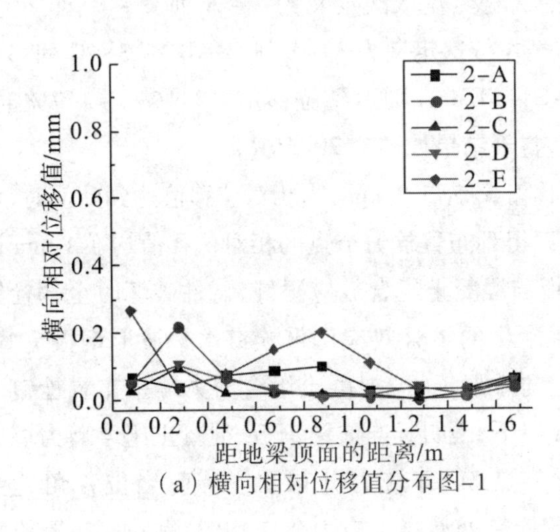

(a) 横向相对位移值分布图-1

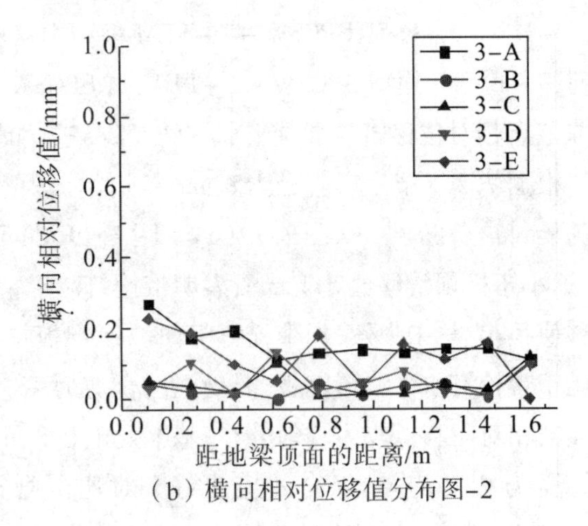

(b) 横向相对位移值分布图-2

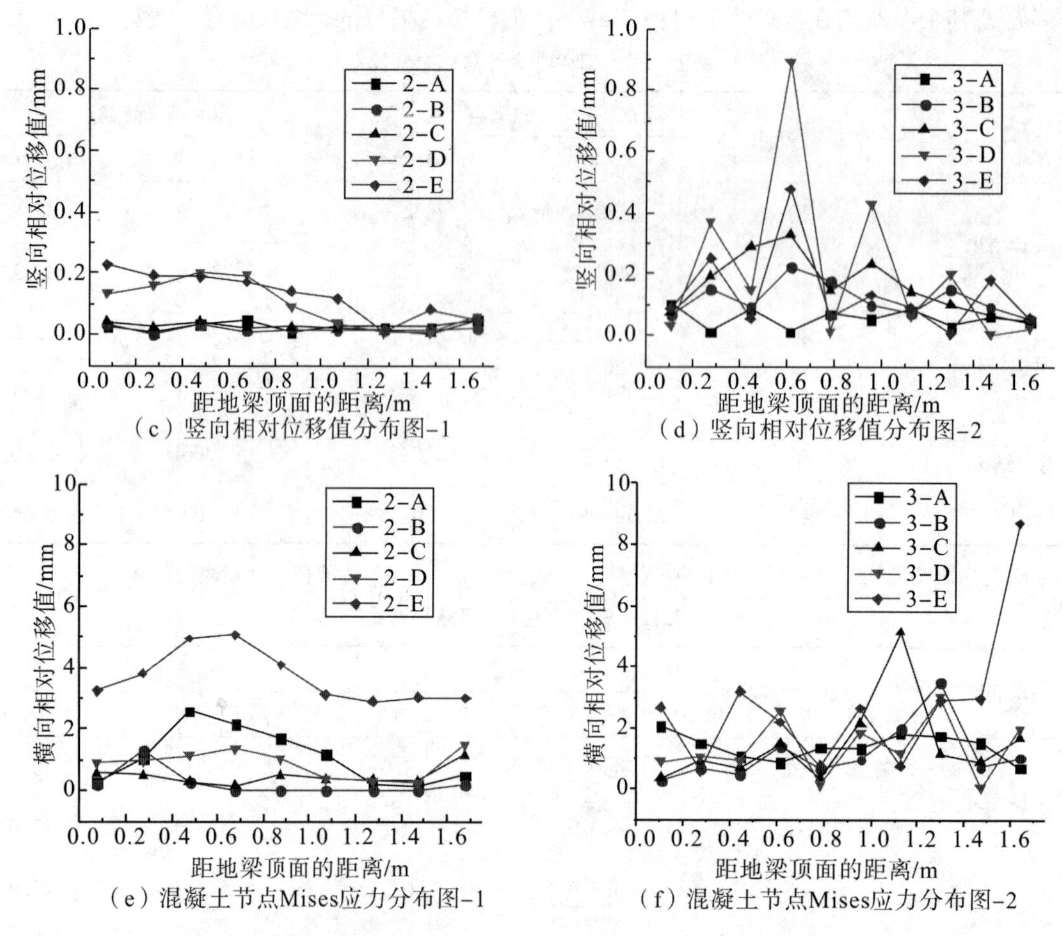

（c）竖向相对位移值分布图-1

（d）竖向相对位移值分布图-2

（e）混凝土节点Mises应力分布图-1

（f）混凝土节点Mises应力分布图-2

图7.79　栓钉有关节点相对位移值与布置栓钉处混凝土 Mises 应力值

（注:图中数字2、3 分别表示 SPCSW－2－FEM、SPCSW－3－FEM 有限元模型）

为探究带栓钉波形钢板-混凝土组合剪力墙在低周往复荷载作用下,栓钉对波形钢板与混凝土墙板组合效应的影响,笔者根据有限元模型 SPCSW－2－FEM 与 SPCSW－3－FEM 计算结果提取模型分别在破坏位移角－2.1%、－1.7%中栓钉布置节点的相对位移值。模型中栓钉布置节点示意图详见图7.68,沿水平加载方向为横向方向,沿顶梁轴向压力施加方向为竖向方向。模型中栓钉布置均为5列,为便于分析,将 SPCSW－2－FEM 模型中从右至左依次定义为2－A 列、2－B 列、2－C 列、2－D 列、2－E 列,SPCSW－3－FEM 模型中从右至左依次定义为3－A 列、3－B 列、3－C 列、3－D 列、3－E 列。模型 SPCSW－2－FEM 与 SPCSW－2－FEM 分别达到位移角－2.1%、－1.7%时,提取节点相对位移值与混凝土节点处 Mises 应力值,整理结果如图7.79 所示。

根据7.2.5 节求得直径为8 mm 栓钉的极限滑移值 S_f 为3.1 mm,当相对位移值达到此值时,可认为栓钉被剪断了。从图7.79(a)～图7.79(d)可以得到布置栓钉节点的相对位移值均在1 mm 以下,远小于极限滑移值3.1 mm,表明带栓钉波形钢板与混凝土组合效应很好,试件破坏时全部栓钉滑移值很小、均未失效,但带栓钉竖向波形钢板与混凝土的组合效应比带栓钉水平波形钢板更好。相比于带栓钉水平波形钢板-混凝土组合剪力墙,竖向波形钢板-混凝土组合剪力墙中布置栓钉节点竖向相对位移值较为均匀分布,基本处于0.2 mm 以下,说明竖向波形钢板-混凝土组合剪力墙中栓钉受力相对均匀、组合效应更好。对比混凝土节点 Mises 应力分布图,得到:当位移角达到－2.1%时,竖向波形钢板-混凝土组合剪力墙中布置栓钉处混凝土应力分布均匀,靠左侧布置栓钉处混凝土抗拉强度均超过混凝土极限抗拉强度 2.27 MPa，出现裂缝，与图 7.69(a)中墙体左侧裂缝形态相吻合；当位移角达到 -1.7% 时，水平波形钢板-混凝土组合剪力墙中布置栓钉处混凝土应力分布不均匀。

综上所述，带栓钉波形钢板与混凝土具有较好的组合效应，其中带栓钉竖向波形钢板与混凝土组合性能最优，布置栓钉处混凝土应力沿剪力墙竖向方向均匀分布[166-167]。

7.6.4　带栓钉波形钢板-混凝土组合剪力墙受力性能参数分析

表 7.13　有限元参数分析结果

试件编号	推方向		拉方向		F_m/kN
	F_{max}/kN	Δ_{max}/mm	F_{max}/kN	Δ_{max}/mm	
SPCSW-2-FEM	778.9	32.8	782.7	32.8	780.8
SPCSW-2-O	733.5	32.7	755.3	32.8	744.4
SPCSW-2-A	757.5	32.7	767.5	32.7	762.5
SPCSW-2-B	765.4	32.4	779.9	32.8	772.7
SPCSW-2-C	766.4	32.5	778.8	32.1	772.6
SPCSW-2-D	769.3	32.7	781.4	32.7	775.4
SPCSW-2-E	767.9	32.0	781.2	32.7	774.6
SPCSW-2-F	767.9	32.4	780.7	32.7	774.3
SPCSW-2-G	766.7	32.5	779.7	32.8	773.2
SPCSW-2-H	768.6	32.7	781.2	32.5	775.0
SPCSW-2-I	766.2	32.7	776.4	32.6	771.3
SPCSW-2-J	659.4	41.0	673.2	41.0	666.3
SPCSW-2-K	726.7	32.8	713.4	24.5	720.1
SPCSW-2-L	1151.6	32.7	1146.7	32.7	1149.2
SPCSW-3-FEM	577.1	27.9	590.5	28.0	583.8
SPCSW-3-O	561.4	27.9	572.3	27.7	566.9
SPCSW-3-A	579.3	27.9	586.4	27.9	582.9
SPCSW-3-B	577.3	27.8	589.4	28.0	583.4
SPCSW-3-C	577.2	27.8	589.0	28.0	583.1
SPCSW-3-D	576.8	27.9	588.2	27.8	582.5
SPCSW-3-E	578.1	27.8	589.2	28.0	583.6
SPCSW-3-F	578.7	27.9	590.4	28.0	584.6
SPCSW-3-G	577.2	27.9	589.2	27.8	583.2
SPCSW-3-H	577.5	28.0	588.5	27.9	583.0
SPCSW-3-I	574.1	27.6	589.9	28.0	582.0
SPCSW-3-J	440.0	28.0	460.3	33.5	450.2
SPCSW-3-K	487.7	27.9	498.2	27.9	492.9
SPCSW-3-L	636.3	27.6	650.9	27.9	643.6

注：F_{max} 为峰值荷载，Δ_{max} 为峰值荷载对应的位移，F_m 为峰值荷载平均值。

(1)带栓钉竖向波形钢板-混凝土组合剪力墙

1)栓钉与黏结作用对竖向波形钢板-混凝土组合剪力墙受力性能的影响。根据7.2节试验结果可知,波形钢板混凝土界面剪力传递性能主要受到黏结作用与栓钉的影响,而栓钉中栓钉数量、直径是主要影响因素。对于组合剪力墙,栓钉的数量与布置间距息息相关,为此,在7.5.3小节基础上进一步分析是否布置栓钉、栓钉直径、间距及界面黏结作用对竖向波形钢板-混凝土组合剪力墙受力性能的影响。图7.80为竖向波形钢板-混凝土组合剪力墙模型栓钉布置示意图。

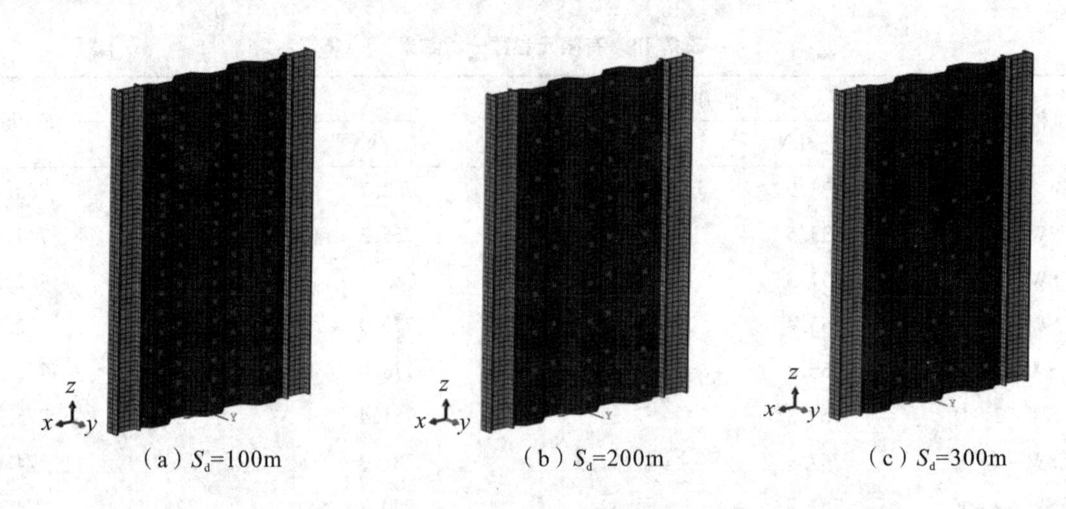

图7.80 竖向波形钢板-混凝土组合剪力墙模型中栓钉布置示意图

根据有限元计算结果,整理各模型骨架曲线如图7.81(a)~图7.81(e)所示。本章定义带栓钉竖向波形钢板-混凝土组合剪力墙承载力的变化率为ξ_2,来分析在变参情况下栓钉、波形钢板及混凝土三者之间的组合效益,计算公式如式(7-30)所示。结合表7.11整理相关数据如图7.81(f)所示,ξ_2值越大,表明三者组合效益最好,共同受力工作性能优越。

$$\xi_2 = \frac{F_{m,SPCSW-2-1} - F_{m,SPCSW-2-K}}{F_{m,SPCSW-2-K}} \times 100\% \tag{7-30}$$

式中:$F_{m,SPCSW-2-1}$—— 带栓钉竖向波形钢板-混凝土组合剪力墙模型峰值荷载平均值,kN;

$F_{m,SPCSW-2-K}$—— 模型SPCSW-2-K峰值荷载平均值,kN。

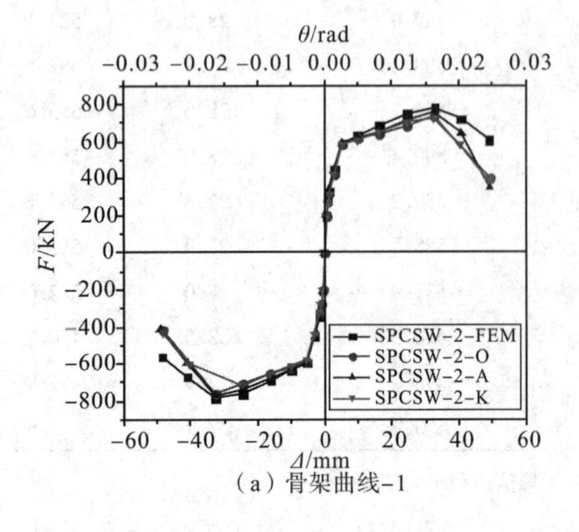

(a)骨架曲线-1

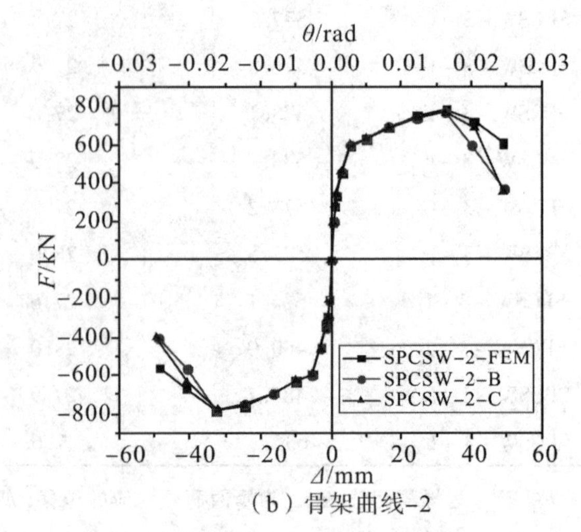

(b)骨架曲线-2

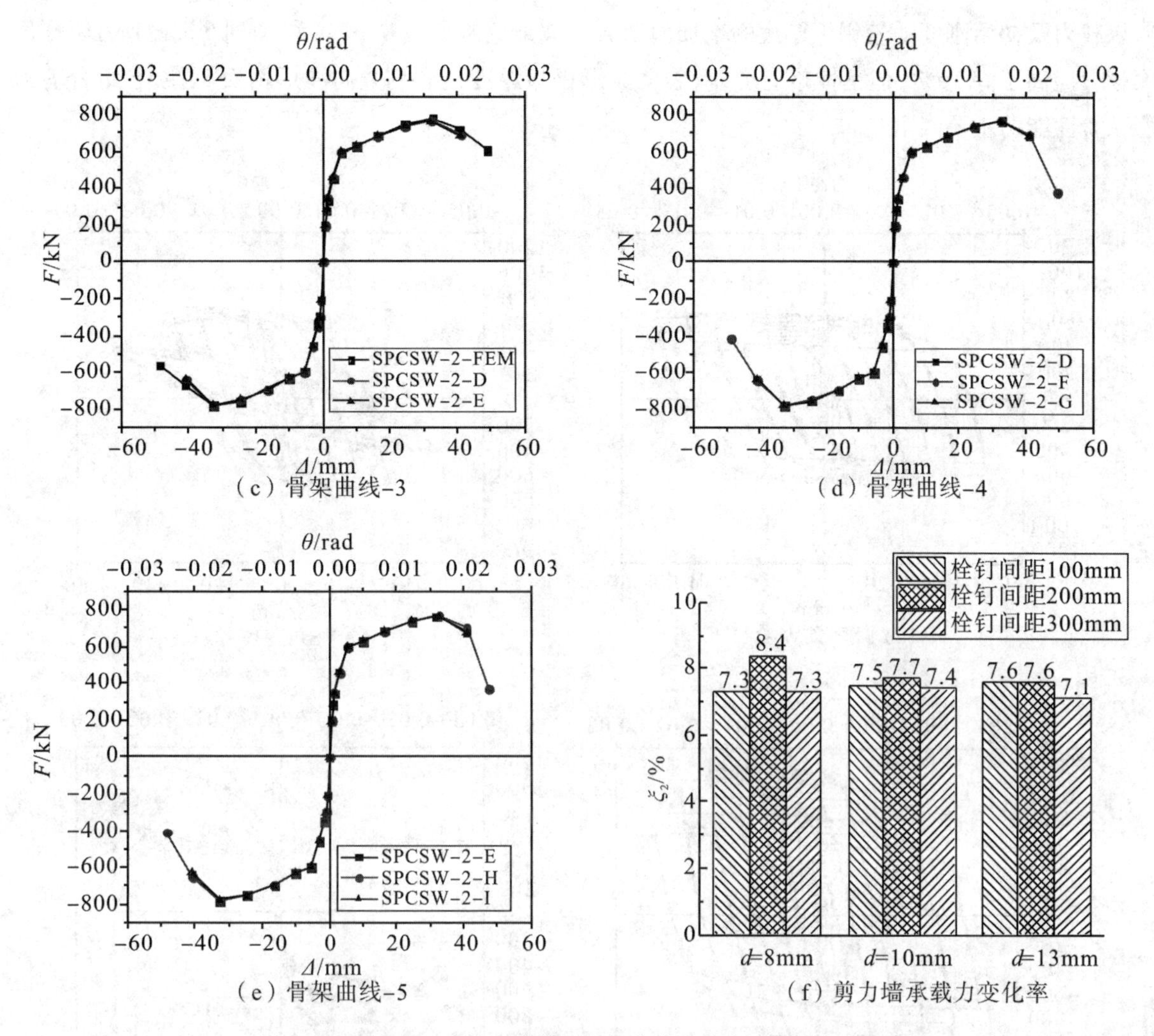

图7.81 SPCSW－2剪力墙模型骨架曲线及剪力墙承载力变化率

从图中数据可得,SPCSW－2－O、SPCSW－2－A、SPCSW－2－FEM与SPCSW－2－K峰值承载力平均值分别为744.4kN、762.5kN、780.8kN、720.1kN;相比于SPCSW－2－K,只考虑布置栓钉时剪力墙承载力提高了3.4%,只考虑波形钢板与混凝土界面间黏结作用时剪力墙峰值承载力提高了5.9%,布置栓钉同时考虑波形钢板混凝土界面间黏结作用时剪力墙峰值承载力提高了8.4%。从图7.81(a)~图7.81(c)中可看出,竖向波形钢板-混凝土组合剪力墙中钢板与混凝土界面间黏结力与栓钉的存在能够提高剪力墙的峰值承载力与延性,但改变栓钉直径、间距对竖向波形钢板-混凝土组合剪力墙峰值承载力的影响很小。随着栓钉直径、间距的增大,竖向波形钢板-混凝土组合剪力墙的延性略有变差。通过图7.81(f)中ξ_2数据分析得到:由于栓钉与界面黏结作用的存在,剪力墙峰值承载力提高了7.5%左右,在竖向波形钢板-混凝土组合剪力墙布置栓钉时,满足长径比大于4,栓钉直径不宜过大、间距不宜过小,避免造成材料成本费用的增加而无法实质性地提高剪力墙的抗震性能与共同工作性能;根据有限计算分析结果,栓钉布置措施笔者推荐取栓钉直径为8 mm、布置间距为200 mm,满足栓钉长径比大于4即可。

2)钢板厚度对竖向波形钢板-混凝土组合剪力墙受力性能的影响。不同钢板厚度竖向波形钢板-混凝土组合剪力墙模型的滞回曲线与骨架曲线见图7.82。模型SPCSW－2－J、SPCSW－2－K、SPCSW－2－L峰值荷载平均值分别为666.3kN、720.1kN 、1149.2kN,竖向波形钢板-混凝土组合剪力墙峰值承载力及初始刚度随着钢板厚度的增加而增大。波形钢板厚度从3mm增加到5mm,剪力墙峰值承载力提高了59.6%,但延性略有变差,表明波形钢板厚度是影响竖向波形钢板-混凝土组合剪力墙受力性能的主要因素。

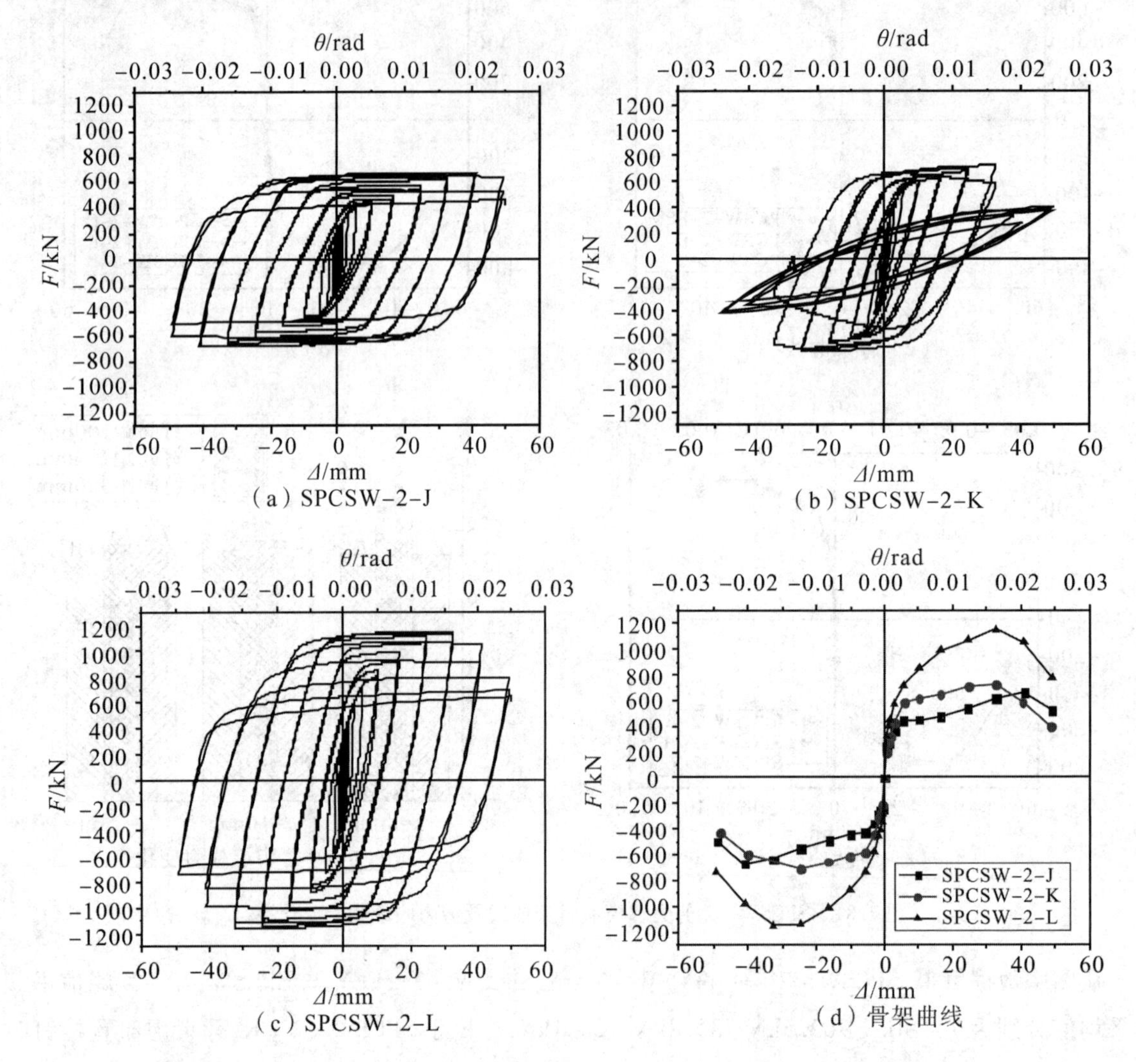

图7.82　不同钢板厚度的竖向波形钢板-混凝土组合剪力墙滞回曲线及骨架曲线

(2)带栓钉水平波形钢板-混凝土组合剪力墙

1)栓钉与黏结作用对水平波形钢板-混凝土组合剪力墙受力性能的影响。图7.83为水平波形钢板-混凝土组合剪力墙模型栓钉布置示意图,在7.4.3小节基础上进一步分析是否布置栓钉,以及栓钉直径、间距及界面黏结作用对水平波形钢板-混凝土组合剪力墙受力性能的影响。

根据有限元计算结果,水平波形钢板-混凝土组合剪力墙系列模型骨架曲线如图7.84(a)~图7.84(e)所示。本章定义带栓钉水平波形钢板-混凝土组合剪力墙承载力的变化率为ξ_3,来分析在变参情况下栓钉、波形钢板及混凝土三者之间的组合效益,计算公式如式(7-31)所示。结合表7.11整理相关数据如图7.84(f)所示。ξ_3值越大,表明三者组合效益最好,共同受力工作性能优越。

$$\xi_3 = \frac{F_{\mathrm{m,SPCSW-3-i}} - F_{\mathrm{m,SPCSW-3-K}}}{F_{\mathrm{m,SPCSW-3-K}}} \times 100\% \tag{7-31}$$

式中:$F_{\mathrm{m,SPCSW-3-i}}$——带栓钉水平波形钢板-混凝土组合剪力墙模型峰值荷载平均值,kN;

$F_{m,SPCSW-3-K}$ ——模型 SPCSW－3－K 峰值荷载平均值，kN。

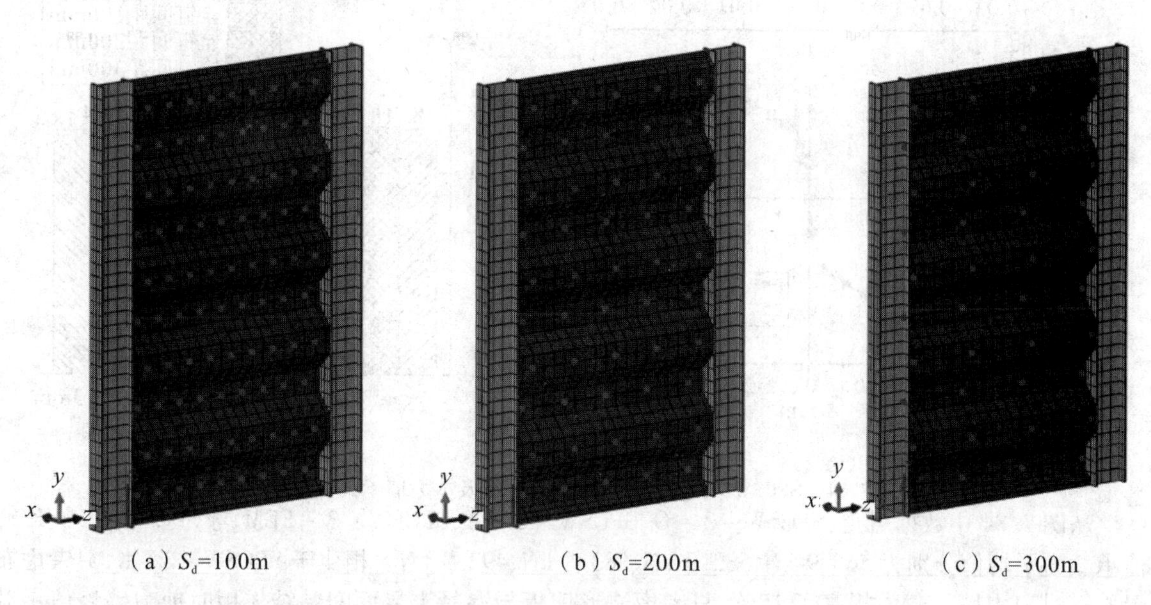

（a）S_d=100m　　（b）S_d=200m　　（c）S_d=300m

图 7.83　水平波形钢板-混凝土组合剪力墙模型中栓钉布置示意图

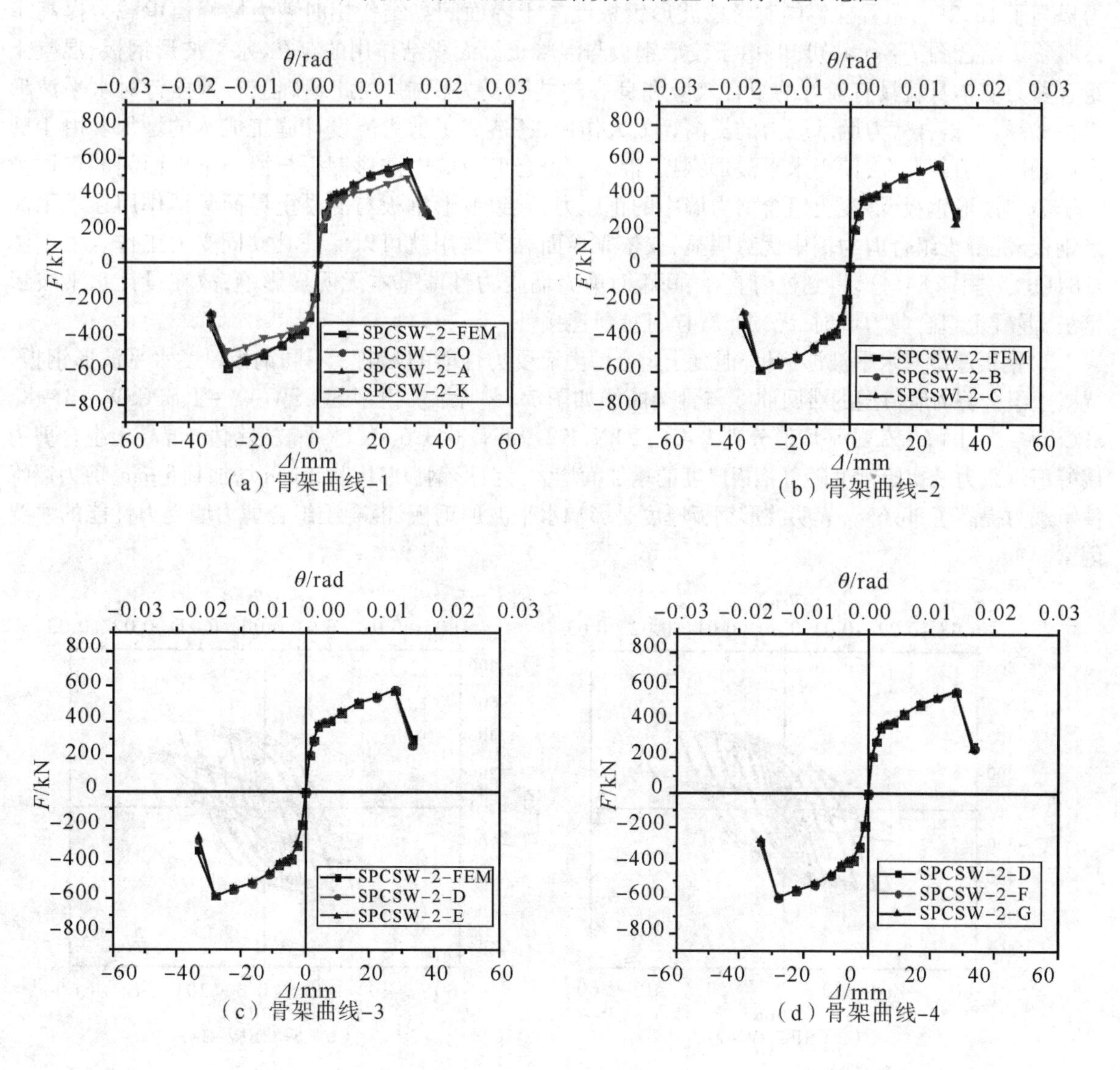

（a）骨架曲线-1　　（b）骨架曲线-2

（c）骨架曲线-3　　（d）骨架曲线-4

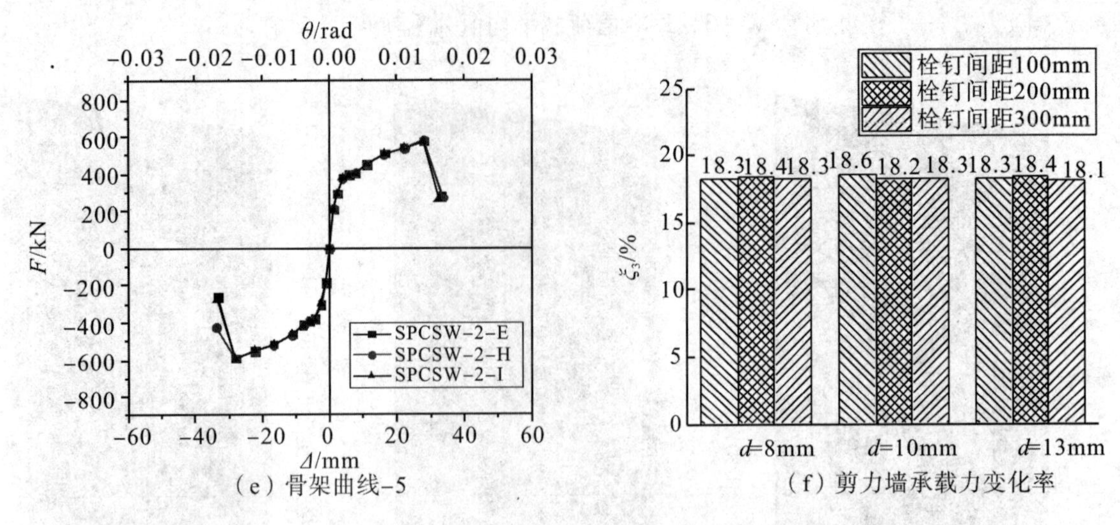

（e）骨架曲线-5　　（f）剪力墙承载力变化率

图 7.84　SPCSW－3 剪力墙模型骨架曲线及剪力墙承载力变化率

从图 7.84 中数据可得，SPCSW－3－O、SPCSW－3－A、SPCSW－3－FEM 与 SPCSW－3－K 峰值承载力平均值分别为 566.9 kN、582.9 kN、583.8 kN、492.9 kN。相比于 SPCSW－3－K，只考虑布置栓钉时剪力墙承载力提高了 15%，只考虑波形钢板与混凝土界面间黏结作用时剪力墙峰值承载力提高了 18.2%，布置栓钉同时考虑波形钢板混凝土界面间黏结作用时剪力墙峰值承载力提高了 18.4%。结合图 7.84（a）可知，由于波形钢板与混凝土界面黏结作用的存在，水平波形钢板-混凝土组合剪力墙本身就具有较好的组合效应和良好的共同受力机制，在此基础上布置栓钉对水平波形钢板-混凝土组合剪力墙承载力的提高无太大作用，还造成了剪力墙设计施工成本的增加。由于剪力墙轴向压力的存在，使得水平波形钢板-混凝土组合剪力墙中波形钢板与混凝土界面间的正压力大于竖向波形钢板-混凝土组合剪力墙中的正压力，导致波形钢板与混凝土界面黏结作用在水平波形钢板-混凝土组合剪力墙中优势明显，仅依靠界面黏结作用就可以保证其共同受力工作。根据图 7.84（b）～图 7.84（f），得到栓钉直径、间距对剪力墙受力性能基本无明显影响，故在设计水平波形钢板-混凝土组合剪力墙时，无须布置栓钉抗剪连接件。

2）钢板厚度对水平波形钢板-混凝土组合剪力墙受力性能的影响。不同钢板厚度水平波形钢板-混凝土组合剪力墙模型的滞回曲线与骨架曲线如图 7.85 所示。模型 SPCSW－3－J、SPCSW－3－K、SPCSW－3－L 峰值荷载平均值分别为 450.2 kN、492.9 kN 、643.6 kN，水平波形钢板-混凝土组合剪力墙峰值承载力及初始刚度随着钢板厚度的增加而增大。波形钢板厚度从 3 mm 增加到 5 mm，剪力墙峰值承载力提高了 30.6%，表明波形钢板厚度是影响水平波形钢板-混凝土组合剪力墙受力性能的主要因素。

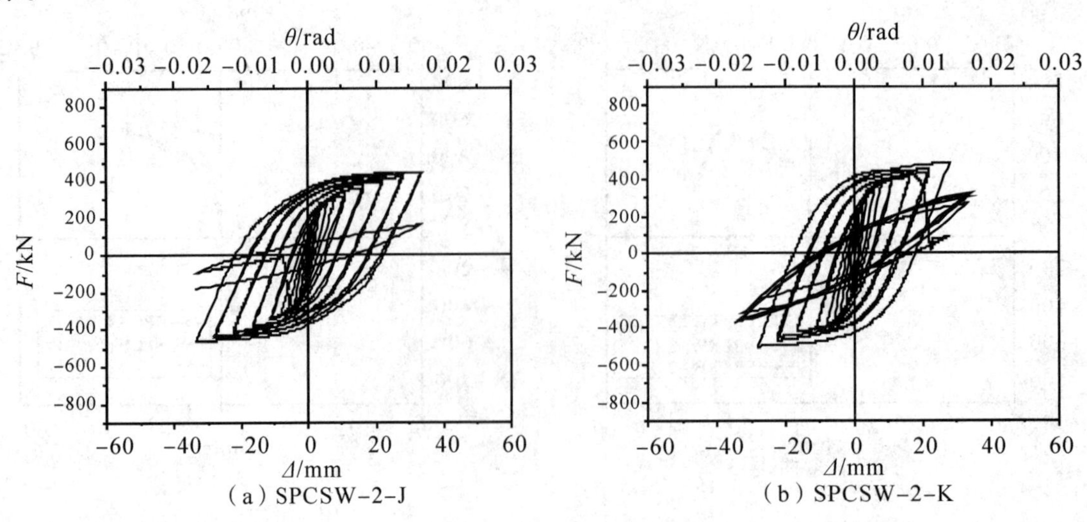

（a）SPCSW-2-J　　（b）SPCSW-2-K

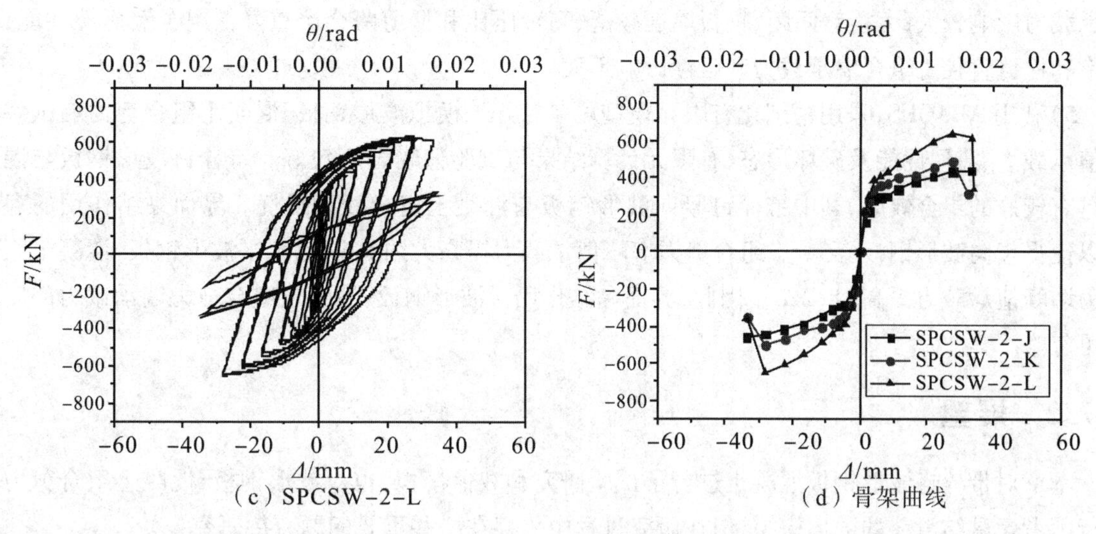

（c）SPCSW-2-L　　（d）骨架曲线

图7.85　不同钢板厚度的水平波形钢板-混凝土组合剪力墙滞回曲线及骨架曲线

7.7　本章小结

7.7.1　结论

本章通过考虑栓钉直径、长度、间距、数量和钢板厚度对波形钢板-混凝土黏结滑移的影响，进行了12个推出试件的试验研究、材料力学理论分析和有限元数值模拟，并进一步对焊接栓钉的波形钢板-混凝土组合剪力墙进行考虑黏结滑移的数值模拟，分析不同参数对波形钢板-混凝土组合剪力墙的受力性能影响。得到以下结论：

1）根据对推出试件的破坏形态特征分析，可将裂缝分为3类：劈裂裂缝、膨胀裂缝和复合裂缝。根据焊接栓钉数量的不同，对试件荷载滑移曲线归纳出4个模型曲线，其受力过程分为上升段、下降段和残余段3部分。定义了每个阶段的特征黏结强度及对应的特征位移，并提出了波形钢板混凝土特征黏结强度计算公式。

2）根据栓钉根部的荷载应变曲线得出，对于单栓的试件，在加载前期，荷载通过钢板和混凝土之间的黏结力传递，栓钉处于弹性阶段，随荷载增大，栓钉开始屈服，荷载滑移曲线开始进入滑移阶段。对于多数栓钉试件，在加载过程中，栓钉受力是不均匀的，当荷载接近极限荷载时，最下部栓钉应变会发生突变，下部栓钉承受的荷载增加，荷载分配趋于接近。

3）根据12个试件的特征黏结强度和特征滑移的试验统计值，采用多线段式对平均黏结应力－加载端滑移曲线进行数学模拟，即黏结滑移本构关系。利用ANSYS和ABAQUS有限元软件，考虑黏结滑移本构关系，对带栓钉波形钢板混凝土推出试件进行数值模拟，模拟结果与试验结果吻合度较好。

4）利用ANSYS软件对带栓钉的竖向波形钢板-混凝土组合剪力墙进行考虑黏结滑移有限元模拟，其受力过程与破坏形式与试验一致，骨架曲线与试验吻合较好。另外，对不考虑黏结滑移的有限元模型进行加载，其承载力比考虑黏结滑移的计算模型高出22.8%。在考虑黏结滑移情况下，分析了栓钉间距、栓钉直径、型钢翼缘厚度、腹板厚度、波形钢板厚度、墙体厚度、轴压比、剪跨比和配筋率对带栓钉波形钢板-混凝土组合墙受力性能的影响。型钢、墙体厚度、轴压比和剪跨比对组合墙承载力影响较大;大栓钉间距、钢板厚度较薄、高轴压比和低剪跨会严重降低组合墙延性性能;配筋率和栓钉直径对组合墙承载力和延性影响不大。

5)利用 ABAQUS,采用精细化有限元模型可以较好地模拟波形钢板-混凝土组合剪力墙试件的峰值承载力、滞回性能及破坏形态,有限元计算结果与试验值吻合度较好。带栓钉波形钢板与混凝土具有较好的组合效应,其中带栓钉竖向波形钢板与混凝土组合性能最优。界面黏结作用的存在可以使得竖向波形钢板-混凝土组合剪力墙峰值承载力提高大约 5.9%,水平波形钢板-混凝土组合剪力墙峰值承载力提高 18.2%。因此,界面黏结作用对波形钢板-混凝土组合剪力墙承载力的影响不可忽略。

7.7.2 展望

本章对带栓钉波形钢板混凝土进行了试验研究和数值模拟,也对波形钢板-混凝土组合剪力墙进行了考虑黏结滑移的数值模拟,但在研究过程中仍存在一些重要问题有待研究:

1)本章虽针对推出试件有限元模拟,但没有考虑位置函数,模拟不能真实反映纵向深度的变化,也不能反映波谷、波脊和波角的变化。建议后续工作采用高精度、大量程传感器,并通过隔离、波角或波脊来研究波谷、波脊的黏结应力,建立精确的位置函数。

2)虽然本章对波形钢板-混凝土组合剪力墙进行了数值模拟,但由于影响因素较多,受力较复杂,国内外对此研究较少,缺乏更多的试验与工程验证,其受力机理需深入研究。

第 8 章　带可更换墙趾构件的波形钢板剪力墙抗震性能研究

8.1　研究背景

8.1.1　波形钢板剪力墙研究现状

根据第 2 章可知，平钢板剪力墙容易屈曲失稳，适用范围较窄。波形钢板不论作用于维护结构还是受力体系，均具有广泛的应用。波形钢板最初常用于筒仓结构及楼板的设计中，波形钢板用于组合楼板和组合梁的设计时，具有较高的承载能力，并可以减少支模过程。

对于波形钢板剪力墙，由于波形钢板较平钢板而言，具有更大的平面外刚度，用波形钢板代替平钢板，即使是厚度较小的波形钢板，也可以具有较大的屈曲强度和平面外刚度，在强风或小震作用下基本不发生屈曲，波形钢板的应用能提高剪力墙的刚度，使波形钢板剪力墙的承载能力和抗侧力能力更强[168-171]。当波形钢板竖向放置时，可以更好地抵抗重力等竖向荷载的作用，而当波形钢板水平放置时，由于手风琴效应，墙板的竖向刚度较小。

以往的抗震经验表明，地震尤其是强震作用后，传统的钢筋混凝土剪力墙底部容易受到严重破坏[172-175]，尤其是剪力墙墙趾处的钢板和混凝土容易失效[176-177]。近年来地震灾害频繁，从国内外近些年来的大地震中可以发现，结构的倒塌和人员伤亡可以得到一定的控制，但震后结构的修复重建，造成建筑不能及时使用，导致经济损失巨大。如 2011 年新西兰基督城 M_w6.3 级大地震，重建费用高达 40 亿新西兰元，约占新西兰 GDP 的 20%，其中某街区千余栋建筑并未倒塌，但因残余变形较大而不得不拆除。传统建筑业能耗大、污染严重，因此，研究剪力墙震后迅速恢复其功能的改善方法，对于提高结构安全性，保护人民群众生命安全，减少财产损失，减轻环境污染具有重要意义。

8.1.2　可更换剪力墙研究现状

2009 年，美日学者首次将“可恢复功能城市”(Resilient City)作为地震工程合作的大方向[178]。自此，可恢复功能抗震结构(Earthquake Resilient Structure)成为地震工程中的一个新方向，可恢复功能结构[175]是指地震后不需修复或者稍加修复就可恢复使用功能的结构，目前主要有 3 种结构形式：自复位结构[179-180]、摇摆结构[181-182]和带可更换构件的结构[183-184]。

摇摆及自复位结构是放松结构与基础或构件间约束，使结构与基础或构件间接触面处仅有受压能力而无受拉能力，则结构在地震作用下发生摇摆，通过自重或预应力使结构复位。带有可更换构件的结构体系[185]是将结构某部位强度削弱，或在该部位设置延性耗能构件，将削弱部位或耗能构件设置为可更换构件，并与主体结构通过方便拆卸的装置连接。

以下对本章主要研究的可更换剪力墙的研究进展加以叙述:

可更换剪力墙是将剪力墙容易发生破坏的部位用可更换的构件替换,以求在强震作用后通过更换可更换构件,来达到建筑结构快速恢复使用的效果。可更换构件需要具有一定耗能能力,更换部位一般为剪力墙的连梁中部及剪力墙的墙趾处。

目前,对可更换剪力墙的研究主要集中在连梁中和墙趾处设置可更换的耗能构件上。2007 年,为保护连梁不被局部破坏,Fortney 等提出了一种带"保险丝(Fuse)"的钢连梁,如图 8.1 所示:中间部分削弱腹板的厚度作为保险丝,与两边部分通过端板用高强螺栓相连。这为钢连梁在损伤后快速修复提供了新思路:通过削弱跨中构件以形成保险丝,使墙肢和连梁与墙肢连接的部分保持无损,将非弹性破坏集中在可更换的保险丝上。

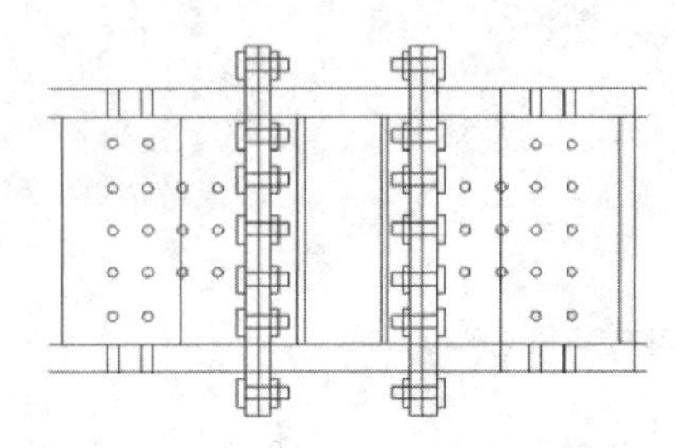

图 8.1 带"保险丝"的钢连梁[186]

2013 年,吕西林等[187]对可更换连梁设计了 3 种不同类型的"保险丝"耗能构件,如图 8.2 所示,并对带可更换连梁的双肢剪力墙抗震性能进行了试验研究[188]。研究结果表明:腹板开菱形孔的"保险丝"具有剪切变形较小,耗能能力较强的特点,可适用于剪切变形较小的连梁;管内灌铅的"保险丝"可应用于跨高比较大的可更换连梁,并可设计成弯曲屈服型可更换连梁;截面内灌铅双层腹板的"保险丝"的综合性能最优,适用范围较广。实际应用中可根据不同的结构形式、不同的连梁跨度进行优选,以充分发挥各自的优势。

(a) 腹板开菱形孔

(b) 截面内灌铅双层腹板

(c) 管内灌

图 8.2 "保险丝"耗能构件[184]

2016 年,邵铁峰等[189]对采用耗能角钢连接的连梁进行了试验研究,如图 8.3 所示。该部件可更换梁与原型梁具有相同的弹性抗弯刚度,能控制梁的损伤部位与破坏模式,梁的荷载 - 位移曲线饱满,耗能能力较好,更换损伤的耗能角钢后,梁可以恢复原有的力学性能。

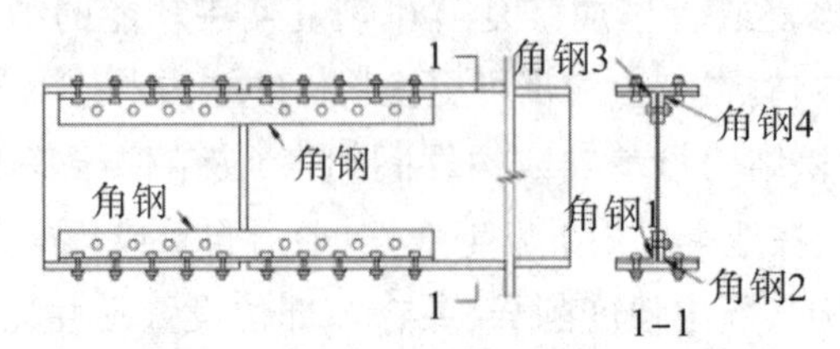

图 8.3 采用耗能角钢连接的连梁

2017 年,吕西林等[190]对双筒体混凝土结构中的可更换连梁的抗震性能进行了试验研究,研究发现:可更换连梁能够将破坏集中于可更换构件上,通过可更换构件耗能并集中塑性变形,而两端非屈服段连接梁保持弹性。同时,可更换连梁的设置可减小墙根部的应变反应。

对于单肢剪力墙,其可更换研究主要集中在墙趾处设置可更换构件,通过将剪力墙墙趾处易破坏的钢筋混凝土区域替换为耗能构件,保护剪力墙其余部位不受破坏。

2010 年,Ozaki 等对低层住宅提出了一种脚部带有可更换构件的剪力墙体系,如图 8.4 所示。该体系将耗能钢阻尼器作为"保险丝"置于折叠钢板墙的墙角,可更换构件可以在拉力和压力的反复作用下发生塑性变形,进而耗散地震能量,使剪力墙保持完整,抵抗竖向和水平荷载。这种剪力墙与传统剪力墙体系相比,也具有较高的耗能能力和抗震性能,有助于提高建筑系统的可持续性。

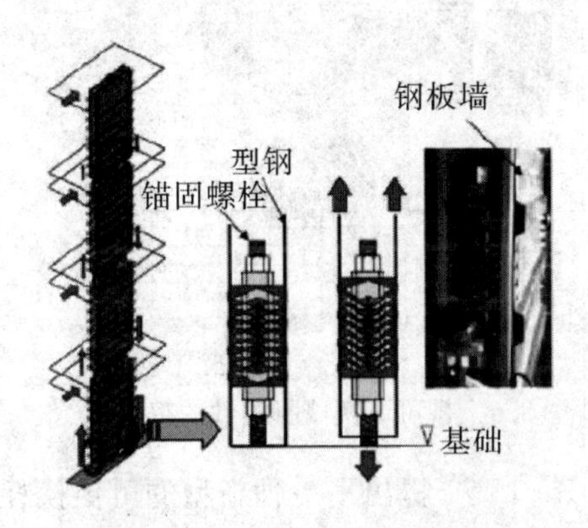

图 8.4　带有可更换耗能钢阻尼器的钢板剪力墙[196]

2011 年,吕西林和毛苑君[191]提出了一种用叠层橡胶阻尼器作为可更换墙脚构件的钢筋混凝土剪力墙,如图 8.5 所示。剪力墙脚部支座的中部为叠层橡胶,两侧为软钢板,上下通过连接板与混凝土主体墙和基础连接。在反复荷载作用下,通过软钢板承受倾覆力矩下的拉力,通过叠层橡胶承受一部分压力。

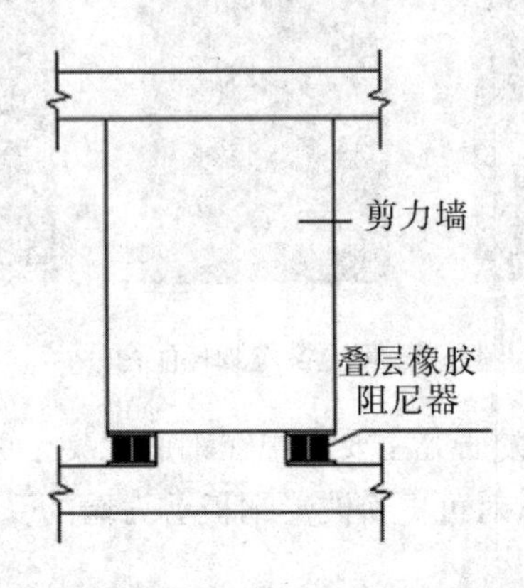

图 8.5　带可更换叠层橡胶阻尼器的钢筋混凝土剪力墙[203,204]

在文献[191]中,提出了可更换脚部支座剪力墙设计方法:①根据剪力墙边缘约束构件的尺寸来确定可更换支座的大体尺寸;②根据剪力墙边缘约束构件的配筋来确定可更换支座的抗拉强度;③根据剪力墙墙体的受压条件来确定可更换支座的抗压强度;④可更换支座的抗压能力应大于替换掉的钢筋混凝土的抗压能力;⑤不考虑可更换支座的抗剪强度,可增加主体墙在支座高度范围内的水平分布钢筋来补偿墙体的抗剪承载力。

毛苑君通过试验表明:与普通剪力墙相比,带可更换脚部构件的剪力墙的水平承载能力略低,但变形能力是普通剪力墙的2倍,耗能能力在屈服点时明显比普通墙的高,后期耗能能力没有明显提高,这主要与结构本身的塑形变形和可更换耗能构件的变形能力不够有关。

2016年,刘其舟、蒋欢军[192]提出了一种不同的可更换墙脚构件,如图8.6所示。可更换墙脚构件包括:防屈曲软钢内芯、钢管混凝土及预紧自填充单元,可更换墙角构件设置在两侧墙趾,并用钢板加强剪力墙的下部。通过有限元软件分析发现:新型剪力墙耗能良好,附加的钢板有利于结构保持足够的刚度及承载力。

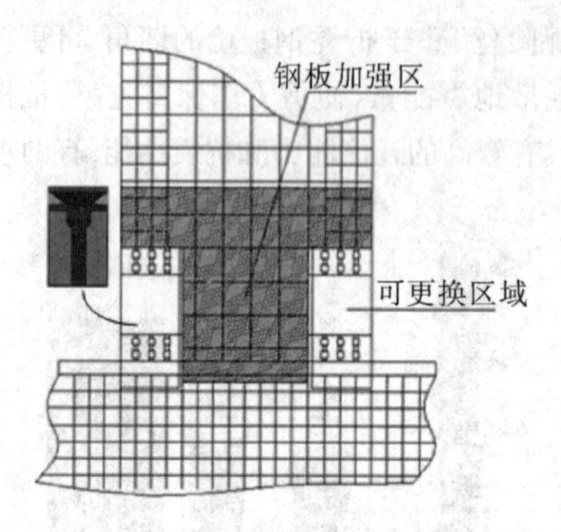

图8.6 带可更换墙脚构件的剪力墙[205]

2017年,Liu Q. Z. 和 Jiang H. J. [193]提出了一种新型的可更换耗能构件,如图8.7所示。通过对带有新型可更换耗能构件的剪力墙的试验表明:其破坏主要集中在可更换构件上,带有可更换墙角的新型剪力墙的承载力、延性和耗能能力均明显优于传统剪力墙。

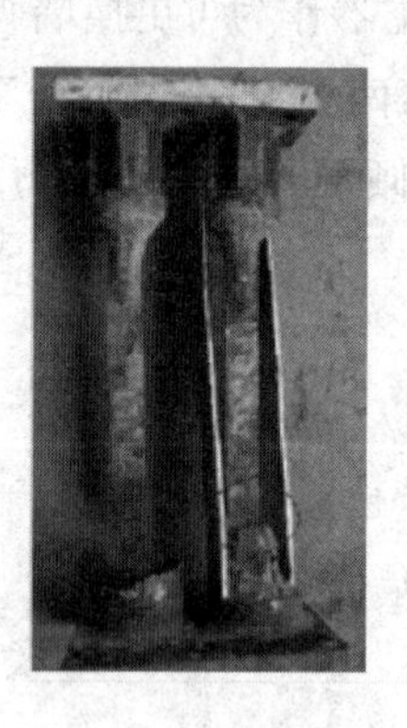
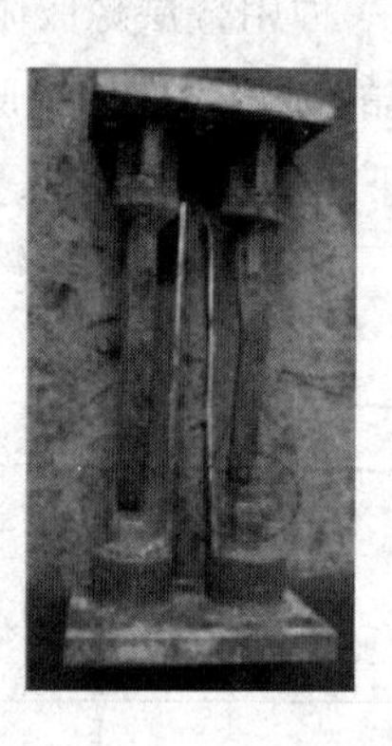

图8.7 可更换墙脚耗能构件[206]

目前,国内外对可更换剪力墙的研究主要集中在钢筋混凝土剪力墙的可更换设计上,而可更换波形钢板剪力墙却鲜有研究,因此,对可更换波形钢板剪力墙的受力变形性能和抗震性能等还有待深入研究。

8.1.3 本章主要研究内容

本章基于可恢复功能结构的理念[194],设计了多种阻尼器[195-197],将波形钢板剪力墙容易发生破坏的墙趾处用阻尼器代替[198-199],形成可更换波形钢板剪力墙,以期达到阻尼器破坏后,通过更换阻尼器来延长剪力墙使用寿命的效果。因此,本章对带可更换墙趾构件的波形钢板剪力墙进行了低周往复加载试验,研究剪力墙的可更换性及墙趾可更换的波形钢板剪力墙的抗震性能,主要从以下几个方面进行了相关工作:

1）对墙趾不可更换的波形钢板剪力墙及墙趾可更换的波形钢板剪力墙在水平往复荷载作用下的滞回性能等进行了有限元模拟，对作为可更换墙趾构件的阻尼器[200]做了初步设计。

2）对墙趾可更换的波形钢板剪力墙进行了 2 个阶段的试验加载。对破坏后的可更换墙趾构件进行拆卸更换，验证剪力墙局部可更换的思想；对更换阻尼器后的墙体继续加载至破坏，记录并研究其受力变形特点、破坏特征；分析试件在加载过程中的刚度、延性、变形和耗能能力等力学性能变化特征。

3）通过 ABAQUS 有限元软件对试件进行建模，分析了内嵌钢板厚度和阻尼器腹板厚度对可更换波形钢板剪力墙的抗震性能的影响，并探索钢板剪力墙和阻尼器的最佳匹配关系。

8.2　可更换波形钢板剪力墙试验方案

8.2.1　可更换剪力墙试件的设计及制作

本试验设计了一面带有可更换阻尼器的波形钢板剪力墙（Corrugated Steel Plate Shear Wall with Damper，简称为 CSPSW），如图 8.8 所示。在剪力墙的两侧墙趾处开设阻尼器安置腔，用阻尼器代替原先的剪力墙墙趾耗能，阻尼器与约束边缘方钢管以及底梁通过高强螺栓相连。

试件的参数设计根据试验的目的、试验场地的条件和设备而定。本试验所用试件采用 1∶2缩尺模型，墙体高度为 1978 mm，宽度为 1300 mm，波形钢板厚度为 3 mm。横截面如图 8.9 所示。

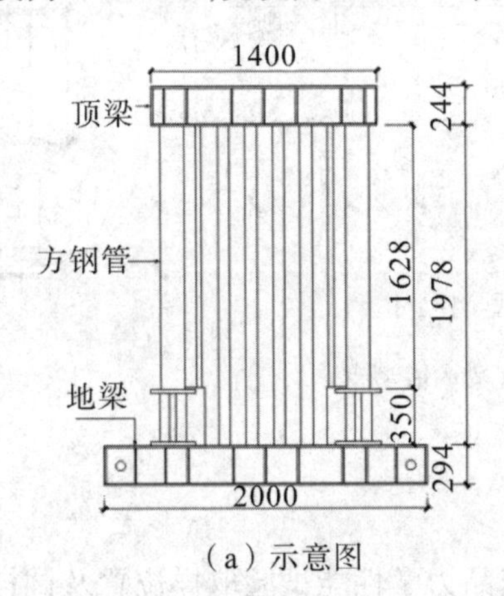

（a）示意图　　（b）试验试件

图 8.8　试件立面图

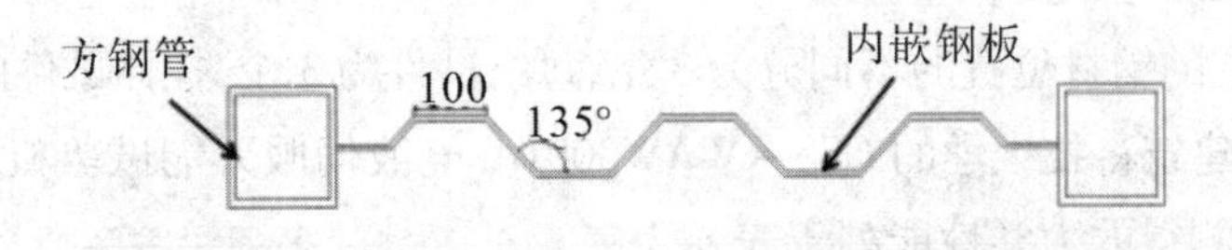

图 8.9　试件横截面图

试件内嵌钢板横截面为波形，其波角为由平钢板弯折成波形钢板所转动的角度，试件的波角θ均为 45°。如表 8.1 所示，平波段 a 和斜波段 b 的长度均为 100 mm，波脊到波谷间距离 d 为 70.7 mm，钢板厚度 t 均为 3 mm。内置波形钢板和上下 H 型钢及约束边缘构件柱均以焊接连接；试件竖向荷载为 150 kN，轴压比设计值取 0.15，剪跨比为 1.5。

表 8.1 内嵌波形钢板参数

波形钢板	θ/(°)	a/mm	b/mm	d/mm	t/mm
	45	100	100	70.7	3

注：θ 为波角，a 为平波段长度，b 为斜波段长度，d 为波脊到波谷间距离，t 为钢板厚度。

试件的约束边缘方钢管厚度为 5 mm，外边缘尺寸为 150 mm × 150 mm。墙肢顶部加载梁规格为 H244 mm × 175 mm × 7 mm × 11 mm，长 1400 mm 的 H 型钢；墙肢底梁规格为 H294 mm × 200 mm × 8 mm × 12 mm，长 2000 mm 的 H 型钢；加载梁及底梁的 H 型钢腹板均焊接加劲肋以提高其刚度及稳定性。加载梁及底梁的内嵌型钢如图 8.10 所示。

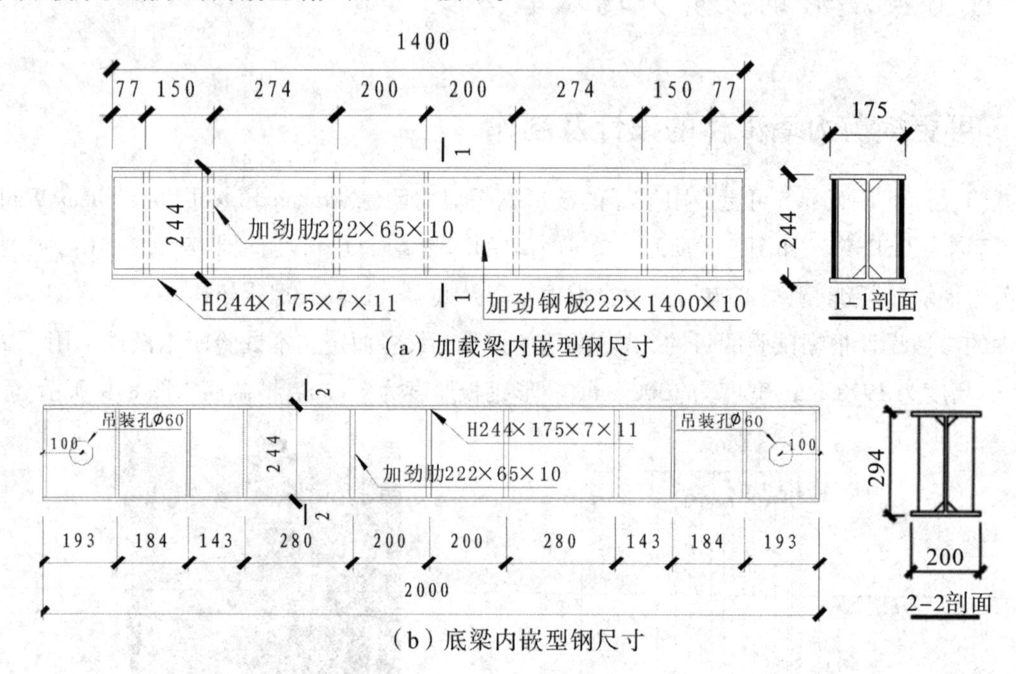

图 8.10 加载梁及底梁内嵌型钢

8.2.2 材性试验

试验中所取钢材为 Q235 级钢材，根据《钢及钢产品力学性能试验取样位置及试样制备》(GB/T2975 - 2018)的规定从母材中取样，并根据《金属材料室温拉伸试验方法》(GB - T228.1 - 2010)的规定将样胚加工成标准尺寸试件。

材性试验根据试件的钢材位置的不同分为 3 组，每组试件为 3 个，拉伸试件的具体尺寸如图 8.11 所示，拉伸试验在西安建筑科技大学的 CSS - WAW300DL 电液伺服万能试验机上进行，试验装置如图 8.12 所示。钢材所测得的力学性能列于表 8.2。

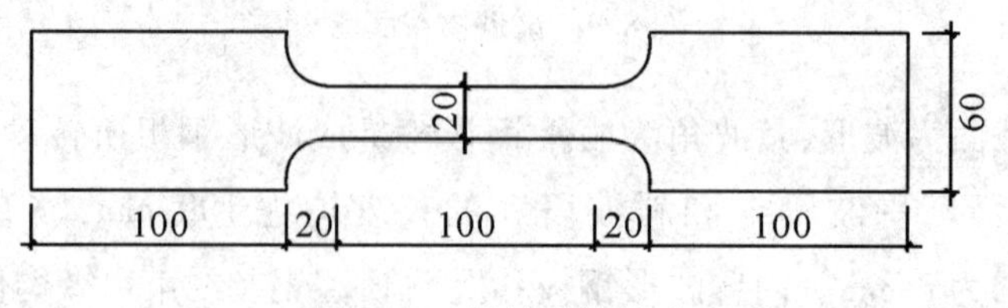

图 8.11 材性试件尺寸

图8.12　钢材材性试验

表8.2　材料力学性能

钢板的种类	E_s/MPa	f_y/MPa	f_u/MPa
3 mm	2.09×10^5	316.67	476.67
5 mm	2.09×10^5	351.67	488.33
6 mm	2.43×10^5	311.67	446.67

注:f_y为钢材的屈服强度,f_u为钢材的极限强度。

8.2.3　测量装置

为了研究可更换波形钢板剪力墙在水平往复荷载作用下的受力和变形情况,对试件的位移、应变和试件所承受的荷载进行测量。试验数据采集系统由传感器、TDS－602静态数据采集仪和计算机3部分构成。位移、应变、荷载等由电测传感器测量,相关数据的采集使用全自动静态数据采集仪和相关配套的数据采集系统。

本次试验主要测量试件顶部的侧向位移,中部的侧向位移,阻尼器顶部方钢管的侧向位移,阻尼器钢腹板的应变分布规律,故分别在波形钢板的重要变形部位布置应变花,在试件顶梁中心、约束边缘构件的中心布置位移计,在阻尼器顶部方钢管侧面布置位移计,在阻尼器的腹板的重要位置布置应变片。测点示意图如图8.13所示。

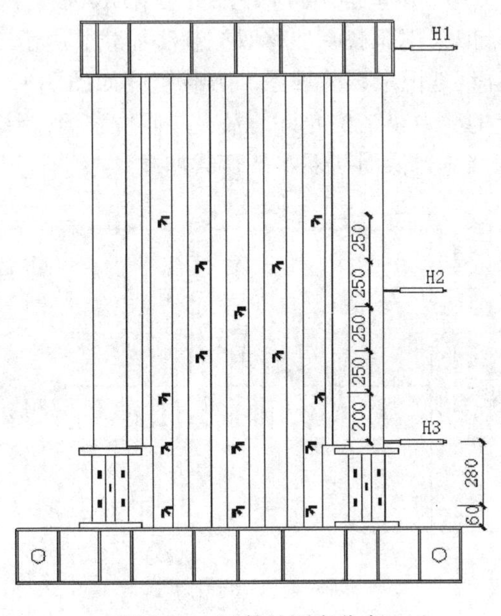

图8.13　试件的测点分布

8.2.4 试验加载

试验在西安建筑科技大学结构与抗震实验室进行,加载装置包括:刚性加载梁、水平 MTS 作动器、竖向千斤顶、油压控制系统等。加载装置示意图如图 8.14 所示。试件通过地梁固定在实验室台座上,试验中先施加竖向荷载,然后施加水平荷载。竖向荷载通过油压千斤顶施加在加载梁上部的分配梁上,分配梁的长度约等于试件的宽度,将千斤顶的轴向压力均匀分配到试件上,以模拟实际工程中的重力荷载的作用,竖向千斤顶可随试件顶部的侧移而移动;水平低周往复荷载通过 MTS 电液伺服程控加载作动器提供,作动器一端与反力墙连接,另一端与加载分配梁相连,水平荷载由电液伺服加载系统的计算机数据采集系统进行自动采集。

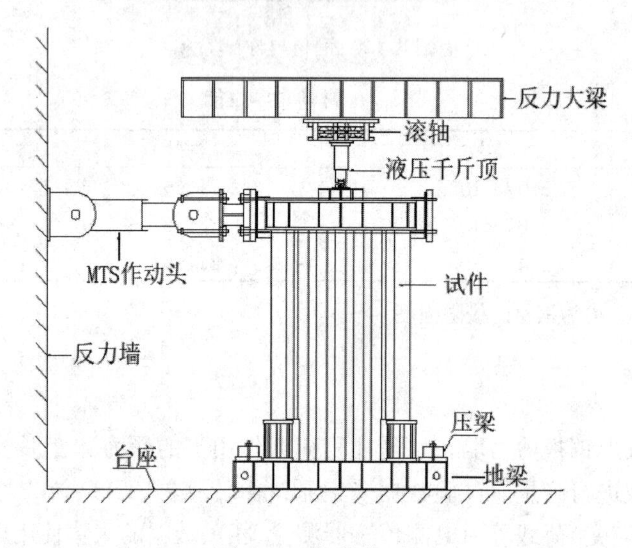

图 8.14 加载装置

本章采用拟静力方法对可更换波形钢板剪力墙进行低周反复荷载试验,在试件顶部设置电液伺服加载作动器,按照《建筑抗震试验规程》(GB 50011 - 2015)采用力 - 位移双控制方法加载。

试件弹性阶段采用荷载控制加载,以每级 50kN 的幅度进行,试件的屈服根据荷载 - 位移曲线发现明显拐点,即判定试件到达屈服。达到屈服之后,采用位移控制加载,并以屈服位移的整数倍作为幅值,每一级位移循环 3 次,试验加载到试件的极限承载力下降至 85% 停止加载。试件 CSPSWD 在更换阻尼器之后依旧采用荷载 - 位移双控制法加载。由于二次加载产生的累积损伤,荷载幅值定为每级 25kN,以便详细地记录试验现象。加载制度如图 8.15 所示。根据《建筑抗震设计规范》(GB50011 - 2010)规定的剪力墙结构允许的最大层间位移角,当试件的层间位移角达到1/100时,更换阻尼器且重新对剪力墙进行低周往复水平荷载加载。

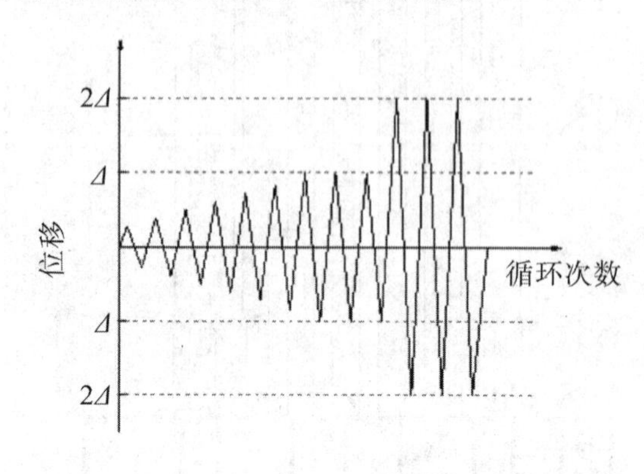

图 8.15 加载制度

8.3　试验现象及分析

8.3.1　试验现象

本试验规定推力为正,拉力为负。

第一次加载:试件 CSPSW 在施加竖向荷载和预加反复水平荷载的过程中,均保持稳定的弹性状态,未发生变形。加载至 -150 kN 时,阻尼器腹板外侧发生略微鼓曲,如图 8.16(a)所示。加载至 +300 kN 时,阻尼器的腹板发生明显屈曲,内嵌钢板角部发生略微变形,如图 8.16(b)所示。此时,观察到试件的荷载 - 位移曲线明显偏离直线,表明构件开始屈服,屈服位移为 12.2mm,加载由荷载控制转为位移控制,每级位移推拉循环 3 次。随着位移的增大,阻尼器腹板向外继续鼓曲。加载至 $1.5\Delta_y$ 时,西侧阻尼器腹板内侧呈 S 形变形,底部变形扭曲明显,如图 8.16(c)所示。此时试件还未达到极限承载力,位移角接近 1/100 ,此时停止加载,更换阻尼器。

第二次加载:采用荷载 - 位移双控制法进行加载。加载至 -125 kN 时,西侧阻尼器腹板中部向外发生略微鼓曲,如图 8.16(d)所示。加载至 +300 kN 时,荷载 - 位移曲线出现明显偏离直线的现象,试件屈服,改用位移加载,屈服位移为 10.8 mm。加载至 $+1.5\Delta_y$,东侧阻尼器腹板外侧鼓曲约 6 mm,内侧上部向南方向平行屈曲约 2 mm,中部亦发生鼓曲变形;加载至 $-1.5\Delta_y$,西侧阻尼器南侧腹板发生较大变形,出现 S 形鼓曲,如图 8.16(e)所示。随着位移的增大,阻尼器的变形逐渐加剧,当水平位移加载至 $2\Delta_y$ 时,阻尼器整体发生变形,丧失承载力,阻尼器最终的破坏形态如图 8.16(f)所示。

图 8.16　试件的破坏形态

8.3.2 滞回曲线

图 8.17 为试件 CSPSW 2 次加载的滞回曲线。从图中可以看出，第一次加载时的试件 CSPSW 初始刚度较大，进入强化阶段，滞回曲线开始逐渐饱满，试件的滞回曲线存在捏拢现象，原因是内嵌波形钢板存在水平方向的拉压效应。第二次加载时的试件 CSPSW 初始刚度较大，随着荷载的增大，滞回曲线的加载斜率逐渐减小，加载至后期，阻尼器和内嵌波形钢板屈曲耗能，滞回曲线稳定并且饱满，说明试件耗能性能较好，极限承载力相比于第一次加载略有下降，这是因为更换阻尼器前的试件 CSPSW 内嵌钢板角部产生微小变形。达到峰值承载力之后，滞回曲线的斜率下降幅度逐渐增大，这是因为阻尼器发生了整体变形，导致试件的刚度下降。

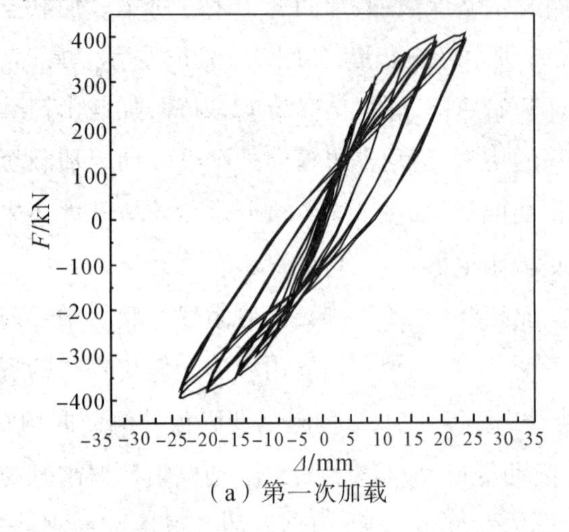

（a）第一次加载

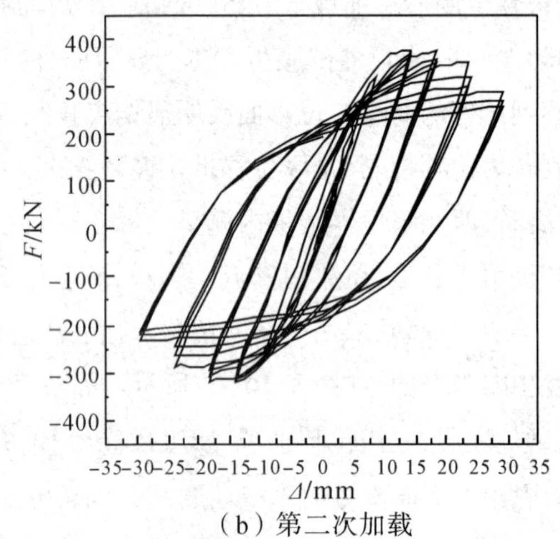

（b）第二次加载

图 8.17 滞回曲线

8.3.3 骨架曲线

根据试件 CSPSW 的滞回曲线，提取出了试件 2 次加载的骨架曲线，如图 8.18 所示。可以看出，试件 2 次加载时的初始刚度大致相同，说明更换阻尼器对试件的初始刚度影响不大。更换阻尼器时试件 CSPSW 的承载力达到了 388.97kN，且未达到极限承载力。第二次加载的试件的骨架曲线呈现明显的 S 形，这说明试件 CSPSW 更换阻尼器之后，在水平低周反复荷载作用下，经历了弹性、弹塑性、塑性和破坏 4 个阶段，其极限承载力达到 362.68kN，较第一次加载略有降低。这是因为试件第一次加载结束，内嵌钢板角部产生了少许的残余变形，刚度和承载力有一定程度的下降。

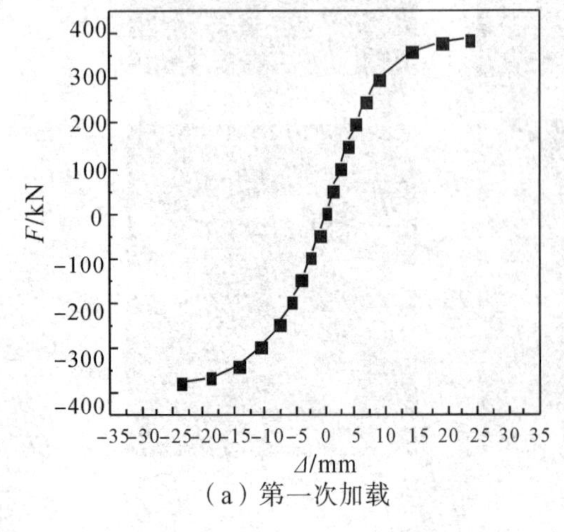

（a）第一次加载

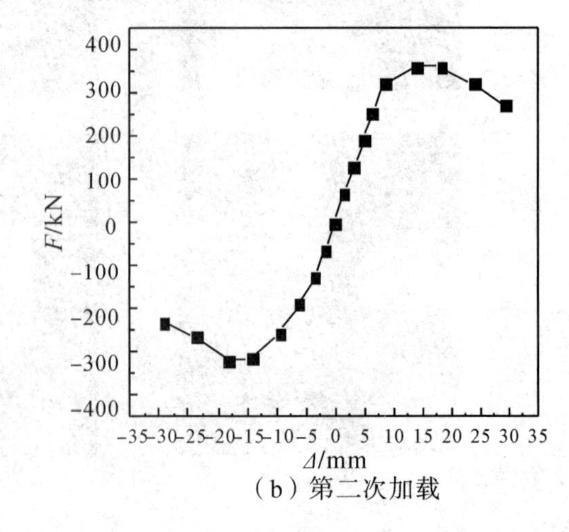

（b）第二次加载

图 8.18 骨架曲线

8.3.4　延性和耗能能力

由于试件 CSPSW 第一次加载时，在其层间位移角达到规定值时，试件尚且处于弹塑性阶段，未到破坏阶段，无法完整地考察其延性和耗能能力，故分析试件第二次加载的变形和耗能能力。采用位移延性系数 μ 衡量试件屈服后的变形能力，其计算公式为 $\mu = \Delta_u/\Delta_y$，其中 Δ_u 为试件的极限位移，Δ_y 为试件的屈服位移，其中极限位移 Δ_u 取值为峰值承载力下降到其 85% 荷载时对应的位移。试件 CSPSW 的特征点对应的荷载、位移列于表 8.3。

表 8.3　试件的特征荷载和位移

屈服点		峰值点		极限点		μ
F_y/kN	Δ_y/mm	F_d/kN	Δ_d/mm	F_u/kN	Δ_u/mm	
320.9	10.8	362.7	14.10	308.3	27.87	2.58

可以看出，带有阻尼器的波形钢板剪力墙延性较好。采用等效黏滞阻尼系数 ξ_{eq} 衡量试件的耗能能力，其计算公式为：

$$\xi_{eq} = \frac{1}{2\pi} \cdot \frac{A}{S_{\triangle DOF} + S_{\triangle BOE}} \tag{8-1}$$

式中：A 为滞回曲线所包围的面积，$S_{\triangle DOF} + S_{\triangle BOE}$ 为 $\triangle DOF$ 与 $\triangle BOE$ 的面积之和。

通过计算绘制等效黏滞系数 ξ_{eq} 和位移的关系图，其计算示意如图 8.19 所示，等效黏滞阻尼系数位移曲线如图 8.20 所示。由图 8.20 可以看出，随着加载水平位移的增大，等效黏滞阻尼系数呈逐渐增大的趋势。

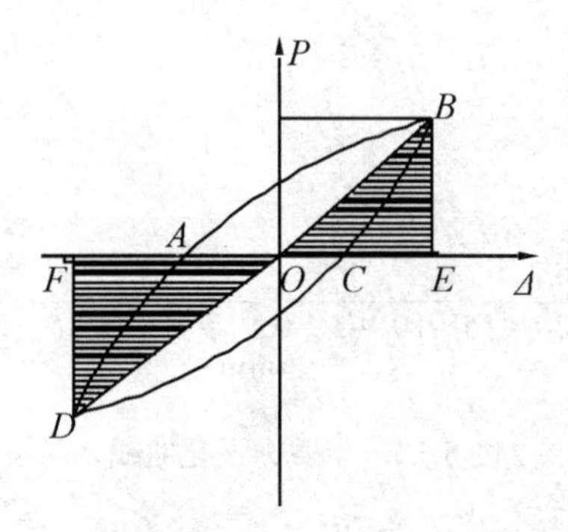

图 8.19　等效黏滞阻尼系数计算示意图

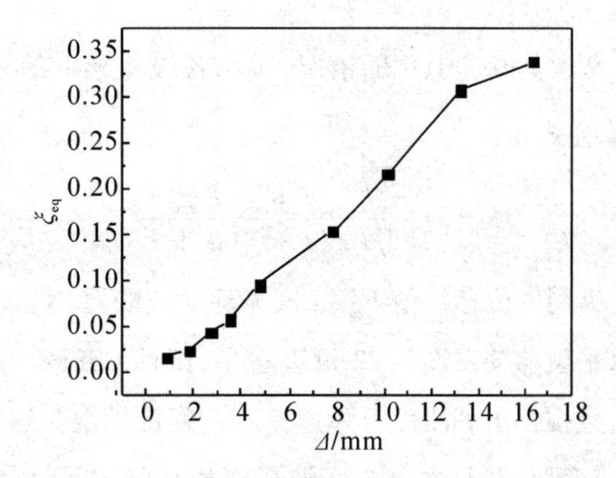

图 8.20　等效黏滞阻尼系数 - 位移曲线

8.3.5　承载力退化

试件 CSPSWD－1 在其层间位移角达到规范规定值时，由于阻尼器与内嵌钢板匹配度较差，处于强化阶段，未到破坏阶段，故重点考察试件 CSPSWD－2 的承载力退化情况，采用承载力退化系数[201] η 来衡量。其计算公式为：

$$\eta = \frac{F_n}{F_{1\max}} \tag{8-2}$$

其中：F_n为同一位移幅值下，最后一次循环的最大力，kN；$F_{1\max}$为同一位移幅值下，第 1 次循环的最大力，kN。

试件 CSPSWD－2 的承载力退化曲线如图 8.21 所示。从 η 的变化趋势来看，试件 CSPSWD－2 的承载力退化系数比较稳定，且在水平荷载达到峰值荷载之前，承载力退化系数均大于 0.9，说明试件 CSPSWD－2 的承载力退化缓慢，具有较好的承载能力；进一步说明试件 CSPSWD－2 的阻尼器与内嵌波形钢板强度、刚度匹配程度较高，有利于波形钢板和阻尼器充分地发挥耗能能力。

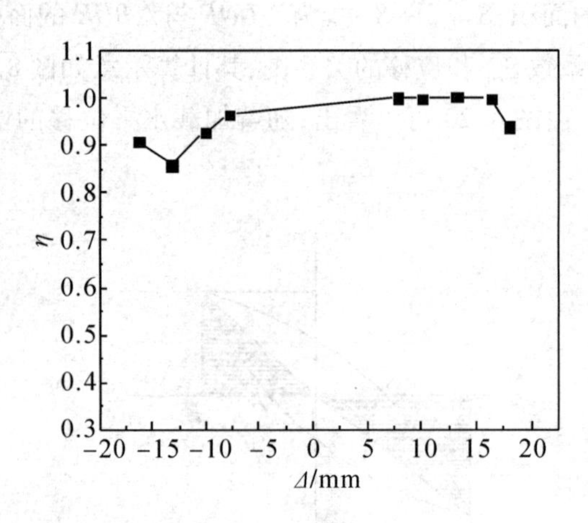

图 8.21　承载力退化曲线

8.3.6　刚度退化

对于试件 CSPSWD－2，考察其刚度退化的情况，采用各级变形下的环线刚度 K_1 和位移的关系来表示。环线刚度 K_1的计算公式为：

$$K_1 = \frac{|+F_{i\max}|+|-F_{i\max}|}{|+\Delta_i|+|-\Delta_i|} \tag{8-3}$$

其中：Δ_i为位移幅值，m；$F_{i\max}$为同一位移幅值下第 i 次循环对应的力，N。

通过环形刚度与顶端水平位移关系图 8.22 可以看出，试件 CSPSW 承受水平低周往复荷载时，加载初期，刚度降低较缓慢，且推拉出现刚度下降速率不均衡的情况。这是因为在第一次加载完成之时，试件出现了平面外的小变形，并且由于内嵌波形钢板自身的手风琴效应，试件受拉和受压出现了受力不平衡。

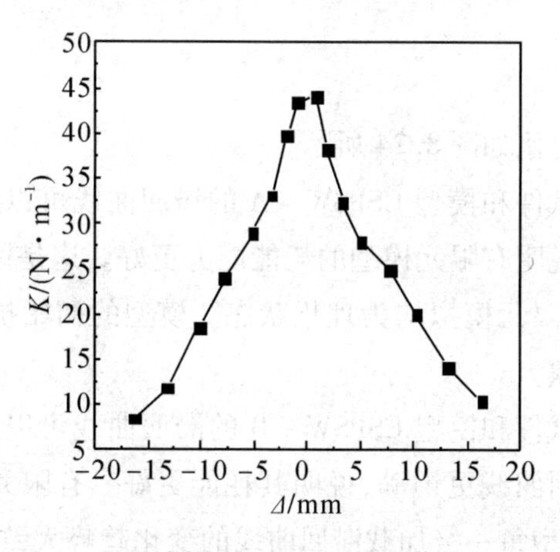

图8.22　刚度退化曲线

8.4　有限元分析

8.4.1　有限元模型

采用ABAQUS有限元软件对试件2次加载进行有限元模拟，模型编号为CSPSW－A和CSPSW－B，其中内嵌钢板采用S4R单元，阻尼器和钢梁、约束边缘构件柱等构件的单元类型采用C3D8R六面体线性缩减积分实体单元，内嵌波形钢板与钢梁和约束边缘方钢管采用Tie连接，阻尼器的腹板与端板之间采用Tie连接。阻尼器网格划分尺寸为25 mm，约束边缘构件柱、波形钢板网格划分尺寸为50 mm，其余为100 mm。加载制度与试验的加载制度相同，试件第一次加载至位移角为1%，第二次加载至极限承载力下降至85%。在顶梁上端和侧面均布置刚性体，模拟试验中的加载梁和侧向加载垫块，以使集中力均匀地施加。

有限元模拟的钢材采用弹塑性等效本构模型，本构模型的取值与材性试验所测得的力学性能相同。具体模型编号如表8.4所示。剪力墙和阻尼器的有限元模型如图8.23所示。

表8.4　有限元分析模型编号

模型编号	加载时刻	加载过程
CSPSW－A	第一次加载	加载至位移角1%
CSPSW－B	第二次加载	加载至承载力下降到85%

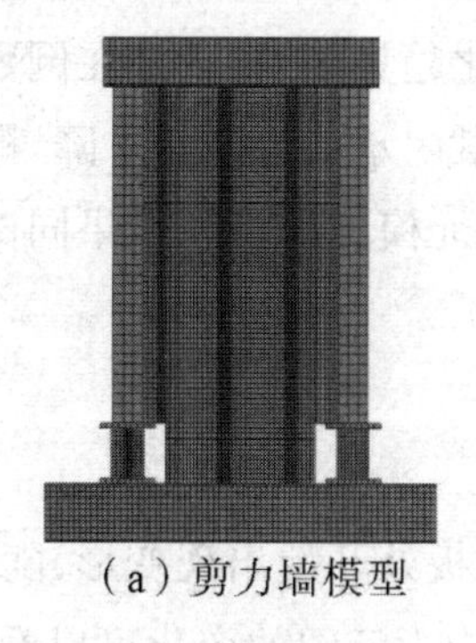

（a）剪力墙模型

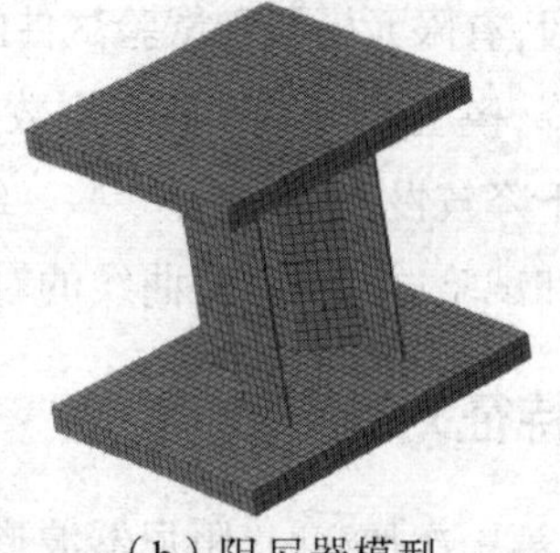

（b）阻尼器模型

图8.23　有限元模型

8.4.2 滞回曲线对比

模型与试验的滞回曲线对比如图 8.24 所示。

通过对比第一次加载的试件和模型 CSPSW - A 的滞回曲线可以看出，有限元模型的滞回曲线相比于试验，滞回环更饱满，说明有限元模型的耗能能力更好。这是因为试验中存在着不可避免的误差而导致的初始缺陷，而有限元模拟均为理想状态。模型的初始抗侧刚度较大而未能较好地模拟出试验滞回曲线的捏缩现象。

通过对比第二次加载的试件和模型 CSPSW - B 的滞回曲线可以看出，有限元模型的滞回曲线在模型屈服之后比试验的滞回曲线更饱满，说明其耗能更好。有限元模型的极限承载力亦略大于试件的极限承载力，试验与模型每一级加载滞回曲线的变化趋势大致相同，说明有限元软件能够较好地模拟剪力墙更换阻尼器之后的试验。

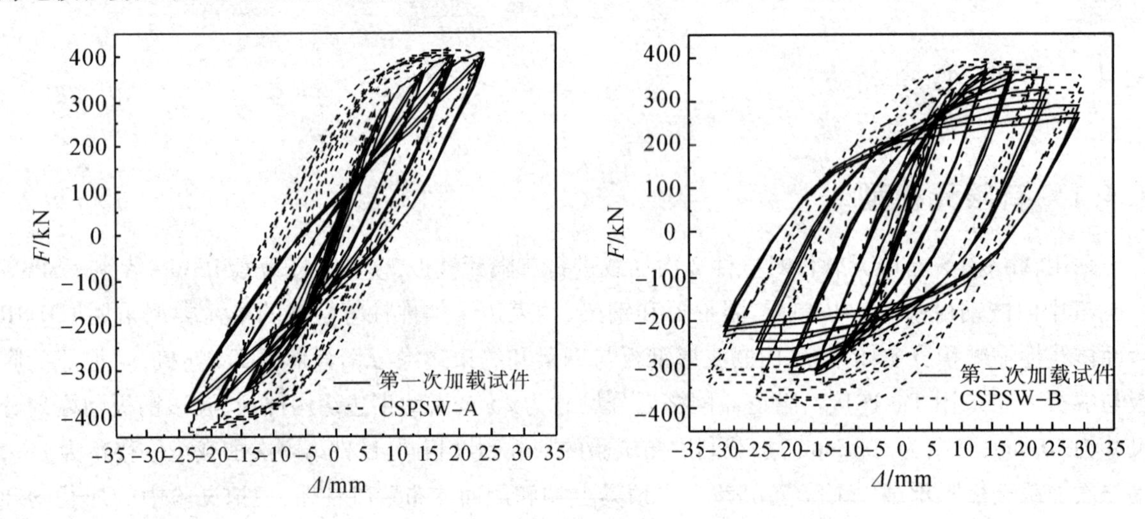

图 8.24 滞回曲线对比

8.4.3 骨架曲线对比

第一次加载初始阶段模型的斜率略大于试验，说明模型的初始刚度略高于试验，这是因为有限元模型中试件的材料、连接固定均为理想状态。有限元模型加载至位移角为 1% 时的承载力为 402.24 kN，试验结果为 388.97 kN，较为吻合。第二次加载试验的斜率与模型的斜率基本相同，说明模型的初始刚度符合试件的初始刚度。骨架曲线均成明显的 S 形，说明两者均经历了弹性、弹塑性和塑性破坏阶段，有限元模拟和试验试件的骨架曲线变化趋势相同，试件在倒数第三级水平荷载时承载力开始下降，模型 CSPSW - B 在倒数第二级水平荷载时承载力开始下降，模型 CSPSW - B 的承载力较试件的下降较慢，延性更好一些。综上所述，有限元模型地模拟结果同试验结果吻合度较高。有限元模拟和试验试件的骨架曲线的对比见图 8.25。

8.4.4 破坏特征对比

试件 CSPSW 第一次加载时，阻尼器波形腹板外侧翼缘板处开始出现变形，随着荷载的增大，内嵌波形钢板角部出现略微屈曲。通过有限元模型的 Mises 应力云图的变化可以看出，试件在加载初期，应力先集中在阻尼器的外侧腹板，外侧腹板出现变形，加载后期，波形钢板的下部底角处应力开始增大。

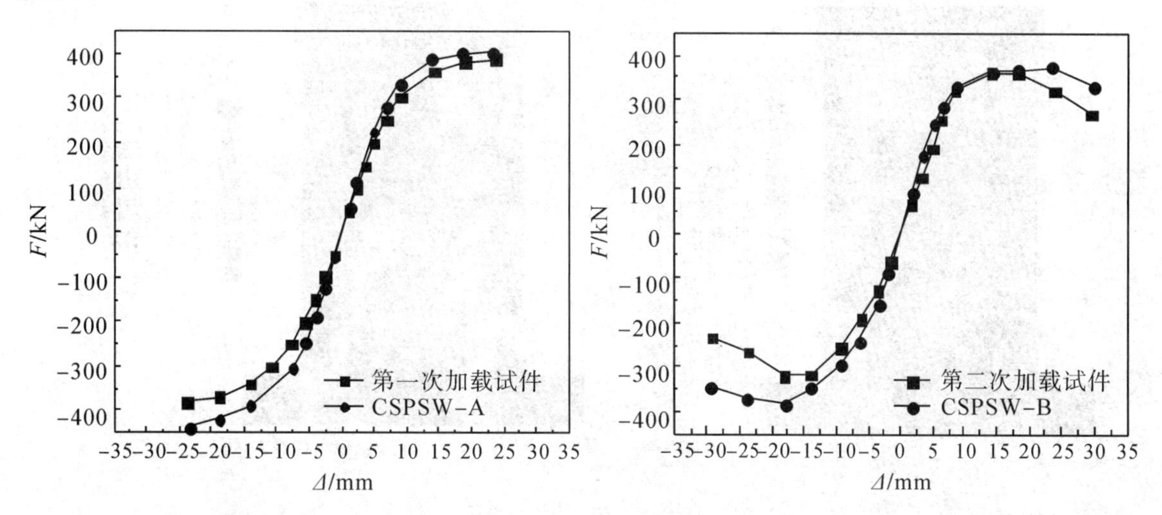

图8.25　骨架曲线对比

第二次加载在施加水平荷载初期,试件CSPSW和模型SPCSW-B阻尼器腹板外侧下部均先发生屈曲,且随着荷载的增大,屈曲程度增大。随后,试件CSPSW和模型SPCSW-B波形钢板的角部均发生变形,然后沿着水平方向应力慢慢地向中间发展,内嵌钢板下部发生变形。最后,由于阻尼器变形过大,试件整体丧失承载力。模型阻尼器最终的变形形态同试验的阻尼器变形程度相似,对比如图8.26所示。有限元模拟的试件在阻尼器更换前和更换后的应力云图对比见图8.27。

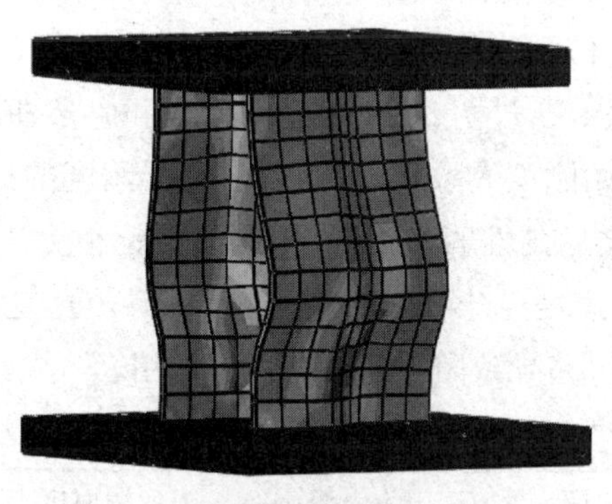
(a)东侧阻尼器模拟图

(b)东侧阻尼器试验图

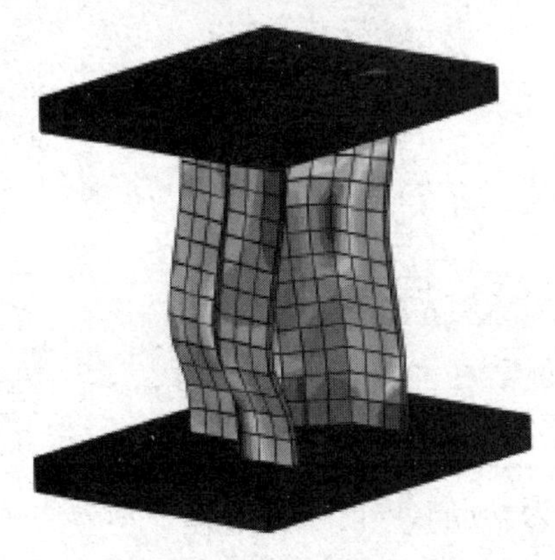
(c)西侧阻尼器模拟图

(d)西侧阻尼器试验图

图8.26　试验与模拟阻尼器变形对比

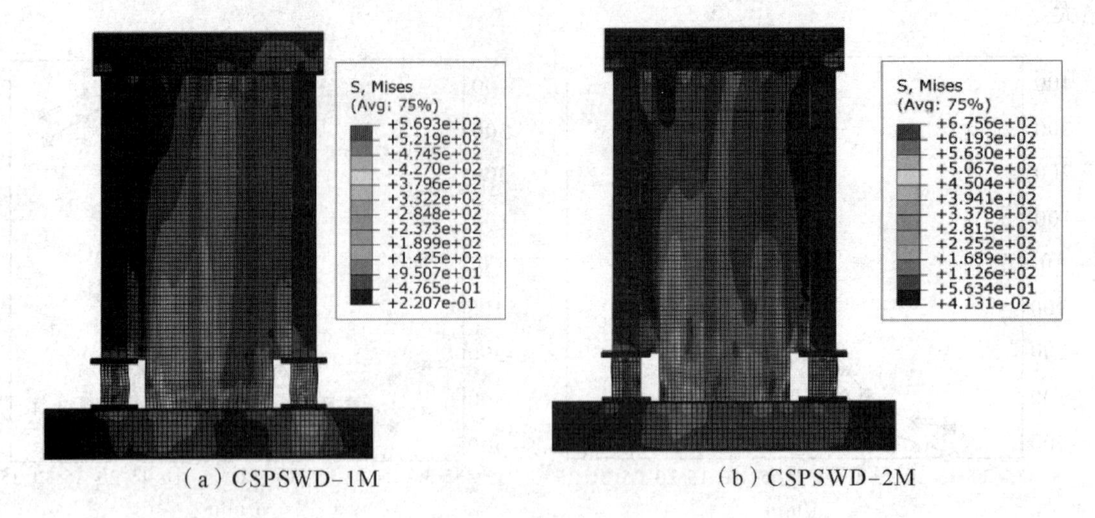

(a) CSPSWD-1M　　(b) CSPSWD-2M

图 8.27　应力云图对比

8.4.5　阻尼器与内嵌钢板匹配关系拓展分析

通过试验和数值模拟可以看出,阻尼器刚度与内嵌波形钢板刚度匹配度对剪力墙的承载能力和耗能能力有重要的影响。本文通过 ABAQUS 有限元软件,建立了 8 个有限元模型,通过改变阻尼器腹板和内嵌波形钢板的厚度来控制两者的刚度,利用数值模拟研究分析波形钢板剪力墙与阻尼器的匹配关系对剪力墙抗震性能的影响。各个模型的尺寸如表 8.5 所示。

在内嵌波形钢板厚度为 4 mm、5 mm 的情况下,模拟了阻尼器腹板厚度分别为 3 mm、4 mm、5 mm、6 mm 时剪力墙模型承受水平低周往复荷载。通过图 8.28 的滞回曲线和骨架曲线比较可以看出,在同一内嵌钢板厚度的情况下,各个模型初始刚度大致相同,随着阻尼器刚度的提高,剪力墙模型的极限承载力随之提高,但达到极限承载力之后延性明显下降,内嵌波形钢板为 4 mm 差异最为明显,内嵌钢板厚度一定的情况下,阻尼器腹板厚度越小,试件整体延性越好。这是因为随着阻尼器刚度的提高,内嵌钢板容易早于阻尼器发生变形,导致阻尼器未能发挥作用。

表 8.5　有限元模型参数(单位:mm)

模型编号	内嵌钢板厚度	阻尼器厚度
CSPSWD－2A	4	3
CSPSWD－2B	4	4
CSPSWD－2C	4	5
CSPSWD－2D	4	6
CSPSWD－3A	5	3
CSPSWD－3B	5	4
CSPSWD－3C	5	5
CSPSWD－3D	5	6

在同一阻尼器刚度的情况下,阻尼器腹板厚度为 6 mm,内嵌钢板厚度分别为 4 mm、5 mm 的极限承载力分别为 432.71 kN、448.83 kN,承载能力较强。通过图 8.28 明显可以看出,阻尼器腹板厚度为 6 mm 的情况下,内嵌波形钢板为 5 mm 时延性最好,试件刚度最高,达到极限承载力后承载力退化最慢。

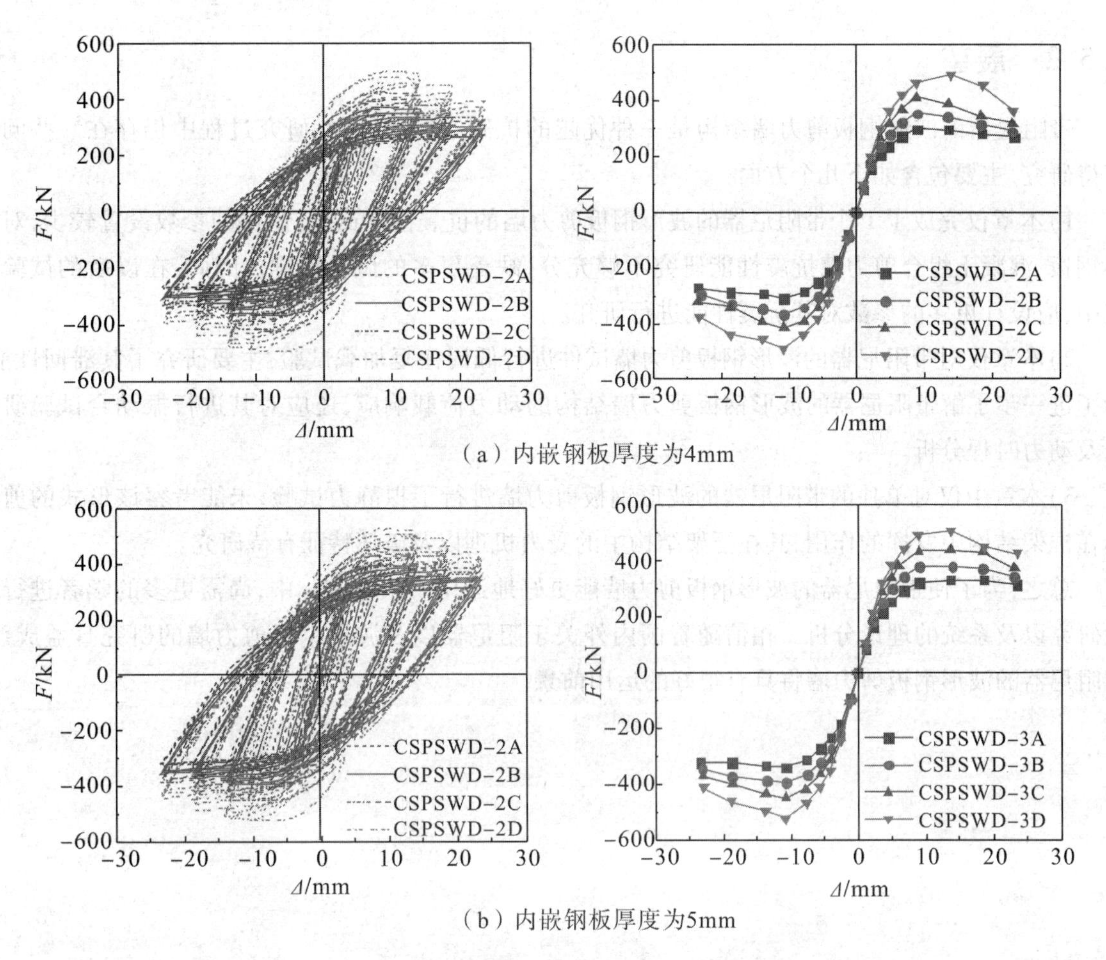

（a）内嵌钢板厚度为4mm

（b）内嵌钢板厚度为5mm

图8.28　各个模型的滞回曲线和骨架曲线对比

8.5　本章小结

8.5.1　结论

本章通过带有可更换阻尼器的波形钢板剪力墙试验，以及针对本次试验的有限元数值分析，可以得到以下结论：

1）在剪力墙弹塑性阶段达到规定的位移角时更换阻尼器，阻尼器面外变形明显，发挥集中耗能作用，可以保护剪力墙。

2）带有阻尼器的波形钢板剪力墙初始刚度较大，更换阻尼器后剪力墙滞回稳定且饱满，保持较好的承载能力、延性和耗能能力，刚度退化缓慢。

3）在同一阻尼器刚度的情况下，随着内嵌波形钢板厚度的增加，剪力墙的极限承载力、延性和刚度随之提高。

4）在同一内嵌钢板厚度的情况下，随着阻尼器刚度的提高，剪力墙的极限承载力随之提高，刚度变化不大，延性随之下降。

5）阻尼器中间腹板厚度为6 mm时，内嵌钢板厚度为5 mm时剪力墙抗震性能最佳。

8.5.2 展望

带阻尼器的波形钢板剪力墙结构是一种优越的抗侧力体系，但在研究过程中仍存在一些问题有待研究，主要包含如下几个方面：

1）本章仅完成了1个带阻尼器的波形钢板剪力墙的抗震性能试验，试件的参数设置较少，对波形钢板-混凝土组合剪力墙抗震性能研究不够充分，缺乏更多的试验数据。因此，在以后的试验研究中，应设计更多的参数对其抗震性能进行研究。

2）本章仅对带阻尼器的波形钢板剪力墙试件进行低周往复加载试验，主要研究了其滞回性能，为了进一步了解带阻尼器的波形钢板剪力墙结构的动力荷载响应，还应对其进行振动台试验研究以及动力时程分析。

3）本章中仅对单独的带阻尼器的波形钢板剪力墙进行了拟静力试验，未能考察该形式的剪力墙在框架结构中发挥的作用，其在框架结构中的受力机理以及破坏特征有待研究。

总之，为了使带阻尼器的波形钢板剪力墙能更好地运用于工程实际中，尚需更多的学者进行试验研究以及系统的理论分析。相信随着国内外关于阻尼器以及波形钢板剪力墙的研究日益成熟，带阻尼器的波形钢板剪力墙将具有很好的运用前景。

第9章　带有可更换墙趾消能器组合剪力墙抗震性能试验研究

9.1　组合剪力墙墙趾可更换设计

9.1.1　剪力墙墙趾可更换设计理论

高层建筑设计中,一般剪力墙的抗弯性能要比抗剪性能更好,因此,弯曲破坏是高层建筑中剪力墙经常出现的破坏模式[202-204]。弯曲破坏在剪力墙结构中的破坏特征是:弯曲裂缝首先出现在剪力墙底部的受拉区,同时受拉区受力钢筋发生屈服。在破坏阶段,混凝土压溃部位为受压区,有时也会伴有块状混凝土剥落,最后受压区钢筋被压屈[205]。例如在汶川大地震中,虽然剪力墙结构很少发生整体倒塌的情况,但是剪力墙的集中损伤部位均在应力较大的剪力墙墙趾部位,如图9.1所示。

基于上述剪力墙结构在地震作用下的破坏情况,吕西林等首次提出了钢筋混凝土剪力墙墙趾位置的可更换设计思想,即设计了一种装设在剪力墙墙趾部位的拉压型复合支座。该复合支座的设计理念是,在普通钢筋混凝土剪力墙的墙趾部位剔除原有的钢筋混凝土部件,然后在该位置处安装可更换复合支座,并通过螺栓与母墙连接,如图9.2所示。对可更换墙趾支座的设计要求是具备较强的承载能力和耗能能力,以期满足调整主体结构抗震性能的目的。该拉压型复合支座的构造形式如图9.2所示。在传统橡胶支座两侧设置2片等厚度的软钢钢片,软钢钢片承担受拉荷载,内部叠层橡胶承担受压荷载,不考虑软钢钢片的抗压强度。支座与母墙的连接通过高强螺栓来实现。

图9.1　汶川地震中剪力墙墙趾的破坏

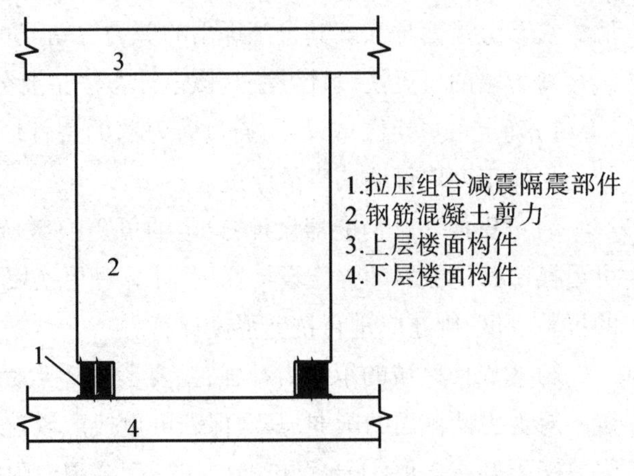

图9.2　带有可更换墙趾消能器的剪力墙

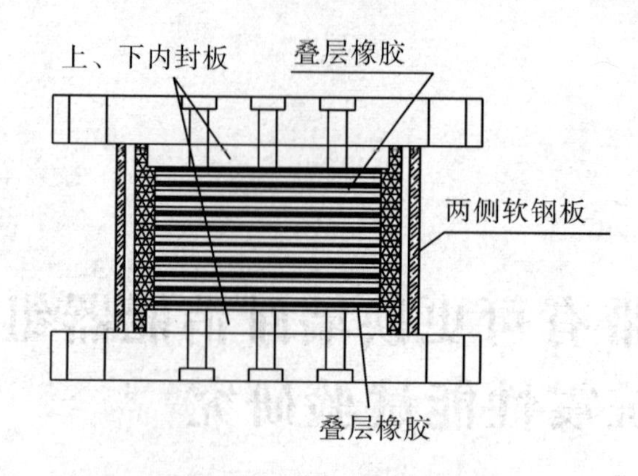

图 9.3　拉压型组合减震支座

同时,吕西林等建立了钢筋混凝土剪力墙墙趾可更换的设计方法,并给出了可更换墙趾的设计原则,以及这种可更换剪力墙的危险截面承载力验算方法,完成了相关的抗震性能试验研究。刘其舟等提出了一种安装 RCC(Replaceable Corner Component)构件的钢筋混凝土剪力墙,墙脚部件是一种由屈曲软钢芯和灌浆材料混凝土填充管组合而成的拉压型脚部支座,并建立了剪力墙可更换区域的计算方法和可更换剪力墙承载力设计原则。

9.1.2　波形钢板-混凝土组合剪力墙墙趾可更换设计方法

本课题组已于 2016 年完成了一组 3 片波形钢板-混凝土组合剪力墙低周往复荷载试验,试验得到的剪力墙等效塑性区域尺寸见表 9.1,试件参数如图 9.4 所示。

表 9.1　试件等效塑性区域尺寸和极限位移角

试件编号	等效塑性区域高度 h_p/mm			等效塑性区域长度 l_p/mm			极限位移角 θ_u
	东	西	平均	东	西	平均	
SPCSW-1	302	251	276.5	292	200	246	1/42
SPCSW-2	204	218	211	325	70	197.5	1/42
SPCSW-3	156	253	204	307	314	310.5	1/58

注:SPCSW-1 为平钢板混凝土组合剪力墙,SPCSW-2 为竖向波形钢板混凝土组合剪力墙,SPCSW-3 为水平波形钢板混凝土组合剪力墙。

基于前述文献的试验结果,本书提出一种带有可更换墙趾消能器的波形钢板-混凝土组合剪力墙。在参考吕西林和刘其舟等提出的剪力墙墙趾可更换设计理论基础上,提出了波形钢板-混凝土组合剪力墙的可更换设计方法。该设计方法主要分为以下 3 个步骤:

1)确定可更换区域尺寸:通过剪力墙的塑性区域,确定可更换墙趾区域的几何尺寸,可更换区域的立体高度取母墙墙身的厚度。

2)可更换墙趾消能器设计:给定的可更换区域尺寸,确定可更换墙趾消能器的几何尺寸;根据可更换墙趾消能器的强度设计原则,计算可更换墙趾消能器的拉压强度,若考虑可更换墙趾消能器的抗剪刚度,则还应进行抗剪强度计算。

3)非更换区域的承载力补强:主要考虑 2 点因素,首先是可更换区域,即可更换墙趾消能器安置腔对剪力墙截面的削弱;其次保证可更换区域首先发生破坏,非更换区域不破坏或轻微破坏。补强方法主要有 2 种:①在可更换区域高度范围内附加钢板;②在可更换区域高度范围内进行水平箍筋加密处理。

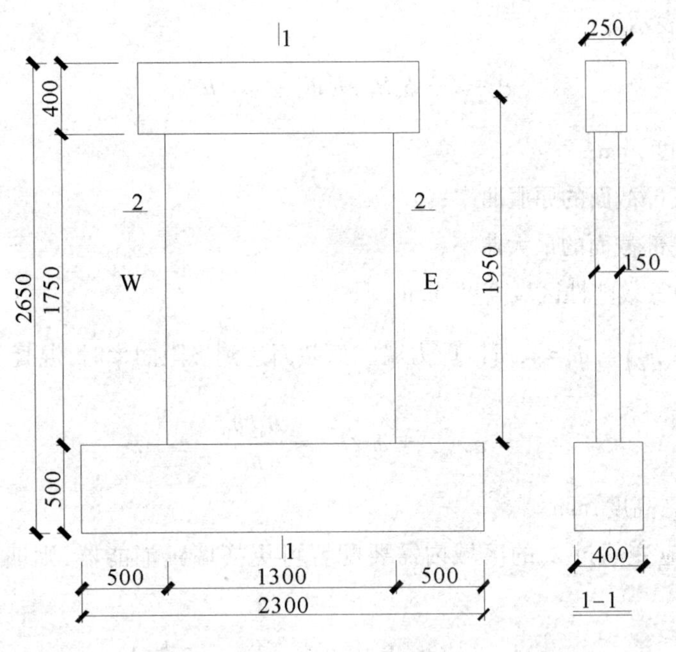

图9.4　剪力墙试件

9.1.2.1　剪力墙可更换区域大小

刘其舟等根据变形协调原理和平截面假定，在剪力墙墙趾处划定一个宽 l_c、高 h_c 的可更换区域，如图9.5所示。剪力墙截面高度为 h_w，截面有效高度为 h_0，剪力墙底部截面的最大曲率为 ϕ_u，剪力墙受压区边缘混凝土极限压应变为 $\varepsilon_{c,max}$，相对受压区高度为 ζ。由本课题组前期所做的波形钢板-混凝土组合剪力墙试验，得到的波形钢板-混凝土组合剪力墙试件破坏形式和损伤集中区域，可以假定剪力墙的塑性集中区域在其底部截面。现假定在剪力墙达到变形极限状态时，其底部截面的等效塑性区域高度为 h_p，该高度范围内的剪力墙截面塑性曲率均相同，为 $\phi_p=\phi_u-\phi_y$ [206]，其中 ϕ_y 表示剪力墙底部截面的屈服曲率。

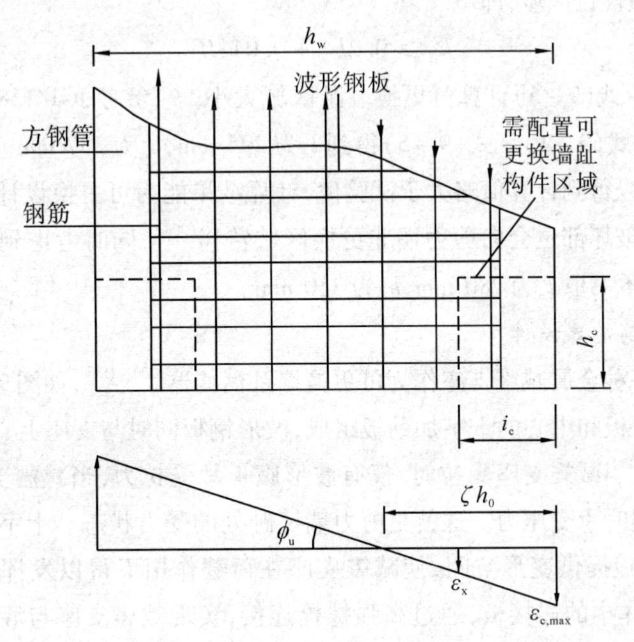

图9.5　剪力墙可更换区域

极限位移角可以表示为：

$$\theta_u = \frac{1}{3}\phi_y H + (\phi_u - \phi_y) h_p \tag{9-1}$$

式中：H——剪力墙高度，mm；

ϕ_y——剪力墙底部截面的屈服曲率；

ϕ_u——剪力墙底部截面的最大曲率；

h_p——剪力墙的等效塑性区域高度，mm。

由于 $\left(\frac{1}{3}\phi_y H - \phi_y h_p\right) \ll \phi_u h_p$，所以剪力墙底部截面达到极限曲率时，混凝土边缘应变近似为：

$$\varepsilon_{c,\max} = \phi_u \zeta h_0 \approx \frac{\theta_u \zeta h_0}{h_p} \tag{9-2}$$

式中：ζ——相对受压区高度，mm。

假定当混凝土压应变超过 ε_x 的区域内需要配置可更换墙趾消能器，则墙趾可更换区域的宽度为：

$$l_c \geqslant 1.5\left[1 - \frac{\varepsilon}{\varepsilon_{c,\max}}\right]\zeta h_0 = 1.5\left[1 - \frac{\varepsilon_x h_p}{\theta_u \zeta h_0}\right]\zeta h_0 \tag{9-3}$$

根据结构的可更换设计原则，取 ε_x 为 0.002，可以保证母体结构混凝土基本不会产生破坏，ε_x 可根据设计目标优化取值。1.5 为放大系数，表示可更换墙趾区域包含了剪力墙试件的墙趾破坏区域和可能发生破坏的区域。

文献[207]给出了钢筋混凝土剪力墙的等效塑性区域高度经验公式：

$$h_p = 0.2h_w + 0.044H \tag{9-4}$$

式中：h_w——剪力墙截面高度，mm。

假定剪力墙在地震作用下所产生的满足变形协调条件的变形量主要集中在可更换墙趾区域，则可更换区域应包含塑性铰区域，即

$$h_c \geqslant 0.2h_w + 0.044H \tag{9-5}$$

现根据式(9-1)~式(9-5)计算可更换墙趾区域大小。θ_u 参考 JGJ/T380-2015《钢板剪力墙技术规程》取 1/80。由式(9-1)~式(9-5)得到 l_c 为 295 mm，h_c 为 337 mm。对照表 9.1 所给试验实测等效塑性区域，可以得到计算值略大于试验值，计算结果能为可更换设计提供参考依据。由于在较强的地震作用下，破坏部位会向剪力墙非更换区域转移[208]，同时考虑到可更换构件加工工艺及可更换实施可行性，本书取 l_c 为 280 mm，h_c 为 350 mm。

9.1.2.2 可更换墙趾消能器设计

本书提出并选取一种金属减震支座作为可更换墙趾消能器[209-213]，如图 9.6 所示。这种减震支座由外侧的 2 片波形腹板和中心的十字加劲板组成，波形钢板同时与支座上、下盖板焊接，十字加劲板仅与下部盖板焊接。当减震支座受拉时，仅有波形腹板承受拉力；当减震支座受压时，波形腹板和中心的十字加劲板同时承受压力。这就是剪力墙墙趾处的受力状态。十字加劲板比波形钢板的高度小 5mm，为波形腹板提供变形空间，使减震支座在荷载作用下得以发挥阻尼作用。减震支座上、下盖板与预埋在墙体中的连接板，通过高强螺栓连接，实现减震支座与墙体的连接。支座的拉压强度和抗剪强度可以通过钢板厚度和截面形状来调整。该减震支座设计简单，仅使用单一材料便可实现减震支座拉压荷载不等的特性，加工工艺简单，价格低廉，具有极高的实用性。

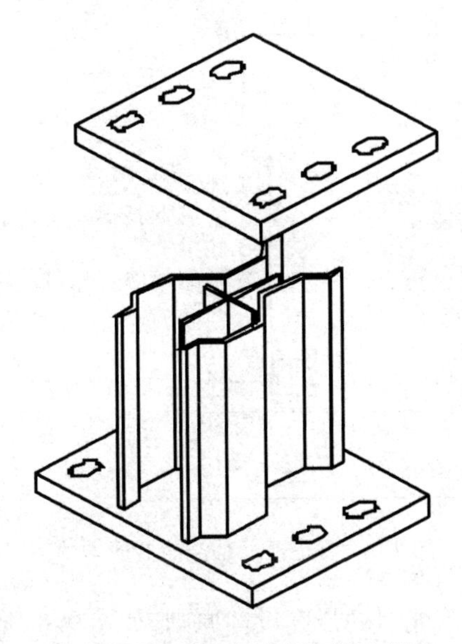

图 9.6　可更换墙趾消能器示意图

可更换墙趾消能器的承载力和约束边缘构件的承载力比值（以下简称承载力比值，即 Bearing Capacity Ratio，简称 BCR），是剪力墙墙趾可更换设计的关键[214]。如果 BCR 过大，那么在地震作用下，剪力墙的非更换部位会先于可更换墙趾消能器破坏；如果 BCR 过小，则母墙的抗侧承载力和抗侧刚度将会被大幅削弱。因此在设计可更换墙趾消能器时，可优先取 BCR 为 1，计算其相关承载力值，然后再根据目标性能进行折减。剪力墙可更换墙趾消能器的抗拉、抗压承载力和抗剪承载力，可按公式(9－6)～公式(9－8)进行设计概算：

$$N_{ds} = \alpha_1 f_c b_w l_c + f_a' A_a' \tag{9-6}$$

$$N_{dt} = f_a A_a \tag{9-7}$$

$$V_d = V_c + V_a \tag{9-8}$$

式中：N_{ds}——可更换构件抗压承载力，N；

N_{dt}——可更换构件抗拉承载力，N；

α_1——混凝土应力系数；

f_c——混凝土抗压强度设计值，N/mm²；

f_a、f_a'——边缘型钢抗拉压强度，N/mm²；

b_w——可更换构件宽度，取剪力墙厚，mm；

l_c——可更换构件长度，mm；

V_d——可更换构件抗剪承载力，N；

V_c——混凝土部分抗剪承载力，N；

V_a——型钢部分抗剪承载力，N。

9.1.2.3　带有可更换墙趾消能器剪力墙承载力设计原则

本书所提出的带有可更换墙趾消能器的波形钢板-混凝土组合剪力墙，如图 9.7 所示。其与传统的剪力墙最大的不同在于，将剪力墙底部两端墙趾区域挖除，形成可更换墙趾消能器安置腔。带有可更换墙趾消能器的波形钢板-混凝土组合剪力墙主要由加载梁、波形钢板-混凝土组合剪力墙墙片、底梁和可更换墙趾消能器组成。

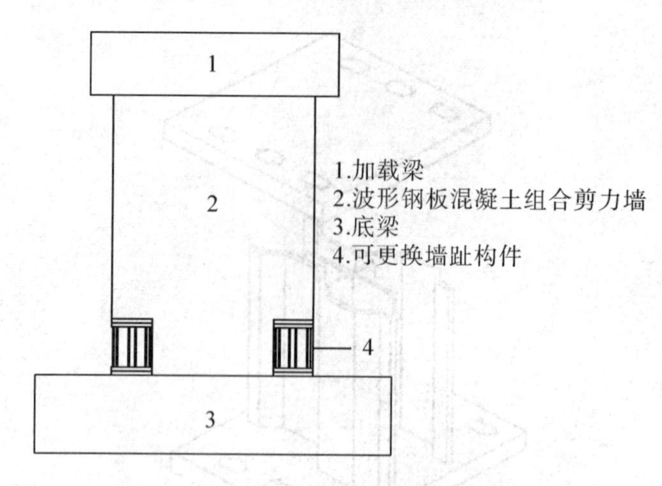

图 9.7 可更换墙趾消能器剪力墙

刘其舟等给出了可更换墙趾消能器的强度设计原则，如图 9.8 所示。减小可更换区域的拉压强度和抗剪强度，同时对其高度范围内的不更换区域采取一定的补强处理，这样才能保证可更换区域率先屈服，同时也可以抑制破坏向非更换区域转移。图 9.8 中括号内数字表示带可更换构件的剪力墙与传统剪力墙对应区域承载力比值。本次设计鉴于试验试件有限，为实现更换墙趾构件后对试件进行再加载，本次设计可更换区域承载力为原构件的 0.7，即 BCR 取 0.7。

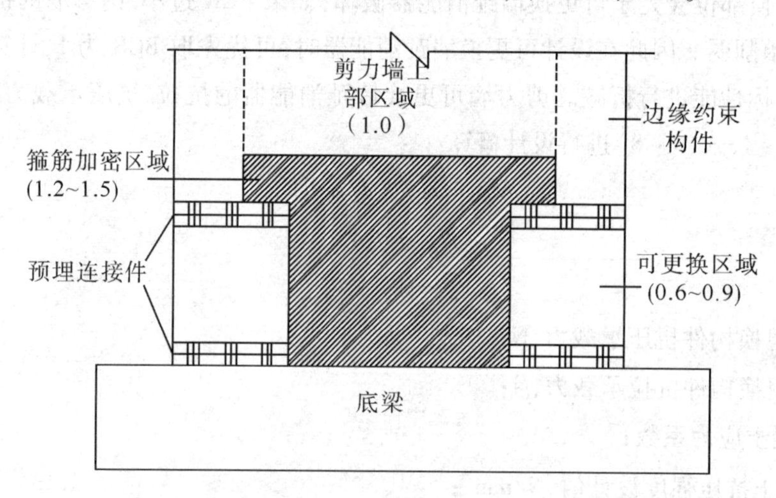

图 9.8 带有可更换墙趾消能器的剪力墙承载力设计

9.1.3 带可更换墙趾消能器的波形钢板-混凝土组合剪力墙的承载力计算

本书所提出的带有可更换墙趾消能器的波形钢板-混凝土组合剪力墙，其危险截面即为墙体底部两端可更换墙趾消能器和中间波形钢板-混凝土组合墙的混合界面，如图 9.9 所示。接下来，我们针对图 9.9 所示的底部混合截面进行承载力计算。

9.1.3.1 正截面受压承载力计算

由 JGJ138－2016《组合结构设计规范》，建议带有可更换墙趾消能器波形钢板剪力墙正截面受压承载力和受弯承载力计算公式如下：

$$N \geqslant \alpha_1 f_c b_w + f'_d A'_a - \sigma_d A_d + N_{sw} + N_{pw} \tag{9-9}$$

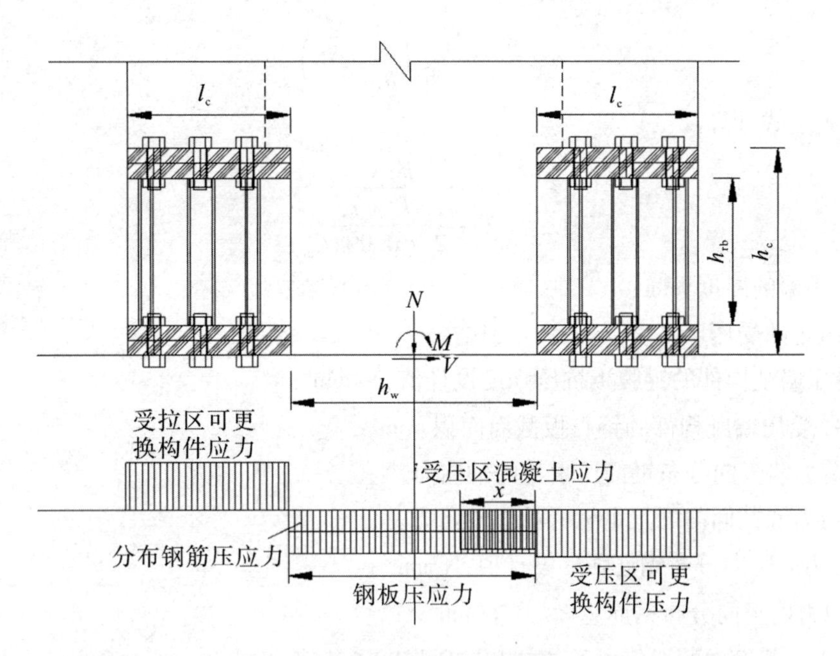

图9.9　截面应力分布图

$$N\left(e_0+\frac{h_w}{2}+\frac{l_c}{2}\right)\leqslant \alpha_1 f_c b_w x\left(h_w \frac{x}{2}\right)+f'_d A'_d(h_w+l_c)+M_{sw}+M_{pw} \tag{9-10}$$

$$e_0=\frac{M}{N} \tag{9-11}$$

N_{sw}和M_{sw}应按下列公式计算：

1）当$x\leqslant\beta_1 h_w$时：

$$N_{sw}=\left(1+\frac{x-\beta_1 h_w}{0.5\beta_1 h_w}\right)f_{yw}A_{sw} \tag{9-12}$$

$$M_{sw}=\left[0.5-\left(\frac{x-\beta_1 h_w{}^2}{\beta_1 h_w}\right)\right]f_{yw}A_{sw}h_w \tag{9-13}$$

2）当$x>\beta_1 h_w$时：

$$N_{sw}=f_{yw}A_{sw} \tag{9-14}$$

$$M_{sw}=0.5f_{yw}A_{sw}h_w \tag{9-15}$$

N_{pw}和M_{pw}应按下列公式计算：

1）当$x\leqslant\beta_1 h_w$时：

$$N_{pw}=\left(1+\frac{x-\beta_1 h_w}{0.5\beta_1 h_w}\right)f_p A_p \tag{9-16}$$

$$M_{pw}=\left[0.5-\left(\frac{x-\beta_1 h_w}{\beta_1 h_w}\right)^2\right]f_p A_p h_w \tag{9-17}$$

2）当$x>\beta_1 h_w$时：

$$N_{pw}=f_p A_p \tag{9-18}$$

$$M_{pw}=0.5f_p A_p h_w \tag{9-19}$$

受拉或受压较小边的可更换墙趾消能器钢腹板应力σ_d，可按下列规定计算：

1）当$x\leqslant\xi_b h_w$时，取$\sigma_d=f_d$。

2）当$x>\xi_b h_w$时：

$$\sigma_{d} = \frac{f_{d}}{\xi_{b} - \beta_{1}}\left(\frac{x}{h_{w}} - \beta_{1}\right) \tag{9-20}$$

ξ_{b}可按下列公式计算：

$$\xi_{b} = \frac{\beta_{1}}{1 + \dfrac{f_{y} + f_{a}}{2 \times 0.003E_{a}}} \tag{9-21}$$

式中：b_{w}——剪力墙的厚度，mm；

x——混凝土的受压区高度，mm；

f_{d}'——受压墙趾构件的钢腹板抗压强度设计值，N/mm^{2}；

A_{d}、A_{d}'——受压墙趾构件的钢腹板截面面积，mm^{2}；

N_{sw}——剪力墙竖向分布钢筋所承担的轴向力，N；

N_{pw}——剪力墙截面内配置钢板所承担轴向力，N；

f_{yw}——剪力墙竖向分布钢筋强度设计值，N/mm^{2}；

A_{sw}——剪力墙竖向分布钢筋总面积，N/mm^{2}；

f_{p}——剪力墙截面内配置钢板的抗拉和抗压强度设计值，N/mm^{2}；

A_{p}——剪力墙截面内配置钢板截面面积，mm^{2}；

β_{1}——受压区混凝土应力图形影响系数（当混凝土强度等级不超过 C50 时，取 0.8）；

M_{sw}——剪力墙竖向分布钢筋合力对受拉墙趾构件截面重心的力矩，N · mm；

M_{pw}——剪力墙截面内配置钢板合力对受拉墙趾构件截面重心的力矩，N · mm。

说明：①式(9-9)~式(9-21)是对《组合结构设计规范》中钢板-混凝土组合剪力墙正截面受压承载力计算公式的改进，考虑了剪力墙底部两端墙趾处可更换墙趾消能器对剪力墙承载力变化的影响。②受弯承载力计算公式左、右两边的取矩点均为受拉墙趾构件中心轴。

9.1.3.2 斜截面抗剪承载力计算

根据 JGJ138-2016《组合结构设计规范》规定，钢板-混凝土组合剪力墙的抗剪承载力由 4 部分构成，即混凝土的抗剪承载力、水平分布钢筋的抗剪承载力、约束边缘型钢的抗剪承载力、内置钢板的抗剪承载力。在此基础上，带有可更换墙趾消能器的波形钢板-混凝土组合剪力墙的抗剪承载力同样由 4 部分构成，即混凝土的抗剪承载力、水平分布钢筋的抗剪承载力、内置波形钢板的抗剪承载力和可更换墙趾消能器的抗剪承载力。将各部分的抗剪承载力进行叠加，即可得到带有可更换墙趾消能器的波形钢板-混凝土组合剪力墙的抗剪承载力建议计算公式，即：

$$V = V_{c} + V_{s} + V_{p} + V_{d} \tag{9-22}$$

式中：V_{c}——混凝土的抗剪承载力，N；

V_{s}——水平分布钢筋的抗剪承载力，N；

V_{p}——波形钢板的抗剪承载力，N；

V_{d}——可更换墙趾消能器的抗剪承载力，N。

V_{c}可按下列公式计算：

$$V_{c} = \frac{1}{\lambda - 0.5}\left(0.5f_{t}b_{w}h_{w} + 0.13N\frac{A_{w}}{A}\right) \tag{9-23}$$

V_{s}可按下列公式计算：

$$V_{s} = f_{yh}\frac{A_{sh}}{s}h_{w} \tag{9-24}$$

式中：N——钢板-混凝土组合剪力墙的轴向压力设计值（当 $N>0.2f_c b_w h_w$ 时，取 $N=0.2f_c b_w h_w$），N；

λ——计算剪跨比（当 $\lambda<1.5$ 时，取1.5；当 $\lambda>2.2$ 时，取9.2）；

A——剪力墙截面面积，mm^2；

A_w——剪力墙腹板的截面面积（对矩形截面剪力墙应取 d_t），mm^2；

f_t——混凝土抗拉强度设计值，N/mm^2；

f_{yh}——剪力墙水平分布钢筋抗拉强度设计值，N/mm^2；

A_{sh}——配置在同一水平截面内的水平分布钢筋的全部截面面积，mm^2；

s——剪力墙水平分布钢筋间距，mm。

本书研究的钢板-混凝土组合剪力墙，其内置钢板为波形钢板。目前，国内外对波形钢板-混凝土组合剪力墙的研究尚未深入，抗剪承载力计算公式较少。作者在Jongwon Yi提出的波形钢板抗剪计算理论的基础之上，结合JGJ138－2016《组合结构设计规范》和JGJ/T380－2015《钢板剪力墙技术规程》，进而提出了带有可更换墙趾消能器的波形钢板-混凝土组合剪力墙抗剪承载力计算公式，以及可更换墙趾消能器波形钢腹板的抗剪承载力计算公式。

波形钢板由一系列平直和倾斜的子板组成，其截面设计参数包括板厚 t_w、波角 θ、平波段长 a、倾斜波段长 b 和波幅 d，如图9.10所示。

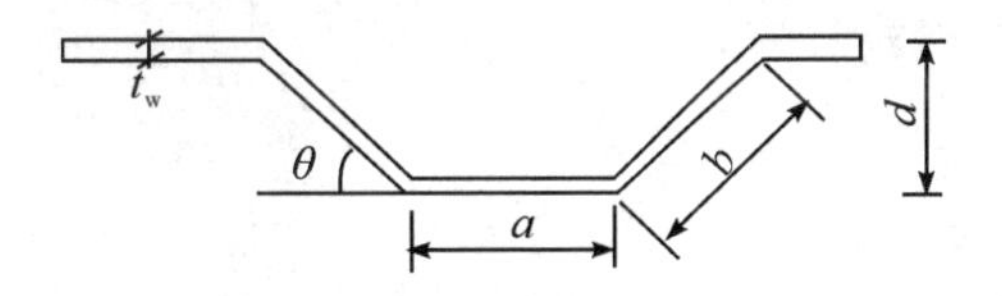

图9.10　波形钢板截面参数

基于波形钢板的几何特征，本书所研究的梯形波形钢板的屈曲模态主要有3种：局部屈曲、整体屈曲和相关屈曲[215]。当波形钢板的宽厚比较大时，发生局部屈曲，表现为某个板带宽度范围内屈曲，这种破坏形式可以按照四边约束板均匀受剪进行分析；当波形钢板的波纹较为密集时，通常出现整体屈曲，表现为整个波形钢板的高度范围内屈曲，可能包含若干个波长，可按照各向异性板进行分析；而相关屈曲，跨越数个板带，会由于局部与整体屈曲的相互影响而同时发生。基于本课题组已完成的试验研究和有限元模拟，得到本书所研究的内置波形钢板屈曲模态为相关屈曲。通过ABAQUS有限元模拟得到的波形钢板屈曲模态，如图9.11所示。

相关屈曲模态的屈曲形状不像局部或全局屈曲模式那样确定，但取决于波形腹板的几何形状[216]。Jongwon Yi给出了不考虑剪切屈服和非弹性屈曲的情况下的波形钢板相关屈曲应力计算公式，认为相关屈曲为弹性局部屈曲与整体屈曲之间的相互作用，计算公式见式(9－25)。

$$\frac{1}{\tau_{cr,I}^{E}}=\frac{1}{\tau_{cr,L}^{E}}+\frac{1}{\tau_{cr,G}^{E}} \tag{9-25}$$

式中：$\tau_{cr,I}^{E}$——相关屈曲应力，MPa；

$\tau_{cr,L}^{E}$——局部屈曲应力，MPa；

$\tau_{cr,G}^{E}$——整体屈曲应力，MPa。

局部屈曲应力，可按式(9－26)计算：

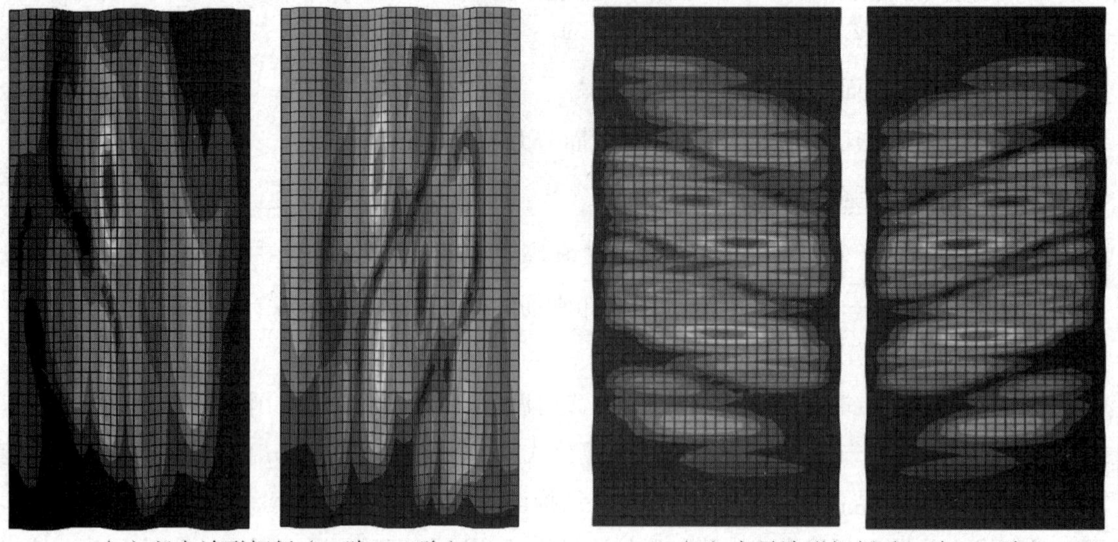

（a）竖向波形钢板（一阶、二阶）　　（b）水平波形钢板（一阶、二阶）

图9.11　波形钢板的屈曲模态

$$\tau_{cr,L}^{E} = \frac{5.34\pi^2 E}{12(1-v^2)}\left(\frac{t_w}{a}\right)^2 \tag{9-26}$$

整体屈曲应力，可按式(9－27)计算：

$$\tau_{cr,G}^{E} = C_G\left(\frac{d}{t_w}\right)^{1.5}\left(\frac{t_w}{h}\right)^2 \tag{9-27}$$

式中：E——弹性模量，N/mm²；

v——泊松比；

C_G——与波形钢板材料属性和几何参数有关的常数，$C_G = \frac{5.045\beta E}{(1-v^2)^{0.25}(\eta)^{0.75}}$，$\eta = \frac{a+b\cos\theta}{a+b}$，

β为整体屈曲系数（取1.2）；

h——波形钢板的高度，mm。

Jongwon Yi通过考虑波形钢板几何非线性和材料非线性的非线性有限元分析，提出了基于相关屈曲的抗剪弹塑性屈曲承载力计算公式，可以表达为通用高厚比的形式：

$$\frac{\tau_{cr}}{\tau_y} = \begin{cases} 1 & \lambda_s < 0.6 \\ 1-0.614(\lambda_s-0.6) & 0.6 \leqslant \lambda_s < \sqrt{2} \\ 1/\lambda_s^2 & \lambda_s \geqslant \sqrt{2} \end{cases} \tag{9-28}$$

式中：τ_{cr}——屈曲极限承载力，MPa；

τ_y——材料剪切屈服强度（取$f_y/\sqrt{3}$），MPa；

λ_s——通用高厚比，$\lambda_s = \sqrt{\frac{\tau_y}{\tau_{cr}}}$。

对于可更换墙趾消能器的波形钢腹板剪力计算，可将其简化为两边连接的钢板剪力墙，参照JGJ/T380－2015《钢板剪力墙技术规程》，给出可更换墙趾消能器的波形钢腹板抗剪承载力计算公式，见式(9－29)～式(9－31)。

$$V_u = \tau_u L_c t \tag{9-29}$$

$$\tau_u = [0.2\ln(L_c/H_c) - 0.05\ln(\lambda_c) + 0.68] \cdot \tau_{cr} \tag{9-30}$$

$$\lambda_e = \frac{H_e}{t\varepsilon_k} \tag{9-31}$$

式中：V_u——钢板剪力墙抗剪承载力设计值，N；

τ_u——钢材极限抗剪强度设计值，MPa；

L_e——钢板剪力墙的净跨度（取 l_c），mm；

t——钢板厚度，取可更换墙趾消能器钢板厚度，mm；

H_e——钢板剪力墙净高度（取 H_{rb}），mm；

λ_e——钢板剪力墙的相对高厚比；

ε_k——钢号修正系数（取 $\sqrt{235/f_y}$）。

由式(9-29)~式(9-31)，可以得到可更换墙趾消能器的抗剪承载力 V_d的计算公式，见式(9-32)。

$$V_d = \frac{0.6}{\lambda - 0.5}\tau_u l_c t \tag{9-32}$$

参考 JGJ138-2016《组合结构设计规范》，结合波形钢板抗剪承载力计算公式，给出了组合墙内置波形钢板的抗剪承载力 V_p计算公式，见式(9-33)。

$$V_p = \varphi\frac{0.6}{\lambda - 0.5}\tau_{cr}A_p \tag{9-33}$$

式中：φ——折减系数。考虑到水平波形钢板-混凝土组合剪力墙抗剪刚度小，极限承载力偏小，根据本课题组已得试验结果和有限元分析结果，得到波形钢板竖向放置时 $\varphi=1$，水平方向放置时 $\varphi=0.6$。

综上所述，建议带有可更换墙趾消能器的波形钢板-混凝土组合剪力墙的抗剪承载力计算公式，见式(9-34)。

$$V = \frac{1}{\lambda - 0.5}\left(0.5f_t b h_w + 0.13N\frac{A_w}{A}\right) + f_{yh}\frac{A_{sh}}{s}h_w + \frac{0.6}{\lambda - 0.5}(\varphi\tau_{cr}A_p + 2\tau_u l_c t) \tag{9-34}$$

9.2　带可更换墙趾消能器组合剪力墙试验研究

9.2.1　试验目的

1）通过对带有可更换墙趾消能器的波形钢板-混凝土组合剪力墙的低周反复荷载试验，研究并记录试件的受力过程、破坏特征及破坏模式，对比分析各试件的滞回性能、承载能力、变形能力及耗能能力。

2）对破坏后的可更换墙趾消能器进行拆卸更换，对更换墙趾构件后的剪力墙试件继续加载至破坏，记录并研究剪力墙试件在更换墙趾构件后加载过程中的受力过程、破坏特征及破坏模式。对比分析各试件更换墙趾构件后的滞回性能、承载能力、变形能力及耗能能力。

3）检验可更换墙趾消能器在波形钢板-混凝土组合剪力墙中的实际承载性能，同时验证其可更换性能。

9.2.2 试件的设计及制作

9.2.2.1 可更换墙趾消能器设计

加工制作上节所述的金属减震支座作为可更换墙趾消能器，构造详图如图 9.12 所示。可更换墙趾消能器由外围的 2 片波形钢板和中心的十字加劲板组成，波形钢板同时与可更换墙趾消能器上、下盖板焊接，十字加劲板仅与下部盖板焊接；同时，十字加劲板比波形钢板的高度小 5 mm，为波形腹板变形提供空间。可更换墙趾消能器上、下盖板与预埋在墙体中的连接板，通过高强螺栓连接，以实现可更换墙趾消能器与墙体的连接。可更换墙趾消能器的钢材选用 Q235B 级钢，加工制作 8 个。可更换墙趾消能器具体参数详见表 9.2。

表 9.2 可更换墙趾消能器参数

钢材	腹板板厚/mm	腹板宽度/mm	高度/mm	波角/(°)	
Q235	3	250	250	45°	45°

可更换墙趾消能器上、下盖板与预埋在墙体内的连接板均取厚度为 25 mm。选用 10.9 级的 M22 高强螺栓，根据螺栓的排列及构造要求，建议螺栓在构件上的排列采用并列，边距的最小容许距离为 $1.5d_0$，为了避免连接钢板端部被剪断，螺栓孔的端距不应小于 $2d_0$，各排螺栓的栓距和线距不应小于 $3d_0$。连接板高强螺栓孔布置如图 9.12(b) 和 9.12(c) 所示。

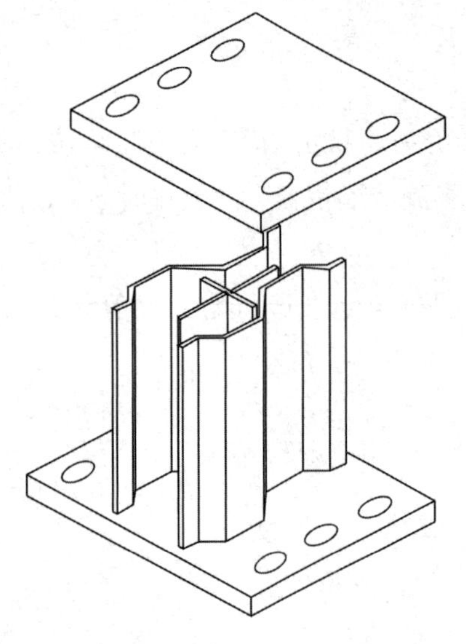

(a) 构件示意图

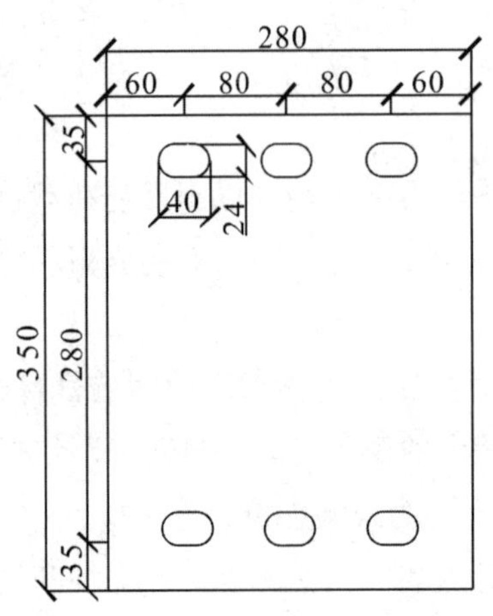

(b) 上端板示意图

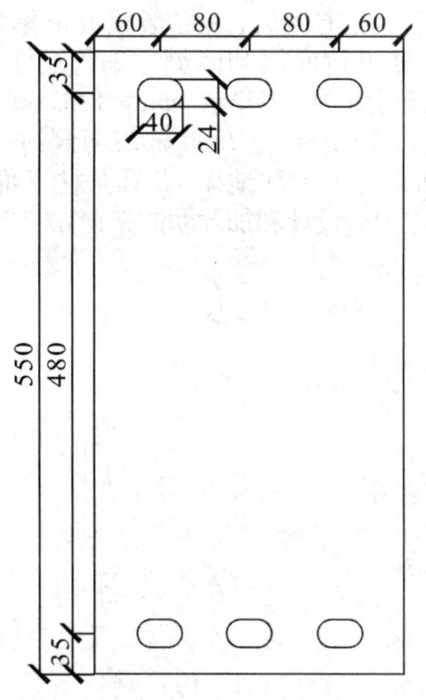

（c）下端板示意图

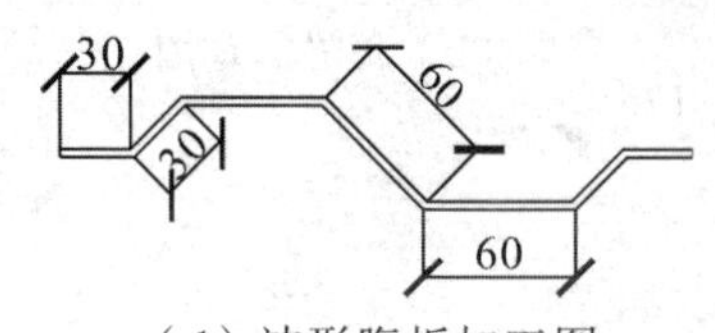

（d）波形腹板加工图

图9.12 可更换墙趾消能器详图

9.2.2.2 带可更换墙趾消能器的波形钢板-混凝土组合剪力墙试件设计

本试验设计制作了2个1∶2缩尺的带有可更换墙趾消能器的钢板-混凝土组合剪力墙试件，分别为竖向波形可更换钢板混凝土剪力墙试件(编号为RSPCSW－V1)和水平波形可更换钢板混凝土剪力墙试件(编号为RSPCSW－H1)，试件设计参数见表9.3，波形钢板的截面参数如图9.13所示。本书对波角θ的定义如下：由平钢板弯折成波形钢板所转动的角度。本书取$\theta=45°$，$a=b=100$ mm，$d=73$ mm。轴压比设计值取0.15，水平加载点至地梁顶面距离为1950 mm，剪跨比为1.5。

表9.3 剪力墙试件参数

试件	内置钢板特征	θ/(°)	t/mm	n	λ
RSPCSW－V1	竖向波形钢板	45	3	0.15	1.5
RSPCSW－H1	水平波形钢板	45	3		

注：t为钢板厚度，n为试件轴压比，λ为试件剪跨比。

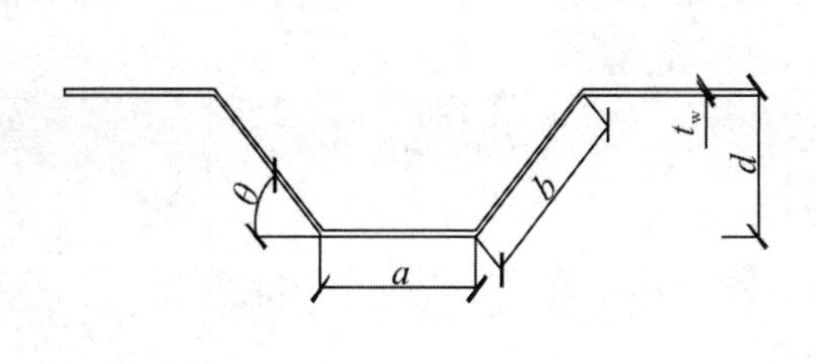

图9.13 波形钢板参数示意图

各试件首先加工制作钢板剪力墙钢骨架，然后进行混凝土浇筑，最终形成波形钢板-混凝土组合剪力墙试件。钢板剪力墙钢骨架主要由 H 型钢顶梁、H 型钢底梁和两侧方钢管端柱、金属减震支座和内嵌波形钢板组成，均采用 Q235B 级钢。其中，顶梁采用 HM244 mm×175 mm×7 mm×11 mm，长 1400 mm；底梁采用 HM294 mm×200 mm×8 mm×12 mm，长 2000 mm；两侧约束边缘构件采用□150 mm×150 mm×10 mm，长 1980 mm。为保证加载时顶梁和地梁，尤其是柱下部位的底梁具有足够的刚度，在顶梁和底梁均布置足够多的加劲肋。具体构造设计和加劲肋的布置如图 9.14 所示。

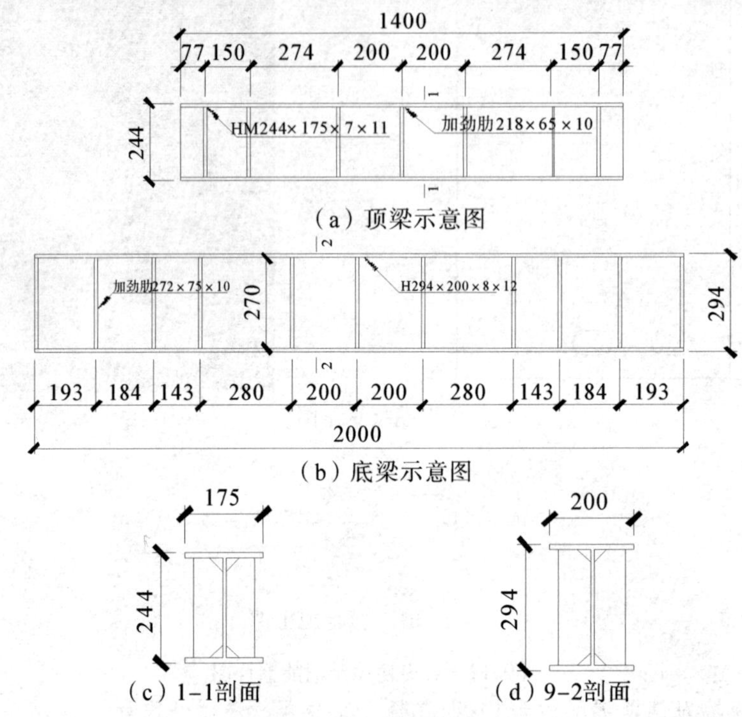

图 9.14　顶梁、地梁示意图

由于本试验试件两侧墙趾处需留置可更换墙趾消能器安置腔，安置腔尺寸由上节所述方法计算得到，取宽 280 mm、高 350 mm，厚度与墙体相同均取 150 mm。首先对内置钢板进行切割处理，以便留置安置腔。切割处理后内置钢板示意图如图 9.15 所示。

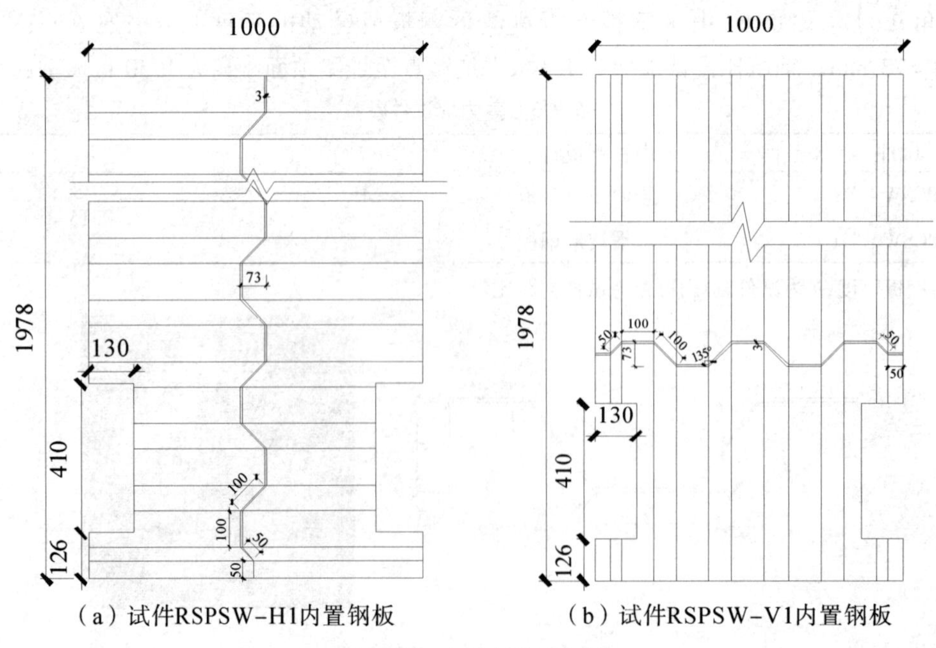

图 9.15　内置钢板示意图

根据JGJ138－2016《组合结构设计规范》，在剪力墙内嵌波形钢板上焊接栓钉，以保证内置波形钢板与混凝土之间的协同作用。栓钉规格为ϕ8 mm×60 mm，采用梅花形布置，间距为150 mm×150 mm。制作完成后的内置带栓钉波形钢板剪力墙如图9.16所示。

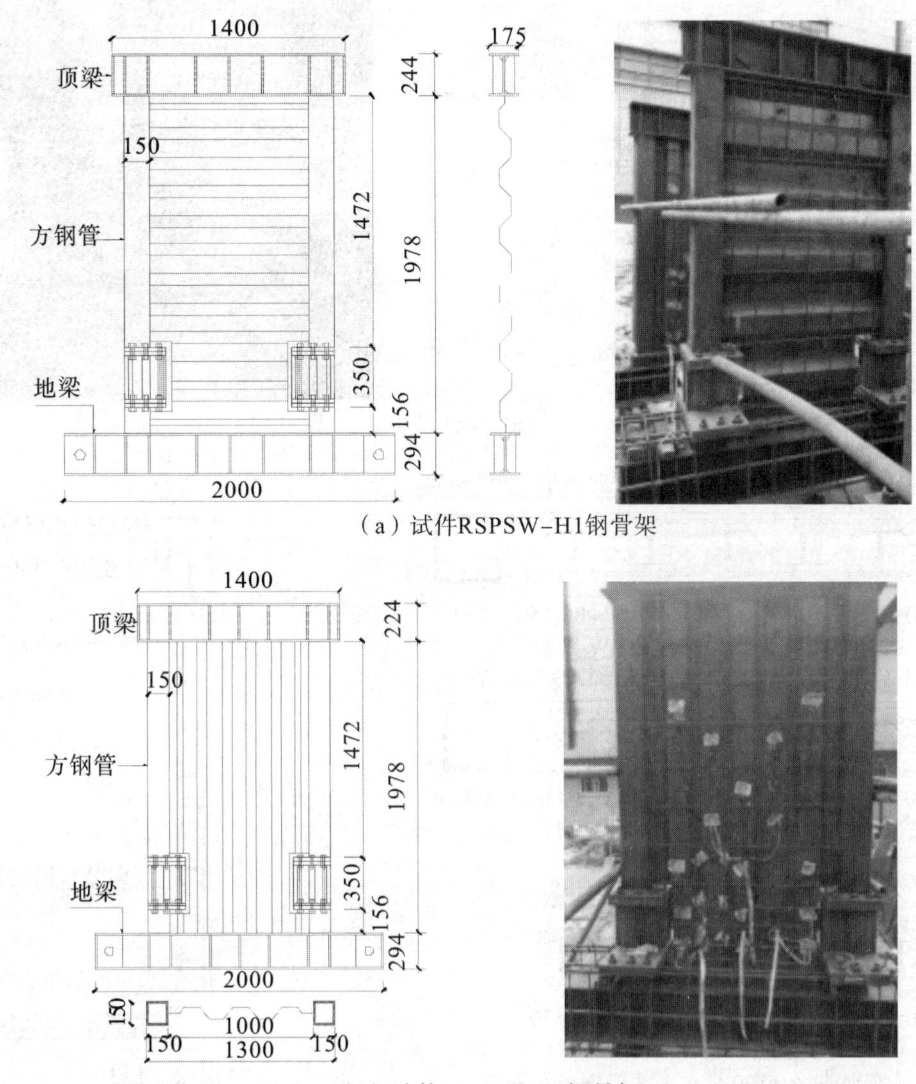

（a）试件RSPSW-H1钢骨架

（b）试件RSPSW-V1钢骨架

图9.16　钢骨架示意图

然后，将各试件钢骨架分别外包强度等级为C35的混凝土，采用250 mm×400 mm的型钢-混凝土顶梁和400 mm×500 mm的型钢-混凝土底梁。对型钢混凝土顶梁和型钢混凝土底梁配置⌀16 mm纵向钢筋和ϕ8 mm@100 mm箍筋，以提高顶梁和底梁的承载力。组合剪力墙试件的水平和竖向分布钢筋为双向双层布置，竖向分布钢筋为ϕ8 mm@150 mm，水平分布钢筋为ϕ8 mm@200 mm/100 mm，水平分布钢筋加密区为剪力墙底部可更换墙趾消能器高度范围内，以弥补更换支座后墙体底部抗剪强度的降低。由此组合成为2个内置波形钢板不同放置形式的带有可更换墙趾消能器的波形钢板-混凝土组合剪力墙试件，试件分别编号为RSPCSW－V1和RSPCSW－H1。各试件的几何尺寸及构造如图9.17所示。

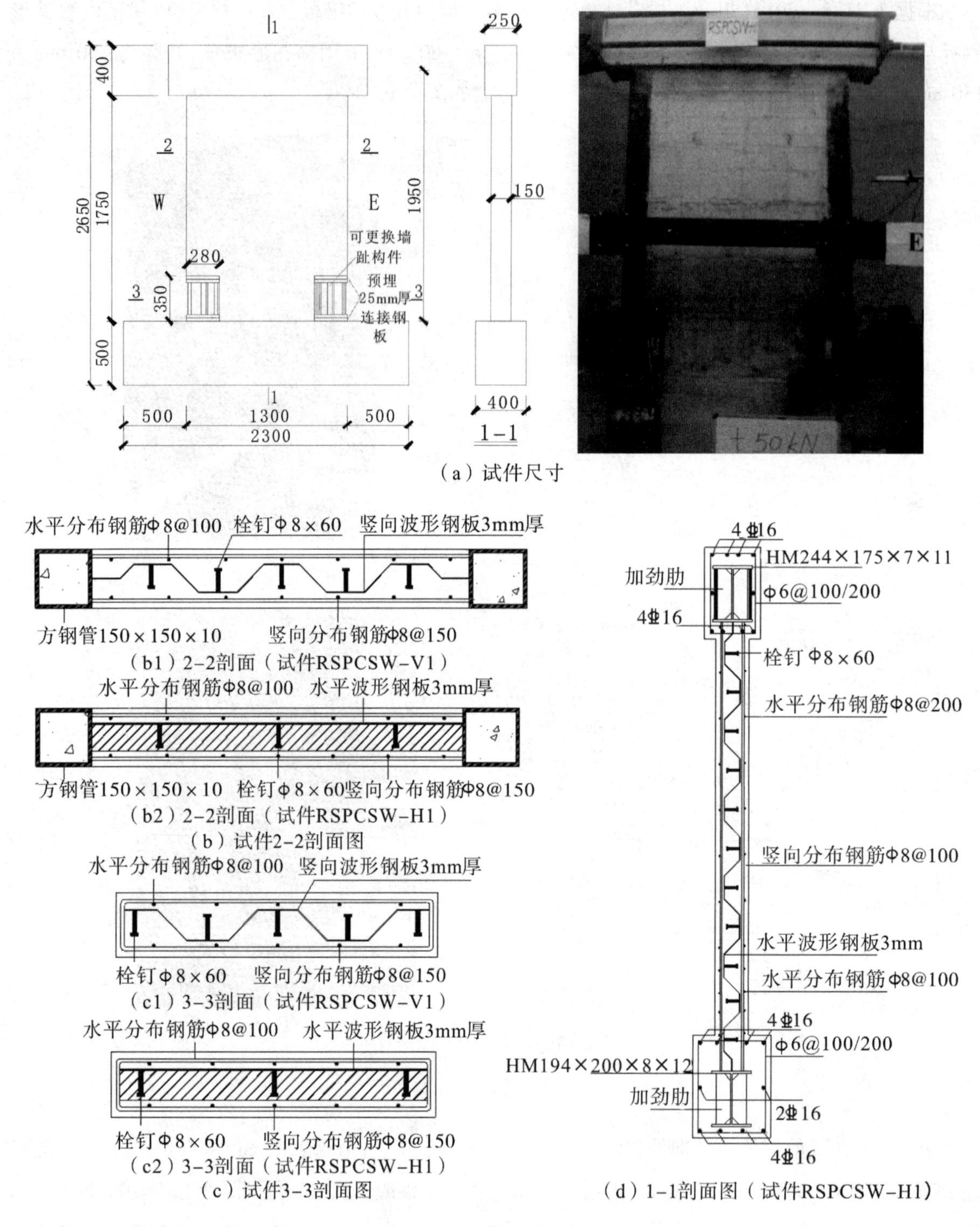

(a) 试件尺寸

(b1) 2-2剖面 (试件RSPCSW-V1)

(b2) 2-2剖面 (试件RSPCSW-H1)

(b) 试件2-2剖面图

(c1) 3-3剖面 (试件RSPCSW-V1)

(c2) 3-3剖面 (试件RSPCSW-H1)

(c) 试件3-3剖面图

(d) 1-1剖面图 (试件RSPCSW-H1)

图 9.17 试件尺寸及构造

9.2.2.3 试件加工与制作

钢材的切削和折弯均由专业的剪板折弯厂家加工制作，折弯加工采用 WC67K 系列数控折弯机，将 3 mm 厚的 Q235B 级平钢板折弯成设计尺寸；其他钢材下料采用剪床工艺，减小钢材下料误差。试件材料加工完成后，在厂家实地检验测量各构件尺寸是否符合设计要求。检验合格后，将各构配件运送至钢结构加工厂，开展焊接、开孔等工序。由于本试件选用了厚度较小的 3 mm 内嵌钢板，为减小焊接过程中的残余变形，保障焊接质量，采用二氧化碳保护焊。采用 C35 商品混凝土浇筑,边支模边浇筑,保证混凝土浇筑振捣均匀。浇筑过程中发现,水平波形钢板混凝土剪力墙由于波形钢板的阻碍,不利于混凝土的振捣密实。试件加工制作各流程阶段如图9.18所示。

(a)可更换构件制作

(b)波形钢板制作

(c)钢骨架拼接成型

(d)钢骨架焊接栓钉、钢筋

(e)支模

(f)混凝土浇筑

图9.18　试件制作过程

9.2.3 材性试验

本书试验所有钢板材均为 Q235B 级钢材,材性试验采用单向拉伸试验。材性试验在西安建筑科技大学力学实验室的 CSS－WAW300DL 电液伺服万能试验机上完成。材性试验主要测量内容为钢材的弹性模量 E、屈服强度 f_y、屈服应变 ε_y、极限抗拉强度 f_u、颈缩率和伸长率等性能参数,各参数取各组试样的平均值[217]。材性试验得到的应力－应变曲线,可为试验数据分析、有限元模拟和理论分析提供参数。

钢材的材性试验样胚取样可根据 GB/T2975－1998《钢及钢产品力学性能试验取样位置及试样制备》中的相关规定从母材中切取,并根据 GB－T228.1－2010《金属材料室温拉伸试验方法》的规定将样胚制作为标准试件,标准试件尺寸如图 9.19 所示。

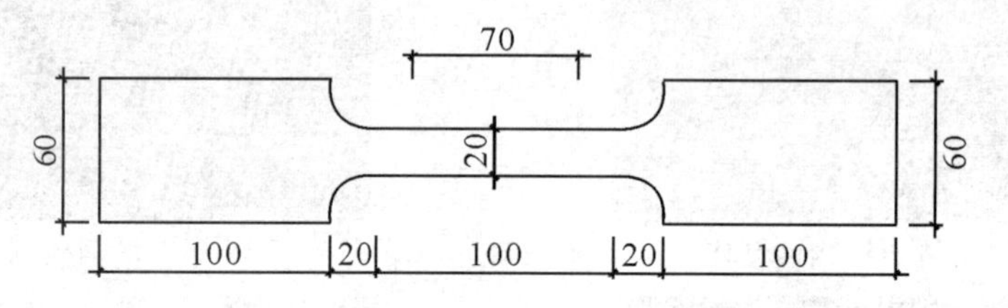

图 9.19 材性试件尺寸

所有材性试验标准试件与本试验所用试件同时加工制作。分别对内置波形钢板(3 mm),H 型钢梁(顶梁)翼缘(11 mm)、腹板(7 mm),H 型钢梁(底梁)翼缘(12 mm)、腹板(8 mm),方钢管(10 mm)进行了 6 组材性试验,每组 3 个试件。同时对 ϕ8 mm 钢筋和⌀16 mm 钢筋进行了材性试验。材性试验装置如图 9.20(b)所示,钢材的应力－应变曲线如图 9.20(d)所示,钢材具体参数见表 9.3。

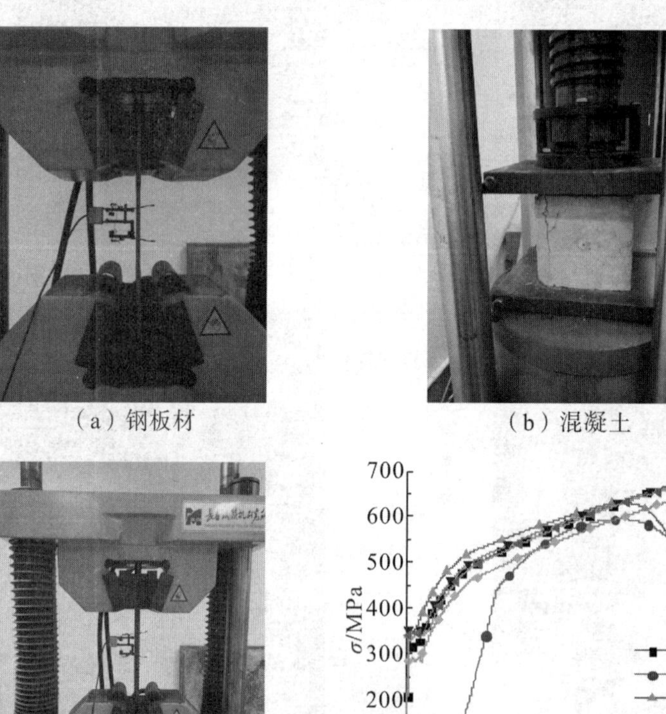

(a) 钢板材　(b) 混凝土

(c) 钢筋　(d) 应力-应变曲线

图 9.20 材性试验

试件混凝土选用强度等级为C35的商品混凝土，由于墙身厚度较小，且波形钢板几何特征占用空间过大，为方便振捣，保障试件浇筑密实，根据JGJ 101－96《普通混凝土配合比设计规程》要求，本次试验选用碎石最大粒径不超过15 mm的细石混凝土，其具有良好的流动性。在浇筑试件的同时，根据G/B 50159－2012《混凝土结构试验方法标准》[218]的相关要求，制作6个150 mm ×150 mm ×150 mm的标准立方体试块，并与试件在相同的环境中养护28 d。其中，混凝土的性能是根据《普通混凝土力学性能试验方法标准》[219]的要求，在西安建筑科技大学建材实验室完成，2个试件墙体混凝土立方体抗压强度实测平均值分别为49.11 MPa和59.45 MPa。表9.4给出了钢材和混凝土的材性参数。

表9.4　材料材性参数

混凝土	钢板		ϕ8 钢筋		Φ16 钢筋	
f_{cu}/MPa	f_y/MPa	f_u/MPa	f_y/MPa	f_u/MPa	f_y/MPa	f_u/MPa
49.11 59.45	317	405	545	580	448	618

9.2.4　试验加载及测点布置

9.2.4.1　试验方法及加载制度

本书采用拟静力试验方法对带有可更换墙趾消能器的钢板-混凝土组合剪力墙进行抗震性能试验研究。加载制度按照JGJ 101－2015《建筑抗震试验方法规程》规定，采用力－位移混合控制方法，如图9.21所示。正式试验开始后，水平荷载分为以下加载阶段：

1）屈服前阶段：初始水平荷载为50kN，荷载增量为50kN，每级荷载循环1次。

2）可更换墙趾消能器更换阶段：当试件顶点水平力－位移曲线出现明显转折时，认为试件屈服。试件屈服后，改为位移控制加载，每级加载幅值取屈服位移的整数倍，每级幅值循环加载3次。当试件顶点位移角达到1/100时，停止加载，更换墙趾构件，继续加载。

3）极限破坏阶段：按屈服位移的整数倍循环加载，每级位移循环3次。

4）下降阶段：位移控制加载，每级加载幅值取屈服位移的整数倍，每级幅值循环加载3次。当出现下列情况之一时停止加载：①水平承载力下降到峰值荷载的85%；②出现明显的破坏现象；③竖向荷载突然下降或竖向有明显变形。

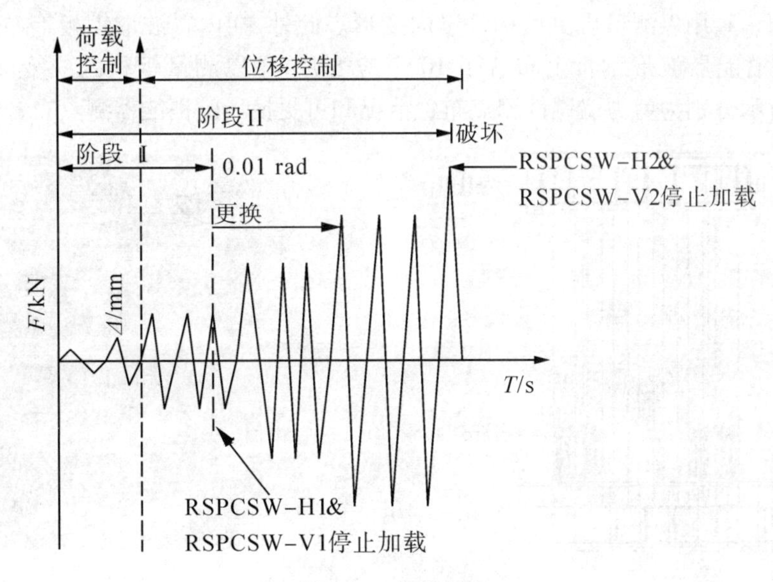

图9.21　加载制度

9.2.4.2 加载装置

本试验在西安建筑科技大学结构与抗震实验室进行。试件底梁通过压梁与实验室台座锚固成整体;在试件中部两侧安装2根钢梁,钢梁仅与试件墙片通过滚轮接触,不对试件施加荷载,起到限制试件面外变形的作用;MTS加载端通过丝杆和端板与试件顶梁连接,MTS作动头另一端支撑在反力墙上,为试件提供水平往复荷载;试件顶梁顶面设置刚性分配梁,将液压千斤顶的轴力均匀分配到墙体,从而得以模拟实际工程中的重力荷载,液压千斤顶可以跟随试件顶部移动。试件加载装置如图9.22所示。

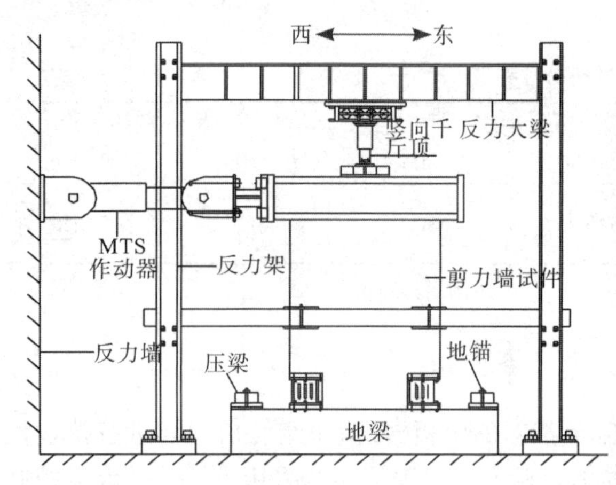

图9.22 加载装置

9.2.4.3 测点布置

为了研究带有可更换墙趾消能器的波形钢板-混凝土组合剪力墙在水平往复荷载作用下的受力和变形情况,本试验采用应变片、应变花和位移计对试件进行测量。本次试验的主要测量内容为:在水平低周反复载荷作用下,试件的顶部侧向位移、中部侧向位移及底部侧向位移;可更换墙趾消能器竖向位移;内置波形钢板和方钢管应变变化情况、可更换墙趾消能器应变分布规律等。

沿墙体东侧分别在加载梁的中心、墙体中心、墙趾可更换构件顶部连接板中心、底梁中心布置位移计H-1、H-2、H-3、H-6,其中位移计H-1、H-2、H-3用以测量加载梁和墙体的侧向位移,位移计H-6用以修正底梁滑动对试件位移的影响;两端可更换墙趾消能器高度方向分别布置位移计H-4和H-5,用以测量可更换构件竖向变形。此外,在内置波形钢板上布置了16个应变花,在可更换墙趾消能器波形钢板上布置了10个应变片,用以测量钢板的应变和塑性发展。图9.23和图9.24所示分别为剪力墙试件测点布置情况和可更换墙趾消能器测点布置情况。

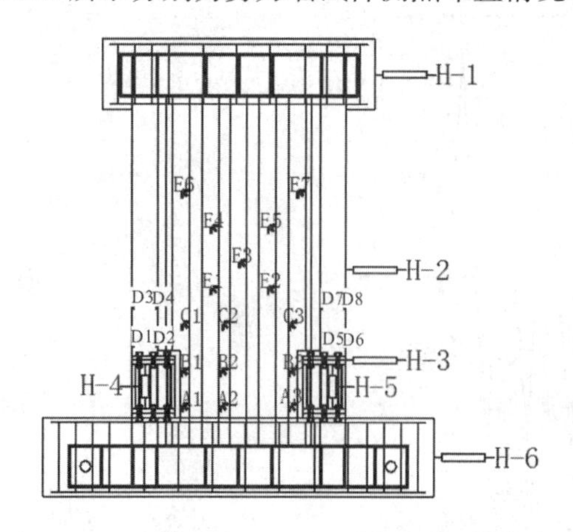

图9.23 剪力墙测点布置图

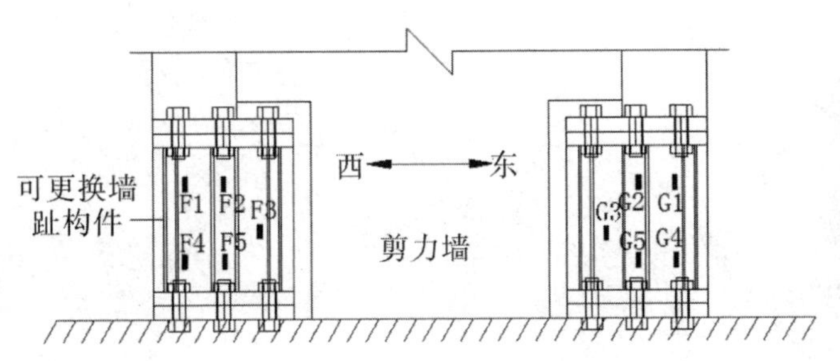

图9.24 可更换构件测点布置图

9.2.5 数据处理

9.2.5.1 承载能力和变形能力

分析试件的承载能力和变形能力时,选取4个特征点,分别是开裂点、屈服点、峰值点及极限点。则各试件的承载能力特征点定义如下:开裂荷载 F_{cr}、屈服荷载 F_y、峰值荷载 F_m和极限荷载 F_u(F_u = $0.85F_m$)。变形能力特征点定义如下:开裂位移 Δ_{cr}、屈服位移 Δ_y、峰值位移 Δ_m和极限位移 Δ_u。

本书采用几何作图法确定试件的屈服点。如图9.25所示,过骨架曲线原点 O 作直线 OA 相切于骨架曲线初始段,过骨架曲线峰值荷载点 E 作水平直线交直线 OA 于 A 点,过 A 点作骨架曲线 Δ 轴垂线,交骨架曲线于 C 点,连接 OC 交直线 AE 于 B 点,过 B 点作骨架曲线 Δ 轴垂线,交骨架曲线于 D 点,则点 D 即为试件的近似屈服点,其所对应的荷载和位移即为试件的屈服荷载和屈服位移。位移延性系数 μ 是衡量结构屈服后变形能力的指标[240],它表示结构的极限位移和屈服位移的比值,即 $\mu = \Delta_u/\Delta_y$。结构的延性越好,说明其变形能力越好,结构的抗震性能也就越为优异。

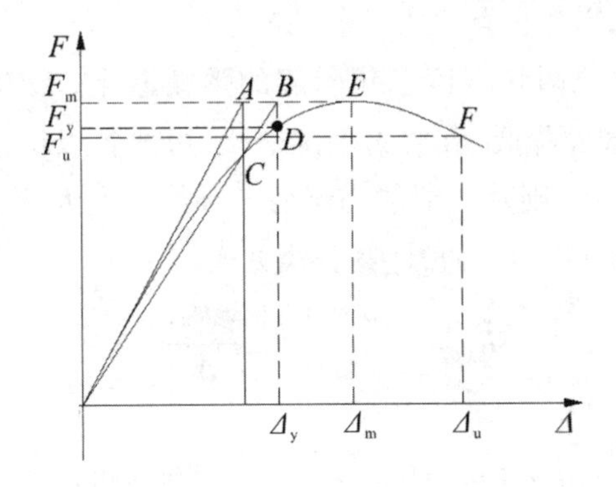

图9.25 几何作图法

9.2.5.2 耗能能力

结构的耗能能力是指结构在荷载或地震作用下吸收和消耗外部能量的能力。滞回曲线所围成的面积即是结构所消耗的能量,通常以结构半周耗能量多少来衡量结构耗能能力的强弱。通过试件的滞回曲线,计算出试件在加载过程中的耗能情况,试件耗能量计算简图如图9.26所示。计算得到试件的耗能量值后,可进一步得到耗能-位移曲线、累计耗能-位移曲线和等效黏滞阻尼系数-位移曲线。试件耗能量用 E 表示,试件的等效黏滞阻尼系数用 ξ_{eq} 表示,计算公式分别见式(9-35)和式(9-36)。

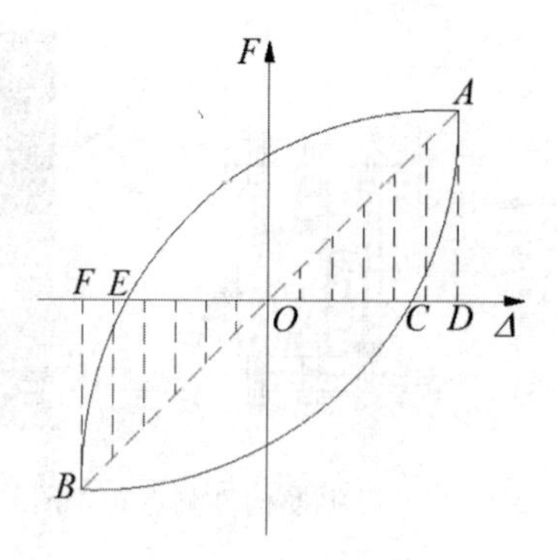

图9.26 能量计算简图

$$E = S_{AEC} + S_{BEC} \tag{9-35}$$

$$\xi_{eq} = \frac{1}{2\pi} \cdot \frac{S_{AEC} + S_{BEC}}{S_{\triangle AOD} + S_{\triangle BFO}} \tag{9-36}$$

式中:$S_{AEC} + S_{BEC}$ ——滞回环所包围的面积,mm^2;

$S_{\triangle AOD} + S_{\triangle BFO}$ ——相应三角形面积,相当于试件弹性应变能,mm^2。

9.2.5.3 承载力退化和刚度退化

承载力退化指结构承载力随加载循环次数的增加而降低的特性,采用承载力降低系数 η 表征试件的承载能力退化这一特性。η 的计算方法是采用同一位移幅值作用下最后一次循环的最大荷载与首次循环的最大荷载之比,计算公式见式(9-37)。

$$\eta = \frac{F_n}{F_1} \tag{9-37}$$

式中:F_n ——同一位移幅值下,最后一次循环最大荷载,kN;

F_1 ——同一位移幅值下,首次循环最大荷载,kN。

结构抗震性能退化的主要原因是刚度退化引起的强度退化。结构的刚度在同一级位移幅值下,随往复荷载循环次数的增加而降低,称之为刚度退化,可取各级位移幅值下的环线刚度 K_1 来表征。结构的刚度退化速率越缓慢,则其耗能能力越好。环线刚度 K_1 的计算方法为同级位移幅值多次循环加载的平均荷载与平均位移的比值,计算公式见式(9-38)。

$$K_1 = \frac{|+F_i| + |-F_i|}{|+\Delta_i| + |-\Delta_i|} \tag{9-38}$$

式中:Δ_i ——位移幅值,mm;

F_i ——同一位移幅值下,第 i 次循环时对应的最大荷载,kN。

9.2.5.4 钢板应变分析

试验过程中,波形钢板可视作平面应力状态。波形钢板上各测点处的应变花类型为45°-3直角形,可分别测得0°、45°和90°这3个方向的线应变 $\varepsilon_{0°}$、$\varepsilon_{45°}$ 和 $\varepsilon_{90°}$,如图9.27(a)所示。由所测得的应变数据可计算出线应变 ε_x、ε_y 和剪切应变 λ_{xy},及其主应变方向,如图9.27(b)所示。

吴永瑞等[220]总结了电测试验中45°-3直角形应变花的应变处理公式,计算公式见式(9-39)~式(9-43)。其中 ε_1 和 ε_2 为主应变,α_0 为主应变方向。

$$\varepsilon_x = \varepsilon_{0°} \tag{9-39}$$

$$\varepsilon_y = \varepsilon_{90°} \tag{9-40}$$

$$r_{xy} = (\varepsilon_{45°} - \varepsilon_{90°}) - (\varepsilon_{0°} - \varepsilon_{45°}) \tag{9-41}$$

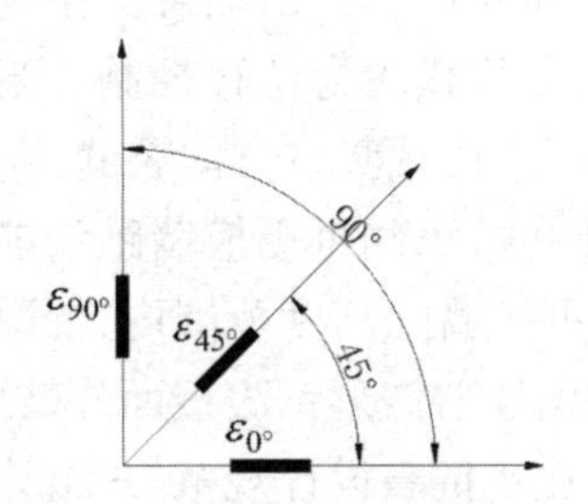

（a）45°-3直角形应变花示意图

（b）平面应力状态下的单元应变

图 9.27　应变花原理示意图

$$\tan 2\alpha_0 = \frac{(\varepsilon_{45°}-\varepsilon_{90°})-(\varepsilon_{0°}-\varepsilon_{45°})}{(\varepsilon_{45°}-\varepsilon_{90°})+(\varepsilon_{0°}-\varepsilon_{45°})} = \frac{2\varepsilon_{45°}-(\varepsilon_{0°}+\varepsilon_{90°})}{\varepsilon_{0°}-\varepsilon_{90°}} \tag{9-42}$$

$$\frac{\varepsilon_1}{\varepsilon_2} = \frac{\varepsilon_{0°}+\varepsilon_{90°}}{2} \pm \frac{1}{\sqrt{2}}\sqrt{(\varepsilon_{0°}-\varepsilon_{45°})^2+(\varepsilon_{45°}-\varepsilon_{90°})^2} \tag{9-43}$$

9.2.6　试验现象分析

为准确描述试验现象，现定义作动器推力方向为正向加载，拉力方向为负向加载；靠近作动器一侧为西侧，远离作动器一侧为东侧，墙体正面为南侧、背面为北侧，如图 9.22 所示。由于 2 个剪力墙试件更换墙趾构件后，需进行再加载，为方便描述，现定义更换墙趾构件后试件 RSPCSW－H1 编号变更为 RSPCSW－H2，试件 RSPCSW－V1 编号变更为 RSPCSW－V2。2 个带有可更换墙趾消能器的波形钢板-混凝土组合剪力墙试件的加载制度相同，但各试件的试验现象存在较大差别。下面分别就各自的试验现象进行描述。

9.2.6.1　试件 RSPCSW－H1 试验现象

1）屈服前加载阶段。在混凝土开裂前，试件处于弹性工作阶段，荷载－位移关系曲线基本呈线性变化，试件 RSPCSW－H1 无明显现象。当荷载正向加载至 150 kN 时，试件 RSPCSW－H1 出现第一条裂缝，裂缝位置为东侧可更换构件内侧相邻混凝土处，裂缝呈现水平发展，如图 9.28（a）所示，同时伴随有类似摩擦声响。当荷载负向加载至 150 kN 时，西侧可更换构件内侧墙体出现水平裂缝。当水平荷载加载至正向 250 kN 时，墙体东、西两侧墙趾处水平裂缝发展为斜裂缝，与水平方向约成 20°夹角。同时，试件可更换墙趾高度以上部位开始出现较短斜裂缝，裂缝与水平方向约成 35°夹角。墙体裂缝主要集中在可更换墙趾高度范围内，且发展趋势为先水平开裂，而后缓慢发展为斜裂缝，试件两侧主斜裂缝基本呈对称发展。试件其他部位出现少量的较短斜裂缝，如图 9.28（b）所示。

综上所述，剪力墙两侧墙趾处安装可更换墙趾消能器后，在水平荷载作用下，剪力墙损伤得以集中在可更换墙趾高度范围内。试件开裂荷载为 150 kN。

（a）弹性阶段裂缝发展

（b）屈服时的裂缝发展

图 9.28　墙趾构件更换前裂缝发展图

2)可更换墙趾消能器屈服阶段。当水平荷载加载至负向300 kN时,西侧可更换构件南侧腹板底部向北鼓曲。此时,水平荷载-位移曲线明显偏离直线,水平荷载改为位移控制。当水平荷载加载至正向19.5 mm第1圈时,东侧可更换墙趾消能器西侧混凝土出现竖直方向裂缝,高度约25 cm,混凝土有剥落趋势。当水平荷载加载至正向19.5 mm第2圈时,东侧可更换墙趾消能器波形钢腹板出现面外鼓曲。当水平荷载加载至19.5 mm第3圈时,可更换墙趾高度范围内,混凝土4条主斜裂缝交汇于墙体中部,如图9.29(a)所示。此时,可更换墙趾消能器波形钢腹板面外鼓曲明显,如图9.29(b)所示,试件位移角已达到1%,到达GB50011-2010《建筑抗震设计规范》所规定剪力墙结构最大层间位移角。停止加载,更换墙趾构件。

综上所述,试件RSPCSW-H1的屈服荷载为359.32 kN,安装可更换墙趾消能器后,剪力墙损伤区域得以集中在可更换区域内,整体损伤不大,抗震性能基本保持完好。

(a)试件底部混凝土裂缝图

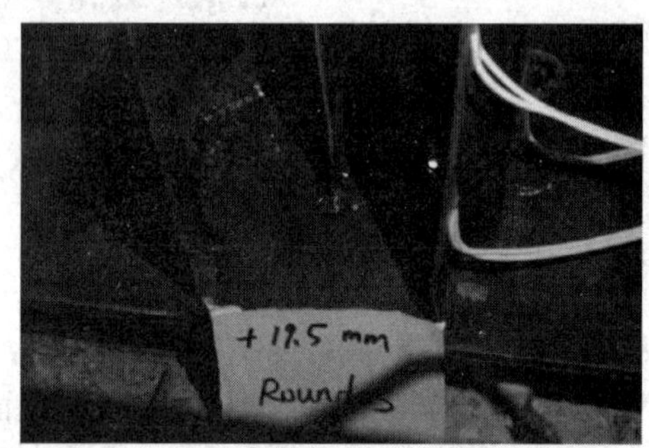

(b)可更换墙趾消能器变形

图9.29 墙趾构件屈服阶段试件变形图

9.2.6.2 试件RSPCSW-H2试验现象

1)更换墙趾构件后加载至屈服阶段。更换墙趾构件后,对试件进行再次加载,由于累积损伤的存在,墙趾构件更换后加载过程中,已损伤区域裂缝继续发展。首先对试件施加竖向荷载,加载过程中,伴随有沉闷的“咚咚”声,原因是内置波形钢板与混凝土发生挤压。当水平荷载加载至正向150 kN时,东侧可更换墙趾消能器上部混凝土出现斜向下裂缝,裂缝与水平方向夹角约呈30°;当水平荷载加载至正向200 kN时,试件东侧底部墙体与底梁变截面处,混凝土水平裂缝加宽,向地梁方向延伸,如图9.30所示。同时,加载过程中伴随有沉闷的“咚咚”声,原因为墙体削弱高度范围内,波形钢板与混凝土挤压。当水平荷载加载至负向200 kN时,西侧墙趾处,相邻混凝土竖向裂缝变宽。当水平荷载加载至正向300 kN时,东侧墙趾处混凝土水平裂缝加深并错开。此时,水平荷载-位移曲线明显偏离直线,试件RSPCSW-H2进入屈服阶段,混凝土裂缝发展趋势如图9.30(b)所示。

(a)西侧墙趾裂缝加宽

(b)屈服阶段裂缝发展

图9.30 墙趾构件更换后裂缝发展图

综上所述,更换墙趾构件后,试件的屈服荷载为379.00 kN。此阶段加载过程中,试件新增裂缝很少,剪力墙试件的抗震性能基本保持完好。

2）破坏阶段。试件 RSPCSW－H2 进入屈服阶段后，水平荷载改为位移控制。位移加载至正向 26.4 mm 时，东侧墙趾处混凝土轻微剥落，水平裂缝最大宽度约 2 mm；西侧可更换墙趾消能器两片波形钢腹板同时向北侧鼓曲，此时，可更换墙趾消能器竖向最大变形为 9.59 mm。位移加载至负向 26.4 mm 时，西侧墙趾相邻混凝土有剥落现象，东侧墙趾处混凝土受压，有小片崩落，且东侧可更换构件波形钢腹板外缘下部均向南侧鼓曲。加载至负向 26.4 mm 第 2 圈时，东侧墙趾处混凝土剥落，未发现箍筋外露。加载至负向 26.4 mm 第 3 圈时，可更换墙趾消能器面外鼓曲继续发展；同时西侧墙趾处，临近可更换墙趾消能器区域混凝土压溃，有剥落趋势。加载至正向 39.2 mm 第 1 圈时，东侧可更换构件波形钢腹板鼓曲明显，构件发生整体扭转；东侧墙趾处混凝土裂缝加深，有剥落趋势。加载至负向 39.2 mm 第 1 圈时，西侧墙趾处混凝土受压剥落，发现纵向钢筋压屈，同时伴随有“沙沙”声，原因为剪力墙底部混凝土与波形钢板界面剥离；东侧墙趾处混凝土受拉开裂加剧，混凝土剥落，箍筋外露。西侧可更换墙趾消能器南侧腹板失稳，腹板下部向北鼓曲，期间伴随有“砰砰”声。加载至正向 39.2 mm 第 2 圈时，剪力墙底部混凝土裂缝贯通，裂缝将混凝土分割成块状剥落。加载至负向 39.2 mm 第 3 圈时，西侧可更换墙趾消能器整体扭转，发生失稳破坏；西侧墙趾处混凝土大面积剥落，混凝土与波形钢板丧失黏结能力，波形钢板外露，可以看到鼓曲变形。试件最终破坏情况如图 9.31 所示。

（a）内置波形钢板与混凝土界面脱离

（b）纵向钢筋压屈

（c）混凝土块状剥离

（d）墙趾构件屈曲

（e）连接板与预埋板拉脱

图 9.31　试件最终破坏图

9.2.6.3 试件 RSPCSW - V1 试验现象

1)屈服前加载阶段。在混凝土开裂前,试件 RSPCSW - V1 处于弹性工作阶段,荷载 - 位移关系曲线基本呈线性变化。当水平荷载加载至正向 100 kN,试件西侧墙趾底部混凝土出现短斜裂缝,裂缝长度 9.8 cm,宽度不足 0.1 cm。此时裂缝发展情况如图 9.32(a)所示。当水平荷载加载至负向 100 kN,试件 RSPCSW - V1 东侧墙趾底部混凝土出现短斜裂缝,裂缝长度 9.4 cm,宽度不足 0.1 cm。当水平荷载加载至正向 150 kN,东侧可更换墙趾消能器上端板处角部混凝土出现斜向上裂缝,裂缝长度约 24 cm,与水平方向夹角约 10°。当水平荷载加载至正向 200 kN,西侧可更换墙趾消能器上端板处角部混凝土出现斜向上裂缝,裂缝长度约 14 cm,与水平方向夹角约 10°。当水平荷载加载至负向 250 kN 时,西侧方钢管柱上部有崩开声,原因是方钢管柱与相邻侧混凝土界面脱开;东侧墙趾处底部混凝土裂缝继续发展,加宽;墙体西侧中上部,出现 2 条较长斜裂缝,与水平方向约成 60°夹角,如图 9.32(b)所示。裂缝发展区域比较分散,并未集中于剪力墙底部墙体削弱部位;两侧可更换墙趾消能器并未出现明显变形。

综上所述,试件 RSPCSW - V1 的开裂荷载为 100 kN,此阶段试件裂缝发展区域比较分散,并未集中于剪力墙底部墙体削弱部位;两侧可更换墙趾消能器并未出现明显变形。

(a)弹性阶段裂缝发展

(b)屈服时的裂缝发展

图 9.32 墙趾构件更换前裂缝发展图

2)可更换墙趾消能器屈服阶段。随着试件混凝土裂缝增加,试件荷载 - 位移曲线出现明显转折,水平荷载改为位移控制。当水平位移加载至正向 10.2 mm 第 1 圈时,墙体削弱部位以上区域东侧中部出现 1 条竖向裂缝,宽度不足 0.1 cm,长度约 100 cm,对照试件加工图 9.18 可知,此处为内置波形钢板波峰处,混凝土保护层厚度最小。当水平位移加载至正向 10.2 mm 第 2 圈时,底梁与墙片结合部位出现裂缝,裂缝由西侧墙趾底部开展,向墙体中部延伸,裂缝长度约 25 cm,裂缝最大宽度不足 0.1 cm;东侧可更换墙趾消能器北侧腹板出现鼓曲。当水平位移加载至正向 19.1 mm 第 1 圈时,东侧可更换墙趾消能器 2 片波形腹板均出现鼓曲,西侧墙片与底梁结合部位裂缝继续发展,延伸至墙体中部。当水平荷载加载至负向 19.1 mm 第 1 圈时,东侧墙趾角部混凝土裂缝加宽至 0.2 ~ 0.3 cm,且继续延长。当水平位移加载至正向 18.0 mm 第 1 圈时,东侧可更换墙趾消能器变形继续加剧,位移计 H - 5 显示构件竖向变形已达到 9.5 mm;西侧可更换墙趾消能器应变片数据显示已进入屈服状态。当水平荷载加载至负向 18.0 mm 第 3 圈时,墙片主裂缝分布形式为墙体下部削弱区内交叉,角度约成 50°;墙片中部及上部形成 2 条竖向裂缝带,裂缝最大宽度为 0.1 cm;两侧可更换墙趾角部水平裂缝继续发展为斜裂缝,于墙片中部呈交叉状,长度约 30 cm,试件的混凝土裂缝发展见图 9.33(a);两侧可更换墙趾消能器应变片数据均显示进入屈服状态,两侧可更换墙趾消能器均出现明显变形,东侧墙趾构件变形更为明显,见图 9.33(b)。此时,试件位移角已接近 1%,到达

GB50011－2010《建筑抗震设计规范》所规定剪力墙结构最大层间位移角。停止加载，更换墙趾构件。

综上所述，试件 RSPCSW－V1 的屈服荷载为 419.80 kN。此阶段加载过程中，剪力墙底部削弱区域混凝土裂缝继续发展，混凝土未出现剥落现象；东侧可更换墙趾消能器首先出现腹板鼓曲，西侧可更换墙趾消能器腹板屈服，未有明显变形。

（a）试件混凝土裂缝发展图

（b）可更换墙趾消能器变形

图 9.33　墙趾构件屈服阶段试件变形图

9.2.6.4　试件 RSPCSW－V2 试验现象

1）更换墙趾构件后加载至屈服阶段。更换墙趾构件后，对试件 RSPCSW－V2 进行加载。当水平荷载加载至正向 100 kN 时，西侧可更换墙趾消能器连接板上部混凝土出现水平裂缝，长度约 5 cm，最大宽度不足 0.1 cm。当水平荷载加载至负向 200 kN 时，东侧可更换墙趾处相邻混凝土出现斜裂缝，与水平方向夹角约 15°，长度约 14 cm，最大宽度不足 0.1 cm，如图 9.34（a）所示。当水平荷载加载至正向 300 kN 时，墙片已有裂缝继续发展，未发现新增裂缝，如图 9.34（b）所示。试件荷载－位移曲线已明显偏离直线，此时，试件进入屈服阶段。

综上所述，试件 RSPCSW－V2 屈服荷载为 469.20 kN，此阶段加载过程中已损伤区域裂缝继续发展，个别区域有新增裂缝出现。

（a）西侧墙趾裂缝加宽

（b）屈服阶段裂缝发展

图 9.34　墙趾构件更换后裂缝发展图

2）破坏阶段。试件 RSPCSW－V2 屈服后，水平荷载改为位移控制，每级荷载循环 3 圈。当水平位移加载至 18.6 mm 时，试件有沉闷的“咚咚”声，原因是内置波形钢板与混凝土界面脱离。当水平位移加载至正向 29.0 mm 第 1 圈时，东侧可更换构件相邻侧混凝土出现竖向裂缝。当水平位移加载至负向 29.0 mm 第 1 圈时，西侧可更换墙趾消能器北侧波形钢腹板出现鼓曲。当水平位移加载至负向 29.0 mm 第 2 圈时，西侧可更换墙趾消能器南侧波形钢腹板出现鼓曲。当水平位移加载至正向 31.4 mm 时,东侧可更换墙趾消能器鼓曲加重。当水平位移加载至负向 37.8 mm 第 2 圈时,东侧可更换墙趾消能器在拉力作用下,连接板与预埋板之间产生缝隙。当水平位移加载至 49.2 mm 时,可更换墙趾消能器高度范围内,试件混凝土出现剥落现象,纵向钢筋被压屈,如图 9.35(a)和 9.35(b)所示。当水平位移加载至 50.6 mm 时,剪力墙试件承载力下降至 85% 以下,试件破坏,试件最终破坏情况如图 9.35(c) ~ 图 9.35(e)所示。

(a) 内置波形钢板与混凝土界面脱离

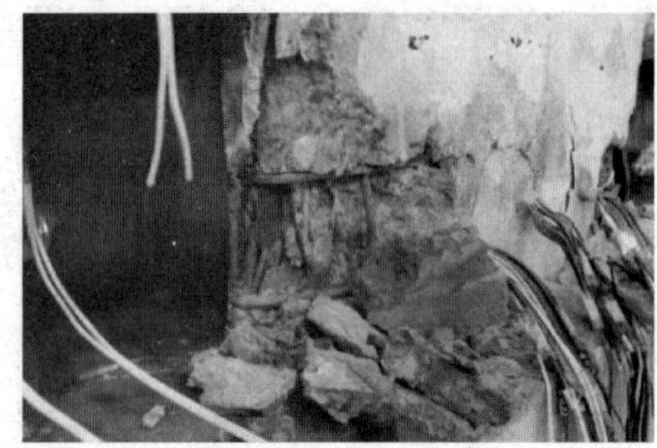

(b) 纵向钢筋压屈

(c) 墙趾构件最终破坏

(d) 混凝土块状剥离剥离

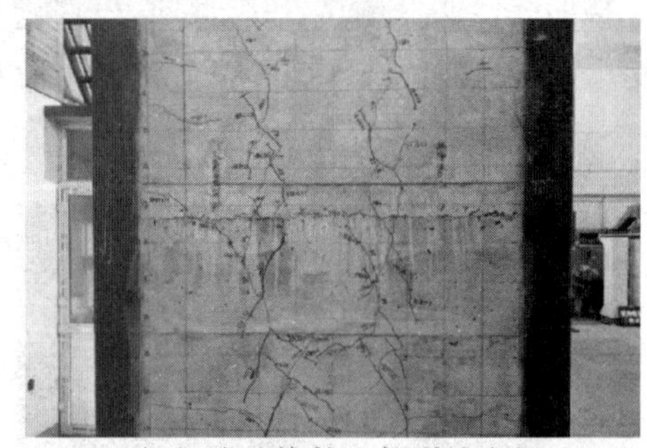

(e) 墙趾构件上部裂缝发展

图 9.35　试件最终破坏图

综上所述,此阶段加载过程中,由于试件位移角不断增大,墙片两侧可更换墙趾消能器内侧混凝土首先开裂,裂缝增多。继而可更换墙趾消能器面外鼓曲严重,竖向变形增大,有失稳破坏趋势。最终,可更换构件整体发生扭转破坏,继续加载,墙体削弱部位纵向钢筋压屈,箍筋屈服,混凝土压溃,钢筋外露,墙体破坏。

9.2.6.5　试件破坏机理分析

(1) 波形钢板受力机理

首先将波形钢板的受力方向分为 2 个不同的方向,即顺波纹方向和垂直波纹方向,如图 9.36 所示。当波形钢板承受沿顺波纹方向的荷载时,由于其在该方向上的刚度很小,基本没有承受荷载的能力，所以比较容易产生明显的变形；当波形钢板承受垂直波纹方向的荷载时，其在该方向上的刚度大，可以表现出良好的承载能力。

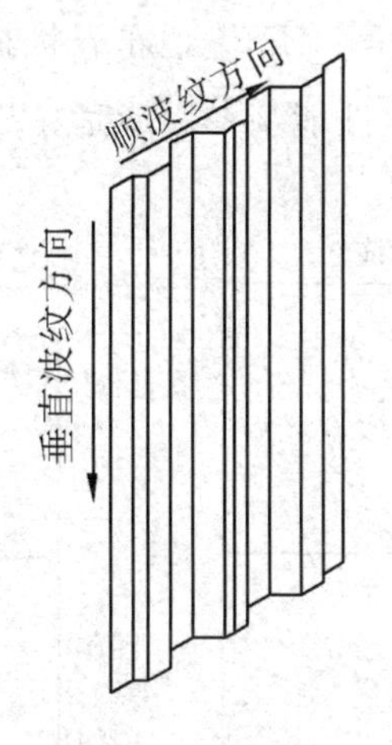

图9.36　波形钢板受力方向

基于上述波形钢板的受力特性，分析其在低周往复荷载作用下的受力过程。针对本书试验剪力墙试件中选用的2种不同放置形式的波形钢板，分别分析波形钢板的受力过程。

(2)试件RSPCSW－H1、RSPCSW－H2

水平荷载作用于垂直波纹方向。此种受力状态下，水平荷载产生的弯矩作用，使波形钢板顺波纹方向易产生变形，从而导致波形钢板和约束边缘构件连接部位角部容易产生应力集中，约束边缘构件底部应力较大。考虑到竖向荷载的作用，在顺波纹方向波形钢板容易发生面外变形。对于可更换墙趾高度范围内的墙体而言，该部位内置波形钢板缺少约束边缘构件，仅有加密箍筋约束波形钢板的变形，故在持续加载过程中，此处混凝土和箍筋破坏明显。

(3)试件RSPCSW－V1、RSPCSW－V2

水平荷载作用于顺波纹方向。此种受力形式下，波形钢板在顺波纹方向基本不能首先传递水平荷载，水平荷载主要由约束边缘构件和外包混凝土优先承担；由于外包混凝土限制了波形钢板的面外变形，一定程度上提高了波形钢板的刚度，使剪力墙试件的整体抗侧刚度得以提升。随着水平荷载持续增加，外包混凝土首先发生破坏，之后波形钢板在水平荷载作用下产生变形，从而提升了剪力墙试件的延性。

9.3　带可更换墙趾消能器的波形钢板-混凝土组合剪力墙抗震性能分析

9.3.1　荷载－位移曲线和骨架曲线

9.3.1.1　试件RSPCSW－H1和试件RSPCSW－H2

试件RSPCSW－H1和试件RSPCSW－H2的滞回曲线见图9.37(a)。由图可以看出，试件RSPCSW－H1的滞回曲线较捏缩，呈弓形，滞回环面积小，残余变形较小，往复加载过程中，滞回曲线基本对称。试件RSPCSW－H2的滞回曲线在加载初期仍可保持弹性状态，随着水平位移增大，试件RSPCSW－H2逐渐进入弹塑性阶段，滞回曲线逐渐饱满，滞回环面积增大，残余变形增大；加载末期,试件承载力下降过大,说明试件 RSPCSW - H2 抗侧承载力略小,水平荷载作用下易变形。对比两者的滞回曲线可以得到,加载至位移角 1% 阶段,试件 RSPCSW - H1 和试件 RSPCSW - H2 滞回曲线发展趋势基本保持一致;试件 RSPCSW - H2 达到屈服状态后,承载力仍保持上升趋势,说明更换墙趾构件后,试件 RSPCSW - H2 的抗震性能基本保持完好。

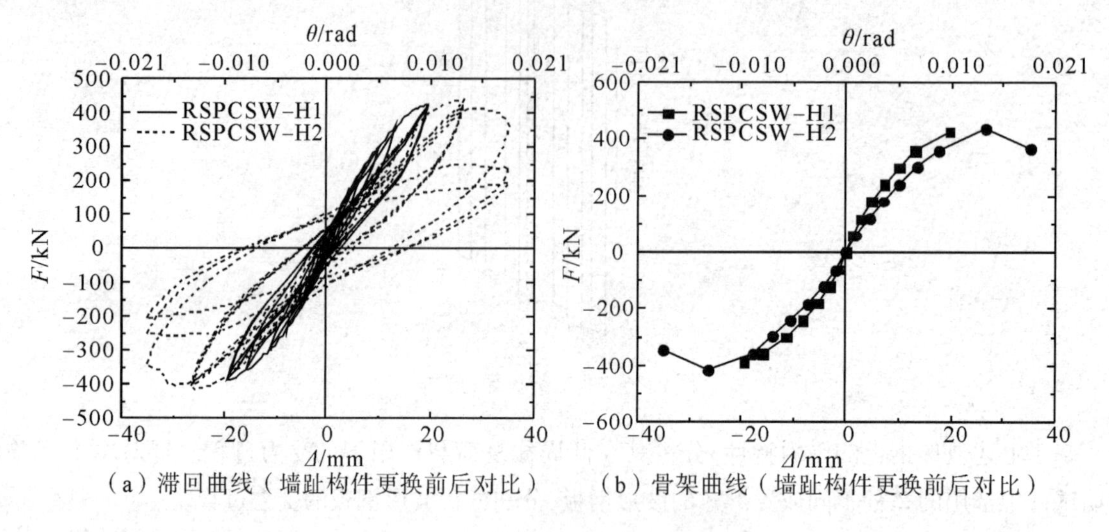

图 9.37 滞回曲线及骨架曲线对比

通过图 9.37(b),对试件 RSPCSW - H1 和试件 RSPCSW - H2 的骨架曲线进行对比分析,可以发现:试件 RSPCSW - H1 骨架曲线处于弹塑性阶段,骨架曲线斜率下降较少,试件保持良好的抗震性能;试件 RSPCSW - H2 的骨架曲线呈 S 形,说明试件在往复荷载作用下,经历了弹性、弹塑性、塑性和破坏阶段;当位移角加载至 1%,试件 RSPCSW - H2 的骨架曲线的斜率小于试件 RSPCSW - H1 的斜率,说明累积损伤削弱了试件刚度,一定程度上降低了试件的抗震性能。

9.3.1.2 试件 RSPCSW - V1 和试件 RSPCSW - V2

试件 RSPCSW - V1 和试件 RSPCSW - V2 的滞回曲线见图 9.38(a)。由图可以看出,试件 RSPCSW - V1 的滞回曲线较捏缩,呈弓形,滞回环面积小,残余变形较小,往复加载过程中,滞回曲线呈现出一定的不对称性。试件 RSPCSW - V2 的滞回曲线在加载初期仍可保持弹性状态,随着水平位移增大,试件 RSPCSW - V2 逐渐进入弹塑性阶段,滞回曲线逐渐饱满,滞回环面积增大,残余变形增大;继续加载,试件承载力缓慢下降,滞回环呈现出饱满的梭形,表现出良好的抗震性能。对比两者的滞回曲线,可以看到,加载至位移角 1% 阶段,试件 RSPCSW - V1 和试件 RSPCSW - V2 滞回曲线发展趋势基本保持一致,试件达到屈服状态,承载力仍保持上升趋势,说明更换墙趾构件后,试件的抗震性能基本保持完好。

通过图 9.38(b),对试件 RSPCSW - V1 和试件 RSPCSW - V2 的骨架曲线进行对比分析,可以发现:试件 RSPCSW - V1 骨架曲线处于弹塑性阶段,骨架曲线斜率下降较少,仍保持良好的抗震性能;试件 RSPCSW - V1 的骨架曲线呈 S 形,说明试件在往复荷载作用下,经历了弹性、弹塑性、塑性和破坏阶段;当水平荷载加载至位移角 1% 阶段,试件 RSPCSW - V1 和试件 RSPCSW - V2 的骨架曲线斜率基本相等,说明试件刚度受累积损伤削弱较少,更换墙趾构件后,试件抗震性能基本保持完好。

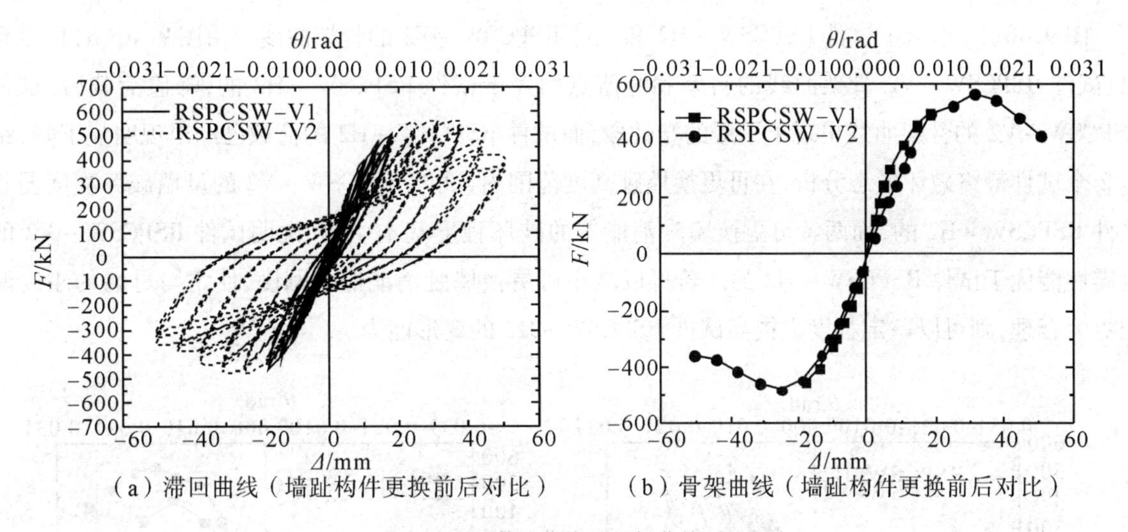

（a）滞回曲线（墙趾构件更换前后对比）　（b）骨架曲线（墙趾构件更换前后对比）

图9.38　滞回曲线及骨架曲线对比

9.3.1.3　各试件墙趾构件更换前后的滞回性能对比

图9.39(a)给出了试件RSPCSW－H1和试件RSPCSW－V1的滞回曲线。由图9.39(a)以看出:2个试件滞回曲线特征基本相似,加载初期滞回曲线呈线性发展,基本无残余变形,试件处于弹性工作阶段;随着水平位移不断增大,试件刚度开始退化,滞回曲线斜率逐渐减小,滞回环面积和残余变形略微增大,承载力整体呈上升趋势。

图9.39(b)给出了试件RSPCSW－H1和试件RSPCSW－V1的骨架曲线。由图9.3(b)可以看出:试件RSPCSW－V1骨架曲线的斜率和峰值点均大于试件RSPCSW－H1的,说明此加载阶段,试件RSPCSW－V1的刚度大于试件RSPCSW－H1的,试件RSPCSW－V1的抗侧能力优于RSPCSW－H1的。

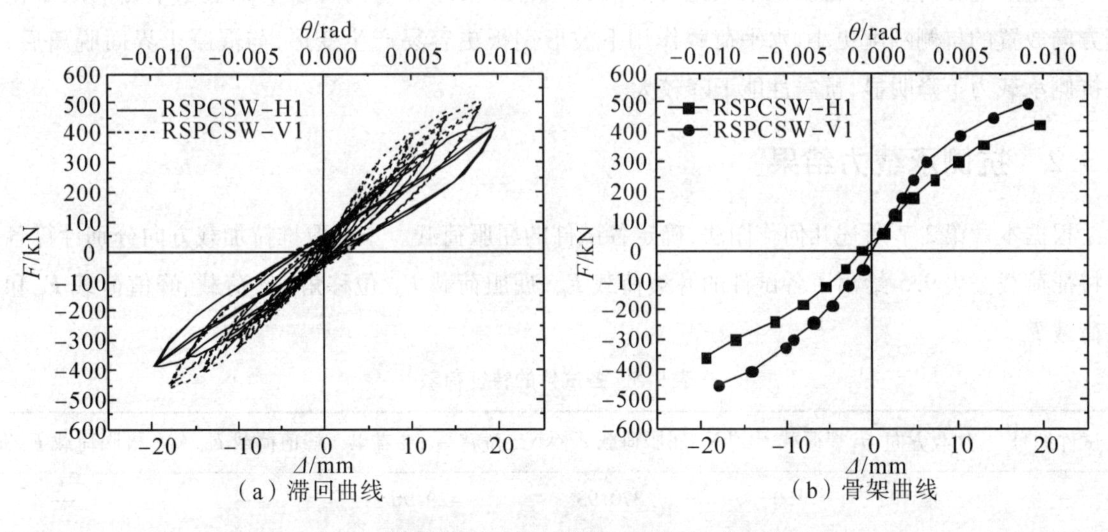

（a）滞回曲线　（b）骨架曲线

图9.39　滞回曲线及骨架曲线(墙趾构件更换前)对比

图9.40(a)给出了试件RSPCSW－H2和试件RSPCSW－V2的滞回曲线。由图9.40(a)可以看出:墙趾构件更换后加载阶段,试件RSPCSW－V2的滞回曲线完全包络了试件RSPCSW－H2的滞回曲线,试件RSPCSW－V2滞回曲线更为饱满,屈服后的强化段也更长,承载力下降更为缓慢,表现出了优于试件RSPCSW－H2的变形能力和耗能能力。

图9.40(b)给出了试件RSPCSW－H2和试件RSPCSW－V2的骨架曲线。由图9.40(b)可以看出:试件RSPCSW－V2骨架曲线的斜率和峰值点均大于试件RSPCSW－H2的;峰值荷载后,试件RSPCSW－V2的骨架曲线出现了平缓的塑性段,而试件RSPCSW－H2的荷载已经出现明显下降,结合2个试件最终破坏形态分析,在可更换墙趾高度范围内,试件RSPCSW－V2的母墙破坏程度弱于试件RSPCSW－H2的,而两者可更换墙趾消能器的破坏程度基本一致,说明试件RSPCSW－V2的抗震性能优于试件RSPCSW－H2的。若可以减小可更换墙趾消能器的刚度,使之与母墙的刚度匹配更为合理,则可以一定程度上提高试件RSPCSW－H2的变形能力。

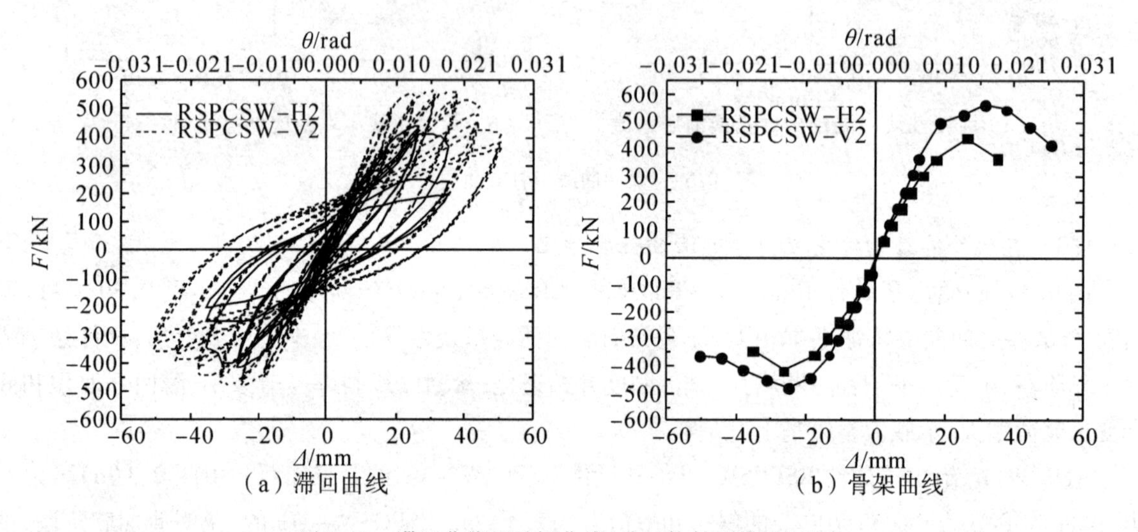

图9.40 滞回曲线及骨架曲线(墙趾构件更换后)对比

综合上述分析,可以得出以下结论:同等设计条件下,组合墙内置波形钢板水平方向放置比竖直方向放置的抗侧刚度更小,水平荷载作用下波形钢板更容易产生变形,与混凝土界面脱离后,试件抗侧承载力下降明显,抗震性能下降较大。

9.3.2 抗侧承载力结果

根据本章第2节所述几何作图法,确定各试件的屈服荷载。本书取推拉加载方向分别计算各试件特征荷载。表9.5给出了各试件的开裂荷载 F_{cr}、屈服荷载 F_y、位移角1%荷载、峰值荷载 F_m 和极限荷载 F_u。

表9.5 各试件的特征荷载

试件编号	加载方向	开裂荷载 F_{cr}/kN	屈服荷载 F_y/kN	位移角1%荷载	峰值荷载 F_m/kN	极限荷载 F_u/kN
RSPCSW－H1	推	150	370.93	429.96	—	—
	拉	150	339.71	388.34	—	—
	平均	150	359.32	407.15	—	—
RSPCSW－H2	推	—	386.84	389.05	439.44	379.52
	拉	—	371.16	379.69	416.00	359.60
	平均	—	379.00	378.87	427.72	369.56

续表

试件编号	加载方向	开裂荷载 F_{cr}/kN	屈服荷载 F_y/kN	位移角 1% 荷载	峰值荷载 F_m/kN	极限荷载 F_u/kN
RSPCSW－V1	推	100	429.21	499.06	—	—
	拉	100	409.38	459.43	—	—
	平均	100	419.80	479.75	—	—
RSPCSW－V2	推	—	509.08	509.93	569.28	461.74
	拉	—	426.32	450.94	481.41	398.55
	平均	—	469.20	476.94	529.35	430.15

由表 9.5 可以看出:试件 RSPCSW－H1 比试件 RSPCSW－H2 的平均屈服荷载增大 7.26%,试件 RSPCSW－V1 比试件 RSPCSW－V2 的平均屈服荷载增大 19.17%;试件 RSPCSW－V1 的开裂荷载小于试件 RSPCSW－H1 的;试件 RSPCSW－V2 比试件 RSPCSW－H2 的平均屈服荷载高出 29.48%;试件 RSPCSW－V2 比试件 RSPCSW－H2 的峰值荷载平均高出 29.12%。综上所述,波形钢板外包混凝土后,波形钢板水平方向放置时的抗侧能力弱于竖直方向放置,原因是内置波形钢板水平方向放置比竖直方向放置的抗侧刚度更小,如果能采取有效措施,加强试件 RSPCSW－H1 底部削弱区域,使试件 RSPCSW－H1 与可更换墙趾消能器刚度匹配更合理,则试件 RSPCSW－H1 的承载能力将得到大幅度提升。

9.3.3　变形能力结果

各试件特征荷载所对应的位移见表 9.6,分别给出了各试件的开裂位移 Δ_{cr}、屈服位移 Δ_y、峰值位移 Δ_m 及极限位移 Δ_u。位移延性系数 μ 是衡量结构屈服后变形能力的指标,本书将延性系数按推、拉 2 个方向分别计算,平均延性系数是平均极限位移与平均屈服位移的比值,即不同 2 个方向的延性系数平均值。表 9.6 中延性系数的计算取墙趾构件更换后剪力墙试件再加载的屈服位移。

表 9.6　各试件的特征位移

试件编号	方向	开裂位移 Δ_{cr}/mm	屈服位移 Δ_y/mm	峰值位移 Δ_m/mm	极限位移 Δ_u/mm	延性系数 $\mu=\Delta_u/\Delta_y$
RSPCSW－H1	推	9.67	19.03	—	—	—
	拉	9.41	19.02	—	—	—
	平均	9.04	19.02	—	—	—
RSPCSW－H2	推	—	19.19	26.43	39.06	9.40
	拉	—	19.09	26.42	28.99	9.06
	平均	—	19.14	26.43	31.53	9.23
RSPCSW－V1	推	9.30	19.49	—	—	—
	拉	9.76	19.33	—	—	—
	平均	9.53	19.41	—	—	—
RSPCSW－V2	推	—	19.45	37.82	49.26	9.06
	拉	—	19.09	29.02	37.84	9.68
	平均	—	19.27	31.42	41.05	9.87

由表9.6可知,试件RSPCSW－H2比试件RSPCSW－H1的平均屈服位移增大0.86%,试件RSPCSW－V2比试件RSPCSW－V1的平均屈服位移增大6.41%,说明累积损伤的存在,更换墙趾构件后再加载时,试件RSPCSW－V2刚度退化更明显,屈服位移增大明显。试件RSPCSW－V2比试件RSPCSW－H2的平均峰值位移、平均极限位移和平均位移延性系数分别高出18.88%、30.19%和28.69%,说明波形钢板竖向放置时,组合剪力墙具有更好的变形能力。

试件顶点水平位移与试件高度的比值称为位移角,用θ表示。由表9.6所整理数据,计算出各试件的屈服位移角、峰值位移角和极限位移角。同时,本书采用极限变形与墙高的比Δ_u/H[221]来反映变形能力。各试件特征位移对应的位移角计算值和Δ_u/H计算值见表9.7。

表9.7　各试件不同阶段位移角

试件编号	屈服点		峰值点		极限点		
	Δ_y/mm	θ/rad	Δ_m/mm	θ/rad	Δ_u/mm	θ/rad	Δ_u/H
RSPCSW－H1	19.02	1/139	—	—	—	—	—
RSPCSW－H2	19.14	1/138	26.43	1/74	31.53	1/62	1/56
RSPCSW－V1	19.41	1/145	—	—	—	—	—
RSPCSW－V2	19.27	1/137	31.42	1/62	41.05	1/48	1/43

根据JGJ/T 380－2015《钢板剪力墙技术规程》第9.9.2条规定:钢板剪力墙弹塑性层间位移角不宜大于1/50,钢板-混凝土组合剪力墙弹塑性层间位移角不宜大于1/80。由表9.7可以看出:试件RSPCSW－H2和试件RSPCSW－H1的屈服位移角相当,试件RSPCSW－V2比试件RSPCSW－V1的屈服位移角增大了6.41%;试件RSPCSW－V2比试件RSPCSW－H2的峰值位移角和极限位移角分别高出18.88%和30.19%,说明内置波形钢板竖向放置时,波形钢板-混凝土组合剪力墙具有更好的变形能力;试件RSPCSW－H2和试件RSPCSW－V2的极限位移角分别为1/62和1/48,均远远大于规范所规定的层间位移角限值1/80,说明安装可更换墙趾消能器后,波形钢板-混凝土组合剪力墙的变形能力提升了29.03%以上。

9.3.4　耗能能力结果

结构的耗能能力由等效黏滞阻尼系数ξ_{eq}表征。采用本章9.2节所述计算方法,得到各试件的耗能E_i、累计耗能ΣE_i,进而计算得到各试件的等效黏滞阻尼系数ξ_{eq},同时给出了各试件的耗能－位移曲线、累积耗能－位移曲线、等效黏滞阻尼系数－位移曲线。

9.3.4.1　试件RSPCSW－H1和试件RSPCSW－H2

试件RSPCSW－H1和试件RSPCSW－H2的耗能－位移曲线、累积耗能－位移曲线以及等效黏滞阻尼系数－位移曲线分别如图9.41、图9.42和图9.43所示。

由图9.41和图9.42可以看出,试件RSPCSW－H1和试件RSPCSW－H2的耗能量随水平位移的增大而不断增大。水平位移加载至位移角0.5%阶段,试件RSPCSW－H1和试件RSPCSW－H2的单周耗能量基本相当;随着水平位移继续增大,试件RSPCSW－H2的单周耗能量低于试件RSPCSW－H1的,当水平位移加载至位移角1%阶段,试件RSPCSW－H1和试件RSPCSW－H2的单周耗能量再次达到持平;试件RSPCSW－H1和试件RSPCSW－H2的累积耗能随水平位移增大而不断增大,相同位移条件下,试件RSPCSW－H2的累积耗能量小于试件RSPCSW－H1的。

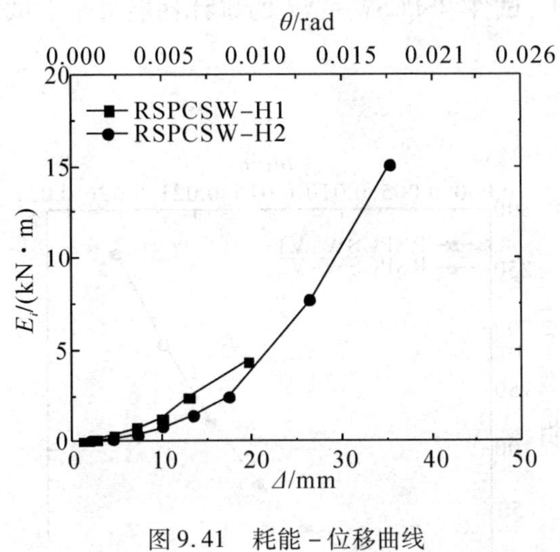

图9.41　耗能-位移曲线

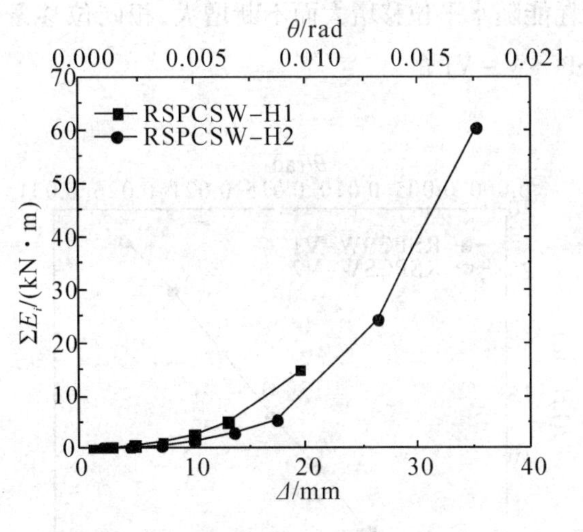

图9.42　累积耗能-位移曲线

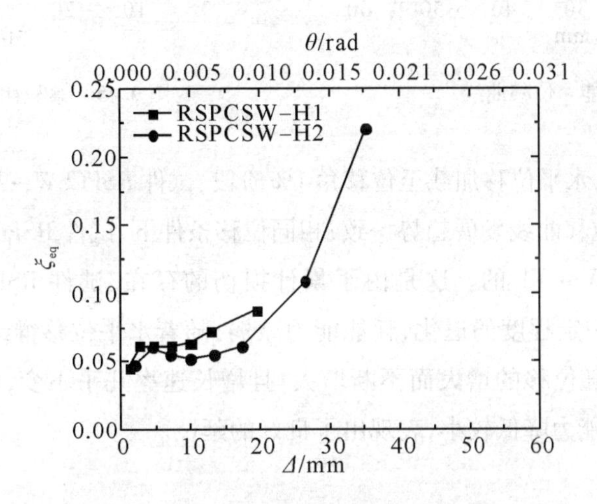

图9.43　等效黏滞阻尼系数-位移曲线

由图9.43可以看出,水平位移加载至位移角1%阶段,试件RSPCSW-H1和试件RSPCSW-H2的等效黏滞阻尼系数-位移曲线发展趋势一致,试件RSPCSW-H2的等效黏滞阻尼系数略小于试件RSPCSW-H1的。这是由于累积损伤的存在,试件RSPCSW-H2相较于试件RSPCSW-H1的刚度有一定程度的退化,耗能能力减弱;水平位移继续增大,试件RSPCSW-H2的等效黏滞阻尼系数也随位移的增大而不断增大,且增长速率较快,说明试件RSPCSW-H2的刚度退化较大,耗能能力降低较大。

9.3.4.2　试件RSPCSW-V1和试件RSPCSW-V2

试件RSPCSW-H1和试件RSPCSW-H2的耗能-位移曲线、累积耗能-位移曲线以及等效黏滞阻尼系数-位移曲线分别如图9.44、图9.45和图9.46所示。

由图9.44和图9.45可以看出,试件RSPCSW-V1和试件RSPCSW-V2的耗能量随水平位移的增大而不断增大。水平位移加载至位移角1%阶段,试件RSPCSW-V1和试件RSPCSW-V2的耗能位移曲线发展趋势一致,2条曲线几乎重合,说明更换墙趾构件后再加载,试件RSPCSW-V2的耗能能力退化较少,抗震性能基本保持完好;随着水平位移继续增大,试件RSPCSW-V2的耗能量随位移的增大而增大,且增长速率基本保持不变;试件RSPCSW-V1和试件RSPCSW-V2的累计耗能随水平位移增大而不断增大，相同位移条件下，试件 RSPCSW - V2 的累计耗能量小于试件 RSPCSW - V1 的。

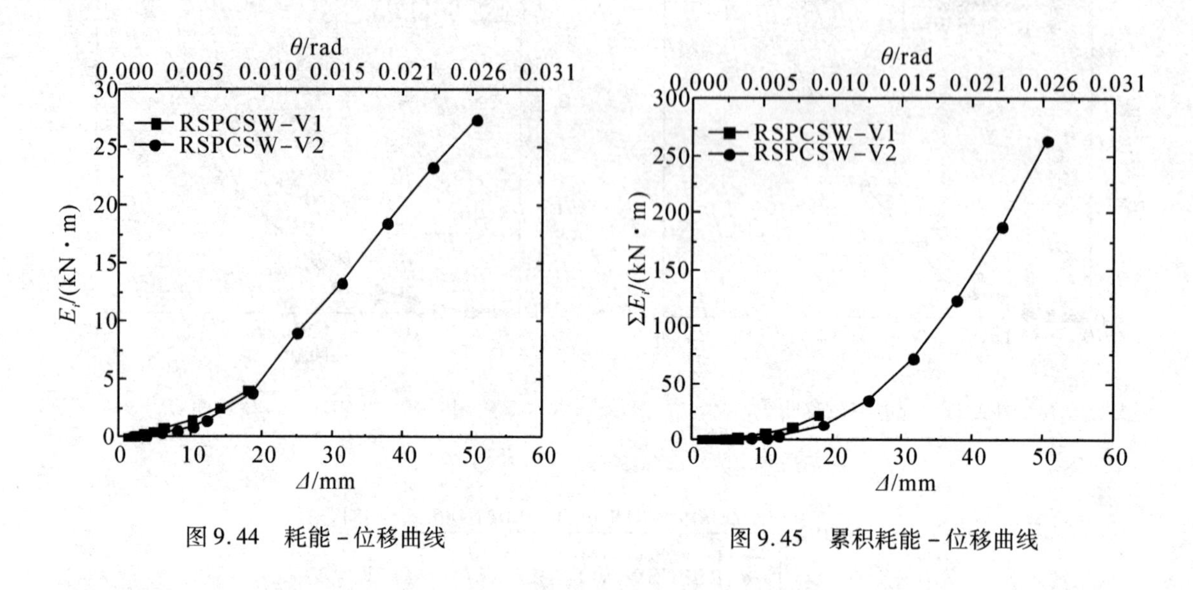

图 9.44　耗能 - 位移曲线　　　　图 9.45　累积耗能 - 位移曲线

由图 9.46 可以看出，水平位移加载至位移角 1% 阶段，试件 RSPCSW - V1 和试件 RSPCSW - V2 的等效黏滞阻尼系数 - 位移曲线发展趋势一致；相同位移条件下，试件 RSPCSW - V2 的等效黏滞阻尼系数小于试件 RSPCSW - V1 的。这是由于累计损伤的存在，试件 RSPCSW - V2 相较于试件 RSPCSW - V1 的刚度有一定程度的退化，耗能能力减弱；随着水平位移继续增大，试件 RSPCSW - V2 的等效黏滞阻尼系数随位移的增大而不断增大，且增长速率几乎不变，说明试件 RSPCSW - V2 的刚度退化较缓慢，耗能能力降低较小，表现出了良好的延性。

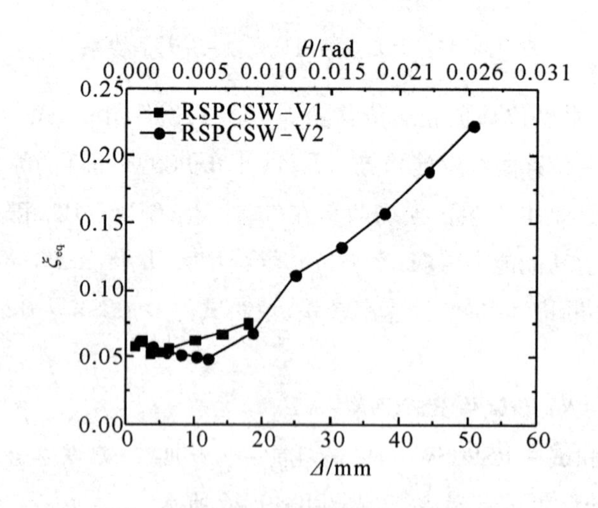

图 9.46　等效黏滞阻尼系数 - 位移曲线

9.3.4.3　各试件更换墙趾构件前、后耗能能力对比

图 9.47、图 9.48 和图 9.49 分别给出了各试件的耗能 - 位移曲线、累积耗能 - 位移曲线和等效黏滞阻尼系数 - 位移曲线的对比图。

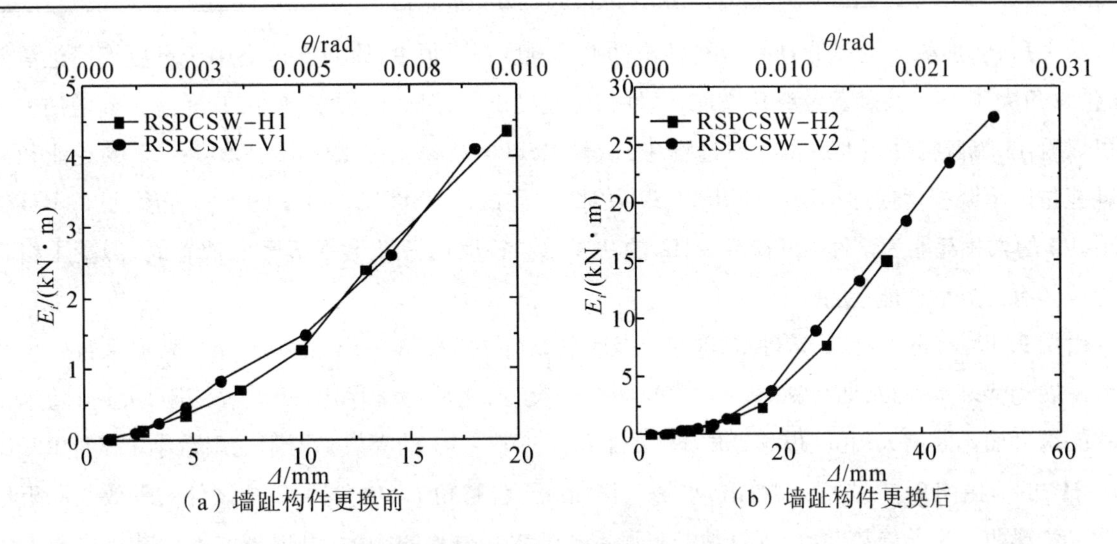

（a）墙趾构件更换前　　（b）墙趾构件更换后

图9.47　耗能－位移曲线对比

各试件的耗能－位移曲线和累积耗能－位移曲线总体发展趋势一致，加载初期试件的耗能和累计耗能增加缓慢；位移角超过1%后，试件的耗能和累计耗能增长速率加快。由图9.47(a)可知，试件RSPCSW－H1和试件RSPCSW－V1的单周耗能能力相差不大，加载至相同水平位移，2个试件的耗能基本相等。由图9.11(b)可知，相同位移条件下，试件RSPCSW－V2的单周耗能略优于试件RSPCSW－H2，由于试件RSPCSW－H2的极限位移小于试件RSPCSW－V2，故试件RSPCSW－H2在极限位移时的耗能量远远小于试件RSPCSW－V2的。

由图9.48(a)可知，试件RSPCSW－V1的单周耗能能力优于试件RSPCSW－H1的，加载至相同水平位移，试件RSPCSW－V1的单周耗能量大于试件RSPCSW－H1的。同时可以得到，随着水平位移的增大，试件RSPCSW－V1与试件RSPCSW－H1的耗能量差值也越来越大。由图9.48(b)可知，水平位移加载至位移角1%阶段，试件RSPCSW－H2和试件RSPCSW－V2累积耗能相差不大；水平位移加载至位移角大于1%阶段，相同位移条件下，试件RSPCSW－V2的累积耗能明显优于试件RSPCSW－H2，表现出了良好的耗能能力。同时可以看出，由于试件RSPCSW－H2的极限位移小于试件RSPCSW－V2，故试件RSPCSW－H2在极限位移时的累积耗能量远远小于试件RSPCSW－V2的。

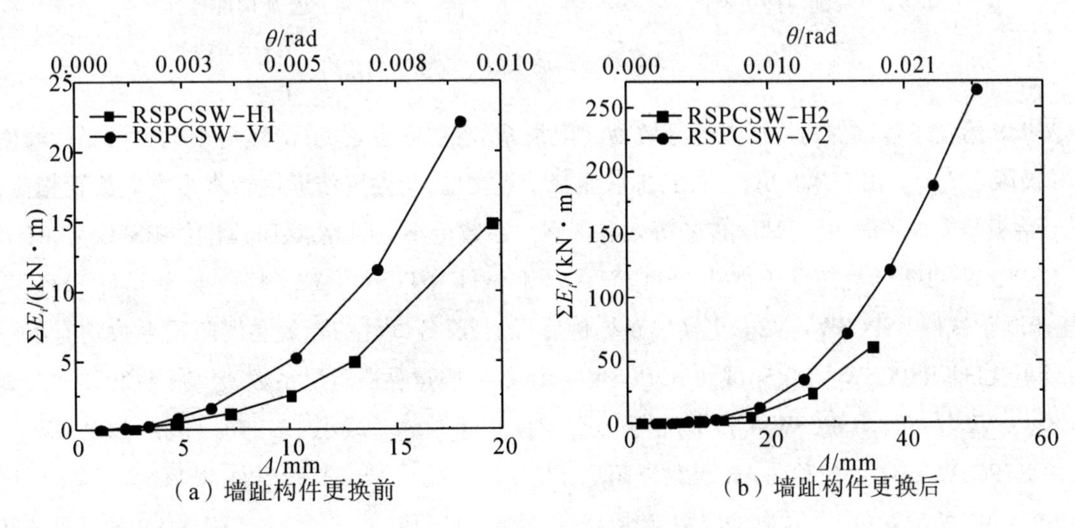

（a）墙趾构件更换前　　（b）墙趾构件更换后

图9.48　累积耗能－位移曲线对比

综上所述,加载至位移角1%阶段,各试件整体刚度下降很少,屈服部位集中于可更换墙趾消能器;位移角大于1%后,随着位移角增加,试件整体刚度下降,滞回曲线发展饱满,耗能大幅增加。同时可以看出,墙趾构件更换后再加载过程中,试件RSPCSW－V2比试件RSPCSW－V1的耗能和累积耗能量的下降程度远远小于试件RSPCSW－H2相比试件RSPCSW－H1的下降程度;试件RSPCSW－V2的累积耗能为试件RSPCSW－H2的9.4倍。说明内置波形钢板竖向放置时,混凝土组合剪力墙具有更好的耗能能力。

由图9.49(a)可以看出,试件RSPCSW－H1和试件RSPCSW－V1的等效黏滞阻尼系数－位移曲线发展趋势基本一致,曲线斜率在加载初期产生突变,之后趋于稳定,等效黏滞阻尼系数随水平位移的增大而不断增大;相同位移条件下,试件RSPCSW －V1的等效黏滞阻尼系数小于试件RSPCSW－H1的。由图9.49(b)可以看出,水平位移加载至位移角1.5%阶段,2个试件的等效黏滞阻尼系数－位移曲线发展趋势一致,等效黏滞阻尼系数随水平位移的增大,出现先增大后减小再增大的趋势;在位移角接近0.75%时,2个试件等效黏滞阻尼系数达到最小值;位移角大于1.5%之后,试件RSPCSW－V2比试件RSPCSW－H2的等效黏滞阻尼系数增长速率更为缓慢,原因是试件RSPCSW－V2的母墙损伤程度小于试件RSPCSW－H2的,故试件RSP CSW－V2的刚度退化更缓慢。同时也说明,波形钢板竖向放置时,组合剪力墙试件具有更好的耗能能力。

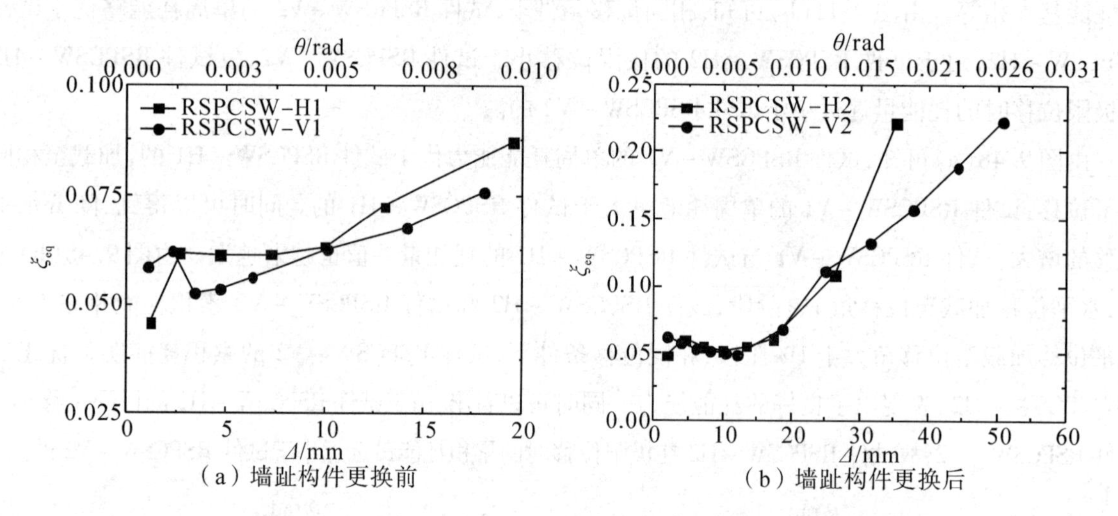

(a)墙趾构件更换前　　(b)墙趾构件更换后

图9.49　等效黏滞阻尼系数－位移曲线对比

表9.8给出了各试件的特征点的等效黏滞阻尼系数:屈服点$\xi_{eq,y}$、位移角1%点$\xi_{eq,0.01}$、峰值点$\xi_{eq,m}$和极限点$\xi_{eq,u}$。由表9.8可以看出:加载至峰值点之前,与内置波形钢板水平方向放置相比,内置波形钢板竖向放置时,剪力墙试件的等效黏滞阻尼系数更小。因此,该阶段试件RSPCSW－H1和试件RSPCSW－H2的耗能优于试件RSPCSW－V1和试件RSPCSW－V2。峰值点后,试件RSPCSW－H2耗能弱于试件RSPCSW－V2。更换墙趾构件后再加载,各试件的等效黏滞阻尼系数均有不同程度的减小,试件RSPCSW－H2比试件RSPCSW－H1的屈服点黏滞阻尼系数$\xi_{eq,y}$减小29.33%,试件RSPCSW－V2比试件RSPCSW－V1的屈服点黏滞阻尼系数$\xi_{eq,y}$减小17.91%;试件RSPCSW－H2比试件RSPCSW－H1的位移角1%点黏滞阻尼系数$\xi_{eq,0.01}$减小17.24%,试件RSPCSW－V2比试件RSPCSW－V1的位移角1%点黏滞阻尼系数$\xi_{eq,0.01}$减小11.84%。试件RSPCSW－V2比试件RSPCSW－H2的峰值点和极限点黏滞阻尼系数分别增大19.03%和20.94%。综上所述:更换墙趾构件

后再加载过程中，试件 RSPCSW－V2 的等效黏滞阻尼系数减小程度小于试件 RSPCSW－H2 的，说明内置波形钢板竖向放置时，剪力墙试件的耗能能力受累积损伤影响较小，表现出良好的抗震性能。

表 9.8　各试件的特征点等效黏滞阻尼系数

试件编号	屈服点 $\xi_{eq,y}$	位移角 1% 点 $\xi_{eq,0.01}$	峰值点 $\xi_{eq,m}$	极限点 $\xi_{eq,u}$
RSPCSW－H1	0.075	0.087	—	—
RSPCSW－H2	0.056	0.072	0.108	0.148
RSPCSW－V1	0.067	0.076	—	—
RSPCSW－V2	0.055	0.067	0.121	0.179

9.3.5　刚度退化

结构抗震性能退化的主要原因是刚度退化引起的强度退化。试件的刚度 K_1 采用本章第 2 节所述方法计算，计算公式参照式（9－38）。

9.3.5.1　试件 RSPCSW－H1 和试件 RSPCSW－H2

图 9.50 给出了试件 RSPCSW－H1 和试件 RSPCSW－H2 的刚度退化－位移曲线。

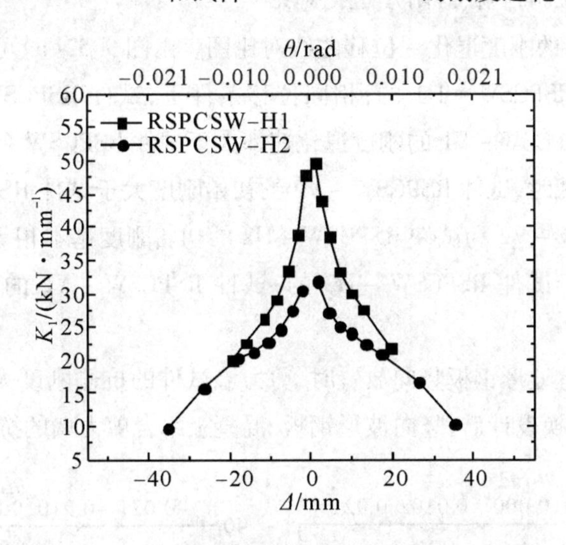

图 9.50　试件 RSPCSW－H 更换前后刚度退化曲线

由图 9.50 可以看出：试件 RSPCSW－H1 比试件 RSPCSW－H2 的初始刚度高出 36.1%；水平位移加载至位移角 1% 时，试件 RSPCSW－H1 和试件 RSPCSW－H2 的刚度值基本相等。由试件 RSPCSW－H2 的刚度退化－位移曲线可以得到，更换墙趾构件后再加载，试件 RSPCSW－H2 的刚度得到了一定程度的补强，当水平位移加载至位移角 1% 时，试件 RSPCSW－H2 的刚度值基本等于试件 RSPCSW－H1 的；水平位移继续增大，试件 RSPCSW－H2 的刚度退化速率缓慢增加。

9.3.5.2　试件 RSPCSW－V1 和试件 RSPCSW－V2

图 9.51 给出了试件 RSPCSW－V1 和试件 RSPCSW－V2 的刚度退化－位移曲线。由图 9.51 可以看出：试件 RSPCSW－V1 比试件 RSPCSW－V2 的初始刚度高出 39.6%。水平位移加载至位移角 1% 时，试件 RSPCSW－V1 和试件 RSPCSW－V2 的刚度值基本相等。由试件 RSPCSW－V2 的刚度

退化曲线可以得到,更换墙趾构件后再加载,试件 RSPCSW - V2 的刚度得到了一定程度的补强,当水平位移加载至位移角 1% 时,试件 RSPCSW - V2 的刚度值基本等于试件 RSPCSW - V1 的;水平位移继续增大,试件 RSPCSW - V2 的刚度退化速率减缓。

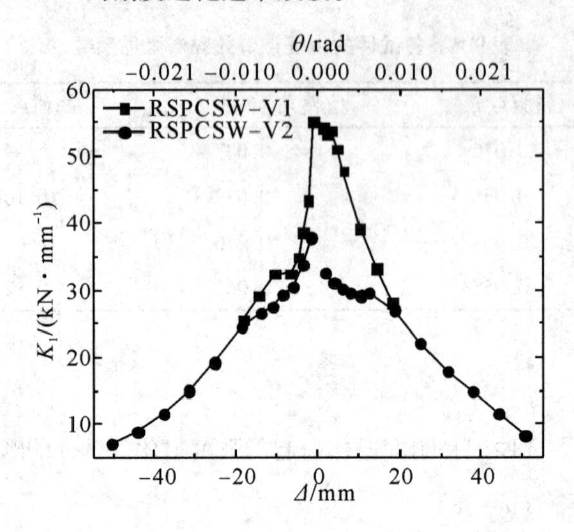

图 9.51 试件 RSPCSW - V 更换前后刚度退化曲线

9.3.5.3 各试件更换墙趾构件前、后刚度退化对比

图 9.52 给出了各试件的刚度退化 - 位移曲线对比图。由图 9.52(a)可以看出:试件 RSPCSW - V1 的初始刚度大于试件 RSPCSW - H1 的;相同位移条件下,试件 RSPCSW - V1 的刚度大于试件 RSPCSW - H1 的;试件 RSPCSW - V1 的刚度退化速率大于试件 RSPCSW - H1 的。由图 9.52(b)可以看出:水平荷载负向加载时,试件 RSPCSW - V2 的初始刚度大于试件 RSPCSW - H2 的;水平荷载正向加载时,试件 RSPCSW - V2 和试件 RSPCSW - H2 的初始刚度基本相等;相同位移条件下,试件 RSPCSW - V2 的刚度大于试件 RSPCSW - H2 的;试件 RSPCSW - V2 的刚度退化速率小于试件 RSPCSW - H2 的。

综上所述,组合墙内置波形钢板竖向放置时,剪力墙试件的抗侧刚度大于内置波形钢板水平放置的情况。进行墙趾可更换设计后,竖向波形钢板-混凝土组合剪力墙的抗震性能也更为优越。

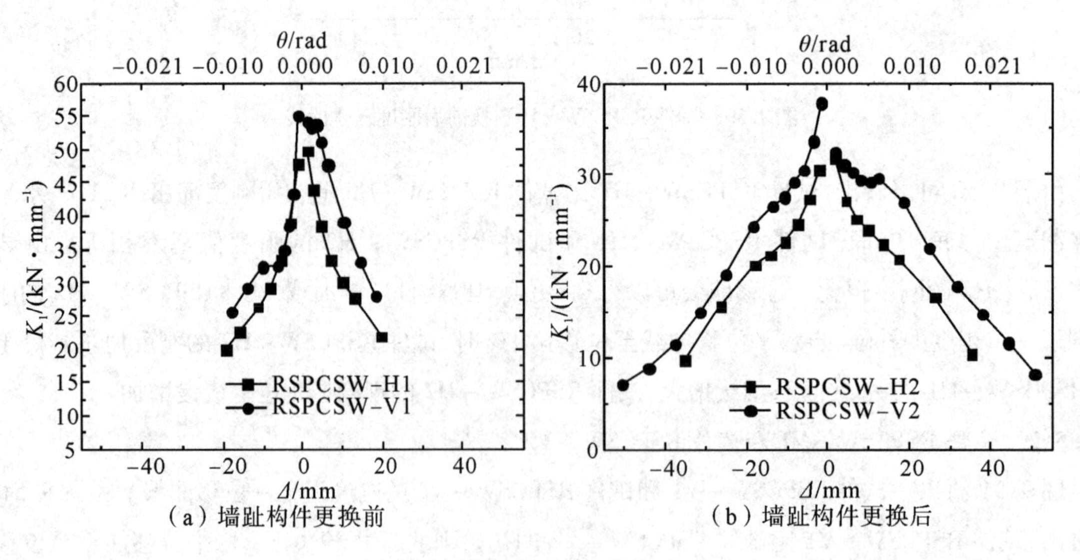

(a) 墙趾构件更换前　(b) 墙趾构件更换后

图 9.52 组合墙刚度退化曲线对比图

9.3.6 承载力退化

试件的承载力退化采用承载力退化系数 η 来表征，承载力退化系数可按照本章9.2节中的式(9－37)计算。

9.3.6.1 试件 RSPCSW－H1 和试件 RSPCSW－H2

图9.53给出了试件 RSPCSW－H1 和试件 RSPCSW－H2 的承载力退化－位移曲线。由图9.53可以看出：水平位移加载至位移角1%阶段，试件 RSPCSW－H1 和试件 RSPCSW－H2 的刚度退化曲线几乎重合，说明更换墙趾构件后，试件的抗侧承载力下降不大，试件仍基本保持完好的抗震性能；随着水平位移继续增大，试件 RSPCSW－H2 的承载力降低系数不断减小；当位移角接近1.5%时，试件 RSPCSW－H2 的承载力退化曲线出现了明显的转折，对比试验现象，此时可更换墙趾消能器腹板发生屈曲，剪力墙试件底部混凝土局部被压溃，因此造成剪力墙试件的水平荷载减小，试件 RSPCSW－H2 的承载力退化系数减小。

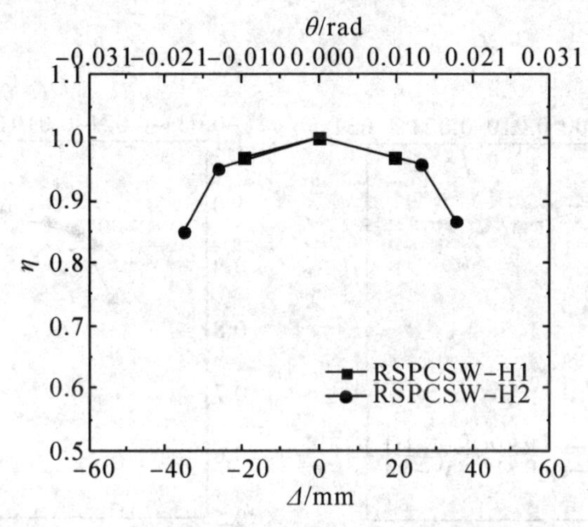

图9.53 试件 RSPCSW－H 更换前后承载力退化曲线

9.3.6.2 试件 RSPCSW－V1 和试件 RSPCSW－V2

图9.54给出了试件 RSPCSW－V1 和试件 RSPCSW－V2 的承载力退化－位移曲线。由图9.54可以看出：试件 RSPCSW－V1 的承载力退化－位移曲线近似呈一条水平直线，试件 RSPCSW－V1 的承载力几乎未发生退化，在此加载阶段，表现出了良好的抗侧力性能；试件 RSPCSW－V2 的承载力退化－位移曲线整体上表现出随位移的增大而不断减小的趋势，位移角接近1.5%时，曲线出现波动，说明此阶段可更换墙趾消能器发挥一定的阻尼作用，减小了母墙的损伤；水平位移加载至位移角1%阶段，试件 RSPCSW－V1 的承载力降低系数大于试件 RSPCSW－V2 的。

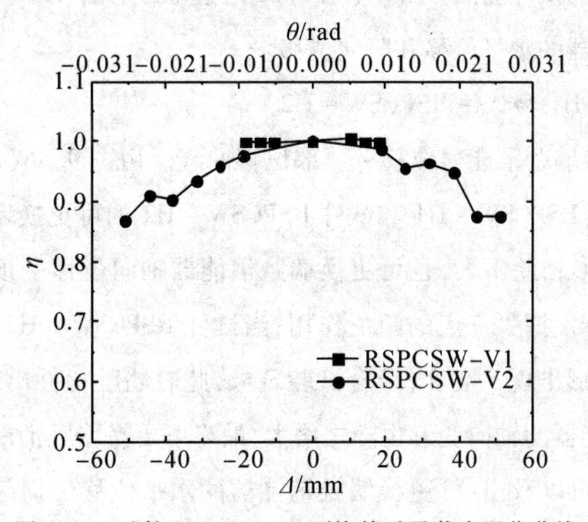

图9.54 试件 RSPCSW－V 更换前后承载力退化曲线

9.3.6.3　各试件更换墙趾构件前、后承载力退化对比

图9.55给出了各试件的承载力退化－位移曲线对比图。由图9.55(a)可知:试件RSPCSW－H1和试件RSPCSW－V1的承载力降低系数均大于0.95,相较于试件RSPCSW－H1,试件RSPCSW－V1的承载力退化更为缓慢,表现出更优越的抗侧能力。由图9.55(b)可得:试件RSPCSW－V2的承载力降低系数下降速率缓慢,说明试件RSPCSW－V2在加载过程中仍能够保持良好的抗侧能力;在位移角大于2%后,试件RSPCSW－H2承载力降低系数出现突降,降低至0.85以下,原因是试件RSPCSW－H2可更换墙趾消能器高度范围内,内置波形钢板与混凝土界面脱离,两者协同作用丧失。同时,由图9.55(a)和图9.55(b)可以看出,剪力墙试件的内置波形钢板竖向放置比水平方向放置时的承载力降低系数大,说明内置波形钢板竖向放置时,剪力墙试件具有更好的抗侧能力。

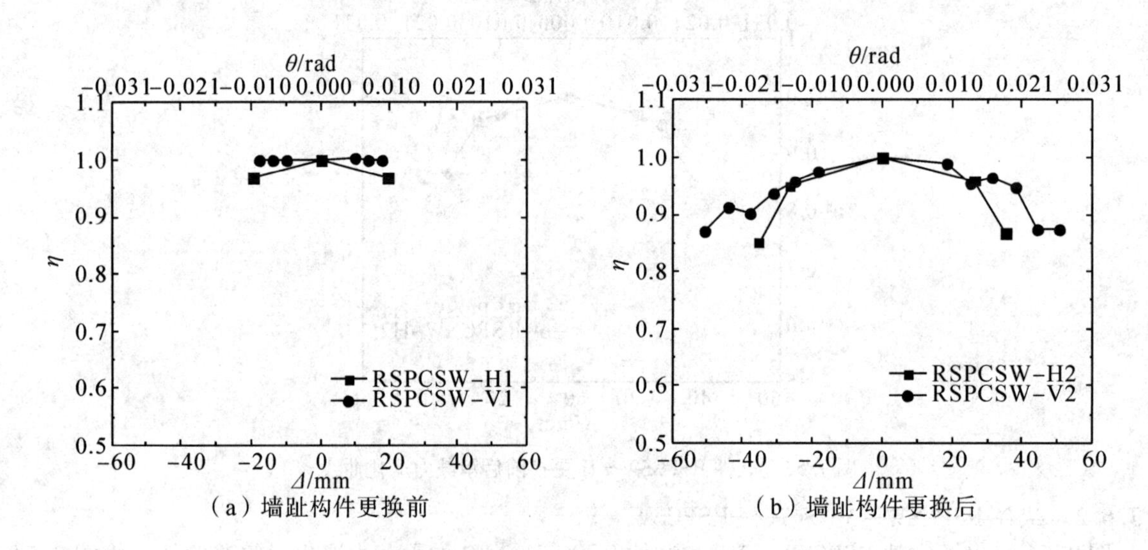

(a) 墙趾构件更换前　　(b) 墙趾构件更换后

图9.55　承载力退化曲线对比图

9.3.7　可更换墙趾消能器变形

参照本章9.2节给出的试件测点布置图(图9.23),选取位移计H3和位移计H5所测数据,以分别描述可更换墙趾消能器的水平位移和竖向位移。

9.3.7.1　试件RSPCSW－H1和试件RSPCSW－H2

图9.56给出了可更换墙趾消能器位移－顶部位移曲线。由图9.56(a)可以看出:水平荷载加载至位移角1%阶段,试件RSPCSW－H1和试件RSPCSW－H2的可更换墙趾消能器轴向变形基本相同,压缩变形与拉伸变形相差不大,且可更换墙趾消能器轴向位移－顶部位移曲线的斜率不唯一,说明可更换墙趾消能器发挥了一定的阻尼作用;当试件RSPCSW－H2位移角接近1.5%时,可更换墙趾消能器的压缩变形出现了突变,结合试验现象,此时墙趾构件出现了局部屈曲;水平位移继续增大,可更换墙趾消能器的轴向变形也随之增大,最终可更换墙趾消能器的压缩变形近似等于拉伸变形。由图9.56(b)可以看出:可更换墙趾消能器的水平位移－顶部位移曲线近似呈一条直线,说明可更换墙趾消能器的剪切变形大致与顶部水平位移成比例。

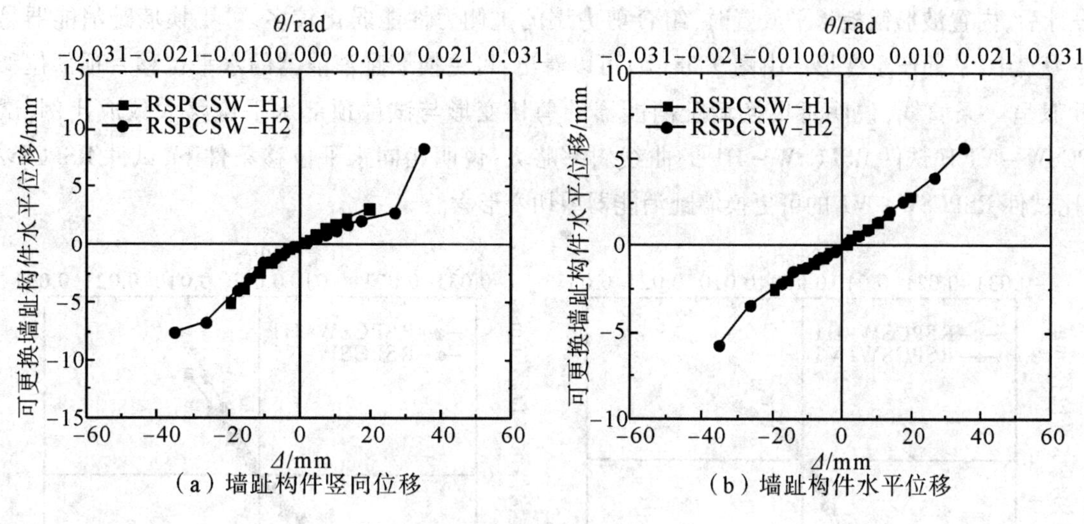

(a) 墙趾构件竖向位移 (b) 墙趾构件水平位移

图9.56 墙趾构件位移

9.3.7.2 试件 RSPCSW – V1 和试件 RSPCSW – V2

图9.57 给出了可更换墙趾消能器位移 – 顶部位移曲线。

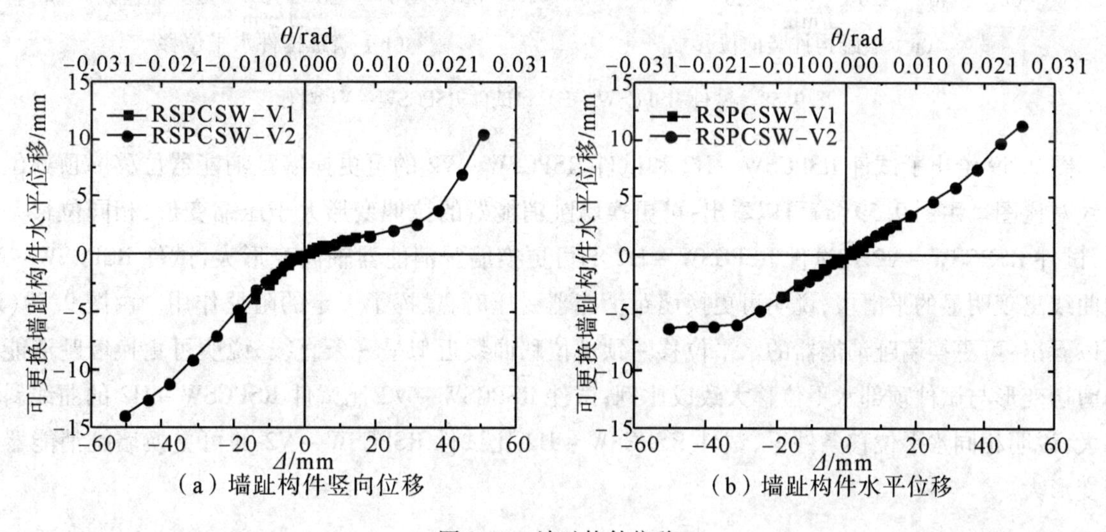

(a) 墙趾构件竖向位移 (b) 墙趾构件水平位移

图9.57 墙趾构件位移

由图9.57(a)可以看出:水平荷载加载至位移角1%阶段,试件 RSPCSW – V1 和试件 RSPCSW – V2 的可更换墙趾消能器轴向变形基本相同,压缩变形小于拉伸变形,且可更换墙趾消能器轴向位移 – 顶部位移曲线的斜率不唯一,可更换墙趾消能器发挥了一定的阻尼作用;水平位移继续增大,可更换墙趾消能器的轴向变形也随之而增大,最终可更换墙趾消能器的拉伸变形是压缩变形的1.5倍。由图9.57(b)可以看出:可更换墙趾消能器的水平位移 – 顶部位移曲线近似呈一条直线,说明可更换墙趾消能器的剪切变形大致与顶部水平位移成比例。

9.3.7.3 各试件墙趾构件更换前、后变形对比

图9.58 给出了试件 RSPCSW – H1 和试件 RSPCSW – V1 的可更换墙趾消能器位移 – 顶部位移曲线对比图。由图9.58(a)可以看出:可更换墙趾消能器的拉伸变形大于压缩变形,2个试件的可更换墙趾消能器拉伸变形基本相等,试件 RSPCSW – H1 的可更换墙趾消能器压缩变形大于试件 RSPCSW – V1 的,且试件 RSPCSW – H1 的曲线斜率大于试件 RSPCSW – V1 的,说明进行墙趾可更

换设计后，内置波形钢板水平放置时，组合剪力墙的抗侧力性能弱化较多，可更换墙趾消能器易发生应力集中，从而产生变形。由图9.58(b)可以看出：可更换墙趾消能器的水平位移－顶部位移曲线近似呈一条直线，说明可更换墙趾消能器的剪切变形与试件顶部水平位移大致成比例；试件RSPCSW－V1比试件RSPCSW－H1的曲线斜率略大，说明相同水平位移条件下，试件RSPCSW－H1比试件RSPCSW－V1的可更换墙趾消能器剪切变形大。

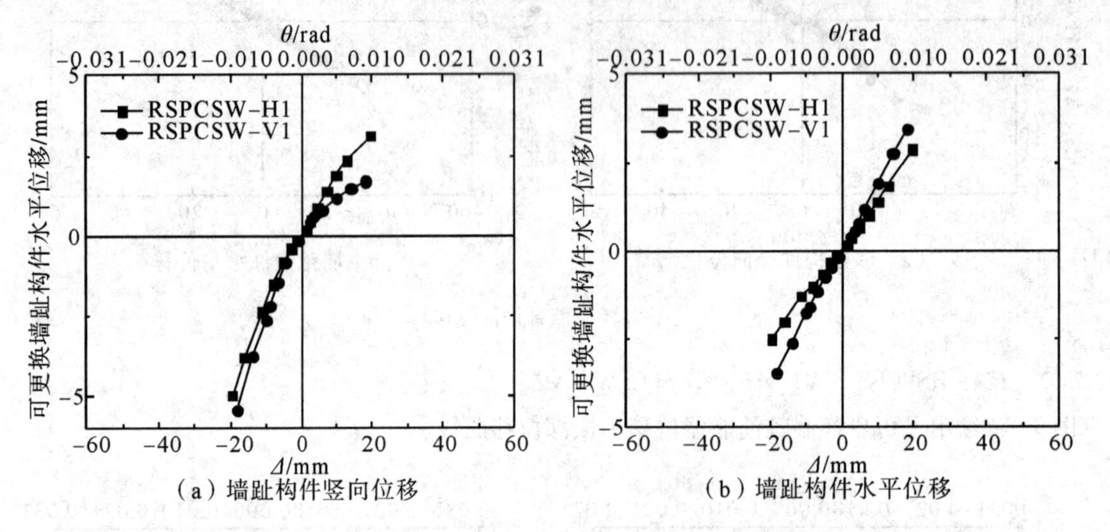

图9.58 试件RSPCSW－H1和试件RSPCSW－V1对比

图9.59给出了试件RSPCSW－H2和试件RSPCSW－V2的可更换墙趾消能器位移－顶部位移曲线对比图。由图9.59(a)可以看出：可更换墙趾消能器的拉伸变形大于压缩变形，相同位移条件下，试件RSPCSW－V2比试件RSPCSW－H2的可更换墙趾消能器轴向变形大，试件RSPCSW－V2的曲线出现明显的平滑段，说明可更换墙趾消能器受压时，发挥了一定的阻尼作用。由图9.59(b)可以看出：可更换墙趾消能器的水平位移－顶部位移曲线近似呈一条直线，说明可更换墙趾消能器的剪切变形与试件顶部水平位移大致成比例；试件RSPCSW－V2比试件RSPCSW－H2的曲线斜率略大，说明相同水平位移条件下，试件RSPCSW－H2比试件RSPCSW－V2的可更换墙趾消能器剪切变形大。

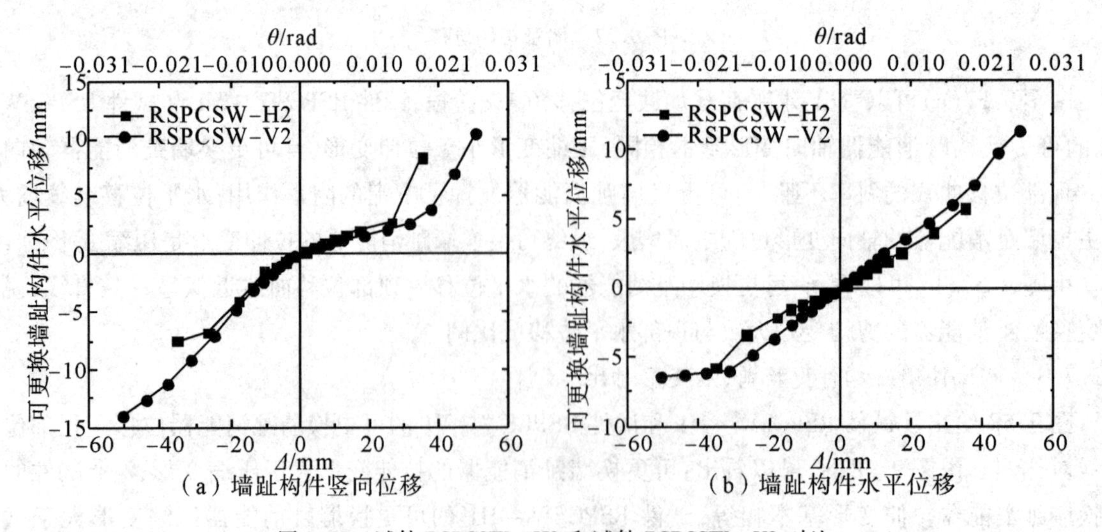

图9.59 试件RSPCSW－H2和试件RSPCSW－V2对比

9.3.8　可更换墙趾消能器应变及内置波形钢板应变

为进一步研究带有可更换墙趾消能器的波形钢板-混凝土组合剪力墙在水平往复荷载作用下的钢板应力应变情况，选取试验加载过程中剪力墙试件易破坏部位进行应变分析：选取可更换墙趾消能器上 F1、F4 和 G1、G4 测点，选取内置波形钢板上 A1、A3、B1、B3 测点，所选测点具体位置，见本章9.2节图9.23和图9.24。各测点的应变数据选用本章9.2节所述应力－应变数据处理方法进行处理。采用系数 $\varepsilon_m/\varepsilon_y$ 来表征构件关键位置应变屈服状态，其中 ε_m 为折算应变，参照式(9－43)计算得到；ε_y 为屈服应变。当 $\varepsilon_m/\varepsilon_y>1$ 时，构件应变达到屈服状态。将各测点应变数据进行处理，并分别绘制应变－顶部位移曲线。此外，本书将各测点处钢板屈服应变所对应的水平位移进行了整理。

9.3.8.1　试件 RSPCSW－H1 和试件 RSPCSW－H2

图9.60给出了内置波形钢板上各关键测点的应变－顶部位移曲线，图9.61给出了可更换墙趾消能器波形钢腹板上各关键测点的应变－顶部位移曲线。由图9.60和图9.61，整理出了各测点处钢板屈服应变所对应的水平位移，如表9.9所示。

由图9.60、图9.61和表9.9可以看出：对于试件 RSPCSW－H1，内置波形钢板上各测点的应变随水平位移的增大而增大，推拉方向应变不对称；至加载结束，测点 A1、A3 均未达到屈服状态，测点 B1 在水平位移加载至拉方向8.38 mm时，进入屈服状态，测点 B3 进入屈服状态时所对应的推拉位移分别为6.15 mm和9.89 mm。说明可更换墙趾消能器先于内置波形钢板屈服，符合带有可更换构件结构体系的设计要求：将破坏集中于可更换构件，以保护主体承重构件基本完好。

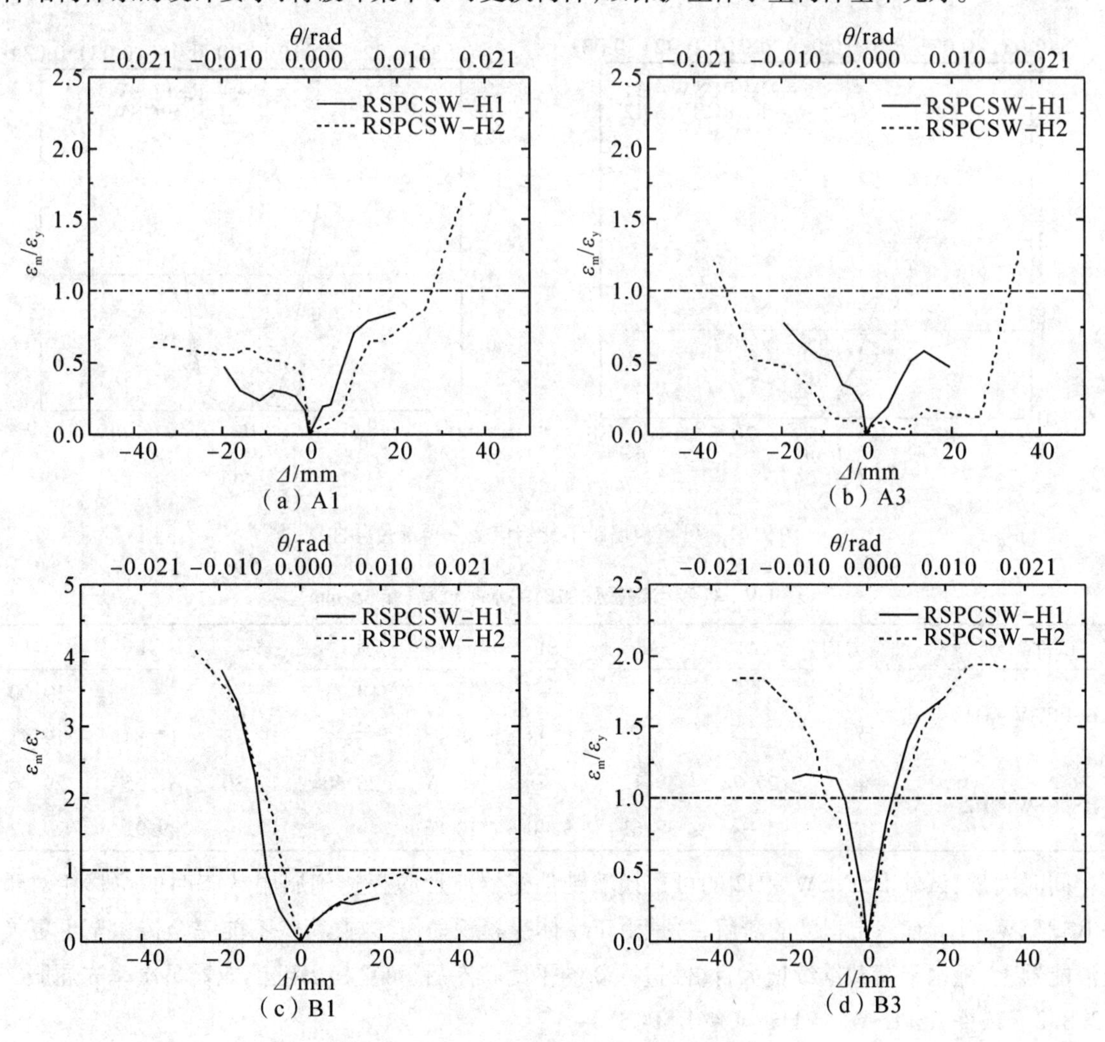

图9.60　内置波形钢板应变－顶部位移曲线

对于试件 RSPCSW - H2,内置波形钢板上各测点的应变随水平位移变化曲线整体发展趋势与 RSPCSW - H1 基本相似,至加载结束,内置波形钢板上各关键测点都达到屈服状态;同试件 RSPCSW - H1 一样,试件 RSPCSW - H2 可更换墙趾消能器波形腹板首先进入屈服状态,而后内置波形钢板达到屈服。

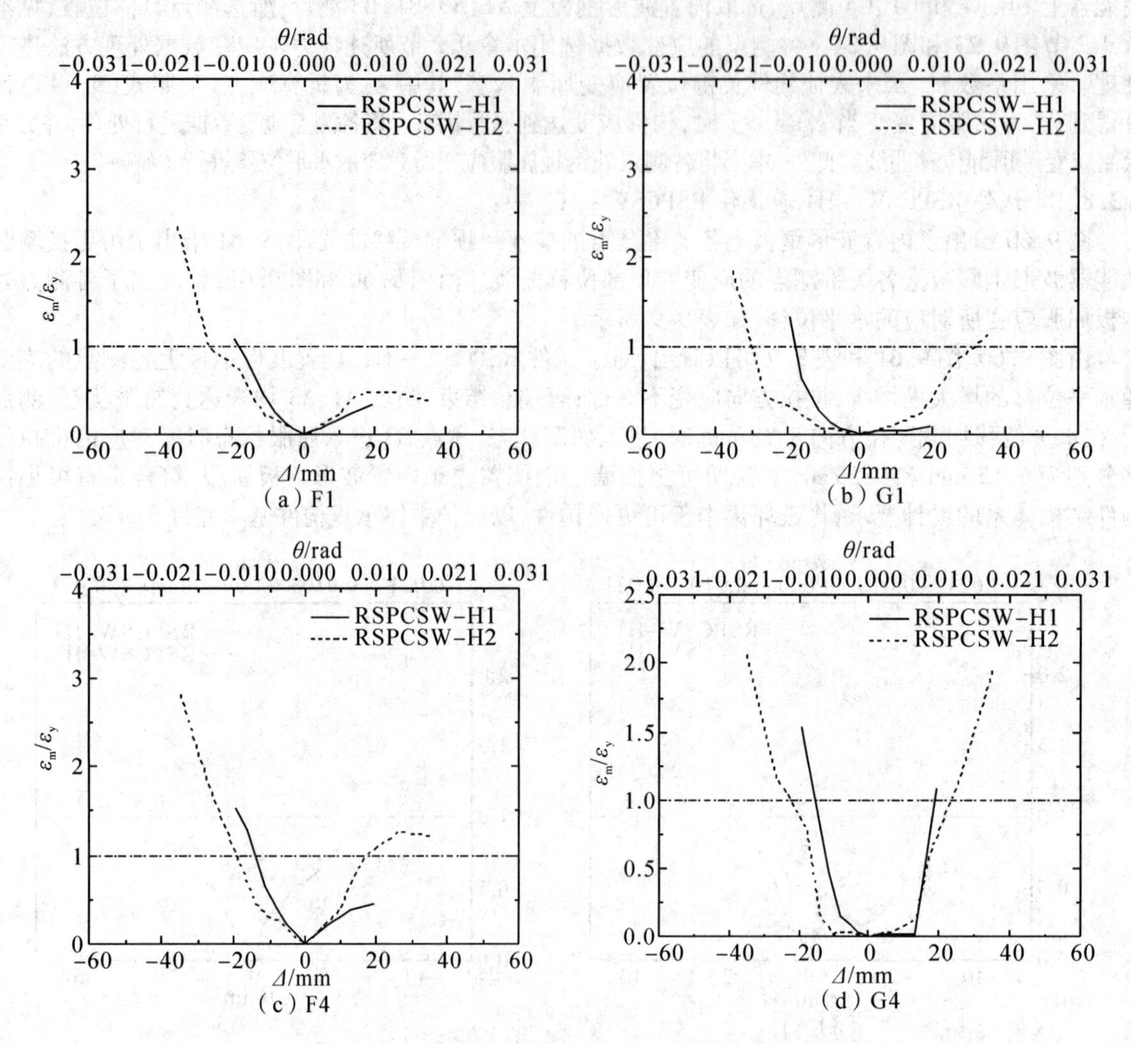

图 9.61 可更换墙趾消能器应变 - 顶部位移曲线

表 9.9 各测点钢板屈服时的水平位移(单位:mm)

试件编号	加载方向	A1	A3	B1	B3	F1	F4	G1	G4
RSPCSW - H1	推	—	—	—	6.15	18.11	—	—	19.00
	拉	—	—	8.38	9.89	—	19.88	17.84	19.41
RSPCSW - H2	推	27.78	39.12	—	7.66	26.60	17.30	31.65	29.46
	拉	—	39.61	9.40	10.83	—	19.14	29.92	29.62

同时发现,试件 RSPCSW - H2 的可更换墙趾消能器波形腹板达到屈服状态时的位移相对于试件 RSPCSW - H1 有一定程度的滞后,这是由于墙体受累积损伤影响,荷载不能完全传递至可更换墙趾消能器上,随水平荷载继续增大,试件进入新的平衡状态后,可更换墙趾消能器再次率先屈服。

9.3.8.2 试件 RSPCSW - V1 和试件 RSPCSW - V2

图 9.62 给出了内置波形钢板上各关键测点的应变 - 顶部位移曲线,图 9.63 给出了可更换墙趾

消能器波形钢腹板上各关键测点的应变－顶部位移曲线。由图9.62和图9.63,整理出了各测点处钢板屈服应变所对应的水平位移,并制成表格9.10。

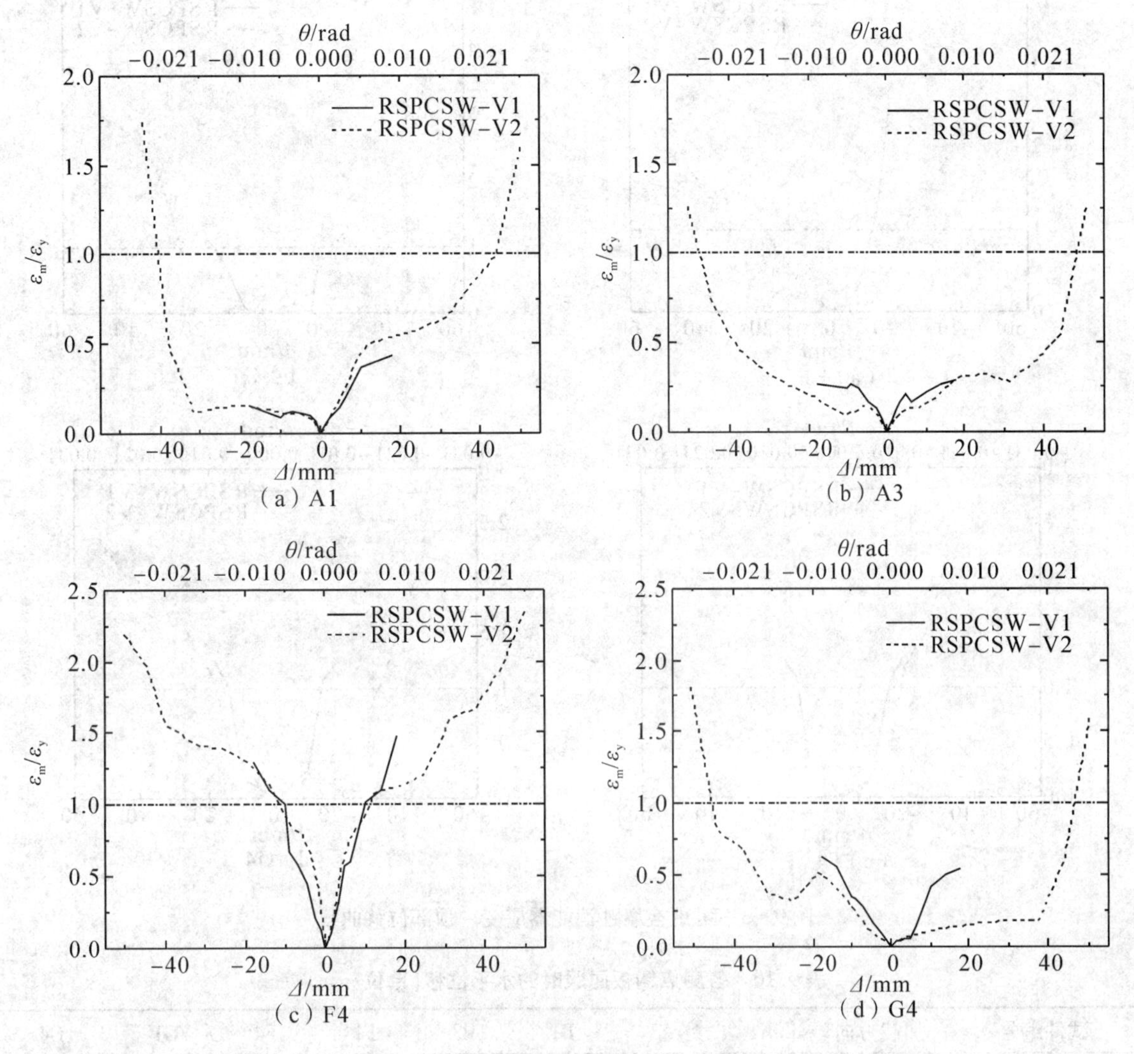

图9.62　内置波形钢板应变－顶部位移曲线

由图9.62、图9.63和表9.10可以得到:对于试件RSPCSW－V1,内置波形钢板上各测点的应变随水平位移的增大而增大,推拉方向应变基本保持对称,至加载结束,内置波形钢板上仅有测点B1达到屈服状态,屈服时的推拉位移分别为10.02mm和10.18mm;可更换墙趾消能器波形钢腹板上各测点均达到屈服状态,屈服时剪力墙试件位移角接近0.8%。说明可更换墙趾消能器先于内置波形钢板屈服,符合带有可更换构件结构体系的设计要求:将破坏集中于可更换构件,以保护主体承重构件基本完好。

对于试件RSPCSW－V2,内置波形钢板上各测点的应变随水平位移变化曲线整体发展趋势与RSPCSW－V1基本相似,至加载结束,内置波形钢板上各关键测点都达到屈服状态;同试件RSPCSW－V1一样,试件RSPCSW－V2可更换墙趾消能器波形钢腹板首先进入屈服状态,而后内置波形钢板达到屈服;同时发现,试件RSPCSW－V2的可更换墙趾消能器波形钢腹板达到屈服状态时,位移有一定程度的滞后,这是由于累积损伤的影响,荷载不能完全传递至可更换墙趾消能器上,随水平荷载继续增大,试件进入新的平衡状态后,可更换墙趾消能器再次率先屈服。

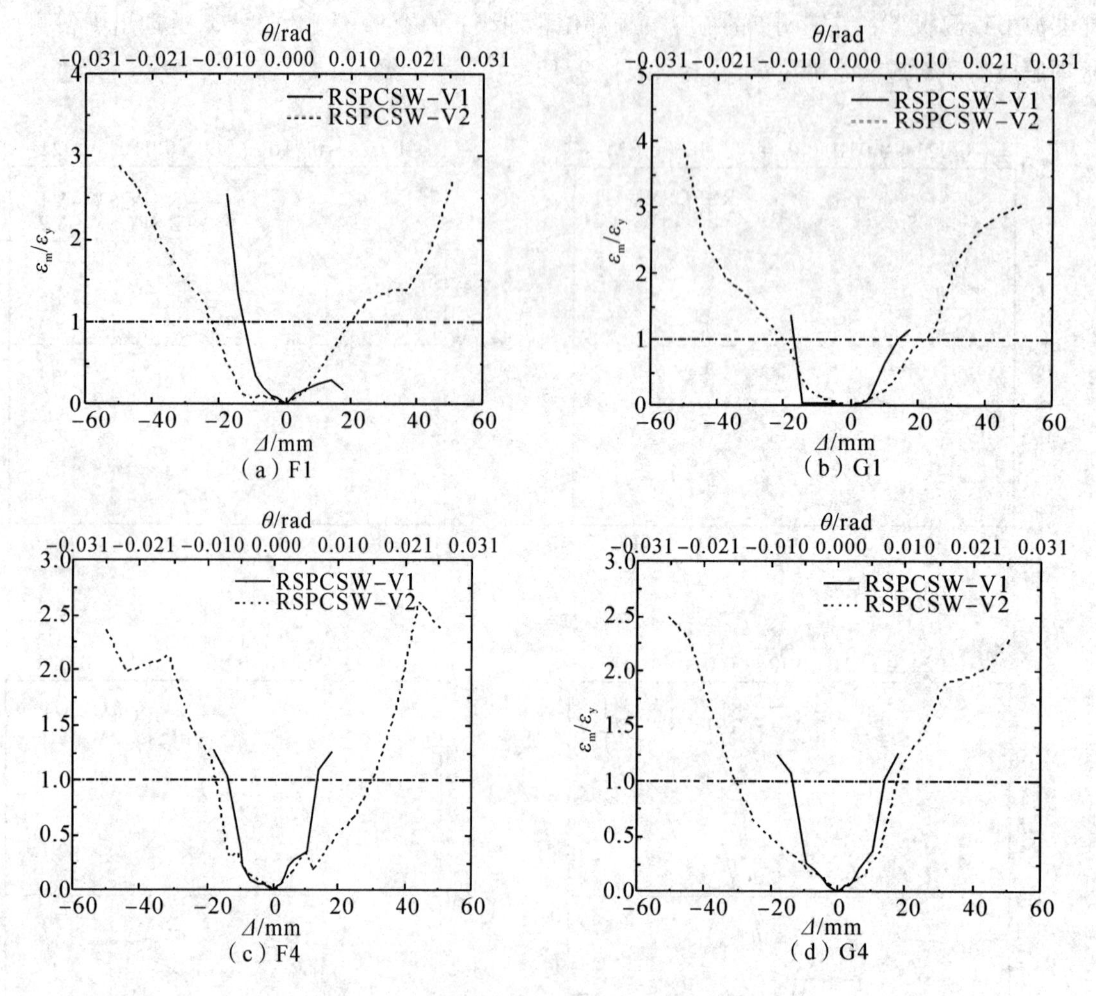

(a) F1

(b) G1

(c) F4

(d) G4

图 9.63 可更换墙趾消能器应变 - 顶部位移曲线

表 9.10 各测点钢板屈服时的水平位移(单位:mm)

试件编号	加载方向	A1	A3	B1	B3	F1	F4	G1	G4
RSPCSW - V1	推	—	—	10.02	—	—	19.63	19.13	19.03
	拉	—	—	10.18	—	19.50	19.93	16.86	19.83
RSPCSW - V2	推	49.28	48.37	11.19	46.67	19.83	29.83	29.01	17.64
	拉	40.46	47.44	11.57	49.48	29.56	17.49	20.18	30.68

9.3.8.3 墙趾构件更换前、后应变对比

为方便分析波形钢板放置形式对剪力墙试件应变随位移变化的影响,现将各试件钢板屈服时,各测点水平位移汇总于表 9.11。对比试件 RSPCSW - H1 和试件 RSPCSW - V1 可以看出:内置波形钢板竖直方向放置时,可更换墙趾消能器较早发生屈服,同时对比试验现象,可更换墙趾消能器发生屈服时,试件 RSPCSW - V1 比试件 RSPCSW - H1 受到的损伤更小。

对比试件 RSPCSW - H2 和试件 RSPCSW - V2 可以得到,试件 RSPCSW - V2 的内置波形钢板屈服位移大于试件 RSPCSW - H2 的,两者可更换墙趾消能器波形钢腹板屈服位移相差不大,说明内置波形钢板竖向放置时,波形钢板与混凝土的组合效应更好,试件的刚度和抗侧能力均优于波形钢板水平放置时。进行墙趾可更换设计后,内置波形钢板竖向放置时,试件的抗侧能力更好,刚度退化更为缓慢,屈服位移更大。

表9.11　各测点钢板屈服时的水平位移(单位:mm)

试件编号	加载方向	A1	A3	B1	B3	F1	F4	G1	G4
RSPCSW－H1	推	—	—	—	6.15	18.11	—	—	19.00
	拉	—	—	8.38	9.89	—	19.88	17.84	19.41
RSPCSW－V1	推	—	—	10.02	—	—	19.63	19.13	19.03
	拉	—	—	10.18	—	19.50	19.93	16.86	19.83
RSPCSW－H2	推	27.78	39.12	—	7.66	26.60	17.30	31.65	29.46
	拉	—	39.61	9.40	10.83	—	19.14	29.92	29.62
RSPCSW－V2	推	49.28	48.37	11.19	46.67	19.83	29.83	29.01	17.64
	拉	40.46	47.44	11.57	49.48	29.56	17.49	20.18	30.68

9.4　带可更换墙趾消能器波形钢板混凝土剪力墙ABAQUS有限元模拟

9.4.1　ABAQUS有限元模型建立

9.4.1.1　单元的选取

单元是ABAQUS有限元分析的基础,模拟结果的精确性,一定程度上取决于单元类型的合理选择。ABAQUS的单元库为用户提供了8种单元,即:壳单元、实体单元、薄膜单元、梁单元、杆单元、刚体单元、连接单元和无限元。下面分别对混凝土部件、钢筋部件、钢骨部件选取合适的单元。

钢筋单元选取

由于本书的主要研究对象不是考虑分布钢筋与混凝土之间的黏结滑移,因此对钢筋部件和混凝土部件采用整体式建模方法,将钢筋部件嵌入混凝土部件中。所以,对钢筋部件选用两节点三维线性桁架单元T3D2,该单元的每个节点都具有3个转动自由度,且桁架单元仅能承受拉伸荷载和压缩荷载,不能承受弯曲荷载。

混凝土部件和钢骨部件的单元选取

为了提高模型的运算效率和更好的收敛性,对混凝土部件和钢骨部件采用分离式建模[221]。混凝土部件和钢骨部件均选用了八节点六面体线性减缩积分单元,即C3D8R。线性减缩积分单元可以在提高运算效率的前提下,获得较为精确的计算结果。

9.4.1.2　材料本构模型的设定

(1)钢材的本构模型

在非线性有限元分析中,钢材的本构存在3种简化模型:理想弹塑性模型、弹塑性线性强化模型和三折线模型[222]。本书选择钢材的弹塑性线性强化模型,是考虑到该本构模型可以较好地反映钢材在反复荷载作用下的应力应变关系,应用较为广泛。实际模型中的钢材在加工制作过程中会存在初始缺陷、残余应力和初始应力等不利的因素,根据已往的研究分析经验将钢板和钢筋的弹性模量和屈服强度在原有的基础上进行一定程度的折减。其应力－应变本构关系见图9.64。

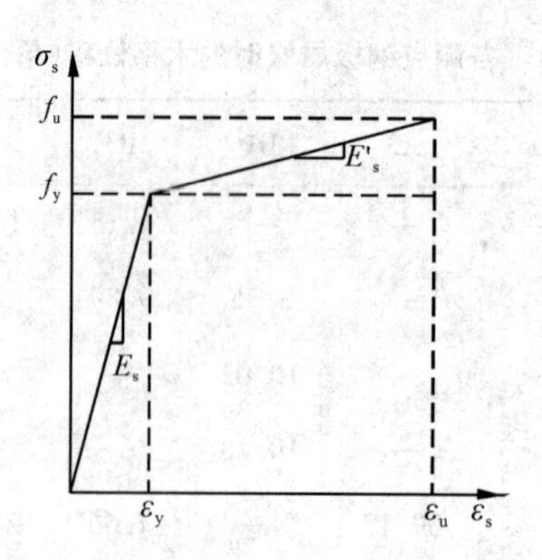

图 9.64　钢材的应力-应变本构关系

根据塑性力学理论，其应力－应变本构关系表达式如(9－44)所示：

$$\sigma_s = \begin{cases} E_s\varepsilon_s & \varepsilon_s \leqslant \varepsilon_y \\ f_y + E'_s(\varepsilon_s - \varepsilon_y) & \varepsilon_y < \varepsilon_s \leqslant \varepsilon_u \\ 0 & \varepsilon_s > \varepsilon_u \end{cases} \tag{9-44}$$

式中：E_s——钢材的弹性模量，N/mm^2；

σ_s——钢材的应力，MPa；

ε_s——钢材的应变；

f_y——钢材的屈服强度代表值，N/mm^2；

f_u——钢材的极限强度代表值，N/mm^2；

ε_y——钢材的屈服应变，与f_y相对应；

ε_u——钢材的极限应变，与f_u相对应；

E'_s——钢材的强化刚度，$E'_s = (f_u - f_y)/(\varepsilon_u - \varepsilon_y)$。

(2)混凝土的本构模型

ABAQUS 材料库中的混凝土材料模型共有 3 种，分别是开裂模型(Cracking Model for Concrete)、混凝土弥散模型(Concrete Smeared Cracking)和混凝土塑性损伤模型(Concrete Damaged Plasticity)。混凝土塑性损伤模型(以下简称 CDP 模型)对前 2 种模型进行了 3 点优化：在混凝土本构模型中引入损伤因子，用以削减其弹性刚度矩阵，以达到混凝土卸载刚度因损伤而削弱的特性；在混凝土弹塑性本构模型中引入非关联硬化，模拟混凝土在受压作用下的弹塑性变形；人工控制混凝土裂缝闭合开裂的性能，更好地模拟混凝土在循环荷载作用下的开裂变形。所以，本书选取塑性损伤模型作为波形钢板-混凝土组合剪力墙数值模拟的混凝土本构模型，其单轴受拉和受压的应力-应变关系见图 9.65。

考虑到模型的收敛问题和运算效率，本书取 ABAQUS 中断裂能的方法定义混凝土受拉软化，见图 9.65(a)。混凝土的断裂能[224]为

$$G_f^I = \alpha(f_c/10)^{0.7} \tag{9-45}$$

式中：f_c(MPa)为混凝土抗压强度，对于普通粒径混凝土，$\alpha = 0.03$，$u_{t0} = 0.1$。

混凝土的等效受压应力-应变曲线如图 9.65(b)所示，混凝土在达到屈服应力 σ_{c0} 前为弹性，之后进入强化阶段，最后进入软化阶段。混凝土受压等效塑性应变的关系式，如式(9－46)所示。

$$\bar{\varepsilon}_c^{pl} = \bar{\varepsilon}_c^{in} - \frac{d_c}{(1-d_c)}\frac{\sigma_c}{E_0} \tag{9-46}$$

式中：$\bar{\varepsilon}_c^{pl}$——压缩等效塑性应变；

$\bar{\varepsilon}_c^{in}$——非弹性应变；

d_c ——受压损伤因子；

σ_c ——受压应力，MPa。

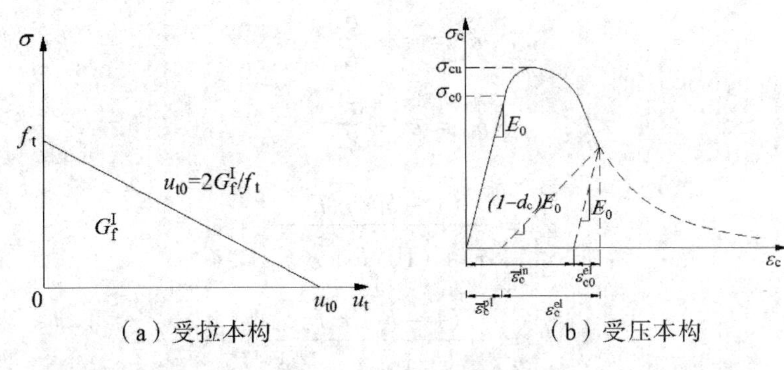

（a）受拉本构　　（b）受压本构

图9.65　混凝土本构

在单轴循环荷载作用下，弹性刚度将得到部分恢复，可以引入损伤因子 d 来表示 CDP 模型中损伤后的弹性模量，如式(9－47)所示。

$$E=(1-d)E_0 \tag{9-47}$$

CDP 模型假定刚度退化各向同性，在单轴循环荷载作用下，应力状态函数计算如式(9－48)、式(9－49)和式(9－50)所示。

$$(1-d)=(1-s_t d_c)(1-s_c d_t) \tag{9-48}$$

$$\begin{aligned} s_t &= 1-\omega_t r^*(\sigma_{11}) \quad 0\leqslant\omega_t\leqslant 1 \\ s_c &= 1-\omega_c[1-r^*(\sigma_{11})] \quad 0\leqslant\omega_c\leqslant 1 \end{aligned} \tag{9-49}$$

$$r^*(\sigma_{11})=H(\sigma_{11})=\begin{cases}1 & \sigma_{11}>0\\ 0 & \sigma_{11}<0\end{cases} \tag{9-50}$$

式中：ω_t为受拉刚度恢复因子，ω_c为受压刚度恢复因子。

ABAQUS 中引用刚度恢复因子 ω_t和 ω_c来控制混凝土在循环荷载作用下的刚度恢复，混凝土在循环荷载作用下的本构关系如图 9.66 所示。

由图 9.66 可知，受拉时，OA 段为弹性阶段，弹性模量用 E_0表示，A 点混凝土开裂，加载至 B 点开始卸载，同时引入受拉损伤因子 d_t，弹性模量为$(1-d_t)E_0$；反向加载时，若 $\omega_c=1$，表示受压刚度完全恢复，与受拉相同，在达到屈服应力前，用弹性模量 E_0 表示，继续加载沿 CDN 段，随后开始卸载，同时引入受拉损伤因子 d_c，弹性模量为$(1-d_c)E_0$；当反向加载时，若 $\omega_t=0$，表示受拉刚度不恢复，沿路径 MG。

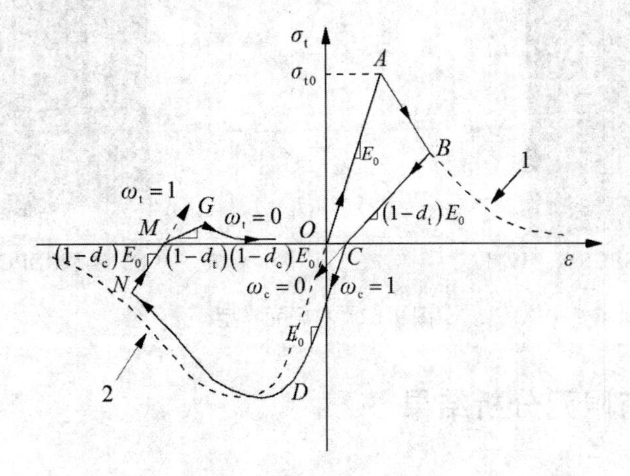

图9.66　混凝土 CDP 本构模型刚度恢复示意图

基于规范提供的应力-应变本构关系，结合混凝土材性试验结果，可以得到非弹性应变和损伤因子数据，可按式(9－51)、式(9－52)和式(9－53)计算。

$$\bar{\varepsilon}_t^{ck} = \varepsilon_t - \frac{\sigma_t}{E_0}$$

$$\bar{\varepsilon}_c^{in} = \varepsilon_c - \frac{\sigma_c}{E_0} \tag{9-51}$$

$$d_t = \frac{(1-b_t)\,\bar{\varepsilon}_t^{ck} E_0}{\sigma_t + (1-b_t)\,\bar{\varepsilon}_t^{ck} E_0} \tag{9-52}$$

$$d_c = \frac{(1-b_c)\,\bar{\varepsilon}_c^{in} E_0}{\sigma_c + (1-b_c)\,\bar{\varepsilon}_c^{in} E_0} \tag{9-53}$$

式中：$b_t\ \bar{\varepsilon}_t^{pl}/\bar{\varepsilon}_t^{ck}$，$b_c = \bar{\varepsilon}_c^{pl}/\bar{\varepsilon}_c^{ck}$，数据取[225] $b_t = 0.1$，$b_c = 0.7$。

9.4.1.3 ABAQUS 有限元模型介绍

为提高计算效率，对剪力墙试件进行简化建模，如图 9.67 所示。加载梁、底梁和剪力墙墙片采用相同截面，各部分高度仍取试件设计高度；分别建立混凝土部件、钢筋网部件和钢骨部件。不考虑混凝土与钢板之间的界面黏结滑移，定义两者相互接触为绑定约束(tie)；钢筋网采用嵌入(embedded)混凝土部件中进行模拟。为避免应力集中，模型中底梁部分假定为刚体，并与地面固接，加载梁的材料属性设置为钢材的，将其弹性模量扩大 1000 倍，同时在剪力墙顶部加载点设置垫块。有限元模型的边界条件与试验保持一致，限制地梁的平动和转动；限制墙片平面外的转动。模型建立了 2 个分析步：Step1 施加轴压力，根据模型加载梁尺寸，将轴向荷载折算为均布荷载的形式施加至加载梁顶面；Step2 施加水平荷载，水平荷载通过参考点与加载面耦合的方法进行加载，水平荷载加载幅值与试验相同。

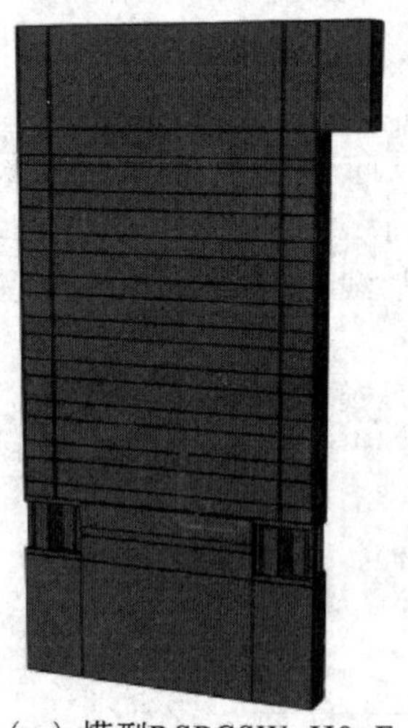

(a) 模型RSPCSW-H9-F

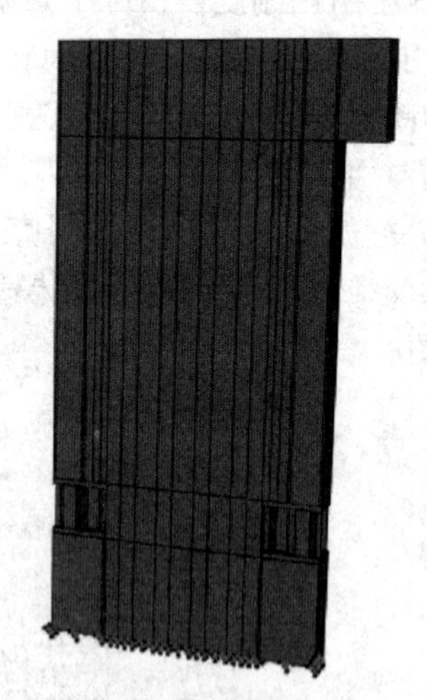

(b) 模型RSPCSW-V9-F

图 9.67 有限元模型

9.4.2 ABAQUS 有限元分析结果

9.4.2.1 试验验证分析

由 ABAQUS 有限元软件计算所得的滞回曲线与试验实测曲线的对比见图 9.68。从图 9.68 可以看出:ABAQUS 有限元模拟得到的滞回曲线更为饱满,有限元模型的抗侧刚度明显高于试验实测值。原因有2点:首先,有限元建模过程中,忽略了波形钢板与混凝土之间的黏结滑移作用;其次,本章建模分析是对更换强制构件后的试件进行验证分析,未考虑初次加载对试件的刚度削弱。因此,有限元模拟得到的滞回曲线较试验实测更为饱满,捏缩现象不明显。

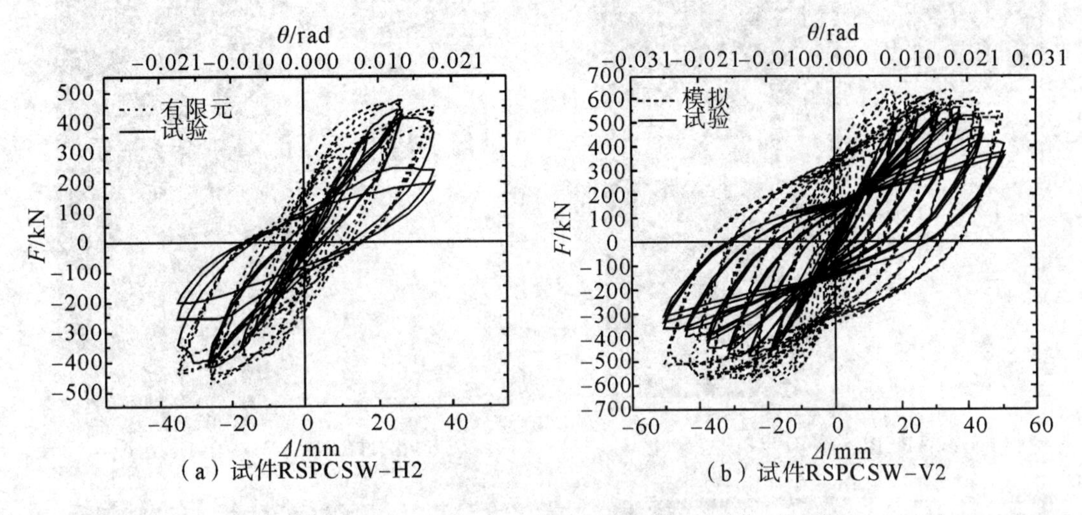

(a) 试件RSPCSW-H2　　(b) 试件RSPCSW-V2

图9.68　滞回曲线对比

由上述滞回曲线得到各有限元模型的骨架曲线,将其与试验实测骨架曲线进行对比,如图9.69所示。从图9.69中可以看出:有限元模拟得到的骨架曲线与试验实测骨架曲线发展趋势一致,各阶段特征荷载基本与试验实测相当,各阶段特征位移较试验值有所减小,符合第4章所做的有关试件变形能力的分析:更换墙趾构件后,试件刚度退化,各阶段特征位移滞后。

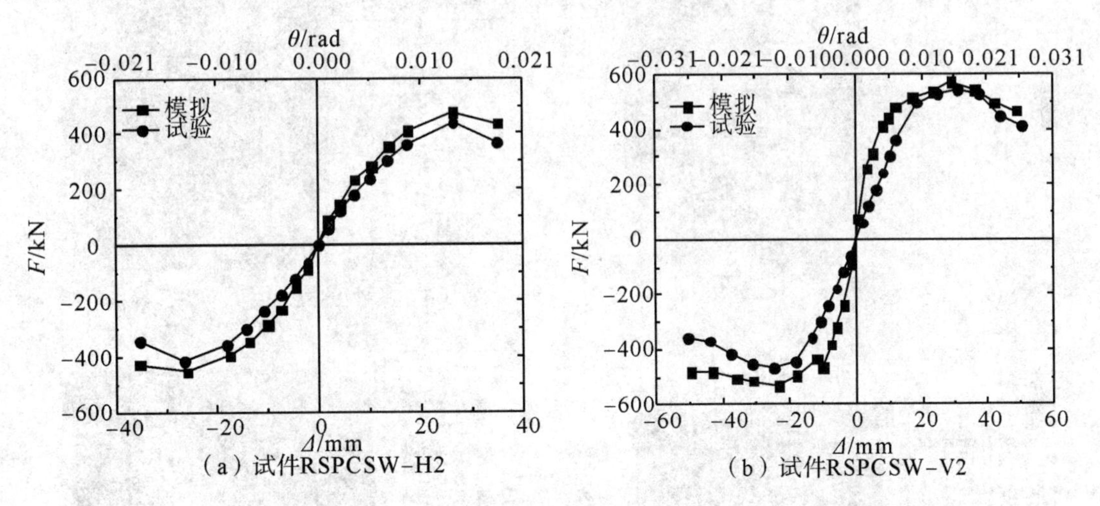

(a) 试件RSPCSW-H2　　(b) 试件RSPCSW-V2

图9.69　骨架曲线对比

根据有限元软件计算得到模型的应力云图,如图9.70所示。从图9.70中可以看出:有限元模型的应力分布情况与试验结果基本一致。模型 RSPCSW－H9－F 的混凝土应力集中部位主要集中在墙趾可更换区域附近,内嵌水平波形钢板的应力自上而下分布比较均匀,墙趾可更换高度范围内的应力较大。可更换墙趾消能器的应力发展情况与试验测得的应力情况相似。模型 RSPCSW－V9－F 的混凝土应力分布形式与试验中裂缝的走向基本吻合,内嵌竖向波形钢板的应力沿拉压效应方向发展,与钢板变形方向一致,并形成受剪方向的应力带,其可更换墙趾消能器破坏形态基本与试验一致。总体来讲,有限元模型可以较好地模拟试验。

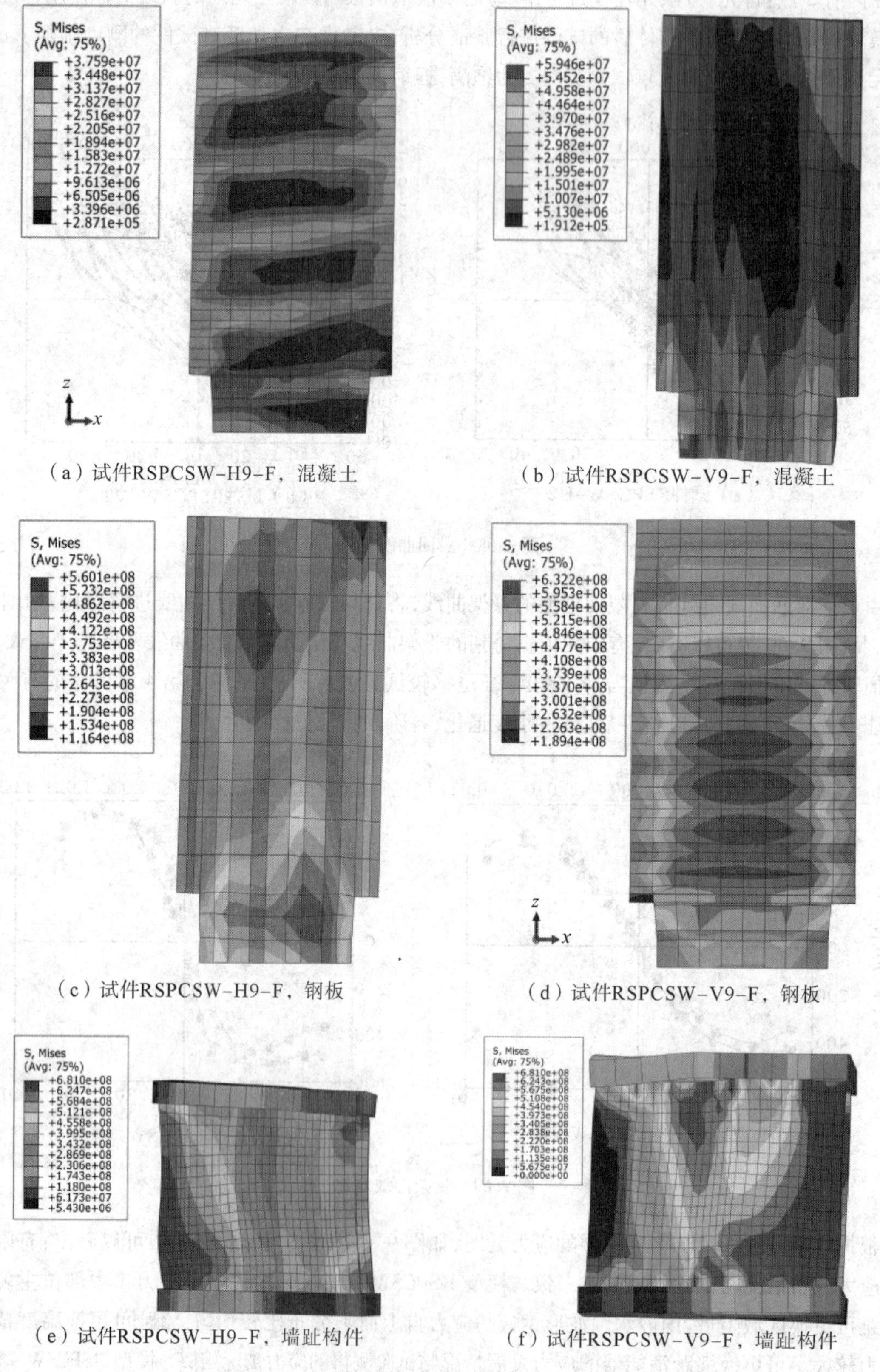

（a）试件RSPCSW-H9-F，混凝土　（b）试件RSPCSW-V9-F，混凝土

（c）试件RSPCSW-H9-F，钢板　（d）试件RSPCSW-V9-F，钢板

（e）试件RSPCSW-H9-F，墙趾构件　（f）试件RSPCSW-V9-F，墙趾构件

图 9.70　Von Mises 应力云图

现将试验、有限元模拟和由公式(9 - 31)计算得到的峰值荷载列于表 9.12。由表 9.12 可以看

出,通过有限元模拟得到的峰值荷载与试验实测值相差不大,误差在 10% 以内。由本章 9.2 节所提出的抗剪承载力建议计算公式得到的承载力结果与试验结果,误差在 10% 以内。可以看到,模拟结果略大于试验结果,其原因是可更换墙趾消能器与母墙之间的连接板在试验过程中出现变形,使得水平荷载未能充分传递。若能解决底部支座上表面与混凝土墙体之间的连接问题,则带有可更换墙趾消能器的剪力墙抗剪承载力实测值还能提高。

表 9.12　有限元分析结果和试验结果对比

试件	$F_{m,f}$/kN	$F_{m,c}$/kN	F_m/kN	$F_{m,f}/F_m$	$F_{m,c}/F_m$
RSPCSW - H2	469.58	439.36	427.72	1.082	1.027
RSPCSW - V2	538.34	509.30	529.35	1.031	0.975

注:$F_{m,f}$为模拟值,$F_{m,c}$为计算值,F_m为试验值。

9.4.2.2　变参数分析

鉴于本次试验试件有限,仅考虑了内置波形钢板不同放置形式对剪力墙试件的抗震性能影响。为进一步明确在不同参数下,带有可更换墙趾消能器的波形钢板-混凝土组合剪力墙的抗侧能力,利用 ABAQUS 有限元软件分析 BCR 值和剪力墙高宽比 λ 对剪力墙试件抗侧能力的影响。采用本章所述建模方法,共建立 6 个变参数有限元模型,各模型的参数见表 9.13。

表 9.13　模型参数

试件编号	钢板特征	λ	BCR 值
RSPCSW - V - A	竖向波形钢板	1.5	0.8
RSPCSW - V - B	竖向波形钢板	1.5	1.0
RSPCSW - V - C	竖向波形钢板	2	0.7
RSPCSW - H - A	水平波形钢板	1.5	0.8
RSPCSW - H - B	水平波形钢板	1.5	1.0
RSPCSW - H - C	水平波形钢板	2	0.7

对于不同的可更换墙趾消能器波形钢腹板厚度和高宽比,各剪力墙模型的骨架曲线如图 9.71 所示。由图 9.71 可以看出:随着 BCR 的增加,剪力墙的抗侧刚度和抗侧承载力也会随之提高,而剪力墙的变形能力则有所下降。随着剪力墙试件高宽比的提升,剪力墙的抗侧刚度和抗侧承载力随之降低,而剪力墙的变形能力则有所提高。对比图 9.71(a)和图 9.71(b)可以发现,内置波形钢板竖向放置与水平放置相比,剪力墙的抗侧刚度和承载力更高,而变形能力也较优。结合试验结果分析,BCR 值越大,剪力墙非更换部位的损伤越为严重,因此本书建议 BCR 取值为 0.7 ~ 0.8 之间。

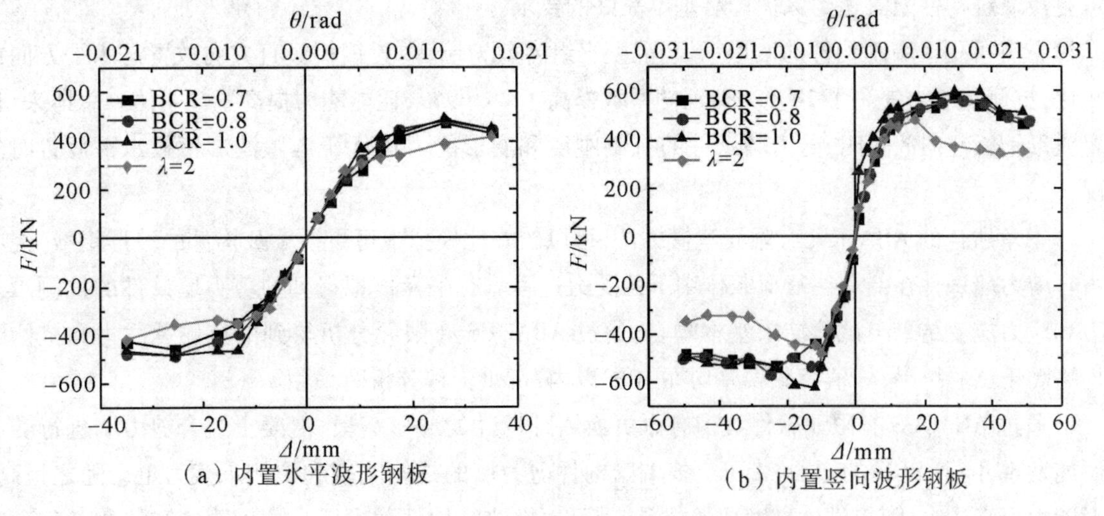

(a) 内置水平波形钢板　　(b) 内置竖向波形钢板

图 9.71　不同参数剪力墙模型骨架曲线

将各剪力墙模型骨架曲线的特征点汇总于表9.14，同时给出了不同参数下，各剪力墙模型抗侧承载力计算值，并给出了模拟值和计算值的相对误差。由表9.14可知，同等设计条件下，内置波形钢板竖向放置与水平放置相比，剪力墙的抗侧刚度和承载力更高，变形能力更好；各剪力墙模型的抗侧力计算值和模拟值误差基本在10%以内，说明本书所给出的抗剪承载力建议计算公式有一定的参考价值。

表9.14　不同腹板厚度模型的骨架曲线特征点

模型编号	屈服点		峰值点		计算值	误差
	$F_{y,f}$/kN	Δ_y/mm	$F_{m,f}$/kN	Δ_m/mm	$F_{m,c}$	w
RSPCSW－V9－F	490.87	19.52	538.34	49.98	509.30	1.057
RSPCSW－V－A	489.12	19.45	569.55	49.63	529.45	1.076
RSPCSW－V－B	517.53	19.06	597.85	49.16	559.75	1.078
RSPCSW－V－C	379.59	19.92	481.75	48.98	437.13	1.102
RSPCSW－H9－F	417.16	18.58	469.58	26.40	439.36	1.053
RSPCSW－H－A	439.13	16.81	489.96	26.48	459.51	1.063
RSPCSW－H－B	429.61	16.48	489.62	28.06	489.81	1.001
RSPCSW－H－C	338.36	17.63	416.22	39.25	390.50	1.066

9.5　本章小结

9.5.1　结论

本章完成了一组2片带有可更换墙趾构件的波形钢板-混凝土组合剪力墙抗震性能试验，同时建立了8个有限元模型，对带有可更换墙趾构件的波形钢板-混凝土组合剪力墙的抗震性能进行深入研究，得到以下主要结论：

1)各试件的破坏形态均为弯剪破坏，损伤集中区域为剪力墙底部可更换墙趾构件高度范围内，可更换墙趾构件先于母墙破坏，更换墙趾构件后，剪力墙试件抗震性能基本保持完好，本章所提出的可更换墙趾构件能够达到保护母墙基本完好的要求。

2)带有可更换墙趾构件的波形钢板-混凝土组合剪力墙，内置钢板竖直方向放置与水平方向放置相比，抗侧承载力提高了18.32%，延性系数提高了28.69%，耗能能力提高了3.4倍。总体来讲，内置波形钢板竖向放置时，剪力墙试件的抗侧刚度和变形能力均优于内置波形钢板水平放置时的情况。

3)本章所述的ABAQUS有限元建模方法，可以较好地模拟带可更换墙趾构件的波形钢板-混凝土组合剪力墙试件在低周往复荷载作用下的受力过程。有限元模拟得到的剪力墙试件的抗侧承载能力和应力应变结果与试验结果基本吻合，通过ABAQUS有限元分析得到的抗侧承载力和抗侧刚度均略高于试验结果，峰值荷载误差均在10%以内，可供工程分析时采用。

4)通过ABAQUS有限元软件对带有可更换墙趾构件的波形钢板-混凝土组合剪力墙进行变参数研究发现，随着BCR的增加，带可更换墙趾构件剪力墙的抗侧刚度和抗侧承载力也会随之提高，变形能力提高较少；随着试件高宽比的提升，带可更换墙趾构件剪力墙的抗侧刚度和抗侧承载力随之降低，而变形能力则有所提高。本章建议可更换墙趾消能器的承载力和约束也缘构件承载力比值(BCR)取值范围为0.7~0.8之间。

9.5.2 展望

带可更换墙趾构件的剪力墙是可恢复功能剪力墙结构的一种实现形式,体现了当今前沿的防震设计理念,具有极强的创新性,因此其理论研究和试验研究均尚未成熟。本章对带有可更换墙趾构件的波形钢板-混凝土组合剪力墙进行了试验研究工作,但只是基于构件层面的研究,未来仍需对带有可更换墙趾构件的波形钢板-混凝土组合剪力墙的抗震性能进行深层次的研究。

现对今后研究工作的建议与展望如下:

1)本章仅完成了一组2片带可更换墙趾构件的波形钢板-混凝土组合剪力墙试件的抗震性能试验,仅研究了内置波形钢板放置形式对剪力墙抗震性能的影响。尚应对可更换墙趾构件与母墙的刚度匹配关系和剪力墙试件轴压比、高宽比等不同参数进行试验研究。

2)本章仅对更换墙趾构件后的剪力墙试件进行了有限元建模分析,虽然承载力基本吻合,但是刚度相差较大。望下一步建模分析可以将累积损伤引入有限元模型中,则有限元模拟结果将更为精确。

3)本章虽然提出了带可更换墙趾构件的波形钢板-混凝土组合剪力墙的承载力计算公式,但是由于实际工程中影响因素较多,剪力墙结构受力复杂,国内外该领域的研究尚浅,故仍需更多的试验和工程实际的验证。

4)本章尚未将带可更换墙趾构件的波形钢板-混凝土组合剪力墙和普通钢板-混凝土组合剪力墙做抗震性能水平比较。下一步的研究工作,可全面分析带可更换墙趾构件的波形钢板-混凝土组合剪力墙抗震体系,建立更为合理的结构力学模型与计算方法。

第 10 章　结论与展望

10.1　结论

本书采用理论、试验、数值模拟相结合的方法，对波形钢板剪力墙、波形钢板-混凝土组合剪力墙的受力机理、抗侧刚度、承载能力、耗能能力、延性、塑性变形能力、各参数对钢板剪力墙力学性能的影响、约束边缘构件与内嵌钢板的刚度匹配等问题进行了研究。为研究带有可更换墙趾构件的波形钢板剪力墙受力性能，设计制作了 2 种不同构造形式(正对称与反对称)的波形钢板阻尼器，并对试件进行了拟静力试验与有限元分析，得到了各试件的承载能力、延性性能、强度刚度退化特征和耗能能力等抗震性能指标。本书通过考虑波形钢板波谷和波角的截面几何因素对波形钢板混凝土黏结滑移的影响，进行了试验研究、有限元数值模拟和弹性力学理论分析。通过考虑栓钉直径、长度、间距、数量和钢板厚度对波形钢板-混凝土黏结滑移的影响，进行了试件的试验研究、材料力学理论分析和有限元数值模拟，并进一步对焊接栓钉的波形钢板-混凝土组合剪力墙进行考虑黏结滑移的数值模拟，分析不同参数对波形钢板-混凝土组合剪力墙的受力性能影响。最后，本书完成了带有可更换墙趾构件的波形钢板剪力墙、波形钢板-混凝土组合剪力墙抗震性能试验，同时建立了有限元模型，并对带有可更换墙趾构件的波形钢板剪力墙、波形钢板-混凝土组合剪力墙的抗震性能进行了深入研究。主要得到以下结论：

1)针对波形钢板剪力墙，通过 3 个钢板剪力墙试验，发现竖向波形钢板剪力墙和横向波形钢板剪力墙滞回曲线呈饱满的梭形，承载力退化缓慢，表现出较好的滞回性能。平钢板剪力墙的受力基本处于弹性阶段，滞回曲线基本呈直线状态；波形钢板剪力墙的滞回曲线较为饱满，其中竖向波形钢板滞回曲线在加载初期呈现一定的捏拢现象，骨架曲线呈 Z 形，而横向波形钢板剪力墙的滞回曲线为饱满的梭形，骨架曲线呈 S 形。平钢板剪力墙初始刚度较小，在水平荷载作用下内嵌平钢板发生平面外鼓曲，H 型钢柱发生较大倾斜，剪力墙屈服较早，抗震性能较差；波形钢板剪力墙具有较大的初始刚度、较高的承载能力、较好的变形能力、较好的延性、稳定的耗能能力和较强的塑性变形能力，表现出良好的抗震性能。竖向波形钢板剪力墙可以有效地参与承担竖向荷载，而横向波形钢板剪力墙则能够避免竖向荷载对内嵌横向波形钢板的作用，进而减小竖向荷载作用对波形钢板剪力墙抗震性能的影响。当波形钢板的高厚比和波角不同时，波形钢板剪力墙的初始抗侧刚度基本相同，随着波形钢板高厚比的减小、波角的增加，波形钢板剪力墙的耗能能力和承载力均显著提高。随着轴压比的增大，波形钢板剪力墙的承载力和延性都有所降低，延性降低幅度较大。与竖向波形钢板剪力墙相比，横向波形钢板剪力墙受轴压比的影响较小。钢板剪力墙对边缘约束构件具有较大的依赖性，3 个试件均由于 H 型钢柱平面外刚度较弱而发生失稳破坏，钢板剪力墙的边缘约束构件与内嵌钢板的刚度匹配问题对内嵌钢板性能的发挥起着至关重要的作用。3 种纯钢板剪力墙在边缘约束构件与内嵌钢板刚度匹配合理时，承载能力与延性均较好，其中横向波形钢板剪力墙的承载能力与延性最好。

2)针对波形钢板组合剪力墙研究，发现波形钢板能有效抑制混凝土裂缝的发展，改善平钢板面外变形引起的混凝土剥落问题，并与混凝土具有很好的界面黏结力。波形钢板-混凝土组合剪力墙的延性、耗能能力、承载力退化和刚度退化性能比平钢板-混凝土组合剪力墙的各项性能好，此外，竖向波形钢板-混凝土组合剪力墙的承载能力最大，平钢板-混凝土组合剪力墙次之，水平波形钢板-混凝土组合剪力墙最小，水平波形钢板-混凝土组合剪力墙墙趾率先出现塑性破坏区域。波形钢板剪力墙外包混凝土形成波形钢板-混凝土组合剪力墙，承载力大幅度提升，滞回曲线更加饱满，具有较大的延性和耗能能力，可以有效地解决波形钢板剪力墙发生失稳的问题。ABAQUS 有限元软件能较好地模拟试件的承载能力、变形以及受力机理等，有限元分析结果与试验结果吻合较好。有限元分析结果表明：波形钢板-混凝土组合剪力墙，当波形钢板的钢板厚度、波角不同时，其初始抗侧刚度基本相同，承载能力随钢板厚度和波角的增加有少量增加，剪跨比对其初始抗侧刚度和承载力影响较为显著，初始抗侧刚度和承载力随着剪跨比的增加而降低。结合波形钢板-混凝土组合剪力墙的受力机理，在 ABAQUS 有限元软件模拟结果基础上，通过拟合得到波形钢板-混凝土组合剪力墙的抗剪承载力计算公式，进而得到波形钢板-混凝土组合剪力墙的剪力分担率，发现 H 型钢对波形钢板-混凝土组合剪力墙的抗剪承载力贡献最小，平钢板-混凝土组合剪力墙和竖向波形钢板-混凝土组合剪力墙钢板提供的抗剪承载力均大于钢筋混凝土剪力墙，水平波形钢板-混凝土组合剪力墙钢板提供的抗剪承载力与钢筋混凝土剪力墙相当。通过理论计算结果、有限元分析结果和试验结果的对比，验证了本书提出的理论计算公式的可靠性，可供工程设计参考。结合有限元分析结果和计算结果，本书给出了波形钢板剪力墙及其组合剪力墙的设计建议，建议波形钢板厚度宜采用 3mm，建议波形钢板波角宜采用 45°。

3)针对正对称软钢阻尼器的研究，发现竖向波形软钢阻尼器的滞回曲线呈较为饱满的弓形，表现出了比较好的耗能能力，且其初始刚度较大，具有较高的承载力。与竖向波形软钢阻尼器相比，横向波形软钢阻尼器的滞回曲线更为饱满，形状呈梭形，表现出了更佳的滞回耗能能力、变形能力以及稳定的承载能力；在受水平荷载作用下，其腹板和翼缘板能够较好地协同工作，均能够产生较大的塑性变形。ABAQUS 有限元软件能够较为准确地模拟阻尼器试件，通过模拟得到阻尼器的受力状态、承载力、耗能能力、刚度及其最终的破坏模式等与试验结果均较为吻合。试验与模拟结果均表明：横向波形软钢阻尼器腹板四周的应力较大，随着向腹板中心接近，应力逐渐减小；其翼缘板的上下两端应力较大。竖向波形软钢阻尼器腹板的两侧端部以及沿对角线区域应力值较大，翼缘板的应力主要分布在其波峰和波谷处。对于横向波形软钢阻尼器，耗能板的厚度、高宽比以及翼缘板和腹板的厚度比值对阻尼器的性能影响较大，其中，阻尼器的承载力、耗能能力与耗能板的厚度、翼缘板和腹板厚度比值成正比，与腹板的高宽比成反比。此外，随着腹板波角的减小和波长的增大，阻尼器的耗能能力随之上升，但其承载力和初始刚度有所下降。对于竖向波形软钢阻尼器，其承载力、耗能能力与耗能板的厚度、波长、翼缘板和腹板的厚度比成正比，与腹板的波角、高宽比成反比。此外，随着耗能板厚度的增加和高宽比的减小，阻尼器的初始刚度随之增大；阻尼器翼缘板与腹板的厚度比以及腹板的波角和波长对其初始刚度的影响均较小。引入初始缺陷后，2 种阻尼器的承载力和耗能能力均有所下降，相对来说，竖向波形软钢阻尼器对于初始缺陷更加敏感。波形软钢阻尼器能够有效地降低钢框架的顶层水平位移和层间位移角，在钢框架中均能够起到较好的减震效果。在多遇和罕遇地震作用下，横向波形软钢阻尼器 Model－12 的两端相对位移均未达到极限位移，能够保证在钢框架中的正常工作。

4)针对反对称软钢阻尼器的研究,有以下结论:相比于名义屈服强度为235MPa钢材的本构关系曲线,名义屈服强度为160MPa即低屈服点钢具有屈服点低、伸长率高和塑性变形能力较好等特点,是制作金属阻尼器的一种理想材料。通过试验可以发现,4个阻尼器的位移延性系数均大于3,证明均具有较好的塑性变形能力;当波形钢板水平放置时,阻尼器的耗能能力优于波形钢板竖向放置时阻尼器的耗能能力,但其承载能力会低于竖向波形钢板阻尼器;对于水平波形钢板阻尼器,翼缘主要起抗弯作用,而腹板主要起抗剪作用;对于竖向波形钢板阻尼器,从后期的应变分析来看,主要是腹板发挥作用,翼缘发挥作用较小。选取常见的双线性随动强化模型、非线性随动强化模型和混合强化模型对阻尼器进行数值模拟分析,当选用混合强化模型时,模型的力学特征点计算结果与试验试件力学特征点的计算结果吻合度较高,紧接着从屈服状态、破坏状态以及残余变形对试验试件和对应的模型进行对比分析,进一步论证了模拟结果与试验结果的吻合程度,为后续的数值模拟分析提供了依据。在验证了数值模拟分析结果与试验结果具有较高的吻合度后,对阻尼器进行拓展因素分析,可以得出:对于水平波形钢板阻尼器,波形钢板的波角越大,其耗能性越好,但是随着波角的增大,其耗能能力的上升速度不断减小;对于竖向波形钢板阻尼器,波角对其力学性能的影响较低,在后续设计中,可采用本书中的45°;通过不同母材的波形钢板阻尼器的力学性能对比,说明低屈服点钢阻尼器在进入塑性阶段后,其变形能力远优于普通钢阻尼器,位移延性数值远大于普通钢阻尼器;对于水平波形钢板阻尼器和竖向波形钢板阻尼器,波形钢板的厚度均宜选取为6 mm;本书中的水平波形软钢阻尼器,高宽比宜设为1.1。对于竖向波形钢板阻尼器,竖波刚度较大,只改变较小的高宽比时,对整体性能影响不大。对试验试件进行优化设计,选择一组最优几何参数并改变试验试件波段的周期进行优化,将优化后阻尼器的力学性能与优化前的力学性能进行对比,对于水平波形钢板阻尼器:优化后阻尼器的峰值承载力约为优化前的1.05倍,位移延性系数约为优化前阻尼器的1.86倍;对于竖向波形钢板阻尼器:优化后阻尼器的峰值承载力约为优化前的1.25倍,位移延性系数约为优化前阻尼器的3.25倍。

5)针对波形钢板与混凝土间界面黏结滑移的问题,发现试验得到的试件破坏形态与波角和波谷有关。当波角大于120°或当波角为120°的深波时,裂缝从自由端波脊尖端或波角处径直向外发展穿过棱边并自下而上扩展至加载端波脊尖端或波角处,最终形成上下贯通型裂缝。当波角小于120°或当波角为120°的浅波时,试件多个侧面存在贯通裂缝,而且自由端处的波形钢板内包混凝土发生局部推出破坏,裂缝更为复杂,形成复合型裂缝。对试件荷载-滑移曲线进行归纳,波形钢板混凝土推出试件的受力全过程可划分为微滑移阶段、滑移阶段、破坏阶段、曲线下降段和曲线后发展阶段5个受力阶段。定义了微滑移荷载、摩擦荷载、极限荷载以及对应的特征黏结强度和特征滑移值,并提出了波形钢板混凝土特征黏结强度计算公式。通过分析试验黏结强度,对于波角相同的波形,深波的黏结强度大于浅波的黏结强度。当波角小于120°时,黏结强度随着波角的减小而增大;当波角大于等于120°时,对于波谷相同的波形,黏结强度随着波角的增大而增大,平钢板黏结强度最大。考虑到波角为锐角的闭口型波形钢板在工程中不常用,试验最终得出波角120°、波谷长度与截面展开长度之比为0.25的波形钢板与混凝土界面间的黏结强度最大,此波形为最优截面。通过在波形钢板波谷面和波脊面开槽黏贴应变片测得波形钢板应变的分布规律,表明在微滑移阶段和滑移阶段,波形钢板应变沿锚固深度呈指数分布,并且波谷轴心处应变数值小于波角和波脊处的应变。在破坏阶段、荷载下降阶段和残余阶段,波形钢板应变在埋置长度上有过零点现象。在整个试验过程中,试件自由端波谷轴心处存在应力集中现象。根据材料力学建立了力学平衡方程,定义了波形钢板等效应变和等效黏结应力，进一步发现波形钢板等效应变和等效黏结应力都沿着锚固深度呈指数分布规律，得到了等效黏结应力特征值的计算公式。根据8个试件的特征黏结强度和特征滑移的试验统计值，采用多段直线式对平均黏结应力－加载端滑移曲线进行数学模拟，即基准黏结滑移本构关系。在此基础上，根据波形钢板内部黏结应力和滑移建立了不同锚固深度处的黏结应力－滑移曲线。提出了滑移位置函数$F(x)$和黏结应力位置函数$G(x)$，建立了反映位置变化的黏结滑移本构关系，比基准黏结滑移本构关系更具有完备性和精确性。利用ANSYS有限元软件，从基准黏结滑移本构关系和考虑位置函数滑移本构关系两方面对波形钢板混凝土推出试件进行了数值模拟，结果表明，采用考虑位置函数黏结滑移本构关系模拟得到荷载滑移曲线更具有准确度，与试验吻合度更高。数值模拟得到的波形钢板剪切应力和混凝土剪切应力沿锚固深度的分布规律表明，在加载端附近存在零界点，零界点至加载端间的范围为剪切应力奇异区。根据弹性力学理论推导了波形钢板混凝土黏结滑移的黏结应力和滑移的理论计算公式。代入相关数据后求得黏结应力理论解，并将理论黏结应力与试验结果进行比较，发现二者吻合度较好，表明理论公式具有准确度。

6）针对带栓钉的波形钢板与混凝土黏结问题，有以下研究结论：对推出试件的破坏形态特征分析，可将裂缝分为3类：劈裂裂缝、膨胀裂缝和复合裂缝。裂缝从波脊尖端径直向试件棱边发展，形成上下通长的劈裂裂缝，另外，在布置栓钉较大的一侧混凝土表面也出现明显竖向劈裂裂缝。波谷外侧混凝土有向外鼓的趋势，横向箍筋失效后，在试件表面会出现上下通长的膨胀裂缝。当栓钉焊接数量多、直径大时，试件自由端波形钢板包裹的混凝土出现局部推出破坏，裂缝复杂，形成复合裂缝。根据焊接栓钉数量的不同，对试件荷载滑移曲线归纳出4个模型曲线，其受力过程分为上升段、下降段和残余段3部分。定义了每个阶段的特征黏结强度及对应的特征位移，并提出了波形钢板混凝土特征黏结强度计算公式。通过在波形钢板波脊和波谷处黏贴应变片，测得波形钢板应变的分布规律，表明在上升阶段，波形钢板应变沿锚固深度呈指数分布，并且波谷处应变小于波脊处应变。另外，在自由端波形钢板应变有过零点现象。根据材料力学建立力学平衡方程，定义波形板等效应变和等效黏结应力，进一步发现波形钢板等效应变和等效黏结应力都沿着锚固深度呈指数分布规律，得到了等效黏结应力特征值的计算公式。根据栓钉根部的荷载应变曲线可以得出，对于单栓的试件，在加载前期，荷载通过钢板和混凝土之间的黏结力传递，栓钉处于弹性阶段，随荷载增大，栓钉开始屈服，荷载滑移曲线开始进入滑移阶段。对于多数栓钉试件，在加载过程中，栓钉受力是不均匀的，当荷载接近极限荷载时，最下部栓钉应变会发生突变，下部栓钉承受的荷载增加，荷载分配趋于接近。根据12个试件的特征黏结强度和特征滑移的试验统计值，采用多线段式对平均黏结应力－加载端滑移曲线进行数学模拟，即黏结滑移本构关系。利用ANSYS有限元软件，考虑黏结滑本构关系，对带栓钉波形钢板混凝土推出试件进行数值模拟，模拟结果与试验结果吻合度较好。利用ANSYS软件对带栓钉的波形钢板-混凝土组合剪力墙进行考虑黏结滑移有限元模拟，其受力过程和破坏形式与试验一致，骨架曲线与试验吻合较好。另外，对不考虑黏结滑移的有限元模型进行加载，其承载力比考虑黏结滑移的计算模型高出22.8%。在考虑黏结滑移情况下，分析了栓钉间距、栓钉直径、型钢翼缘厚度、腹板厚度、波形钢板厚度、墙体厚度、轴压比、剪跨比和配筋率对带栓钉波形钢板-混凝土组合墙受力性能的影响。型钢、墙体厚度、轴压比和剪跨比对组合墙承载力影响较大；大栓钉间距、钢板厚度较薄、高轴压比和低剪跨会严重降低组合墙延性性能；配筋率和栓钉直径对组合墙承载力和延性影响不大。

7）针对带可更换墙趾阻尼器的波形钢板剪力墙的抗震问题，有如下结论：在波形钢板剪力墙的墙趾处安置阻尼器，剪力墙的承载力较高，抗侧刚度较高，滞回性能稳定，母墙破坏时能实现墙趾阻尼器更换。带有阻尼器的波形钢板剪力墙的有限元分析结果与试验结果基本相同,说明 ABAQUS 有限元分析得到的结果可靠性较高,可以为试验实际工程设计提供依据。阻尼器刚度与内嵌钢板的合理匹配关系对整体新型剪力墙的抗震性能有重要影响。同一阻尼器刚度的情况下,随着内嵌波形钢板厚度的增加,剪力墙的极限承载力、延性和刚度随之提高。同一内嵌钢板厚度的情况下,随着阻尼器刚度的提高,剪力墙的极限承载力随之提高,刚度变化不大,延性随之下降。阻尼器中间腹板厚度为6mm 时,内嵌钢板厚度为5mm 时与阻尼器匹配程度最高,充分发挥阻尼器和内嵌波形钢板的耗能能力。

8)针对带可更换墙趾阻尼器的波形钢板-混凝土组合剪力墙的抗震问题,有以下发现:各试件的破坏形态均为弯剪破坏,损伤集中区域为剪力墙底部可更换墙趾构件高度范围内,可更换墙趾构件先于母墙破坏,更换墙趾构件后,剪力墙试件抗震性能基本保持完好,本书所提出的可更换墙趾构件能够达到保护母墙基本完好的要求。带有可更换墙趾构件的波形钢板-混凝土组合剪力墙,内置钢板竖直方向放置与水平方向放置相比,抗侧承载力提高了 18.32%,延性系数提高了 28.69%,耗能能力提高了 3.4 倍。总体来讲,内置波形钢板竖向放置时,剪力墙试件的抗侧刚度和变形能力均优于内置波形钢板水平放置时的情况。本书所述的 ABAQUS 有限元建模方法,可以较好地模拟带可更换墙趾构件的波形钢板-混凝土组合剪力墙试件在低周往复荷载作用下的受力过程。有限元模拟得到的剪力墙试件的抗侧承载能力和应力应变结果与试验结果基本吻合,通过 ABAQUS 有限元分析得到的抗侧承载力和抗侧刚度均略高于试验结果,峰值荷载误差均在 10% 以内,可供工程分析时采用。通过 ABAQUS 有限元软件对带有可更换墙趾构件的波形钢板-混凝土组合剪力墙进行变参数研究发现,随着可更换构件与边缘约束构件承载力比值的增加,带可更换墙趾构件剪力墙的抗侧刚度和抗侧承载力也会随之提高,变形能力提高较少;随着试件高宽比的提升,带可更换墙趾构件剪力墙的抗侧刚度和抗侧承载力随之降低,而变形能力则有所提高。本书建议可更换构件与边缘约束构件承载力比值的取值范围在 0.7 ~ 0.8 之间。

10.2 展望

本书系统地研究了波形钢板剪力墙抗震性能、边缘约束构件与波形钢板剪力墙刚度匹配关系、波形钢板-混凝土组合剪力墙抗震性能、正对称波形钢板阻尼器滞回性能、反对称波形钢板阻尼器滞回性能、波形钢板与混凝土界面黏结滑移性能、带栓钉波形钢板与混凝土界面抗剪承载力、带可更换墙趾构件的波形钢板剪力墙抗震性能、带可更换墙趾构件的波形钢板-混凝土组合剪力墙抗震性能。未来待研究工作主要为以下几个方面:

1)考虑对足尺多跨多层及空间波形钢板剪力墙、波形钢板-混凝土组合剪力墙结构体系进行试验研究和模拟分析,对试件进行振动台试验研究及动力分析,考察高宽比、波幅以及钢板开缝、开洞等对抗震性能的影响,探讨 H 型钢柱的翼缘厚度以及腹板宽度和厚度对波形钢板剪力墙抗震性能的影响;

2)考察正对称、反对称阻尼器在更多试验工况的研究和分析,如波段为波浪形和波段为三角形形式下阻尼器的力学性能,考虑 MTS 作动器的加载速率对于阻尼器性能的影响,考虑对设置阻尼器的框架结构进行振动台试验,并研究阻尼器与钢框架之间的刚度匹配关系;

3)考察波形钢板混凝土内部黏结应力,建立一种能直接测量出钢-混凝土内部黏结应力的高精度电子荷载传感器,考虑波谷黏结应力和波脊黏结应力与等效黏结应力之间的比例关系,通过隔离波谷和波角内侧等试验来补充研究波谷和波脊的黏结应力,完善位置函数;

4)考察可更换墙趾构件与母墙的刚度匹配关系和剪力墙试件轴压比、高宽比等不同参数下的影响,考虑将累积损伤引入有限元模型中,对所提出的带可更换墙趾构件的波形钢板-混凝土组合剪力墙的承载力计算公式,仍需再进行大量试验与工程实例的验证。

总之,本书的研究成果和未来即将开展的研究工作,将为超高层建筑结构抗震设计提供新方法,为实现震后快速恢复的目标,提供重要的理论意义、借鉴意义和广阔的应用前景。

参考文献

[1]吕西林，武大洋，周颖. 可恢复功能防震结构研究进展[J]. 建筑结构学报,2019,40(2):1－15.

[2]Beavan J, Fielding E, Motagh M, et al. Fault Location and Slip Distribution of the 22 February 2011 Mw 6.2 Christchurch, New Zealand, Earthquake from Geodetic Data[J]. Seismological Research Letters, 2011, 82(6):789－799.

[3]Gordon J E. Structures or Why things don't fall down[M]// Structures: Or Why Things Don't Fall Down. 1978.

[4]Bruneau M, Chang S E, Eguchi R T, et al. A Framework to Quantitatively Assess and Enhance the Seismic Resilience of Communities[J]. Earthquake Spectra, 2003, 19(4):733－752.

[5]Cimellaro G P, Reinhorn A M, Bruneau M. Seismic resilience of a hospital system[J]. Structure and Infrastructure Engineering, 2010, 6(1－2):127－144.

[6]吕西林，全柳萌，蒋欢军. 从16届世界地震工程大会看可恢复功能抗震结构研究趋势[J]. 地震工程与工程振动, 2017, 37(3):1－9.

[7]Sarti F, Palermo A, Pampanin S. Development and Testing of an Alternative Dissipative Posttensioned Rocking Timber Wall with Boundary Columns[J]. Journal of Structural Engineering, 2016, 142(4): E4015011.

[8]周威，刘洋，郑文忠. 自复位混凝土剪力墙抗震性能研究进展与展望[J]. 哈尔滨工业大学学报, 2018, 50(12):1－13.

[9] Clayton P M. Self－Centering Steel Plate Shear Walls: Subassembly and Full－Scale Testing [D]. 2013.

[10]韩建强，丁祖贤，张玉敏. 消能减震及软钢阻尼器的研究与应用综述[J]. 建筑科学与工程学报, 2018, 35(5):60－69.

[11]张艳霞，李振兴，刘安然，等. 自复位可更换软钢耗能支撑性能研究[J]. 工程力学, 2017, 34(8):180－193.

[12]陈聪，吕西林，姜淳. 连梁可更换构件及连接的试验和模拟分析[J]. 世界地震工程, 2018, 34(1):78－86.

[13]毛苑君，吕西林. 带可更换墙脚构件剪力墙的低周反复加载试验[J]. 中南大学学报:自然科学版, 2014, 45(6):2029－2040.

[14]Thorburn L J, Kulak G L, Montgomery C J. Analysis of Steel Plate Shear Walls[R]. Canada:University of Alberta, 1983:1－15.

[15]Sabouri－Ghomi S, Roberts T M. Nonlinear dynamic analysis of thin steel plate shear walls[J]. Computers & Structures, 1991, 39(1－2):121－127.

[16]Elgaaly M. Thin steel plate shear walls behavior and analysis[J]. Thin－Walled Structures, 1998, 32(1－3):151－180..

[17]郭彦林,陈国栋,缪友武. 加劲钢板剪力墙弹性抗剪屈曲性能研究[J]. 工程力学, 2006, 23(2):84－91.

[18]JGJ/T 380－2015 钢板剪力墙技术规程[S]. 北京:中国建筑工业出版社, 2015.

[19]聂建国，樊健生，黄远,等. 钢板剪力墙的试验研究[J]. 建筑结构学报, 2010, 31(9):1－8.

[20]于金光，贺迪，郝际平，等. 十字加劲放置形式对钢板剪力墙性能的影响[J]. 华中科技大学学报:自然科学版，2019，47(3):121－126.

[21]Berman J W，Bruneau M. Experimental Investigation of Light－Gauge Steel Plate Shear Walls[J]. Journal of Structural Engineering，2005，131(2):259－267.

[22]兰银娟. 折板钢板剪力墙抗侧力结构理论研究[D]. 西安:西安建筑科技大学，2006.

[23]Emami F，Mofid M. On the hysteretic behavior of trapezoidally corrugated steel shear walls[J]. Structural Design of Tall & Special Buildings，2014，23(2):94 － 104.

[24]王威，高敬宇，苏三庆，等. 波形钢板剪力墙抗侧性能的有限元分析[J]. 西安建筑科技大学学报:自然科学版，2017，49(5):630－636.

[25]王威，张龙旭，苏三庆，等. 波形钢板剪力墙抗震性能试验研究[J]. 建筑结构学报，2018，39(5):36－44.

[26]王威，向照兴，梁宇建，等. 钢板剪力墙约束边缘构件与内嵌钢板刚度匹配关系研究[J]. 振动与冲击，2019,38(24):36－42.

[27]岳汉荣，顾国强. 上海锦江饭店分馆高层建筑钢结构吊装[J]. 钢结构，1988(2):64－70.

[28]郭彦林，董全利. 钢板剪力墙的发展与研究现状[J]. 钢结构，2005，20(1):1－6.

[29]张弘洋，李淑婷，陈金彪. 钢板-混凝土组合剪力墙的发展与应用[J]. 工程与建设，2017，31(2):219－221＋224.

[30]日本建筑构造技术者协会. 日本结构技术典型实例 100 选[M]. 北京:中国建筑工业出版社，2005.

[31]Hitaka T，Matsui C，Sakai J. Cyclic tests on steel and concrete-filled tube frames with Slit Walls[J]. Earthquake Engineering & Structural Dynamics，2010，36(6):707－727.

[32]Clubley S K，Moy S S J，Xiao R Y. Shear strength of steel － concrete － steel composite panels. Part I—testing and numerical modelling[J]. Journal of Constructional Steel Research，2003，59(6):781－794.

[33]吕西林，干淳洁，王威. 内置钢板钢筋混凝土剪力墙抗震性能研究[J]. 建筑结构学报，2009，30(5):89－96.

[34]范重，王金金，王义华，等. 钢板-混凝土组合剪力墙拉弯性能研究[J]. 建筑结构学报，2016，37(7):1－9.

[35]王威，张龙旭，苏三庆，等. 波形钢板-混凝土组合剪力墙抗震性能试验研究[J]. 建筑结构学报，2018，39(10):75－84.

[36]王威，刘格炜，张龙旭，等. 波形钢板剪力墙及组合墙抗剪承载力研究[J]. 工程力学，2019，36(7):197－206,226.

[37]王威，高敬宇，任英子，等. 方钢管柱－波形钢板剪力墙抗侧力性能有限元分析[J]. 工业建筑，2018,48(10):169－175.

[38]彭肇才，黄用军，何远明. 钢-混凝土组合剪力墙在平安金融中心的应用[J]. 建筑结构，2015，45(3):8－11.

[39]肖季秋，钟树生，邹良明. 劲性钢筋混凝土黏结性能的试验研究[J]. 四川建筑科学研究，1992(4):2－6.

[40]Charles W，Roeder，Robert C，et al. Shear Connector Requirements for Embedded Steel Sections

[J]. Journal of Structural Engineering, 1999, 125(2):142 - 151.

[41]杨勇, 郭子雄, 薛建阳,等. 型钢混凝土黏结滑移性能试验研究[J]. 建筑结构学报,2005,26(4):1 - 9.

[42]王玉镯, 王灿灿, 祝德彪, 等. 高温作用下型钢与混凝土黏结滑移的试验研究[J]. 防灾减灾工程学报, 2016, 36(3):362 - 366.

[43]谢明, 吉延峻, 刘方. 型钢混凝土结构黏结界面分形特性试验研究[J]. 硅酸盐通报, 2019, 38(2):459 - 464.

[44]范亮, 何骏. 埋入式钢板-混凝土界面抗剪性能试验研究[J]. 重庆交通大学学报:自然科学版, 2015, 34(3):21 - 25.

[45]Yong - Hak L, Young T J, Ta L, et al. Mechanical properties of constitutive parameters in steel - concrete interface[J]. Engineering Structures, 2011, 33(4):1277 - 1290.

[46]王威, 高俊杰, 杨腾,等. 考虑钢板与混凝土间黏结滑移的组合剪力墙模型化分析[J]. 世界地震工程, 2016, 32(3):158 - 165.

[47]王威,王伟涛,苏三庆,等. 拉结筋对内配钢板混凝土剪力墙组合作用影响的有限元模型分析[J]. 西安建筑科技大学学报:自然科学版, 2015, 47(1):26 - 32.

[48]王威,王伟涛,苏三庆. 抗剪连接件对内配钢板混凝土剪力墙抗震性能影响研究[J]. 西安建筑科技大学学报,2014,46(6):810 - 815.

[49]王威,杨腾,苏三庆,等. 带栓钉的内置钢板-混凝土组合剪力墙抗剪性能研究[J]. 西安建筑科技大学学报,2014,46(1):497 - 501.

[50]王威, 任坦, 赵春雷, 等. 一种测量钢板与混凝土之间界面黏结滑移的传感器:中国, 2017211117065. x[P]. 2018 - 04 - 10.

[51]吉才志. 波形钢板涵施工技术研究[J]. 中国水运:理论版, 2006, 4(3):71 - 72.

[52]Jae - Yuel Oh, Deuck Hang Lee, Kang Su Kim. Accordion effect of prestressed steel beams with corrugated webs[J]. Thin - Walled Structures,2012,57(1):49 - 61.

[53]李元刚. 波形钢板混凝土黏结滑移性能试验研究与数值模拟分析[D]. 西安:西安建筑科技大学, 2018.

[54]马梁. 压型钢板-混凝土组合楼板剪切黏结试验研究及性能分析[D]. 合肥:合肥工业大学, 2012.

[55]王威,李元刚,苏三庆,等. 波形钢板混凝土黏结滑移性能试验研究与数值模拟分析[J]. 土木工程学报,2019,52(11):1 - 13.

[56]蒋首超, 李国强, 李明菲. 高温下压型钢板-混凝土黏结强度的试验[J]. 同济大学学报:自然科学版, 2003, 31(3):273 - 276.

[57]王威, 李元刚, 苏三庆, 等. 波形钢板混凝土界面间黏结滑移力学性能研究[J]. 西安建筑科技大学学报:自然科学版, 2018, 50(01):5 - 12,50.

[58]王威, 赵春雷, 苏三庆, 等. 带栓钉波形钢板-混凝土组合构件黏结滑移性能与承载力试验研究[J]. 工程力学, 2019,39(9):108 - 119.

[59]Wei Wang, Yingzi Ren, Zheng Lu, et al. Experimental Study of the Hysteretic Behaviour of Corrugated Steel Plate Shear Walls and Steel Plate Reinforced Concrete Composite Shear Walls[J]. Journal of Constructional Steel Research, 2019,160(9):136 - 152.

[60]GB/T2975－1998 钢及钢产品力学性能试验取样位置及试样制备[S]. 北京:中国标准出版社,2008.

[61]GB/T228.1－2010 金属材料室温拉伸试验方法[S]. 北京:中国标准出版社,2011.

[62]GB/T700－2006 碳素结构钢[S]. 北京:中国标准出版社,2007.

[63]梁兴文,马恺泽,李菲菲,等. 型钢高强混凝土剪力墙抗震性能试验研究[J]. 建筑结构学报,2011,32(6):68－75.

[64]梁兴文,辛力,邓明科,等. 高强混凝土剪力墙抗震性能及其性能指标试验研究[J]. 土木工程学报,2010,43(11):37－45.

[65]梁兴文,杨鹏辉,崔晓玲,等. 带端柱高强混凝土剪力墙抗震性能试验研究[J]. 建筑结构学报,2010,31(1):23－32.

[66]JGJ/T101－2015 建筑抗震试验规程[S]. 北京:中国建筑工业出版社,2015.

[67]熊仲明,王社良. 土木工程结构试验 [M]. 北京:中国建筑工业出版社,2006.

[68]姚振刚. 建筑结构试验 [M]. 上海:同济大学出版社,1996.

[69]过镇海. 钢筋混凝土原理 [M]. 北京:清华大学出版社,2013.

[70]中华人民共和国住房和城乡建设部. JGJ 3－2010 高层建筑混凝土结构技术规程[S]. 北京:中国建筑工业出版社, 2011.

[71]中华人民共和国住房和城乡建设部. GB 50011－2010 建筑抗震设计规范[S]. 北京:中国建筑工业出版社, 2016.

[72]唐九如. 钢筋混凝土框架节点抗震[M]. 南京:东南大学出版社, 1989.

[73]樊健生, 陶慕轩, 聂建国,等. 钢骨混凝土柱－钢桁梁组合节点抗震性能试验研究[J]. 建筑结构学报, 2010, 31(2):1－10.

[74]孙训方, 方孝淑, 关来泰. 材料力学:第5版[M]. 北京:高等教育出版社, 2009.

[75]王玉镯. ABAQUS 结构工程分析及实例详解 [M]. 北京:中国建筑工业出版社,2010.

[76]庄茁, 由小川, 廖剑晖. 基于 ABAQUS 的有限元分析和应用 [M]. 北京:清华大学出版社,2009.

[77]庄茁. ABAQUS/Standard 有限元软件入门指南[M]. 北京:清华大学出版社, 1998.

[78]冷纪桐, 陈罕. 几何非线性与材料非线性[J]. 北京化工学院学报:自然科学版,1989(3):51－58.

[79]ABAQUS Analysis User' s Manual. RI USA: Dassault Systems Simulia Crop. Providence,2011.

[80]Dassault Systèmes SimuliaCorp. Abaqus 6.13 analysis user's manual [M]. prvidence, RI:Dassault Systèmes Simulia Corp,2013.

[81]HITAKA,Toko, MATSUI, et al. Elastic plastic behavior of building steel frame with steel bearing wall with slits[J]. Journal of Structural & Construction Engineering (Transactions of AIJ), 2000,65(534):153－160.

[82]Hitaka T, Matsui C, Sakai J. Cyclic tests on steel and concrete - filled tube frames with Slit Walls [J]. Earthquake Engineering & Structural Dynamics, 2010, 36(6):707－727.

[83]李国强, 张晓光, 沈祖炎. 钢板外包混凝土剪力墙板抗剪滞回性能试验研究[J]. 工业建筑, 1995, 25(6):32－35.

[84]董全利. 防屈曲钢板剪力墙结构性能与设计方法研究[D]. 北京:清华大学, 2007.

[85]郭彦林，董全利，周明. 防屈曲钢板剪力墙滞回性能理论与试验研究[J]. 建筑结构学报，2009，30(1):31－39.
[86]郭彦林，董全利，周明. 防屈曲钢板剪力墙弹性性能及混凝土盖板约束刚度研究[J]. 建筑结构学报，2009，30(1):40－47.
[87]郭彦林，周明，董全利. 防屈曲钢板剪力墙弹塑性抗剪极限承载力与滞回性能研究[J]. 工程力学，2009，26(2):108－114.
[88]Wang W, Wang Y, Lu Z. Experimental study on seismic behavior of steel plate reinforced concrete composite shear wall[J]. Engineering Structures, 2018, 160(4):281－292.
[89]聂建国，卜凡民，樊健生. 高轴压比、低剪跨比双钢板-混凝土组合剪力墙拟静力试验研究[J]. 工程力学，2013，30(6):60－66.
[90]高辉. 组合钢板剪力墙试验研究与理论分析[D]. 上海:同济大学，2007.
[91]Sun F F, Li G Q, Gao H. Experimental Research on Seismic Behavior of Two－Sided Composite Steel Plate Walls[J]. Steel and Composite Structures, 2007, 7:805－811.
[92]郭彦林，童精中，姜子钦. 波形腹板钢结构设计原理与应用[M]. 北京:科学出版社，2015.
[93]CECS 102－2002 门式刚架轻型房屋钢结构技术规程[S]. 北京:中国计划出版社，2003.
[94]张庆林. 波浪腹板工形构件稳定承载力设计方法研究[D]. 北京:清华大学，2008.
[95]Elgaaly M, Hamilton R W, Seshadri A. Shear Strength of Beams with Corrugated Webs[J]. Journal of Structural Engineering, 1996, 122(4):390－398.
[96]Moon J, Yi J, Choi B H, et al. Shear strength and design of trapezoidally corrugated steel webs[J]. Journal of Constructional Steel Research, 2009, 65(5):1198－1205.
[97]Yi J, Gil H, Youm K, et al. Interactive shear buckling behavior of trapezoidally corrugated steel webs[J]. Engineering Structures, 2008, 30(6):1659－1666.
[98]Guo T, Sause R. Analysis of local elastic shear buckling of trapezoidal corrugated steel webs[J]. Journal of Constructional Steel Research, 2014, 102(11):59－71.
[99]郭彦林，张庆林，王小安. 波浪腹板工形构件抗剪承载力设计理论及试验研究[J]. 土木工程学报，2010，43(10):45－52.
[100]Emami F, Mofid M, Vafai A. Experimental study on cyclic behavior of trapezoidally corrugated steel shear walls[J]. Engineering Structures, 2013, 48(48):750－762.
[101]李久林，梁新邦，高振英. GB/T2975－1998 钢及钢产品力学性能试验取样位置及试样制备标准述评[J]. 冶金标准化与质量，1999(5).
[102]JGJ 55－2011 普通混凝土配合比设计规程[S]. 北京:中国建筑工业出版社，2004.
[103]JGJ 101－1996 建筑抗震试验方法规程[S]. 北京:中国建筑工业出版社，2015.
[104]刘巍，徐明，陈忠范. ABAQUS 混凝土损伤塑性模型参数标定及验证[J]. 工业建筑，2014(s1):167－171.
[105]张战廷，刘宇锋. ABAQUS 中的混凝土塑性损伤模型[J]. 建筑结构，2011(s2):229－231.
[106]GB 50110－2010 混凝土结构设计规范[S]. 北京:中国建筑工业出版社，2010.
[107]FEMA. NEHRP recommended provisions and commentary for seismic regulations for new buildings and other structures [S]. Washington DC:Federal Emergency Management Agency, 2003.
[108]Sabouri－Ghomi S, Ventura C E, Kharrazi M H K. Shear Analysis and Design of Ductile Steel

Plate Walls[J]. Journal of Structural Engineering, 2004, 131(6):878 - 889.

[109]JGJ 138 -2016 组合结构设计规范[S]. 北京:中国建筑工业出版社, 2016.

[110]张恒. 波形软钢阻尼器的滞回性能试验研究及其有限元分析[D]. 西安:西安建筑科技大学, 2019.

[111]王威, 张恒, 任英子, 等. 一种可更换的H、U型软钢组合阻尼器:中国,201721781691.9

[112]王威, 张恒, 苏三庆, 等. 波形钢板阻尼器的理论分析与数值模拟[J]. 工业建筑,2019,49(8):115 -120.

[113]Abbas H. H, Sause R, Driver R. G. Behavior of corrugated web I - girders under in - plane loads [J]. Journal of engineering mechanics, 2006, 132(8):806 - 814.

[114]王威, 梁宇建, 苏三庆, 等. 一种可更换的多向耗能软钢阻尼器:中国,201721781691.9[P]. 2018 -07 -24.

[115]王威, 侯铭岳, 苏三庆, 等. 一种弧形板、波形钢板及弹簧组合耗能软钢阻尼器:中国, 201721783632.5[P]. 2018 -07 -24.

[116]王威, 李艳超, 高敬宇, 等. 一种用于型钢混凝土组合剪力墙的S型软钢消能阻尼器:中国, 201610906216.3[P]. 2018 -08 -07.

[117]沈聚敏, 周锡元. 抗震工程学[M]. 北京:中国建筑工业出版社, 2000.

[118]刘轩铭. 低屈服点钢剪切板阻尼器的耗能性能理论分析与试验研究[D]. 哈尔滨:哈尔滨工业大学,2016.

[119]李妍, 吴斌, 欧进萍. 弹塑性结构等效线性化方法的对比研究[J]. 工程抗震与加固改造, 2005, 27(1):1 -6.

[120]马进. 低屈服点钢剪切板阻尼器滞回模型分析及应用研究[D]. 哈尔滨:哈尔滨工业大学, 2017.

[121]王威,吕西林,徐崇恩. 低屈服点钢在结构振动与控制中的应用研究[J]. 结构工程师,2007,23(6):83 -88,93.

[122]王俊. 波形反对称钢板阻尼器的力学性能试验研究[D]. 西安:西安建筑科技大学, 2019.

[123]王威, 李艳超, 张龙旭, 等. 一种弧形软钢消能拉压阻尼器:中国,201621277077.4[P]. 2017 -05 -24.

[124]王威, 董晨阳, 赵春雷, 等. 一种用于木结构梁柱节点的U型软钢阻尼器:中国, 201820368117.9[P]. 2018 -11 -16.

[125]王威, 赵春雷, 徐金兰, 等. 一种分阶段屈服型波形钢板软钢阻尼器:中国,201721783606.2[P]. 2018 -07 -17.

[126]王威, 向照兴, 徐金兰, 等. 一种可更换的嵌入预警式软钢阻尼器:中国,201820950524.0[P]. 2019 -01 -04.

[127]王威, 梁宇建, 徐金兰, 等. 一种用于梁柱节点的可更换弧形软钢板组合耗能阻尼器:中国, 201820762212.7[P]. 2018 -12 -28.

[128]陈聪, 吕西林, 陈云. 菱形开孔剪切钢板阻尼器的形状优化研究[J]. 计算力学学报,2018,35(04):437 -443.

[129]王威, 梁宇建, 徐金兰, 等. 一种可更换的框架结构拉压型软钢阻尼器:中国,201820777331.x[P]. 2018 -12 -28.

[130]王威，张恒，王俊，等. 一种带有弹簧的可更换软钢阻尼器:中国,2017121130492.1[P]. 2018-04-10.

[131]许立言，聂鑫，樊健生，等. 低屈服点钢剪切型阻尼器试验研究[J]. 清华大学学报:自然科学版,2016,56(09):991-996.

[132]王桂萱，孙晓艳，赵杰. 不同形式软钢阻尼器的研究[J]. 防灾减灾学报,2014,30(01):7-15.

[133]王威，王俊，苏三庆，等. 一种新型软钢阻尼器的设计及数值模拟[J]. 防灾减灾工程学报，2019.

[134]王威，王俊，梁宇建，等. 金属阻尼器(正对称波板箱型):中国,201730670920.9[P]. 2018-10-12.

[135]陈惠发. 弹性与塑性力学[M]. 北京:北京建筑工业出版社，2004.

[136]刘超. 软钢阻尼器的滞回性能研究[D]. 北京:北京交通大学，2013.

[137]李冀龙. 金属阻尼器的阻尼力模型[D]. 哈尔滨:哈尔滨工业大学，2002.

[138]唐杨. 梯形波纹钢板的几何形状对波纹钢板拱的力学性能影响研究[J]. 钢结构，2018,33(09):19-23,29.

[139]CECS 290-2011 波浪腹板钢结构应用技术规程[S]. 北京:中国计划出版社，2011.

[140]CECS 291-2011 波纹腹板钢结构技术规程[S]. 北京:中国计划出版社，2011.

[141]Zhao Q, Sun J, Li Y, et al. Cyclic analyses of corrugated steel plate shear walls[J]. Structural Design of Tall & Special Buildings, 2017:e1351.

[142]邓国专. 型钢混凝土结构黏结滑移性能试验研究与基本理论分析[D]. 西安:西安建筑科技大学，2004.

[143]杨勇. 型钢混凝土黏结滑移基本理论及应用研究[D]. 西安:西安建筑科技大学，2003.

[144]Shansuo Zheng, Guozhuan Deng. Study on unified constitutive relationship of bondslip between steel and concrete in SRC structure[M]. Elsevier Inc. 2005, 2:1611-1615.

[145]Wang W H, Han L H, Tan Q H, et al. Tests on the Steel-Concrete Bond Strength in Steel Reinforced Concrete (SRC) Columns After Fire Exposure[J]. Fire Technology, 2017,53(2):917-945.

[146]GB50017-2003 钢结构设计规范[S]. 北京:中国标准出版社，2003.

[147]郝家欢. 压型钢板-混凝土组合楼板剪切黏结滑移性能试验研究[D]. 西安:西安建筑科技大学，2007.

[148]徐芝伦. 弹性力学:上册,第4版[M]. 北京:高等教育出版社，2006.

[149]Charles W. Roeder, Robert Chmielowski, Colin B. Brown. Shear Connector Requirements for Embedded Steel Sections[J]. Journal of Structural Engineering, 1999,125(2):142-151.

[150]Wium J A, Lebet J P. Simplified Calculation Method for Force Transfer in Composite Columns[J]. Journal of Structural Engineering, 1994,120(3):728-746.

[151]王新敏，李义强，许宏伟. ANSYS 结构分析单元与应用[M]. 北京:人民交通出版社，2011.

[152]王新敏. ANSYS 工程结构数值分析[M]. 北京:人民交通出版社，2007.

[153]罗如登. Ansys 中砼单元 Solid65 的裂缝间剪力传递系数取值[J]. 江苏大学学报:自然科学版，2008,29(2):169-172.

[154]左晓明，叶献国，杨启龙. 钢筋混凝土非线性有限元中剪力传递系数及其数值试验[J]. 建筑

结构, 2009,39(3):14 -16.

[155]Ollgaard J, Slutter R G, Fisher J W. The Strength of stud shear connection in lightweight and normal - weight concrete[J]. Engineering Journal, 1971,8(2):55 -64.

[156]Johnson R P, Molenstra N. Partial shear connection in composite beams in building[J]. Proceeding of Institution of Civil Engineers, Part 2,1991,91:679 -704.

[157]丁发兴, 倪鸣, 龚永智,等. 栓钉剪力连接件滑移性能试验研究及受剪承载力计算[J]. 建筑结构学报, 2014,35(9):98 -106.

[158]陈津凯, 陈宝春, 刘君平. 钢管混凝土多排多列内栓钉受剪性能[J]. 工程力学, 2017,34(6):178 -189.

[159]Yi Qi, Qiang Gu, Guohua Sun, et al. Shear force demand on headed stud for the design of composite steel plate shear wall[J]. Engineering Structures, 2017,148(19):780 -792.

[160]谢鹏飞. 考虑黏结-滑移影响的内置钢管混凝土组合剪力墙受力机理及受剪承载力研究[D]. 西安:长安大学, 2017.

[161]CEB - FIP, Model Code 90[S]. Lausanne,1993.

[162]赵洁, 聂建国. 钢板-混凝土组合梁的非线性有限元分析[J]. 工程力学,2009,26(4):105 -112.

[163]汪炳, 黄侨, 荣学亮. 基于 ABAQUS 的栓钉连接件承载能力分析及验证[J]. 中外公路, 2017,37(02):126 -131.

[164]王文浩. 栓钉连接件抗剪性能试验与理论研究[D]. 杭州:浙江大学, 2018.

[165]GB50017 -2017 钢结构设计标准[S]. 北京:中国计划出版社, 2017.

[166]European Committee for Standardization. Eurocode 4[D]: Design of composite steel and concrete structure - Part 1.1: General rules and for buildings. Brussels; 2004.

[167]赵春雷. 带栓钉波形钢板-混凝土黏结滑移性能试验研究与数值模拟[D]. 西安:西安建筑科技大学, 2019.

[168]任坦. 带栓钉波形钢板混凝土剪力传递性能试验研究与有限元分析[D]. 西安:西安建筑科技大学, 2019.

[169]张龙旭. 波形钢板剪力墙及其组合墙抗震性能与抗剪承载力研究[D]. 西安:西安建筑科技大学, 2018.

[170]李艳超. H 型钢框架 - 波形钢板剪力墙抗震性能研究[D]. 西安:西安建筑科技大学, 2018.

[171]高敬宇. 波形钢板剪力墙及组合剪力墙抗震性能试验研究[D]. 西安:西安建筑科技大学, 2017.

[172]兰艳. 带有可更换墙趾构件型钢混凝土剪力墙设计与抗震性能研究[D]. 西安:西安建筑科技大学, 2016.

[173]L. D. Carpenter, F. Naeim, M. Lew, et al. Performance of tall buildings in Vina del Mar in the 27 February 2010 offshore Maule Chile Earthquake[J]. Structural Design of Tall and Special Buildings,2011, 20(1):17 -36.

[174]Wei Wang, Junjie Gao, Yunchao Chen. Cyclic behavior of the steel plate reinforce concrete shear walls built at the aspect ratio is 2 [J]. Advanced Materials Research, 2012, 368 -373: 2333 -2340.

[175]W. Y. Kam, S. Pampanin. The seismic performance of RC buildings in the 22 February 2011

Christchurch earthquake[J]. Structural Concrete,2011, 12(4): 223 - 233.

[176]J. W. Wallace, L. M. Massone, P. Bonelli, et al. Damage and implications for seismic design of RC structural wall buildings[J]. Earthquake Spectra,2012, 28(2):281 -299.

[177]王威,苏三庆,王社良,等.高层建筑结构的发展趋势及其抗震理论和设计方法的思路与特点[C]//全国第二届地震研究与工程抗震学术研讨会论文集.昆明:原子能出版社, 2003.

[178]王威,王社良,苏三庆.铅芯消能支撑框架模型结构的试验研究[J]. 建筑结构, 2003,33(12): 60 -64.

[179]周颖,吕西林.摇摆结构及自复位结构研究综述[J].建筑结构学报, 2011,32(9):1 -10.

[180]P. J. Fortney, B. M. Shahrooz, G. A. Rassati. The next generation of coupling beams[C]. International conference on composite construction in steel and concrete. 2006:619 -630.

[181]J. I. Restrepo, A. Rahman. Seismic performance of self - centering structural walls incorporating energy dissipaters[J]. Journal of Structural Engineering, 2007,133(1): 1560 -1570.

[182]B. J. Smith, Y. C. Kurama, M. J. McGinnis. Behavior of precast concrete shear walls for seismic regions: comparison of hybrid and emulative specimens[J]. Journal of Structural Engineering, 2013,139(11):1917 - 1927.

[183]T. Hitaka, K. Sakino. Cyclic tests on a hybrid coupled wall utilizing a rocking mechanism[J]. Earthquake Engineering and Structural Dynamics,2008,379(14): 1657 -1676.

[184]A. Wada, Z. Qu, ItoH. et al. Seismic retrofit using rockingwalls and steel dampers[C]. Proceedings of ATC/SEI conference on improving the seismic performance of existing buildings. San Francisco. CA, USA: Applied Technology Council,2009.

[185]F. Ozaki, Y. Kawai, H. Tanaka, et al. Innovative damage control systems using replaceable energy dissipating steel fuses for cold - formed steel structures[C]. 20th international specialty conference on cold - formed steel structures - recent research and developments in cold - formed steel design and construction, University of Missouri - rolla,2010:443 - 457.

[186]F. Ozaki, Y. Kawai, R. Kanno, et al. Damage - control systems using replaceable energy - dissipating steel fuses for cold - formed steel structures: seismic behavior by shake table tests[J]. Journal of Structural Engineering (ASCE) 2013,139: 787 - 795.

[187]吕西林,陈聪.带有可更换构件的结构体系研究进展[J].地震工程与工程震动, 2014,34(1): 27 -36.

[188]吕西林,陈云,蒋欢军.可更换连梁保险丝抗震性能试验研究[J].同济大学学报:自然科学版, 2013,41(09):1318 -1325,1332.

[189]吕西林,陈云,蒋欢军.带可更换连梁的双肢剪力墙抗震性能试验研究[J].同济大学学报:自然科学版,2014,42(2):175 -182.

[190]邵铁峰,陈以一.采用耗能角钢连接的部件可更换梁试验研究[J].建筑结构学报,2016,37(7):38 -45.

[191]吕西林,陈聪.设置可更换连梁的双筒体混凝土结构振动台试验研究[J].建筑结构学报, 2017,38(8):45 -54.

[192]吕西林,毛苑君.带有可更换墙脚构件剪力墙的设计方法[J].结构工程师,2012, 28(3): 12 -17.

[193]刘其舟,蒋欢军.新型可更换墙脚部件剪力墙设计方法及分析[J].同济大学学报:自然科学版,2016,44(1):37-44.

[194]Q. Liu, H. Jiang. Experimental study on a new type of earthquake resilient shear wall[J]. Earthquake Engineering & Structure Dynamics,2017,46:2479-2497.

[195]吕西林, 陈云, 毛苑君. 结构抗震设计的新概念——可恢复功能结构[J]. 同济大学学报:自然科学版, 2011, 39(7):941-948.

[196]王威, 兰艳, 苏三庆, 等.一种带有可更换墙趾构件的型钢混凝土剪力墙及墙趾构件:中国, 2015010389915.0[P]. 2017-05-03.

[197]王威, 张龙旭, 苏三庆, 等.一种带有易更换压型钢板阻尼器的新型组合剪力墙:中国, 201610908587.5[P]. 2018-08-24.

[198]王威, 张龙旭, 苏三庆,等. 一种带有易更换减震钢板阻尼器的组合剪力墙:中国, 201621132234.2[P]. 2019-03-22.

[199]王威, 张龙旭, 苏三庆, 等.一种带有易更换组装式软钢阻尼器的新型组合剪力墙:中国, 201621132523.2[P]. 2017-04-12.

[200]王威, 张龙旭, 李艳超, 等.一种带有易更换剪弯软钢阻尼器的组合剪力墙:中国, 201621396040.3[P]. 2017-07-04.

[201]王威, 王俊, 苏三庆, 等.波形反对称软钢阻尼器的力学性能试验研究[J].建筑结构学报, 2019,40(9):网络首发.

[202]邱法维. 结构抗震实验方法进展[J]. 土木工程学报,2004, 37(10): 19-27.

[203]王鑫. 带有可更换墙趾消能器组合剪力墙抗震性能试验研究[D]. 西安:西安建筑科技大学, 2019.

[204]Wang Wei, Wang Sheliang, Su Sanqing, et al. Experimental Study on the Seismic Behavior of Energy-dissipation Braced Frame Structures with Lead Extrusion Dampers[M]. 2nd International Conference on Advances in Experimental Engineering:111-119,Tongji Unvi., shanghai, December4-6, 2007.

[205]王威, 张恒, 苏三庆, 等. 外框内筒高层混合结构关键技术问题分析[C]//纪念陈绍蕃先生诞辰100周年学术交流会论文集. 2018:166-170.

[206]王威, 王鑫, 任英子. 建筑结构中分灾保险丝的设计理念与研究进展[J]. 建筑结构, 2018, 48(S1): 333-338.

[207]钱稼茹, 徐福江. 钢筋混凝土剪力墙基于位移的变形能力设计方法[J]. 清华大学学报: 自然科学版, 2007, 47(3): 305-308.

[208]Paulay T, Priestley MJN. Seismic design of reinforced concrete and masonry buildings[M]. New York: John Wiley&Sons, 1999.

[209]蒋欢军, 刘其舟. 可恢复功能剪力墙结构研究进展[J]. 振动与冲击, 2015, 34(7): 51-57.

[210]王威, 王俊, 徐金兰, 等. 一种带有可更换十字形软钢阻尼器的型钢混凝土剪力墙:中国, 201721234938.5[P]. 2018-04-10.

[211]王威, 韩斌, 侯铭岳, 等. 可更换的侧翼横波交叉式钢柱受剪阻尼器及剪力墙结构:中国, 201721782753.8[P]. 2018-07-24.

[212]王威, 向照兴, 王俊, 等.一种肋条嵌入式软钢阻尼器及剪力墙结构:中国,201721783599.6

[P]. 2018 - 07 - 17.

[213]王威, 王鑫, 任英子, 等. 一种组合型软钢消能阻尼器及剪力墙结构:中国,201721783630.6[P]. 2018 - 07 - 24.

[214]王威, 刘格炜, 徐金兰, 等. 一种带弯曲屈服耗能钢板的伸臂桁架主斜杆 :中国, 201820730573.3[P]. 2018 - 12 - 07.

[215]Liu Qizhou, Jiang Huanjun. Experimental study on a new type of earthquake resilient shear wall [J]. Earthquake Engineering and Structural Dynamics, 2017, 46: 2479 - 2497.

[216]李国强, 张哲, 范昕. 波纹腹板钢结构性能、设计与应用[M]. 北京: 中国建筑工业出版社, 2017.

[217]Gil H, Lee S, et al. Shear buckling strength of trapezoidally corrugated steel webs for bridges[J]. J. Transport Res Board, 2005:473 - 80.

[218]夏伟平, 刘海, 夏念涛, 等. 波形钢板组合结构试验楼围护结构体系设计[J]. 城市住宅, 2017(08):103 - 106.

[219]G/B 50159 - 2012 混凝土结构试验方法标准[S]. 北京: 中国建筑工业出版社, 2019.

[220]GB/T 50081 - 2002 普通混凝土力学性能试验方法标准[S]. 北京: 中国建筑工业出版社, 2009.

[221]吴永瑞. 应变花应力分析的图解法[J]. 南京航空学院学报, 1980, 1: 128 - 150.

[222]朱伯龙. 结构抗震试验[M]. 北京: 地震出版社, 1989.

[223]张龙. 钢板-混凝土组合剪力墙抗震性能研究[D]. 南京: 东南大学, 2017.

[224]何政, 欧进萍. 钢筋混凝土结构非线性分析[M]. 哈尔滨:哈尔滨工业大学出版社, 2016.

[225]赵洁, 聂建国. 钢板-混凝土组合加固钢筋混凝土梁的非线性有限元分析[J]. 计算力学学报, 2009,26(6): 906 - 919.

[226]Birtel V, Mark P. Parameterised finite element modelling of RC beam shear failure[C]. ABAQUS users' conference,2006:95 - 108.